高 等 学 校 机 械 专 业 系 列 教 材

普通高等教育"十一五"国家级规划教材

机电一体化系统设计

第二版

主 编 曾 励 竺志大

副主编 张 帆 秦永法

高等教育出版社·北京

内容简介

　　本书是普通高等教育"十一五"国家级规划教材,是在上一版的基础上,引入近些年机电一体化技术的发展成果编写而成的。本书全面、系统地论述了机电一体化技术的基本原理、机电一体化系统的构成以及设计计算。全书除总论外共 6 章,内容包括:机电一体化技术及机电一体化系统的基本概念;机电一体化系统中的机械系统、检测系统、控制系统、计算机接口及伺服系统设计等。本书注意理论与实践的结合,增加计算分析实例,重视解决工程实际问题,且突出重点,层次分明,语言易懂,便于读者自学。

　　本书可作为高等学校机械设计制造及其自动化专业的教材,也可作为高等职业学校、高等专科学校、成人高校相关专业的教材,还可供从事机电一体化产品设计、制造与研究的工程技术人员参考。

图书在版编目(C I P)数据

机电一体化系统设计/曾励,竺志大主编.--2 版.--北京:高等教育出版社,2020.11(2025.1重印)
ISBN 978-7-04-054442-8

Ⅰ.①机… Ⅱ.①曾…②竺… Ⅲ.①机电一体化-系统统计-高等学校-教材 Ⅳ.①TH-39

中国版本图书馆 CIP 数据核字(2020)第 115422 号

Jidian Yitihua Xitong Sheji

策划编辑　卢　广	责任编辑　卢　广	封面设计　赵　阳	版式设计　于　婕
插图绘制　于　博	责任校对　胡美萍	责任印制　高　峰	

出版发行	高等教育出版社	网　址	http://www.hep.edu.cn
社　址	北京市西城区德外大街 4 号		http://www.hep.com.cn
邮政编码	100120	网上订购	http://www.hepmall.com.cn
印　刷	固安县铭成印刷有限公司		http://www.hepmall.com
开　本	787mm×1092mm　1/16		http://www.hepmall.cn
印　张	28.25	版　次	2010 年 6 月第 1 版
			2020 年 11 月第 2 版
字　数	690 千字		
购书热线	010-58581118	印　次	2025 年 1 月第 5 次印刷
咨询电话	400-810-0598	定　价	55.00 元

本书如有缺页、倒页、脱页等质量问题,请到所购图书销售部门联系调换
版权所有　侵权必究
物 料 号　54442-00

机电一体化
系统设计
第二版

主编　曾　励
　　　竺志大

1　计算机访问http://abook.hep.com.cn/12319730，或手机扫描二维码，下载并安装Abook应用。
2　注册并登录，进入"我的课程"。
3　输入封底数字课程账号（20位密码，刮开涂层可见），或通过Abook应用扫描封底数字课程账号二维码，完成课程绑定。
4　单击"进入课程"按钮，开始本数字课程的学习。

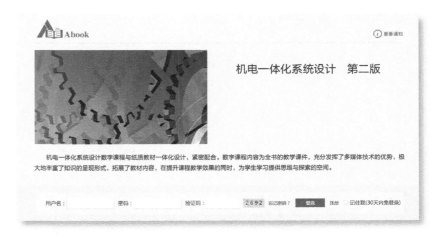

机电一体化系统设计数字课程与纸质教材一体化设计，紧密配合。数字课程内容为全书的教学课件，充分发挥了多媒体技术的优势，极大地丰富了知识的呈现形式，拓展了教材内容，在提升课程教学效果的同时，为学生学习提供思维与探索的空间。

　　课程绑定后一年为数字课程使用有效期。受硬件限制，部分内容无法在手机端显示，请按提示通过计算机访问学习。

　　如有使用问题，请发邮件至abook@hep.com.cn。

扫描二维码
下载Abook应用

http://abook.hep.com.cn/12319730

前　言

在新技术革命浪潮中,电子(包括微电子)技术飞速发展并向机械工业渗透形成了机械、电子、微电子的复合技术——机电一体化技术。机电一体化技术已在诸多行业中获得了广泛的应用,机电一体化产品也达到了一个崭新的水平,社会对机电复合型技术人才的需求量越来越大。因此,培养高素质的机电工程类专业人才,是广大高校面临的重要任务。

本书是在曾励教授主编普通高等教育"十一五"国家级规划教材《机电一体化系统设计》的基础上修订而成的。本次修订,除对原书中存在的错误进行改正外,还对某些章节进行了重新编排,使其内容更具有逻辑性,并根据专家建议在第3章控制系统的综合与校正中增加串联校正的具体内容;在第4章中增加了不等温回路的温度控制系统设计实例;对第6章的电液控制系统设计案例进行了补充和完善。

本书广泛参考了国内外同类教材和其他有关文献,力图形成以下特点:

(1)从机械设计制造及其自动化专业的人才培养目标出发,协调系列教材所涉及的各门课程内容和结构的关系,形成课程间有机衔接的内容体系。

(2)在编写内容、结构、例题和习题的选择等方面体现应用型教育的特点,内容精练、清晰,结构紧凑,实用性强,并力求做到突出重点,层次分明,语言易懂,便于读者自学。

(3)反映近年来科技发展的最新成果,注重系统性与实用性相结合,注意引入工程应用与开发实例。

(4)本书注意理论与实际的结合,计算分析实例多,重视解决工程实际问题。

本书由曾励、竺志大任主编,张帆、秦永法任副主编,寇海江、戴敏以及杨坚为参编。全书由曾励统稿,具体编写分工为:总论由曾励编写;第1章由竺志大编写;第2章由杨坚编写;第3章由戴敏编写;第4章由张帆编写;第5章由寇海江编写;第6章和附表由秦永法编写。

本书由扬州大学朱兴龙教授主审,朱教授对全书内容悉心审阅,提出了宝贵的建议与意见,在此表示衷心的感谢。本书在编写过程中得到了扬州大学出版基金的资助,并参考了许多同类教材和著作,在此对诸位作者表示深深的谢意。限于编者的水平,书中错误疏漏之处在所难免,恳请广大读者批评指正。

编　者

2020.03

目　　录

总　　论

0.1　概述

0.1.1　机电一体化的基本概念

机电一体化是随着生产和技术的发展,在以机械技术和电子技术等为主的多门技术学科相互渗透、相互结合过程中逐渐形成和发展起来的一门新兴边缘技术学科。

机电一体化(mechatronics)一词最早(20世纪70年代初)起源于日本,这个词的前半部分"mecha"表示mechanics(机械学),后半部分"tronics"表示electronics(电子学)。因此,字面上表示机械学与电子学两个学科的综合,我国通常称为机电一体化或机械电子学。但是,机电一体化并非是机械技术与电子技术的简单叠加,而是有着自身体系的新型学科。

机电一体化产生与迅速发展的根本原因在于生产的发展和科学技术的进步,其中特别是自动化技术与计算机科学起了主要作用。第二次世界大战以后,几乎同时诞生的系统工程、控制论和信息论这三门科学既是自动化与机电一体化的理论基础,也是机电一体化技术的方法论。而微电子技术的发展和半导体大规模集成电路制造技术的进步,则为机电一体化与自动化技术奠定了物质基础。反过来,机械制造技术也对微电子学和自动化技术做出了重大贡献。如大规模集成电路芯片的制造就是以超精密机械加工为基础的。而这种加工设备本身又是一种计算机控制的自动化系统,即机电一体化的系统。由此可见,机电一体化的产生既是微电子技术与自动化技术发展的结果,又是信息论、控制论和系统工程付诸生产实践的结果。

随着生产和科学技术的发展,机电一体化本身的含义还在被赋予新的内容。因此,机电一体化这一术语尚无统一的定义,不过其基本概念和含义可概括为:机电一体化是从系统的观点出发,将机械技术、微电子技术、计算机信息技术、自动控制技术等在系统工程的基础上有机地加以综合,实现整个机械系统最优化而建立起来的一门新的科学技术。机电一体化是一种崭新的学术思想,它除了强调机与电的有机结合外,还有更深刻、更广泛的含义。按照机电一体化思想,凡是由各种现代高新技术与机械和电子技术相互结合而形成的各种技术、产品以及系统都属于机电一体化范畴。例如,机电液(液压)一体化、机电光(光学)一体化、机电仪(仪器仪表)一体化以及机电信(信息)一体化等,实质上都可归结为机电一体化。机电一体化包含机电一体化技术和机电一体化系统两方面的内容。机电一体化技术是指包括技术基础、技术原理在内的、使机电一体化系统得以实现、使用和发展的技术。机电一体化系统有机电一体化产品和机电一体化生产系统。机电一体化产品是指采用机电一体化技术,在机械产品基础上创造出来的新一代产品或设备;机电一体化生产系统是运用机电一体化技术把各种机电一体化设备按目标产品的要求组成的一个高生产率、高柔性、高质量、高可靠性、低能耗的生产系统。

目前,机电一体化产品及系统已经渗透到国民经济和日常工作、生活的许多领域。电冰箱、全自动洗衣机、录像机、照相机等家用电器,电子打字机、复印机、传真机等办公自动化设备,核磁共振成像诊断仪、纤维光束内窥镜等医疗器械,数控机床、工业机器人、自动化物料搬运车等机械制造设备,以及生产制造机电产品或非机电产品的 CIMS(计算机集成制造系统)、FMS(柔性制造系统)等都是典型的机电一体化产品或系统。机电一体化产品和系统的种类繁多。随着科学技术的蓬勃发展,新的机电一体化产品和系统不断涌现出来。目前机电一体化产品和系统的分类如图 0.1 所示。

- 机电一体化产品和系统
  - 生产用机电一体化产品和系统
    - 数控机床、机器人、自动生产设备
    - 柔性生产单元、自动组合生产单元
    - FMS、无人化工厂、CIMS
  - 运输、包装及工程用机电一体化产品
    - 微机控制汽车、机车等交通运输机具
    - 数控包装机械及系统
    - 数控运输机械及工程机械设备
  - 储存销售用机电一体化产品
    - 自动化仓库
    - 自动空调与制冷系统及设备
    - 自动称量、分选、销售及现金处理系统
  - 社会服务性机电一体化产品
    - 自动化办公机械
    - 动力、医疗、环保及公共服务自动化设施
    - 文教、体育、娱乐用机电一体化产品
  - 家庭用机电一体化产品
    - 微机或数控耐用消费品
    - 炊事自动化机械
    - 家庭用信息、服务设备
  - 科研及过程控制用机电一体化产品
    - 测试设备
    - 控制设备
    - 信息处理系统
  - 农、林、牧、渔及其他民用机电一体化产品
  - 航空、航天、国防用武器装备等机电一体化产品

图 0.1 机电一体化产品和系统分类

科学技术的进步为机电一体化的产生和发展创造了条件,社会需求则为之提供了动力。反过来,机电一体化的发展又不断促进科学技术的进步和社会需求。其总的发展趋势可概括为以下三个方面:

1) 性能上向高精度、高效率、高性能、智能化的方向发展。如以数控机床为例,其控制精度能实现 0.1 μm 的高精度,其进给速度可达 24~100 m/min,甚至更高,其联动和控制的轴数能实现 9~15 轴,同时增加了人-机对话功能,设置了智能 I/O 通道和智能工艺数据库,给使用、操作和维护带来了极大的方便。今后,随着专用集成电路特别是超大规模集成电路的发展,机电一体化产品将越来越向高性能方向发展。

2) 功能上向小型化、轻型化、多功能化方向发展。小型化、轻型化是精细加工技术发展的必然,也是提高效率的需要。通过结构优化设计和精细加工,可使机械的重量减轻到与人体重量相称的程度。多功能化也是自动化发展的要求和必然结果。一般机电一体化产品为适应自动化控制规模的不断扩大和高技术的发展,不仅要求它们具有数据采集、检测、记忆、监控、执行、反馈、

自适应、自学习等多种功能,甚至还要具有神经系统功能,以便能实现整个生产系统的最佳化和智能化。机械制造工业绝不只是要求单机自动化,而是要求能实现一条生产线、一个车间、一个工厂甚至更大规模全盘自动化。因此,以数控机床为例,就不仅要求数控机床应具备计算机通信和联网的功能,还应具有很强的图形功能、刀具轨迹描述、CAD/CAM 一体化等多种功能。

3) 层次上向系统化、复合集成化的方向发展。复合集成既包含各种分技术的互相渗透、互相融合和各种产品不同结构的优化与复合,又包含在生产过程中同时处理加工、装配、检测、管理等多种工序。为了实现多品种、小批量生产的自动化与高效率,应使系统具有更广泛的柔性。首先可将系统分为若干个层次,使系统功能分散,并使各部分协调而又安全地运转,然后,再通过硬、软件将各个层次有机地连接起来,使其性能最优、功能最强。柔性制造系统就是这种层次结构的典型。

0.1.2　机电一体化的技术体系

机电一体化技术是 20 世纪 50 年代以来,在传统技术基础上,随着电子技术、计算机技术,特别是微电子技术和信息技术的发展而发展起来的新技术。它是建立在机械技术、微电子技术、计算机和信息处理技术、自动控制技术、传感与检测技术、电力电子技术、伺服驱动技术、系统总体技术等现代高新技术群体基础之上的一种高级综合技术。

由于机电一体化技术对工业发展具有巨大推动力,因此世界各国均将其作为工业技术发展的一项重要战略。20 世纪 70 年代起在发达国家兴起了一股机电一体化热,应用范围从一般数控机床、加工中心发展到智能机器人和柔性制造系统(FMS)、将设计、制造、销售、管理集成为一体的计算机集成制造系统(CIMS),并渗透到自动生产线、激光切割、印刷机械等领域。

1. 机电一体化技术的主要特征

机电一体化技术的主要特征是:

1) 整体结构最优化　在传统机械产品中,为了增加功能或实现某一种控制规律,往往靠增加机械机构的办法来实现。例如,为了达到变速的目的,出现了有一系列齿轮组成的变速箱;为了控制机床的走刀轨迹而出现了各种形状的靠模;为了控制柴油发动机的喷油规律出现了凸轮机构等。随着电子技术的发展,人们逐渐发现,过去笨重的齿轮变速箱可以用轻便的电子调速装置来代替;精确的运动规律可以通过计算机的软件来调节。由此看来,在设计机电一体化系统时,可以从机械、电子、硬件、软件四个方面去实现同一种功能。

2) 系统控制智能化　这是机电一体化技术与传统工业自动化最主要的区别之一。电子技术的引入显著地改变了传统机械那种单纯靠操作人员,按照规定的工艺顺序或节拍,频繁、紧张、单调、重复的工作状况。可以依靠电子控制系统,按照预定的程序一步一步地协调各相关机构的动作及功能关系。有些高级的机电一体化系统还可以通过控制对象的数学模型,根据任何时刻外界各种参数的变化情况,随机自寻最佳工作程序,以实现最优化工作和最佳操作。大多数机电一体化系统都具有自动控制、自动检测、自动信息处理、自动修正、自动诊断、自动记录、自动显示等功能。在正常情况下,整个系统按照人的意图(通过给定指令)进行控制,一旦出现故障,就自动采取应急措施,实现自动保护。

3) 操作性能柔性化　计算机软件技术的引入,能使机电一体化系统的各个传动机构的动作通过预先给定的程序,一步一步地由电子系统来协调。在生产对象变更需要改变传动机构的动作规律时,无须改变其硬件机构,只要调整由一系列指令组成的软件,就可以达到预期的目的。这种软件可以由软件工程人员根据要求动作规律及操作事先编好,使用磁盘或数据通信方式,装入机电一体化系统里的存储器中,进而对系统机构动作实施控制和协调。

2. 机电一体化的相关技术

当代科学技术的发展出现了纵向分化、横向综合的重要趋势。机电一体化就是机械技术和电子技术相互交叉、渗透和综合发展的产物。它是一门新兴的学科,支撑它的学科主要有机械学、电子学、微电子学、控制论等。就其技术体系而言,机电一体化技术主要涉及机械技术、计算机与信息处理技术、检测与传感技术、自动控制技术、伺服驱动技术以及系统总体技术等众多的共性关键技术。各种技术之间的关系如图 0.2 所示。

1) 机械技术　机械技术是机电一体化的基础。随着高新技术引入机械行业,机械技术面临着挑战和变革。在机电一体化产品中,它不再是单一地完成系统间的连接,而是在系统结构、重量、体积、刚性与耐用方面对机电一体化系统有着重要的影响。机械技术的着眼点在于如何与机电一体化的技术相适应,利用其他高新技术来更新概念,实现结构上、材料上、性能上的变更,满足减少重量、缩小体积、提高精度、提高刚度、改善性能的要求。

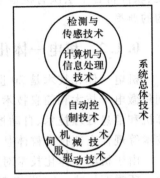

图 0.2　机电一体化共性关键技术之间的关系

在制造过程的机电一体化系统中,经典的机械理论与工艺应借助于计算机的辅助技术,同时采用人工智能与专家系统等,形成新一代的机械制造技术。这里原有的机械技术以知识技能的形式存在,是任何其他技术代替不了的。如计算机辅助工艺规程编制(CAPP)是目前 CAD/CAM 系统研究的瓶颈,其关键在于如何将广泛存在于各行业、企业、技术人员中的标准、习惯和经验进行表达和陈述,从而实现计算机的自动工艺设计与管理。

2) 计算机与信息处理技术　信息处理技术包括信息的交换、存取、运算、判断和决策等,实现信息处理的主要工具是计算机。计算机技术包括计算机硬件技术和软件技术、网络与通信技术、数据库技术等。在机电一体化系统中,计算机与信息处理装置指挥整个系统的运行。信息处理是否正确、及时直接影响产品工作的质量和效率。因此,计算机应用及信息处理技术已成为促进机电一体化技术和系统发展的最活跃的因素。人工智能、专家系统、神经网络技术等都属于计算机与信息处理技术。

3) 检测与传感技术　检测与传感技术的研究对象是传感器及其信号检测装置。传感器与检测装置是系统的感受器官,它与信息系统的输入端相连,并将检测到的信号输送到信息处理部分。传感与检测是实现自动控制、自动调节的关键环节,它的功能越强,系统的自动化程度就越高。

传感与检测的关键元件是传感器。传感器是将被测量(包括各种物理量、化学量和生物量等)变换成系统可以识别的,与被测量有确定对应关系的有用电信号的一种装置。机电一体化技术要求传感器能快速、精确地获得信息,并能在相应的应用环境中具有高可靠性。

4) 自动控制技术　自动控制技术范围很广,主要包括在基本控制理论指导下对具体控制装置或控制系统的设计,设计后的系统仿真、现场调试,最后使研制的系统能可靠地投入运行。由于控制对象种类繁多,所以控制技术的内容极其丰富,例如高精度定位控制、速度控制、自适应控制、自诊断校正、补偿、再现、检索等。由于计算机的广泛应用,自动控制技术越来越多地与计算机控制技术联系在一起,成为机电一体化中十分重要的关键技术。

5) 伺服驱动技术　伺服驱动技术的主要研究对象是执行元件及其驱动装置。执行元件主要有电动、气动、液压等多种类型,由微型计算机通过接口输出信息至伺服驱动系统,再由伺服驱动器控制它们的运动,带动工作机械作回转、直线以及其他各种复杂的运动。伺服驱动技术是直接执行操作的技术,伺服系统是实现电信号到机械动作的转换装置与部件。它对系统的动态性能、控制质量和功能具有决定性的影响。常见的伺服驱动装置有电液马达、脉冲液压缸、步进电机、直流伺服电机和交流伺服电机。近年来由于变频技术的进步,交流伺服驱动技术取得突破性进展,为机电一体化系统提供了高质量的伺服驱动单元,促进了机电一体化技术的发展。

6) 系统总体技术　系统总体技术是一种从整体目标出发,用系统工程的观点和方法,将系统总体分解成相互有机联系的若干功能单元,并以功能单元为子系统继续分解,直至找到可实现的技术方案,然后再把功能和技术方案组合进行分析、评价和优选的综合应用技术。系统总体技术所包含的内容很多,例如接口转换、软件开发、微机应用技术、控制系统的成套性和成套设备自动化技术等。

0.1.3　机电一体化系统的组成

1. 机电一体化系统的功能构成

机电一体化系统主要有:① 自成系统的机电一体化产品、设备;② 由机电一体化产品组成的生产制造各种机电产品或非机电产品的机、电、信、管一体化系统,即机电一体化生产系统。

任何一种产品或系统都是为满足人们的某种需要而开发和生产的,也就是说,都具有相应的目的功能。不同的产品或系统具有具体使用的不同目的和功能,根据不同的使用目的,要求系统能对输入的物质、能量和信息(即工业三大要素)进行某种处理,输出所需要的物质、能量和信息,如图 0.3 所示。也就是说,系统必须具有以下三大目的功能:① 变换(加工、处理)功能;② 传递(移动、输送)功能;③ 储存(保持、积蓄、记录)功能。以物料搬运、加工为主,输入物质(原料、毛坯等)、能量(电能、液能、气能等)和信息(操作及控制指令等),经加工处理,主要输出改变了位置和形态的物质的系统(或产品),称为加工机。例如各种机床、交通运输机械、食品加工机械、起重机械、纺织机械、印刷机械、轻工机械等。

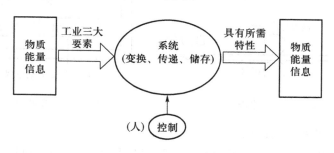

图 0.3　系统目的功能

产品的目的功能是通过其内部功能实现的。机电一体化产品一般都具备四种内部功能,即主功能、动力功能、测控功能和构造功能,如图 0.4 所示。其中主功能是实现产品目的功能直接必需的功能,主要对物质、能量、信息或其相互结合进行变换、传递和存储。动力功能是向系统提供动力,让系统得以运转的功能。测控功能包括信息检测、处理及控制,其作用是根据产品内部信息和外部信息对整个产品进行控制,使系统正常运转,实施目的功能。而构造功能则是使构成系统的子系统及元、部件维持所定的时间和空间上的相互关系,并保证系统工作中的强度和刚度所必需的功能。

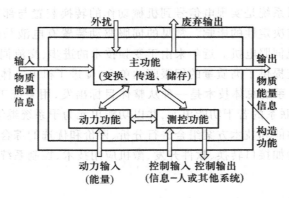

图 0.4 系统内部功能

例如,计算机控制的自动化轧钢机系统原理如图 0.5 所示。被轧制的钢锭在高温状态下进入轧机,经过多次轧制,最后达到所要求的尺寸。为了精确控制轧钢板的厚度,采用 γ 射线测厚仪测量钢板尺寸,采用压磁式测力计测量轧制力。测量到的信息传输到计算机,计算机根据厚度和力的信息,结合所轧制钢板的材料特性、轧制速度等许多复杂因素进行分析和计算,从而获得调节参数,再由控制系统根据调节参数调整轧辊的位置,以确保在各种干扰条件下轧制的钢板厚度均匀。该系统的功能构成如图 0.6 所示。

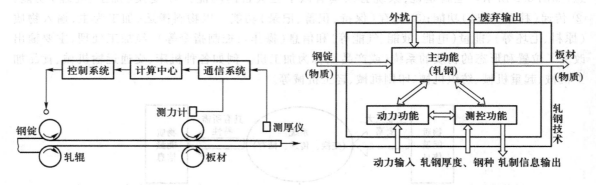

图 0.5 自动化轧钢系统原理图　　　　　　图 0.6 自动化轧钢系统的功能构成

2. 机电一体化生产系统的组成

机电一体化生产系统以机为主,机、电、光、气、液相互结合,它不仅包括机电工程产业中的生产系统,而且包括非机电工程产业的各种生产系统,覆盖面更广,生产对象以固体物料为主,兼顾液体、气体等其他物料。一般机电一体化生产系统可看作是由物流系统、能量流系统、信息流系统等子系统组成的。

（1）物流系统

物流系统是机电一体化生产系统的重要组成部分之一，其作用是将生产系统中的物料，如毛坯、半成品、成品、工夹具等及时送到有关设备或仓库的设施。在物流系统中，物料首先由供料系统输入生产系统，然后由输送系统或机械手送至指定位置。物流系统一般由三部分组成：

1）输送系统：使加工设备之间建立自动运行的联系。

2）储存系统：具有自动存取机能，用以调节加工节拍的差异。

3）操作系统：建立加工设备与输送系统、储存系统间的自动化联系。

物流系统包括无人搬运小车、机器人、自动化仓库、工具管理装置等。柔性制造系统的物流可以是无固定节拍、无一定顺序的运送流，加工过程中各种工件及工具混杂在一起，因此物流系统相当复杂。

（2）能量流系统

任何生产过程都需要使用能量。例如，在机器加工过程中，将毛坯切削加工，使其成为形状、尺寸及精度符合要求的零件，需使用机械能。又如，在高炉炼铁过程中，为使铁矿石和焦炭等原料发生化学、物理变化，炼成铁产品，需使用化学能和热能。因此机电一体化生产系统中必须有能量流系统为其生产过程提供必要的能量。

（3）信息流系统

信息流系统的硬件包括计算机控制系统及信息通信网络，软件包括运行控制系统、质量保证系统、数据管理和通信网络系统。它们的主要任务是组织和指挥制造流程，对制造流程进行控制和监视；向能量流系统、物流系统提供全部控制信息并进行过程监控，反馈各种在线检测的数据，以便修正控制信息保证安全运行。

计算机集成制造系统（CIMS）是典型的机电一体化生产系统，它一般由四个功能分系统和两个支撑分系统构成。图 0.7 表示六个系统的框图以及与外部信息的联系。四个功能分系统分别是管理信息系统、设计自动化系统、制造自动化（柔性制造）系统、质量保证系统；两个支撑分系统为计算机通信网络系统和数据库系统。

1）管理信息系统　管理信息系统是以制造资源计划 MRP - Ⅱ（manufacturing resource planning）为核心，包括预测、经营决策、各级生产计划、生产技术准备、销售、供应、财务、成本、设备、工具、人力资源等管理信息功能，通过信息集成，以达到缩短产品生产周期、降低流动资金占用、提高企业应变能力的目的。因此，必须认真分析生产经营中物质流、信息流和决策流的运动规律，对企业各项经营活动中产生的各种信息进行筛选、分析、比

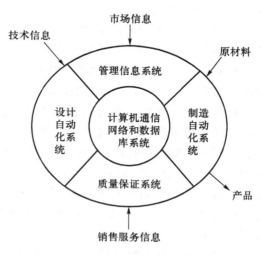

图 0.7　CIMS 组成框图

较、加工、判断，从而实现信息集成与信息优化处理，保障企业能够有节奏、高效地运行。

2）设计自动化系统　它是用计算机辅助产品设计、制造准备以及产品性能测试等阶段的工

作,即 CAD/CAPP/CAM 系统。它可以使产品开发工作高效、优质地进行。

设计自动化系统在接到管理信息系统下达的产品设计指令后进行产品设计;工艺过程设计和产品数控加工编程,并将设计文档、工艺规程、设备信息、工时定额送给管理信息系统,将 NC 加工等工艺指令送给制造自动化系统。

3) 制造自动化(柔性制造)系统　它是在计算机的控制与调度下,按照 NC 代码将毛坯加工成合格的零件并装配成部件或产品。制造自动化系统的主要组成部分有加工中心、数控机床、运输小车、立体仓库及计算机控制管理系统等。

4) 质量保证系统　通过采集、存储、评价与处理存在于设计、制造过程中与质量有关的大量数据提高产品的质量。

5) 计算机通信网络系统　它是 CIMS 各个系统的开放型网络通信系统,采用国际标准和工业标准规定的网络协议等,可实现异种机互联、异构局域网及多种网络的互联,满足各应用分系统对网络支持服务的不同需求,支持资源共享、分布处理、分布数据库、分层递阶和实时控制。

6) 数据库系统　它支持 CIMS 各分系统,覆盖企业全部信息,以实现企业的数据共享和信息集成。数据库系统通常采用集中与分布相结合的三层递阶控制体系结构——主数据管理系统、分布数据管理系统、数据控制系统,以保证数据的安全性、一致性、易维护性等。

0.2　机电一体化系统设计方法

0.2.1　机电一体化系统设计的理论基础

机电一体化技术是多学科复合交叉的综合技术。构成机电一体化系统的理论基础是系统论、控制论和信息论。

系统论是运用完整性、集中化、等级结构、终极性、逻辑同构等概念,探求适用于一切系统的模式、原则与规律的理论与方法。它把整体性原则作为系统方法的基本出发点,是从系统的观点发展而成的一门科学。一般系统论应该包括三个方面:① 适应于一切(或一定的)种类的系统的理论和数学系统理论;② 系统技术,或称系统工程;③ 系统哲学。

自觉地运用系统工程的观念和方法,把握好系统的组成和作用的规律,对机电一体化系统设计的成败具有关键意义。广义地说,系统工程包括对系统的构成要素、组织结构、信息交换、自动控制和最优管理的目标所采用的各种组织管理技术。狭义地说,系统工程包括对系统的分析、综合、模拟、最优化等技术。系统工程是一门工程学方法论,其基础是系统思考。常用的方法和步骤为:① 建立模型(描述系统每部分及其性能的指标测定准则和决定系统重要特征的数量关系);② 最优化(把系统可调部分调到最佳性能);③ 系统评价(对系统设计进行鉴定)。

控制论是研究生物(包括人类)和机器中的控制和通信的普遍原则和规律的学科,有工程控制论、生物控制论和经济控制论等不少分支。主要研究上述过程的数学关系,而不涉及过程内在的物理、化学、生物、经济或其他方面的现象。控制论涉及信息论、电子计算机理论、自动控制理论、现代数学理论等各门学科。通过控制论的研究,使生产自动化、国防科学、经济管理、仿生学进入到一个新的阶段。

信息论是研究信息及其传输的一般规律的科学。狭义指通信系统中存在的信息传输和处理的共同规律的科学。广义指应用数学和其他有关科学的方法,研究一切现实系统中存在的信息传输和处理以及信息识别和利用的共同规律的科学。信息学描述的规律具有高度的普遍性,能被迅速地应用于不同领域,产生并形成信息科学。信息科学是研究生物、人类和计算机信息的产生、获取、传输、存储、显示、识别、传递、控制和利用的理论。其研究重要课题之一是设计、制造各种智能信息处理机器和设备,并实现操作自动化。

基础理论的发展能促进技术进步,而技术进步也能推动基础理论的不断发展与完善。机电一体化强调机电结合中运用共性技术与理论的重要性,只有充分掌握并自觉运用共性理论与技术的成果,才能设计与开发出机电深度结合的、真正机电一体化的系统。

0.2.2　机电一体化系统设计的特点

机电一体化系统设计有如下特点:

1)多目标　系统的设计除了要满足用户要求外,还要满足成本低、运行可靠、易维护以及投资回收期短,效益—费用比高等技术经济要求。

2)相关性　系统的整体性和目的性决定了系统设计的相关性。

3)不确定性　不仅系统的未来发展难以确定,就是在系统内部,各元素之间的关系有时也难以定量确定。

4)多假定　为了便于求解,系统的理论模型必然包含许多假定。

5)多参数　由于系统的复杂性,描述系统的参数多,而且有的数量关系只能依据已有的经验和实际情况选定。由于上述特点,系统设计要使用多种工具:定量分析和定性分析相结合,规划和仿真相结合,数学推导和专家意见相结合。

机电一体化系统面对用户、社会和市场环境,必然受到世界经济竞争形势和技术发展速度及产品更新换代速度的冲击。国际上工业高速发展和贸易竞争加剧,迫切要求大幅度地提高机电一体化系统设计工作的质量和速度。在机电一体化系统设计中推广运用现代设计方法,提高设计水平,是机电一体化系统设计方法发展的必然趋势。

0.2.3　机电一体化系统设计技术

1. 机电一体化系统设计的目的

机电一体化系统设计的目的是综合运用机械技术和电子技术各自的特长,迅速设计制造一个能够经济、有效、方便、可靠地满足用户需要的系统或产品。

2. 机电一体化系统设计的原则

机电一体化系统设计是一种创造性活动,必须依靠思考和推理,综合运用多种学科的专业知识和丰富的实践经验,才能获得正确、合理的设计。在设计时,需要考虑的因素很多,有技术的、经济的、社会的等,但对于机电一体化系统设计,有如下一些共同的基本原则需要遵守:

1)机电互补原则　既然是机电一体化系统,就要打破传统设计的思维方式,综合考虑机械技术和电子技术各自的特点,达到优势互补。例如,在经常需要调整转速的场合,用电子调速装置代替齿轮变速装置,不仅可以提高调速精度,而且灵活方便;采用可编程控制器(PLC)代替电磁式继电器,不但可以大大提高系统可靠性,而且可以减小系统的体积和重量,给系统设计提供更大的灵活性。这就要求系统设计工作者从机械技术、电子技术、硬件技术几个方面权衡经济和技术上的利弊得失,采取正确的选择方法。

2)功能优化原则　这里指在系统设计时,要抓住用户最关心的技术指标,特别是系统的可靠性、实用性、经济性等。对各种相关技术进行优化组合,而不是片面追求高指标、全功能。

3)自动化、省力化原则　高精度、高效率、高可靠性是机电一体化系统的重要指标,因此要求系统在运行过程中能实现自动控制、自动检测、自动调节、自动记录及自动显示;在出现故障时能进行自动诊断、自动采取应急措施、实现自动保护等;在工作对象变化时,能够灵活改变其工作状态,实现最大限度的柔性化;最大限度地减少人的干预,降低人的体力和智力劳动强度,尽可能排除人为不利因素的影响。

4)效益最大原则　要在满足用户的目的功能和适当的使用寿命的前提下,最大限度地降低成本。要合理选用材质和零件,正确地进行结构设计,简化制造工艺,降低生产成本。积极采用先进实用的成熟技术,提高系统的技术附加值,增强系统的竞争力。要使系统运行可靠,维修方便,减少消耗,合理利用自然资源,降低用户的使用成本。要实现系统的合理排放,减少对环境的污染,以提高其社会效益。

5)开放性原则　所谓开放性是指以一组标准、规范或约定的原则来统一这个系统的接口、通信和与外部的连接,使系统能容纳不同厂家制造的设备及软件产品,同时又能适应未来新技术的发展。要使系统具有开放性,在系统设计时必须选择并贯彻一系列的标准、规范和约定,这样才能在此基础上比较容易地实现软件的可移植性和可操作性。

0.2.4　机电一体化系统设计的类型

机电一体化系统设计的分类如下:

1)开发性设计　是指在既没有参考样板又没有具体设计方案的情形下,仅根据抽象的设计原理和对新系统的性能要求进行设计,具有很强的突破性和创新性。

2)适应性设计　是指在总的方案原理基本保持不变的情况下,对现有系统进行局部更改,例如用电子装置代替原有的机械结构,或者为了实现电子化控制,对机械结构进行局部适应性变动。

3)变异性设计　是指在设计方案和功能结构不变的情况下,仅改变现有系统的规格尺寸,使之适应某种量值变化的要求。

0.2.5　机电一体化系统设计的方法

机电一体化生产系统的特征是操作自动化。好比人的躯体一样,给机械的骨骼和肌肉加上发达的神经系统,其系统的复杂性决定了其设计方法必须遵循由浅入深和化整为零两条途径入手,相应的方法有纵向分层法和横向分块法。

1. 纵向分层法

从系统工程出发,按照系统的纵向结构设计和功能,将机电一体化系统结构层次设计与相关的企业组织架构相对应,根据任务的重要性,由相关的部门来完成,也就是说,将宏观的系统设计与微观的具体结构设计相结合的科学方法。纵向分层法分为宏观的战略性设计和微观的战术性设计等不同层面。前者由企业的高级技术和管理部门并结合专家意见来完成,对机电一体化生产系统规划出其总体的经济、技术要求等宏观项目计划;后者是根据战略性设计,将宏图落实到具体的技术设计和实施方案,通常由专门的技术部门来实施完成。

2. 横向分块法

将系统设计分成若干功能模块,分别进行专门设计,最后将各模块连成有机整体,实施系统功能,这种化整为零的方法比较直观并易于实施。

在考虑机械系统与电子技术的有机结合的设计中,通常有以下三种思考方法:

1)替代法 从设计要求出发,通常使用电子功能部件替代机械功能部件来更好地实现其相应的功能,例如,在发动机设计中,采用电子控制燃油喷射系统替代传统的机械配气机构与机械正时系统,可以使发动机的功率、排放等指标得到较好的改善。再如,使用变频调速系统代替传统的齿轮箱变速系统,不仅可使调速范围增大,还可简化机床结构,减少设计工作量,缩短设计和制造周期。

随着电子技术的进步和成本的降低,电子部件代替机械部件的情况和场合将会也来越多,因而替代法将是机电一体化生产系统设计和改造工作中较为常用的思维方法。

2)融合法 充分地将机械技术与电子技术或其他光电技术的各组成要素有机融合,设计出全新的功能部件或系列产品。例如,将电动机、变频器与主轴单元作为一个整体来设计,形成可调速的电主轴单元,或作成独立的功能部件或系列产品,用于机床设计或改造,可极大地简化机床系统设计工作,使结构更为紧凑、可靠。

3)组合法 顾名思义将不同的功能部件进行有效的搭配组合而形成的机电一体化产品,如将收音机和录音机的功能进行组合变成了功能更多更全的收录机,手机与摄像头功能的结合形成具有摄像功能的手机。但是这种组合也并非都是其功能的简单叠加,而是在考虑多个组合功能的基础上进行创新设计或改造。

0.2.6 机电一体化系统的评价决策

工程设计是复杂多解的问题。解决此类问题的逻辑步骤通常为分析—综合—评价决策。所谓评价是对多个设计方案的价值进行比较和评定,而决策就是根据目标要求选定最佳方案,对需求解的问题获得尽可能多的方案,然后进行评价选优,这是设计中的两个重要步骤。

1. 机电一体化系统的评价指标

机电一体化技术的重要实质就是应用系统工程的观点和方法来分析、研究机电一体化系统,综合运用各种现代高新技术进行系统的设计与开发,通过各种技术的有机结合,实现系统内部各组成部分的合理匹配和外部的整体效能最佳,故必须对所设计开发的系统进行评价。机电一体化系统的评价内容如图 0.8 所示。系统的价值通常根据系统内部功能的有关参数来进行评价,其内部功能主要参数与系统整体评价之间的关系见表 0.1。

机电一体化的目的是提高系统的技术附加值,其技术附加值随机电结合程度的加深而提高。图 0.9 反映了不同年代的产品技术附加值和技术构成比例的发展情况。可见,在当代产品中,单纯机械技术的附加值含量越来越少,而微电子技术的附加值含量却越来越多。随着年代的发展,这种趋势还将增加。因此,附加值就成了机电一体化系统的综合评价指标。

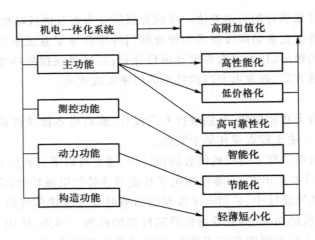

图 0.8　机电一体化系统的评价内容

表 0.1　机电一体化系统的功能价值关系

系统内部功能	评价参数	系统价值	
		高	低
主功能	系统误差 抗干扰能力 废弃物输出 变换效率	小 强 少 高	大 弱 多 低
动力功能	输入能量 能源	少 内装	多 外设
测控功能	控制输入/输出口个数 手动操作 精度	多 少 高	少 多 低
构造功能	尺寸、重量 强度	小、轻 高	大、重 低

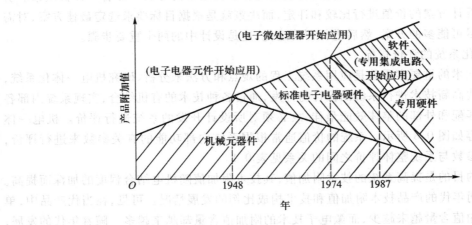

图 0.9　产品技术附加值与技术构成比例的发展情况

2. 机电一体化系统的评价方法

对机电一体化系统的评价有许多方法,有的可以定量评定,如技术上的评定;有的可以由国家政策经济法规评定,如环境无害性和成果的规范性。有不少只能定性评判,甚至只能随市场和流行而变化。为了恰当地做出合理、可信的评价,在国内外各种文献中介绍的评价方法已有30余种,下面介绍两种方法:

(1)技术经济评价法

这种方法的特点是分别求系统的技术价和经济价,同时考虑各评价目标加权系数的影响。技术价和经济价都是相对于理想状态的相对值,分析后既有利于决策判断,也便于有针对性地改进系统方案。技术经济评价法的评价过程如下:

1)对系统进行技术评价 系统的技术价 W_t 的计算公式为:

$$W_t = \frac{\sum_{i=1}^{n} P_i g_i}{P_{max}} \qquad (0.1)$$

式中:W_t——技术价;

P_i——各项技术指标的评分值;

g_i——各技术指标的加权系数,取 $\sum_{i=1}^{n} g_i = 1$;

P_{max}——最高分值(10分制时为10分,5分制时为5分)。

技术价 W_t 值越高,系统的技术性能越好。理想系统的技术价为 $W_t = 1$,$W_t < 0.6$ 表示系统在技术上不合格,必须改进才能考虑实施。

2)对系统进行经济评价 系统的经济价 W_w 是理想生产成本与实际生产成本的比值,也是 0~1 之间的一个数,其值越大,经济效果越好。$W_w = 1$ 达到理想成本,$W_w < 0.7$ 表示经济评价不合格。

3)技术经济综合评价 相对价 W 是技术经济综合评价,其计算公式为:

$$W = \sqrt{W_t W_w} \qquad (0.2)$$

相对价 W 值大,方案的技术经济综合性能好。$W = 1$ 为理想系统,$W < 0.65$ 表示技术经济综合评价不合格。

(2)模糊评价法

根据评价目标 b_i 及其加权系数 q_i 建立评价目标集 $B = \{b_1, b_2, \cdots, b_n\}$ 和加权系数集 $Q = \{q_1, q_2, \cdots, q_n\}$。根据评价标准 P_i 建立评价集 $P = \{P_1, P_2, \cdots, P_m\}$。求出各方案评价目标对于不同评价标准的隶属度,建立各方案的模糊评价矩阵。按一定模型合成模糊矩阵,求出考虑加权的综合模糊评价,折算为按百分比表示的隶属度。用最大隶属度原则评价方案优劣顺序,决策采用何种方案。下面举例说明。

例 对建立某计算机管理系统的三个方案进行评价决策。投资控制在30万元以内,15万元为中,低于5万元为优。要求性能完善、建成周期短。方案和评价目标情况见表 0.2。评价目标树见图 0.10 所示。

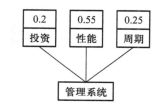

图 0.10 管理系统评价目标树

表 0.2   计算机管理系统的目标情况

方案 ＼ 评价目标	投资（1）	性能（2）	周期（3）
Ⅰ购买专用软件	28	优	短
Ⅱ购买通用软件	12	中	中
Ⅲ自行开发	6	差	长

解：评价目标集 $B = \{投资, 性能, 周期\}$

评价集 $P = \{优, 中, 差\}$

加权系数集 $Q = \{0.2, 0.55, 0.25\}$

对投资求隶属度：先用隶属函数求隶属度，在模糊数字的十几种隶属函数中，选直线隶属函数，求隶属度如图 0.11 所示。隶属度函数式为：

优：$\mu(c) = \begin{cases} 1 & (0 < c \leq 5) \\ \dfrac{15-c}{15-5} & (5 < c < 15) \\ 0 & (15 \leq c) \end{cases}$

中：$\mu(c) = \begin{cases} 0 & (c \leq 5) \\ \dfrac{c-15}{15-5} & (5 < c < 15) \\ 1 & (c = 15) \\ \dfrac{30-c}{30-15} & (15 < c < 30) \\ 0 & (c \geq 30) \end{cases}$

差：$\mu(c) = \begin{cases} 0 & (c \leq 15) \\ \dfrac{c-15}{30-15} & (15 < c < 30) \\ 1 & (c \geq 30) \end{cases}$

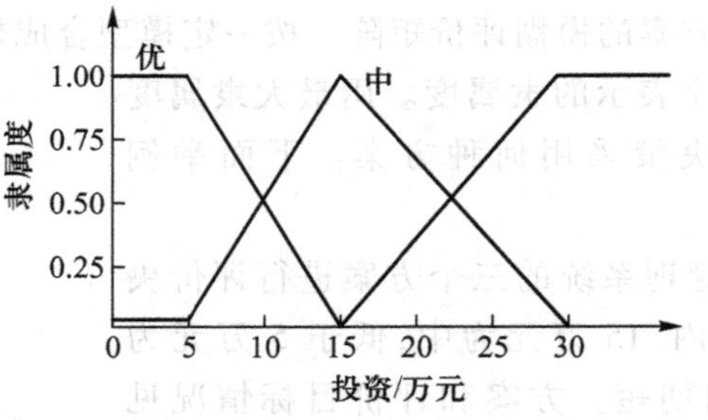

图 0.11   对投资求隶属度

三个方案对投资评价集的隶属度分别为：

$$R_{\text{I}1} = \{0, 0.13, 0.87\}, \quad R_{\text{II}1} = \{0.3, 0.7, 0\}, \quad R_{\text{III}1} = \{0.9, 0.1, 0\}$$

对性能求隶属度，可用统计法。请若干位专家进行性能的优、中、差评价，三方案的统计比例分别为

$$R_{\text{I}2} = \{0.95, 0.05, 0\}, \quad R_{\text{II}2} = \{0.05, 0.80, 0.15\}, \quad R_{\text{III}2} = \{0.10, 0.30, 0.60\}$$

对周期求隶属度，同样用统计法求得：

$$R_{\text{I}3} = \{0.85, 0.10, 0.05\}; \quad R_{\text{II}3} = \{0.20, 0.60, 0.20\}; \quad R_{\text{III}3} = \{0.10, 0.20, 0.70\}$$

$$\boldsymbol{R}_{\text{I}} = \begin{bmatrix} 0 & 0.13 & 0.87 \\ 0.95 & 0.05 & 0 \\ 0.85 & 0.10 & 0.05 \end{bmatrix}; \quad \boldsymbol{R}_{\text{II}} = \begin{bmatrix} 0.3 & 0.7 & 0 \\ 0.05 & 0.80 & 0.15 \\ 0.20 & 0.60 & 0.20 \end{bmatrix}; \quad \boldsymbol{R}_{\text{III}} = \begin{bmatrix} 0.9 & 0.1 & 0 \\ 0.1 & 0.3 & 0.6 \\ 0.1 & 0.2 & 0.7 \end{bmatrix}$$

考虑加权的综合模糊评价可用取小取大法 $M(\wedge, \vee)$：$q \wedge r = \min(q, r)$；$q \vee r = \max(q, r)$。

综合模糊评价： $Z = QR = [Z_1 Z_2 \cdots Z_j \cdots Z_m]$

$$Z_j = (q_1 \wedge r_{1j}) \vee (q_2 \wedge r_{2j}) \vee \cdots \vee (q_n \wedge r_{nj}) \qquad (j = 1, 2, \cdots, m)$$

按 $M(\wedge, \vee)$ 法求各方案的综合模糊评价如下：

$$Z_{\text{I}} = AR_{\text{I}} = (0.55, 0.13, 0.2), \quad Z_{\text{II}} = AR_{\text{II}} = (0.2, 0.55, 0.2)$$

$$Z_{\text{III}} = AR_{\text{III}} = (0.2, 0.3, 0.55)$$

经归一化处理，各 Z 值折算为按百分比表示的隶属度：

$$Z_{\text{I}} = \left(\frac{0.55}{0.55 + 0.13 + 0.2}, \frac{0.13}{0.55 + 0.13 + 0.2}, \frac{0.2}{0.55 + 0.13 + 0.2} \right)$$

$$= (0.625, 0.148, 0.227)$$

同理得：$Z_{\text{II}} = (0.21, 0.58, 0.21)$，$Z_{\text{III}} = (0.190, 0.286, 0.524)$

按最大隶属度评价决策方案优劣顺序为：Ⅰ，Ⅱ，Ⅲ。

$M(\wedge, \vee)$ 法突出了加权系数和隶属度中主要因素的影响，但会丢失部分信息。在评价目标较多、加权系数绝对值小的情况下，可用乘加运算法 $M(\cdot, +)$：

$$Z_j = \sum_{i=1}^{n} q_i r_{ij} \qquad (j = 1, 2, \cdots, m)$$

现用 $M(\cdot, +)$ 法求各方案的综合模糊评价如下：

$$\left. \begin{aligned} 0.2 \times 0 + 0.55 \times 0.95 + 0.25 \times 0.85 &= 0.735 \\ 0.2 \times 0.13 + 0.55 \times 0.05 + 0.25 \times 0.1 &= 0.078\,5 \\ 0.2 \times 0.87 + 0.55 \times 0 + 0.25 \times 0.05 &= 0.186\,5 \end{aligned} \right\} = [0.735, 0.078\,5, 0.186\,5]$$

$$\left. \begin{aligned} 0.2 \times 0.3 + 0.55 \times 0.05 + 0.25 \times 0.2 &= 0.137\,5 \\ 0.2 \times 0.7 + 0.55 \times 0.8 + 0.25 \times 0.6 &= 0.73 \\ 0.2 \times 0 + 0.55 \times 0.15 + 0.25 \times 0.2 &= 0.132\,5 \end{aligned} \right\} = [0.137\,5, 0.73, 0.132\,5]$$

$$0.2 \times 0.9 + 0.55 \times 0.1 + 0.25 \times 0.1 = 0.26$$
$$0.2 \times 0.1 + 0.55 \times 0.3 + 0.25 \times 0.2 = 0.235 \left.\right\} = [0.26, 0.235, 0.505]$$
$$0.2 \times 0 + 0.55 \times 0.6 + 0.25 \times 0.7 = 0.505$$

由此可得

$$Z_{\mathrm{I}} = [0.735, 0.0785, 0.1865]$$
$$Z_{\mathrm{II}} = [0.1375, 0.73, 0.1325]$$
$$Z_{\mathrm{III}} = [0.26, 0.235, 0.505]$$

因为方案 II 的优、中项之和 0.8675 远大于方案 III 的 0.495,按最大隶属度评价决策,方案优劣的顺序仍为 I,II,III。

0.3　机电一体化系统开发工程路线

按照系统工程和软件工程的方法论,可以采用生命周期法对机电一体化系统进行工程开发。按照生命周期法,机电一体化系统开发工程路线主要分为以下几个阶段(图 0.12):① 可行性论证,② 初步设计,③ 详细设计,④ 实施和测试,⑤ 运行和维护。

为确保工程质量,早期发现设计中存在的问题,提高开发效率,生命周期法要求在每个阶段结束时要经过评审,评审通过后,才能进入下一阶段工作。可以看出,上述系统开发过程与企业中的产品开发决策、产品设计、零件设计、加工、装配与测试、使用及维修的过程是十分相似的。

机电一体化系统的开发采用生命周期法的优点为:

1)它把系统开发过程加以细分,把其每一阶段的终点作为检测点,从而提供对项目做出重大决策的时机,特别是在系统研制的初期阶段,能进行这样的判断和决策是一个很大的优点。在初期多花 10 万元,可能预防后期损失几百万元。

2)由于每个阶段的任务、内容给出了清晰的要求,使每个阶段的每项活动目标更为明确,因此在大型项目中只承担一部分工作的专家也能正确认识自己的地位和作用,增强了全局和系统的观念。

3)机电一体化系统的开发,特别是大型复杂系统的开发,投资大、参加人员众多,尤其需要采用生命周期法。如可行性论证阶段结束后,通过评审可以判断项目是否可行,是立项进行开发,还是停止实施。在初步设计阶段以后,围绕项目实施目标、总体方案、进度、经费、效益等的可行性、合理性、先进性等进行判断决策,对整个项目的成败将会起到关键性的作用。

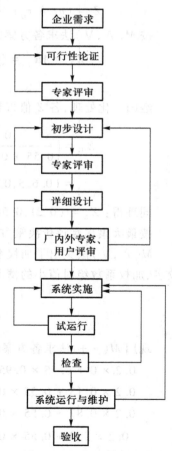

图 0.12　机电一体化系统
工程开发路线

习　　题

0.1　简述机电一体化的内涵和技术特征。

0.2　机电一体化系统的目的功能和内部功能各是什么？

0.3　机电一体化生产系统由哪些子系统组成？各有何功用？

0.4　什么是 CIMS 系统？它包括哪些分系统？

0.5　简述机电一体化系统设计的特点，设计时应遵循哪些原则？

0.6　机电一体化系统设计思想方法有哪些？

0.7　机电一体化系统评价方法有哪些？

0.8　试述机电一体化系统开发的工程路线。

第1章　机械系统设计

1.1　概述

1.1.1　机械系统的组成

机电一体化机械系统是由计算机信息网络协调与控制的,用于完成包括机械力、运动和能量流等动力学任务的机械和(或)机电部件一体化的机械系统。由此可见,现代机械应是一个机电一体化的机械系统,主要包括传动机构、导向机构、执行机构、轴系、机座或机架等五大部分。其核心是由计算机控制的,包括机、电、液、光等技术的伺服系统。由于计算机技术的发展与应用,使原本作为动力源的电动机转换为具有动力、变速与执行等多功能的伺服电机。伺服电机的伺服变速功能在很大程度上代替了机械传动中对传动比有严格要求的内联系传动链中调整速比的换置机构,缩短了每条传动链,并取代了几个执行件之间的传动联系,大大减少了传动件的数量,简化了机构,使动力件、传动件与执行件朝着合为一体的方向发展。

1.1.2　机械系统的基本要求

（1）高精度

精度直接影响产品的质量,尤其是机电一体化产品,其技术性能、工艺水平和功能比普通的机械产品都有很大的提高,因此,高精度是机电一体化机械系统首要的要求。高精度的机械系统是机电一体化系统完成精确机械操作的基础。如果机械系统的精度不能满足要求,则无论其他子系统工作如何精确,也无法完成机电一体化系统预定的机械操作。

（2）良好的稳定性

良好的稳定性即要求机械系统的工作性能不受外界环境的影响,抗干扰能力强。

（3）快速响应

快速响应要求机械系统从接到指令到开始执行指令任务之间的时间间隔短。这样控制系统才能及时根据机械系统的运行情况获取信息,进行决策,下达指令,使其准确地完成任务。

此外,机械系统还有刚度高、可靠性好、质量轻、体积小、寿命长等要求。

1.2　机械系统的结构设计

机械系统主要由传动支承系统和执行机构等主要机械装置构成,传动支承系统一般包括减速装置、滚珠丝杠副、蜗轮蜗杆副等各种线性传动部件以及连杆机构、凸轮机构等非线性传动部件、导向支承部件、旋转支承部件、轴系及机架等。执行机构用以完成操作任务,是根据操作指令的要求在动力源的带动下,完成预定的操作。为确保机械系统的精度和工作稳定性,设计过程中,为达到无间隙、低摩擦、低惯量、高刚度、高谐振频率、适当的阻尼比等要求,主要采取以下措施：

1）采用低摩擦阻力的传动部件和导向支承部件，如采用滚珠丝杠副、滚动导向支承、动（静）压导向支承等。

2）缩短传动链，提高传动与支承刚度，如用加预紧的方法提高滚珠丝杠副和滚动导轨副的传动与支承刚度；采用大扭矩、宽调速的直流或交流伺服电机直接与滚珠丝杠副连接以减少中间传动机构；丝杠的支承设计中采用两端轴向预紧或预拉伸支承结构等。

3）选用最佳传动比，以达到提高系统分辨率、减少等效到执行元件输出轴上的等效转动惯量，尽可能提高加速能力。

4）缩小反向死区误差，如采取消除传动间隙、减少支承变形的措施。

5）改进支承及机架的结构设计，以提高刚性、减少振动、降低噪声。如选用复合材料等来提高刚度和强度。减轻质量、缩小体积使结构紧密，以确保系统的小型化、轻量化、高速化和高可靠性。

上述措施反映了机电一体化系统设计的特点。本节将介绍典型的传动部件、导向支承部件以及执行机构等的结构设计的基本问题。

1.2.1　无侧隙齿轮传动机构

在机电传动系统中常用齿轮传动副，其任务是传递伺服电机输出的转矩和转速，并使伺服电机与负载（工作台）之间的转矩和转速及负载惯量相匹配，使伺服电机的高速低转矩输出变为负载所要求的低速高转矩，并可计算开环系统所需的脉冲当量。

对于开环控制系统而言，传动误差直接影响机械设备的工作精度，因而应尽可能地缩短传动链，消除传动间隙，以提高传动精度和刚度。对于闭环控制系统，齿轮传动装置完全在伺服回路中，给系统增加了惯性环节，其性能参数将直接影响整个系统的稳定性。无论是开环还是闭环控制，齿轮传动装置都将影响整个系统的灵敏度（响应速度），从这个角度考虑应注意减少摩擦，减小转动惯量，以提高传动装置的加速度。

在设计齿轮传动装置时，除考虑上述要求外，还应考虑其传动比分配及传动级数对传动件的转动惯量和执行件的失动影响。增加传动级数，可以减小转动惯量，但级数增加，使传动装置结构复杂，降低了传动效率，增大了噪声，同时也加大了传动间隙和摩擦损失，对伺服系统不利。因此，不能单纯根据转动惯量来选取传动级数，而应综合考虑来选取最佳的传动级数和各级的传动比。

1. 直齿圆柱齿轮传动机构

1）偏心轴套调整法　图1.1所示为最简单的偏心轴套式消隙结构。电动机2通过偏心轴套1装在壳体上。转动偏心轴套1可以调整两啮合齿轮的中心距，从而消除直齿圆柱齿轮传动齿侧间隙及其造成的换向死区。这种方法结构简单，但侧隙调整后不能自动补偿。

2）锥度齿轮调整法　图1.2所示为带有锥度的齿轮来消除间隙的结构。在加工齿轮1和2时，将假想的分度圆柱面改变成带有小锥度的圆锥面，使其齿厚在齿轮的轴向稍有变化。调整时，只要改变垫片3的厚度就能调整两个齿轮的轴向相对位置，从而消除齿侧间隙。

以上两种方法的特点是结构简单，能传递较大扭矩，传动刚度较好，但齿侧隙调整后不能自动补偿，又称为刚性调整法。

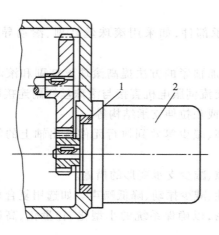 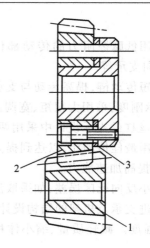

图 1.1　偏心轴套式消隙结构　　　　　　图 1.2　锥度齿轮消隙结构
1—偏心轴套；2—电动机　　　　　　　　1、2—齿轮；3—垫片

　　3）双片薄齿轮错齿调整法　　两个啮合的直齿圆柱齿轮中一个采用宽齿轮，另一个由两片可以相对转动的薄片齿轮组成。装配时使一片薄齿轮的齿左侧和另一片的齿右侧分别紧贴在宽齿轮齿槽的左、右两侧，通过两薄片齿轮的错齿，消除齿侧间隙，反向时也不会出现死区。如图 1.3 所示，两薄片齿轮 1、2 上各装入有螺纹的凸耳 3、4，螺钉 5 装在凸耳 3 上，螺母 6、7 可调节螺钉 5 的伸出长度。弹簧 8 一端钩在凸耳 9 上，另一端钩在螺钉 5 上。转动螺母 7（螺母 6 用于锁紧）可改变弹簧 8 的张力大小，调节薄片齿轮 1、2 的相对位置，达到错齿。这种错齿调整法的齿侧间隙可自动补偿，但结构复杂。

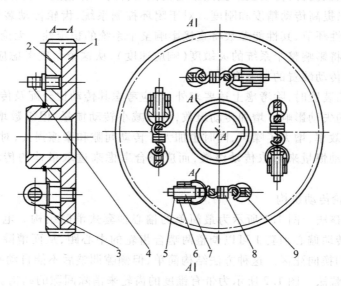

图 1.3　双圆柱薄片齿轮错齿调整
1、2—薄片齿轮；3、4、9—凸耳；5—螺钉；6、7—螺母；8—弹簧

2. 斜齿轮传动机构

（1）垫片调整法　　与错齿调整法基本相同，也采用两薄片齿轮与宽齿轮啮合，只是两薄片斜

齿轮之间的错位由两者之间的轴向距离获得。图 1.4 中两薄片斜齿轮 1、2 中间加一垫片 3,使薄片斜齿轮 1、2 的螺旋线错位,齿侧面相应地与宽齿轮一齿的左右侧面贴紧。垫片的厚度 t 与齿侧间隙 Δ 的关系为:

$$t = \Delta \cot \beta \tag{1.1}$$

式中:β——螺旋角。

　　该方法结构简单,但在使用时往往需要反复测试齿轮的啮合情况,反复调节垫片的厚度才能达到要求,而且齿侧间隙不能自动补偿。

　　(2)轴向压簧调整法(图 1.5)　该方法是用弹簧 3 的轴向力来获得薄片斜齿轮 1、2 之间的错位,使其齿侧面分别紧贴宽齿轮 7 的齿槽的两侧面。薄片齿轮 1、2 用键 4 套在轴 6 上。弹簧 3 的轴向力用螺母 5 来调节,其大小必须恰当。该方法的特点是齿侧间隙可以自动补偿,但轴向尺寸较大,结构不紧凑。

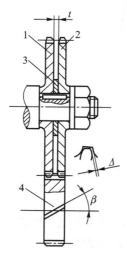

图 1.4　薄片斜齿轮垫片调整

1、2—薄片斜齿轮;3—垫片;4—斜齿轮

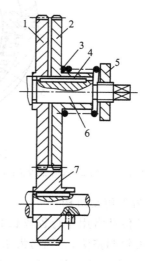

图 1.5　薄片斜齿轮轴向压簧调整

1、2—薄片斜齿轮;3—弹簧;4—键;5—螺母;
6—轴;7—宽齿轮

3. 锥齿轮传动

　　(1)轴向压簧调整法(图 1.6)　在锥齿轮 4 的传动轴 7 上装有压簧 5,其轴向力大小由螺母 6 调节。锥齿轮 4 在压簧 5 的作用下可轴向移动,从而消除了其与啮合的锥齿轮 1 之间的齿侧间隙。

　　(2)周向弹簧调整法(图 1.7)　将与锥齿轮 3 啮合的齿轮做成大小两片(1、2),在大片锥齿轮 1 上制有三个周向圆弧槽 8,小片锥齿轮 2 的端面制有三个可伸入槽 8 的凸爪 7。弹簧 5 装在槽 8 中,一端顶在凸爪 7 上,另一端顶在镶在槽 8 中的镶块 4 上。止动螺钉 6 装配时使用,安装完毕将其卸下,则大小片锥齿轮 1、2 在弹簧力作用下错齿,从而达到消除间隙的目的。

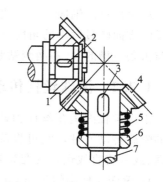

图 1.6　锥齿轮轴向压簧调整

1、4—锥齿轮;2、3—键;5—压簧;
6—螺母;7—传动轴

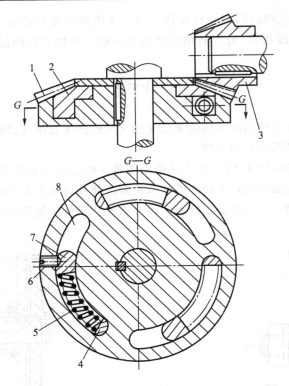

图 1.7　锥齿轮周向弹簧调整

1—大片锥齿轮；2—小片锥齿轮；3—锥齿轮；4—镶块；5—弹簧；6—止动螺钉；7—凸爪；8—圆弧槽

4. 齿轮齿条传动机构

齿轮齿条传动常用于行程较长的大型机床上，易于得到高速直线运动。当传动负载小时，可采用双片薄齿轮调整法，分别与齿条齿槽的左、右两侧贴紧，从而消除齿侧间隙。当传动负载大时，可采用双厚齿轮传动的结构，如图 1.8 所示，进给运动由轴 5 输入，该轴上装有两个螺旋线方向相反的斜齿轮，当在轴 5 上施加轴向力 F 时，能使斜齿轮产生微量的轴向移动。此时，轴 1 和轴 4 便以相反的方向转过微小的角度，使齿轮 2 和齿轮 3 分别与齿条齿槽的左、右两侧贴紧而消除了间隙。

1.2.2　滚珠丝杠传动机构

滚珠丝杠副是在丝杠和螺母间以钢球为滚动体的螺旋传动元件。它可将旋转运动转变为直线运动，或者将直线运动转变为旋转运动。

1. 滚珠丝杠副的工作原理、特点及类型

滚珠丝杠副的结构原理示意图如图 1.9 所示，在丝杠和螺母上都有半圆弧形的螺旋槽，当它们

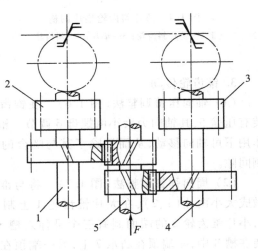

图 1.8　齿轮齿条消隙结构

1、4、5—轴；2、3—齿轮

套装在一起时便形成了滚珠的螺旋滚道。螺母上有滚珠回路管道 b,将几圈螺旋滚道的两端连接起来构成封闭的循环滚道,滚道内装满滚珠。当丝杠旋转时,滚珠在滚道内既自转又沿滚道循环转动,因而迫使螺母(或丝杠)轴向移动。

滚珠螺旋传动与滑动螺旋传动或其他直线运动副相比,有下列特点:

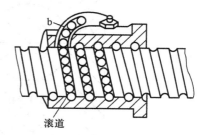

图 1.9 滚珠丝杠副的结构原理示意图

1)传动效率高 一般滚珠丝杠副的传动效率高达 0.90~0.95,为滑动丝杠副的 3~4 倍。

2)传动精度高、刚度好 丝杠螺母预紧后,可以完全消除间隙。

3)定位精度和重复定位精度高 由于滚珠丝杠副摩擦小、温升少,因此可达到较高的定位精度和重复定位精度。

4)运动平稳 滚动摩擦系数几乎与运动速度无关,动静摩擦力之差极小,起动时无冲击,低速时无爬行,保证运动的平稳性。

5)使用寿命长 滚珠丝杠副的摩擦表面为高硬度(58~62HRC)、高精度,具有较长的工作寿命和精度特性。寿命为滑动丝杠副的 4~10 倍以上。

6)可靠性高 润滑密封装置结构简单,维修方便。

7)不能自锁、有可逆性 既能将旋转运动转换为直线运动,也能将直线运动转换为旋转运动,可满足一些特殊要求的传动场合,但用于垂直传动时,必须在系统中附加自锁或制动装置。

8)制造工艺复杂 滚珠丝杠和螺母等零件的加工精度、表面粗糙度要求高,制造成本高。

国产的标准滚珠丝杠副分为两类:定位滚珠丝杠副(P 类),即通过旋转角度和导程来控制轴向位移量的滚珠丝杠副;传动滚珠丝杠副(T 类),即与旋转角度无关,用于传递动力的滚珠丝杠副。

此外,滚珠丝杠副通常还可根据其特征进行分类,如按滚珠的循环方式分为外循环式和内循环式;按螺母形式分为单侧法兰盘双螺母型、单侧法兰盘单螺母型、双法兰盘双螺母型、圆柱双螺母型、圆柱单螺母型、简易螺母型及方螺母型等;按螺旋滚道型面分为单圆弧型面和双圆弧型面;按制造方法的不同分为普通滚珠丝杠副和滚轧滚珠丝杠副。

2. 滚珠丝杠副的结构

(1)螺纹滚道型面的形状及其主要尺寸

螺纹滚道型面(即滚道法向截形)的形状有多种,常见的截形有单圆弧型面和双圆弧型面两种。图 1.10 为螺纹滚道型面的简图,图中钢球与滚道表面在接触点处公法线与螺纹轴线的垂线间的夹角称为接触角 α,理想接触角 $\alpha=45°$。

1)单圆弧型面 如图 1.10a 所示,通常滚道半径 r_n 稍大于滚珠半径 $D_w/2$,通常 $2r_n=(1.04~1.11)D_w$。对于单圆弧型面的螺纹滚道,接触角 α 随轴向负荷 F 的大小而变化。当 $F=0$ 时,$\alpha=0$;承载后,随 F 的增大 α 也增大,α 的大小由接触变形的大小决定。当接触角 α 增大后,传动效率、轴向刚度以及承载能力随之增大。

2)双圆弧型面 如图 1.10b 所示,滚珠与滚道只在内相切的两点接触,接触角 α 不变。两圆弧交接处有一小空隙,可容纳一些脏物,这对滚珠的流动有利。

单圆弧型面的接触角 α 是随负载的大小而变化的,因而轴承刚度和承载能力也随之变化,应用较少。双圆弧型面的接触角选定后是不变的,应用较广。

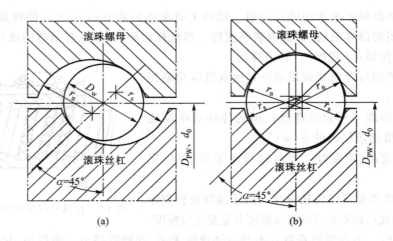

图 1.10　螺纹滚道型面的形状

（2）滚珠丝杠副的循环方式

根据滚珠丝杠副应用情况及导程大小，其滚珠的循环方式可分为外循环、内循环以及端面循环等回珠循环方式。

1）外循环　滚珠在循环过程中有时与丝杠脱离接触的循环方式称为外循环。外循环多用螺旋槽式和插管式。图 1.11 所示为常用的插管式，被压板 1 压住的弯管 2 的两端，插入螺母 3 上与螺纹滚道相切的两个孔内，引导滚珠 4 构成循环回路。特点是结构简单，制造方便，但径向尺寸较大，弯管端部容易磨损。若不用弯管，在螺母 3 的两个孔内装上反向器，引导滚珠通过螺母外表面的螺旋凹槽形成滚珠循环路，则称为螺旋槽式，其径向尺寸较小，工艺也较简单。外循环方式使用较广，其缺点是滚道接缝处很难做得平滑，影响滚珠滚动的平稳性。

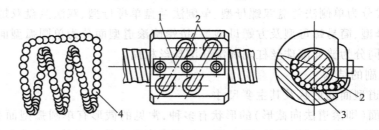

图 1.11　插管式外循环方式原理图
1—压板；2—弯管（回珠管）；3—螺母；4—滚珠

2）内循环　滚珠循环时始终与丝杠保持接触的循环方式称为内循环。内循环均采用反向器实现滚珠循环，反向器有圆柱凸键反向器和扁圆镶块反向器两种形式。如图 1.12a 所示为圆柱凸键反向器，反向器的圆柱部分嵌入螺母内，端部开有反向槽 2。反向槽靠圆柱外圆面及其上端的凸键 1 定位，以保证对准螺纹滚道方向。图 1.12b 为扁圆镶块反向器，反向器为一半圆头平键形镶块，镶块嵌入螺母的切槽中，其端部开有反向槽 3，用镶块的外廓定位。两种反向器比较，后者尺寸较小，从而减小了螺母的径向尺寸及缩短了轴向尺寸。但这种反向器的外廓和螺母上的切槽尺寸精度要求较高。

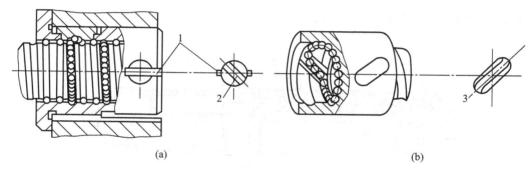

图 1.12 内循环方式原理图

1—凸键；2、3—反向槽

内循环反向器和外循环反向器相比，其结构紧凑，定位可靠，刚性好，且不易磨损，返回滚道短，不易发生滚珠堵塞，摩擦损失也小。其缺点是反向器结构复杂，制造困难，且不能用于多头螺纹传动。

由于滚珠在进入和离开循环反向装置时容易产生较大的阻力，而且滚珠在反向通道中的运动多属前珠拨后珠的滑移运动，很少有滚动，因此滚珠在反向装置中的摩擦力矩 $M_{反}$ 在整个滚珠丝杠的摩擦力矩 M_{t} 中所占比重较大，而不同的循环反向装置，由于回珠通道的运动轨迹不同以及曲率半径的差异，因而 $M_{反}/M_{t}$ 的比值不同，通常浮动式内循环反向装置的 $M_{反}/M_{t}$ 值最小，插管式外循环反向装置的 $M_{反}/M_{t}$ 值较小。

3）端面循环　滚珠循环时经过螺母两端进行反向的循环方式为端面循环。这种循环方式主要用于大导程或大螺旋角，以实现将直线运动变换为旋转运动的滚珠丝杠传动副，以及滚珠花键直线导轨副。图 1.13a 为滚珠花键导轨副，如图 1.13b 为滚珠直线球轴承，这两种导轨副的滚珠循环方式均采用端面外循环。

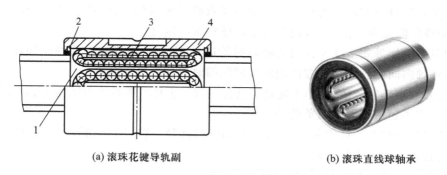

(a) 滚珠花键导轨副　　　　　　　　　(b) 滚珠直线球轴承

图 1.13 端面循环方式原理图

1—保持器；2—橡胶密封垫；3—滚珠；4—外筒

图 1.14a 为用于航空飞行器上的旋摆作动器。作动器通过液压缸带动传动轴（图 1.14b）作往复直线运动，传动轴左段为直线花键导轨轴段，通过花键导轨套 2 和花键滚珠防止传动轴旋转；传动轴右段为大螺旋传动轴段（大导程丝杠），传动轴的往复直线运动通过滚珠驱动螺旋套 4 往复旋摆。在该作动器涉及的滚珠花键导轨副和滚珠螺旋传动副采用的滚珠循环方式均为端面

内循环方式,其循环反向器如图 1.14c 所示。

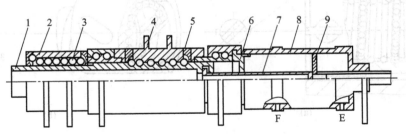

(a) 液压缸驱动的旋摆作动器

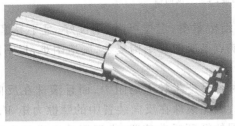

(b) 作动器传动轴

(c) 作动器滚珠反向器

图 1.14　旋摆作动器

1—花键导轨副端面循环反向器;2—花键套;3—滚珠;
4、5—滚珠螺旋副端面循环反向器;6、7、8、9—液压缸组件

(3) 滚珠丝杠副轴向间隙的调整和预紧方法

滚珠丝杠副除了对本身单一方向的传动精度有要求外,对其轴向间隙也有严格要求,以保证其反向传动精度。滚珠丝杠副的轴向间隙是承载时在滚珠与滚道型面接触点的弹性变形所引起的螺母位移量和螺母原有间隙的总和。通常采用双螺母预紧的方法,把弹性变形控制在最小限度内,以减小或消除轴向间隙,还可以提高滚珠丝杠副的刚度。

目前制造的单螺母式滚珠丝杠副的轴向间隙达 0.05 mm,而双螺母式的经加预紧力调整后基本上能消除轴向间隙。应用该方法消除轴向间隙时应注意以下两点:

1) 预紧力大小必须合适,过小不能保证无隙传动,过大将使驱动力矩增大,效率降低,寿命缩短。预紧力应不超过最大轴向负载的 1/3。

2) 要特别注意减小丝杠安装部分和驱动部分的间隙,这些间隙用预紧的方法是无法消除的,而它们对传动精度有直接影响。

常用的双螺母消除轴向间隙的结构形式有三种:

1) 垫片调隙式　图 1.15 所示结构是通过改变垫片的厚度,使螺母产生轴向位移的。这种结构简单可靠、刚性好,但调整费时,且不能在工作中随意调整。

2) 螺纹调隙式　图 1.16 所示为利用螺母来实现预紧的结构,两个螺母 1、2 以平键与外套相连,平键保证螺母 1、2 不发生相对转动,只可作轴向相对移动,其中右边的一个螺母外伸部分有螺纹。用两个锁紧螺母 3、4 能使螺母 1、2 相对丝杠作轴向移动。这种结构既紧凑,工作又可靠,调整也方便,故应用较广。但调整位移量不易精确控制,因此预紧力也不能准确控制。

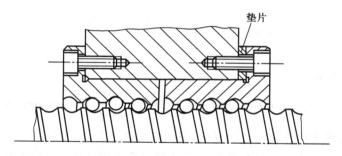

图 1.15 双螺母垫片调隙式结构图

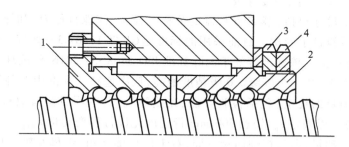

图 1.16 双螺母螺纹调隙式结构图
1、2—螺母；3、4—锁紧螺母

3）齿差调隙式 图 1.17 所示为齿差式调隙结构。在两个螺母的凸缘上分别有齿数为 z_1、z_2 的齿轮，而且两齿轮 1、2 相应的内齿圈相啮合。内齿圈紧固在螺母座上，预紧时脱开内齿圈，使两个螺母同向转过相同的齿数，然后再合上内齿圈。两螺母的轴向相对位置发生变化从而实现间隙的调整和施加预紧力。如果其中一个螺母上的齿轮转过 n 个齿时，其轴向位移量为：

$$s = \frac{n}{z_1} P_h \qquad (1.2)$$

式中：P_h——丝杠导程；
z_1——齿轮 1 齿数。

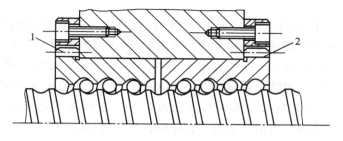

图 1.17 双螺母齿差调隙式结构图

如两齿轮沿同方向各转过 n 个齿时，则其两螺母间相对轴向位移量为：

$$s = \left(\frac{1}{z_1} - \frac{1}{z_2} \right) n P_h = \frac{(z_2 - z_1) n P_h}{z_1 z_2} \qquad (1.3)$$

式中：z_2——齿轮 2 齿数。

例如，当 $n=1$，$z_1=99$，$z_2=100$，$P_h=10$ mm 时，则 $s = \frac{10}{9\,900}$ mm ≈ 1 μm，即两个螺母在轴向产生 1 μm 的位移。这种调整方式的结构复杂，但调整准确可靠，精度较高。

除上述三种双螺母加预紧力的方式外，还有单螺母变导程自预紧和单螺母钢球过盈预紧方式。

3. 滚珠丝杠的主要尺寸、精度等级

滚珠丝杠的主要尺寸包括：滚珠丝杠副的公称直径 d_0、滚珠直径 D_w 和导程 P_h。我国滚珠丝杠副的精度标准先后修订了四次。目前采用的标准是 GB/T 17587.3—2017《滚珠丝杠副第 3 部分：验收条件和验收检验》，该标准等效于国际标准 ISO 3408-3：2016，将滚珠丝杠副的精度等级分为 0、1、2、3、4、5、7、10 共八个等级。0 级精度最高，依次递减。标准中对各级精度的滚珠丝杠副行程偏差有多个项目的规定（包括检验方法、允差等）。这些项目是有效行程（有精度要求的行程长度）内的平均行程偏差 e_p、任意 300 mm 行程内允许行程变动量 v_{300p}。任意 2π rad 内允许行程变动量称之为波动量，即丝杠轴回转一周，对于任意旋转角，螺母在轴方向前进的实测值与基准值的差。

根据不同的应用场合，滚珠丝杠副分为定位型和传动型两类。数控机床进给系统采用的是定位（P 型）滚珠丝杠副，精度主要采用 0~5 级。滚珠丝杠副的精度主要根据机床定位精度的要求选择。通常取滚珠丝杠允许的平均行程变动量占机床定位误差的 1/3~1/2，据此选择滚珠丝杠副的精度。就国内目前的实际制造水平，滚珠丝杠的长度受到精度限制，这个限制各厂家有自己的规定，选择时应注意。

4. 滚珠丝杠副的安装

（1）支承方式的选择

为了保证滚珠丝杠副传动的刚度和精度，应选择合适的支承方式，选用高刚度、小摩擦力矩、高运转精度的轴承，并保证支承座有足够的刚度。

滚珠丝杠副的支承按其限制丝杠的轴向窜动情况，分为三种形式，表 1.1 分别列出了各形式及其特点。

1）一端固定、一端自由（F—O）　如图 1.18 所示，其固定端轴向、径向都需要有约束，采用圆锥滚子轴承 3、5。轴承外圈由支承座 4 的台肩轴限位，内圈由螺母 1、2 及轴肩轴向限位。

2）一端固定、一端游动（F—S）　如图 1.19 所示，固定端采用深沟球轴承 2 和双向推力球轴承 4，可分别承受径向和轴向负载，螺母 1、挡圈 3、轴肩、支承座 5、台肩、端盖 7 提供轴向限位，垫圈 6 可调节双向推力球轴承 4 的轴向预紧力。游动端需要径向约束，轴向无约束。采用深沟球轴承 8，其内圈由挡圈 9 限位，外圈不限位，以保证丝杠在受热变形后可在游动端自由伸缩。

3）两端固定（F—F）　如图 1.20 所示，采用一个推力角接触球轴承，外圈限位，内圈分别用螺母进行限位和预紧，调节轴承的间隙，并根据预计温升产生的热膨胀量对丝杠进行预拉伸。只要实际温升不超过预计的温升，该支承方式就不会产生轴向间隙。

表 1.1 滚珠丝杠副的支承形式及其特点

支承形式	简图	特点
一端固定 一端自由 （F—O）	F ←—— l ——→ O	（1）结构简单 （2）丝杠的轴向刚度比两端固定低 （3）丝杠的压杆稳定性和临界转速都较低 （4）设计时应尽量使丝杠受拉伸 （5）适用于较短和竖直的丝杠
一端固定 一端游动 （F—S）	F ←—— l ——→ S	（1）需保持螺母与两端支承同轴，故结构较复杂，工艺较困难 （2）丝杠的轴向刚度和 F—O 型相同 （3）压杆稳定性和临界转速比同长度的 F—O 型高 （4）丝杠有热膨胀的余地 （5）适用于较长的卧式安装丝杠
两端固定 （F—F）	F ←— l —→ F	（1）同 F—S 型的（1） （2）只要轴承无间隙，丝杠的轴向刚度为一端固定的 4 倍 （3）丝杠一般不会受压，无压杆稳定问题，固有频率比一端固定要高 （4）可以预拉伸，预拉伸后可减少丝杠自重的下垂和热补偿膨胀，但需一套预拉伸机构，结构及工艺都比较困难 （5）要进行预拉伸的丝杠，其目标行程应略小于公称行程，减少量等于拉伸量 （6）适用于对刚度和位移精度要求高的场合

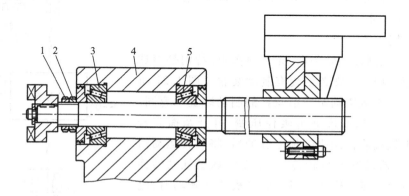

图 1.18 一端固定一端自由式支承

1、2—螺母；3、5—圆锥滚子轴承；4—支承座

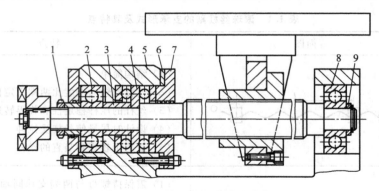

图 1.19　一端固定一端游动式支承

1—螺母；2、8—深沟球轴承；3、9—挡圈；4—双向推力球轴承；5—支承座；
6—垫圈；7—端盖

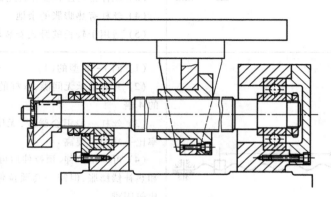

图 1.20　两端固定式支承

（2）滚珠丝杠轴端形式及尺寸

滚珠丝杠轴端形式主要有固定式和铰接式两种，我国已制定了相应的标准，标准为 JB/T 3162—2011《滚珠丝杠副丝杠轴端型式尺寸》。

（3）制动装置

由于滚珠丝杠副传动效率高，无自锁作用（特别是滚珠丝杠处于垂直传动时），故必须装有制动装置。图 1.21 所示为数控卧式铣、镗床主轴箱进给丝杠的制动装置示意图。当机床工作时，电磁铁线圈通电吸住压簧，打开摩擦离合器，此时步进电机接收控制机的指令脉冲后，将旋转运动通过液压扭矩放大器及减速齿轮传动，带动滚珠丝杠副转换为主轴箱的立向（垂直）移动。当步进电机停止转动时，电磁铁线圈亦同时断电，在弹簧作用下摩擦离合器压紧，使得滚珠丝杠不能自由转动，主轴箱就不会因自重而向下移动。目前，直、交流伺服电机本身带有制动功能，故要注意选择

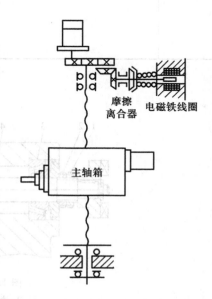

图 1.21　数控卧式铣、镗床主轴箱
进给丝杠制动装置示意图

合适的电动机型号。超越离合器有时也用作滚珠丝杠的制动装置。

（4）润滑和密封

1）润滑　润滑剂可提高滚珠丝杠副的耐磨性和传动效率。润滑剂分为润滑油、润滑脂两大类。润滑油为一般机油或 90~180 号透平油或 140 号主轴油，可通过螺母上的油孔将其注入螺纹滚道；润滑脂可采用锂基油脂，它加在螺纹滚道和安装螺母的壳体空间内。

2）密封　滚珠丝杠副在使用时常采用一些密封装置进行防护。为防止杂质和水进入丝杠（否则会增加摩擦或造成损坏），对于预计会带进杂质之处按图 1.22 所示使用波纹管（右侧）或伸缩罩（左侧），以完全盖住丝杠轴。对于螺母应在其两端进行密封，如图 1.23 所示。密封防护材料必须具有防腐蚀和耐油性能。

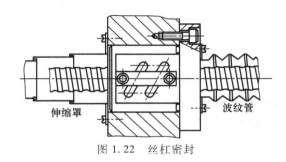 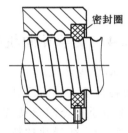

图 1.22　丝杠密封　　　　　　　　　图 1.23　螺母端部密封

1.2.3　其他传动机构

1. 同步带传动机构

同步带传动机构如图 1.24 所示，利用同步带的齿形与带轮的轮齿依次相啮合传递运动和动力。它兼有带传动、齿轮传动及链传动的优点，能方便地实现较远中心距的传动，传动过程无相对滑动，平均传动比较准确，传动精度高，且同步带的强度高，厚度小，重量轻，故可用于低速及高速传动；同步带无需特别张紧，作用在轴和轴承等处的载荷小，传动效率高，因此在数控机床、工业机器人等伺服传动中得到广泛应用。

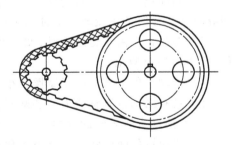

图 1.24　同步带传动

2. 谐波传动

谐波传动是由波发生器、柔性件和刚性件三个基本构件组成的机械传动。这种传动是在波发生器的作用下，使柔性件产生弹性变形并与刚性件相互作用而达到传递运动或动力的目的。在传动中波发生器回转一周，柔性件上某一点循环变形的次数称波数。柔性件的变形过程是一个基本对称的谐波（图 1.25 为双波柔轮的变化波形），故称为谐波传动。常用的谐波传动是双波传动。图 1.26 为谐波传动减速器的基本构成。谐波传动的传动比范围大，一般为 63~3 200。双波传动同时啮合的齿数可达总齿数的 30%~40%，因此承载能力比其他形式的齿轮强。由于谐波传动零件数少，体积小，磨损小，效率高，运动精度高，平稳，无噪声，因此在工业机器人和数控机床中广泛应用。

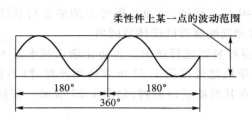

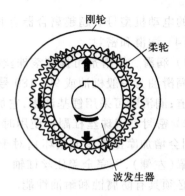

图 1.25   双波柔轮的变化波形   图 1.26   谐波传动减速器的基本构成

1.2.4   支承导向机构设计

1. 滚动直线导轨副

目前各种滚动导轨已基本实现生产的系列化,如汉江机床厂生产的滚动直线导轨 HJG-D 系列,因此本节重点介绍滚动直线导轨的设计和选用方法。

(1)滚动直线导轨的特点

滚动直线导轨有以下特点:

1)承载能力大   其滚道采用圆弧形式,增大了滚动体与圆弧滚道的接触面积,从而大大地提高了导轨的承载能力,可达到平面滚道形式的 13 倍。

2)刚性强   在该导轨制作时,常需要预加载荷,这使导轨系统刚度得以提高。所以滚动直线导轨在工作时能承受较大的冲击和振动。

3)寿命长   由于是纯滚动,摩擦系数为滑动导轨的 1/50 左右,磨损小,因而寿命长,功耗低,便于机械小型化。

4)传动平稳可靠   由于摩擦力小,动作轻便,因而定位精度高,微量移动灵活准确。

5)具有结构自调整能力   装配调整容易,因此降低了对配件加工精度要求。

(2)滚动直线导轨的分类

1)按导轨截面形状分   有矩形和梯形两种,如图 1.27 所示。其中图 1.27a 所示为四方向等载荷式,导轨截面为矩形,承载时各方向受力大小相等。梯形截面如图 1.27b 所示,导轨能承受较大的垂直载荷,而其他方向的承载能力较低,但对于安装基准的误差调节能力较强。

2)按滚道沟槽形状分   有单圆弧和双圆弧两种,如图 1.28 所示。单圆弧沟槽为两点接触,如图 1.28a 所示。双圆弧沟槽为四点接触,如图 1.28b 所示。前者的运动摩擦和对安装基准的误差平均作用比后者要小,但其静刚度比后者稍差。

3)按滚动体形状分   有滚珠式和滚柱式两种,如图 1.29 所示。滚柱式由于为线接触,故其有较高的承载能力,但摩擦力也较高,同时加工装配也相对复杂。目前使用较多的是滚珠式。

2. 其他直线导向装置

(1)滚动花键导轨副

如图 1.30 所示,花键轴的外圈均匀分布三条凸起轨道,分别放置 12 条滚珠列,其中六条用于负载,六条用于滚珠循环退出。当花键沿花键轴作直线运动时,滚珠在滚道和保持架内的通道中循环,并可自动定心。外筒两端装有橡胶密封垫防尘,其上开键槽用以与其他传动件连接,通过油孔润滑减少花键副的磨损。

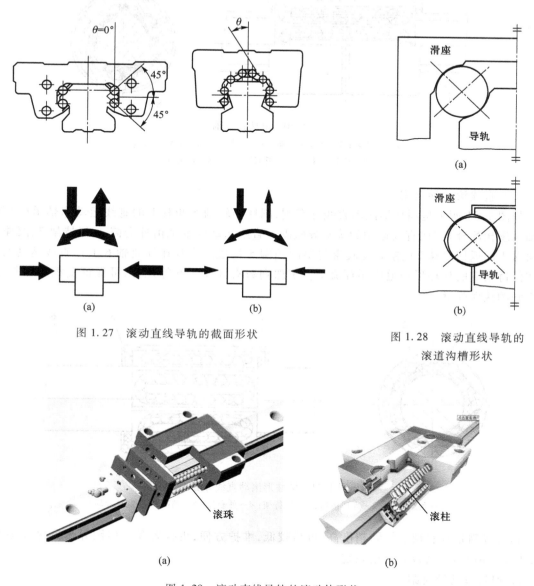

图 1.27 滚动直线导轨的截面形状

图 1.28 滚动直线导轨的滚道沟槽形状

图 1.29 滚动直线导轨的滚动体形状

另外,花键与花键轴间通过滚珠还可以传递一定的转矩,当花键承受载荷相对花键轴转动时,六条负荷滚珠列中的三条可自动定心,并传递转矩,另外三条则不承受负载,反转时,另外三条承载并自动定心。可通过选配滚珠的直径使滚珠花键副内产生过盈,即预加载荷,以提高接触刚度、运动精度和抗冲击能力。所以,滚珠花键副既可作为高速运动(可达 60 m/min)机构的导轨,又可用于传递转矩的传动机构,在机电一体化产品中广泛应用。

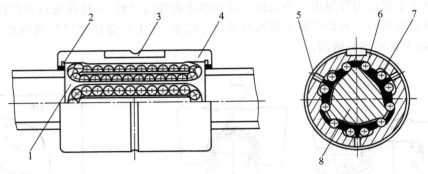

图 1.30　滚珠花键轴

1—保持架；2—橡胶密封垫；3—键槽；4—外筒；5—油孔；
6—负荷滚珠列；7—返回滚珠列；8—花键轴

（2）直线滚动导套副

如图 1.31 所示是圆柱形滚动直线导套副,圆柱导轨轴 6 和其上的直线运动球轴承(可与相应轴承座相配合)构成直线运动的滚动导轨副。直线运动球轴承由外套筒 4、保持架 3、滚珠(负载滚珠 1 和返回滚珠 2)、镶有橡胶密封垫的挡圈 5 构成。当其在导轨轴 6 上作直线运动时,滚珠在保持架 3 的长环形通道内循环流动。滚珠列数有 3、4、5、6 等几种,可保证负载滚珠与导轨轴之间的接触强度。

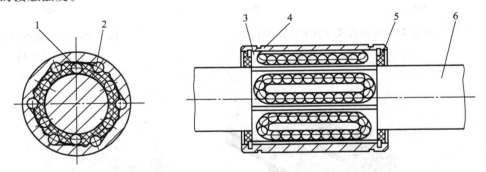

图 1.31　圆柱形滚动直线导套副

1—负载滚珠；2—返回滚珠；3—保持架；4—外套筒；5—挡圈；6—圆柱导轨轴

这种导轨运动轻便、灵活、精度高,价格较低,维护方便,更换容易。但因导套副之间为点接触,所以常用于轻载移动、输送系统。

3. 塑料滑动导轨副

近年来由于新型工程材料的出现,导轨的选材已不仅仅局限于金属材料,各种塑料导轨制品已纷纷涌现,并形成各种系列。这不仅降低了导轨的生产成本,而且提高了导轨的抗振性、耐磨性、低速运动平稳性。

塑料导轨导轨副的接触面为聚四氟乙烯等耐磨软塑料,导轨是与床身为一体并经过研磨和淬火而成的,也叫方轨。塑料滑动导轨具有较好的耐磨性和自润滑功能;摩擦系数小,动、静摩擦系数差小;减振性好,具有良好的阻尼性;加工性好,工艺简单,化学性能好(耐水、耐油),维修方便,成本低等特点。塑料导轨分为注塑导轨和贴塑导轨,导轨上的材料常用环氧树脂耐磨材料和聚四氟乙烯。

1.2.5 执行机构设计

1. 执行机构的特点及要求

机电一体化产品的执行机构是实现其主要功能的重要环节,它应能快速地完成预期的动作,并具有响应速度快、动态特性好、动静态精度动作灵敏度高等特点。另外,为便于集中控制,它还应满足效率高、体积小、质量轻、自控性强、可靠性高等要求。

机电一体化产品具有信息处理系统、物流系统、加工系统,这些都是以能量、物质或信息的传递、处理、转换、保存等为目的的技术系统,为实现不同的目的和功能,需采取不同形式的执行机构,其中有电动的、机械的、电子的、激光的,本节主要介绍在机电一体化机械系统中常用的几种执行机构。

（1）机械手

机械手是一种自动控制、可重复编程、多自由度的操作机,机械手主要由手部、运动机构和控制系统三大部分组成。手部是用来抓持工件（或工具）的部件,根据被抓持物件的形状、尺寸、重量、材料和作业要求而有多种结构形式,如夹持型、托持型和吸附型等。运动机构使手部完成各种转动（摆动）、移动或复合运动来实现规定的动作,改变被抓持物件的位置和姿势。运动机构的升降、伸缩、旋转等独立运动方式称为机械手的自由度。为了抓取空间中任意位置和方位的物体,需六个自由度。自由度是机械手设计的关键参数。自由度越大,机械手的灵活性越大,通用性越广,其结构也越复杂。

机械手的种类按驱动方式可分为液压式、气动式、电动式、机械式机械手;按适用范围可分为专用机械手和通用机械手两种;按运动轨迹控制方式可分为点位控制和连续轨迹控制机械手等。机械手通常用作机床或其他机器的附加装置,如在自动机床或自动生产线上装卸和传递工件、在加工中心中更换刀具等,一般没有独立的控制装置。有些操作装置需要由人直接操纵,如用于原子能部门操持危险物品的主从式操作手也常称为机械手。机械手在锻造工业中的应用能进一步发展锻造设备的生产能力,改善热、累等劳动条件。

机械手末端执行器装在操作机械手腕的前端,是直接执行操作功能的机构。末端执行器因用途不同而机构各异,一般可分为三大类:机械夹持器、特种末端执行器、灵巧手（或万能手）。

1）机械夹持器

机械夹持器是工业机械手中最常用的一种末端执行器。机械夹持器应具备夹持和松开功能。夹持器夹持工件时,应有一定的力约束和形状约束,以保证被加工件在移动、停留和装入过程中不改变姿态。当需要松开工件时,应完全松开。另外,还应保证工件夹持姿态再现几何偏差在给定的公差带内。

机械夹持器常用压缩空气作为动力源,经过传动机构实现手指的运动。根据手指夹持工件时的运动轨迹的不同,机械夹持器分为圆弧开合型、圆弧平行开合型和直线平行开合型。

圆弧开合型机械夹持器在传动机构带动下,手指指端的运动轨迹为圆弧。如图 1.32a 采用凸轮机构,图 1.32b 采用连杆机构作为传动件。夹持器工作时,两手指绕点作圆弧运动,同时对工件进行夹紧和定心。这类夹持器对工件被夹持部位的尺寸有严格要求,否则可能会造成工件状态失常。

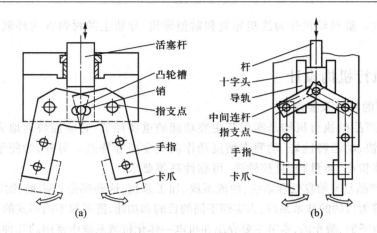

图 1.32   圆弧开合型机械夹持器

　　圆弧平行开合型机械夹持器两手指工作时作平行开合运动,而指端运动轨迹为一圆弧。图 1.33 所示的夹持器是采用平行四边形传动机构带动手指的平行开合的两种情况,其中图 1.33a 所示机构在夹持时指端前进,图 1.33b 所示机构在夹持时指端后退。

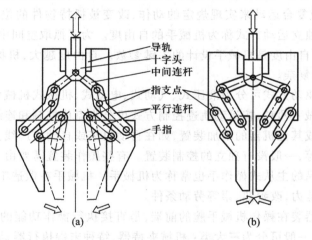

图 1.33   圆弧平行开合型机械夹持器

　　直线平行开合型机械夹持器两手指的运动轨迹为直线,而且两指夹持面始终保持平行,如图 1.34 所示。图 1.34a 采用凸轮机构实现两手指的平行开合,在各指的滑动块上开有斜行凸轮槽,当活塞杆上下运动时,通过装在其末端的滚子在凸轮槽中运动实现手指的平行夹持运动,从而使两手指平行开合,以夹持工件。图 1.34b 采用齿轮齿条机构实现直线平行夹持动作。

　　夹持器根据作业的需要形式繁多,有时为了抓取特别复杂形状的工作,还设计有特种手指机构的夹持器,如具有钢丝绳滑轮机构的多关节柔性手指夹持器、膨胀式橡胶手袋手指夹持器等。

　　2) 特种末端执行器

　　特种末端执行器供工业机器人完成某类特定的作业,图 1.35 列举了一些特种末端执行器的应用实例。下面简单介绍其中的两种。

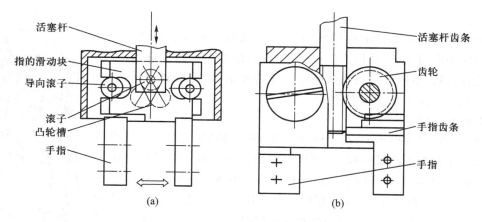

活塞杆
指的滑动块
导向滚子
滚子
凸轮槽
手指

活塞杆齿条
齿轮
手指齿条
手指

(a)　　　　　　　　　　(b)

图 1.34　直线平行开合型机械夹持器

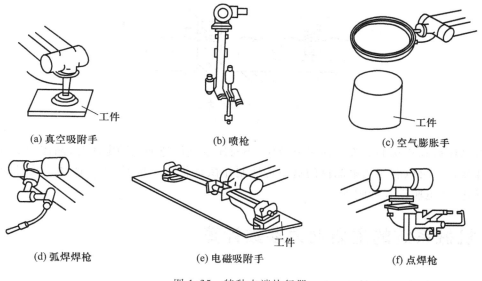

工件

(a) 真空吸附手　　　　(b) 喷枪　　　　(c) 空气膨胀手

工件

工件

(d) 弧焊焊枪　　　(e) 电磁吸附手　　　(f) 点焊枪

图 1.35　特种末端执行器

①　真空吸附手　　工业机器人中常把真空吸附手与负压发生器组成一个工作系统,控制电磁转向阀的开合可实现对工件的吸附和脱开。它结构简单,价格低廉,且吸附作业具有一定柔顺性,这样即使工件有尺寸偏差和位置偏差也不会影响吸附手的工作。它常用于小件搬运,也可根据工件形状、尺寸、重量的不同将多个真空吸附手组合使用。

②　电磁吸附手　　它利用通电线圈的磁场对可磁化材料的作用力来实现对工件的吸附作用。它同样具有结构简单、价格低廉等特点,但其最特殊的是吸附工件的过程是从不接触工件开始的,工件与吸附手接触之前处于漂浮状态,即吸附过程由极大的柔顺状态突变到低的柔顺状态。这种吸附手的吸附力是由通电线圈的磁场提供的,所以可用于搬运较大的可磁化性材料的工件。

吸附手的形式根据被吸附工件表面形状来设计。这种吸附手在吸附部位装有磁粉袋,线圈通电前将可变形的磁粉袋贴在工件表面上,当线圈通电励磁后,在磁场作用下,磁粉袋端部外形固定成被吸附工件的表面形状,从而达到吸附不同表面形状工件的目的。

3）灵巧手

它是一种模仿人手制作的多指、多关节的机器人末端执行器。它可以适应物体外形的变化,对物体进行任意方向、任意大小的夹持力,可以满足对任意形状、不同材质的物体操作和抓持要求,但其控制、操作系统技术难度较大。图 1.36 为灵巧手的一个实例。

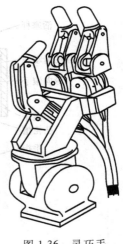

图 1.36　灵巧手

（2）微动机构

微动机构就是在很小的行程范围内工作的一种精密机构。微动机构的实现方法通常有差动螺旋机构、压电晶体微动机构等。差动螺旋微动机构的工作原理如图 1.37 所示。该机构丝杠上有基本导程(或螺距)不同(P_{h1},P_{h2})的两段螺纹,且旋向相同。当丝杠 3 转动时,可动螺母 2 的移动距离为 $s = n \times (P_{h1} - P_{h2})$,如果两基本导程的大小相差较少,则可获得较小的位移 s。

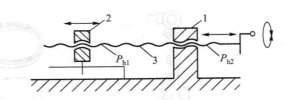

图 1.37　差动传动原理
1—固定螺母；2—可动螺母；3—丝杠

压电晶体微动机构的原理是逆压电效应,当对压电晶体施加激励电场时,晶体介质将产生微小的弹性变形。可以利用压电晶体的这一特性制作微动机构。目前,压电微动机构已应用于压电陶瓷马达、压电驱动式针阀等。

1.3　机械系统的主要动力参数计算

1.3.1　机械系统的负载计算

1. 机械系统的典型负载及综合

设计机械系统时,选择电动机等动力机或者对机械系统进行动力学分析,均必须确定机械系统各部件负载,然后综合成系统的总负载。为便于工程设计计算,需作合理的简化,各部件的典型运动负载主要有干摩擦负载、惯性负载、液体或气体摩擦负载、弹性负载、风载等,它们均与运动速度有关。以旋转机械系统为例,可将它们描述如下：

（1）干摩擦力矩

$$T_f = |T_f| \operatorname{sign} \omega_L$$

式中：ω_L——负载转动的角速度,rad/s；

　　　　sign——符号函数。

（2）惯性转矩

$$T_j = J_L \ddot{\theta}_L$$

式中：J——负载转动惯量，$\mathrm{kg \cdot m^2}$；

　　　$\ddot{\theta}_L$——负载角加速度，$\mathrm{rad/s^2}$。

（3）黏性摩擦力矩

$$T_b = D\omega_L$$

式中：D——黏性摩擦系数，$\mathrm{N \cdot m \cdot s}$。

（4）弹性力矩

$$T_k = K\theta_L$$

式中：K——扭转弹性刚度系数，$\mathrm{N \cdot m/rad}$；

　　　θ_L——负载转动角度，rad。

（5）风阻力矩

$$T_F = f_L \omega_L^2$$

式中：f_L——风阻系数，$\mathrm{N \cdot m \cdot s^2}$。

　　尽管系统的负载特性多种多样，其中大多数系统可用摩擦负载、惯性负载以及工作负载等来综合描述，有的为多种典型负载的综合描述。

　　机械系统作为动力机驱动的负载机械，可将系统各负载按功能原理折算到动力机输出轴上计算系统的综合总负载。

　　对于典型负载与其运动参数（速度、加速度或位移）有关，如果被控对象的运动有规律，其速度、加速度、位移等能用简单的数学形式来表述，则定量分析系统负载很方便。但多数被控对象的运动形态是随机性的，很难用简单的、确定的格式来描述，工程上采取近似方法或选取几个有代表性的工况作定量分析计算，将各零部件负载转化到动力机输出轴上综合为系统的总负载。一般可采用以下两种综合计算方法。

　　（1）峰值综合

　　若各种负载为非随机性负载，将各负载的峰值取代数和折算到电动机轴上，称为等效峰值综合负载转矩。

　　（2）方和根综合

　　若各种负载为随机性负载，取各负载的方和根折算到电动机轴上，称为等效方和根综合负载转矩。

　　2. 等效综合负载转矩计算

　　机械系统各零部件所受负载按功能原理折算到电动机输出轴上的综合负载称为等效综合负载转矩。设等效负载转矩的计算模型及条件如图 1.38 所示，进给系统包含有 M 个转动零件和 N 个移动零件。转动零件的转动惯量、转速和转矩分别为 J_k、n_k（或 ω_k）和 T_k；移动零件的质量、移动速度和所受力分别为 m_j、v_j 和 F_j。若系统工作一段时间 t 后，其克

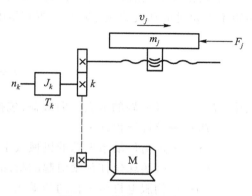

图 1.38　进给系统示意图

服所受的力和转矩作的总功 W 应为：

$$W = \sum_{k=1}^{M} T_k \omega_k t + \sum_{j=1}^{N} F_j v_j t$$

同理，设折算到电动机轴上的等效负载转矩为 T_L，电动机轴的转速为 ω，在时间 t 内，电动机轴的转角为 $\phi = \omega t$，则经转化后电动机所作的总功 W_D 为：

$$W_D = T_L \omega t$$

根据系统在转化前后相同时间内所作的功应相等的原则，即 $W = W_D$，则可得等效综合负载转矩 T_L 为：

$$T_L = \sum_{k=1}^{M} T_k \frac{\omega_k}{\omega} + \sum_{j=1}^{N} F \frac{v_j}{\omega_j} = \sum_{k=1}^{M} \frac{T_k}{i_k} + \sum_{j=1}^{N} \frac{F_j}{i_j} \tag{1.4}$$

式中：i_k——驱动装置轴的转速与中间轴的转速之比（传动比），$i_k = \dfrac{\omega}{\omega_k}$；

i_j——驱动装置轴的转速与移动工作机构速度之比，$i_j = \dfrac{\omega}{v_j}$。

考虑机械效率时，式（1.4）可写成：

$$T_L = \sum_{k=1}^{M} \frac{T_k}{i_k \eta_k} + \sum_{j=1}^{N} \frac{F_j}{i_j \eta_j} \tag{1.5}$$

式中：η_k——电动机输出轴至第 k 个传动轴的传动（机械）效率；

η_j——电动机输出轴至第 j 个移动件的传动（机械）效率。

3. 数控机床进给系统等效综合负载计算

由上述负载转矩及载荷处理方法，若机床的进给系统所受负载为非随机载荷，则可得切削时负载转矩计算公式和快速空载起动时的负载转矩计算公式。当进给驱动系统确定后，应根据给定条件和伺服电机的特性计算进给系统的负载转矩，以便合理选择伺服电机。通常要求正常工作负载转矩（如机床切削时负载转矩）不得大于伺服电机的额定转矩；快速空载起动时的负载转矩不得大于伺服电机的最大转矩。

1）切削时的负载转矩计算公式　切削时，伺服电机工作在连续工作区，因此最大切削负载转矩不得超过电动机的额定转矩。折算至电动机轴上的最大切削负载转矩 T 为：

$$T = \frac{\dfrac{F_{max} P_h}{2\pi\eta} + T_{p0}}{i} \tag{1.6}$$

式中：F_{max}——丝杠副的最大轴向载荷，包括进给力和摩擦力，N；

P_h——丝杠导程，m；

η——进给传动系统总的机械效率，采用滚珠丝杠副时，一般取 $\eta = 0.8 \sim 0.9$；

T_{p0}——因滚珠丝杠预紧引起的附加摩擦转矩，N·m，粗略计算时，可忽略此项；

i——伺服电机至丝杠的传动比。

2）快速空载起动时的负载转矩计算公式　快速起动时，伺服电机工作在断续工作区，此时，负载转矩不得超过电动机的最大转矩。当执行部件从静止以阶跃指令加速到最大移动速度时，所需的转矩最大为：

$$T_{amax} = T_f + T_{p0} + J\frac{2\pi n_{max}}{60 t_{ac}} \tag{1.7}$$

其中，$t_{ac} = (3\sim4) t_M$；$T_f = \dfrac{F_f P_h}{2\pi\eta i}$，一般 $F_f = 9.8 Wf$

式中：n_{max}——电动机在执行部件快移时的转速，r/min；

$\quad\quad t_{ac}$——系统时间常数（或加速时间），s；

$\quad\quad t_M$——电动机机械时间常数，s；

$\quad\quad T_f$——折算到电动机轴上的摩擦转矩，N·m。

$\quad\quad F_f$——摩擦阻力，N；

$\quad\quad W$——移动部件总重量；

$\quad\quad f$——相对运动件之间的摩擦系数。

3）电动机最大静转矩确定　根据电动机实际起动情况（空载或有载），按式（1.7）计算出起动时的负载转矩 T_{amax}，然后按表 1.2 选取比例并计算起动时所需步进电机的最大静转矩 T_{s1}。

表 1.2 T_{amax} 与 T_{s1} 之间的比例关系

电动机相数	3		4		5		6	
运行拍数	3	6	4	8	5	10	6	12
T_{amax}/T_{s1}	0.5	0.866	0.707	0.707	0.809	0.951	0.866	0.866

根据电动机正常运行时的受力情况，按式（1.6）计算出负载转矩 T，然后按下式计算正常运行时所需步进电机的最大静转矩 T_{s2}：

$$T_{s2} = \frac{T}{0.3\sim0.5} \tag{1.8}$$

按 T_{s1} 和 T_{s2} 中的较大者选取步进电机的最大静转矩 T_s：

$$T_s \geqslant \max\{T_{s1}, T_{s2}\} \tag{1.9}$$

1.3.2 机械系统特性参数的计算

表征机械系统特性的参数主要有系统转动惯量、系统固有频率、系统阻尼以及系统刚度等。在对机械系统进行分析计算时，同样需要将这些参数进行等效计算。

1. 机械系统惯量的分析计算

（1）负载转动惯量的计算

系统中各个运动零部件的转动惯量折算到动力机输出轴上的等效计算，可用理论力学中的平移定理计算，也可按动能原理等效计算。通常将机电传动系统中的各运动件的转动惯量折算到电动机轴上的等效转动惯量,称为等效负载转动惯量(简称为负载转动惯量)。如图 1.38 所示系统模型,进给系统运动部件能量总和 E 为:

$$E = \frac{1}{2}\sum_{k=1}^{M} J_k \omega_k^2 + \frac{1}{2}\sum_{j=1}^{N} m_j v_j^2$$

将其折算到速度为 ω 的电动机轴上,设其负载转动惯量为 J_L,则电动机轴的能量可表示为:

$$E = \frac{1}{2} J_\mathrm{L} \omega^2$$

根据能量守恒定律,则 $E = E_\mathrm{D}$,故可得负载转动惯量 J_L 为:

$$J_\mathrm{L} = \sum_{k=1}^{M} J_k \left(\frac{\omega_k}{\omega}\right)^2 + \sum_{j=1}^{N} m_j \left(\frac{v_j}{\omega}\right)^2 = \sum_{k=1}^{M} \frac{J_k}{i_k^2} + \sum_{j=1}^{N} \frac{m_j}{i_j^2} \tag{1.10}$$

(2)机械系统的惯量匹配

1)惯量匹配的基本原理

惯量匹配是指机电传动系统负载惯量与伺服电机转子惯量相匹配。根据牛顿第二定理,空载起动时,机电传动系统所需的转矩 T 等于系统的转动惯量 J 乘以角加速度 $\ddot{\theta}$,即

$$T = J\ddot{\theta} \tag{1.11}$$

快速性是机电一体化系统的显著特点,在驱动力矩一定的前提下,转动惯量越小,系统的加速性能越好。角加速度 $\ddot{\theta}$ 越小,则从计算机发出指令脉冲到进给系统执行完毕之间的时间越长,也就是通常所说的系统反应慢。如果 $\ddot{\theta}$ 变化,则系统的反应将忽快忽慢,影响加工精度。当进给伺服电机已经选定,则 T 的最大值基本不变,如果希望 $\ddot{\theta}$ 的变化小,则应使转动惯量 J 的变化尽量小些。

转动惯量 J 由伺服电机转动惯量 J_M 与机电传动系统负载转动惯量 J_L 两部分组成:

$$J = J_\mathrm{M} + J_\mathrm{L} \tag{1.12}$$

负载惯量 J_L 由执行部件以及上面装的夹具、工件或刀具、滚珠丝杠、联轴器等直线和旋转运动件的质量或惯量折合到电动机轴上的惯量组成。J_M 是定值,J_L 则因执行部件上装的夹具、工件或刀具不同而有所变化。为了提高系统的稳定性,希望 J 的变化率小些,则应该使 J_L 所占比例小些。这就是进给伺服系统中电动机转子的转动惯量 J_M 与负载惯量 J_L 匹配原则。即 J_M 应大一些,但也不是越大越好,因 J_M 越大,总惯量 J 也就越大,这将影响系统的灵敏性。

2)惯量匹配条件

为了保证足够的角加速度,使系统反应灵敏和满足系统的稳定性要求,机电传动系统的负载惯量与伺服电机转子惯量应该满足下述匹配要求。

① 步进电机　为了使步进电机具有良好的起动能力及较快的响应速度,转动惯量通常应满足下列关系式:

$$\frac{1}{4} \leqslant \frac{J_\mathrm{M}}{J_\mathrm{L}} \leqslant 1 \tag{1.13}$$

式中：J_M——伺服电机转子的转动惯量，$kg \cdot m^2$，由伺服电机样本可查得；

　　　J_L——负载转动惯量，$kg \cdot m^2$，即传动系统（传动轴、齿轮、工作台等）折算到伺服电机轴上全部负载的转动惯量。

② 直流伺服电机　实践与理论分析表明，J_M/J_L 比值的大小对伺服系统的性能影响很大，且与直流伺服电机的种类及其应用场合有关，通常分为两种情况：

a. 对于采用惯量较小的直流伺服电机的伺服系统，应满足下列关系式：

$$\frac{1}{3} \leqslant \frac{J_M}{J_L} \leqslant 1 \tag{1.14}$$

当 $\dfrac{J_M}{J_L} \leqslant \dfrac{1}{3}$ 时，对电动机的灵敏度和响应时间有很大的影响，甚至可能使伺服放大器不能在正常范围内工作。

由于使用小惯量直流伺服电机时容易发生对电源频率的响应共振，当存在间隙、死区时容易造成振荡或蠕动，因此限制了小惯量直流伺服电机应用范围。

b. 对于采用大惯量直流伺服电机的伺服系统，应满足下列关系式：

$$1 \leqslant \frac{J_M}{J_L} \leqslant 4 \tag{1.15}$$

所谓大惯量是相对小惯量而言的，其数值 $J_M = 0.1 \sim 0.6 \ kg \cdot m^2$。大惯量宽调速直流伺服电机的特点是惯量大、转矩大，且能在低速下提供额定转矩，常常不需要传动装置，直接与滚珠丝杠相连，而且受惯性负载的影响小，调整范围大。因此，采用这种电动机能获得优良的低速范围的速度刚度和动态性能，在现代数控机床中应用较广。

2. 机械系统刚度的计算

（1）机械系统刚度的等效计算

机械系统的刚度包括线弹性变形引起的线性刚度以及因非弹性变形或各种运动副间隙引起的非线性刚度，它是影响机械系统精度和性能的一个重要参数。在闭环系统中，低刚度往往造成系统的稳定性下降，与摩擦一起造成反转误差，引起系统在被控制位置附近振荡。

在刚度计算中，需要注意机械系统部件的串并联关系。对于串联部件（例如在同一根轴上），总刚度 K 为：

$$K = \frac{1}{\displaystyle\sum_{i=1}^{n} \frac{1}{K_i}} \tag{1.16}$$

式中：K_i——各分部件刚度。

对于并联部件（例如同一支承上有几个轴承），总刚度 K 为：

$$K = \sum_{i=1}^{n} K_i \tag{1.17}$$

从低速轴上的刚度 K_1 折算到高速轴上时，等效刚度 K 可采用弹性势能等效原则转换为：

$$K = K_1 \frac{1}{i^2} \qquad (1.18)$$

式中：K_1——低速轴上的刚度；

　　　i——从高速轴到低速轴的传动比。

（2）传动系统刚度计算

在机械系统中，刚度最薄弱的环节是滚珠丝杠副，因而传动系统的刚度主要取决于滚珠丝杠副的刚度。

滚珠丝杠副的刚度主要由丝杠本身的拉压刚度 K_L、丝杠螺母间的轴向接触刚度 K_N 以及轴承和轴承座组成的支承刚度 K_B 三部分组成。由于丝杠本身的拉压刚度与扭转刚度相比要小得多，故有时将其忽略不计。在设计时，通常将滚珠丝杠副的总刚度均匀分配给三个组成部分，即使每部分的刚度对总刚度的贡献各占 1/3。

采用不同类型的支承轴承时，支承刚度 K_B 也不同，一般可按表 1.3 所列公式计算。对于推力球轴承及推力角接触球轴承，当预紧力为最大轴向载荷的 1/3 时，轴承刚度 K_B 增加 1 倍且呈线性关系，对于圆锥滚子轴承，当预紧力为最大轴向载荷的 1/2 时，轴承刚度 K_B 增加 1 倍且呈线性关系。

表 1.3　轴承的轴向接触刚度计算公式

轴承类型	轴承轴向刚度 $K_B/(\mathrm{N \cdot m^{-1}})$	说明
推力球轴承 （8000 型）	$1.91 \times 10^7 \sqrt[3]{d_0 Z^2 F_a}$	d_0——滚动体直径，m Z——滚动体数量 F_a——轴向载荷，N l_u——滚动体有效接触长度，m β——轴承接触角，(°)
推力滚子轴承 （9000 型）	$3.27 \times 10^9 l_u^{0.8} Z^{0.9} F_a^{0.1}$	
圆锥滚子轴承 （7000 型）	$3.27 \times 10^9 \sin^{1.9}\beta \, l_u^{0.8} Z^{0.9} F_a^{0.1}$	
推力角接触球轴承 （6000 型）	$2.29 \times 10^7 \sin\beta \sqrt[3]{d_0 Z^2 F_a \sin^2\beta}$	

滚珠丝杠副的轴向接触刚度 K_N 可直接从滚珠丝杠副的产品样本中查得。在表 1.4 中，滚动体数量 Z_Σ 是指除处于反向器内的滚珠外，所有参与承载的滚动体数量，可由下式计算：

$$Z_\Sigma = ZKN \qquad (1.19)$$

式中：K——螺母中滚珠循环回路数，又称列数；

　　　N——每列中的螺纹圈数；

　　　Z——每圈滚珠数。对外循环方式的滚珠丝杠副，$Z = \pi \dfrac{D}{d_0}$，其中 D 为丝杠公称直径，对内循环方式的滚珠丝杠副，$Z \approx \dfrac{\pi D}{d_0} - 3$。

表 1.4　滚珠丝杠副轴向接触刚度计算公式

预紧情况	轴向接触刚度 $K_N/(\text{N}\cdot\text{m}^{-1})$	说明
无预紧	$1.21\times10^{7}\sqrt[3]{d_0 Z_{\Sigma}^2 F_a}$	F_a——轴向载荷,N F_b——预紧力,N
有预紧	$3.52\times10^{7}\sqrt[3]{d_0 Z_{\Sigma}^2 F_b}$	d_0——滚动体直径,m Z_{Σ}——滚动体数量

实际上,螺母和支承处的刚度还应包括螺母座和轴承座的刚度,但由于它们较难准确计算,故一般以 K_N 和 K_B 分别近似代表螺母处和支承处的综合刚度。应当指出,这样的近似相对于实际刚度来讲是偏大的。丝杠本身的拉压刚度主要与其几何尺寸和轴向支承形式有关,可按表 1.5 所列公式计算。

在伺服系统工作过程中,工作台的位置是变化的,丝杠上的受力点到支承端的距离也随之变化,因此丝杠的拉压刚度 K_L 也随之变化。对于一端轴向支承的丝杠,当工作台位于距丝杠轴向支承端最远的位置时,即 $l=L$ 时,丝杠有最小拉压刚度:

$$K_{\text{Lmin}}=\frac{\pi d^2 E}{4L} \tag{1.20}$$

表 1.5　丝杠拉压刚度的计算公式

轴向支承形式	丝杠拉压刚度 $K_L/(\text{N}\cdot\text{m}^{-1})$	说明
一端轴向支承	$\dfrac{\pi d^2 E}{4l}$	d——丝杠中径,m l——受力点到支承端距离,m
两端轴向支承	$\dfrac{\pi d^2 E}{4}\left(\dfrac{1}{l}+\dfrac{1}{L-l}\right)$	L——两支承间距离,m E——拉压弹性模量,N/m^2

对于两端轴向支承的丝杠,当工作台位于两支承的中间位置时,即 $l=\dfrac{L}{2}$ 时,丝杠有最小拉压刚度:

$$K_{\text{Lmin}}=\frac{\pi d^2 E}{L} \tag{1.21}$$

显然,当丝杠采用两端轴向支承形式时,其最小拉压刚度是采用一端轴向支承形式时的 4 倍。

丝杠传动的综合拉压刚度 K_0 与轴向支承形式及轴承是否预紧有关。在 K_N、K_B、K_L 分别计算出来之后,可按表 1.6 所列公式来计算综合拉压刚度 K_0。

表 1.6 中,预紧情况是指丝杠轴向支承轴承的预紧情况。丝杠综合拉压刚度的计算公式中忽略了螺母座和轴承座的刚度,且当丝杠自身拉压刚度取最小值 K_{Lmin} 时,丝杠的综合拉压刚度也达最小值 $K_{0\text{min}}$。

丝杠的扭转刚度 K_T[单位:$(\text{N}\cdot\text{m})/\text{rad}$]可按下式计算:

表 1.6　丝杠传动的综合拉压刚度计算公式

支承形式	预紧情况	丝杠综合拉压刚度 K_0
一端轴向支承	未预紧时	$\dfrac{1}{K_{0\min}}=\dfrac{1}{K_B}+\dfrac{1}{K_N}+\dfrac{1}{K_{L\min}}$
	预　紧　时	$\dfrac{1}{K_{0\min}}=\dfrac{1}{2K_B}+\dfrac{1}{K_N}+\dfrac{1}{K_{L\min}}$
两端轴向支承	未预紧时	$\dfrac{1}{K_{0\min}}=\dfrac{1}{2K_B}+\dfrac{1}{K_N}+\dfrac{1}{4K_{L\min}}$
	预　紧　时	$\dfrac{1}{K_{0\min}}=\dfrac{1}{4K_B}+\dfrac{1}{K_N}+\dfrac{1}{4K_{L\min}}$

$$K_T=\frac{\pi d^4 G}{32l} \tag{1.22}$$

式中：d——丝杠中径，m；

　　　G——材料切变模量，N/m^2；

　　　l——力矩作用点间的距离，m。

3. 机械系统阻尼的计算

机械系统在工作过程中，相互运动的元件间存在着阻尼力，并以不同的形式表现出来，如前所述的干摩擦阻尼力、流体（气或液体）阻尼力、风阻负载等，均与运动速度及摩擦阻尼系数有关，建模或分析计算时也需要将阻尼系数等效计算到机械系统的输入端（动力机输出轴上）。

对于干摩擦阻尼、流体阻尼等，首先利用功能原理等效转换为线性或非线性的黏性阻尼，然后将黏性阻尼系数从低速轴折算到高速轴（动力机轴），按阻尼力作功相等折算后的等效阻尼系数 D 为：

$$D=D_1\frac{1}{i^2} \tag{1.23}$$

式中：D_1——低速轴上的阻尼系数；

　　　i——从高速轴到低速轴的传动比。

对于负载风阻系数 f_L 从低速轴折算到高速轴（动力机轴）的等效风阻系数为：

$$f_{Ldx}=\frac{f_L}{i^3\eta}$$

4. 机械系统固有频率的计算

一般整个机械系统的特性可以用若干相互耦合的质量-弹簧-阻尼子系统表示，其中每个子系统的固有频率可表示为：

$$\omega_{ni}=\sqrt{\frac{K_i}{J_i}}$$

式中：K_i——第 i 个子系统的刚度；

J_i——第 i 个子系统的转动惯量。

为了满足机电一体化的高动态特性,机械系统的各个分系统的固有频率均应远高于机电一体化系统的设计固有频率。各分系统固有频率最好相互错开。对于晶闸管驱动装置,应注意机械系统固有频率不能与控制装置的脉冲频率接近,否则将产生机械噪声并加速机械部件的磨损。

机械系统的固有频率可将各参数折算到电动机轴上计算出等效综合固有频率,即

$$\omega_n = \sqrt{\frac{K}{J}}$$

式中:K——机械系统的等效综合刚度;

　　　J——机械系统的等效综合转动惯量。

5. 机械系统误差的计算

实际上,在机械系统的输入与输出之间总会有误差存在,其中除了零部件的制造及安装所引起的误差外,还有由于机械系统的动力参数(如刚度、惯量、摩擦、间隙等)所引起的误差。在系统设计时,必须将这些误差控制在允许范围内。

(1) 机械系统死区误差的等效计算

机械系统误差的等效计算是将系统中各零部件产生的误差等效折算到系统的输出端累计求和得到系统的总误差。所谓死区误差,又叫失动量,是指起动或反向时,系统的输入运动与输出运动之间的差值。产生死区误差的主要原因有传动机构中的间隙、导轨运动副间的摩擦力以及电气系统和执行元件的起动死区(又称不灵敏区)。

由传动间隙所引起的工作台等效死区误差 δ_c 可按下式计算:

$$\delta_c = \frac{P_h}{2\pi} \sum_{i=1}^{n} \frac{\delta_i}{i_i} \tag{1.24}$$

式中:P_h——丝杠导程,mm;

　　　δ_i——第 i 个传动副的间隙量,rad;

　　　i_i——第 i 个传动副至丝杠的传动比。

由摩擦力引起的死区误差实质上是在驱动力的作用下,传动机构为克服静摩擦力而产生的弹性变形,包括拉压弹性变形和扭转弹性变形。由于扭转弹性变形相对拉压弹性变形来说数值较小,常被忽略,于是由拉压弹性变形所引起的摩擦死区误差 δ_μ 为:

$$\delta_\mu = \frac{F_\mu}{K_0} \times 10^3 \tag{1.25}$$

式中:F_μ——导轨静摩擦力,N;

　　　K_0——滚珠丝杠副的综合拉压刚度,N/m。

由电气系统和执行元件的起动死区所引起的工作台死区误差与上述两项相比很小,常被忽略。如果再采取消除间隙措施,则系统死区误差主要取决于摩擦死区误差。假设静摩擦力主要由工作台重力引起,则工作台反向时的最大反向死区误差 Δ 可按下式求得:

$$\Delta = 2\delta_\mu = \frac{2F_\mu}{K_0} \times 10^3 = \frac{2mg\mu_0}{K_0} \times 10^3 = \frac{2g\mu_0}{\omega_n^2} \times 10^3 \tag{1.26}$$

式中：m——工作台质量，kg；

　　　g——重力加速度，$g = 9.8$ m/s^2；

　　　μ_0——导轨静摩擦系数；

　　　ω_n——丝杠 - 工作台系统的谐振固有频率，rad/s。

由式（1.27）可见，为减小系统死区误差，除应消除传动间隙外，还应采取措施减小摩擦，提高刚度和固有频率。对于开环伺服系统，为保证单脉冲进给要求，应将死区误差控制在一个脉冲当量以内。

（2）由系统刚度变化引起的定位误差

影响系统定位误差的因素很多，这里仅讨论由滚珠丝杠副综合拉压刚度的变化所引起的定位误差。

当工作台处于不同位置时，滚珠丝杠副的综合拉压刚度是变化的。空载条件下，由单一刚度变化所引起的整个行程范围内的最大定位误差 δ_{Kmax} 可用下式计算：

$$\delta_{Kmax} = F_\mu \left(\frac{1}{K_{0min}} - \frac{1}{K_{0max}} \right) \times 10^3 \tag{1.27}$$

式中：F_μ——工作台重力引起的静摩擦力，N；

K_{0min}、K_{0max}——工作台行程范围内丝杠的最小和最大综合拉压刚度，N/m。

对于开环控制的伺服系统，一般应控制在系统允许定位误差的 $1/5 \sim 1/3$ 范围内。

1.3.3　机械系统特性参数对机电一体化系统的影响

机械传动系统的性能与系统本身的阻尼比 ζ、固有频率 ω_n 有关，又与机械系统的结构参数密切相关。因此，机械系统的结构参数对伺服系统性能有很大影响。此外，机械结构中许多非线性因素，如传动件的非线性摩擦、传动间隙、机械零部件的非弹性变形等，对伺服系统的性能也有较大影响。本节就机械结构因素对伺服系统性能的影响进行分析，以便为机械设计和选型时合理地考虑这些因素。

1. 阻尼的影响

阻尼的影响可以由二阶系统单位阶跃响应曲线来说明（因为大多数机械系统均可简化为二阶系统），如图 1.39 所示。阻尼比 ζ 不同的系统，其时间响应特性也不同。

1）当阻尼比 $\zeta = 0$ 时，系统处于等幅持续振荡状态，因此系统不能无阻尼。

2）当 $\zeta \geqslant 1$ 时，系统为临界阻尼或过阻尼系统。此时，过渡过程无振荡，但响应时间较长。

3）当 $0 < \zeta < 1$ 时，系统为欠阻尼系统，系统在过渡过程中处于减幅振荡状态，其幅值衰减的快慢取决于阻尼系数 ζ 和固有频率 ω_n。在 ω_n 确定以后，ζ 愈小，其振荡愈剧烈，过渡过程

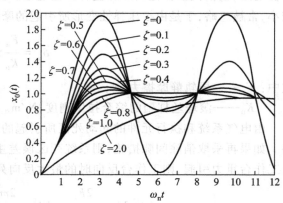

图 1.39　二阶系统阶跃响应曲线

越长。相反,ζ越大,则振荡越小,过渡过程越平稳,系统稳定性越好,但响应时间较长,系统灵敏度降低。

因此,在系统设计时应综合考虑其性能指标,一般$0.4<\zeta<0.8$的欠阻尼系统,既能保证振荡在一定的范围内,过渡过程较平稳,过渡过程时间较短,又具有较高的灵敏度。

2. 摩擦的影响

当两物体产生相对运动或有相对运动趋势时,其接触面就要产生摩擦。摩擦力可分为黏滞摩擦力、动摩擦力和静摩擦力三种,方向均与运动方向相反。

当负载处于相对静止状态时,摩擦力为静摩擦力F_s,其最大值发生在运动开始前的一瞬间;当运动一开始,静摩擦力即消失,此时摩擦力立即下降为动摩擦力F_c,动摩擦力是接触面对运动物体的阻力,大小为一常数;随着运动速度的增加,摩擦力呈线性增加,此时摩擦力为黏滞摩擦力F_v。由此可见,只有物体运动后的黏滞摩擦才是线性的,而当物体静止时和刚开始运动时,其摩擦是非线性的。

摩擦对伺服系统的影响主要有引起动态滞后、降低系统的响应速度、导致系统误差和低速爬行。

(1)摩擦引起动态滞后和系统误差

系统的刚度为K,则有:

$$\theta_i \leqslant \left| \frac{T_s}{K} \right| \tag{1.28}$$

如果系统开始处于静止状态,当输入轴以一定的角速度转动时,由于静摩擦力矩T_s的作用,在式(1.28)的范围内,输出轴将不会运动,θ_i值即为静摩擦引起的传动死区。在传动死区内,系统将在一段时间内对输入信号无响应,从而造成误差。

当输入轴以恒速ω_1继续运动,在$\theta_i > \left| \dfrac{T_s}{K} \right|$后,输出轴以恒速$\omega_3$运动,但始终滞后输入轴一个角度$\theta_s$,此角位移为系统的稳态误差。若黏滞阻尼系数为$f$,则有:

$$\theta_s = \frac{f\omega_3}{K} + \frac{T_c}{K} \tag{1.29}$$

式中:T_c——动摩擦力矩;

$\dfrac{f\omega_3}{K}$,$\dfrac{T_c}{K}$——黏滞摩擦和动摩擦所引起的动态滞后。

(2)摩擦引起的低速爬行

由于非线性摩擦的存在,机械系统在低速运行时,常常会出现爬行现象,导致系统运行不稳定。爬行一般出现在某个临界转速以下,而在高速运行时并不出现。产生爬行的临界速度可由下式求得:

$$v_c = \frac{2(T_s - T_c)}{(f_m + f)\left(1 + \dfrac{1 - \zeta^2}{\zeta}\tan \phi_c\right)} \tag{1.30}$$

式中：f_m、f——电动机电磁阻尼系数和机械系统黏滞阻尼系数；

　　　　ϕ_c——出现爬行时系统的临界初始相位。

由图 1.40 可求出：

$$\zeta = \frac{f_\mathrm{m} + f}{2\sqrt{JK}}$$

式中：ζ——系统阻尼比。

　　设计机械系统时，应尽量减少静摩擦和降低动、静摩擦之差值，以提高系统的精度、稳定性和快速响应性。因此，机电一体化系统中，常常采用摩擦性能良好的塑料-金属滑动导轨、滚动导轨、滚珠丝杠、静压和动压轴承、磁轴承等新型传动件和支承件，并进行良好的润滑。此外，适当地增加系统的转动惯量 J 和黏滞阻尼系数 f 也有利于改善低速爬行现象，但转动惯量增加将引起伺服系统响应性能的降低；增加 f 也会增加系统的稳态误差，故设计时必须权衡利弊，优化处理。

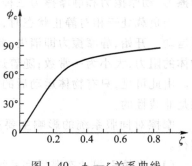

图 1.40　ϕ_c—ζ 关系曲线

　　3. 结构弹性变形的影响

　　稳定性是系统正常工作的首要条件。当伺服电机带动机械负载按指令运动时，机械系统所有的元件都会因受力而产生不同程度的弹性变形。其固有频率与系统的阻尼、转动惯量、摩擦、弹性变形等结构因素有关。当机械系统的固有频率接近或落入伺服系统带宽之中时，系统将产生谐振而无法工作。随着机电一体化系统对伺服性能要求的提高，机械系统弹性变形与谐振分析成为机械设计的一个重要问题。

　　根据伺服控制理论，为避免机械系统由于弹性变形而使整个伺服系统发生结构谐振，该机械系统的锁定转子固有频率 ω_t（即电动机转子固定时的固有频率）应大于等于伺服系统带宽 ω_b 的 5 倍，即

$$\omega_\mathrm{t} \geqslant 5\omega_\mathrm{b} \tag{1.31}$$

伺服系统带宽与系统精度、响应速度之间的关系可以由如下公式表示：

$$\omega_\mathrm{b} = 60\sqrt{\frac{\varepsilon_\mathrm{tmax}}{e}} \tag{1.32}$$

式中：$\varepsilon_\mathrm{tmax}$——负载最大角加速度，$°/\mathrm{s}^2$；

　　　　e——伺服精度，$''$。

　　例如有一机械传动系统，其负载最大角加速度为 0.4 $°/\mathrm{s}^2$，伺服精度为 20″，则

$$\omega_\mathrm{b} = 60\sqrt{\frac{\varepsilon_\mathrm{tmax}}{e}} = 60\sqrt{\frac{0.4}{20}}\ \mathrm{rad/s} = 8.49\ \mathrm{rad/s} \tag{1.33}$$

$$\omega_\mathrm{t} \geqslant 5\omega_\mathrm{b} = 5 \times 8.49\ \mathrm{rad/s} = 42.45\ \mathrm{rad/s} \tag{1.34}$$

即传动系统的固有频率必须大于等于 42.45 rad/s。

通常采取提高系统刚度、合理选择零件的截面形状和尺寸,对轴承、丝杠等支承件施加预加载荷等方法均可以提高零件的刚度。在多级齿轮传动中,增大末级减速比可以有效地提高末级输出轴的折算刚度。

在不改变机械结构固有频率的情况下,通过增大阻尼也可以有效地抑制谐振。因此,许多机电一体化系统设有阻尼器以使振荡迅速衰减。

4. 转动惯量的影响

转动惯量对伺服系统的精度、稳定性、动态响应都有影响。转动惯量大,系统的机械常数大、响应慢;ζ 值将减小,从而使系统的振荡增强,稳定性下降;也会使系统的固有频率下降,容易产生谐振,因而限制了伺服带宽,影响了伺服精度和响应速度。转动惯量的适当增大只有在改善低速爬行时有利。因此,机械设计时在不影响系统刚度的条件下,应尽量减小转动惯量。

5. 间隙的影响

机械系统中存在着许多间隙,如齿轮传动间隙、螺旋传动间隙等。这些间隙对伺服系统的性能有很大影响,下面以齿轮间隙为例进行分析。

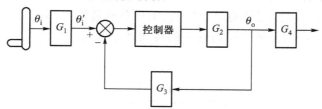

图 1.41 典型旋转工作台伺服系统方框图

图 1.41 所示为一典型旋转工作台伺服系统方框图。图中所用齿轮根据不同要求有不同的用途,有的用于传递数据(G_1、G_3),有的用于传递动力(G_2),有的在系统闭环之内(G_2、G_3),有的在系统闭环之外(G_1、G_4)。由于它们在系统中的位置不同,其齿隙的影响也不同。

1)闭环之外传递数据的齿轮(G_1、G_4)齿隙,对系统稳定性无影响,但影响伺服精度。由于齿隙的存在,在传动装置逆运行时造成回程误差,使输出轴与输入轴之间呈非线性关系,输出滞后于输入,影响系统的精度。

2)闭环之内传递动力的齿轮(G_2)齿隙,对系统静态精度无影响,这是因为控制系统有自动校正作用。又由于齿轮副的啮合间隙会造成传动死区,若闭环系统的稳定裕量较小,则会使系统产生自激振荡,因此闭环之内传递动力的齿隙对系统的稳定性有影响。

3)反馈回路上传递数据齿轮(G_3)齿隙既影响稳定性,又影响精度。

因此,应尽量减小或消除间隙。目前在机电一体化系统中,广泛采取各种机械结构来消除齿轮副、螺旋副等传动副的间隙。例如用双齿轮错齿法、偏心套调整法等消除齿轮的传动间隙;采用垫片式调隙法、齿差式调隙法等消除滚珠螺旋副的间隙。

1.4 机械系统部件的选择计算

在进行机电一体化系统机械部件设计时,确定系统的负载后便可进行传动元件及导向元件的设计计算。

1.4.1　齿轮传动副的选择计算

齿轮传动副是一种应用非常广泛的传动机构,各种机床中的传动装置几乎都离不开齿轮传动。因此,齿轮传动装置的设计是整个机电系统的一个重要组成部分,它的精度直接影响整个系统的精度。

1. 齿轮传动比的计算

(1) 最佳总传动比计算

机械系统的传动机构设计必须满足机电一体化系统的伺服性能要求。因此确定的齿轮副传动比应尽可能满足系统响应快、精度高的要求。于是在设计时可寻求齿轮传动副的最佳总传动比,使等效负载转矩值最小或负载加速度最大的总传动比,即为伺服特性最好的最佳总传动比。

图 1.42 所示为传动系统计算模型。转子惯量为 J_m、输出转矩为 T_m 的直流伺服电机,通过总传动比为 i、折算到电动机轴上的等效惯量为 J_{eg} 的齿轮系,带动惯量为 J_L、工作负载转矩为 T_c、摩擦负载转矩为 T_f 的负载。设齿轮系的传动效率为 η,传动比 $i>1$,即

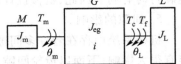

图 1.42　传动系统计算模型

$$i = \frac{\theta_m}{\theta_L} = \frac{\dot{\theta}_m}{\dot{\theta}_L} = \frac{\ddot{\theta}_m}{\ddot{\theta}_L} > 1 \tag{1.35}$$

式中：θ_m、$\dot{\theta}_m$、$\ddot{\theta}_m$——电动机的转角、角速度、角加速度；

θ_L、$\dot{\theta}_L$、$\ddot{\theta}_L$——负载的转角、角速度、角加速度。

1) 负载角加速度最大的总传动比

T_c、T_f 换算到电动机轴上分别为 T_c/i 和 T_f/i,J_L 换算到电动机轴上为 J_L/i^2。按牛顿第二定律：

$$T_m - \frac{T_c + T_f}{i\eta} = \left(J_m + J_{eg} + \frac{J_L}{i^2\eta}\right)\ddot{\theta}_m = \left(J_m + J_{eg} + \frac{J_L}{i^2\eta}\right)i\ddot{\theta}_L$$

得：

$$\ddot{\theta}_L = \frac{T_m i\eta - (T_c + T_f)}{(J_m + J_{eg})i^2\eta + J_L}$$

令 $\dfrac{\partial \ddot{\theta}_L}{\partial i} = 0$,得负载加速度最大的总传动比 i 为：

$$i = \frac{T_c + T_f}{T_m \eta} + \sqrt{\left(\frac{T_c + T_f}{T_m \eta}\right)^2 + \frac{J_L}{\eta(J_m + J_{eg})}} \tag{1.36}$$

令 $\eta = 1$,$T_c = T_f = J_{eg} = 0$,则

$$i = \sqrt{\frac{J_{\mathrm{L}}}{J_{\mathrm{m}}}}$$

2）等效峰值综合负载转矩最小的总传动比

令峰值综合工作负载转矩和摩擦负载转矩分别为 T_{cp} 和 T_{fp}，换算到电动机轴上的等效峰值负载转矩为 T_{emp}，则

$$T_{\mathrm{emp}} = \frac{T_{\mathrm{cp}} + T_{\mathrm{fp}}}{i\eta} + \left(J_{\mathrm{m}} + J_{\mathrm{eg}} + \frac{J_{\mathrm{L}}}{i^2\eta}\right)i\ddot{\theta}_{\mathrm{L}} \qquad (1.37)$$

令 $\dfrac{\partial T_{\mathrm{emp}}}{\partial i} = 0$，得等效峰值综合负载转矩最小的总传动比 i_{p} 为：

$$i_{\mathrm{p}} = \sqrt{\frac{T_{\mathrm{cp}} + T_{\mathrm{fp}} + J_{\mathrm{L}}\ddot{\theta}_{\mathrm{L}}}{(J_{\mathrm{m}} + J_{\mathrm{eg}})\ddot{\theta}_{\mathrm{L}}\eta}} \qquad (1.38)$$

3）等效方和根综合负载转矩最小的总传动比

令方和根综合工作负载转矩和摩擦负载转矩分别为 T_{cR} 和 T_{fR}，折算到电动机轴上的等效方和根综合负载转矩为 T_{emR}，则

$$T_{\mathrm{emR}} = \sqrt{\left(\frac{T_{\mathrm{cR}}}{i\eta}\right)^2 + \left(\frac{T_{\mathrm{fR}}}{i\eta}\right)^2 + \left[\left(J_{\mathrm{m}} + J_{\mathrm{eg}} + \frac{J_{\mathrm{L}}}{i^2\eta}\right)i\ddot{\theta}_{\mathrm{L}}\right]^2} \qquad (1.39)$$

令 $\dfrac{\partial T_{\mathrm{emR}}}{\partial i} = 0$，得等效方和根综合负载转矩最小的总传动比 i_{R} 为：

$$i_{\mathrm{R}} = \sqrt{\frac{T_{\mathrm{cR}}^2 + T_{\mathrm{fR}}^2 + (J_{\mathrm{L}}\ddot{\theta}_{\mathrm{L}})^2}{[(J_{\mathrm{m}} + J_{\mathrm{eg}})\ddot{\theta}_{\mathrm{L}}\eta]^2}} \qquad (1.40)$$

（2）与伺服电机匹配的总传动比计算

最佳总传动比是满足伺服动态性能要求的传动比，但未必与系统的驱动伺服电机及系统所要求的脉冲当量匹配。数控机床齿轮传动副总传动比与电动机及系统的脉冲当量之间的关系为：

$$i = \frac{\theta P_{\mathrm{h}}}{360°\delta} \qquad (1.41)$$

式中：θ——步进电机的步距角；

　　　δ——系统的脉冲当量；

　　　P_{h}——丝杠导程。

2. 总传动比分配

齿轮系统的总传动比确定后，根据对传动链的技术要求选择传动方案，使驱动部件和负载之间的转矩、转速达到合理匹配。若总传动比较大，又不准备采用谐波、少齿差等同轴传动方式而要采用多级齿轮传动，需要确定传动级数，并在各级之间分配传动比。可按下述三种原则适当分级，并在各级之间分配传动比。

（1）最小等效惯量原则

1）小功率传动

以图 1.43 所示的电动机驱动两级齿轮传动系统为例。第一对齿轮速比为 i_1，第二对齿轮速比为 i_2，i_1 和 i_2 均大于 1。假设各主动小齿轮具有相同的转动惯量 J_1。各齿轮均为实心圆柱体，且齿宽 b、密度 ρ 及材料均相同，轴与轴承的转动惯量不计，效率为 100%。

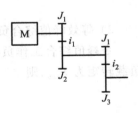

图 1.43 电动机驱动的
两级齿轮系

两对齿轮折算到电动机轴上的等效负载转动惯量为：

$$J_{\mathrm{L}} = J_1 + \frac{J_2}{i_1^2} + \frac{J_1}{i_1^2} + \frac{J_3}{i_1^2 i_2^2}$$

若 d 为齿轮的分度圆直径，则其转动惯量为 $J = \dfrac{\pi b \rho}{32} d^4$，于是有 $\dfrac{J_1}{J_2} = \dfrac{d_1^4}{d_2^4} = \dfrac{1}{i_1^4}$，即 $J_2 = J_1 i_1^4$，同理 $J_3 = J_1 i_2^4$，所以齿轮传动系统的负载转动惯量为：

$$
\begin{aligned}
J_{\mathrm{L}} &= J_1 + \frac{J_1 i_1^4}{i_1^2} + \frac{J_1}{i_1^2} + \frac{J_1 i_2^4}{i_1^2 i_2^2} \\
&= J_1 \left(1 + i_1^2 + \frac{1}{i_1^2} + \frac{i_2^2}{i_1^2} \right) \\
&= J_1 \left(1 + i_1^2 + \frac{1}{i_1^2} + \frac{i^2}{i_1^4} \right)
\end{aligned}
$$

式中：i——齿轮传动系统的总传动比，$i = i_1 i_2$。

令 $\dfrac{\partial J_{\mathrm{L}}}{\partial i_1} = 0$，可得具有最小惯量的条件：

$$i_1^6 - i_1^2 - 2i^2 = 0$$

当 $i_1^4 \gg 1$ 时，

$$
\left.
\begin{aligned}
i_2 &\approx \frac{i_1^2}{\sqrt{2}} \\
i_1 &\approx (\sqrt{2} i_2)^{\frac{1}{2}} = (2 i^2)^{\frac{1}{6}}
\end{aligned}
\right\}
\tag{1.42}
$$

对于 n 级齿轮系

$$i_1 = 2^{\frac{2^n - n - 1}{2(2^n - 1)} \cdot \frac{1}{i^{2^n - 1}}} \tag{1.43}$$

$$i_k = \sqrt{2} \left(\frac{i}{2^{\frac{n}{2}}} \right)^{\frac{2(k-1)}{2^n - 1}} \quad (k = 2, 3, \cdots, n) \tag{1.44}$$

小功率传动的级数可按图 1.44 选择。

2）大功率传动

大功率传动的转矩较大，小功率传动中的各项简化假设大多不合适。可按图 1.45a 的曲线确定传动级数，用图 1.45b 确定第一级传动比，用图 1.45c 中的曲线确定随后各级传动比。

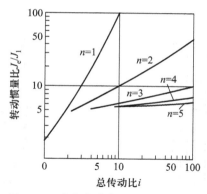

图 1.44 确定小功率传动级数的曲线

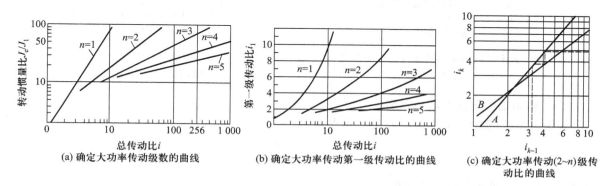

(a) 确定大功率传动级数的曲线   (b) 确定大功率传动第一级传动比的曲线   (c) 确定大功率传动(2~n)级传动比的曲线

图 1.45 确定大功率传动级数的曲线

（2）质量最小原则

1）小功率传动

假设同前,且各主动小齿轮的模数、齿数、齿宽均相等,则对于 n 级传动

$$i_1 = i_2 = i_3 = \cdots = i_n = \sqrt[n]{i} \tag{1.45}$$

2）大功率传动

仍以图 1.43 所示的两级传动为例。假设所有主动小齿轮的模数与所在轴上转矩 T 的三次方根成正比,其分度圆直径 d、齿宽 b 也与转矩 T 的三次方根成正比。另假设 $b_1 = b_2, b_3 = b_4$,得:

$$i = i_1 \sqrt{2i_1 + 1} \tag{1.46}$$

$$i_2 = \sqrt{2i_1 + 1} \tag{1.47}$$

对于三级齿轮传动,设 $b_1 = b_2, b_3 = b_4, b_5 = b_6$,可得:

$$i_2 = \sqrt{2i_1 + 1} \tag{1.48}$$

$$i_3 = (2\sqrt{2i_1 + 1} + 1)^{\frac{1}{2}} \tag{1.49}$$

$$i = i_1 \sqrt{2i_1 + 1}(2\sqrt{2i_1 + 1} + 1)^{\frac{1}{2}} \tag{1.50}$$

根据上述计算公式,确定二级齿轮系各级传动比的曲线和确定三级齿轮系各级传动比的曲

线分别如图 1.46、图 1.47 所示。

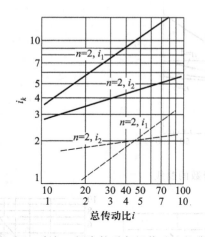

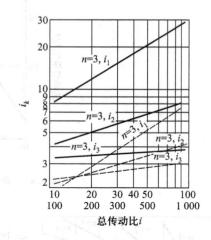

图 1.46　确定二级齿轮系各级传动比的曲线 （*i* < 10 时，查表中虚线）

图 1.47　确定三级齿轮系各级传动比的曲线 （*i* < 10 时，查表中虚线）

（3）输出轴转角误差最小原则

n 级齿轮系（图 1.48）输出轴总的转角误差为：

$$\Delta \Phi = \sum_{k=1}^{n}\left(\frac{\Delta \Phi_k}{i_{kn}}\right) \tag{1.51}$$

式中：$\Delta \Phi_k$——第 k 个齿轮的转角误差；

i_{kn}——第 k 个齿轮所在的轴到输出轴的传动比。

总传动比的分配原则应根据具体情况进行综合考虑。

1）对于传动精度要求较高的降速齿轮传动链，可按输出轴转角误差最小的原则设计。若为增速传动，则应在开始几级就增速。

2）对于要求运动平稳、起停频繁和动态性能好的降速传动链，可按等效转动惯量最小的原则或输出轴转角误差最小原则设计。对于负载变化的齿轮传动装置，各级传动比最好采用不可约的比数，避免同时啮合，使磨损均衡。

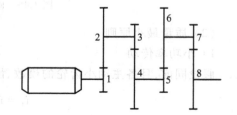

图 1.48　多级齿轮传动系统

3）对于要求质量尽可能小的降速传动链，可按质量最小原则设计。

3. 提高齿轮传动精度的措施

1）齿轮误差的综合与分析　建立当量总误差的数学模型，分析当量总误差的各影响因素，控制对当量总误差的影响明显的单个误差的大小，从而提高齿轮传动精度。

2）合理布置传动链　缩短传动链，减少传动副数；总传动比确定后，各级传动比应按“先小后大”原则分配，并提高最末一级齿轮副的加工精度；在不影响整体结构尺寸的前提下，增大小齿轮齿数，使重合度增大。

3）采用补偿与校正装置。

4）提高有关零件的精度　在分析性价比的前提下，进行精度综合，适当提高有关零件的精度。提高齿轮副的精度（如末级）及减小侧隙都很重要。齿轮孔的精度、端面对孔的垂直度、轴上前后轴颈本身精度及其同轴度、执行件的安装基面对轴颈的偏心量,都应适当提高。

1.4.2 滚珠丝杠副的选择计算

在设计选用滚珠丝杠副时,必须对其进行承载能力的计算。承载能力计算的内容包括强度计算、刚度校核、稳定性校核及临界转速校核。首先,应进行强度计算(计算出轴向载荷),根据强度要求等确定滚珠丝杠副的公称直径 d_0、滚珠直径 D_w 及导程 P_h,选择滚珠丝杠副的类型及型号,再进行必要校核验算。

对于传递扭矩大、传动精度要求高的滚珠丝杠,应校核其刚度,即验算滚珠丝杠满载时的变形量;对于细长受压的滚珠丝杠,应核算其压杆稳定性。即在给定的支承条件下承受最大轴向压缩载荷时,是否会产生纵向弯曲;对于转速较高、支承距离较大的滚珠丝杠,应核算其临界转速。即核算其最高转速是否接近其横向固有频率而产生共振。一般丝杠工作转速低于 100 r/min 时无需核算。

为了补偿因工作温升而引起的丝杠伸长量、保证滚珠丝杠副在正常使用时的定位精度和系统刚度,可采取在丝杠安装时进行预拉伸的方法。

1. 滚珠丝杠副的选择计算

对滚珠丝杠副的选择,主要根据强度计算结果确定其规格型号。

（1）强度计算的原则

滚珠丝杠副的强度计算原则与滚动轴承相似,即防止疲劳点蚀。滚珠丝杠在工作过程中受轴向负载,使得滚珠和滚道型面间产生接触压力。对滚道型面上某一点,承受的是交变接触应力。在这种交变应力的作用下,经过一定的应力循环次数后滚珠或滚道型面产生疲劳剥伤,从而使得滚珠丝杠丧失工作性能,这是滚珠丝杠副破坏的主要形式。因此,滚珠丝杠副首先应满足疲劳强度要求。即根据其额定动载荷选用一批相同的滚珠丝杠副,在轴向载荷 C_a 作用下,运转 10^6 转后,其中 90% 不产生疲劳点蚀,则 C_a 称为这种规格滚珠丝杠传动副的额定动载荷。额定动载荷是滚珠丝杠副的一项性能参数,可从产品样本或手册中查得。

（2）强度计算

一般情况下,滚珠丝杠副的强度条件是当量动载荷 C_m(工作中滚珠丝杠传动副的最大动载荷)应小于所选用的滚珠丝杠副的额定动载荷 C_a,即 $C_a \geq C_m$。

当量动载荷 C_m 的计算方法与滚动轴承相同。滚珠丝杠副的当量动载荷 C_m 为:

$$C_m = \frac{F_m \sqrt[3]{L} f_w}{f_a} \tag{1.52}$$

其中, $F_m = \dfrac{2F_{max} + F_{min}}{3}$; $L = 60 n_m \dfrac{T}{10^6}$, $n_m = \dfrac{n_{max} + n_{min}}{2}$

式中: F_m ——轴向平均载荷,N;

F_{max}、F_{min} ——丝杠的最大、最小工作载荷,N;

L ——工作寿命(以 10^6 r 为单位);

n_m ——平均转速,r/min;

n_{min}、n_{max} ——丝杠的最低、最高转速,r/min;

T——使用寿命,h,一般机床可取 $T=10\,000$ h,数控机床可取 $T=15\,000$ h;

f_a——精度系数,1、2、3 级丝杠,$f_a=1$;4、5、6 级丝杠,$f_a=0.9$;

f_w——运转状态系数,无冲击取 $1\sim1.2$;一般情况取 $1.2\sim1.5$;有冲击振动取 $1.5\sim2.5$。

如果滚珠丝杠副是在低速($n\leqslant10$ r/min)情况下工作,当最大接触应力超过材料的弹性极限时就会产生塑性变形,当塑性变形超过一定的限度就会破坏滚珠丝杠副的正常工作。一般允许其塑性变形量不超过滚珠直径 D_w 的 1/10 000,产生这样大的负载称为额定静载荷 C_{0a}。低速运转的滚珠丝杠以额定静载荷 C_{0a} 作为标准。

（3）滚珠丝杠副设计选用步骤和方法

在一般情况下,设计选用滚珠丝杠时,必须知道下列条件:最大工作载荷 F_{max}（或平均工作载荷 F_m）作用下的使用寿命 T、丝杠的工作长度（或螺母的有效行程）、丝杠的转速 n（或平均转速 n_m）、滚道的硬度 HRC 值及丝杠的运转情况。然后按下列步骤进行设计:

1）计算出作用在滚珠丝杠上的当量动载荷 C_m 的数值。

2）从滚珠丝杠系列表（或产品样本）中找出额定动载荷 C_a 大于当量动载荷 C_m 且与其相近的值,同时考虑刚度要求,初选滚珠丝杠传动副的型号和有关参数。

3）根据具体工作类型（定位型或传动型）、循环方式、预紧方法及结构特征等方面的要求,从初选的几个型号中再挑选出比较合适的公称直径 d_0、导程 P_h 及负荷钢球圈数,列数 K 以及滚珠圈数 j 等,以确定某一型号。

4）根据所选出的型号,列出（或算出）其主要参数的数值,验算其刚度及稳定性等是否满足要求。如不满足要求,则需另选其他型号,再作上述的计算和验算直至满足要求为止。

5）对于低速运转($n\leqslant10$ r/min)的滚珠丝杠,无需计算其当量动载荷 C_m 值,而只考虑其额定静载荷 C_{0a} 是否充分地超过了最大工作负载 F_{max}。一般取

$$\frac{C_{0a}}{F_{max}}=2\sim3 \tag{1.53}$$

2. 滚珠丝杠副的验算

根据强度计算的结果,确定滚珠丝杠副的公称直径 d_0、滚珠直径 D_w 及导程 P_h,选择滚珠丝杠螺母的类型及型号后,还要对其进行必要的校核验算。

（1）滚珠丝杠副的稳定性验算

1）失稳性验算

由于一端固定一端自由的丝杠在工作时可能发生失稳,所以在设计时应验算其安全系数 S,其值应大于滚珠丝杠副结构允许安全系数 $[S]$,见表 1.7。

表 1.7　稳定性系数

支承方式 有关系数	一端固定一端自由 （F—O）	一端固定一端游动 （F—S）	两端固定 （F—F）
$[S]$	$3\sim4$	$2.5\sim3.3$	—
μ	2	2/3	—
f_c	1.875	3.927	4.730

注:μ——长度系数;f_c——临界转速系数。

丝杠不发生失稳的最大临界载荷为 F_{cr}（单位：N）按下式计算：

$$F_{cr} = \frac{\pi^2 E I_a}{(\mu l)^2} \qquad (1.54)$$

式中：E——丝杠材料的弹性模量，对于钢，$E = 206\ \text{GPa}$；

l——丝杠工作长度，m；

I_a——丝杠危险截面的轴惯性矩，m^4；

μ——长度系数，见表 1.7。

2）临界转速验算

高速长丝杠工作时可能发生共振，因此需验算其不会发生共振的最高转速——临界转速 n_{cr}，要求丝杠的最大转速 $n_{max} < n_{cr}$。临界转速 n_{cr}（单位：r/min）可按下式计算：

$$n_{cr} = 9\ 910\ \frac{f_c^2 d_1}{(\mu l)^2} \qquad (1.55)$$

式中：f_c——临界转速系数，见表 1.7；

d_1——丝杠内径。

3）工作稳定性验算

此外，滚珠丝杠副还受 $D_0 n$ 值的限制，通常要求 $D_0 n < 7 \times 10^4\ \text{mm·r/min}$，其中，$D_0$ 为丝杠公称直径。

（2）滚珠丝杠副的刚度验算

滚珠丝杠副在工作负载 F（单位：N）和转矩 T（单位：N·m）共同作用下引起每个导程的变形量 ΔL_0（单位：m）为：

$$\Delta L_0 = \pm \frac{pF}{EA} \pm \frac{p^2 T}{2\pi G J_c} \qquad (1.56)$$

式中：A——丝杠截面积；$A = \frac{1}{4}\pi d_1^2$，m^2；

J_c——丝杠的极惯性矩，$J_c = \frac{\pi}{32} d_1^4$，$\text{m}^4$；

G——丝杠切变模量，对钢 $G = 83.3\ \text{GPa}$；

T——转矩，N·m。

转矩的计算公式为：
$$T = F_m \frac{D_0}{2} \tan(\lambda + \rho) \qquad (1.57)$$

式中：ρ——摩擦角，其正切函数值为摩擦系数；

F_m——平均工作负载；

λ——丝杠螺旋角。

丝杠在工作长度上的弹性变形所引起的导程误差为：

$$\Delta L = l \frac{\Delta L_0}{p} \qquad (1.58)$$

通常要求丝杠的导程误差应小于其传动精度的 1/2，即

$$\Delta L < \frac{1}{2}\sigma \tag{1.59}$$

（3）滚珠丝杠副的效率验算

滚珠丝杠副的传动效率 η 为：

$$\eta = \frac{\tan \lambda}{\tan(\lambda + \rho)} \tag{1.60}$$

η 要求在 90%～95% 之间才合格。

1.4.3　滚动直线导轨副的选择计算

滚动直线导轨副具有摩擦系数小、不易爬行、便于安装和预紧、结构紧凑等优点，广泛应用于精密机床、数控机床和测量仪器等。

1. 滚动直线导轨的选择程序

在设计选用滚动直线导轨时，除应对其使用条件，包括工作载荷、精度要求、速度、工作行程、预期工作寿命进行研究外，还须对其刚度、摩擦特性及误差平均作用、阻尼特征等进行综合考虑，从而达到正确合理地选用，以满足主机技术性能的要求。滚动直线导轨的选择程序如图 1.49所示。

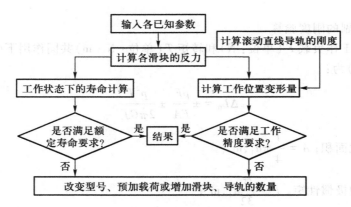

图 1.49　滚动直线导轨的选择程序

2. 滚动直线导轨的有关计算

（1）额定动载荷 C_a

额定动载荷是指滚动直线导轨的额定长度寿命 $T_s = 50$ km时，作用在滑座上大小和方向均不变化的载荷。其值可按下式计算：

$$C_a = 111.57 d_b^{2.1} l_s^{\frac{1}{30}} Z^{\frac{2}{3}} \tag{1.61}$$

式中：d_b——滚珠直径，mm；

　　　l_s——滑座有效长度，mm；

　　　Z——有效接触的滚珠数；

　　　C_a——额定动载荷，N。

（2）额定静载荷 C_{0a}

$$C_{0a} = K_0 i Z d_b^2 \cos \beta \qquad (1.62)$$
$$\beta = 90° - \alpha - \theta \qquad (1.63)$$

式中：K_0——适应比系数，可按表 1.8 确定，其中 R 为圆弧滚道半径，mm；

i——滚珠循环列数；

α——接触角，常取 45°；

θ——倾斜角，常取 0°；

C_{0a}——额定静载荷，N。

表 1.8 适应比系数

R/d_b	0.52	0.53	0.54	0.55	0.56
K_0	72.1	59.4	52	46.9	43.2

（3）额定行程长度寿命 T_s

$$T_s = K\left(\frac{f_H f_T f_C}{f_W} \frac{C_a}{F}\right)^3 \qquad (1.64)$$

式中：K——寿命系数，一般取 $K = 50$；

F——滑座工作载荷，N；

f_H——硬度系数，按表 1.9 选取；

f_T——温度系数，按表 1.10 选取；

f_C——接触系数，按表 1.11 选取；

f_W——负荷系数，按表 1.12 选取；

C_a——额定动载荷，N；

T_s——额定行程长度寿命，km。

表 1.9 硬度系数

滚道表面硬度/HRC	60	58	55	53	50	45
f_H	1.00	0.98	0.90	0.71	0.54	0.38

表 1.10 温度系数

工作温度/℃	f_T
<100	1.00
100~150	0.90
150~200	0.73
200~250	0.63

表 1.11 接触系数

每根导轨上的滑块数	f_C
1	1.00
2	0.81
3	0.72
4	0.66

表 1.12　负 荷 系 数

工作条件	f_W
无外部冲击或振动的低速运动场合,速度小于 15 m/min	1~1.5
无明显冲击或振动的中速运动场合,速度小于 60 m/min	1.5~2
有外部冲击或振动的高速运动场合,速度大于 15 m/min	2~3.5

额定工作时间寿命 T_h 为:

$$T_h = \frac{T_s \times 10^3}{2 L_s n} \tag{1.65}$$

式中:L_s——工作单行程长度,m;

　　　n——每秒往复次数,次/s。

当滑座运动速度低于 15 m/min 时,若工作温度低于 100 ℃,导轨滚道硬度为 60 HRC,无明显冲击和振动,并且按每根导轨上滑座配置数为 2,则 T_s 可整理为:

$$T_s = 6.25 \left(\frac{C_a}{F} \right)^3 \tag{1.66}$$

例 1.1　已知作用在滑座上的载荷 $F_\Sigma = 18\ 000$ N,滑座个数 $M = 4$,单向行程长度 $l = 0.6$ m,每分钟往复次数为 4,用于轻型铣床的工作台,每天开机 6 h,一年按 300 个工作日计算,寿命要求为 5 年以上,试设计选择滚动直线导轨。

解:由已知条件得该导轨的额定工作时间寿命 T_h 为:

$$T_h = 6 \times 300 \times 5 \text{ h} = 9\ 000 \text{ h}$$

由 $T_h = \dfrac{T_s \times 10^3}{2 l_s n}$ 得:

$$T_s = \frac{2 T_h l_s n}{10^3} = 2 \times 9\ 000 \times 0.6 \times 4 \times \frac{60}{1\ 000} \text{ km} = 2\ 592 \text{ km}$$

因滑座个数 $M = 4$,所以每根导轨上使用 2 个滑座,由表 1.9~表 1.12 确定 $f_H = 1$、$f_T = 1$、$f_C = 0.81$、$f_W = 2$。则由式(1.65)可得:

$$C_a = \frac{f_W F \sqrt[3]{\dfrac{T_s}{K}}}{f_H f_T f_C}$$

$$F = \frac{F_\Sigma}{M} = \frac{18\ 000}{4} \text{ N} = 4\ 500 \text{ N}$$

$$C_a = \frac{4\ 500 \times \sqrt[3]{\dfrac{2\ 592}{50}} \times 2}{0.81 \times 1 \times 1} \text{ N} = 41\ 429.8 \text{ N}$$

在各种滚动导轨系列的参数中都给出了额定动载荷的数据,用上述计算结果即可查得满足本例使用寿命的滚动直线导轨的型号。

1.5 机械系统执行电动机的选择计算

1.5.1 执行电动机选择计算步骤

1. 执行电动机选择计算的依据

机电一体化系统也是计算机控制的伺服系统,伺服系统设计通常从选择执行电动机开始。作为伺服系统的执行元件,应能方便地实现连续、平滑、可逆调速,对控制信号反应快捷,才能保证整个系统带动被控对象按所需要的规律运动。

执行电动机是伺服系统的一个重要组成部分,同时又靠它驱动机械系统,因此它是伺服系统与机械系统相联系的一个关键部件。执行电动机必须适应机械系统工作的特点与环境条件,它的机械结构尺寸、安装固定方式必须与机械系统紧密配合,以求得总体的合理配置,便于安装调整和使用维护。这些都关系到执行电动机的选择。在伺服系统应用的许多场合,要想改换其他类型的执行电动机,常会遇到机械结构、体积重量、使用环境条件、电源配备的种类等方面的限制,使设计难以实现。

可用作伺服系统执行元件的电动机种类很多,从大的类别看:有直流伺服电机(他励的或永磁的)、直流力矩电动机、直流无刷电动机、两相异步电动机、三相异步电动机、滑差电动机、同步电动机、步进电机等。由于它们的调速方法不同,所需电源种类也不同,驱动它们运转的功率放大装置更是多种多样,因此它们的机械特性、调速特性、过载能力、控制电路的复杂程度、驱动功率的大小以及构成系统的总成本,都各不相同,需要认真地具体分析、比较确定。

选择执行电动机不能只停留在确定电动机的类别及其控制方式上,还必须确定具体型号与规格,需要作定量的核算。为此,要根据机械系统的运动形式(旋转或直线运动)、运动的变化规律、运动负载的性质和具体数量、运动工作体制(是长期连续运行、短时运行还是间歇式运行),结合系统的稳态性能指标要求,作定量的分析。

选择步进电机,必须根据负载的特性(例如最大负载力矩、最大起动力矩、最大速度、最大加速度等)和步进电机的特性综合考虑,进行选择。步进电机产品样本会给出常用步进电机的型号及参数。现代控制中,步进电机驱动器的选择总是与步进电机的选择同时进行,选择配套的产品比较合适。

2. 执行电动机选择计算步骤

(1)确定执行电动机驱动负载

执行电动机的驱动负载是前述机械系统中各种运动负载等效折算到电动机轴上的综合总负载与电动机本身摩擦负载和惯性负载等之和。综合总负载转矩确定应考虑电动机驱动的机械系统参数(最佳传动比及分配、脉冲当量等)与执行电动机的匹配问题。

机械系统的终端执行机构的运动与执行电动机的运动同时进行,执行电动机除了要克服机械系统所形成的等效综合总负载外,还必须克服电动机自身的干摩擦力矩 T_f、电动机转子的惯性转矩 $J_r\ddot{\theta}_r$(J_r 为电动机转子转动惯量,$\ddot{\theta}_r$ 为电动机转动角加速度)。

（2）选择执行电动机

1）单轴传动执行电动机的选择

执行电动机轴直接与被控对象（终端执行机构）的转轴相连称为单轴传动，此时，电动机的角速度与负载角速度相同，二者的转角相等，电动机轴承受的总负载只需简单地相加便可得到。单轴传动的系统执行电动机可根据总负载及运动参数要求选取。

2）多轴传动执行电动机的选择

多数系统执行电动机与被控对象之间有减速传动装置，减速比 $i>1$，即执行电动机的转速是负载转速的 i 倍，执行电动机轴输出力矩是负载转矩的 $\dfrac{1}{i\eta}$，这里 $\eta<1$，是减速装置的传动效率。这种带减速传动装置的传动形式称之为多轴传动。

在选择多轴传动的执行电动机时，还需要确定减速传动装置的形式、传动比 i、传动效率 η 和传动装置的等效转动惯量 J_p。在作定量计算时，要按前述机械系统参数的等效折算方法，把多轴传动折算成等效的单轴传动。

很显然，多轴传动的执行电动机选择问题比单轴传动的情况复杂，待定的参数太多，为减少盲目性，这里介绍一种简单的初选方法。然后确定有关参数，并按稳态和动态的要求对所选的电动机作验算。考虑到大多数系统的负载只有干摩擦力矩 T_f 和惯性转矩 $J_L\ddot{\theta}_m$，因此可依据系统的额定输出功率 P_e，用下式初选电动机额定功率 P_{nom}：

$$P_{nom} \geq 2(T_f + J_L\ddot{\theta}_m)\omega_m \tag{1.67}$$

被控对象的运动参数及负载特性需由用户提出，而电动机的特性及其技术参数，由生产厂家推出的产品目录来提供。

（3）执行电动机的特性参数计算

执行电动机的种类多、型号多、生产厂家也多，所提供的产品技术参数也不一致，所用量纲也不统一，因此选择执行电动机作定量计算时，必须作相应的换算。

1）永磁式直流力矩电动机的特性参数

以 2-1LY 系列永磁式直流力矩电动机为例，其输出参数有峰值堵转力矩 T_{mbl}、最大空载转速 n_{m0}、连续堵转力矩 T_{cbl}；对应的电动机输入参数有峰值堵转电流 I_{mbl} 和电压 U_m、连续堵转电流 I_{cbl} 和电压 U_c；电动机自身的参数有电动势系数 C_e、转子转动惯量 J_r、电磁时间常数 T_i。

需要指出的是：n_{m0} 是电枢电压为 U_m 时电动机的实际空载转速，不是理想空载转速 n_{i0}。电动机的理想空载转速为：

$$n_{i0} = \frac{U_m}{C_e} \tag{1.68}$$

根据理想空载转速 n_{i0} 和峰值堵转力矩 T_{mbl} 可得电动机输入堵转电压为 U_m 的极限机械特性如图 1.50 所示。在横坐标 T_{cbl} 点作平行于第一条机械特性的平行线，即得输入连续堵转电压为 U_c 时的电动机机械特性，其空载转速 n_0' 为：

$$n_0' = \frac{U_c}{U_m}n_{i0}$$

这两条机械特性就是电动机定量计算的依据。

电动机自身的摩擦力矩 T_{rc} 为:

$$T_{rc} = \frac{T_{mbl}}{n_{i0}}(n_{i0} - n_{m0})$$ (1.69)

2) 直流伺服电机的特性参数

以 SZ 型或 ZK 型系列直流伺服电机为例,电动机的输出参数有额定转矩 T_{nom}、额定转速 n_{nom}、额定功率 P_{nom},输入参数有电枢额定电压 U_{nom}、额定电流 I_{nom}、励磁电压 U_f 和励磁电流 I_f;电枢转动惯量 J_r 或转子飞轮惯量 GD^2,其他参数需用以下关系式估算。

电枢电阻:

$$R_a = \frac{I_{nom}U_{nom} - P_{nom}}{2I_{nom}^2}$$ (1.70)

电枢电感:

$$L_a = \frac{3.82U_{nom}}{n_p n_{nom} I_{nom}}$$ (1.71)

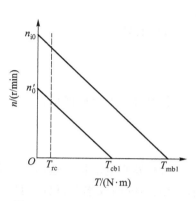

图 1.50 电动机输入堵转电压为 U_m 的极限机械特性

式中: n_p ——电动机磁极对数。

电动势常数:

$$K_e = \frac{9.55(U_{nom} - I_{nom}R_a)}{n_{nom}}$$ (1.72)

转矩系数:

$$K_m = |K_e|$$ (1.73)

额定转矩:

$$T_{nom} = \frac{9.55P_{nom}}{n_{nom}} \times 10^3$$ (1.74)

转子转动惯量:

$$J_r = \frac{GD^2}{4}$$ (1.75)

电动机自身的摩擦力矩 T_{rc} 可用下式估算:

$$T_{rc} = K_m I_{nom} - T_{nom}$$ (1.76)

3) 两相交流伺服电机的特性参数

以 SL 系列两相异步电动机为例,电动机的输入参数有频率 f(单位:Hz)、励磁电压 u_f(单位:V)、额定控制电压 u_{nom}(单位:V)、堵转电流 i_{bl}(单位:A)、每相输入功率 P_ϕ(单位:W);电动机输出参数有额定输出功率 P_{mon}(单位:W)、空载转速 n_0(r/min)、堵转转矩 T_{be}(单位:g·cm);电动机自身参数有极对数 p、电动机时间常数 T_m。

可供伺服系统用作执行元件的直流电动机的类数很多,其控制电路也比较简单,加上直流电动机的线性调速特性,实现可逆调速很方便,过载能力较大,因而在伺服系统中得到广泛的应用。

两相异步电动机自身摩擦力矩很小,计算时可予以忽略,其额定转矩为:

$$T_{nom} = \frac{1}{2} T_{be} \times 9.8$$

额定转速:

$$n_{nom} = \frac{9.55 P_{nom}}{T_{nom}} \tag{1.77}$$

电动机转子转动惯量:

$$J_r = \frac{9.55 T_m T_{bl} \times 9.8 \times 10^{-5}}{n_0} \tag{1.78}$$

两相异步电动机只适用功率很小的场合,电动机的体积大但输出功率小,由于控制电路简单,构成系统的成本低,仍应用很广泛。

三相异步电动机作伺服系统执行元件,具有成本低,性能稳定,便于维护等优点,为获得较宽调速范围,需采用变频调速等复杂的控制电路,目前异步机构成伺服系统的总成本比直流伺服系统高,但在中等功率特别是大功率的应用场合,交流伺服系统有逐渐替代直流伺服系统的趋势。

用步进电机构成伺服系统,亦是用于小功率的场合,用它构成开环系统十分简单。在负载比较小的场合,用微处理器(或单片机)实现控制,是一种运用较普遍的方案。

(4) 执行电动机的发热与温升验算

对长期运行的执行电动机需要进行发热状态计算,验算电动机长期在工作点运行时发热和温升是否超过电动机的允许值。对执行电动机进行发热和温升计算时,电动机所承受的等效转矩 T_{rms} 按方和根综合方法计算,对于单轴传动为:

$$T_{rms} = \sqrt{(T_f + T_{rc})^2 + \frac{1}{2}(J_L + J_r)^2 \alpha_m^2} \tag{1.79}$$

式中: α_m ——电动机转子最大跟踪角加速度, $\alpha_m = \ddot{\theta}_m$ 。

对于多轴传动:

$$T_{rms} = \sqrt{\left(T_{rc} + \frac{T_f}{i\eta}\right)^2 + \frac{1}{2}\left(J_r + J_p + \frac{J_L}{i^2\eta}\right)^2 i^2 \alpha_m^2} \tag{1.80}$$

要求所选电动机的额定功率 $P_{nom} \geqslant T_{rms} \omega_m$ 或者电动机的额定转矩满足 $T_{nom} \geqslant T_{rms}$ 。即由电动机转子角速度 ω_m 和电动机所承受的等效转矩 T_{rms} 可在机械特性图上找到电动机的长期运行工作点,若电动机的长期运行的等效工作点处在对应连续堵转的机械特性下方附近,则电动机的发热和温升都没有超过电动机的允许值。

(5) 执行电动机加速短时超载运行验算

当系统以极限角加速度 α_{lim} 作短时超载运行或有突加负载作用时,计算电动机轴上短时承受的最大转矩 T_Σ 按折算到电动机轴上的峰值综合等效负载计算,即

$$T_{\Sigma} = T_{rc} + \frac{T_f}{i\eta} + \left(J_r + J_p + \frac{J_L}{i^2\eta} \right) i\alpha_{\lim} \tag{1.81}$$

通常伺服电机都容许超载力矩持续作用时间 ≤ 3 s 的短时超载,工程上常用过载系数 λ 来表示,即电动机允许的短时超载力矩:

$$T_{sup} = \lambda T_{nom} \tag{1.82}$$

电动机的种类不同,型号不同,其过载能力亦不同。鼠笼式两相异步电动机的 λ = 1.8~2,空心杯式两相异步电动机的 λ = 1.1~1.4,三相异步伺服电机的 λ = 2,直流伺服电机的 λ = 3,绝缘材料用 F 级或 H 级时, λ = 5 甚至更高;直流力矩电动机允许的短时超载力矩为:

$$T_{sup} = T_{mbl} \tag{1.83}$$

电动机的短时超载能力必须满足的条件为:

$$T_{\Sigma} \leqslant T_{sup} \tag{1.84}$$

(6)执行电动机的响应能力验算

最后还需要检验执行电动机能提供的响应频率 ω_k ,能否符合系统动态性能的要求,作为系统的执行电动机所能提供的极限频率为:

$$\omega_k = \sqrt{\frac{T_{sup} - \left(T_{rc} + \dfrac{T_f}{i\eta} \right)}{e_m i \left(J_r + J_p + \dfrac{J_L}{i^2\eta} \right)}} \tag{1.85}$$

式中: e_m ——负载最大跟踪误差角。

根据系统对输入信号过渡过程的响应时间 t_s 的要求,可利用控制工程的有关计算方法计算出系统的开环截止频率。也可进行近似估计系统的开环的截止频率 ω_c 的范围为:

$$\omega_c \approx \frac{6 \sim 10}{t_s}$$

执行电动机满足系统开环截止频率的要求的条件为:

$$\omega_k \geqslant 1.4\omega_c \tag{1.86}$$

所选择的执行电动机的以上验算都满足要求才算合格,其中任一项得不到满足,则需要考虑改选电动机,重新按以上步骤进行验算。

1.5.2 执行电动机选择计算实例

1. 单轴传动的执行电动机选择实例

例 1.2 某探测器需要一套方位角跟踪系统,最大跟踪角速度 $\omega_m = 120\,°/s$,最大跟踪角加速度 $\alpha_m = 120\,°/s^2$,最大跟踪误差角 $e_m \leqslant 20'$ 。在零初始条件下,系统对输入阶跃信号的响应时间 $t_s \leqslant 0.5\,s$,最大调转角加速度 $\alpha_{\lim} = 200\,°/s^2$ 。探测器在机座上转动有干摩擦力矩 $T_f = 0.1\,N \cdot m$,它的转动惯量 $J_L = 4.44\,kg \cdot m^2$ 。试计算选择执行电动机。

解:先进行单位换算,角度都用弧度表示:

$$\omega_{\mathrm{m}} = 120\ °/\mathrm{s} = 2.09\ \mathrm{rad/s}, \qquad \alpha_{\mathrm{m}} = 120\ °/\mathrm{s}^2 = 2.09\ \mathrm{rad/s}^2,$$

$$\alpha_{\mathrm{lim}} = 200\ °/\mathrm{s}^2 = 3.5\ \mathrm{rad/s}^2, \qquad e_{\mathrm{m}} \leqslant 20' = 0.005\ 8\ \mathrm{rad}$$

　　系统需要的角速度比一般直流伺服电机、交流异步电动机的额定转速低许多,只宜采用力矩电动机才可能实现单轴传动。根据系统负载和运动参数的要求,可从附录 2-1LY 系列中选出 250LY55 型电动机作该系统的执行电动机,需要依据电动机的参数检验它能否满足系统的要求。已知 250LY55 型电动机的技术参数如下:峰值堵转力矩 $T_{\mathrm{mbl}} = 200\ \mathrm{kg \cdot cm} = 19.6\ \mathrm{N \cdot m}$,峰值堵转电流 $I_{\mathrm{mbl}} = 4.04\ \mathrm{A}$,峰值堵转电压 $U_{\mathrm{m}} = 48\ \mathrm{V}$,最大空载转速 $n_{\mathrm{mo}} = 80\ \mathrm{r/min} = 8.38\ \mathrm{rad/s}$,连续堵转力矩 $T_{\mathrm{cbl}} = 130\ \mathrm{kg \cdot cm} = 12.74\ \mathrm{N \cdot m}$,连续堵转电流 $I_{\mathrm{cbl}} = 2.63\ \mathrm{A}$,电动势系数 $C_{\mathrm{e}} = 0.51\ \mathrm{V(r/min)}$,连续堵转电压 $U_{\mathrm{c}} = 31.4\ \mathrm{V}$,转子转动惯量 $J_{\mathrm{r}} = 360\ \mathrm{g \cdot cm \cdot s}^2 = 0.035\ 28\ \mathrm{kg \cdot m}^2$。

　　由式(1.68)可计算理想空载转速为:

$$n_{\mathrm{i0}} = \frac{48}{0.51}\ \mathrm{r/min} = 94\ \mathrm{r/min} = 9.84\ \mathrm{rad/s}$$

　　根据 n_{i0} 和 T_{mbl} 画出该电动机在 $U_{\mathrm{m}} = 48\ \mathrm{V}$ 时的机械特性,如图 1.51 中所示,再由 T_{cbl} 作它的平行线,即对应连续堵转的机械特性,它对应的空载转速为:

$$n_0' = \left(\frac{U_{\mathrm{c}}}{U_{\mathrm{m}}}\right) \times n_{\mathrm{i0}} = 6.4\ \mathrm{rad/s}$$

　　由式(1.69)可求得电动机自身的摩擦力矩 $T_{\mathrm{rc}} = 2.9\ \mathrm{N \cdot m}$。

　　探测器探测的目标物有既定的运动规律,为适应连续跟踪的要求,需检验伺服系统长期运行时 250LY55 型电动机的功率是否满足要求。即检验电动机的发热与温升是否在允许条件内,计算执行电动机所承受的等效转矩 T_{rms} 为公式(1.79)。

　　将 250LY55 型电动机和被控对象的有关数据代入式(1.79)得 $T_{\mathrm{rms}} = 7.29\ \mathrm{N \cdot m}$。根据 T_{rms} 和最大跟踪角速度 ω_{m} 在图 1.51 上确定长期运行的等效工作点 A,它处在对应连续堵转的机械特性附近,说明电动机长期在 A 点运行时发热和温升都没有超过电动机的允许值。

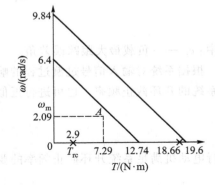

图 1.51　250LY55 型电动机的机械特性

　　当伺服系统带动探测器以角加速度 α_{lim} 作调转运行时,电动机轴上承受的总负载力矩:

$$T_{\Sigma} = T_{\mathrm{f}} + T_{\mathrm{rc}} + (J_{\mathrm{L}} + J_{\mathrm{r}})\alpha_{\mathrm{lim}}$$

$$= 0.1\ \mathrm{N \cdot m} + 2.9\ \mathrm{N \cdot m} + (4.44 + 0.035\ 28) \times 3.5\ \mathrm{N \cdot m} = 18.66\ \mathrm{N \cdot m} < T_{\mathrm{mbl}}$$

小于该电动机的峰值堵转力矩 $T_{\mathrm{mbl}} = 19.6\ \mathrm{N \cdot m}$,说明电动机能实现快速调转的要求。

　　最后还需要检验执行电动机能提供的响应频率 ω_{k},能否符合系统动态性能的要求,对力矩电动机而言,输出转矩不能超过 T_{mbl},作为系统的执行电动机所能提供的响应频率为:

$$\omega_{\mathrm{k}} = \sqrt{\frac{T_{\mathrm{mbl}} - (T_{\mathrm{f}} + T_{\mathrm{rc}})}{e_{\mathrm{m}}(J_{\mathrm{L}} + J_{\mathrm{r}})}} = \sqrt{\frac{19.6 - (0.1 + 2.9)}{0.005\ 8 \times (4.44 + 0.035\ 28)}}\ \mathrm{rad/s} = 25.22\ \mathrm{rad/s}$$

根据系统对输入阶跃信号响应时间 $t_s \leqslant 0.5$ s 的要求，近似估计系统的开环的截止频率 ω_c 的范围为：

$$\omega_c \approx \frac{6 \sim 10}{t_s} = 12 \sim 20 \text{ rad/s}$$

按经验应有 $\omega_k \geqslant 1.4\omega_c$，从以上数值看，可认为 250LY55 型电动机符合要求。

经以上从稳态和动态几方面的要求出发所作的定量计算，均说明 250LY55 型电动机可作为该探测器方位伺服系统的执行电动机。如以上任一项不能满足要求，则应考虑改选别的型号，直到以上要求均得到满足才算合适。

例 1.3 某小车在钢轨上运行，需由一电动伺服系统驱动，已知小车满载时总重 $G = 500$ N，车轮半径 $R = 0.2$ m，轨道上滚动摩擦系数 $f = 0.002$，要求车速可逆连续可调，最大速度 $v_m = 1.2$ m/s，最大加速度 $a_m = 0.2$ m/s^2，系统最大误差 $\Delta_m \leqslant 0.1$ m，零初始条件下输入阶跃信号时，小车的过渡过程时间 $t_s \leqslant 3$ s，需选一执行电动机直接驱动车轮。

解： 在选电动机之前，需将有关参数折算到车轮轴上，把直线平移换算成旋转运动。小车运动折算到车轮轴上的等效转动惯量 J_L 为：

$$J_L = \frac{G}{g}R^2 \tag{1.87}$$

式中，$g = 9.8$ m/s^2，将 G、R 值代入式（1.87），得 $J_L = 2.04$ kg·m^2。

车行驶时车轮轴承受的摩擦力矩 T_f 为：

$$T_f = GfR = 500 \times 0.002 \times 0.2 \text{ N·m} = 0.2 \text{ N·m}$$

小车最大速度 v_m 和最大加速度 a_m 对应车轮的最大角速度 ω_m 和最大角加速度 α_m 分别为：

$$\omega_m = \frac{v_m}{R} = \frac{1.2}{0.2} \text{ rad/s} = 6 \text{ rad/s}$$

$$\alpha_m = \frac{a_m}{R} = \frac{0.2}{0.2} \text{ rad/s}^2 = 1 \text{ rad/s}^2$$

系统最大误差 Δ_m 对应于车轮的跟踪误差角 e_m 为：

$$e_m = \frac{\Delta_m}{R} = \frac{0.1}{0.2} \text{ r/min} = 0.5 \text{ rad}$$

鉴于车速不高可采用力矩电动机直接驱动，产品样本中选出 160LY55 型电动机，其技术参数如下：峰值堵转力矩 $T_{mbl} = 75$ kg·cm $= 7.35$ N·m，峰值堵转电流 $I_{mbl} = 2.5$ A，峰值堵转电压 $U_m = 48$ V，空载转速 $n_{m0} = 130$ r/min $= 13.6$ rad/s，连续堵转力矩 $T_{cbl} = 52.5$ kg·cm $= 5.15$ N·m，连续堵转电流 $I_{cbl} = 1.75$ A，连续堵转电压 $U_c = 33.6$ V，电动势系数 $C_e = 0.308$ V/(r/min)，转子转动惯量 $J_r = 86 \times 10^{-5}$ g kg·m·s^2 $= 8.43 \times 10^{-3}$ kg·m^2，电磁时间常数 $T_i = 4$ ms。

由式（1.68）可求出理想空载转速 n_{i0}：

$$n_{i0} = \frac{48}{0.308} \text{ r/min} = 155.8 \text{ r/min} = 16.3 \text{ rad/s}$$

由式（1.69）可估算电动机自身摩擦力矩 T_{rc}：

$$T_{rc} = (16.3 - 13.6) \times \frac{7.35}{16.3} \text{ N} \cdot \text{m} = 1.22 \text{ N} \cdot \text{m}$$

对应 $U_c = 33.6$ V 时电动机理想空载转速 n_0' 为:

$$n_0' = 155.8 \times \frac{33.6}{48} \text{ r/min} = 109 \text{ r/min} = 11.4 \text{ rad/s}$$

绘出 160LY55 型电动机的机械特性如图 1.52 所示。

检验电动机的发热与温升是否在允许条件内,计算执行电动机所承受的等效转矩 T_{rms}:

$$T_{rms} = \sqrt{(1.22 + 0.2)^2 + \frac{1}{2}(2.04 + 8.43 \times 10^{-3})^2} \text{ N} \cdot \text{m} = 2.02 \text{ N} \cdot \text{m}$$

由 $T_{rms} = 2.02$ N·m 和 $\omega_m = 6$ rad/s,在图 1.52 上可得到
等效工作点 A,它处在对应连续堵转的机械特性之内,表明该
电动机带动小车长期运行时,电动机的发热与温升不会超过
电动机的容许值。

根据系统动态要求来看,系统开环截止频率

$$\omega_c \approx \frac{6 \sim 10}{t_s} \text{ rad/s} = 2 \sim 3.33 \text{ rad/s}$$

而 160LY55 型电动机所能提供的响应频率 ω_k 为:

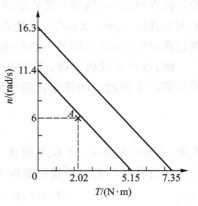

图 1.52　160LY55 型电动机机械特性

$$\omega_k = \sqrt{\frac{7.35 - 2.42}{0.5(2.02 + 8.43 \times 10^{-3})}} \text{ rad/s} = 2.4 \text{ rad/s}$$

显然,不满足 $\omega_k \geq 1.4\omega_c$ 的要求,因此需要改选电动机。

为了不增大电动机的外径(160 mm)改选用稀土永磁材料的力矩电动机 160LYX,其技术参
数为:峰值堵转力矩 $T_{mbl} = 19.6$ N·m,峰值堵转电流 $I_{mbl} = 5$ A,峰值堵转电压 $U_m = 48$ V,理想
空载转速 $n_{i0} = 120$ r/min = 12.6 rad/s,连续堵转电流 $I_{cbl} = 3$ A,连续堵转电压 $U_c = 28.8$ V,转
子转动惯量 $J_r = 0.015$ kg·m^2,电磁时间常数 $T_i = 2$ ms。

因表中未列出实际空载转速 n_{m0},无法估算电动机自身的摩擦力矩 T_{rc},考虑到 160LYX 与
160LY55 两电动机机座一致,尺寸基本相同,可近似认为两者的摩擦力矩一样,取 $T_{rc} = 1.22$ N·m。
同样可作该电动机的机械特性,如图 1.53 所示。

电动机所承受的等效转矩 T_{rms} 为:

$$T_{rms} = \sqrt{(1.22 + 0.2)^2 + \frac{1}{2}(2.04 + 0.015)^2} \text{ N} \cdot \text{m} = 2.03 \text{ N} \cdot \text{m}$$

根据 $T_{rms} = 2.03$ N·m 和 $\omega_m = 6$ rad/s 在图 1.53 上找到等效工作点 A,其仍处在对应连续堵
转的机械特性附近,电动机的发热与温升不成问题。

电动机所能提供的频带 ω_k 为:

$$\omega_k = \sqrt{\frac{19.6 - 1.42}{0.5(2.04 + 0.015)}} \text{ rad/s} = 4.2 \text{ rad/s}$$

而 $1.4\omega_c = 2.8 \sim 4.66$ rad/s 且 $\omega_k \geq 1.4\omega_c$，可认为 160LYX 作执行电动机能满足对小车的动态性能要求。

2. 多轴传动的执行电动机选择计算例

利用计算出的额定功率后初选电动机时，选出准备采用的电动机型号，电动机的各项技术参数便成为已知。接着根据电动机的技术参数和负载运动的要求，选择传动装置的传动比 i，选择减速装置的类型，估计传动装置的传动效率 η，估算传动装置折算到电动机轴上的等效转动惯量 J_p。

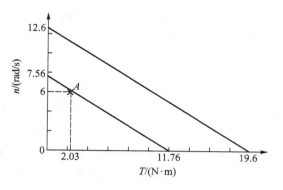

图 1.53 160LYX 型电动机机械特性

系统传动装置采用的类型很多，如齿轮（圆柱形、圆锥形）传动、齿轮与齿条传动、蜗杆与蜗轮传动、螺母与丝杠传动、同步带传动、谐波传动等，也可以是几种形式的组合。为保证系统的快速响应，设计系统传动装置时应使其效率高、转动惯量小，通常 $\eta > 0.6$，惯量折算到电动机轴上 $J_p \approx (0.1 \sim 0.5)J_r$，电动机功率大的取较小的系数，功率小的取较大的系数。

有经验数据可供估算效率：每对齿轮副的传动效率 $\eta = 0.94 \sim 0.96$，经对研后可达到 $\eta \geq 0.98$；每对锥齿轮副传动效率 $\eta = 0.92 \sim 0.96$；蜗杆蜗轮传动，当 $z = 1$ 时 $\eta = 0.7 \sim 0.75$，$z = 2$ 时 $\eta = 0.75 \sim 0.82$，$z = 3$ 或 $z = 4$ 时 $\eta = 0.82 \sim 0.9$，如形成自锁 $\eta < 0.7$；齿轮齿条传动 $\eta = 0.7 \sim 0.8$；螺母丝杠传动 $\eta = 0.5 \sim 0.6$，滚珠丝杠传动 $\eta = \dfrac{1}{1 + \dfrac{0.02d}{P_h}}$（式中 d 为丝杠中径，P_h 为丝杠导程），谐波传动的传动效率可参看有关产品目录。

例 1.4 有一转台需要设计水平方向传动的伺服系统，已知转台摩擦力矩 $T_f = 142$ N·m，转动惯量 $J_L = 6\ 394$ kg·m²，最大跟踪角速度 $\omega_m = 24$ °/s，最大跟踪角加速度 $\alpha_m = 5$ °/s²，系统最大跟踪误差角 $e_m \leq 0.3°$，极限角加速度 $\alpha_{lim} = 12$ °/s²，转台对输入阶跃信号的响应时间 $t_s \leq 1.2$ s，试选择执行电动机。

解： 首先进行点位换算：$\omega_m = 24$ °/s $= 0.42$ rad/s；$\alpha_m = 5$ °/s² $= 0.087\ 5$ rad/s²；$\alpha_{lim} = 12$ °/s² $= 0.209\ 4$ rad/s²；$e_m \leq 0.3° = 5.23 \times 10^{-3}$ rad。将参数代入式（1.69）得

$$P_e \geq 2(142 + 6\ 394 \times 0.087\ 5) \times 0.42\ \text{W} = 589.2\ \text{W}$$

根据附表 1.4 选用 ZK-12F 型电动机，其技术参数为：$P_{nom} = 760$ W > 589.2 W，$n_{nom} = 2\ 500$ r/min，$U_{nom} = 110$ V，$I_{nom} = 8.2$ A，$GD^2 = 0.053$ kg·m²，$U_f = 220$ V。需进一步估算电动机的其他参数。

用式（1.75）可得电动机转子转动惯量为：

$$J_r = \frac{0.053}{4}\ \text{kg·m}^2 = 0.013\ 25\ \text{kg·m}^2$$

由式（1.72）估算电枢电阻 $R_a = 1.05$ Ω，再由式（1.73）求电动势常数 $K_e = 0.387$ (N·m)/A，由式（1.74）可得转矩系数 $K_m = 0.387$ (N·m)/A，由式（1.75）时可得额定输出转矩 $T_{nom} = 2.9$ N·m，

由式(1.77)可计算出电动机自身摩擦力矩 $T_{rc} = 0.273$ N·m。

由于 $n_{nom} = 2\ 500$ r/min $= 261.7$ rad/s,故传动装置的减速比 i 可以取成:

$$i \approx \frac{n_{nom}}{\omega_m} \qquad (1.88)$$

对应本例 $i = 623$,传动装置可采用三级圆柱齿轮传动和一级蜗轮蜗杆传动,总传动效率为:

$$\eta = 0.96^3 \times 0.8 = 0.7$$

减速装置折算到电动机轴上的等效惯量为 $J_p \approx 0.1 J_r$。

鉴于该转台没有明确的运动规律,用方和根综合方法求得等效转矩,即:

$$T_{rms} = \sqrt{\left(0.273 + \frac{142}{623 \times 0.7}\right)^2 + \frac{1}{2}\left(0.013\ 25 \times 1.1 + \frac{6\ 394}{623 \times 0.7}\right)^2 623^2 \times 0.087\ 5^2} \text{ N·m}$$

$$= 1.586 \text{ N·m} < T_{nom} = 2.9 \text{ N·m}$$

说明 ZK-12F 型电动机带动转台长期运行不成问题。

当电动机转台以 $\alpha_{lim} = 0.209\ 4$ rad/s² 作快速调转时,电动机轴上的总负载转矩为:

$$T_{\Sigma} = T_{rc} + \frac{T_f}{i\eta} + \left(J_r + J_p + \frac{J_L}{i^2 \eta}\right) i\alpha_{lim}$$

$$= 0.273 + \frac{142}{623 \times 0.7} + \left(0.013\ 25 \times 1.1 + \frac{6\ 394}{623^2 \times 0.7}\right) \times 623 \times 0.209\ 4 \text{ N·m}$$

$$= 5.57 \text{ N·m}$$

是电动机额定转矩 $T_{nom}(= 2.9$ N·m)的 1.92 倍,不超过该电动机的短时过载能力。

该直流伺服电机的过载系数 $\lambda = 4$,代入式(1.82),求得 T_{sup},再代入式(1.85),可估计 ZK-12F 型电动机带动负载所能提供的响应频率:

$$\omega_k = \sqrt{\frac{4 \times 2.9 - 0.273 - \frac{1.42}{623 \times 0.7}}{5.23 \times 10^{-3} \times 623\left(0.013\ 25 \times 1.1 + \frac{6\ 394}{623^2 \times 0.7}\right)}} \text{ rad/s} = 9.41 \text{ rad/s}$$

由系统响应时间 $t_s \leqslant 1.2$ s 的要求,估计系统的开环截止频率为:

$$\omega_c \approx \frac{6 \sim 10}{t_s} = 5 \sim 8.33 \text{ rad/s}$$

而 $1.4\omega_c \approx 7 \sim 11.66$ rad/s,ω_k 处于该数值范围,故可认为所选 ZK-12F 型电动机作执行电动机能满足转台对伺服系统的要求。

例 1.5　已知小功率伺服系统的负载摩擦力矩 $T_c = 0.1$ N·m,负载转动惯量 $J_L = 1.5$ kg·m²,系统正常工作是最大跟踪角速度 $\omega_m = 100°/$s,最大跟踪角加速度 $\alpha_m = 100°/$s²,系统极限角加速度 $\alpha_{lim} = 180°/$s²,系统正常工作时的最大误差角 $e_m \leqslant 2°$,输入阶跃信号时,系统的过渡过程时间 $t_s \leqslant 1$ s,需选择系统的执行电动机。

解:单位换算:$\omega_m = 100$ °/s $= 1.745$ rad/s,$\alpha_m = 100$ °/s² $= 1.745$ rad/s²,$\alpha_{lim} = 180$ °/s² $=$

3. 14 rad/s^2，$e_m \leqslant 2° = 0.035$ rad。

由式(1.68)得 $P_{nom} \geqslant 9.54$ W，从附表 1-5 可选出 $f = 400$ Hz 的两相异步电动机 70SL01，其技术参数为：额定输出功率 $P_{nom} = 16$ W>9.54 W，空载转速 $n_o = 4\,800$ r/min $= 502.6$ rad/s，控制电压 $U_c = 115$ V，励磁电压 $U_f = 115$ V，控制电流 $I_c = 1.1$ A，励磁电流 $I_f = 1.1$ A，堵转力矩 $T_{bl} = 1\,000$ g·cm $= 0.98$ N·m，电动机时间常数 $T_m = 25$ ms $= 0.025$ s。

将有关参数代入式(1.78)，可求得电动机转子的转动惯量：

$$J_r = \frac{9.55 \times 0.025 \times 0.98}{4\,800} \text{ kg·m}^2 = 4.87 \times 10^{-6} \text{ kg·m}^2$$

70SL01 型电动机的额定转矩 $T_{nom} \approx \frac{1}{2} T_{bl} = 0.049$ N·m，再由式(1.77)可估算出它的额定转速 $n_{nom} \approx 3\,100$ r/min $= 324.6$ rad/s。

若设计电动机转速达到 n_{nom} 时，系统输出轴达到 ω_m，则可确定传动装置的传动比为：

$$i = \frac{324.6}{1.745} = 186$$

考虑采用四级齿轮传动形式，设总传动效率 $\eta = 0.85$，考虑传动装置折算到电动机轴上的等效转动惯量 J_p 以及电动机轴上将带测速发电动机取反馈信号，因此要将测速发电动机转子的转动惯量考虑进来，加上电动机转子的惯量，取 $2J_r = 9.74 \times 10^{-6}$ kg·m^2，电动机自身的摩擦力矩较小可予以忽略。

将以上参数代入式(1.80)，求等效转矩为：

$$T_{rms} = \sqrt{\left(\frac{0.1}{186 \times 0.85}\right)^2 + \frac{1}{2}\left(9.74 \times 10^{-6} + \frac{1.5}{186^2 \times 0.85}\right)^2 186^2 \times 1.745^2} \text{ N·m}$$

$$= 0.014 \text{ N·m} < T_{nom} = 0.049 \text{ N·m}$$

满足发热与温升的要求。

系统以 α_{lim} 等加速运行时，电动机轴上承受的总负载力矩：

$$T_{\Sigma} = \frac{0.1}{186 \times 0.85} + \left(9.74 \times 10^{-6} + \frac{1.5}{186^2 \times 0.85}\right) \times 186 \times 3.14 \text{ N·m}$$

$$= 0.036 \text{ N·m} < T_{bl} = 0.098 \text{ N·m}$$

电动机亦满足需要。

再用式(1.85)估算 70SL01 型电动机带动负载所能达到的极限频率：

$$\omega_k = \sqrt{\frac{0.098 - \dfrac{0.1}{186 \times 0.85}}{0.035 \times 186\left(9.74 \times 10^{-6} + \dfrac{1.5}{186^2 \times 0.85}\right)}} \text{ rad/s} = 17 \text{ rad/s}$$

系统动态响应需要系统的开环截止频率 ω_c，且满足 $\omega_k = 17$ rad/s$>1.4\omega_c = 8.4 \sim 14$ rad/s，以上验算均合格，说明所选 70SL01 两相异步电动机能满足该系统的需要。

1.6　机械系统动力学特性分析

为了保证系统具有较好的快速响应性,较小的跟踪误差,且不会在变化的输入信号激励下产生共振,应对其动力学特性加以分析。

在机械系统内,滚珠丝杠机构的刚度是影响系统动态特性的最薄弱环节,其拉压刚度(又称纵向刚度)和扭转刚度分别是引起机械系统纵向振动和扭转振动的主要因素。当分析系统的纵向振动时,可忽略电动机和减速器的影响,则由丝杠和工作台所构成的纵振系统可简化成如图 1.54 所示的动力学模型,其动力平衡方程可表达成:

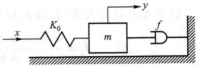

图 1.54　丝杠-工作台纵振系统的
简化动力学模型

$$m \frac{\mathrm{d}^2 y}{\mathrm{d}t^2} + f \frac{\mathrm{d}y}{\mathrm{d}t} + K_0(y - x) = 0 \tag{1.89}$$

式中:m——丝杠和工作台的等效集中质量,$m = m_1 + \frac{1}{3} m_2$,$m_1$ 和 m_2 分别是工作台和丝杠的
　　　　质量;

　　　f——工作台导轨的黏性阻尼系数;

　　　K_0——滚珠丝杠机构的综合拉压刚度;

　　　y——工作台的实际位移;

　　　x——电动机转角折算到工作台上的等效位移,即指令位移。

对式(1.89)进行拉氏变换并整理,得系统传递函数:

$$G(s) = \frac{Y(s)}{X(s)} = \frac{K_0}{ms^2 + fs + K_0} \tag{1.90}$$

将式(1.90)化成二阶系统的标准形式,得:

$$G(s) = \frac{Y(s)}{X(s)} = \frac{\omega_n^2}{s^2 + 2\zeta\omega_n s + \omega_n^2} \tag{1.91}$$

式中:ω_n——丝杠-工作台纵振系统的无阻尼固有频率,

$$\omega_n = \sqrt{\frac{K_0}{m}} \tag{1.92}$$

　　　ζ——系统纵向振动阻尼比:

$$\zeta = \frac{f}{2\sqrt{mK_0}} \tag{1.93}$$

显然,这是一个二阶振荡系统。根据自动控制理论,当系统允许有一定超调时,可取系统阻尼比 $\zeta = 0.4 \sim 0.8$,使系统在输入信号变化或有外界扰动输入时,其输出响应可较快地达到稳定值,当系统不允许有任何超调时,可取 $\zeta = 1$,使系统输出响应不出现振荡;加大系统无阻尼固有频率 ω_n,可加快系统的响应速度,有利于避开输入信号频率范围,防止共振产生。

可见,影响系统动态特性的主要参数是固有频率 ω_n 和阻尼比 ζ。由式(1.92)知,增加滚珠丝杠机构的综合拉压刚度 K_0 和减轻工作台质量 m,可提高固有频率 ω_n。由式(1.93)知,阻尼比 ζ 除主要与导轨黏性阻尼系数 f 有关外,还与刚度 K_0 和质量 m 有关。因此,在结构设计时,应通过 K_0、m 和 f 等参数的合理匹配,而使 ω_n 和 ζ 获得适当的取值,以保证系统具有良好的动态特性。

当分析系统扭转振动时,还应考虑步进电机及减速器的影响。反映在丝杠上的系统动力学方程可表达为:

$$J_s \frac{\mathrm{d}^2\theta}{\mathrm{d}t^2} + f_s \frac{\mathrm{d}\theta}{\mathrm{d}t} + K_s\left(\theta - \frac{1}{i}\theta_1\right) = 0 \qquad (1.94)$$

式中:J_s——折算到丝杠轴上的系统总当量转动惯量,$J_s = J_1 i^2 + J_2 + m\left(\dfrac{P_h}{2\pi}\right)^2$,$J_1$ 和 J_2 分别是电动机轴及其上齿轮和丝杠轴及其上齿轮的转动惯量;

i——减速器传动比;

m——工作台质量;

P_h——丝杠导程;

f_s——丝杠转动的当量黏性阻尼系数,$f_s = \left(\dfrac{P_h}{2\pi}\right)^2 f$,$f$ 是工作台导轨的黏性阻尼系数;

θ——丝杠转角;

θ_1——电动机输出转角,即指令转角;

K_s——机械系统折算到丝杠轴上的总当量扭转刚度,$K_s = \dfrac{1}{\dfrac{1}{K_1 i^2} + \dfrac{1}{K_T}}$,$K_1$ 和 K_T 分别是电动机轴和丝杠轴的扭转刚度。

设工作台直线位移为 y,由于 $\theta = \dfrac{2\pi y}{P_h}$,代入式(1.95)并整理得:

$$J_s \frac{\mathrm{d}^2 y}{\mathrm{d}t^2} + f_s \frac{\mathrm{d}y}{\mathrm{d}t} + K_s y = \frac{P_h K_s}{2\pi i}\theta_1$$

对上式进行拉氏变换并整理,得系统传递函数

$$G(s) = \frac{Y(s)}{X(s)} = \frac{P_h}{2\pi i} \frac{\omega_n^2}{s^2 + 2\zeta\omega_n s + \omega_n^2} \qquad (1.95)$$

式中:ω_n——机械系统扭转振动的无阻尼固有频率,$\omega_n = \sqrt{\dfrac{K_s}{J_s}}$;

ζ——机械系统扭转振动阻尼比,$\zeta = \dfrac{f_s}{2\sqrt{J_s K_s}}$。

显然,这也是一个二阶振荡系统,并且在形式上与式(1.92)仅相差一比例系数。

由上述分析可见,影响系统动态特性的主要因素是系统的惯性、刚度和阻尼。一般来讲,在

设计机械系统时,应注意增大刚度,减小惯性,以提高固有频率。但增大刚度往往导致结构尺寸加大,惯性也不是越小越好。

系统阻尼的影响比较复杂。较大的系统阻尼不利于定位精度的提高,而且会降低系统的快速响应性,但可提高系统的稳定性,减小过渡过程中的超调量,并降低振动响应的幅值。目前许多伺服系统中采用了滚动导轨,实践证明,滚动导轨可减小摩擦系数,提高定位精度和低速运动平稳性,但其阻尼较小,常使系统的稳定裕量减小。所以在采用滚动导轨结构时,应注意采取其他措施来控制阻尼的大小。

对系统阻尼影响最大的是导轨阻尼。导轨的阻尼特性比较复杂。除去与运动速度成正比的黏性阻尼系数外,导轨的静摩擦、随运动方向不同而改变符号的动摩擦以及造成负阻尼的摩擦力下降特性等,都是非线性因素。将这些因素折算成等效的黏性阻尼系数只是一个近似方法。大量实验证明,无论静摩擦系数还是动摩擦系数,与等效黏性阻尼系数之间都没有简单的关系。因而在设计时,要给出具体的阻尼数据是困难的。一般除可参照前人的研究成果进行定性分析外,应通过具体实验来获取可靠数据。

1.7 机械系统的设计计算实例

例 1.6 有一开环控制数控车床的伺服进给传动链如图 1.55 所示。已知:步进电机最大静转矩 $T_s = 10$ N·m,步距角 $\theta = 1.5°$,电动机轴转动惯量 $J_M = 1.8 \times 10^{-3}$ kg·m^2,采用五相双五拍通电控制方式。滚珠丝杠直径 $d = 45$ mm,导程 $P_h = 6$ mm。丝杠最小拉压长度 $l_{min} = 400$ mm,最大拉压长度 $l_{max} = 1\ 400$ mm,丝杠长度 $L = 2\ 440$ mm,丝杠支承轴向刚度 $K_B = 1.96 \times 10^8$ N/m,丝杠螺母间的接触刚度 $K_N = 1.02 \times 10^9$ N/m。工作台及刀架质量 $m = 300$ kg,导轨摩擦系数 $f = 0.2$,最大轴向载荷 $F_{max} = 4\ 900$ N。

要求:系统脉冲当量 $\delta = 0.005$ mm,空载起动时间 $t_{ac} = 32$ ms,最大进给速度 $v_{max} = 1.2$ m/min,定位精度为 ± 0.01 mm。

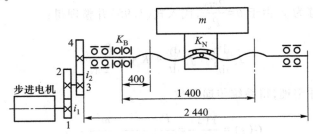

图 1.55 数控车床纵向进给传动链简图

解:根据上述已知参数及要求对该伺服系统进行设计和校验如下:

(1) 减速器传动比计算

$$i = \frac{\theta P_h}{360\delta} = \frac{1.5 \times 6}{360 \times 0.005} = 5$$

按最小等效惯量原则,从图 1.55 可知该减速器应采用两级传动,传动比可分别取为 $i_1 = 2, i_2 =$

2.5。选各传动齿轮齿数分别为 $z_1 = 20, z_2 = 40, z_3 = 20, z_4 = 50$,模数 $m = 2$ mm,齿宽 $b = 20$ mm,强度校验略。

(2)电动机轴上等效负载转动惯量计算

计算各传动件的转动惯量时,齿轮的等效直径取为分度圆直径,丝杠的等效直径为 $\phi 43$ mm,可得:

$$J_{z_1} = J_{z_3} = \frac{\pi \times 7.8 \times 10^3 \times 0.04^4 \times 0.02}{32} \text{ kg} \cdot \text{m}^2 \approx 3.9 \times 10^{-5} \text{ kg} \cdot \text{m}^2$$

同理,计算得 $J_{z_2} \approx 6.3 \times 10^{-4}$ kg·m², $J_{z_4} \approx 1.53 \times 10^{-3}$ kg·m², $J_s \approx 6.39 \times 10^{-3}$ kg·m²。

将各传动件转动惯量及工作台质量折算到电动机轴上,得等效负载转动惯量 J_L:

$$J_L = J_{z_1} + (J_{z_2} + J_{z_3}) \frac{1}{i_1^2} + (J_{z_4} + J_s) \frac{1}{i^2} + \left(\frac{P_h}{2\pi i}\right)^2 m$$

代入相关数值后,计算得 $J_L \approx 5.3 \times 10^{-4}$ kg·m²。

(3)惯量匹配验算

$$\frac{J_M}{J_L} = \frac{1.8 \times 10^{-3}}{5.3 \times 10^{-4}} \approx 3 < 4$$

说明惯量匹配比较合理。

(4)步进电机负载能力校验

步进电机轴上的总惯量:

$$J = J_M + J_L = (1.8 \times 10^{-3} + 5.3 \times 10^{-4}) \text{ kg} \cdot \text{m}^2 = 2.33 \times 10^{-3} \text{ kg} \cdot \text{m}^2$$

空载起动时,电动机轴上的惯性转矩:

$$T_D = J\ddot{\theta} = J\frac{2\pi n_{max}}{60 t_{ac}} = 2.33 \times 10^{-3} \times \frac{2\pi \times 5}{0.006} \times$$

$$\frac{1.2}{32 \times 10^{-3} \times 60} \text{ N} \cdot \text{m} \approx 7.7 \text{ N} \cdot \text{m}$$

电动机轴上的等效摩擦转矩:

$$T_f = \frac{F_f P_h}{2\pi \eta i} = \frac{P_h}{2\pi \eta i} mgf = \frac{0.006 \times 300 \times 9.8 \times 0.2}{2 \times 3.14 \times 0.8 \times 5} \text{ N} \cdot \text{m} \approx 0.14 \text{ N} \cdot \text{m}$$

其中,伺服进给传动链的总效率取为 $\eta = 0.8$。

设滚珠丝杠副的预紧力为最大轴向载荷的 1/3,则因预紧力而引起的,折算到电动机轴上的附加摩擦转矩为:

$$T_{p0} = \frac{P_h}{2\pi \eta i} F_0 (1 - \eta_0^2) = \frac{P_h}{2\pi \eta i} \frac{F_{max}}{3}(1 - \eta_0^2)$$

取 $\eta = 0.9$ 并代入数值后计算得: $T_{p0} \approx 0.074$ N·m

工作台上的最大轴向载荷折算到电动机轴上的负载转矩为:

$$T_{\mathrm{L}} = \frac{P_{\mathrm{h}}}{2\pi\eta i}F_{\mathrm{Wmax}} = \frac{0.006}{2\times3.14\times0.8\times5}\times4\,900 \text{ N}\cdot\text{m} \approx 1.17 \text{ N}\cdot\text{m}$$

于是空载起动时电动机轴上的总负载转矩为：

$$T_{\mathrm{amax}} = T_{\mathrm{D}} + T_{\mathrm{f}} + T_{\mathrm{p0}} = (7.7 + 0.14 + 0.074)\text{N}\cdot\text{m} \approx 7.91 \text{ N}\cdot\text{m}$$

在最大外载荷下工作时，电动机轴上的总负载转矩为：

$$T = T_{\mathrm{L}} + T_{\mathrm{f}} + T_{0} = (1.17 + 0.14 + 0.074)\text{N}\cdot\text{m} \approx 1.38 \text{ N}\cdot\text{m}$$

按表 1.2 查得空载起动时所需电动机最大静转矩为：

$$T_{\mathrm{s1}} = \frac{T_{\mathrm{amax}}}{0.809} \approx 9.8 \text{ N}\cdot\text{m}$$

按式（1.9）可求得在最大外载荷下工作时所需电动机最大静转矩为：

$$T_{\mathrm{s2}} = \frac{T}{0.3\sim0.5} = \frac{1.38}{0.3\sim0.5} \text{ N}\cdot\text{m} = 2.76\sim4.6 \text{ N}\cdot\text{m}$$

由于 $T_{\mathrm{s1}} = 9.8$ N·m$< T_{\mathrm{s}} = 10$ N·m，所以按给定要求步进电机能正常起动。

（5）系统刚度计算

按表 1.5 所列公式可求得丝杠最大、最小拉压刚度为：

$$K_{\mathrm{Lmax}} = \frac{\pi d^2 E}{4 l_{\mathrm{min}}} = \frac{3.14\times0.043^2\times2.1\times10^{11}}{4\times0.4} \text{ N}\cdot\text{m} \approx 7.6\times10^8 \text{ N}\cdot\text{m}$$

$$K_{\mathrm{Lmin}} = \frac{\pi d^2 E}{4 l_{\mathrm{max}}} = \frac{3.14\times0.043^2\times2.1\times10^{11}}{4\times1.4} \text{ N}\cdot\text{m} \approx 2.2\times10^8 \text{ N}\cdot\text{m}$$

假定丝杠轴向支承轴承经过预紧并忽略轴承座和螺母座刚度的影响，按下列公式可求得丝杠螺母机构的综合拉压刚度：

$$\frac{1}{K_{\mathrm{0min}}} = \frac{1}{2K_{\mathrm{B}}} + \frac{1}{K_{\mathrm{Lmin}}} + \frac{1}{K_{\mathrm{N}}} = \left(\frac{1}{2\times1.96\times10^8} + \frac{1}{2.2\times10^8} + \frac{1}{1.02\times10^9}\right) \text{ N}\cdot\text{m}$$

$$K_{\mathrm{0min}} \approx 1.24\times10^8 \text{ N}\cdot\text{m}$$

$$\frac{1}{K_{\mathrm{0max}}} = \frac{1}{2K_{\mathrm{B}}} + \frac{1}{K_{\mathrm{Lmax}}} + \frac{1}{K_{\mathrm{N}}} = \left(\frac{1}{2\times1.96\times10^8} + \frac{1}{7.6\times10^8} + \frac{1}{1.02\times10^9}\right) \text{ N}\cdot\text{m}$$

$$K_{\mathrm{0max}} \approx 2.06\times10^8 \text{ N}\cdot\text{m}$$

按式（1.22）可计算出丝杠最低扭转刚度为：

$$K_{\mathrm{Tmin}} = \frac{\pi d^4 G}{32 l_{\mathrm{max}}} = \frac{\pi\times0.043^4\times8.1\times10^{10}}{32\times1.4} \text{ (N}\cdot\text{m)/rad} \approx 1.9\times10^4 \text{ (N}\cdot\text{m)/rad}$$

（6）固有频率计算

丝杠质量为：

$$m_{\mathrm{s}} = \frac{1}{4}\pi d^2 L\rho = \frac{1}{4}\pi\times0.043^2\times2.44\times7.8\times10^3 \text{ kg} \approx 27.6 \text{ kg}$$

丝杠-工作台纵振系统的最低固有频率为：

$$\omega_{nc} = \sqrt{\frac{K_{0min}}{m + \frac{1}{3}m_s}} = \sqrt{\frac{1.24 \times 10^8}{300 + \frac{1}{3} \times 27.6}} \text{ rad/s} \approx 633 \text{ rad/s}$$

折算到丝杠轴上系统的总当量转动惯量为：

$$J_{sd} = J \cdot i^2 = 2.33 \times 10^{-3} \times 5^2 \text{ kg} \cdot \text{m}^2 \approx 0.058\ 3 \text{ kg} \cdot \text{m}^2$$

如果忽略电动机轴及减速器中的扭转变形，则系统的最低扭振固有频率为：

$$\omega_{nt} = \sqrt{\frac{K_{Tmin}}{J_{sd}}} = \sqrt{\frac{1.9 \times 10^4}{0.058\ 3}} \text{ rad/s} \approx 571 \text{ rad/s}$$

ω_{nc} 和 ω_{nt} 都较高，说明系统动态特性较好。

（7）死区误差计算

设齿轮传动和滚珠丝杠机构分别采取了消隙和预紧措施，则按式（1.26）可求得由摩擦力引起的最大反向死区误差为：

$$\Delta_{max} = \frac{2mg\mu_0}{K_{0min}} \times 10^3 = \frac{2 \times 300 \times 9.8 \times 0.2}{1.24 \times 10^8} \times 10^3 \text{ mm} \approx 0.01 \text{ mm}$$

Δ_{max} 约为两个脉冲当量，说明该系统较难满足单脉冲进给（即步进运行）的要求。

（8）由系统刚度变化引起的定位误差计算

按式（1.27）可求得由滚珠丝杠机构综合拉压刚度的变化所引起的最大定位误差：

$$\delta_{Kmax} = F_\mu \left(\frac{1}{K_{0min}} - \frac{1}{K_{0max}}\right) \times 10^3 = 300 \times 9.8 \times 0.2 \times$$

$$\left(\frac{1}{1.24 \times 10^8} - \frac{1}{2.06 \times 10^8}\right) \times 10^3 \text{ mm}$$

$$\approx 0.002 \text{ mm}$$

由于系统要求的定位精度为 ±0.01 mm，即允许 $\delta = 0.02$ mm，$\delta_{Kmax} = 0.002$ mm $< \frac{\delta}{5} = 0.004$ mm，所以系统刚度满足定位精度要求。

习　　题

1.1　机电一体化产品对机械系统的要求有哪些？

1.2　机电一体化机械系统由哪几部分机构组成？对各部分的要求是什么？

1.3　常用的传动机构有哪些？各有何特点？

1.4　齿轮传动机构为何要消除齿侧间隙？

1.5　滚珠丝杠副轴向间隙对传动有何影响？采用什么方法消除它？

1.6　滚珠丝杠副的支承对传动有何影响？支承形式有哪些类型？各有何特点？

1.7　试设计某数控机床工作台进给用滚珠丝杠副。已知平均工作载荷为 4 000 N，丝杠工作长度为 2 m,平均转速为 120 r/min,每天开机 6 h,每年 300 个工作日,要求工作 8 年以上,丝杠材料为 CrWMn 钢,滚道硬度为 58~62 HRC,丝杠传动精度为 ±0.04 mm。

1.8　滑动导轨、滚动导轨各有何特点?

1.9　滚珠直线导轨有哪些类型?

1.10　机械系统载荷按其是否随时间变化可分为哪些类型?

1.11　多轴驱动系统的惯性载荷是如何折算成等效单轴系统的?

1.12　如图 1.56 所示,有一丝杠螺母工作台驱动系统,其参数见表 1.13。此外,$m_A = 500$ kg,$P_h = 5$ mm,$F_{L水平} = 900$ N,$F_{L垂直} = 700$ N,工作台与导轨间的滑动摩擦系数为 0.2。试求转换到电动机主轴上的等效转动惯量和等效转矩。

表 1.13　习题 1.12 表

参数	齿轮				轴		丝杠	电动机
	1	2	3	4	a	b		
$n/(\mathrm{r/min})$	760	380	380	200	760	380	200	760
$J/(\mathrm{kg \cdot m^2})$	0.012	0.018	0.022	0.035	0.026	0.005	0.014	

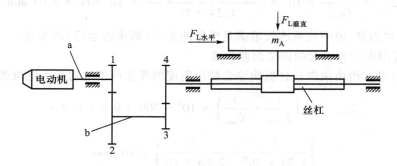

图 1.56　习题 1.12 图

1.13　电动机的选择应考虑哪些参数? 选取各参数时,有哪些注意事项?

1.14　已知某四级齿轮传动系统,各齿轮的转角误差为 $\Delta\varphi_1 = \Delta\Phi_2 = \cdots = \Delta\Phi_8 = 0.005$ rad,各级传动比相同,即 $i_1 = i_2 = \cdots = i_4 = 1.5$,求

(1) 该传动系统的最大转角误差 $\Delta\Phi_{max}$ 是多少?

(2) 为缩小 $\Delta\Phi_{max}$ 应采取何种措施?

1.15　简述惯量匹配的基本原理及匹配条件。

1.16　负载转矩是如何折算成电动机轴上的等效负载转矩的?

1.17　作为机械传动系统中刚性最薄弱的滚珠丝杠传动机构,其刚度计算内容包括哪些方面? 如何分配?

1.18　机械传动系统误差分析中,应考虑哪些误差因素? 影响机械系统动态特性的主要因素有哪些? 如何计算和匹配?

第 2 章　检测系统设计

2.1　概述

检测系统是机电一体化系统中的一个重要组成部分,用于检测有关外界环境及自身状态的各种物理量(如力、温度、距离、变形、位置、功率等)及其变化,并将这些信号转换成电信号,然后再通过相应的变换、放大、调制与解调、滤波、运算等电路将所需要的信号检测出来,反馈给控制装置并显示。实现上述功能的传感器及相应的信号检测与处理电路就构成了机电一体化系统中的检测系统。

检测系统按使用的传感器不同分为模拟式传感器检测系统和数字式传感器检测系统。模拟式传感器检测系统是采用输出信号为模拟信号的传感器(如电阻式、电感式、磁电式、热电式等)构成的检测系统,其系统原理如图 2.1 所示。在这种传感器检测系统中,如果传感器为电参量式的,即被测信号的变化引起传感器的电阻、电感或电容等参数变化,则需通过基本转换电路将其转换为电量(电压、电流、电荷等)。如传感器的输出已是电量,则不需要基本转换电路。

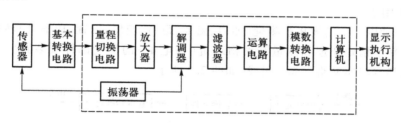

图 2.1　典型模拟式传感器检测系统

为提高输出信号的抗干扰能力,常采用对信号进行调制的方法。信号的调制可在传感器或基本转换电路中进行,也可在转换成电量后进行。经放大解调后使信号恢复成原有形式,通过滤波器选取代表被测量的有效信号。不进行调制时,则不需要解调,也不需要振荡器提供调制载波信号。

为了适应不同测量范围,可以引入量程切换电路。为了将被测量进行数字显示,或接入计算机处理,常采用数字转换电路,也可以不经过数字转换,由被测信号直接驱动显示机构。

数字式传感器检测系统是采用输出信号为增量码信号的传感器(如光栅、磁栅、容栅、感应同步器等)构成的检测系统。其检测系统的典型组成如图 2.2 所示。

传感器的输出经放大、整形后形成数字脉冲信号。为了提高仪器分辨率,常常采用细分的方法,使传感器的输出变化 $1/n$ 周期时计一个数,n 称为细分数。细分电路还可以同时完成整形作用。在许多情况下,例如激光干涉测长,工作台每移过半波长 $\lambda/2$,信号变化一个周期。λ 为一个不读出的量。为便于读出,需要进行脉冲当量变换。辨向电路用于辨别工作台运动方向,以正确进行加法或减法计数。需要采样时,手动或由指令传感器发出瞄准采样信号,将所计数值送入锁存器,直接或经计算机计算后,驱动显示执行机构动作。

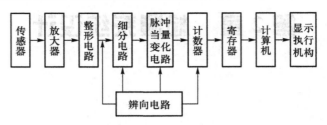

图 2.2　数字式传感器检测系统

机电一体化系统对检测系统在性能方面的基本要求是:精度、灵敏度和分辨率高,线性、稳定性和重复性好,抗干扰能力强,静、动态特性好。除此之外,为了适应机电一体化产品的特点并满足机电一体化设计的需要,还对传感器及其检测系统提出了一些特殊要求,如体积小、质量轻、价格便宜、便于安装与维修、耐环境性能好等,这些要求也是在进行机电一体化系统设计时选用传感器并设计相应的信号检测系统所应遵循的基本原则。

2.2　机电一体化系统常用传感器

2.2.1　传感器的组成及基本特性

1. 传感器的组成

传感器是一种以一定精度将被测量(如力、温度、距离、变形、位置、功率等)转换为与之有确定对应关系的、易于精确处理和测量某种物理量(如电量)的测量部件或装置。一般由敏感元件、转换元件和基本转换电路三部分组成,如图 2.3 所示。

图 2.3　典型传感器组成

1) 敏感元件　直接感受被测量,并以确定关系输出某一物理量,如弹性敏感元件将力转换为位移或应变输出。

2) 转换元件　将敏感元件输出的非电物理量(如位移、应变、光强等)转换成电参量(如电阻、电感、电容等)。

3) 基本转换电路　将电参量转换成便于测量的电量,如电压、电流、频率等。

实际的传感器可以做得很简单,也可以做得很复杂。有些敏感元件可以直接输出变换后的电信号,而一些传感器又不包括敏感元件在内;还有些传感器由敏感元件和基本转换电路组成;有些传感器的转换元件不止一个,要经过若干次转换才能输出电量;有的是开环系统,也有的是带反馈的闭环系统。

2. 传感器的基本特性

可通过两个基本特性即传感器的静态特性和动态特性来表征一个传感器性能的优劣。

(1) 传感器的静态特性

所谓静态特性是指当被测量的各个值处于稳定状态时,传感器的输出-输入关系的数学表达式、曲线或数表。任何实际传感器的输出与输入关系不会完全符合所要求的线性或非线性关系。衡量传感器静态特性的重要指标有线性度、灵敏度、迟滞、重复性、分辨力、零漂、精度等。

1）线性度

人们为了方便标定和数据处理，总是希望传感器的输出与输入关系呈线性关系，并能准确无误地反映被测量的真值，但实际上往往是不可能的，一般存在非线性误差。将传感器实际测出的输出-输入校准曲线与某一选定拟合直线不吻合程度的最大值称为传感器的线性度，如图2.4所示，计算公式为：

$$\gamma_L = \pm \frac{(\Delta y_L)_{max}}{y_{FS}} \times 100\% \tag{2.1}$$

式中：γ_L——线性度；

$(\Delta y_L)_{max}$——最大非线性绝对误差；

y_{FS}——满量程输出，$y_{FS} = |B(x_{max} - x_{min})|$，其中 B 为所选定的参考直线斜率。

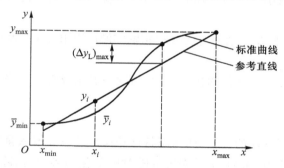

图 2.4 传感器的线性度

2）灵敏度

传感器的灵敏度是传感器在稳定条件下，输出量增量与被测输入量增量之比。即

$$S_0 = \frac{\Delta y}{\Delta x} \tag{2.2}$$

式中：S_0——传感器的灵敏度，线性传感器的灵敏度就是拟合直线的斜率；

Δy——输出量的增量；

Δx——输入量的增量。

3）迟滞

迟滞表明传感器输入量增大行程期间（正行程）和输入量减小行程期间（反行程）输出-输入曲线不重合的程度。迟滞误差（也叫回程误差）一般以满量程输出 y_{FS} 的百分数表示，一般由实验方法确定。其表达式为：

$$\gamma_H = \pm \frac{\Delta H_{max}}{y_{FS}} \times 100\% \tag{2.3}$$

式中：γ_H——传感器的迟滞误差；

ΔH_{max}——输出值在正、反行程间的最大差值。

迟滞反映了传感器机械部分和结构材料方面不可避免的弱点,如轴承摩擦、灰尘积塞、间隙不适当、元件磨蚀、碎裂等。

4)重复性

重复性表示传感器在同一工作条件下,被测输入量按同一方向做全程连续多次重复测量时,所得输出值(所得校准曲线)的一致程度。由实验方法来确定,它是反映传感器精度的一个指标,常用绝对误差表示。重复性误差用满量程输出的百分数表示,即

$$\gamma_{R} = \pm \frac{\Delta R_{max}}{y_{FS}} \times 100\% \tag{2.4}$$

式中:γ_{R}——传感器的重复性误差;

ΔR_{max}——输出最大重复性误差。

5)分辨力

传感器能检测到的最小输入增量称为分辨力,在输入零点附近的分辨力称为阈值。

6)零漂

传感器在零输入状态下,输出值的变化称为零漂,零漂可用相对误差表示,也可用绝对误差表示。

7)精度(精确度)

精度表示测量结果与被测真值的接近程度,精度一般用极限误差来表示,或用极限误差与满量程之比按百分数给出。

(2)传感器的动态特性

静态特性不考虑时间变动的因素,而动态特性是反映传感器输入量随时间变化的响应特性。在利用传感器测量动态压力、振动、上升温度等随时间变化的参数时,除了要注意其静态指标以外,还要关心其动态性能指标。实际被测量随时间变化的形式可能是各种各样的,所以在研究动态特性时,通常根据阶跃变化与正弦变化两种标准输入来考察传感器的动态响应特性。

1)时域性能指标

通常在阶跃函数作用下测定传感器动态性能时域指标。一般认为,阶跃输入对一个传感器来说是最严峻的工作状态。如果在阶跃函数作用下传感器能满足动态性能指标,则在其函数作用下,其动态性能指标也必定会得到满足。图 2.5 所示即为单位阶跃函数作用下传感器的动态特性。传感器的四个常用时域性能指标定义如下:

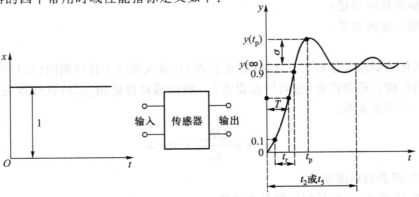

图 2.5　单位阶跃作用下传感器的动态特性

时间常数 T:输出值上升到稳态值 $y(\infty)$ 的 63% 所需的时间。

上升时间 t_r:输出值从稳态值 $y(\infty)$ 的 10% 上升到 90% 所需的时间。

响应时间 t_5、t_2:输出值到达稳态值 $y(\infty)$ 的 95% 或 98% 所需的时间。

超调量 σ:在过渡过程中,若输出量的最大值 $y(t_p)<y(\infty)$,则响应无超调;若 $y(t_p)>y(\infty)$,则响应有超调,且

$$\sigma = \frac{y(t_p) - y(\infty)}{y(\infty)} \times 100\% \tag{2.5}$$

输出量 $y(t)$ 跟随输入量的时间快慢,是标定传感器动态性能的重要指标。确定这些性能指标的分析表达式以及技术指标的计算方法,因传感器系统不同阶次的动态数学模型而异。具体计算方法可参阅自动控制原理方面的有关书籍。

2)频域性能指标

通常在正弦函数作用下测定传感器动态性能的频域指标。如图 2.6 所示,频域性能指标主要有:

通频带 ω_b:对数幅频特性曲线上幅值衰减 3 dB 时所对应的频率范围。

工作频带 ω_{g1} 或 ω_{g2}:幅值误差为 ±5% 或 ±10% 时所对应的频率范围。

相位误差:在工作频带范围内相角应小于 5° 或 10°,即为相位误差的大小。

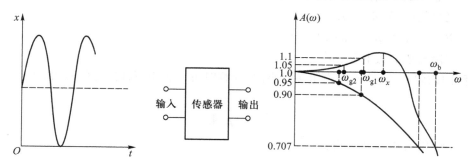

图 2.6　正弦压力作用于传感器的频率特性

2.2.2　机电一体化系统中常用传感器

机电一体化系统中大量涉及物理量的测量,不同的物理量可以用不同的传感器进行测量。传感器的种类很多,在此介绍一些机电一体化系统中常用的检测位移(或角位移)、速度(或转速)、力(压力、力矩)等的传感器。

1. 位移传感器

(1)电感式传感器

电感式传感器是基于电磁感应原理,能将被测非电量的变化转换为电感量变化的一种结构型传感器。按其转换方式的不同,可分为自感型电感式传感器和互感型差动变压器式电感传感器两大类。

1)自感型电感式传感器

自感型传感器又可分为可变磁阻式电感传感器和电涡流式传感器两类。

① 可变磁阻式电感传感器

可变磁阻式电感传感器的构造原理如图 2.7 所示,由线圈、铁心和活动衔铁等所组成。在铁心和活动衔铁之间保持一定的气隙 δ。当线圈通以励磁电流时,其自感量 L 与磁路的总磁阻 R_m 有关,即

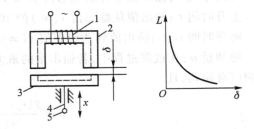

图 2.7　可变磁阻式电感传感器
1—线圈;2—铁心;3—活动衔铁;4—测杆;5—被测件

$$L = \frac{W^2}{R_m} \qquad (2.6)$$

式中:W——线圈的匝数;

　　　R_m——总磁阻,H^{-1}。

若空气气隙 δ 较小且不考虑磁路的铁损时,则总磁阻为:

$$R_m = \frac{l}{\mu A} + \frac{2\delta}{\mu_0 A_0} \qquad (2.7)$$

式中:l——铁心导磁长度,m;

　　　μ——铁心磁导率,H/m;

　　　A——铁心导磁的截面积,m^2;

　　　δ——气隙长度,$\delta = \delta_0 \pm \Delta\delta$;

　　　μ_0——空气磁导率,$\mu_0 = 4\pi \times 10^{-7}$,H/m;

　　　A_0——气隙导磁的截面积,m^2。

与气隙的磁阻相比,铁心的磁阻是很小的,计算时可以忽略不计铁心的磁阻,故:

$$R_m \approx \frac{2\delta}{\mu_0 A_0} \qquad (2.8)$$

将式(2.8)代入式(2.6),得:

$$L = \frac{W^2 \mu_0 A_0}{2\delta} \qquad (2.9)$$

式(2.9)表明,自感 L 与气隙 δ 的大小成反比,与气隙的导磁截面积 A_0 成正比。当固定 A_0 不变而改变 δ 时,L 与 δ 呈非线性关系,此时传感器的灵敏度为:

$$S = \frac{\mathrm{d}L}{\mathrm{d}\delta} = -\frac{W^2 \mu_0 A_0}{2\delta^2} \qquad (2.10)$$

由式(2.10)可知,传感器的灵敏度与气隙 δ 的平方成反比,δ 愈小,其灵敏度愈高。为了提高其灵敏度和减少非线性误差,这类传感器常采用差动式接法。图 2.8 为差动型可变磁阻式传感器,它由两个相同的线圈、铁心及活动衔铁组成。当活动衔铁处于中间位置(即位移为零)时,两线圈的自感 L 相等,输出为零。当衔铁有位

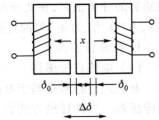

图 2.8　差动型可变磁阻式传感器

移 $\Delta\delta$ 时,两个线圈的间隙分别为 $\delta_0+\Delta\delta$ 和 $\delta_0-\Delta\delta$,这表明一个线圈的自感增加,而另一个线圈的自感减小,将两个线圈接入电桥的相邻臂时,其输出的灵敏度可提高一倍,并提高了其线性度,消除了外界的干扰。

可变磁阻式传感器还可做成如图 2.9 所示的改变气隙导磁截面积的形式。当 δ 固定,而改变气隙导磁面积 A_0 时,其自感 L 与 A_0 呈线性关系。

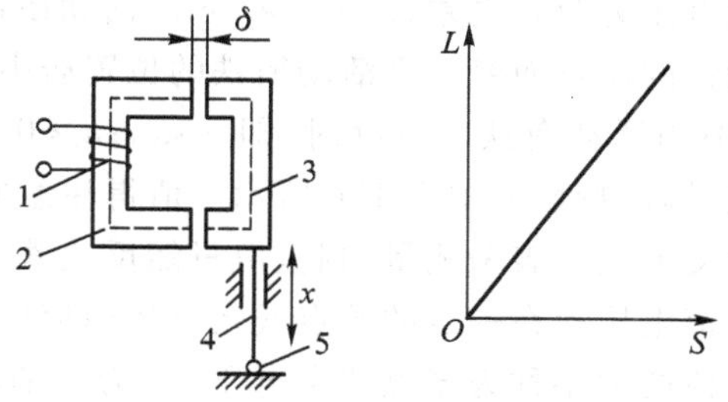

图 2.10 为可变磁阻螺管型传感器。在可变磁阻螺管线圈中插入一个活动衔铁,当活动衔铁在线圈中运动时,磁阻将发生变化,导致自感 L 的变化。这种传感器结构简单,制造容易,但是其灵敏度较低,用于较大(数毫米)位移的测量。

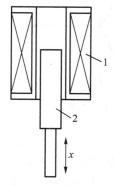

图 2.9　可变磁阻面积型电感传感器
1—线圈;2—铁心;3—活动衔铁;4—测杆;5—被测件

② 电涡流式传感器

如图 2.11 所示的是一个高频反射式电涡流传感器的工作原理图。它利用金属导体在交变磁场中的涡电流效应工作的。

图 2.10　可变磁阻螺管型传感器
1—线圈;2—铁心

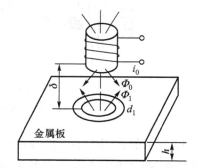

图 2.11　高频反射式电涡流传感器

将金属板置于一线圈的附近,当一高频交变电流 i_0 通过线圈时,线圈中便有交变磁通量 Φ 产生。金属板在此交变磁场中会产生感应电流 i,这种电流在金属体内是闭合的,称为涡电流或涡流。这种涡电流也将产生交变磁通量 Φ_1,根据楞次定律,涡电流的交变磁场与线圈的磁场变化方向相反。由于涡电流磁场的作用,使得原线圈等效阻抗 Z 发生变化。实验分析得出,Z 值大小与金属导体的电导率 ρ、磁导率 μ、厚度 h、金属板与线圈的距离 δ、励磁电流角频率 ω 等参数有关。实际应用中,若只改变其中某一参数,而将其他参数固定,则阻抗就只与某参数成单值函数关系了。根据这一原理,可将其制成不同用途的电涡流式传感器。

2)互感型差动变压器式电感传感器

互感型电感传感器是利用互感系数 M 的变化来反映被测量的变化。这种传感器实质是一个变压器。当变压器一次侧线圈输入稳定交流电源后,二次侧线圈便有感应电压产生并输出,该电压的大小随被测量的变化而变化。

差动变压器式电感传感器是常用的互感型传感器,其结构形式有多种,其中以螺管型应用较为普通,其结构及工作原理如图 2.12a 所示。传感器主要由线圈、铁心和活动衔铁三部分组成。线圈包括一个一次侧线圈和两个反接的二次侧线圈,当一次侧线圈中有交流激励电压输入时,二次侧线圈中将会产生感应电动势 e_1 和 e_2。由于两个二次侧线圈采用极性反接,因此传感器的输出电压为两者之差,即 $u_y = e_1 - e_2$。活动衔铁能改变线圈之间的耦合程度。输出 u_y 的大小随活动衔铁的位置而变。当活动衔铁的位置居中时,即 $e_1 = e_2$,$u_y = 0$;当活动衔铁向上移时,即 $e_1 > e_2$,$u_y > 0$;当活动衔铁向下移时,即 $e_1 < e_2$;$u_y < 0$。活动衔铁的位置往复变化,其输出电压 u_y 也随之变化,输出特性如图 2.12b 所示。值得注意的是:差动变压器式传感器输出的电压是交流电压,如用交流电压表来测量,则量值只能反映铁心位移量的大小,而不能反映移动的方向;其次,输出的交流电压存在一定的零点残余电压(即活动衔铁即使位于中间位置时,输出的电压值也不为零,该值的大小称为零点残余电压)。为了消除零点残余电压,差动变压器的后接电路采用既能反映铁心位移的方向,又能补偿零点残余电压的差动直流输出电路。

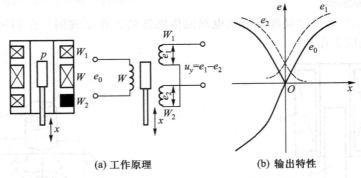

(a) 工作原理　　　　　　　　　　(b) 输出特性

图 2.12　互感型差动变压器式电感传感器

图 2.13 所示的是用于小位移的差动相敏检波电路的工作原理图。当没有信号输入时,铁心处于中间位置,调节电阻 R 使零点残余电压减小;当有信号输入时,铁心向上或向下移动,其输出电压经交流放大、相敏检波、滤波后得到直流电压输出。由电压表指示位移量的大小和方向。

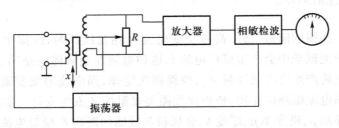

图 2.13　差动相敏检波电路的工作原理

差动变压器式电感传感器具有精确度高(高达 0.1 μm 数量级)、线圈变化范围大(可扩大到 ±100 mm)、稳定性好和使用方便等优点,被广泛用于直线位移及其他压力、振动等参量的测量。图 2.14 是电感测微仪所用的差动型位移传感器的结构图。

（2）电容式位移传感器

电容式位移传感器是将被测物理量转换成电容量变化的装置。

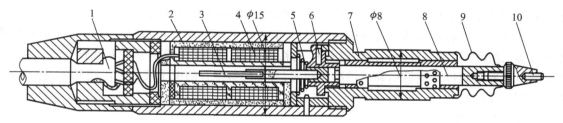

图 2.14　螺管差动型传感器的结构图

1—引线；2—固定磁筒；3—衔铁；4—线圈；5—测力弹簧；

6—防转销；7—钢球导轨；8—测杆；9—密封套；10—测端

从物理学得知,由两个平行板组成的电容器的电容量为:

$$C = \frac{\varepsilon \varepsilon_0 A}{\delta} \tag{2.11}$$

式中：ε——极板间介质的相对介电系数,空气中 $\varepsilon = 1$;

ε_0——真空中介电常数,$\varepsilon_0 = 8.85 \times 10^{-12}$,F/m;

δ——极板间距离,m;

A——两极板相互覆盖面积,m^2。

式(2.11)表明,当 δ、A 或 ε 发生变化时,都会引起电容 C 的变化。若保持其中的两个参数不变,仅改变其中某一个参数,则可以建立起该参数和电容量变化之间的对应关系。电容式位移传感器分为极距变化型、面积变化型和介质变化型三类,前面两种应用较为广泛,都可用作位移测量。

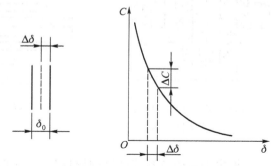

图 2.15　极距变化型电容传感器

1）极距变化型

从式(2.11)可知,当极间介质和两极板相互覆盖面积保持不变时,电容量 C 与极距 δ 呈非线性关系(图 2.15),当极距有一微小变化量 $\mathrm{d}\delta$ 时,引起电容的变化量 $\mathrm{d}C$ 为:

$$\mathrm{d}C = - \varepsilon \varepsilon_0 \frac{A}{\delta^2} \mathrm{d}\delta$$

传感器的灵敏度为:

$$S = \frac{\mathrm{d}C}{\mathrm{d}\delta} = - \varepsilon \varepsilon_0 A \frac{1}{\delta^2} \tag{2.12}$$

由此可见,此种传感器的灵敏度 S 与极距 δ 的平方成反比,极距越小,其灵敏度越高。为了减小误差,通常规定此种传感器只能在较小的极距变化范围内工作,以便获得近似的线性关系,一般取极距变化范围为 $\frac{\Delta\delta}{\delta_0} \approx 0.1$(式中 δ_0 为初始间隙,$\Delta\delta$ 为间隙的变动量)。为了提高传感器的灵敏度、线性度以及克服某些外界条件(如电源电压、环境温度等)对测量精确度的影响,实际应用中常采用差动式结构。图 2.16 为极距变化型电容式位移传感器的结构。

极距变化型电容传感器具有灵敏度高、对被测系统的影响小和可以用于动态非接触式测量等的优点,适用于较小位移(数百微米以下)的精确测量。但这种传感器有非线性特性,传感器的杂散电容对灵敏度和测量精确度的影响较大,与传感器配合的电子线路也比较复杂,使其应用范围受到一定的限制。

2)面积变化型

面积变化型电容传感器可用于线位移及角位移测量。图 2.17 所示为测量线位移时两种面积变化型传感器的测量原理和输出特性。

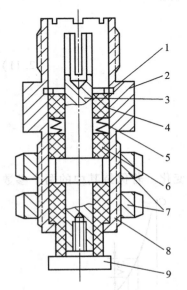

图 2.16   极距变化型电容式
位移传感器结构

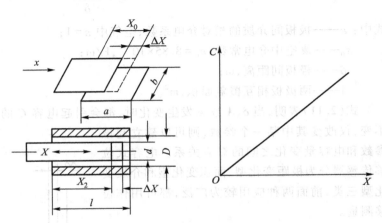

图 2.17   面积变化型电容传感器的测量原理和输出特性

极板为平面的电容传感器的原理是,当动板沿 x 方向移动时,相互覆盖的面积变化,电容量也随之变化。电容量为:

$$C = \frac{\varepsilon \varepsilon_0 bx}{\delta} \qquad (2.13)$$

式中:b——极板宽度。

其灵敏度为:

$$S = \frac{\mathrm{d}C}{\mathrm{d}x} = \frac{\varepsilon \varepsilon_0 b}{\delta} = 常数 \qquad (2.14)$$

极板为圆柱的电容传感器的电容量为:

$$C = \frac{2\pi \varepsilon \varepsilon_0 x}{\ln\left(\dfrac{D}{d}\right)} \qquad (2.15)$$

式中：D——圆筒孔径；

　　　d——圆柱外径。

其灵敏度为：

$$S = \frac{\mathrm{d}C}{\mathrm{d}x} = \frac{2\pi\varepsilon\varepsilon_0}{\ln\left(\dfrac{D}{d}\right)} = 常数 \qquad (2.16)$$

面积变化型电容传感器的优点是输出与输入呈线性关系，但其灵敏度低于极距变化型，适用于较大的直线位移和角位移的测量。

由于电容式传感器的电容值的变化范围很微小，因此必须借助测量电路将其转换成电压、电流或频率，进行显示、记录或传输。

（3）光栅传感器

光栅是一种新型的位移检测元件，用于测量大位移，具有精度高、响应速度较快的优点，被广泛应用于精密测量与控制中。它由标尺光栅和指示光栅组成，两者的刻线密度相同，但体长相差很多，其结构如图 2.18 所示。光栅条纹密度一般为每毫米 25,50,100,250 条等。将指示光栅平行靠近标尺光栅，并且使二者的刻线相互倾斜一个很小的角度 θ，则当平行光垂直照射光栅时，在光栅的另一面就会出现若干条与刻线垂直的、明暗相间的粗大条纹，称之为莫尔条纹。它们是沿着与光栅条纹几乎成垂直的方向排列的，如图 2.19 所示。

图 2.18　光栅测量原理

1—标尺光栅；2—指示光栅；3、4—光电元件

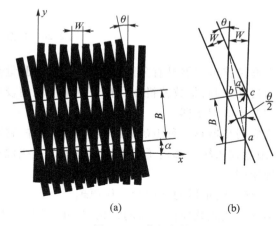

(a)　　　　　　(b)

图 2.19　莫尔条纹

莫尔条纹具有位移放大作用。用 B 表示条纹宽度，W 表示节距，θ 表示光栅条纹间的夹角，则有：

$$B = \overline{ab} = \frac{\overline{bc}}{\sin\dfrac{\theta}{2}} \approx \frac{W}{\theta} \qquad (2.17)$$

其中，θ 的单位为 rad；B、W 的单位为 mm。

从式（2.17）可知，θ 越小，B 越大。这就相当于把栅距放大了 $1/\theta$ 倍，称作光栅的放大作用。

当光栅移动一个栅距 W 时,莫尔条纹就可准确地移动一个节距 B,视场内固定点上的光强变化一周。通过光电元件读出移动的莫尔条纹数目,就可以知道光栅移过了多少个栅距,从而可以确定位移量。

莫尔条纹除了其放大作用外,还存在平均效应。由于莫尔条纹是由光栅的大量刻线共同形成的,光敏元件接收的光信号是进入指示光栅视场内两光栅线条总数的综合平均效果。因此当某光栅有局部或周期误差时,由于平均效应,这些误差的影响会大大地削弱。其精度比单纯栅距精度高,尤其是重复精度有显著提高。

光栅测量系统的基本构成如图 2.20 所示。光栅移动时产生的莫尔条纹明暗信号可以用光电元件接收,将这些信号进行适当的处理后,即可变成光栅位移量的测量脉冲。

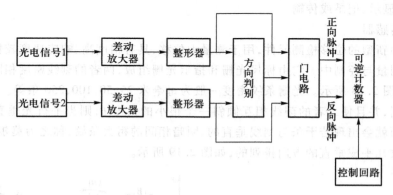

图 2.20　光栅测量系统

光栅位移传感器具有分辨率高($\pm 1~\mu m$)、测量范围大和动态范围宽等优点,易于实现数字化测量和自动控制,是数控机床和精密测量中应用较广的一种检测元件。

（4）感应同步器

感应同步器是一种电磁式的位移检测元件,它有直线式和圆盘式两种,直线式由定尺和滑尺组成;圆盘式由转子和定子组成。前者用于直线位移测量,后者用于角度位移的测量,它们的工作原理相同。

1）感应同步器的结构和工作原理

标准直线式感应同步器的结构、尺寸如图 2.21 所示。其中,长尺叫定尺,短尺叫滑尺,定尺和滑尺的基板由与机床热膨胀系数相近的钢板做成,钢板上用绝缘黏结剂贴有钢箔,并利用照相腐蚀的办法做成印刷绕组。

定尺和滑尺上的绕组均为矩形绕组,其中定尺绕组是连续的,滑尺上分布着两个励磁绕组,分别为正弦绕组（sin 绕组）和余弦绕组（cos 绕组）。它们在长度方向相差 1/4 节距。绕组在长度方向的分布周期称为节距 T,又称极距,一般为 2 mm,用 2τ 表示。滑尺和定尺相对平行安装。当对滑尺上某一绕组施加给定频率的交流电压时,由于电磁感应作用,在定尺绕组中产生感应电动势。定尺绕组中感应的总电动势是滑尺上正弦绕组和余弦绕组所产生的感应电动势的矢量和。定、滑尺处于不同相对位置时定尺绕组中感应电动势的变化情况如图 2.22 所示。

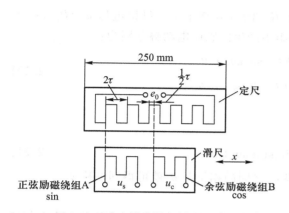

图 2.21 感应同步器的结构示意图

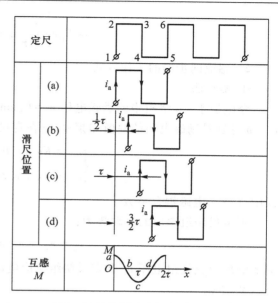

图 2.22 感应同步器的工作原理

在图 2.22a 的位置,滑尺绕组(设为 cos 绕组)与定尺绕组正好互相叠合。滑尺绕组通入励磁电流后所产生的磁通正好与定尺绕组全部交链。定尺绕组所构成的两个矩形面积 1、2、3、4 和 3、4、5、6 内的磁通达到最大值。相应地,在定尺绕组中感应出的电动势也达到最大值,移到图 2.22b 的位置时,滑尺绕组移动了 1/4 节距。这时定尺绕组所构成的两个矩形 1、2、3、4 和 3、4、5、6 内的磁通总量为零。相应的定尺绕组中感应出的电动势也是零。可用类似的方法分析出图 2.22c 和图 2.22d 处的位置情况。图 2.22 中,i_a 是滑尺绕组励磁电流。由此可见,定尺绕组中感应出的电动势和定、滑尺绕组之间的相对位置有关。如果把图 2.22a 的位置定为位移 x 的 O 点,一个节距是 2τ,它对应于感应电动势的变化周期 2π,则定尺绕组中感应电动势 e_{oc} 与位移 x 的关系可表示为:

$$e_{oc} = E_m \cos \theta, \quad \theta = \frac{x}{2\tau} 2\pi = \frac{x}{\tau} \pi \qquad (2.18)$$

式中:E_m——定尺绕组中感应电动势的幅值;

θ——与位移 x 对应的角度,定、滑尺相对移动一个节距 2τ,θ 从 0 到 2π。

因为正弦绕组相对于余弦绕组有 $\left(m+\dfrac{1}{4}\right)T$ 的位移,$m=1,2,3,\cdots$,所以余弦绕组相对于零点移动了距离 x,则正弦绕组相对于零点的位移就是 $x+\left(m+\dfrac{1}{4}\right)T$。可得正弦绕组在定尺绕组中的感应电动势为:

$$e_{os} = E_m \cos \frac{x + \left(m + \dfrac{1}{4}\right)T}{2\tau} 2\pi \qquad (2.19)$$

$$= E_{\mathrm{m}}\cos\left(\frac{x}{\tau}\pi + \frac{1}{2}\pi\right) = E_{\mathrm{m}}\sin\theta$$

2）感应同步器的工作方式

① 鉴相法

令施加于 sin 绕组中的励磁电压 $u_{\mathrm{c}} = U_{\mathrm{m}}\sin\omega t$，施加于 cos 绕组中的励磁电压 $u_{\mathrm{s}} = U_{\mathrm{m}}\cos\omega t$，$U_{\mathrm{m}}$、$\omega$ 分别是励磁电压的幅值和频率，它在定尺绕组中产生的感应电动势分别为：

$$\begin{cases} e_{\mathrm{os}} = Ku_{\mathrm{s}}\sin\theta = KU_{\mathrm{m}}\cos\omega t\sin\theta \\ e_{\mathrm{oc}} = Ku_{\mathrm{c}}\cos\theta = KU_{\mathrm{m}}\sin\omega t\cos\theta \end{cases} \tag{2.20}$$

式中：K——电磁耦合系数。

则定尺绕组感应的电动势为：

$$e_{\mathrm{o}} = e_{\mathrm{oc}} + e_{\mathrm{os}} = KU_{\mathrm{m}}\sin(\omega t + \theta) \tag{2.21}$$

只要测出余弦绕组电压 u_{c} 和定尺绕组感应电动势 e_{o} 之间的相位差 θ，就可得到位移 x。

② 鉴幅法

这种方法在感应同步器滑尺的 cos、sin 两个绕组上分别施加频率相同、幅值不同的正弦电压。此两个正弦电压的幅值又分别与电气角 ϕ 成正、余弦关系。即

$$\begin{cases} u_{\mathrm{c}} = U_{\mathrm{m}}\sin\phi\sin\omega t \\ u_{\mathrm{s}} = U_{\mathrm{m}}\cos\phi\sin\omega t \end{cases} \tag{2.22}$$

这两个电压分别在定子绕组中产生的感应电动势为：

$$\begin{cases} e_{\mathrm{oc}} = KU_{\mathrm{m}}\sin\phi\sin\omega t\cos\theta \\ e_{\mathrm{os}} = KU_{\mathrm{m}}\cos\phi\sin\omega t\sin\theta \end{cases} \tag{2.23}$$

把励磁电压接到 sin 绕组和 cos 绕组时，若使它们在定尺绕组中感应的电动势是相减，则

$$e_{\mathrm{o}} = e_{\mathrm{os}} - e_{\mathrm{oc}} = E_{\mathrm{om}}\sin\omega t \tag{2.24}$$

式中，$E_{\mathrm{om}} = KU_{\mathrm{m}}\sin(\theta - \phi)$，是定尺绕组感应电动势的幅值，显然 E_{om} 与电气角 ϕ 和位移角 θ 有关。和分析旋转变压鉴幅工作方式一样，若电气角 ϕ 已知，那么只要测量出 E_{om} 的幅值，便可间接地求出被测位移 θ 值的大小，特别是当感应电动势 E_{om} 为零时，即

$$U_{\mathrm{m}}\sin(\theta - \phi) = 0$$

可得

$$\phi = \theta$$

这种工作方式可用于检测位移，也可用于定位控制。当测量两点间位移量时，可使两运动部件在起点处于平衡状态（$\phi = \theta$），而后滑尺随着运动部件移动直至终点。随着滑尺的移动，θ 不断变化，平衡被破坏，$\phi \neq \theta$，$e_{\mathrm{o}} \neq 0$。通过系统利用 e_{o} 控制 ϕ 角跟踪 θ 的改变。当滑尺移至终点，且 ϕ 角赶上 θ 角时，系统又恢复平衡。ϕ 角的改变量也就是 θ 角的大小，从而可测出位移 x。当感应同步器用于定位控制系统时，可用 ϕ 角作为位置指令，让 θ 角跟踪 ϕ 角。当 θ 角跟不上 ϕ 角时输出电动势 $e_{\mathrm{o}} \neq 0$；经过伺服系统使运动部件运动，θ 角继续跟踪 ϕ，直到 θ 角等于预先给定的指令角 ϕ 时，系统停止运动，实现定位控制的目的。

（5）旋转变压器

旋转变压器是一种将机械转角转换为与该转角呈某一函数关系的电信号的精密微电机。从原理上讲它相当于一个将一、二次绕组分别放置在定子和转子上的可转动的变压器。当变压器的一次侧外施以单相交流电压励磁时,其二次侧的输出电压与转子转角严格保持某种函数关系。用于伺服控制系统中,传输与转角相应的电信号。

1)旋转变压器的结构

旋转变压器的结构和两相绕线式异步电动机相似,可分为定子和转子两大部分。其绕组分别嵌入各自的槽状铁心内。定子绕组通过固定在壳体上的接线引出。转子绕组有两种不同的引出方式,根据转子绕组两种不同的引出方式可将旋转变压器分为有刷式和无刷式两种结构形式。图2.23是有刷式旋转变压器,它的转子绕组是通过滑环和电刷直接引出的。图2.24是无刷式旋转变压器,它分为两大部分,即旋转变压器本体和附加变压器。附加变压器的一次侧、二次侧铁心及绕组均做成环形,分别固定于壳体和转子轴上,径向留有一定的间隙。旋转变压器本体的绕组与附加变压器二次绕组连在一起,因此,通过电磁耦合,附加变压器二次侧上的电信号(也就是旋转变压器转子绕组中的电信号)经附加变压器二次侧绕组间接地送了出去。

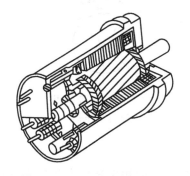

图 2.23 有刷式旋转变压器

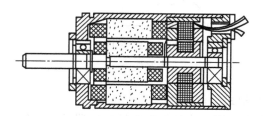

图 2.24 无刷式旋转变压器

2)旋转变压器的工作原理

旋转变压器在结构上保证了其定子和转子之间空气间隙内的磁通分布符合正弦规律。因此,当励磁电压加到定子绕组时,通过电磁耦合,转子绕组便产生感应电动势。图2.25为两极旋转变压器电气工作原理图,图中 Z 为阻抗。设加在定子绕组 S_1S_2 中的励磁电压以角速度 ω 随时间 t 变化的交变电压 $u_s = U_m \sin \omega t$,则转子绕组 B_1B_2 中的感应电动势为:

$$u_B = Ku_s \sin \theta = KU_m \sin \theta \sin \omega t \qquad (2.25)$$

式中:K——旋转变压器的电压比;

U_m——定子绕组中交变电压的幅值;

θ——转子的转角。

当转子和定子的磁轴垂直时,$\theta = 0$。如果转子安装在机床的丝杠上,定子安装在机床底座上,则 θ 角代表的是丝杠转过的角度,即工作台移动距离。

由式(2.25)可知,转子绕组中的感应电动势 e_B 为以角速度 ω 随时间 t 变化的交变电压信号。其幅值 $KU_m \sin \theta$ 随转子和定子的相对位置 θ 以正弦函数变化。因此,只要测量出转子绕组中的感应电动势的幅值,便可间接地得到转子相对定子的位置。

　　在实际应用中,常采用四极绕组式旋转变压器,而且多是正弦余弦旋转变压器,如图 2.26 所示,其定子和转子绕组中各有互相垂直的匝数相等的两个绕组。图 2.26 中 $S_1 S_2$ 为定子主绕组,$K_1 K_2$ 为定子辅助绕组,而转子的两个绕组 $A_1 A_2$ 和 $B_1 B_2$,如果一个是正弦绕组,另一个就是余弦绕组。就是说,当对定子绕组励磁时,经过电磁耦合作用,在转子绕组上得到的输出电压的幅度,严格地按转子转角 θ 的正弦或余弦规律变化(正弦转子绕组输出为正弦电压,余弦转子绕组输出为余弦电压),其频率和励磁电压的频率相同。上述结构形式的旋转变压器有两种工作方式,一种叫鉴相式,一种叫鉴幅式。

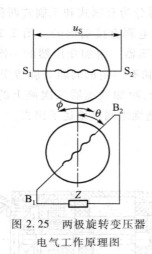

图 2.25　两极旋转变压器
电气工作原理图

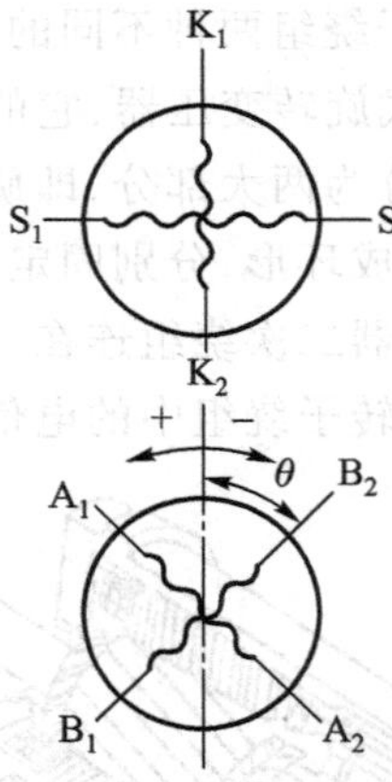

图 2.26　四极绕组
旋转变压器

① 鉴相式工作方式

　　鉴相式工作方式是根据旋转变压器转子绕组中感应电动势的相位来确定被测位移大小的检测方式。当 $S_1 S_2$ 和 $K_1 K_2$ 中分别通以交流励磁电压时,有:

$$\begin{cases} u_S = U_m \cos \omega t \\ u_K = U_m \sin \omega t \end{cases} \tag{2.26}$$

　　根据线性叠加原理,在转子绕组 $B_1 B_2$ 中的感应电动势 e_B 为:

$$e_B = e_{BS} + e_{BK} = K U_m \sin(\omega t - \theta) \tag{2.27}$$

式中:e_{BS}、e_{BK}——励磁电压 U_S 和 U_K 在转子绕组 $B_1 B_2$ 中的感应电动势。

　　由上述可见,旋转变压器转子绕组中的感应电动势 e_B 与定子绕组的励磁电压同频率,但相位不同,其差值为 θ。因 θ 角代表的是被测位移的大小,故通过比较感应电动势与定子励磁电压信号的相位,便可求出旋转变压器转子相对于定子的转角 θ,即被测位移的大小。

② 鉴幅式工作方式

　　鉴幅式工作方式是通过对旋转变压器转子绕组中感应电动势幅值的检测来实现检测的。设定子绕组 $S_1 S_2$ 和 $K_1 K_2$ 分别输入以角速度 ω 随时间 t 变化的交流励磁电压:

$$\begin{cases} u_S = U_m \cos \phi \sin \omega t \\ u_K = U_m \sin \phi \sin \omega t \end{cases} \tag{2.28}$$

式中:$U_m\cos\phi$、$U_m\sin\phi$——励磁电压 u_S 和 u_K 的幅值,ϕ 角可由伺服系统产生,通常称 ϕ 为旋转变压器的电气角。

根据叠加原理,可以得出转子绕组 B_1B_2 中的感应电动势为:

$$e_B = e_{BS} + e_{BK} = U_m\sin(\phi - \theta)\sin\omega t \tag{2.29}$$

由式(2.29)可以看出,感应电动势 e_B 是以角速度 ω 为角频率的交变信号,其幅值为 $U_m\sin(\phi-\theta)$。若电气角 ϕ 已知,那么只要测量出 e_B 的幅值,便可间接地求出 θ 值,即被测位移的大小。特别当感应电动势 e_B 为零时,即

$$U_m\sin(\phi - \theta) = 0$$

可得
$$\phi = \theta$$

该式说明旋转变压器电气角 ϕ 的大小就是被测角位移的大小。只要逐渐地改变 ϕ 值,使 e_B 的幅值等于零,便可根据 ϕ 值的大小得出被测位移 θ 值。

(6)光电编码器

光电编码器是一种光学式位置检测元件,编码盘直接装在旋转轴上,以测出轴的旋转角度位置和速度变化,其输出信号为电脉冲。这种检测方式的特点是:检测方式是非接触式的,无摩擦和磨损,驱动力矩小;由于光电变换器性能的提高,可得到较快的响应速度;又由于照相腐蚀技术的提高,可以制造高分辨率、高精度的光电盘,母盘制作后,复制很方便,且成本低。其缺点是抗污染能力差,容易损坏。按照编码化的方式,可分为增量式和绝对值式两种。

1)增量式光电编码器

增量式编码器工作原理如图 2.27 所示。在图 2.27a 中,E 为等节距的辐射状透光窄缝圆盘,Q_1、Q_2 为光源,D_A、D_B、D_C 为光电元件(光敏二极管或光电池),D_A 与 D_B 错开 90° 相位角安装。当圆盘旋转一个节距时,在光源照射下,可在光电元件 D_A、D_B 上得到图 2.27b 所示的光电波形输出,A、B 信号为具有 90° 相位差的正弦波,这组信号经放大器放大与整形后,得到如图 2.27c 所示的方波输出,A 相比 B 相差 90°,其电压幅值为 5 V,设 A 相导前 B 相时为正方向旋转,则 B 相导前 A 相时就是负方向旋转。利用 A 相与 B 相的相位关系可以判别编码器的旋转方向。C 相产生的脉冲为基准脉冲,又称零点脉冲,它是轴旋转一周在固定位置上产生一个脉冲。也可用与高速旋转的转数计数或加工中心等数控机床上的主轴准停信号。A、B 相脉冲信号经频率-电压变换后,得到与转轴转速成比例的电压信号,它就是速度反馈信号。

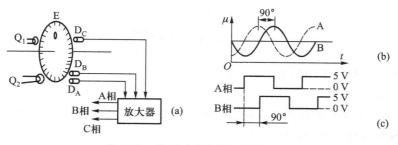

图 2.27 增量式编码器工作原理图

2）绝对值式光电编码器

用增量式编码器的缺点是有可能由于噪声或其他外界干扰产生计数错误，或因突然停电等事故后不能再找到事故前部件的正确位置。采用绝对值式编码器可以克服这些缺点，这种编码器是通过读取编码盘上的图案来表示数值的。图 2.28 所示为二进制编码盘，图中空白的部分透光，用 0 表示，涂黑的部分表示不透光，用 1 表示。按照圆盘上形成二进位的每一环配置的光电变换器，即图中黑点所示位置。隔着圆盘从后侧用光源照射。此编码盘共有四环，每一环配置的光电变换器对应为 2^0、2^1、2^2、2^3。图中里侧是二进制的高位（即 2^3），外侧是低位，如二进制的 1101，读出的是十进制 13 的角度坐标值。二进制编码器主要特点是图案转移点不够明确，在使用中将产生较多的误读。葛莱编码盘是经改进后的结构，如图 2.29 所示的。它的特点是每相邻十进制数之间只有一位二进制码不同。因此，图案的切换只用一位数（二进制的位）进行。所以能将误读控制在一个数单位之内，提高了可靠性。

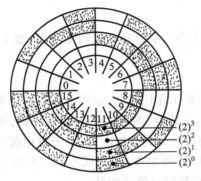

图 2.28　二进制编码盘

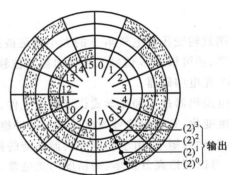

图 2.29　葛莱编码盘

与增量式编码器相比，绝对值式编码器具有许多优点：坐标值可直接从绝对编码盘中读出，不会有累积进程中的误计数；运转速度可以提高；编码器本身具有机械式存储功能，即使因停电或其他原因，造成坐标值回零，通电后仍可找到原坐标位置。其缺点是当转角大于 360°时，需作特别处理，而且必须用减速齿轮将两个以上的编码器连接起来，组成多级检测装置，使其结构较为复杂、成本也较高。

2. 速度、加速度传感器

（1）测速发电机

测速发电机是一种测量转速的信号元件，它将输入的机械转速变换为电压信号输出。其工作原理与电动机原理相同。伺服系统中多采用测速发电机，并要求电动机的输出电压与转速成正比关系，即

$$u_2 = Cn = C'\omega = C'\frac{\mathrm{d}\theta}{\mathrm{d}t} \tag{2.30}$$

式中：θ——测速发电机转子的转角（角位移）；

C、C'——比例系数。

由此可知，测速发电机的输出电压正比于转子转角对时间的微分。在系统中常作为测速元件、校正元件、解算元件和角加速度信号元件。

测速发电机有直流测速发电机和交流测速发电机两类。直流测速发电机主要有永磁式直流测速发电机和电磁式直流测速发电机;交流测速发电机有同步测速发电机和异步测速发电机等。近年来还出现采用新原理、新结构研制成的霍尔效应测速发电机。

（2）差动变压器式速度、加速度传感器

利用差动变压器测量速度时,其一次绕组同时供以交流和直流,即

$$i(t) = I_0 + I_m \sin \omega t$$

式中:I_0——直流电流;

$\quad\quad I_m$——交流电流最大值;

$\quad\quad \omega$——交流电流的角频率。

当差动变压器的磁心以被测速度 v 移动时,在两个二次绕组中产生感应电动势,将它们的差值通过低通滤波器滤除 ω 及 ω 以上的高频分量后,可得到与速度 v 相对应的电压输出:

$$u_v = 2kI_0 v \tag{2.31}$$

式中:k——磁心单位位移互感系数的增量。

此外,差动变压器除可用作位移、速度测量外,还可以用于测量加速度,图 2.30 为测量振动与加速度的电感传感器结构。衔铁受振动和加速度的作用,使弹簧受力变形,与弹簧连接的衔铁的位移大小反映了振动的幅度和频率以及加速度的大小。

（3）光电式速度和转速传感器

光电脉冲测速原理如图 2.31 所示,物体以速度 v 移过光电池前的遮盖挡板时,光电池输出阶跃电压信号,经微分电路形成两个脉冲输出,测出两脉冲的时间间隔 Δt,则可测得速度 v 为:

$$v = \frac{l}{\Delta t} \tag{2.32}$$

式中:l——光电池挡板上两孔距,m。

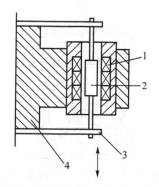

图 2.30　测量振动与加速度的传感器
1—差动变压器;2—衔铁;
3—弹簧;4—壳体

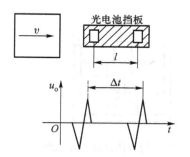

图 2.31　光电式速度和转速传感器工作原理图

光电式转速传感器是由安装在被测轴（或与被测轴相连接的输入轴）上的带缝隙圆盘、光源、光电器件和指示缝隙盘组成,如图 2.32 所示。光源发出的光通过缝隙圆盘和指示缝隙照射到光电器件上,当缝隙圆盘随被测轴转动时,由于圆盘上的缝隙间距与指示缝隙的间距相同,因

此圆盘每转一周,光电器件输出与圆盘缝隙数相等的电脉冲,根据测量时间 t 内的脉冲数 N,可测得转速为:

$$n = 60 \frac{N}{Zt} \qquad (2.33)$$

式中:Z——圆盘上的缝隙数;

n——转速,r/min;

t——测量时间,s。

一般取 $Zt = 60 \times 10^m (m = 0,1,2,\cdots)$。利用两组缝隙间距 S 相同,位置相位差$\left(\dfrac{1}{4} + \dfrac{i}{2}\right) S$($i$ 为正整数)的指标缝隙和两个光电器件,可辨别出圆盘的旋转方向。

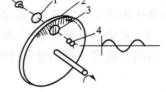

图 2.32 光电式转速传感器的结构原理图

1—光源;2—透镜;3—带缝隙圆盘;4—指示缝隙盘

3. 力、压力和力矩传感器

(1)测力传感器

图 2.33 为测力传感器工作原理图。它由膜片等能产生形变的结构部分和装入盒内的应变杆及贴在应变杆上的应变片等组成,通过测量应变片的电压输出即可推断受力大小。它能对数克到数吨重的载荷进行测量。

图 2.34 是差动变压器式力传感器。当力作用于传感器时,弹性元件产生变形,从而导致衔铁相对线圈移动。线圈电感量的变化通过测量电路转换为输出电压,其大小反映了受力的大小。

差动变压器和膜片、膜盒和弹簧管等相结合,可以组成压力传感器。图 2.35 是微压力传感器的结构示意图。在无压力作用时,膜盒处于初始状态,与膜盒连接的衔铁位于差动变压器线圈的中心部。当压力输入膜盒后,膜盒的自由端产生位移并带动衔铁移动,差动变压器产生一个正比于压力的输出电压。

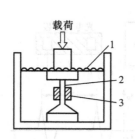

图 2.33 测力传感器工作原理图

1—膜片;2—应力杆;3—应变片

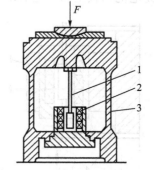

图 2.34 差动变压器式力传感器

1—衔铁;2—线圈;3—弹性体

(2)压力测量传感器

1)膜式压力传感器

膜式压力传感器弹性元件为四周固定的等截面圆形薄板,又称为平膜板或膜片。膜的一个表面上承受被测分布压力,另一侧面贴有应变片。应变片接成桥路输出,如图 2.36 所示。

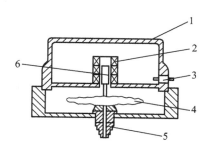

图 2.35　微压力传感器

1—罩壳；2—差动变压器；3—插座；

4—膜盒；5—接头；6—衔铁

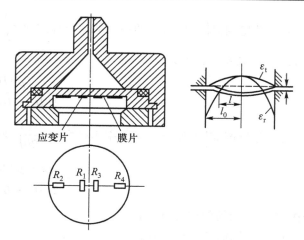

图 2.36　膜式压力传感器

应变片在膜片上的粘贴位置,根据膜片受压后的应变分布状况来确定,通常将应变片分别贴于膜片的中心(切向)和边缘(径向)。因为此处的应变最大,符号相反,接成全桥线路后,传感器的输出最大。应变片可采用专制的圆形应变花。

膜片上粘贴应变片处的径向应变 ε_r 和切向应变 ε_t 与被测力 F 之间的关系为:

$$\varepsilon_r = \frac{3F}{8h^2E}(1-\mu^2)(r^2-3x^2) \tag{2.34}$$

$$\varepsilon_t = \frac{3F}{8h^2E}(1-\mu^2)(r^2-x^2) \tag{2.35}$$

式中: x ——应变片中心与膜片中心的距离;

　　 h ——膜片厚度;

　　 r ——膜片半径;

　　 E ——膜片材料的弹性模量;

　　 μ ——膜片材料的泊松比。

为保证在一定压力作用下,膜式传感器的非线性度小于3%,要求:

$$\frac{r}{h} \leqslant 4\sqrt{3.5\frac{E}{F}} \tag{2.36}$$

2)筒式压力传感器

筒式压力传感器的弹性元件为薄壁厚底圆筒。这种弹性元件的特点是圆筒受到被测压力后外表面各处的应变是相同的,所测得的应变值不受应变片粘贴位置的影响。如图 2.37 所示,将工作应变片 R_1、R_3 贴在薄壁圆筒的圆周方向,温度补偿应变片 R_2、R_4 贴在筒底外壁上,并接成全桥线路,适用于较大压力的测量。

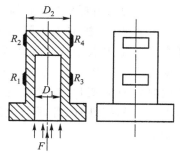

图 2.37　筒式压力传感器

对于薄壁圆筒$\left(壁厚与臂的中面曲率半径之比 <\dfrac{1}{20}\right)$，筒壁上工作应变片处的切向应变 ε_{t} 与被测压力 F 之间的关系为：

$$\varepsilon_{\mathrm{t}} = \frac{(2-\mu)D_1}{2(D_2-D_1)}F \tag{2.37}$$

对于厚壁圆筒$\left(壁厚与中面曲率半径之比 >\dfrac{1}{20}\right)$，则有：

$$\varepsilon_{\mathrm{t}} = \frac{(2-\mu)D_1^2}{2(D_2^2-D_1^2)}F \tag{2.38}$$

式中：D_1——圆筒的内孔直径；

　　D_2——圆筒的外壁直径；

　　E——圆筒材料的弹性模量；

　　μ——圆筒材料的泊松系数。

（3）力矩传感器

图 2.38 为机器人手腕用力矩传感器原理，驱动轴 B 通过装有应变片 A 的腕部与手部 C 连接。当驱动轴回转并带动手部回转而拧紧螺钉 D 时，手部所受力矩的大小可通过应变片电压的输出测得。

图 2.39 为无触点检测力矩的测量原理，传动轴的两端安装上磁分度圆盘 A，分别用磁头 B 检测两圆盘之间的转角差，用转角差与负荷 M 成比例的关系，即可测量负荷力矩的大小。

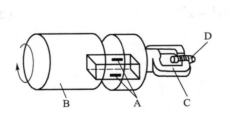

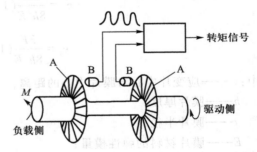

图 2.38　机器人手腕用力矩传感器原理　　　　图 2.39　无触点检测力矩的测量原理

（4）力与力矩复合传感器

图 2.40 为机器人手腕用力觉传感器结构原理。图中 P_{x+}、P_{x-} 为在 y 方向施力时，挠性杆产生与施力大小成正比的弯曲变形，杆的两侧贴有应变片，检测应变片的输出即可知道 y 向受力大小。P_{y+}、P_{y-} 为在 y 方向施力时，产生与施力大小成正比的弯曲变形的挠性杆，杆的两侧贴有应变片，检测应变片的输出即可知道 y 向受力大小，Q_{x+}、Q_{x-}、Q_{y+}、Q_{y-} 为检测 z 向施力大小的挠性杆，原理与上述相同。综合应用上述挠性杆也可测量手腕所受回转力矩的大小。

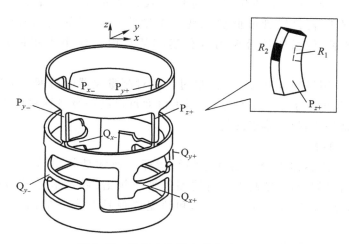

图 2.40　机器人腕部力觉传感器原理

2.2.3　传感器的选用

传感器的种类繁多,而且许多传感器的应用范围又很宽,如何合理选用传感器是测试工作中的一个重要问题。对传感器的要求,因使用的技术领域、对象特性、环境和精度等要求的不同而有很大的区别,但就其共性而言,选择传感器应主要考虑以下方面:

① 输入与输出之间的线性关系和灵敏度;

② 动态特性;

③ 滞后、漂移误差;

④ 内部噪声和抗干扰能力;

⑤ 横向灵敏度和交叉灵敏度;

⑥ 对被测对象的影响;

⑦ 重复精度;

⑧ 稳定性;

⑨ 功耗情况;

⑩ 维修和校准,使用性能。

选用传感器的基本原则是选用传感器(电测量仪器)的性能应当与被测信号的性质相匹配,具体可从三个方面考虑:

① 被测信号的时域特性;

② 被测信号的频域特性;

③ 其他工作环境和条件的要求。

1. 传感器的静态特性

1) 从被测信号 $x(t)$ 的时域特性可以了解其幅值变化范围。任何传感器都有一定的线性范围,选用传感器时,应使被测量的变化范围在传感器的线性范围以内,并保证线性误差在允许范围内。

2）传感器分辨力或分辨率的选择。对指针式仪表最小的一个分格所对应的输出量叫分辨力；对数字式仪表数码管最低位跳变一个数字所对应的输出量叫分辨力。分辨力除以满量程叫分辨率，传感器的分辨力或分辨率从数值上应小于测量要求的分辨力或分辨率。

3）精度或误差应满足测量要求。在测量过程中对测量仪器的精度要求应当合理。在满足实际要求的条件下，精度要求不宜定得过高，因为精度每提高一级将导致价格成倍跳升，而且高精度的测量仪表通常易于损坏，难于修复。

2. 传感器的动态特性

用于动态测量的传感器都会给出动态特性指标。通常是频率特性参数，如固有频率或使用频率。在选用传感器前，首先要分析被测信号的频谱，确定信号的最高频率或频宽，按照所要求的测量精度，根据信号的最高频率和频宽选择具有合适的固有频率或使用频率的传感器。

3. 工作环境和条件的要求

传感器的工作环境和条件主要是指被测对象本身的条件要求和周围的环境条件。根据这些条件要求，列举选用原则如下：

1）需要长期连续运行的传感器（如用于生产机械自动控制系统的传感器），其运行稳定、可靠性高、维修方便是首要要求，缺乏足够运行实践的传感器不宜选用。

2）安装空间受到限制时，应选用体积小，结构简单的传感器。

3）安装传感器会改变被测量状态，即负载效应不容忽视时，应选用非接触式传感器。

4）在高温、高湿环境下工作，应考虑传感器稳定性和绝缘特性，选择温漂小，绝缘好的传感器。

5）在电气干扰较大的环境下工作时，应选用带屏蔽等抑制干扰措施的传感器。

当然，传感器不可能满足上述全部性能要求，应根据实际情况综合考虑，适当选择变换原理、结构形式、基本特性等以满足测试要求。

2.3　信号放大电路

信号放大电路亦称放大器，用于将传感器或经基本转换电路输出的微弱信号不失真地加以放大，以便于进一步加工和处理。

通常，传感器输出信号较弱，最小的达 $0.1\ \mu V$，而且动态范围较宽，往往有很大的共模干扰电压。测量放大电路的目的是检测叠加在高共模电压上的微弱信号，因此要求测量放大电路具有高输入阻抗、共模抑制能力强、失调及漂移小、噪声低、闭环增益稳定性高等性能。

2.3.1　高输入阻抗放大器

1. 高输入阻抗同相放大器

为了与传感器电路或基本转换电路相匹配，希望放大器具有较高的输入阻抗。图 2.41 是同相输入差分放大器,两输入信号均采用同相输入以提高输入阻抗。为保证共模抑制比,取 $\dfrac{R_1}{R_{f1}} = \dfrac{R_{f2}}{R_4}$,则放大器输出为:

$$U_o = \left(1 + \frac{R_{f2}}{R_4}\right)(U_2 - U_1) \tag{2.39}$$

2. 高输入阻抗反相放大器

图 2.42a 是由 T 型网络组成的高输入阻抗反相放大器。在反馈回路中接入由 R_2 及 R_3 组成的 T 型网络,其等效反馈电阻为:

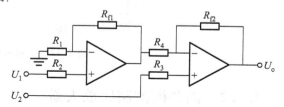

图 2.41   同相输入差分放大器

$$R_f = U_o/I_f = 2R_2 + (R_2^2/R_3) \tag{2.40}$$

可见,等效反馈电阻 R_f 的大小不仅与组成网络的电阻 R_2、R_3 有关,还取决于 R_2^2/R_3 的比值,只要选择满足 $R_2 \gg R_3$,而 R_2 和 R_3 本身并不需要高阻值电阻,就可以得到相当大的等效反馈电阻。这样在保证一定增益的情况下,R_3 的阻值可以增大,从而提高了输入阻抗。

图 2.42b 是高输入阻抗反相放大器,其中两个运算放大器 A_1 和 A_2 的输出与输入关系分别为 $U_o = -(R_2/R_1)U_1$ 和 $U_{o1} = -(2R_1/R_2)U_o = 2U_i$,信号源的输出电流为:

$$I_i = I_1 - I = \frac{U_j}{R_1} - \frac{U_{o1} - U_i}{R} = \left(\frac{1}{R_1} - \frac{1}{R}\right)U_i \tag{2.41}$$

若取 $R_1 = R$ 则 $I_i = 0$,对于信号源来说,相当于输入阻抗无穷大。实际上 R_1 与 R 的阻值总有一定偏差,为防止电路自激振荡,常取 R 略大于 R_1。这种电路的输入阻抗可高达 100 MΩ。

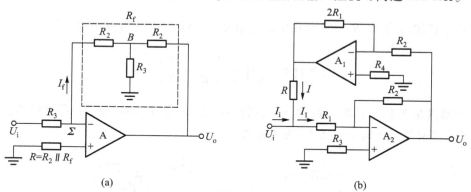

(a)   (b)

图 2.42   高输入阻抗反相放大器

3. 高输入阻抗交流放大器

图 2.43a 是用于交流信号放大的同相输入放大器,其中电容 C_1 用于隔掉直流分量,R_1 和 R_2 构成放电回路,电容 C_2 用于防止对交流输入信号形成分流。由于运算放大器的开环增益很大,其同相和反相输入端可认为具有相同电位,因此 R_1 两端交流电位相等,其中无交流信号通过,从而大大提高了放大器的输入阻抗。

若将电容 C_2 接在输出端与同相输入端之间,可构成交流跟随器,如图 2.43b 所示。

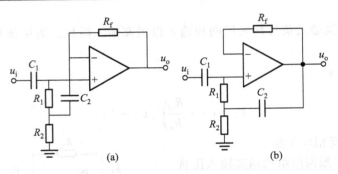

图 2.43　高输入阻抗交流放大器

2.3.2　高共模抑制比放大器

在检测系统中,常采用具有高共模抑制能力的差分放大器,在对所感兴趣的两被测信号的差值进行放大的同时,抑制来自环境的共模干扰。

在图 2.44a 中,两被测信号 U_{i1} 和 U_{i2} 分别从运算放大器的两端输入,其输出信号为:

$$U_{o} = \left(1 + \frac{R_{f}}{R_{1}}\right) \frac{R_{3}}{R_{2} + R_{3}} U_{i2} - \frac{R_{f}}{R_{1}} U_{i1} \tag{2.42}$$

若取 $R_1 = R_2$, $R_3 = R_f$,则上式变为:

$$U_{o} = \frac{R_{f}}{R_{1}} (U_{i2} - U_{i1}) \tag{2.43}$$

即该电路的差模增益为 R_f/R_1。只有共模信号输时,$U_{i1} = U_{i2} = U_{ic}$,则由式(2.42)可得:

$$U_{o} = \left[\left(1 + \frac{R_{f}}{R_{1}}\right) \frac{R_{2}}{R_{2} + R_{3}} - \frac{R_{f}}{R_{1}}\right] U_{ic} \tag{2.44}$$

若使电路参数满足匹配关系 $R_1 = R_2$, $R_3 = R_f$,则由式(2.44)得 $U_o = 0$,即放大器共模增益为零,共模抑制比(差模增益与共模增益之比)为无穷大。

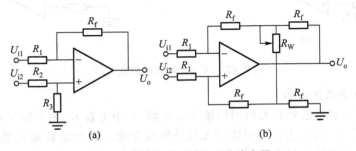

图 2.44　高共模抑制比差分放大器

在这种放大器中,若要改变差模增益 R_f/R_1,必须同时改变电阻 R_2 和 R_3。为便于增益调整,

且保持高共模抑制比,可采用图 2.44b 所示电路,其输出信号为:

$$U_o = \frac{2R_f}{R_1}\left(1 + \frac{R_f}{R_w}\right)(U_{i2} - U_{i1}) \tag{2.45}$$

可见,只需调节 R_w,即可改变差模增益。

图 2.45 是一种同相输入并串联差分测量放大器组成和接线图。这种电路具有高输入阻抗、低失调电压、低温度漂移系数和稳定的放大倍数、低输出阻抗的特点。它由三个运算放大器组成。其中第一级是两个对称的同相放大器,它提高了输入阻抗和共模抑制能力,将双端输入变为单端输入。测量放大器的放大倍数由式为:

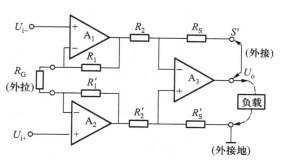

图 2.45　测量放大器的组成

$$K = \frac{R_S}{R_2}\left(1 + \frac{R_1}{R_G} + \frac{R_1'}{R_G}\right) \tag{2.46}$$

其差模增益为 $\frac{R_S}{R_2}\left(1 + \frac{R_1}{R_G} + \frac{R_1}{R_G}\right)$,共模增益为零。

目前有许多型号的单片测量放大器集成芯片供选择,其中 AD521/AD522 是应用得非常普遍的芯片之一。

AD521/AD522 是 AD 公司推出的单片测量放大器,采用标准 14 管脚双列直插管壳封装,其放大倍数由用户在外部加接精密电阻获得。

AD521 的管脚功能及连接方法如图 2.46 所示。管脚 4、6 用来调节放大器零点。放大倍数在 0.1 到 1 000 范围内调整,选用 $R_S = 100\ \mathrm{k\Omega} \pm 15\%$ 时,可以得到较稳定的放大倍数,放大倍数可以按式 $K = \dfrac{R_S}{R_G}$ 近似计算。

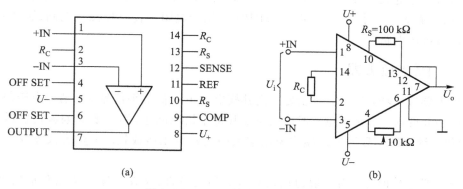

(a)　　　　　　　　　　　　　　　　　(b)

图 2.46　AD521 管脚的基本接法

AD522 是单片集成精密测量放大器,$K=100$ 时非线性仅为 0.005%,在0.1 Hz 到 100 Hz 频带内噪声峰值为 1.5 mV,共模抑制比 $CMRR>120$ dB($K=1\ 000$ 时)。与 AD521 不同的是该芯片引出了电源地(管脚9)和数据屏蔽端(管脚13),该端用于连接输入信号引线的屏蔽网,以减少外电场对输入信号的干扰。图 2.47 为 AD522 与测量电桥的连接方法。

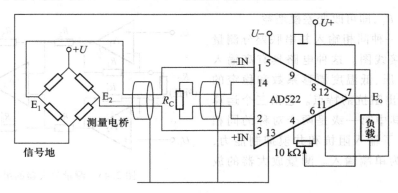

图 2.47   AD522 与电桥的连接

在使用测量放大器时,都要特别注意为偏置电流提供回路,因此输入端必须与电源的地构成回路。

2.3.3   小信号双线变送器

在计算机控制系统中经常会遇到一个棘手的问题:在恶劣环境下远距离可靠传送微弱电信号。小信号双线变送器是解决这个问题的有效方法。小信号双线变送器将现场的微弱信号转化为 4~20 mA 的标准电流输出,然后通过一对双绞线传送信号,这对双绞线能实现信号和电源一起传送。

XTR101 是 B-B 公司生产的一种微电路、4~20 mA、低漂移双线变送器,它不仅可以放大电信号,而且还能完成电参量的变换,即把电阻参量变换为 4~20 mA 电流,环路电压为 11.6 V 到 40 V。XTR101 的原理框图与基本接法如图 2.48 所示,它由高精度测量放大器、压控输出电流源和双匹配精密参考电流组成,它将加在引脚 3 和引脚 4 上的差动电压变换为电流输出,在输入不变的前提下,电流输出大小由 R_s 决定。XTR101 可用于电阻类传感器测量电路,图 2.49 为铂电阻温度测量与传送电路。

2.3.4   隔离放大器

隔离放大器应用场合有:① 测量处于高共模电压下的低电平信号;② 消除由于信号源地网络的干扰所引起的误差;③ 避免形成地回路及其寄生拾取问题(不需要对偏流提供返回通路);④ 保护应用系统电路不致因输入端或输出端大的共模电压造成损坏;⑤ 为仪器仪表提供安全接口。

隔离放大器是一种既具有一般通用运算放大器的特性,又在其输入电路和输出电路间(包括它们所使用的电源间)无直接耦合通路的放大器,其信息传递是通过磁路和光路来实现的。图 2.50 是 AD 公司生产的 Model 277 变压器耦合隔离放大器电路框图。

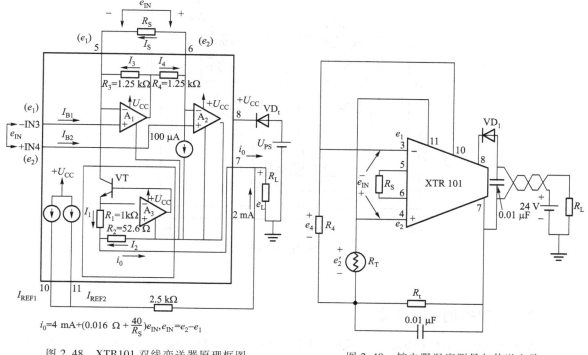

图 2.48　XTR101 双线变送器原理框图

图 2.49　铂电阻温度测量与传送电路

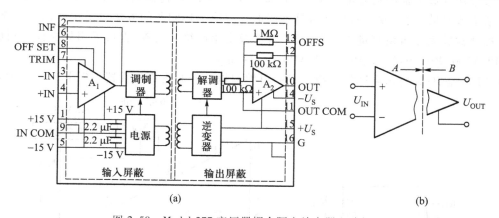

图 2.50　Model 277 变压器耦合隔离放大器电路框图

从图 2.50 看出,放大器分为输入和输出两个独立供电回路,它包含有四个基本部件:高性能的输入放大器、调制和解调器、信号耦合变压器及输出运算放大器,其工作过程如下:直流信号经放大后由调制器变为交流,通过耦合变压器馈给输出电路,解调器把输入回路馈给的信号转换为原信号并经滤波器送至输出运算放大器。输入电路的电源由逆变器提供。

采用光路传送信息的隔离放大器称为光耦合隔离放大器。图 2.51 是 B-B 公司生产的一种小型廉价的光耦合隔离放大器 ISO100,它将发光二极管的光反向送回输入端(负反馈),正向送至输出端,经过加工处理和仔细配对来保证放大器的精度、线性度和时间温度的稳定性。

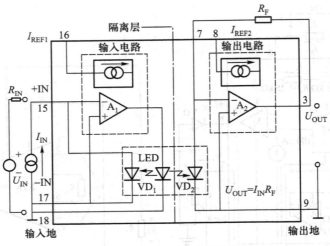

图 2.51　ISO100 电路原理图

2.3.5　程控增益放大器

在多通道或多参数的模拟输入通道中,多个通道或多个参数共用一个测量放大器,由于各通道或各参数送入放大器的信号电平不同,但都要放大至 A/D 转换器输入要求的标准电压,因而对不同通道或参数,测量放大器的增益是不同的。解决上述问题的方法是采用程控增益放大器。

程控增益放大器可由测量放大器、模拟开关及电阻网络来实现,也可采用集成程控测量放大器,如 PGA200/201、PGA102、PGA100、AD612/614 等。

PGA100 是 B-B 公司生产的 8 级二进制可编程增益控制运算放大器(如图 2.52 所示)。

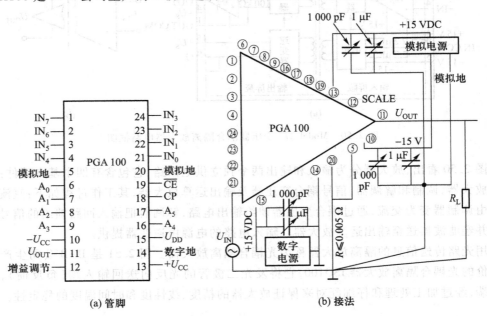

图 2.52　PGA100 管脚与接法

PGA100 的 8 个二进制增益×1,×2,×4,×8,×16,×32,×64,×128 及相应的 8 个模拟通道,由 $A_2A_1A_0$ 选择模拟通道,由 $A_5A_4A_3$ 选择增益,选择方法如表 2.1 所示。通道的数字输入在时钟 CP 的上升沿锁存。

表 2.1 程控增益放大器的增益和通道选择

A_5	A_4	A_3	增益	A_2	A_1	A_0	通道
0	0	0	×1	0	0	0	IN_0
0	0	1	×2	0	0	1	IN_1
0	1	0	×4	0	1	0	IN_2
0	1	1	×8	0	1	1	IN_3
1	0	0	×16	1	0	0	IN_4
1	0	1	×32	1	0	1	IN_5
1	1	0	×64	1	1	0	IN_6
1	1	1	×128	1	1	1	IN_7

2.4 信号变换电路

2.4.1 基本转换电路

被测物理量经传感器变换后,往往成为电阻、电容、电感等电参数的变化,或电荷、电压、电流等电量的变化。当传感器的输出信号是电参数形式时,需采用基本转换电路将其转换成电量形式,然后送入后续检测电路。

1. 差分电路

差分电路主要用于差分式传感器信号的转换。图 2.53 示出了四种常用的差分电路。

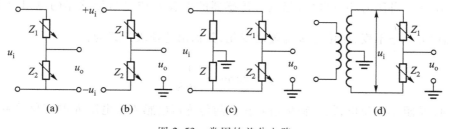

图 2.53 常用的差分电路

图 2.53a 利用传感器的一对差分阻抗 Z_1 和 Z_2 构成分压器,在平衡状态下,$Z_1 = Z_2 = Z_0$;当被测量发生变化时,传感器阻抗也随之变化,设变化量为 ΔZ,则 $Z_1 = Z_0 + \Delta Z$,$Z_2 = Z_0 - \Delta Z$,于是:

$$u_o = \frac{Z_2}{Z_1 + Z_2}u_i = \frac{Z_0 - \Delta Z}{2Z_0}u_i \tag{2.47}$$

阻抗的变化被转换成了输出电压的变化。对于非差分式传感器,电路中的一个阻抗可以是用作补偿环境变化影响的阻抗元件。

图 2.53b 采用了对称电源供电,在传感器处于平衡位置时,电路输出为零;当传感器失衡后,输出电压与阻抗的变化成正比,即

$$u_o = -\frac{\Delta Z}{Z_0} u_i \tag{2.48}$$

图 2.53c 是一种桥式差分电路,主要用于直流电桥中,两个阻抗元件 Z 的中点接地,构成对称供电形式。当传感器处于平衡位置时,输出电压为零;当传感器失衡后,输出电压为:

$$u_o = -\frac{\Delta Z}{2Z_0} u_i \tag{2.49}$$

图 2.53d 采用变压器配成桥式差分电路,通过具有中间抽头的变压器二次线圈对传感器的一对差分阻抗对称供电,其输出电压与传感器阻抗变化之间的关系与式(2.49)相同。

2. 非差分桥式电路

图 2.54a 中的传感器是非差分式的,其阻抗为 Z_1,采用标准阻抗 Z_R 作为电桥的另一臂。

若传感器的基准阻抗为 Z_0,并取 $Z = Z_R = Z_0$,传感器阻抗随被测量的变化为 ΔZ,则:

$$u_o = \frac{\Delta Z}{-4Z_0 + 2\Delta Z} u_i \tag{2.50}$$

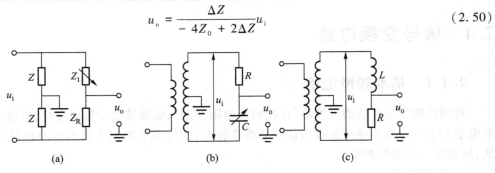

(a)   (b)   (c)

图 2.54 非差分桥式电路

图 2.54b 是一种阻容相位电桥,当电容传感器的电容 C 或电阻传感器的电阻 R 变化时,输出电压的幅值 $u_o = \dfrac{u_i}{2}$ 不变,相位角 φ 却随之变化,其输出特征表达式为:

$$\varphi = 2\arctan \frac{1}{\omega CR} \tag{2.51}$$

图 2.54c 是阻感相位电桥,其输出信号相位随传感器电感 L 或电阻 R 的变化关系为:

$$\varphi = 2\arctan \frac{R}{\omega L} \tag{2.52}$$

3. 调频电路

图 2.55 是一种适用于电容式传感器的调频电路。由传感器电容 C 和标准电感 L 构成谐振电路并接入振荡器中,振荡器输出信号的频率 f 随传感器电容 C 或电感 L 的变化关系为:

$$f = \frac{1}{2\pi\sqrt{LC}} \tag{2.53}$$

4. 脉冲调宽电路

图 2.56 是一种将传感器的电容 C 或电阻 R 的变化转换成输出信号 u_o 的脉冲宽度变化的电路。其工作原理是电源 u_i 通过 R 对 C 充电。当 C 上的充电电压超过参考电压 u_R 时,比较器 N 翻转,使 u_o 发生阶跃变化,同时通过开关控制电路控制开关 S 使 C 放电。输出信号 u_o 的脉宽 B 随电容 C 或电阻 R 的变化而变化,即:

$$B = kRC \qquad (2.54)$$

式中:k——与 u_R/u_i 有关的常数。

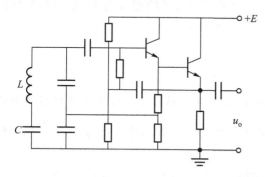

图 2.55　调频电路

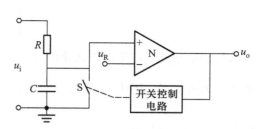

图 2.56　脉冲调宽电路

2.4.2　电平检测及转换电路

在机电系统中经常用到电平信号检测及转换问题,如温度、液位等上下限的检测,通常用电压比较器、二极管和一些逻辑器件来实现。电压比较是对两个输入模拟量进行比较并输出逻辑电平作逻辑判断的部件。当两个输入模拟电压变化有不相等的瞬间,比较器输出电压跳变给出合适的逻辑电平。

1. 过零比较器

过零比较器可用于判断输入信号是高于零电平还是低于零电平。这种电路具有信号整形功能。如图 2.57 和图 2.58 是两种过零比较器的典型电路。如图 2.57a 所示,当输入信号 $u_i>0$ 时,输出信号 $u_o<0$,接在反馈回路中的稳压管 VD_{z1} 工作在稳压状态,稳压值为 $U_{Z1}=U_{Z2}=U_Z$,而 VD_{z2} 工作在正向导通状态,导通压降为 $U_{D2}=U_{D1}=U_D$。由于 VD_{z1}、VD_{z2} 及电阻 R 的限幅作用,使得比较器的输出为 $u_o=-(U_Z+U_D)$,如图 2.57b 所示。当 $u_i<0$ 时,通过与上述类似的分析可知,$u_o=+(U_Z+U_D)$。

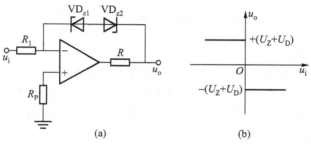

图 2.57　一种过零比较器

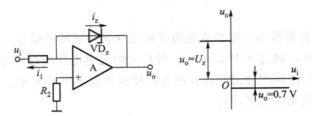

图 2.58　另一种过零比较器

图 2.58 所示的过零比较器中,使用稳压管 VD_z 是为了得到需要的逻辑电平,它同时起反馈和限幅作用,称为限幅电路。其输出电压与输入电压之间的关系为:

$$u_o = \begin{cases} -0.7\ V & u_i > 0 \\ U_z & u_i < 0 \end{cases}$$

信号整形功能还常采用集成化的过零比较器(如 LM339 等),或图 2.59a 所示的具有回差的零值比较器来实现。图中,如果运算放大器的饱和输出电压为 U_M,则当输入信号 $u_i < -\dfrac{R_1}{R_f}U_M$ 时,比较器输出负的饱和电压 U_M;当 $u_i > \dfrac{R_1}{R_f}U_M$ 时,比较器输出正的饱和电压 U_M,如图 2.59b 所示。

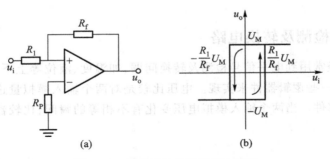

图 2.59　具有回差的过零值比较器

采用具有回差的零值比较器可防止在信号过零时由于干扰的影响而使比较器来回翻转,但由于值为 $2\dfrac{R_1}{R_f}U_M$ 的回差的存在,使信号在过零时有相当于 $\varphi = \dfrac{R_1}{R_f}\dfrac{U_M}{U_m}$ 的相位偏移(U_m 是输入信号 u_i 的幅值)。因此,在设计实际电路时,应根据允许的细分误差(即细分点位置变化)来恰当地选择 R_1 和 R_f,并采取抗干扰措施,使干扰信号的幅值不超过 $\dfrac{R_1}{R_f}U_M$。

2. 差分型电平检测器

差分型电平检测器的电路如图 2.60 所示。当输入差值电压 $\Delta u = u_i - u_R$ 大于零时,即 u_i 大于 u_R 时,运算放大器输出低电平通过 R 使稳压管 VD_z 正向导通,输出低电平为 $u_o = -0.7\ V$。而当 Δu 小于零时,即 $u_i < u_R$ 时,运算放大器输出高电平将通过 R 使稳压管 VD_z 反相击穿,输出高电平为 u_z。其传输特性如图 2.48b 所示,即

$$u_{\text{o}} = \begin{cases} -0.7\ \text{V} & u_{\text{i}} > u_{\text{R}} \\ U_{\text{z}} & u_{\text{i}} < u_{\text{R}} \end{cases}$$

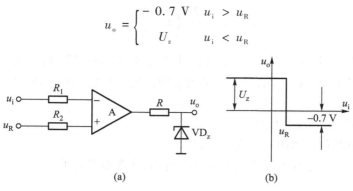

(a)　　　　　　　　(b)

图 2.60　差分型电平检测器电路

2.4.3　模拟信号变换电路

1. 电流与电压间的变换电路

（1）电流/电压（I/U）变换电路

最简单的电流/电压变换电路如图 2.61 所示。电路采用高输入阻抗运算放大器组成的电流/电压变换器。在理想条件下：

$$i_{\text{i}} = \frac{u_{-} - u_{\text{o}}}{R_{\text{f}}}, \quad u_{-} = u_{+} = 0$$

所以有：

$$u_{\text{o}} = -i_{\text{i}} R_{\text{f}} \tag{2.55}$$

如果运算放大器是理想的,那么它的输入电阻为 ∞,输出电阻为零。R_{f} 阻值的大小仅受运放的输出电压范围和输入电流大小的限制。

图 2.62 是带差分放大器的大电流/电压变换电路。电路中,利用小阻值的取样电阻 R_{s} 把电流转变为电压后,再用差分放大器放大。输入电流在 $0.1 \sim 1$ A 范围内,变换精度为 $\pm 0.5\%$。

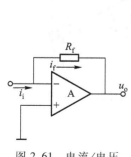

图 2.61　电流/电压
变换电路

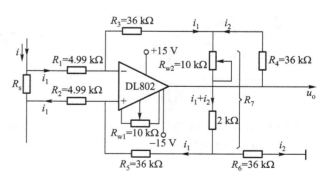

图 2.62　大电流/电压变换电路

根据该电路的结构,只要选用 $R_1 = R_2 = R_{\text{F}}$,$R_3 = R_4 = R_5 = R_6 = R_{\text{f}}$,则差分放大倍数为：

$$K_d = \frac{2R_f}{R_F}\left(1 + \frac{R_f}{R_7}\right)$$

由上式可见，R_7 越小，K_d 越大。调节 R_{W2} 可以使 K_d 在 58 ~ 274 内变化。当 $K_d = 100$ 时，电流/电压变换系数为 10 V/A。运算放大器必须采用高输入阻抗（$10^7 \sim 10^{12}\ \Omega$）、低漂移的运算放大器。

（2）电压/电流（U/I）变换电路

1）具有电流串联负反馈的 U/I 变换电路

图 2.63 是具有电流串联负反馈的 U/I 变换电路，在理想条件下：

$$u_i \approx u_f = i_R R$$

又因 $i_{b2} = 0$，所以有：

$$i_L = i_R = \frac{u_f}{R} = \frac{u_i}{R} \tag{2.56}$$

2）具有电流并联负反馈的 U/I 变换电路

图 2.64 所示为具有电流并联负反馈的 U/I 变换电路，在理想条件下：

$$i_L = i_f + i_R$$

$$i_f = -i_1 = -\frac{u_i}{R_1}$$

$$i_R = i_L \frac{R_f R}{R_f + R} \frac{1}{R} = i_L \frac{R_f}{R_f + R}$$

联解以上各式：

$$i_L = -\frac{u_i}{R_1}\left(1 + \frac{R_f}{R}\right) \tag{2.57}$$

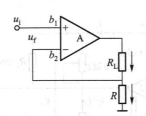

图 2.63 具有电流串联负反馈的
U/I 变换电路

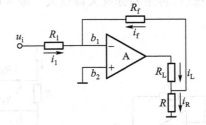

图 2.64 具有电流并联负反馈的
U/I 变换电路

2. 绝对值检测电路

（1）绝对值电路原理

绝对值电路就是全波整流电路，其特点是将交变的双极性信号转变为单极性信号。图 2.65 是由线性集成电路和二极管一起组成的绝对值电路。

当输入信号 u_i 为正极性时,因 A_1 是反相输入,因此 VD_2 截止,VD_1 导通。若选配 $R_1 = R_2$、$R_6 = R_4 = 2R_5$,则输出电压为:

$$u_{o+} = \left(-\frac{R_6}{R_4}u_{i+} - \frac{R_6}{R_5}u_{o1}\right) = \left(-\frac{R_6}{R_4}u_{i+} + \frac{R_6}{R_5}\frac{R_2}{R_1}u_{i+}\right) = u_{i+}$$

当输入电压 u_i 为负极性时,VD_1 截止,VD_2 导通,则 u_{o1} 被 VD_1 切断,不能输入到 A_2 的输入端。此时,相应的输出电压 u_{o-} 为:

$$u_{o-} = -\frac{R_6}{R_4}u_{i-} = -u_{i-}$$

由于 $u_{i-} < 0$,所以 $-u_{i-} > 0$,即有:

$$u_o = |u_i| \tag{2.58}$$

可见,无论输入信号极性如何,输出信号总为正,且数值上等于输入信号的绝对值,即实现了绝对值运算。

（2）绝对值电路的性能改善

1）提高输入阻抗

在图 2.65 所示的绝对值电路中,由于采用了反相输入结构,其输入电阻较低。因而,当信号源内阻较大时,在信号源与绝对值电路之间就不得不接入缓冲级,从而使电路复杂化。为了使电路尽可能简单而输入阻抗又高,可将图中的运算放大器改成同相输入形式,改进后的绝对值电路如图 2.66 所示。这种电路的输入电阻约为两个运算放大器的共模输入电阻并联,可高达 10 MΩ 以上。其工作原理与图 2.65 所示电路基本相同。

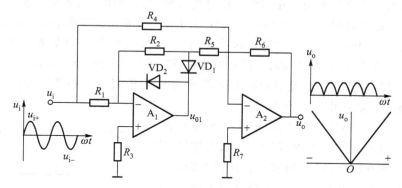

图 2.65 绝对值电路

2）减小匹配电阻的绝对值

对于图 2.65 和图 2.66 所示的电路,若要实现高精度绝对值转换,就必须精确选配 R_1、R_2、R_3、R_4（对图 2.65 而言）。图 2.67 是经改进后的绝对值电路。这个电路只需精确选配一对电阻,即 $R_1 = R_2$,就可满足高精度绝对值转换的要求,而对其他几只电阻不需严格匹配,因为它们与闭环增益无关。这里选 $R_4 = R_5$ 是为了减小放大器偏置电流的影响,它们的失配会影响电路的平衡。

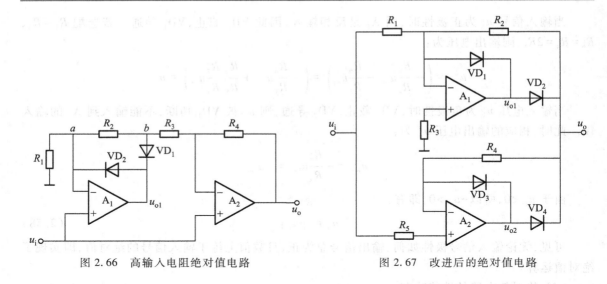

图 2.66　高输入电阻绝对值电路 　　　　　　　　　图 2.67　改进后的绝对值电路

在图 2.67 中，A_1 组成反相型半波整流电路实现负向半波整流；A_2 组成同相型半波整流电路，实现正向半波整流。两者相加，就得到了绝对值电路。其中，由于 VD_2、VD_4 均处于反馈回路之中，它们的正向压降对整个电路灵敏度的影响被减小了 A_{uo}（开环电压增益）倍。

3. 电压保持电路

（1）采样保持电路

当传感器将非电物理量转换成电量，并经放大、滤波等系列处理后，需经模/数转换器变换成数字量，才能输入到计算机系统。在对模拟信号进行模/数转换时，从起动变换到变换结束的数字量输出，需要一定的时间，即 A/D 转换器的孔径时间。当输入信号频率提高时，由于孔径时间的存在，会造成较大的转换误差。要防止这种误差的产生，必须在 A/D 转换开始时将信号电平保持住，而在 A/D 转换后又能跟踪输入信号的变化，即：使输入信号处于采样状态。能完成这种功能的器件叫采样/保持器。在模拟量输出通道，为使输出得到一个平滑的模拟信号，或对多通道进行分时控制，也常采用采样/保持器。

采样/保持器由存储器电容 C、模拟开关 S 等组成。如图 2.68 所示，当 S 接通时，输出信号跟踪输入信号，称采样阶段。当 S 断开时，电容 C 两端一直保持 S 断开时的电压（称保持阶段）。由此构成一个简单的采样/保持器。实际上为使采样/保持器具有足够的精度，一般在输入级和输出级均采用缓冲器，以减少信号源的输出阻抗，增加负载的输入阻抗。在电容选择时，使其大小适宜，以保证其时间常数适中，并且其漏泄要小。

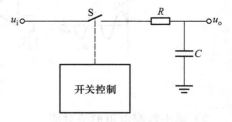

图 2.68　采样/保持器原理

随着大规模集成电路技术的发展，目前已生产出多种集成采样/保持器，如可用于一般目的的 AD582 、AD583 、LF198 系列等；用于高速场合的 HTS-0025，HTS-0010，HTC-0300 等；用于高分辨率场合的 SHAll44 等。为了使用方便，有些采样/保持器的内部还设有保持电容，如 AD389 、AD585 等。集成采样/保持器的特点是：

1）采样速度快、精度高，一般在 2~2.5 μs，即达到±0.01%~±0.003%精度。

2）下降速度慢，如 AD585，AD348 为 0.5 mV/ms，AD389 为 0.1 mV/ms。

下面以 LF398 为例，介绍集成采样/保持器的原理图。如图 2.69 所示，其内部由输入缓冲级、输出驱动级和控制电路三部分组成。

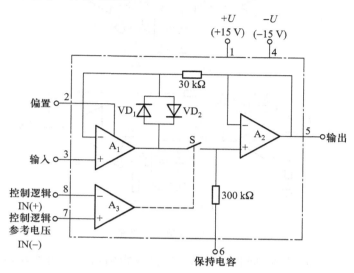

图 2.69　采样/保持器原理图

控制电路中 A_3 主要起到比较器的作用；其中管脚 7 为控制逻辑参考电压输入端，管脚 8 为控制逻辑电压输入端。当输入控制逻辑电平高于参考端电压时，A_3 输出一个低电平信号驱动开关 S 闭合，此时输入经 A_1 后跟随输出到 A_2，再由 A_2 的输出端跟随输出，同时向保持电容（接 6 端）充电；而当控制端逻辑电平低于参考电压时，A_3 输出一个正电平信号使开关 S 断开，以达到非采样时间内保持器仍保持原来输入的目的。因此，A_1、A_2 是跟随器，其作用主要是对保持电容输入和输出端进行阻抗变换，以提高采样/保持器的性能。

（2）峰值保持电路

1）峰值保持电路原理

在非电量检测时，往往需要精确地测量出随时间迅速变化的某参数的峰值。但一般的检测仪表都具有一定的惯性，跟不上快速的被测参数的变化，因此必须使用峰值保持电路。

峰值保持电路是一种模拟存储电路。当有输入信号时，它自动跟踪输入信号的峰值，并将该峰值保持下来，其原理如图 2.70 所示。

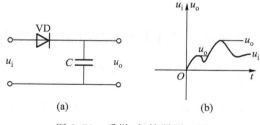

图 2.70　采样/保持器原理图

当输入电压为正信号时，二极管导通，电容被充电到输入电压的峰值；当输入信号过峰值而下降时，二极管截止，电容上的电荷因无放电回路而保持下来。此后只有当输入信号上升到大于电容上的电压后，二极管才导通，使输出跟踪输入直到新的峰值并将其保持下来。

2）峰值保持电路

图 2.71 是用于求取信号峰值的电路,其中图 2.71a、b 分别用于求取信号的正、负峰值。

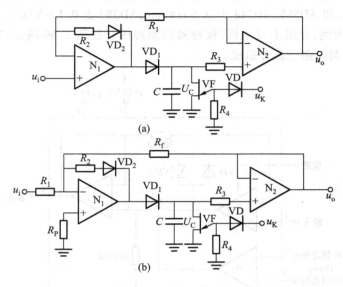

图 2.71　峰值运算电路

在图 2.71a 中,信号 u_i 从 N_1 同相端输入,N_2 接成跟随器。在运算开始时,u_K 瞬时接高电平,使场效应管 VF 的栅极电位为零,开关导通,电容 C 通过 VF 放电。随后 u_K 降为低电平,VF 截止。当 $u_i > U_C$ 时,N_1 输出为正,VD_1 导通,VD_2 截止,使电容 C 迅速充电,直至 $u_o = U_C = u_i$。只要 u_i 略小于 u_o,则 VD_1 截止,VD_2 导通,C 停止充电,从而将 u_i 的正峰值保持在电容 C 上,并由跟随器输出。

在图 2.71b 中,信号 u_i 从 N_1 的反相端输入。当 $u_i < 0$ 时,N_1 输出正电平,VD_1 导通,C 充电,N_2 的输出 u_o 随 u_i 的减小而增加。当 u_i 变到最小值,即负峰值时,C 充电到最高电位,$u_o = U_C = |u_i|$。一旦 u_i 离开负峰值而增加时,N_1 的输出电位将低于 C 上存储的电位 U_C,因而 VD_1 截止,VD_2 导通,C 停止充电,从而将 u_i 的负峰值保持在电容 C 上,并通过跟随器输出。在下一次运算开始前,应将 u_K 与高电平瞬时相接,让电容 C 通过场效应管开关 VF 放电,为下一次运算作好准备。

2.4.4　电压与脉冲量间的变换电路

电压与脉冲量之间的变换电路主要有电压/频率(U/F)变换器、频率/电压(F/U)变换器以及电压/脉宽(U/H)变换器。

1. 电压/频率(U/F)变换器和频率/电压(F/U)变换器

电压/频率(U/F)变换器是输出信号频率正比于输入信号电压的线性变换装置,其传输函数可表示为:

$$f_o = Ku_i$$

频率/电压(F/U)变换器是输出信号电压正比于输入信号频率的线性变换装置,其传输函数可表示为:

$$u_o = Qf_i$$

对于理想的电压/频率(U/F)变换器与频率/电压(F/U)变换器,K 和 Q 应该为常数,特性应该为通过原点的直线,但实际上会出现非线性误差。

由于上述两种变换器不需要同步时钟,因此,其成本比 A/D(模/数转换器)和 D/A(数/模转换器)低得多,与计算机连接时特别简单。它们都可以用运算放大器加上一些元件组成。

在机电一体化系统中采用增量式光电编码器测速时,它输出方波的频率代表所测转速,为此需将它转换成对应的电压信号,即采用频压转换电路。图 2.72 是一种用于增量式光电编码器能测可逆转向的频压转换电路。

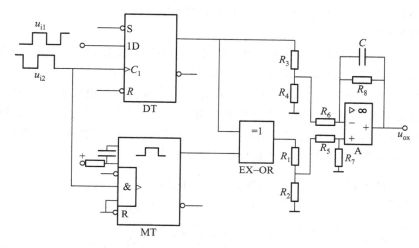

图 2.72　频压转换电路

该电路由一单稳态触发器 MT,一个 D 触发器 DT、一个异或门 EX-OR 和一个直流差动放大器 A 组成。增量式光电编码器输出两路互差 90°的方波信号,通过 D 触发器 DT 以鉴别转向,正转时 DT 输出低电平 0,反转时 DT 输出高电平 1。再取其中一路用以触发单稳态触发器 MT。然后将 DT 输出与 MT 输出加到异或门 EX-OR 输入端,EX-OR 输出端经电阻 R_1、R_2(且 $R_1 = R_2$)接地,取中点经 R_5 接差动放大器的同相输入端;DT 输出端亦接电阻 R_3、R_4(且 $R_3 = R_4$)接地,取其中点经 R_6 接差动放大器反相输入端。

设 DT、MT、EX-OR 输出的高电平均为 u_s,低电平均为 0,MT 的暂态时间为 τ(即输出脉冲宽度)。当光电编码器正转,输出方波频率 f 代表转速的大小,此时 MT 输出的直流分量为 $u_s\tau f$,而 DT 输出为 0,故 EX-OR 输出的直流分量亦为 $u_s\tau f$,经 R_1、R_2 分压加到差动放大器同相输入的电压为 $u_s\tau f/2$,而加到反相输入端的电压为 0,故放大器 A 的输出电压为:

$$u_{ex} = k\,\frac{1}{2}u_s\tau f$$

式中:k——放大器放大系数。

当光电编码器反转时,MT 输出直流分量仍为 $u_s\tau f$(其中 f 代表转速大小),DT 输出为 u_s,EX-OR 输出直流分量为 $u_s(1-\tau f)$。此时加到放大器 A 同相输入端的电压为 $u_s(1-\tau f)/2$、加到反相输入端的电压为 $u_s/2$。故放大器 A 输出电压:

$$u_{ex} = k\left[\frac{1}{2}u_s(1 - \tau f) - \frac{1}{2}u_s\right] = -k\frac{1}{2}u_s\tau f$$

由于放大器 A 反馈支路并有电容 C 起滤波作用,输出端的电压 u_{ex} 为直流与 f(即光电编码器转速)成正比,且能反应转动的方向。

电压/频率(U/F)变换器与频率/电压(F/U)变换器有模块式(混合工艺)和单片集成(双极工艺)式两种。通常单片集成式是兼有电压/频率(U/F)变换和频率/电压(F/U)变换可逆功能的芯片,而模块式是不可逆的。目前,单片集成式和模块式组件已大量商品化,它们只要外接极少元件就可构成一个高精密的电压/频率(U/F)变换电路或频率/电压(F/U)变换电路。如国产 5GVFC32、BG382 等及国外产 AD6508、LM131/231/331 等。

2. 电压/脉宽(U/H)变换电路

电压/脉宽(U/H)变换电路是用来将电压信号变换为脉冲宽度信号的变换电路。变换后的脉冲周期 T 是固定的,而脉冲宽度 H 随输入电压信号而变化,两者呈线性关系。

电压/脉宽(U/H)变换电路输出的脉冲信号的直流分量与输入电压成正比关系,因此,只需简单的 RC 滤波电路即可复现原模拟电压信号。电压/脉宽(U/H)变换电路输出的脉冲信号可以很方便地驱动发光器件,进而完成光电隔离。电压/脉宽(U/H)变换电路的原理如图 2.73 所示。该电路由三角波发生器、比较器及输出级三部分组成。

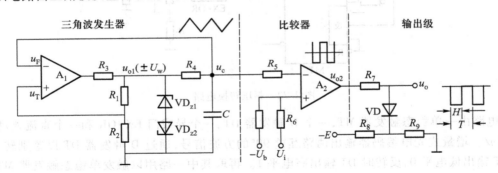

图 2.73 U/H 变换原理图

(1) 三角波发生器原理

三角波发生器由具有正反馈的运算放大器 A_1 及阻容元件 R_4、C 组成。若设起始时 A_1 输出为正向限幅电压 U_w,它一方面通过 R_1、R_2 正反馈电路使 A_1 同相端的电压为:

$$u_T = U_1 = U_w\frac{R_2}{R_1 + R_2}$$

同时,U_w 通过 R_4 对电容 C 充电,使 $U_F(= u_c)$ 逐渐增大。A_1 实质上是一个比较器,当 $u_F = U_1$ 时,A_1 翻转,输出由正向限幅电压突变为负向限幅电压 $-U_w$,同相端的电压变为:

$$u_T = U_2 = -U_w\frac{R_2}{R_1 + R_2}$$

与此同时,电容 C 通过 R_4 放电,使 $U_F(= u_c)$ 逐渐减小。当 $u_F = U_2$ 时,A_1 再次翻转,输出由 $-U_w$ 又跳回 U_w,u_T 由 U_2 跳回 U_1,U_w 又开始向电容 C 充电。如此循环,形成自激振荡,在三角波发生器输出端(即电容 C 两端)得到峰值为 $\pm U_W \dfrac{R_2}{R_1+R_2}$ 的近似三角波,如图

2.74 所示。

（2）三角波振荡周期计算

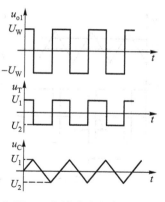

图 2.74　三角波发生器各点波形图

因为充电与放电回路相同,充电及放电电压对称于零点,所以充、放电的持续时间相同,均为振荡周期的一半。要计算三角波的周期 T,只需计算其中的一个放电过程然后乘以 2 即可。

根据 RC 电路瞬态过程的分析,可得:

$$u_C(t) = u_C(\infty) + [u_C(0^+) - u_C(\infty)]e^{-\frac{t}{\tau}}$$

已知 $\tau = R_4 C$,当 $t = 0^+$ 时,即放电过程刚开始瞬间:

$$u_C(0^+) = U_W \frac{R_2}{R_1 + R_2}$$

当 $t \to \infty$,$u_C(\infty) = -U_W$ 时,于是有:

$$u_C(t) = -U_W + \left[U_W \frac{R_2}{R_1 + R_2} + U_W\right]e^{-\frac{t}{\tau}}$$

考虑到当 $t = \dfrac{T}{2}$ 时,$u_C\left(\dfrac{T}{2}\right) = U_2 = -U_W \dfrac{R_2}{R_1+R_2}$,得:

$$-U_W \frac{R_2}{R_1 + R_2} = -U_W + \left[U_W \frac{R_2}{R_1 + R_2} + U_W\right]e^{-\frac{\frac{T}{2}}{R_4 C}}$$

整理得:

$$T = 2R_4 C \ln\left(\frac{R_1 + 2R_2}{R_1}\right) \tag{2.59}$$

根据选择的 R_1、R_2、R_4 及 C 的数值,就可确定三角波的振荡周期 T。

（3）输出脉冲宽度计算

输出的三角波信号经过电压比较器 A_2 整形变换为脉冲信号,其工作原理是将输入电压 U_i 与三角波电压 u_C 进行比较。当 $u_C < U_i$ 时,A_2 输出正向饱和电压;$u_C > U_i$ 时,A_2 输出负向饱和电压。A_2 的输出是矩形脉冲波,如图 2.75 所示,矩形波的周期等于恒定的三角波周期值。矩形波的脉冲宽度 H 可根据图 2.76 利用相似三角形的关系求得:

$$H = \frac{T}{2}\left(1 - \frac{R_1 + R_2}{R_2} \frac{U_i}{U_W}\right) \tag{2.60}$$

显然,脉冲宽度 H 与输入信号 U_i 呈线性关系。

为了使 U/H 变换器的量程及零点满足设计要求,常在 A_2 的同相端引入一负的偏置电压 $-U_b$,此时:

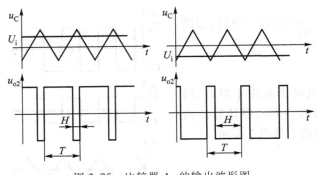

图 2.75　比较器 A_2 的输出波形图

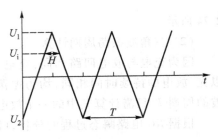

图 2.76　H 与 U_i 的关系

$$H = \frac{T}{2}\left[1 - \frac{R_1 + R_2}{R_2 U_{\mathrm{W}}}(U_i - U_b)\right] \qquad (2.61)$$

为保证三角波的良好线性,通常 $U_{\mathrm{W}} = 4 \sim 5$ V。

2.5　信号调制与解调电路

调制就是利用载波信号给所需传送的信号赋以某种特征频率,使其与其他信号相区别,以提高传送效率和抗干扰能力。机电一体化检测系统中在两种情况下采用,一是经过传感器变换以后的信号常常是一些缓变的微弱电信号,直接传送受到干扰并且信号损失大,因此往往先将信号调制成变化较快的交流信号,交流放大后传输;另一情况是传感器的电参量在变换成电压量的过程中用调制和解调的方法进行变换。如交流电桥就是一种调制电路,桥臂上元件的变化规律调制电桥输出电压的幅值,称作幅度调制。被调制信号称为载波,一般是较高频率的交变信号。被测信号(控制信号)称为调制信号,最后的输出是已调制波。已调制波一般都便于放大和传输。最终从已调制波中恢复出调制信号的过程,称为解调。调幅的目的是使缓变信号驾驭在载波信号上,便于放大和传输。解调的目的则是为了恢复原信号。

根据载波受调制的参数的不同,调制可分为调幅(AM)、调频(FM)和调相(PM)。使载波的幅值、频率或相位随调制信号而变化的过程分别称为调幅、调频或调相。它们的已调波也就分别称为调幅波、调频波或调相波。

2.5.1　信号的调幅及其解调

1. 调幅原理

调幅就是用调制信号 x 去控制高频振荡(载波)信号的幅度。常用的方法是线性调幅,即让调幅波的幅值随调制信号 x 按线性规律变化。调幅波的表达式可写为:

$$u_s = (U_m + mx)\cos\omega_c t \qquad (2.62)$$

式中:ω_c——载波信号的角频率;

　　　U_m——原载波信号的幅值;

　　　m——调制灵敏度或调制深度。

幅值调制的信号波形如图 2.77 所示,其中图 2.77c 是当 $U_m \neq 0$,且 $U_m > mx$ 工作时的调幅波形,图 2.77d 是 $U_m = 0$ 时的调幅波形。

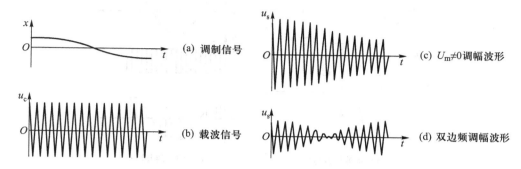

图 2.77 调幅信号的波形

信号的幅值调制可直接在传感器内进行,也可在电路中进行。在电路中对信号进行幅值调制的方法有相乘调制和相加调制。

（1）相乘型幅值调制电路

为了进行幅值调制,需要获得调制信号 x 与载波信号 $\cos\omega_c t$ 的相乘项。图 2.78 所示半波调幅和全波调幅电路均可实现。图中,利用载波频率的信号 u_c 与 $\bar{u}_c$ 控制,使场效应管 VF_1、VF_4 和 VF_2、VF_3 交替导通和截止,输出端交替地与输入端接通和接地,使调制信号 u_i 乘以归一化（即幅值为 1）的方波载波信号。

$$u_c = \frac{1}{2} + \frac{2}{\pi}\cos\omega_c t - \frac{2}{3\pi}\cos3\omega_c t + \cdots \tag{2.63}$$

将 u_i 与 u_c 相乘后,再用带通滤波器滤除直流分量和频率高于 $3\omega_c$ 的高频分量,就得到相乘调制信号 $u_s = \frac{2}{\pi}u_i\cos\omega_c t$。

图 2.78a 是半波幅值调制电路,用于将缓变的调制信号 u_i 与矩形高频载波信号 u_c 和 $\bar{u}_c$ 相乘。图中,VF_1 和 VF_2 是场效应管开关,其栅极分别加以 u_c 和 $\bar{u}_c$,使它们交替导通和截止。在 u_c 为高电平的半周期,VF_1 导通,VF_2 截止,输出信号 $u_o = u_i$,在另一半周期内,VF_1 截止,VF_2 导通,输出端接地,$u_o = 0$,调制信号 u_i、载波信号 u_c 及已调制信号 u_o 的波形如图 2.78b 所示。可见 u_o 相当于 u_i 与幅值按 0、1 变化的矩形载波信号 u_c 相乘。同理可以分析图 2.78c 所示的全波调幅电路,其调制波形如图 2.78d 所示。

除上述半波或全波调幅电路外,图 2.79 所示的传感器幅值调制电路和电桥式幅值调制电路等均为相乘型幅值调制电路。

（2）相加型幅值调制电路

图 2.80 为一种典型的相加型幅值调制电路。图中,加到 VD_1、VD_2 的电压分别为 $u_c + u_x$ 与 $u_c - u_x$,故称相加型调幅电路。由于 u_c 的幅值远大于 u_x 的幅值,u_c 控制 VD_1、VD_2 的通断,使两臂分别输出 $(u_c + u_x)K(\omega_c t)$ 与 $(u_c - u_x) \cdot K(\omega_c t)$。由于电路接成差动形式,它使 $u_c K(\omega_c t)$ 相消,得到 $2u_x K(\omega_c t)$,靠变压器 T_3（起高通滤波器作用）将 u_x 项隔离。含 $\cos3\omega_c t$ 及更高次谐波项靠低通滤波器滤除,获得 $u_x \cos\omega_c t$ 项,即调幅信号。

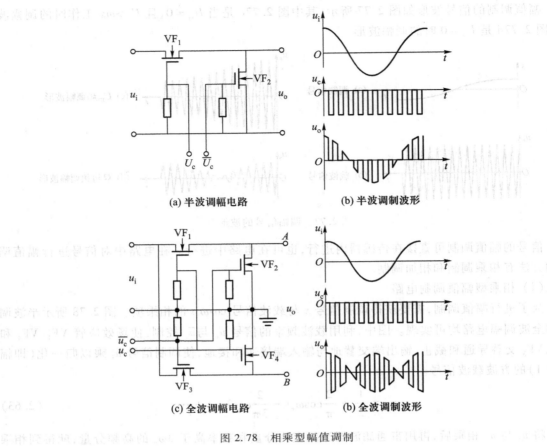

(a) 半波调幅电路　　　　　　(b) 半波调制波形

(c) 全波调幅电路　　　　　　(b) 全波调制波形

图 2.78　相乘型幅值调制

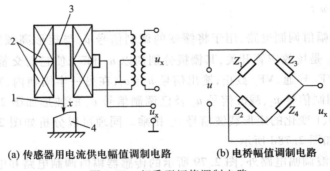

(a) 传感器用电流供电幅值调制电路　　　　(b) 电桥幅值调制电路

图 2.79　相乘型幅值调制电路

1—测杆；2—线圈；3—磁心；4—工件

2. 调幅波的解调

从已调信号中检出调制信号的过程称为解调或检波。幅值解调主要有包络检波和相敏检波两类。包络检波用于调幅波式(2.62)中 $U_m \neq 0$ 的情况，相敏检波用于调幅波式(2.62)中 $U_m = 0$ 的(双边频调幅波)情况。

（1）包络检波

包络检波是利用二极管等具有单向导电性能的器件，截去调幅信号的下半部（或使下半部变号），再用滤波器滤除其高频成分，从而得到按调幅波包络线变化的调制信号，其信号检出过程如图 2.81 所示，其中 u_s、u'_s、u_o 和 u'_o 分别是调幅信号、整流后的信号、峰值检波信号和平均值检波信号。

图 2.82 是采用二极管 VD 作为整流元件的

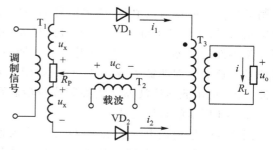

图 2.80 相加型幅值调制电路

包络检波电路。若 u_s 如图 2.81a 所示，则经 VD 整流后的波形如图 2.81b 所示，经电容 C 低通滤波后所得的输出信号 u_o 的波形如图 2.81c 所示。图 2.83 是采用晶体管 VT 作为整流元件实现平均值检波的电路。由于 VT 在 u_s 的半个周期导通，i_c 对电容 C 充电，在 u_s 的另半个周期截止，电容 C 向 R_L 放电，流过 R_L 的平均电流只有 $i_c/2$，因而所获得的是平均值检波，其输出信号 u'_o 的波形如图 2.81d 所示。应当指出，虽然平均值检波使波形幅值减小一半，但由于晶体管的放大作用，使检波输出信号比输入的调幅信号在量值上要大得多，因而具有较强的承载能力。

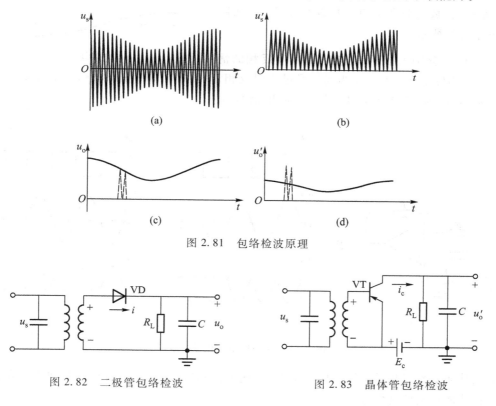

图 2.81 包络检波原理

图 2.82 二极管包络检波

图 2.83 晶体管包络检波

（2）相敏检波

当调幅波形为双边频信号时，应采用相敏检波方法进行解调。由图 2.84b 可见，当调制信号为零时，调幅信号的幅值也为零；无论调制信号是正值还是负值，调幅信号的幅值都是正值；但当调制信号由正值变为负值时,调幅信号的相位变化了 180°。根据这一特点,利用与载波信号同频同相信号(如图 2.84a 所示)作参考信号 u_c,用它控制开关器件的通断,参考信号为正的半周期留下,参考信号为负的半周期截去或反相,得到如图 2.84c 所示波形图,再用低通滤波器滤去高频成分后就可得到如图 2.84d 所示的解调后波形。

图 2.85a 是利用开关控制调幅信号输入通道的相乘型全波相敏检波电路。其中将与载波信号同频率的参考信号 u_c 作为场效应管 VF 的开关控制信号,从而实现调幅信号 u_s 与参考信号 u_c 相乘。该电路工作原理如下:

当 u_c 为高电平时,VF 导通,将放大器的同相输入端接地,u_s 只从反相输入端输入,放大器增益为 -1,其输出信号 u_o 如图 2.85b、c 中实线所示。

当 u_c 为低电平时,VF 截止,u_s 同时从同相和反相输入端输入,放大器增益为 +1,输出信号 u_o 如图 2.85b、c 中虚线所示。

图 2.85b、c 分别表示了 u_s 与 u_c 同相和反相的情形。由于 u_c 相位不变,而 u_s 在调制信号过零时反相,因此,在 u_s 与 u_c 同相或反相时,得到的输出信号 u_o

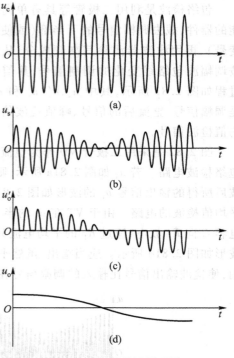

图 2.84 相敏检波原理图

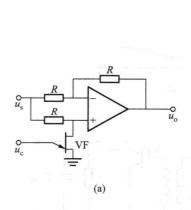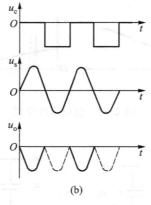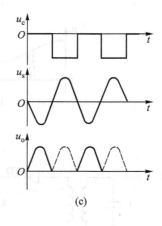

图 2.85 开关控制式相敏检波

极性相反,从而实现了相敏检波。应当指出,上述电路的输出信号 u_o 需经过低通滤波器滤除载波信号后,才能得到调制信号。

实际上,图 2.78 所示的相乘型半波和全波调幅电路也可分别实现半波和全波相敏检波,只需将输入换成调幅信号即可。相乘型调幅和相敏检波都要与单位幅度的载波信号(检波时称参考信号)相乘,因此其电路有许多相似之处,不同之处仅在于:① 输入信号不同;② 输出信号不同;③ 对滤波器的要求不同。

由于相敏检波电路有着极广泛的应用,因而已有集成化的商品,如 AD532、ICL8013 等,可供设计检测系统时选用。

2.5.2 信号的调频及其解调

1. 频率调制

频率调制是让一个高频振荡的载波信号的频率随被测量 x(调制信号)而变化,则得到的已调制信号中就包含了 x 的全部信息。在线性调频中,调频信号可表达成:

$$u_s = U_m \cos(\omega_c + mx)t \tag{2.64}$$

式中:U_m——载波信号的幅值;

ω_c——载波信号的中心角频率;

m——调制深度。

调频信号的波形如图 2.86 所示。在对调频信号放大时,应按 $\omega_c + mx$ 的变化范围来选择通频带。

调频波的瞬时频率可表示为:

$$f = f_0 \pm \Delta f \tag{2.65}$$

式中:f_0——载波频率,或称为中心频率;

Δf——频率偏移,与调制信号 $x(t)$ 的幅值成正比。

常用的调频方法有传感器调频、电参数调频、电压调频等。图 2.87 是用于测量力的振弦式传感器的原理图,其中振弦 3 的一端与支承 4 相连,另一端与膜片 1 相连。在外加激励作用下,振弦 3 按固有频率 ω_c 振动,且 ω_c 随张力 F_T 的变化而变化。振弦 3 在磁场 2 内振动时产生感应电动势,它就是受张力 F_T 调制的调频信号。

前面介绍的图 2.55 所示电路是一种电参数调频电路。由电容 C 和电感 L 构成谐振电路并接入振荡器中,若该电容(或电感)为振荡器的谐振回路中的一个调谐参数,那么电路的谐振频率将受制于电容或电感传感器的参数变化,谐振频率为:

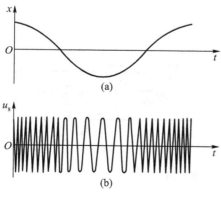

图 2.86 调频信号的波形

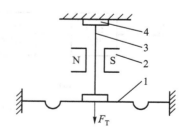

图 2.87 振弦式调频传感器
1—膜片;2—磁场;3—振弦;4—支承

$$f = \frac{1}{2\pi\sqrt{LC}} \qquad\qquad\qquad (2.66)$$

　　该调频电路为非线性调制电路,在被测量小范围变化时,电容(或电感)的变化也有与之对应的接近线性的变化。例如,在电容传感器中以电容作为调谐参数,在 f_0 附近有 $C = C_0$,对式 (2.66) 进行线性化可得:

$$f = f_0 + \Delta f = f_0 \left(1 - \frac{\Delta C}{2C_0} \right) \qquad\qquad (2.67)$$

　　因此,回路的振荡频率将和调谐参数的变化呈线性关系,也就是说,在小范围内,它和被测量的变化有线性关系。这种把被测量的变化直接转换为振荡频率的变化称为直接调频式测量电路,其输出也是等幅波。

　　2. 频率解调

　　调频波是以正弦波频率的变化来反映被测信号的幅值变化。频率解调又称鉴频或频率检波,常用的方法有微分鉴频、斜率鉴频和相位鉴频三种。下面仅就微分鉴频方法及电路加以介绍。

　　在式 (2.64) 中,将 u_s 对时间 t 求导得:

$$\frac{\mathrm{d}u_s}{\mathrm{d}t} = - U_m(\omega_c + mx)\sin(\omega_c + mx)t \qquad (2.68)$$

显然,调频信号 u_s 的微分是一个调频调幅信号,利用包络检波器可检出其幅值 $U_m(\omega_c + mx)$,再通过零点和灵敏度标定,即可获得调制信号 x。

　　图 2.88 是一微分鉴频电路,其中电容 C_D 与晶体管 VT 的发射结正向电阻 r_e 构成微分电路,VT 又与电阻 R_L 构成包络检波电路;二极管 VD 一方面为 VT 提供直流偏压,另一方面又为 C_D 提供放电回路;输出端电容 C 用来滤除包络检波后的高频载波信号。该微分鉴频电路结构简单,在通信、视听设备中应用广泛,但其灵敏度较低,为正确实现微分,要求 $C_D \ll \dfrac{1}{\omega_e r_e}$,导致输出信号较小。

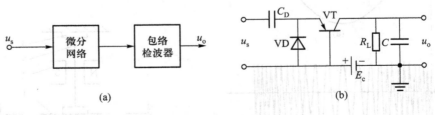

图 2.88　微分鉴频电路

2.5.3 信号的相位调制及其解调

1. 相位调制

相位调制的基本思想是让一个具有特定角频率 ω_c 的高频载波信号的相位随被测量 x 而变化,则已调制信号中就包含了 x 的全部信息。最常用的是线性调相,即使调相信号的相移角为 x 的线性函数,其一般表达式为:

$$u_a = U_m \cos(\omega_c t + mx) \tag{2.69}$$

式中:U_m——载波信号幅值;

$\quad\quad m$——调制深度。

调相信号 u_s 的瞬时角频率为:

$$\omega = \omega_c + m\frac{dx}{dt} \tag{2.70}$$

因此,对调相信号进行放大时,放大器的通频带应按式(2.70)所确定的 ω 的变化范围来选择。

在机电一体化产品中,常采用传感器调相的方法,以提高信号的抗干扰能力。图 2.89 是能输出调相信号的扭矩传感器原理图,其中弹性轴 1 上装有两个完全相同的齿轮 2,在轴 1 和齿轮 2 转动时,在传感器 3、4 中产生交变的感应电动势。当弹性轴上无扭矩作用时,两个传感器中的交变信号相位差为零;当有扭矩作用时,弹性轴产生扭矩变形,两个齿轮相对位置发生变化,两路传感器信号的相位差也发生变化,且相位差与扭矩成线性关系。如果将一路传感器信号作为基准信号,另一路传感器信号就是调相信号,其载波频率为弹性轴 1 的转速与齿轮 2 的齿数之积。

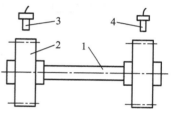

图 2.89 输出调相信号的
扭矩传感器原理图
1—弹性轴;2—齿轮;3、4—传感器

电参数调相的方法也是很常见的,如图 2.90 所示调相电桥可用于对电容式、应变片式、压阻式等传感器的输出信号进行相位调制。当传感器电容 C 或电阻 R 改变时,U_C 或 U_R 随之改变,但两者的合成电压 U 却不变,因而 A 点电位在一个直径为 U 的半圆上变动,即输出信号 U_s 的幅值保持不变,相位却随 C 或 R 的变化而变化,从而得到电容 C 或电阻 R 的调相输出信号。前述基本转换电路图 2.54b 和图 2.54c 均为电参数调相电路。

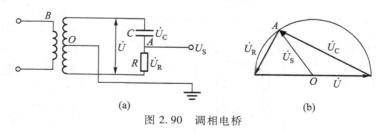

图 2.90 调相电桥

2. 相位解调

相位解调又称鉴相或比相,常用的方法有异或门鉴相、RS 触发器鉴相、脉冲采样鉴相等,下面介绍前两种方法及电路。

图 2.91a 是异或门(又称半加器)鉴相的基本电路,两个输入信号分别是参考信号 U_c 和调相信号 U_s,输出信号 U_o 是脉宽 B 与相位差 φ 相等的脉冲信号,如图 2.91b 所示。经低通滤波器滤除 U_o 中的交变分量后,就可得到与 φ 成比例的平均电压 u_o。还可以将 U_o 作为门控信号去控制一个与门的开或关,以决定时钟脉冲的通过数量,如图 2.91c 所示。在 U_o 为高电平时,通过与门的时钟脉冲数与脉宽 B 成正比。U_o 的下跳沿产生寄存指令,将计数器所计的脉冲数 N 送入寄存器,并在延时片刻后将计数器清零。设时钟频率和调相信号频率分别为 f 和 f_c,则:

$$\varphi = 360° \frac{f_c}{f} N \tag{2.71}$$

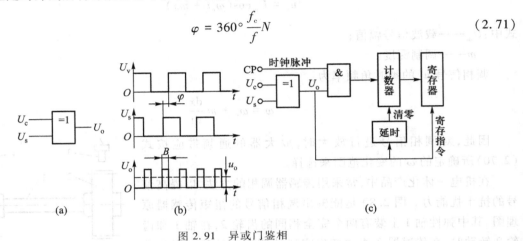

图 2.91 异或门鉴相

异或门鉴相器的鉴相范围为 $0° \leqslant \varphi \leqslant 180°$,且要求输入信号为占空比 50% 的方波。对于正弦信号,需先整形成方波。此外,异或门鉴相器不能鉴别相位的超前或滞后,因而无辨向功能。

图 2.92a 是 RS 触发器鉴相电路原理图。首先可通过微分电路或单稳电路等,将参考信号 U_c 和调相信号 U_s 变成窄脉冲 U'_c 和 U'_s,然后分别加到触发器的 R、S 端,则 Q 端输出信号的脉宽与相位差成正比,其波形如图 2.92b 所示。Q 端的输出信号可通过滤波器获得平均电压 u_o,或采用计数电路对脉冲宽度计数,还可将触发器 Q 和 $\overline{Q}$ 端分别接滤波器,然后用差动放大器求差,如图 2.92a 所示。RS 触发器的鉴相范围是 $\Delta\varphi < \varphi < 360° - \Delta\varphi$,其中 $\Delta\varphi$ 是窄脉冲 U'_c 或 U'_s 的相位宽度,如图 2.92b 所示。

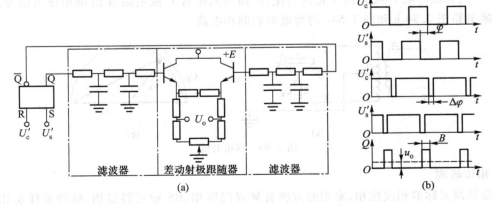

图 2.92 RS 触发器鉴相

2.6　信号的滤波电路

2.6.1　滤波器的分类和基本参数

1. 滤波器的分类

滤波器是一种具有选择频率功能的装置。它将一部分频率范围内的信号滤除掉,而让另一部分频率范围内的信号通过。滤波器的种类繁多,有零阶、一阶、二阶以及高阶等滤波器。根据滤波器的选频作用,一般将滤波器分为四类,即低通、高通、带通和带阻滤波器,带通滤波器可由高通滤波器和低通滤波器串联组成,带阻滤波器可由低通滤波器和高通滤波器并联组成。根据构成滤波器的元件类型,可分为 RC、LC 或晶体谐振滤波器。根据构成滤波器的电路性质,可分为有源滤波器和无源滤波器,有源滤波器采用 RC 网络和运算放大器组成,其中运算放大器既可起到级间隔离作用,又可起到对信号的放大作用,而 RC 网络则通常作为运算放大器的负反馈网络。根据滤波器所处理的信号性质,分为模拟滤波器与数字滤波器。

2. 滤波器的基本参数

对于实际滤波器的主要参数有截止频率、带宽、品质因数(Q 值)、倍频程选择性等。

1)截止频率　幅频特性值等于 $K/\sqrt{2}$ 所对应的频率称为滤波器的截止频率。K 为滤波器在通频带内的增益,以它为参考值,$K/\sqrt{2}$ 对应于 -3 dB 点,即相对于 K 衰减 -3 dB。若以信号的幅值平方表示信号功率,则所对应的点正好是半功率点。

2)带宽 B 和品质因数 Q 值　上、下两截止频率之间的频率范围称为滤波器带宽,或 -3 dB 带宽,即:$B=f_2-f_1$,单位为 Hz。带宽决定着滤波器分离信号中相邻频率成分的能力——频率分辨力,通常把中心频率 f_0 和带宽之比称为滤波器的品质因数 Q,即

$$Q = \frac{f_0}{B} = \frac{1}{2}\frac{f_2 + f_1}{f_2 - f_1} \tag{2.72}$$

3)倍频程选择性　实际滤波器在两截止频率外侧,有一个过渡带。这个过渡带的幅频曲线倾斜程度表明了幅频特性衰减的快慢,它决定着滤波器对带宽外频率成分衰阻的能力。通常用倍频程选择性来表征。所谓倍频程选择性,是指在上截止频率 f_2 与 $2f_2$ 之间,或者在下截止频率 f_1 与 $f_1/2$ 之间幅频特性的衰减量,即频率变化一个倍频程时的衰减量,以 dB 为单位。显然,滤波器的阶数越高,衰减越快,滤波器选择性越好。对于远离截止频率的衰减率也可以用 10 倍频程衰减量表示。

2.6.2　一阶滤波器

一阶滤波器传递函数的一般形式为:

$$G(s) = \frac{b_1 s + b_2}{s + \omega_c} \tag{2.73}$$

式中:ω_c——截止频率。

1. 一阶低通滤波器

令 $b_1 = 0$,$b_2 = K\omega_c$,代入式(2.73)得一阶低通滤波器的传递函数为:

$$G(s) = \frac{K\omega_c}{s + \omega_c} \qquad (2.74)$$

式中:K——滤波器的增益。

由此可得滤波器的频率特性为:

$$G(j\omega) = \frac{K}{1 + \dfrac{j\omega}{\omega_c}}$$

其幅频特性和相频特性为:

$$\begin{cases} |G(j\omega)| = \dfrac{K}{\sqrt{1 + \left(\dfrac{\omega}{\omega_c}\right)^2}} \\[4ex] \varphi(\omega) = -\arctan\dfrac{\omega}{\omega_c} \end{cases} \qquad (2.75)$$

由此得到一阶低通滤波器的幅频特性如图 2.93 所示。

(1) 一阶 RC 低通滤波器

一阶 RC 低通滤波器的典型电路及其幅频、相频特性如图 2.94 所示,其频率特性函数为:

$$G(j\omega) = \frac{1}{1 + j\omega RC} = \frac{1}{1 + j\omega\tau}$$

滤波器的上截止频率为:

$$f_c = \frac{1}{2\pi\tau} = \frac{1}{2\pi RC} \qquad (2.76)$$

此式表明,RC 值决定着上截止频率。因此,适当改变 RC 数值时,就可以改变滤波器的截止频率。

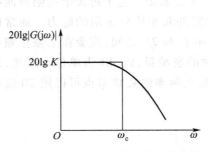

图 2.93　一阶低通滤波器的幅频特性

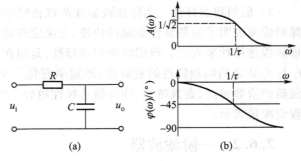

图 2.94　RC 低通滤波器

(2) 一阶有源低通滤波器

一阶有源低通滤波器的电路形式如图 2.95 所示。假设元件为理想情况,图 2.95a 的增益和截止频率分别为:

$$K = 1 + \frac{R_f}{R_1}, \quad \omega_c = \frac{1}{RC}$$

图 2.95b 的增益和截止频率为:

$$K = -\frac{R_f}{R_1}, \quad \omega_c = \frac{1}{R_f C}$$

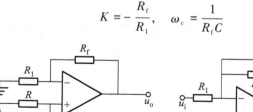

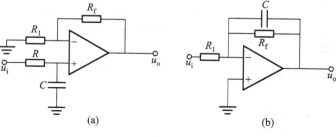

(a) (b)

图 2.95 一阶有源低通滤波器

2. 一阶高通滤波器

令 $b_1 = K, b_2 = 0$,带入式(2.73)得一阶高通滤波器的传递函数为:

$$G(s) = \frac{Ks}{s + \omega_c} \tag{2.77}$$

由此可得滤波器的频率特性为:

$$G(j\omega) = \frac{K}{1 - \dfrac{j\omega_c}{\omega}}$$

其幅频特性和相频特性为:

$$\begin{cases} |G(j\omega)| = \dfrac{K}{\sqrt{1 + \left(\dfrac{\omega_c}{\omega}\right)^2}} \\ \\ \varphi(\omega) = -\arctan\dfrac{\omega_c}{\omega} \end{cases} \tag{2.78}$$

由此得到一阶高通滤波器的幅频特性如图 2.96 所示。

(1)一阶 RC 高通滤波器

图 2.97 表示一阶 RC 高通滤波器及其幅频、相频特性。令 $RC = \tau$,频率特性、幅频特性和相频特性分别为:

$$G(j\omega) = \frac{j\omega\tau}{1 + j\omega\tau}$$

$$A(\omega) = \frac{\omega\tau}{\sqrt{1 + (\omega\tau)^2}}$$

$$\varphi(\omega) = \arctan\frac{1}{\omega\tau}$$

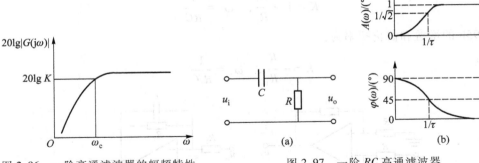

图 2.96　一阶高通滤波器的幅频特性　　　　图 2.97　一阶 RC 高通滤波器

滤波器的 −3 dB 截止频率为：

$$f_c = \frac{1}{2\pi RC} \qquad (2.79)$$

当 $\omega \gg \dfrac{1}{\tau}$ 时，$A(\omega) \approx 1$，$\varphi(\omega) \approx 0$。即当 ω 非常大时，幅频特性接近于 1，相移趋于零，此时 RC 高通滤波器可视为不失真传输系统。

（2）一阶有源高通滤波器

一阶有源高通滤波器的电路形式如图 2.98 所示。假设元件为理想情况，图 2.98a 的增益和截止频率分别为：

$$K = -\frac{R_f}{R_1}, \quad \omega_c = \frac{1}{R_1 C}$$

图 2.98b 的增益和截止频率为：

$$K = 1 + \frac{R_f}{R_1}, \quad \omega_c = \frac{1}{RC}$$

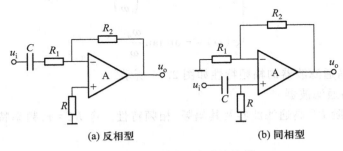

(a) 反相型　　　　　　　(b) 同相型

图 2.98　一阶有源高通滤波器

3. 一阶带通滤波器

带通滤波器是由低通滤波器和高通滤波器串联组成。如一阶高通滤波器的传递函数为 $G_1(s)$，一阶低通滤波器的传递函数为 $G_2(s)$，则串联后传递函数为：

$$G(s) = G_1(s) G_2(s)$$

幅频特性和相频特性分别为:

$$\begin{cases} A(\omega) = A_1(\omega) A_2(\omega) \\ \varphi(\omega) = \varphi_1(\omega) + \varphi_2(\omega) \end{cases} \tag{2.80}$$

串联所得的带通滤波器上、下截止频率为:

$$\begin{cases} f_1 = \dfrac{1}{2\pi\tau_1} \\ f_2 = \dfrac{1}{2\pi\tau_2} \end{cases} \tag{2.81}$$

分别调节高、低通环节的时间常数 τ_1、τ_2,就可得到不同的上、下截止频率和带宽的带通滤波器。但是要注意高、低通两级串联时,应消除两级耦合的相互影响,因为后一级成为前一级的负载,而前一级又是后一级的信号源。实际上两级间常用射极输出器或者用运算放大器进行隔离,所以实际的带通滤波器常常是有源的。

2.6.3 二阶有源滤波器

二阶及以上的高阶滤波器通常是有源式的滤波器。二阶有源滤波器的传递函数的一般形式为:

$$G(s) = \frac{b_0 s^2 + b_1 s + b_2}{s^2 + 2\zeta\omega_n s + \omega_n^2} \tag{2.82}$$

式中:ζ——阻尼比;

ω_n——固有频率。

1. 二阶有源低通滤波器

令 $b_0 = b_1 = 0$,$b_2 = K\omega_n^2$,代入式(2.82)得二阶有源低通滤波器的传递函数标准形式为:

$$G(s) = \frac{K\omega_n^2}{s^2 + 2\zeta\omega_n s + \omega_n^2} \tag{2.83}$$

在稳态情况下令 $s = \mathrm{j}\omega$,则频率特性为:

$$G(\mathrm{j}\omega) = \frac{K}{1 - \left(\dfrac{\omega}{\omega_n}\right)^2 + \mathrm{j}2\zeta\dfrac{\omega}{\omega_n}} \tag{2.84}$$

幅频与相频特性分别为:

$$\begin{cases} A(\omega) = \dfrac{K}{\sqrt{\left(1 - \dfrac{\omega^2}{\omega_n^2}\right)^2 + \left(2\zeta\dfrac{\omega}{\omega_n}\right)^2}} \\[3em] \varphi(\omega) = -\arctan\dfrac{2\zeta\dfrac{\omega}{\omega_n}}{1 - \left(\dfrac{\omega}{\omega_n}\right)^2} \end{cases} \tag{2.85}$$

由式(2.85)取不同阻尼比 ζ 值的幅频特性曲线如图 2.99 所示。可见,若 $\zeta < \dfrac{1}{\sqrt{2}}$,则幅频特性中有共振峰出现。为了求得共振峰处的角频率,可将式(2.85)第一式对 ω 微分,并令它等于零解得共振峰处的角频率 ω_p 为:

$$\omega = \omega_p = \omega_n \sqrt{1 - 2\zeta^2} \tag{2.86}$$

ω_p 对应的最大峰值为:

$$A_{pm} = A(\omega_p) = \frac{K}{2\zeta \sqrt{1 - \zeta^2}} \tag{2.87}$$

图 2.100 所示为二阶有源低通滤波器的具体电路。若放大器的增益为 A_f,则该电路的传递函数为:

$$G(s) = \frac{\dfrac{1}{R_1 R_2 C_1 C_2} \times \dfrac{R_f + R_2}{R_3}}{s^2 + s\left(\dfrac{1}{R_1 C_1} + \dfrac{1}{R_2 C_1} + \dfrac{1 - A_f}{R_2 C_2}\right) + \dfrac{1}{R_1 R_2 C_1 C_2}} \tag{2.88}$$

将式(2.88)与二阶有源低通滤波器的传递函数标准式(2.83)比较可得:

$$\begin{cases} K = 1 + \dfrac{R_f}{R_3} \\[2mm] \omega_n = \sqrt{\dfrac{1}{R_1 R_2 C_1 C_2}} \\[2mm] \zeta = \dfrac{1}{2}\left[\sqrt{\dfrac{R_2 C_2}{R_1 C_1}} + \sqrt{\dfrac{R_1 C_2}{R_2 C_1}} - (K - 1)\sqrt{\dfrac{R_1 C_1}{R_2 C_2}}\right] \end{cases} \tag{2.89}$$

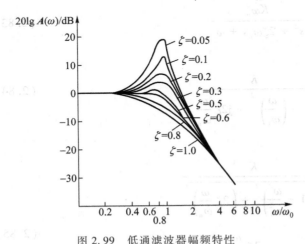

图 2.99　低通滤波器幅频特性　　　　　图 2.100　二阶有源低通滤波器

2. 二阶有源高通滤波器

令 $b_0 = K, b_1 = b_2 = 0$ 并代入式(2.82)得二阶有源高通滤波器为:

$$G(s) = \frac{Ks^2}{s^2 + 2\zeta\omega_n s + \omega_n^2} \tag{2.90}$$

对于稳态情况, $s = j\omega$, 即有 $G(0) = 0, G(\infty) = K$, 则二阶高通滤波器的频率特性为:

$$G(j\omega) = \frac{K}{1 - \left(\dfrac{\omega_n}{\omega}\right)^2 - j\dfrac{2\zeta\omega_n}{\omega}} \tag{2.91}$$

幅频特性与相频特性分别为:

$$\begin{cases} A(\omega) = \dfrac{K}{\sqrt{\left[1 - \left(\dfrac{\omega_n}{\omega}\right)^2\right]^2 + \left(\dfrac{2\zeta\omega_n}{\omega}\right)^2}} \\[4mm] \varphi(\omega) = \arctan \dfrac{2\zeta\dfrac{\omega_n}{\omega}}{1 - \left(\dfrac{\omega_n}{\omega}\right)^2} \end{cases} \tag{2.92}$$

图 2.101 为取不同 ζ 值时的幅频特性。由图可见,当 $\zeta \leqslant \dfrac{1}{\sqrt{2}}$ 时,二阶有源高通滤波器的幅频特性将会出现共振峰,其角频率 ω_p 及对应的最大峰值为:

$$\begin{cases} \omega = \omega_p = \dfrac{\omega_n}{\sqrt{1 - 2\zeta^2}} \\[4mm] A_{pm} = A(\omega_p) = \dfrac{K}{2\zeta\sqrt{1 - \zeta^2}} \end{cases} \tag{2.93}$$

图 2.102 是基本的二阶有源高通滤波器电路图。其传递函数为:

$$G(s) = \frac{\left(1 + \dfrac{R_f}{R_3}\right)s^2}{s^2 + s\left(\dfrac{1}{R_2 C_2} + \dfrac{1}{R_2 C_1} + \dfrac{1 - A_f}{R_1 C_1}\right) + \dfrac{1}{R_1 R_2 C_1 C_2}} \tag{2.94}$$

将上式与式(2.90)比较得:

$$K = 1 + \frac{R_f}{R_3}, \quad \omega_n = \sqrt{\frac{1}{R_1 R_2 C_1 C_2}}$$

$$\zeta = \frac{1}{2}\left[\sqrt{\frac{R_1 C_1}{R_2 C_2}} + \sqrt{\frac{R_1 C_2}{R_2 C_1}} + (1 - K)\sqrt{\frac{R_2 C_2}{R_1 C_1}}\right]$$

当 $C_1 = C_2 = C$ 时,可化简为

$$\begin{cases} K = 1 + \dfrac{R_{\mathrm{f}}}{R_3} \\[2mm] \omega_{\mathrm{n}} = \dfrac{1}{C}\sqrt{\dfrac{1}{R_1 R_2}} \\[2mm] \zeta = \sqrt{\dfrac{R_1}{R_2}} + \dfrac{1}{2}(1 - K)\sqrt{\dfrac{R_2}{R_1}} \end{cases} \tag{2.95}$$

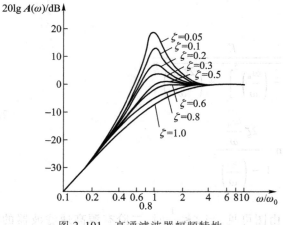

图 2.101　高通滤波器幅频特性　　　　　图 2.102　二阶有源高通滤波器

3. 二阶有源带通滤波器

令 $b_0 = b_2 = 0$，$b_1 = 2K\zeta\omega_{\mathrm{n}}$，代入式(2.82)可得二阶有源带通滤波器传递函数为：

$$G(s) = \frac{2K\zeta\omega_{\mathrm{n}}s}{s^2 + 2\zeta\omega_{\mathrm{n}}s + \omega_{\mathrm{n}}^2} \tag{2.96}$$

在稳态情况下，$s = \mathrm{j}\omega$，并将 $Q = \dfrac{1}{2}\zeta$ 代入，可得频率特性为：

$$G(\mathrm{j}\omega) = \frac{K}{1 + \mathrm{j}Q\left(\dfrac{\omega}{\omega_{\mathrm{n}}} - \dfrac{\omega_{\mathrm{n}}}{\omega}\right)} \tag{2.97}$$

幅频特性和相频特性为：

$$\begin{cases} A(\omega) = \dfrac{K}{\sqrt{1 + Q^2\left(\dfrac{\omega}{\omega_{\mathrm{n}}} - \dfrac{\omega_{\mathrm{n}}}{\omega}\right)^2}} \\[4mm] \varphi(\omega) = -\pi - \arctan Q\left(\dfrac{\omega}{\omega_{\mathrm{n}}} - \dfrac{\omega_{\mathrm{n}}}{\omega}\right) \end{cases} \tag{2.98}$$

由式(2.98)取不同品质因数 Q 时，幅频特性如图 2.103 所示。其品质数 Q 可表示为：

$$Q = \frac{\omega_0}{B} \tag{2.99}$$

式中：ω_0——中心频率；

　　B——带宽。

ω_0 和 B 表示式为：

$$\begin{cases} B = \omega_2 - \omega_1 \\[2mm] \omega_0 = \dfrac{1}{2}(\omega_1 + \omega_2) \end{cases} \tag{2.100}$$

图 2.104 为二阶有源带通滤波器电路图。其传递函数为：

$$G(s) = \cfrac{-\dfrac{1}{R_1 C_1}s}{s^2 + \dfrac{s}{R_3}\left(\dfrac{1}{C_1} + \dfrac{1}{C_2}\right) + \dfrac{1}{R_3 C_1 C_2}\left(\dfrac{1}{R_1} + \dfrac{1}{R_2}\right)} \tag{2.101}$$

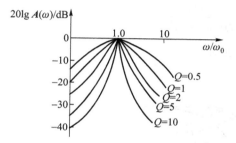

图 2.103　二阶有源带通滤波器幅频特性

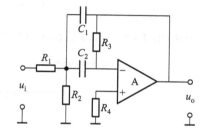

图 2.104　二阶有源带通滤波器

将式(2.101)化成二阶有源带通滤波器的标准结构并进行比较得：

$$K = \frac{R_3 C_2}{R_1(C_1 + C_2)}, \quad \omega_n = \sqrt{\frac{R_1 + R_2}{R_1 R_2 R_3 C_1 C_2}}, \quad Q = \frac{\sqrt{R_3\left(\dfrac{1}{R_1} + \dfrac{1}{R_2}\right)}}{\sqrt{\dfrac{C_1}{C_2}} + \sqrt{\dfrac{C_2}{C_1}}}$$

若取 $C_1 = C_2 = C$，上式可简化为：

$$\begin{cases} K = \dfrac{R_3}{2R_1} \\[4mm] \omega_n = \dfrac{1}{C}\sqrt{\dfrac{1}{R_3}\left(\dfrac{1}{R_1} + \dfrac{1}{R_2}\right)} \\[4mm] Q = \dfrac{1}{2}\sqrt{R_3\left(\dfrac{1}{R_1} + \dfrac{1}{R_2}\right)} \end{cases} \tag{2.102}$$

4. 二阶有源带阻滤波器

令 $b_0 = K, b_1 = 0, b_2 = K\omega_n^2$ 时，式(2.82)变成为带阻滤波器，其传递函数为：

$$G(s) = \frac{K(s^2 + \omega_n^2)}{s^2 + 2\xi\omega_n s + \omega_n^2} \qquad (2.103)$$

在稳态情况下，$s = j\omega$ 则频率特性为：

$$G(j\omega) = \frac{K}{1 + \dfrac{j\omega\omega_n}{Q(\omega_n^2 - \omega^2)}}$$

幅频特性和相频特性分别为：

$$\begin{cases} A(\omega) = \dfrac{K}{\sqrt{1 + \dfrac{1}{Q^2\left(\dfrac{\omega_n}{\omega} - \dfrac{\omega}{\omega_n}\right)^2}}} \\[2em] \varphi(\omega) = -\arctan\dfrac{\omega\omega_n}{Q(\omega_n^2 - \omega^2)} \end{cases} \qquad (2.104)$$

由式(2.104)取不同 Q 值时的幅频特性如图 2.105 所示。

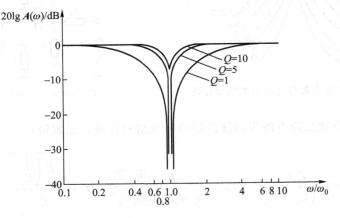

图 2.105 二阶有源带阻滤波器幅频特性

　　带阻滤波器的特性与带通滤波器相反,是专门用来抑制或衰减某一频段的信号,而让该频段以外的信号通过。显然可见,如从输入信号中减去经带通滤波器处理过的信号,就可以得到带阻信号。因此,可将带通滤波器和减法电路结合起来,就是一个带阻滤波器,图 2.106 是二阶有源带阻滤波器具体电路,其中 A_1 组成反相输入型带通滤波器,也就是 A_1 的输出电压 u_{o1} 是输入 u_i 的反相带通电压。其中 A_2 组成加法运算电路,显然,将 u_i 与 u_{o1} 在 A_2 输入端相加,则在 A_2 的输出端就得到了带阻信号输出。

　　由式(2.102)可知,A_1 在 ω_n 处的增益 $K = \dfrac{R_3}{2R_1}$,则 ω_n 处 A_1 的输出电压为:

$$u_{o1}(\omega_n) = -\frac{R_3}{2R_1}U_i(\omega_n)$$

为了使 $u_{o1}(\omega_n)$ 通过 A_2 后被抑制掉,必须使

$$u_{o1}(\omega_n)\frac{R_{f1}}{R_4} + u_i(\omega_n)\frac{R_{f2}}{R_{f1}} = 0$$

由上两式可得:

$$\frac{R_4}{R_{f1}} = \frac{R_3}{2R_1} \tag{2.105}$$

式(2.105)也是组成图 2.106 二阶有源带阻滤波器的必要条件。

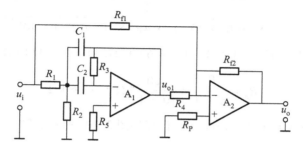

图 2.106 二阶有源带阻滤波器

2.6.4 二阶有源滤波器的设计

具体设计二阶有源滤波器时,根据对滤波器提出的特性要求,选择适当的通带增益 K、固有频率 ω_n、阻尼比 ζ 或品质因素 Q 和带宽 B 特性参数,然后根据这些特性参数与无源元件之间的关系计算无源元件的具体数值。由于已知条件比未知数少,通常预选电容器 C_1 及取电容 C_2 与 C_1 的比例系数 $m\left(m = \dfrac{C_2}{C_1}\right)$。固有频率 $\omega_n = 2\pi f_n$ 的确定可按表 2.2 求取。

表 2.2 f_n 与 C_1 的对应范围

f/Hz	$C/\mu\text{F}$	f/Hz	$C/\mu\text{F}$
$1 \sim 10$	$20 \sim 1$	$10^3 \sim 10^4$	$10^4 \sim 10^3$
$10 \sim 100$	$1 \sim 0.1$	$10^4 \sim 10^5$	$10^3 \sim 10^2$
$100 \sim 1\,000$	$0.1 \sim 0.01$	$10^5 \sim 10^6$	$10^2 \sim 10$

例 2.1 已知 $K = 10$,$f_n = 1\,000\ \text{Hz}$,$\zeta = \dfrac{1}{\sqrt{2}}$,计算如图 2.100 所示二阶有源低通滤波器的无源元件的数值。

解:由于 $\zeta = \dfrac{1}{\sqrt{2}}$,即幅频特性无共振峰,则截止频率 f_c 与固有频率 f_n 相等,则:

$$f_c = f_n = 1\,000\ \text{Hz}$$

根据 f_n 由表 2.2 选 $C_1 = 0.01\ \mu\text{F}$，并取 $m = 2$，可得 $C_2 = mC_1 = 0.02\ \mu\text{F}$

由式（2.89）可得 R_2 为：

$$R_2 = \frac{\zeta}{mC_1\omega_n}\left[1 + \sqrt{1 + \frac{K - 1 - m}{\zeta^2}}\right]$$

$$= \frac{1}{2\sqrt{2} \times 0.01 \times 10^{-6} \times 2\pi \times 1\,000}\left[1 + \sqrt{1 + \frac{10 - 1 - 2}{\left(\frac{1}{\sqrt{2}}\right)^2}}\right]\ \text{k}\Omega \approx 27.4\ \text{k}\Omega$$

$$R_1 = \frac{1}{mC_1^2\omega_n^2 R_2} = \frac{1}{2 \times (0.01 \times 10^{-6})^2 \times 4\pi^2 \times 10^6 \times 27.4 \times 10^3}\ \text{k}\Omega = 4.62\ \text{k}\Omega$$

$$R_f = K(R_1 + R_2) = 10(4.62 + 27.4)\ \text{k}\Omega = 320\ \text{k}\Omega$$

$$R_3 = \frac{R_f}{K - 1} = \frac{320}{10 - 1}\ \text{k}\Omega = 35.6\ \text{k}\Omega$$

例 2.2　已知 $K = 5$，$Q = 10$，$f_n = 1\,000$ Hz，计算如图 2.104 所示二阶有源带通滤波器的无源元件的数值。

解：根据 $f_n = 1\,000$ Hz，按表 2.2 选择电容器 $C_1 = C_2 = C = 0.01\ \mu\text{F}$，再由式（2.102）即可计算无源元件的数值为：

$$R_3 = \frac{2Q}{2\pi f_n C} = 318\ \text{k}\Omega, \quad R_1 = \frac{Q}{2\pi f_n KC} = 32\ \text{k}\Omega$$

$$R_2 = \frac{Q}{2\pi f_n C(2Q^2 - K)} = 816\ \Omega$$

2.7　数字式传感器信号检测电路

2.7.1　多路信号的细分与辨向

为了提高增量码仪器的分辨率，常将增量码传感器信号的每一周期再细分为若干区间，每个区间计一个数，辨向电路用于辨别测量部件的运动方向。

图 2.107 是利用光栅传感器测量位移的原理图。透过莫尔条纹的光通量 Φ 的变化近似为正弦规律，如图 2.107b 所示。当标尺光栅 1 相对于指示光栅 2 沿 x 方向移动时，莫尔条纹沿 y 方向移动。如果沿 y 方向仅放置一个光电元件 P_1，则光栅尺每相对移过一个栅距 W，P_1 输出的光电信号就变化一个周期；如果沿 y 方向在莫尔条纹宽度 B 的范围内等间距地放置 n 个光电元件 P_1、P_2、$\cdots$、P_n，则在光栅尺相对移动时，各光电元件将输出 n 个相位差依次为 $360°/n$ 的光电信号。再将这 n 个近似正弦波的光电信号整形成方波后，可利用其上升沿或下降沿触发计数脉冲。于是光栅尺每相对移过一个栅距 W，就可获得 n 个等间隔的计数脉冲，从而实现 n 细分。这种利用多个传感元件对同一被测量同时采集多路相位不同的信号而实现的细分方法称多路信号采集细分。

如果取 $n=4$，则每个光电元件所输出的信号分别为 $\sin\varphi$、$\cos\varphi$、$-\sin\varphi$、$-\cos\varphi$，其中 $\varphi = \dfrac{2\pi x}{W}$，$x$ 是光栅尺相对位移量。通过图 2.108a 所示的逻辑电路，就可实现对光栅信号的四细分与辨向。

在图 2.108a 中，差分放大器可在对信号放大的同时去掉其中的直流分量。整形电路可将正弦波转换成相位相同的矩形波，这些矩形波又通过微分电路变成尖脉冲，以作为计数脉冲，而未经微分电路的矩形脉冲被用作后面与门的开门控制信号。各信号经过与门后分成两组分别送入两个或门，上面的或门在标尺光栅相对于指示光栅向左移动的每个周期内输出四个计数脉冲，下面的或门在光栅向右相对移动的每个周期内也输出四个计数脉冲。上述过程中信号的波形如 2.108b 所示。通过对或门输出的脉冲进行加、减计数，便可获得相对位移量及位移方向。如果

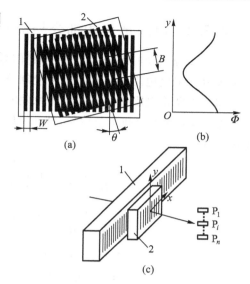

(a)

(b)

(c)

图 2.107 光栅测量线位移原理
1—标尺光栅；2—指示光栅

该系统中光栅栅距 $W = 0.02$ mm，则经过四细分后，每个计数脉冲代表的位移量为 $\dfrac{W}{4} = 0.005$ mm，从而使检测分辨率提高 4 倍。

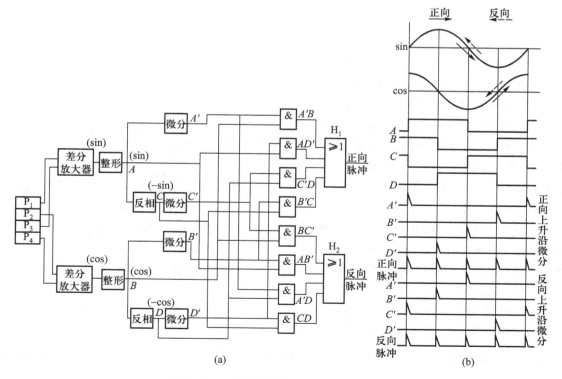

(a)

(b)

图 2.108 光栅信号的四细分与辨向原理

2.7.2　电阻链移相细分与辨向

为了实现更高的细分数,可在多路信号采集细分的基础上,利用细分电路对所获得的信号进一步细分。采用电阻链移相细分可使细分数高达 $8 \sim 60$。

图 2.109 是电阻链移相细分的原理图,其中 u_1 和 u_2 分别是来自传感器的相位差为 90° 的正弦和余弦信号,即 $u_1 = U_m \sin\theta, u_2 = U_m \cos\theta$。根据叠加原理,输出信号 u_o 为:

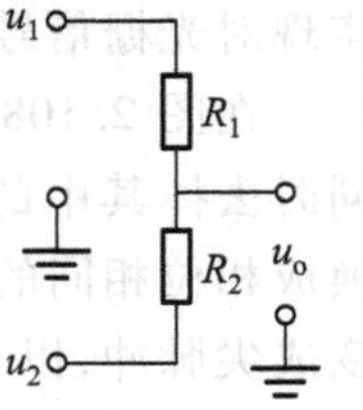

$$
\begin{aligned}
u_o &= \frac{R_2}{R_1 + R_2} u_1 + \frac{R_1}{R_1 + R_2} u_2 \\
&= \frac{R_2}{R_1 + R_2} U_m \sin\theta + \frac{R_1}{R_1 + R_2} U_m \cos\theta \\
&= U'_m \cos\varphi \sin\theta + U'_m \sin\varphi \cos\theta \\
&= U'_m \sin(\theta + \varphi)
\end{aligned}
\tag{2.106}
$$

图 2.109　电阻链移相细分原理图

式中:
$$
U'_m = \frac{\sqrt{R_1^2 + R_2^2}}{R_1 + R_2} U_m
$$
$$
\cos\varphi = \frac{R_2}{\sqrt{R_1^2 + R_2^2}}
$$
$$
\sin\varphi = \frac{R_1}{\sqrt{R_1^2 + R_2^2}}
$$
$$
\varphi = \arctan \frac{R_1}{R_2}
$$

由式(2.106)可见,输入的正、余弦信号经电阻链运算电路进行线性叠加后,得到一相位移为 φ 的输出信号。改变 R_1 与 R_2 的比值,可获得具有不同相位的输出信号,但相位移 φ 只能在 $0° \sim 90°$ 范围内变化。为获得 $0° \sim 360°$ 范围内的移相信号,可采用图 2.110 所示的并联电阻链移相细分电路。

在图 2.110 中,4 路相位差依次为 90° 的输入信号 $U_m \sin\theta$、$U_m \cos\theta$、$-U_m \sin\theta$ 和 $-U_m \cos\theta$ 分别从电阻链的 4 个角点输入,经过移相的信号分别从各电位器的电刷处输出。若需细分数为 n,则电阻链中需采用 n 个电位器 $W_i (i = 1, 2, \cdots, n)$,相应的输出信号为 u_i。调整各电位器电刷两端的阻值比,可使各输出信号的相移为 $\varphi_i = \dfrac{360°(i-1)}{n}$。则经过该电阻链移相电路

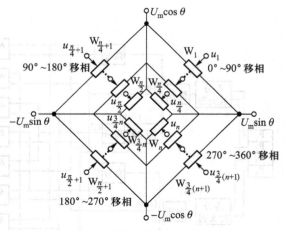

图 2.110　并联电阻链移相细分电路

后,可获得 n 个相位差依次为 $\dfrac{360°}{n}$ 的输出信号,实现 n 细分。

设各桥臂上电位器 W_i 的总阻值为 R_i,电刷两边的阻值分别是 R_{i1} 和 R_{i2},其中 R_{i1} 为接到 $U_m\sin\theta$ 或 $-U_m\sin\theta$ 侧的阻值。由于 $R_i = R_{i1} + R_{i2}$,则:

$$|\tan\varphi_i| = \frac{R_{i1}}{R_{i2}} = \frac{R_{i1}}{R_i - R_{i1}}$$

于是,

$$R_{i1} = \frac{|\tan\varphi_i|}{1 + |\tan\varphi_i|} R_i \quad i = 1,2,\cdots,n \tag{2.107}$$

$$R_{i2} = \frac{1}{1 + |\tan\varphi_i|} R_i \quad i = 1,2,\cdots,n \tag{2.108}$$

已知各输出信号 u_i 所要求的相移 φ_i,按式(2.107)或式(2.108)调整各相应的电位器 W_i,就可实现对输入信号的 n 细分。

各路细分后的信号 u_i 在经过整形、微分或单稳电路变成窄脉冲后,可送入图 2.111 所示的顺序式辨向电路进行辨向。为简化分析,图中仅示出了细分数 $n=4$ 的辨向电路。若实际应用中 $n>4$,只需按同样原理对该电路稍加扩展即可。

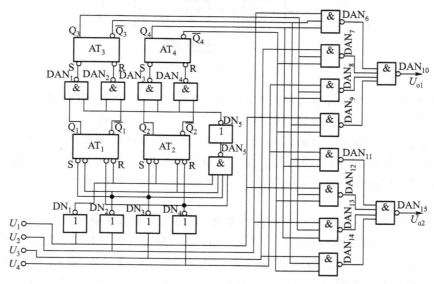

图 2.111 顺序式辨向电路

在图 2.111 中,若某一时刻来到的细分脉冲是 U_1,经非门 DN_1 反相后可将 RS 触发器 AT_1 和 AT_2 分别置为 0 态和 1 态。在脉冲消失后,与非门 DAN_5 的四个输入端都是高电平,使非门 DN_5 的输出也为高电平,并将触发器 AT_3 和 AT_4 分别置成与 AT_1 和 AT_2 相同的状态。这时只有与非门 DAN_6 和 DAN_{11} 各有两个输入端为高电平。如果下一时刻来到的脉冲是 U_2,则 DAN_6 通过 DAN_{10} 输出一个正向计数脉冲 U_{o1};反之,若下一个来到的脉冲不是 U_2 而是 U_4,则 DAN_{11} 通过 DAN_{15} 输出一个反向计时脉冲 U_{o2}。与脉冲 U_1 到来后的情况类似,在脉冲 U_2 来到后,它通过

DN_2 将 AT_1 和 AT_2 分别置成 1 态和 0 态。脉冲消失后,AT_3 和 AT_4 被分别置成与 AT_1 和 AT_2 相同的状态,并将与非门 DAN_7 和 DAN_{12} 开启。若随后来到的脉冲是 U_3,则 DAN_7 通过 DAN_{10} 输出一个正向计数脉冲 U_{o1},否则,若随后来到的脉冲是 U_1,则 DAN_{12} 通过 DAN_{15} 输出一个反向计数脉冲 U_{o2}。在脉冲 U_3 和 U_4 来到后,电路的工作情况与上述类似,不再赘述。这样,如对正向计数脉冲 U_{o1} 进行加法计数,对反向计数脉冲 U_{o2} 进行减法计数,便可确定出实际位移量及其方向,实现细分与辨向功能。

在电路中采用锁存双稳 RS 触发器 AT_3 和 AT_4 的目的是等计数脉冲通过后,再改变状态并开启与非门 $DAN_6 \sim DAN_9$ 和 $DAN_{11} \sim DAN_{14}$,以提高电路工作的可靠性。此外,顺序式辨向电路的抗干扰性能好。假如在 U_1 之后出现 U_3,显然 U_3 是受干扰引起的,则该电路不会输出计数脉冲。

2.7.3　锁相倍频细分与辨向

锁相倍频细分原理如图 2.112 所示。其原理是将倍频压控振荡器的输出信号 n 分频后与输入信号进行比相,利用鉴相器的输出去控制压控振荡器的频率,使 $f_o = nf_i$。从而输入信号变化一周期,压控振荡器输出变化 n 周期,实现 n 细分。

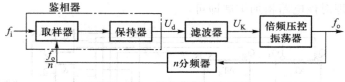

图 2.112　锁相倍频细分原理

为了能使输出信号 f_o 跟踪输入信号 f_i 的变化,并始终保持 $f_o = nf_i$,电路中对 f_o 采用了闭环控制,首先将 f_o 进行 n 分频,然后反馈回来与 f_i 进行比较。当 $f_o = nf_i$ 时,输入信号与反馈信号频率相同,相位差不变,因而鉴相器的输出 U_d 保持不变,使倍频压控振荡器的振荡频率 f_o 也保持不变。当 $f_o \neq nf_i$ 时,输入信号与反馈信号的相位差发生变化,鉴相器的输出 U_d 也相应发生变化,并通过滤波器使加到振荡器的电压发生变化,振荡频率 f_o 发生变化,直至 $f_o = nf_i$,重新达到稳定状态为止。

图 2.112 中的鉴相器可以采用相敏检波鉴相、异或门鉴相、RS 触发器鉴相或脉冲采样鉴相等方法,其中以脉冲采样鉴相应用最广。图 2.113a 是一种带有积分环节的脉冲采样式鉴相器,其中频率 f_i 的输入信号 u_i 经比较器 A_1 后变成方波信号 u_{o1},u_{o1} 又经 R_1 和 C_1 构成的积分电路对 C_1 充电。由于积分时间常数 $R_1 C_1$ 很大,因而 C_1 上的充电电压 u_{c1} 为一近似三角波,并通过耦合电容 C_2 加到场效应管 VF 的源极。锁相细分电路中频率为 f_o/n 的反馈信号经微分或单稳电路后形成采样脉冲 U_B,并加到 VF 的栅极。当 U_B 到来时,VF 瞬时导通,将该瞬时的电压 u_s 储存在电容 C_3 上。由运算放大器 A_2 接成的跟随器具有很高的输入阻抗,用以减慢 C_3 的放电,从而减少由此产生的误差。A_2 的输出即为鉴相器的输出 U_d,它与 u_i 和 U_B 之间的相位差呈线性关系。上述过程中各信号的波形图 2.113b 所示。

耦合电容 C_2 的作用有二:一是隔掉信号 u_{c1} 中的直流分量而得到交变分量 u_s;二是与电阻 R_2 构成另一积分电路,用以对输出信号 U_d 进行积分。因而采用这种鉴相器时,输出信号 U_d 可直接送到压控振荡器,而不必再另加起积分作用的滤波器。图 2.113 中的二极管 V、D 为嵌位二极管,它使 $U_d \geqslant -0.7$ V,以免 U_d 太低而导致振荡器停振。

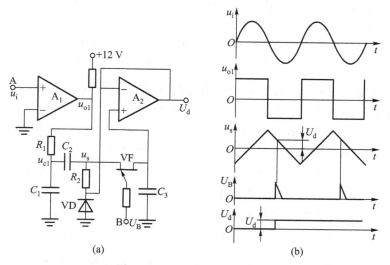

图 2.113 脉冲采样式鉴相器

压控振荡器是一种用加在控制端的电压来控制振荡频率变化的振荡器,它实质上是一种电压/频率变化器,其电路原理如图 2.114 所示。图中的晶体管 VT_1、VT_2 为振荡管,电阻 R_{b1}、R_{b2} 为其偏置电阻;VT_1、VT_2 各自的集电极电压分别通过射极跟随器 VT_3、VT_4 和电容 C_1、C_2 耦合到另一振荡管的基极,形成方波振荡;振荡信号 u_0 从 VT_2 的集电极输出。设在某一时刻,VT_1 由导通变为截止,VT_2 由截止变为导通,这时各点电位大致如图中所注,输出信号 u_o 为低电平。随后 +12 V 电源通过 R_{b1} 及由 VT_3、R_{e5} 至 VT_5 两条回路向 C_2 反向充电,即相当于 C_2 通过 R_{e4} 放电。当 C_2 反向充电到一定电位后,使 VT_1 导通,VT_3、VT_5 截止,并通过 C_1 使 VT_2 截止,输出信号 u_o 变为高电平。与此同时,VT_4 和 VT_6 导通,+12 V 电源又通过 R_{b2} 和由 VT_4、R_{e6} 至 VT_6 两条回路向 C_1 反向充电,直至 VT_2 再次变为导通,VT_1 再次变为截止。上述过程重复进行,就可从 VT_2 的集电极输出一定频率的脉冲信号 u_o。

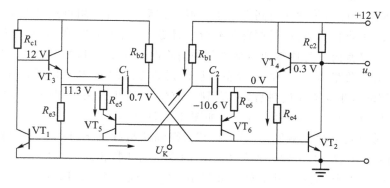

图 2.114 压控振荡器电路

当输入的控制信号 U_K 改变时,晶体管 VT_5 或 VT_6 的导通程度也随之改变,等效内阻发生变化,从而改变充电时间常数和振荡器的振荡频率。合理设计电路参数,就可用图 2.113 中的输出电压 U_d(即 U_K)来控制振荡器输出信号 u_o 的频率 f_o,并使之与鉴相器的输入信号频率 f_i 成 n 倍关系,即 $f_o = nf_i$,从而构成倍频压控振荡器。

图 2.112 中的 n 分频器实质上是一种计数电路。可采用图 2.115 所示的集成电路 74LS393 来实现。74LS393 是一种双四位二进制计数器芯片,每片上有两个独立的四位二进制计数器,每个计数器由四个 T 触发器构成。计数脉冲从 $\overline{CP}$ 端输入,输出脉冲可取自 Q_A、Q_B、Q_C 或 Q_D 端,频率分别是输入计数脉冲频率的 1/2、1/4、1/8 及 1/16,即实现对输入信号的 2、4、8 或 16 分频。若将一片 74LS393 上的两个计数器互连,可构成一个八位二进制计数器,实现 32、64、128 或 256 分频。图 2.115 中的 CLR 为清零信号输入端,用于使计数器复位。

锁相倍频细分电路是靠 f_i 与 f_o/n 的相位锁定而实现频率锁定的,它要求输入信号频率 f_i 基本恒定,即只能在一个小范围内变动,因此主要用于速度基本恒定的位移测量中。

锁相倍频细分电路还可用于相位调制信号的细分,其原理如图 2.116 所示。来自光栅或感应同步器的调相信号 $U_m\sin(\omega t+\theta)$ 与参考信号(即载波信号)$U_m\sin \omega t$ 分别 n 倍频后,由差值计数器求取两路信号变化周期数之差。由于 $\theta = \dfrac{2\pi x}{W}$(其中 x 是光栅尺或感应同步器的位移,W 是栅距),如果信号不经倍频电路,则 x 每变化 W,θ 变化 2π,两路信号将相差一个周期,在信号经过 n 倍频后,x 每变化 W,两路信号将相差 n 个周期,差值计数器将计 n 个数,从而实现 n 细分。

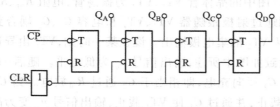

图 2.115 74LS393 型四位二进制计数器逻辑图

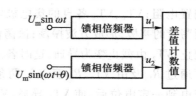

图 2.116 调相信号的锁相倍频细分原理

由于调相信号的频率 ω 很高,由位移 x 而引起的频率变化相对很小,经 n 倍频后两路信号的频率非常接近,因而有许多脉冲在时间上是重叠或紧挨着的,若采用可逆计数器实现差值计数,很容易出现差错。为防止出错,可对两路信号分别计数,然后求取差值,或采用对顶脉冲与交错脉冲消除电路来求取差值。对顶脉冲与交错脉冲消除电路如图 2.117a 所示,其中 U_1 和 U_2 分别是锁相倍频器输出的两路信号 u_1 和 u_2 经整形后得到的方波;AT_1 和 AT_2 是整步双稳触发器,即 D 触发器,其 Q 端的输出状态由时钟脉冲 CP 到来前的 D 端状态决定,且状态的转换出现在 CP 脉冲的上升沿。U_1、U_2、Q_1 和 Q_2 的信号波形如图 2.117b 所示。

将 Q_1 和 Q_2 分别送入单稳触发器 AT_3 和 AT_4,得到两组脉宽 τ_1 和 τ_2 的窄脉冲 B_1 和 B_2,它们具有如下特点:① B_1、B_2 的个数分别与 U_1、U_2 的变化周期数相同;② B_1、B_2 的前沿出现在 U_1、U_2 下降后的下一个 CP 脉冲的上升沿处。如果 B_1、B_2 由同一个 CP 脉冲整步产生(如图 2.117 中 B_1、B_2 的第一个脉冲),那么它们在时间上完全重叠,称为对顶脉冲;如果 B_1、B_2 由不同的 CP 脉冲产生,在时间上相互错开,在顺序上交替出现,则称之为交错脉冲。

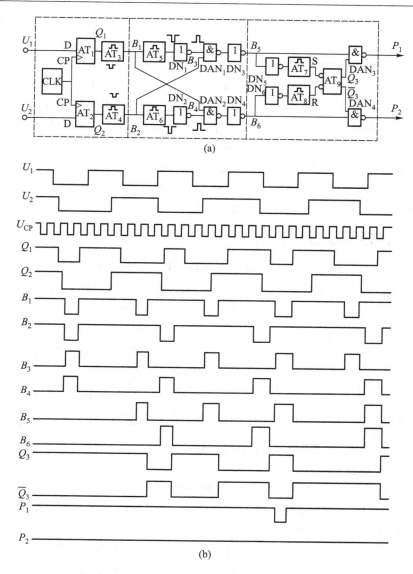

图 2.117　对顶脉冲与交错脉冲消除电路及波形图

　　将 B_1、B_2 分别送入单稳触发器 AT_5、AT_6，形成宽度进一步缩小的两路脉冲，再经反相器 DN_1、DN_2 后得到两路窄正脉冲 B_3、B_4，其脉宽 $\tau_3 = \tau_4 < \tau_1 = \tau_2$。对于对顶脉冲，正脉冲 B_3 完全落在 AT_4 输出的负脉冲 B_2 区间内，因而与非门 DAN_1 被关闭，没有脉冲输出。同样道理，负脉冲 B_1 也将与非门 DAN_2 关闭，使与之对顶的脉冲 B_4 不能输出，因而消除了对顶脉冲。

　　对于交错脉冲，因 DN_1 输出 B_3 期间，B_2 处于高电平而将 DAN_1 打开，让 B_3 通过并反相，再经 DN_3 得到一个与 B_3 同样宽度的正脉冲 B_5。同样道理，在 DN_2 输出 B_4 期间，通过 DAN_2 和 DN_4 也可得到一个与 B_4 同样宽度的正脉冲 B_6。这样，经过对顶脉冲消除电路后，对顶脉冲被消除，而交错脉冲被全部保留。

　　然后将保留下来的脉冲送入交错脉冲消除电路。设某时刻来到一个 B_5 脉冲，经 DN_5 反相

及 AT_7 延时后，将 AT_9 置为 0 态，因而关闭 DAN_4，开启 DAN_3，若下一刻到来的是 B_6 脉冲，它将受到 DAN_4 的阻塞而不能通过，在 P_2 端无脉冲输出，若下一刻到来的不是 B_6 脉冲而是 B_5 脉冲，即两个 B_5 脉冲连续到来，则将通过 DAN_3 从 P_1 端输出一个加法计数脉冲，标志着信号 U_1 比 U_2 多变化了一个周期。同样道理，在 B_6 脉冲到来后，它经 DN_6、AT_8 将 AT_9 置为 1 态，关闭 DAN_3，开启 DAN_4，使紧跟着到来的 B_5 脉冲被 DAN_3 阻塞，而 B_6 脉冲却可以通过 DAN_4，并从 P_2 端输出一个减法计数脉冲，表明信号 U_1 比 U_2 少变化了一个周期。这样，通过交错脉冲消除电路后，只有那些既非对顶，也非交错的脉冲被保留下来。

如将 P_1 端输出的加法计数脉冲和 P_2 端输出的减法计数脉冲送入可逆计数器，就可获得两路信号变化周期数之差，它与相位差 θ 以及位移量 x 成比例。此外，根据可逆计数器中数值的正负，还可辨别传感器中动尺相对于定尺的移动方向。

2.7.4　脉冲填充细分与辨向

脉冲填充细分方法可用于调相信号的细分处理，其工作原理如图 2.118 所示。将调相信号 $U_m\sin(\omega t+\theta)$ 作为门电路的开门信号，参考信号 $U_m\sin\omega t$ 作为关门信号，则门电路的开启时间与两路信号的相位差 θ 及传感器中动尺寸相对于定尺的位移 x 成正比。

为了实现 n 细分，采用频率为 $f=\dfrac{n\omega}{2\pi}$ 的时钟脉冲作为计数脉冲。在门电路开启期间，时钟脉冲通过门电路进入计数器。在调相信号的每个周期内，计数器所计的脉冲数为 $N=\dfrac{n\theta}{2\pi}$，与相位差 θ 成正比。在关门脉冲到来时，门电路被关闭，阻止时钟脉冲通过，同时发出寄存指令，将计数器的值 N 锁存到寄存器中，并在延时片刻后将计数器清零，为下一周期的计数做好准

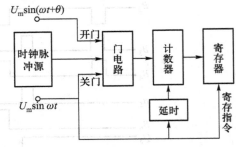

图 2.118　脉冲填充细分工作原理

备。由寄存器中的数值 N 可确定相位差 θ，继而位移 x。脉冲填充法细分主要用于被测信号相位变化较小的情况，即 $\theta<2\pi$ 的情况。

当 $\theta>2\pi$ 时，可先将两路信号送入对顶脉冲与交错脉冲消除电路，求出整周期数之差 M，然后再通过脉冲填充细分电路求取单周期内相位差所对应的计数值 N，则由 $N+nM$ 便可确定总的相位差 θ，由 θ 可确定出位移量 x。此外，采用对顶脉冲与交错脉冲消除电路还可实现运动方向的辨别。

习　题

2.1　试述光栅传感器的工作原理及特点。

2.2　试分析旋转变压器的工作原理及两种工作方式。

2.3　感应同步器的工作方式与旋转变压器在实际应用中有何异同？

2.4　基本转换电路的功用是什么？

2.5　许多调幅电路与相敏检波电路从形式上看很相似，其共同点是什么？区别是什么？

2.6　什么是调制信号？什么是载波信号？什么是已调制信号？

2.7　如图 2.119 所示分裂式双平衡调制器，四只二极管特性相同，均为从原点出发，斜率为 g_D 的一条直线。载波电压 $u_c = U_{cm}\cos\omega_c t$，调制电压 $u_\Omega = U_{\Omega m}\cos\Omega t$。且 $\omega_c \gg \Omega, U_{cm} \gg U_{\Omega m}$。（1）试说明该电路的工作原理；（2）试求流过负载电阻 R_L 的电流波形。

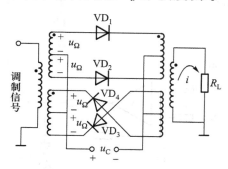

图 2.119　习题 2.7 图

2.8　分析相敏检波的原理，并举出两种相敏检波电路图。

2.9　有源滤波器中固有频率、谐振频率、截止频率有什么区别与联系？

2.10　提高滤波器的阶次会带来什么好处和问题？

2.11　什么是增量码信号？什么是细分？什么是辨向？

2.12　如果实验室里有力传感器及放大器，请设计一个装置实现对一个电动机驱动的轴承的动态扭矩的测试。

2.13　试设计将 $0 \sim 10$ V、50 Hz 的正弦波信号转换成 $0 \sim 5$ V 直流电压信号的整流、滤波电路。

2.14　分析图 2.120 所示电路的传递函数。

2.15　已知一阶低通滤波器的电路形式如图 2.121 所示，写出其传递函数。

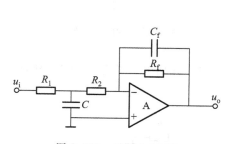

图 2.120　习题 2.14 图

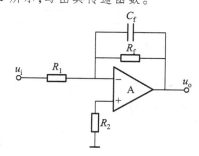

图 2.121　习题 2.15 图

2.16　求出图 2.122 中各电路的电压传输特性。

2.17　图 2.123 所示为二阶有源高通滤波器，写出该电路的传递函数。在 $K = 1, f_o = 500$ Hz，$\zeta = \dfrac{1}{\sqrt{2}}$，求各无源元件大小。

2.18　图 2.124 所示为二阶带通滤波器。

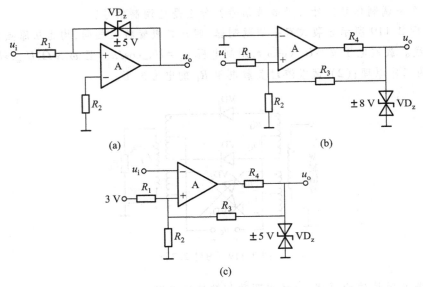

图 2.122　习题 2.16 图

（1）写出传递函数表达式。

（2）写出 ω_0, B, K 的表达式。

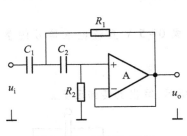

图 2.123　习题 2.17 图

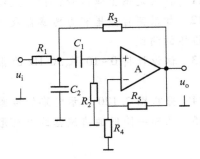

图 2.124　习题 2.18 图

2.19　图 2.125 所示为高输入阻抗的绝对值电路。（1）说明其工作原理；（2）确定各电阻之间的关系；（3）画出 u_o 波形图。

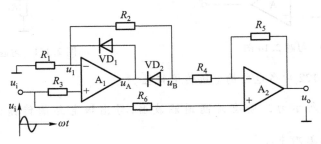

图 2.125　习题 2.19 图

2.20　试述图 2.126 所示的绝对值电路工作原理,并写出其表达式。

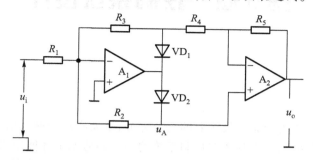

图 2.126　习题 2.20 图

2.21　试设计一个可实现 12 细分的并联电阻链移相细分电路,计算各电阻值,画出电路图。并说明各细分脉冲出现的顺序。

第3章 控制系统设计

3.1 概述

控制系统是机电一体化产品中最重要的组成部分,主要实现控制及信息处理功能。此外,机电一体化产品的其他内部功能也都要在控制系统的控制和协调下才能得以实现。

控制系统是由控制装置、执行机构、被控对象及传感与检测装置所构成的整体,其基本构成如图 3.1 所示。被控对象可以是一种过程(如化工生产过程)、机电设备(如机床)或整个生产企业(如自动化工厂),它在控制装置的控制下,执行机构的驱动下,按照预定的规律或目的运行。应用于不同被控对象的控制装置在原理和结构上往往具有很大差异,因而所构成的控制系统也往往千差万别,如简单的全自动洗衣机的控制系统与复杂的柔性制造系统的控制系统以及航天飞机的自动控制系统是完全不同的,但一般来讲,任何控制系统都可以抽象成图 3.1 所示的基本构成。

控制系统种类及相应的分类方法繁多,常见的一些如下:

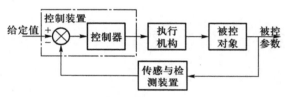

图 3.1 控制系统的基本构成

1)按控制器所依据的判定准则中是否有被控对象状态的函数,可将控制系统分为顺序控制系统和反馈控制系统。前者依据时间、逻辑、条件等顺序决定被控对象的运行步骤,如组合机床的控制系统;后者依据被控对象的运行状态决定被控对象的变化趋势,是闭环控制系统,第 5 章介绍的伺服系统即属于此类系统。

2)按系统输出的变化规律可将控制系统分为镇定控制系统、程序控制系统和随动系统。镇定控制系统的特点是:在外界干扰作用下使系统输出仍基本保持为常量,如恒温调节系统等。程序控制系统的特点是:在外界条件作用下系统的输出按预定程序变化,如机床的数控系统等。随动系统的特点是:系统的输出能相应于输入在较大范围内按任意规律变化,如炮瞄雷达系统等。

3)按系统中所处理信号的形式可将控制系统分为连续控制系统和离散控制系统。在连续控制系统中,信号是以连续的模拟信号形式被处理和传递的,控制器采用硬件模拟电路实现。在离散控制系统中,主要采用计算机对数字信号进行处理,控制器是以软件算法为主的数字控制器。

4)按被控对象自身的特性还可将控制系统分成线性系统与非线性系统、确定系统与随机系统、集中参数系统与分布参数系统、时变系统与时不变系统等。

可见,机电一体化控制系统形式很多,但对控制系统有一个共同的要求,可归纳为稳、准、快三个方面。

稳定性:因闭环控制存在反馈,系统又存在惯性,当系统参数匹配不当时,则会引起振荡而丧失工作能力,故保持系统稳定是系统工作的首要条件。

准确性:指调节过程结束后输出量与给定量之间的偏差,亦称静态精度,例如数控机床的控制精度越高,则其加工的零件精度也越高。

快速性:指在系统稳定的条件下,当系统的输出量和输入量之间产生偏差时,消除这种偏差过程的快速程度。

由于被控对象的具体情况不同,各种系统对稳、准、快的要求也各有侧重,故系统的稳、准、快是相互制约的。快速性好,可能引起强烈振荡,而改善系统的稳定性又可能减小快速性,控制精度也可能变差。

本章主要介绍模拟控制器及其系统的设计和计算机数字控制系统的分析、设计。

3.2　控制系统的数学模型

系统的数学模型就是描述系统输出与输入等物理量间制约关系的数学表达式或者图、表等。为了对系统进行分析及设计,对一个具体的物理系统而言,至关重要的问题是求得系统的任何一种数学模型。经典控制理论中,常用系统输入-输出的微分方程或传递函数表示各物理量之间的相互制约关系;现代控制理论中,通常设定系统的内部状态变量,建立状态方程来表示各物理量之间的相互制约关系。由于传递函数仅适用于线性系统,而一切物理系统或多或少存在着非线性,因而需要提出一些假设,对系统进行线性化处理,然后针对具体的系统利用其物理规律,求出它们的数学模型。

建立机电一体化系统的数学模型主要包括被控对象、检测和控制元件,本书主要按经典控制理论建模方法,针对机电一体化线性定常系统建立系统的数学模型。

3.2.1　机械系统的数学模型

机电一体化机械系统主要由传动机构、导向支承机构和电动或液压执行机构等组成。下面以机床进给传动系统和主轴系统,以及液压伺服驱动系统为例建立数学模型。

1. 机床进给传动系统的数学模型

机床进给传动系统如图 3.2 所示。电液步进马达(电机)通过两级减速齿轮及滚珠丝杠副驱动工作台,其中,$\theta_i(t)$ 为电动机输入转角;$x_o(t)$ 为工作台的输出位移;z_1、z_2、z_3、z_4 为齿轮传动机构中各齿轮的齿数;J_1、J_2、J_3 为传动轴 Ⅰ 、Ⅱ、Ⅲ 及其轴上齿轮的转动惯量;m 为工作台直线运动部分质量;l 为丝杠螺母螺距;D 为直线运动速度阻尼系数;K 为电动机轴上的扭转刚度系数。

设传动轴 Ⅰ 的角位移为 $\theta_{1o}(t)$,则其与工作台的移动位移之间的关系为:

$$\theta_{1o}(t) = \frac{2\pi z_2 z_4}{l z_1 z_3} x_o(t) \tag{3.1}$$

电动机驱动传动轴 Ⅰ 的等效负载惯量为:

$$J_L = J_1 + \frac{J_2}{i_2^2} + \frac{J_3}{i_3^2} + \frac{m}{i_4^2} \tag{3.2}$$

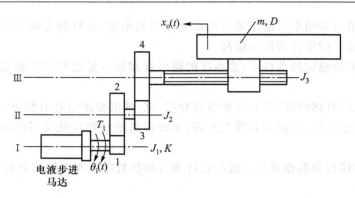

图 3.2　数控机床进给系统

式中：

$$i_2 = \frac{z_2}{z_1}$$

$$i_3 = \frac{z_2}{z_1}\frac{z_4}{z_3}$$

$$i_4 = \frac{z_2}{z_1}\frac{z_4}{z_3}\frac{2\pi}{l}$$

电动机驱动传动轴 I 的等效负载阻尼系数为：

$$D_L = \left(\frac{lz_1z_3}{2\pi z_2z_4}\right)^2 D = \frac{D}{i_4^2}$$

故传动轴 I 受到的阻尼力矩为：

$$M_D = D_L\dot{\theta}_{1o}(t) = D\left(\frac{lz_1z_3}{2\pi z_2z_4}\right)^2\dot{\theta}_{1o}(t) \tag{3.3}$$

电动机轴因弹性扭转变形产生驱动传动轴 I 的力矩为：

$$M_K = K(\theta_i - \theta_{1o}) \tag{3.4}$$

对于传动轴 I 应用牛顿第二定律,可得：

$$M_K - M_D = J_L\ddot{\theta}_{1o} \tag{3.5}$$

即

$$K[\theta_i(t) - \theta_{1o}(t)] - D\left(\frac{lz_1z_3}{2\pi z_2z_4}\right)^2\dot{\theta}_{1o}(t) = \left(J_1 + \frac{J_2}{i_2^2} + \frac{J_3}{i_3^2} + \frac{m}{i_4^2}\right)\ddot{\theta}_{1o}(t)$$

$$\left(J_1 + \frac{J_2}{i_2^2} + \frac{J_3}{i_3^2} + \frac{m}{i_4^2}\right)\ddot{\theta}_{1o}(t) + D\left(\frac{lz_1z_3}{2\pi z_2z_4}\right)^2\dot{\theta}_{1o}(t) + K\theta_{1o}(t) = K\theta_i(t)$$

将式(3.1)带入上式得：

$$\left(J_1 + \frac{J_2}{i_2^2} + \frac{J_3}{i_3^2} + \frac{m}{i_4^2}\right)\ddot{x}_o(t) + D\left(\frac{lz_1z_3}{2\pi z_2z_4}\right)^2\dot{x}_o(t) + Kx_o(t) = K\frac{lz_1z_3}{2\pi z_2z_4}\theta_i(t) \tag{3.6}$$

对式(3.6)在零初始条件下两边取拉普拉斯变换得系统的传递函数为：

$$G(s) = \frac{X_o(s)}{\theta_i(s)}$$

$$= \frac{K\dfrac{lz_1z_3}{2\pi z_2z_4}}{\left[J_1 + J_2\left(\dfrac{z_1}{z_2}\right)^2 + J_3\left(\dfrac{z_1z_3}{z_2z_4}\right)^2 + m\left(\dfrac{lz_1z_3}{2\pi z_2z_4}\right)^2\right]s^2 + D\left(\dfrac{lz_1z_3}{2\pi z_2z_4}\right)^2 s + K}$$

$$(3.7)$$

2. 机床主轴系统的数学模型

图 3.3 所示为机床的长悬臂梁式主轴情况,为分析系统的动态特性,必须建立其数学模型。将主轴简化为集中 m 作用于主轴端部,其模型如图 3.4 所示,$p(t)$ 为切削力;$y(t)$ 为主轴前端刀具处因切削力产生的变形量;D 为主轴系统的当量阻尼系数;K_m 为主轴系统的当量刚度。由牛顿第二定律得主轴端部的运动微分方程为:

$$p(t) = m\ddot{y}(t) + D\dot{y}(t) + K_m y(t)$$

可见上式为二阶振荡环节,其传递函数可表示为:

$$\frac{Y(s)}{P(s)} = \frac{1}{K_m}\frac{\omega_n^2}{s^2 + 2\zeta\omega_n s + \omega_n^2} = \frac{1}{K_m}G_m(s) \qquad (3.8)$$

式中:$G_m(s) = \dfrac{\omega_n^2}{s^2 + 2\zeta\omega_n s + \omega_n^2}$。

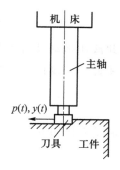

图 3.3 主轴模型

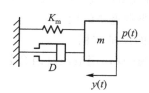

图 3.4 主轴力学模型

若工件名义进给量为 $u_0(t)$,由于主轴的变形,实际进给量为 $u(t)$,于是 $u(t) = u_0(t) - y(t)$,对此式作拉氏变换后得:

$$U(s) = U_0(s) - Y(s) \qquad (3.9)$$

若主轴转速为 n,刀具为单齿,其每转 1 周需要时间为 $\tau = \dfrac{1}{n}$,切削的实际厚度为 $[u(t) - u(t-\tau)]$,即本次刀齿实际切削位置与上次实际切削位置的间距。令 k_c 为切削阻力系数(它表示切削力与切削厚度之比),则可得:

$$p(t) = k_c[u(t) - u(t-\tau)] \qquad (3.10)$$

拉氏变换后得：

$$P(s) = k_c \left[U(s) - U(s) e^{-\tau s} \right] = k_c U(s)(1 - e^{-\tau s}) \tag{3.11}$$

由以上各式可画出控制框图如图 3.5 所示,切削过程与机床本身的结构之间组成了一个回路封闭的动力学系统,由图得传递函数为：

$$\Phi(s) = \cfrac{\cfrac{k_c}{K_m}(1 - e^{-\tau s}) G_m(s)}{1 + \cfrac{k_c}{K_m}(1 - e^{-\tau s}) G_m(s)} \tag{3.12}$$

系统特征方程为：

$$1 + \frac{k_c}{K_m}(1 - e^{-\tau s}) G_m(s) = 0 \tag{3.13}$$

由此可知,机床主轴加工系统中包含延时环节,对系统的稳定性将产生不利的影响。

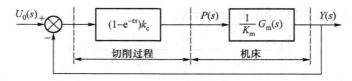

图 3.5　系统控制框图

3.2.2　液压伺服驱动系统的动态数学模型

在电液控制系统中常采用液压拖动装置作为动力元件,因此液压拖动装置也称为液压动力元件,它是由液压放大元件和执行元件组成的阀-液压缸组合装置。在设计和分析系统时其数学模型占有非常重要的地位。

1. 滑阀的流量方程

四通滑阀-双作用液压缸组合装置如图 3.6 所示。滑阀的流量方程如下：

$$Q_L = C_d w x_v \sqrt{\frac{p_s - p_L}{\rho}} = Q_L(x_v, p) \tag{3.14}$$

式中: Q_L ——通过阀口的输出流量;

　　 C_d ——阀口流量系数;

　　 w ——阀口沿圆周方向的宽度,即阀口的面积梯度;

　　 x_v ——阀口开度;

　　 p_s ——滑阀供油压力;

　　 p_L ——负载压降;

　　 ρ ——油液的密度。

可见,液压油通过滑阀的流量与阀芯位移以及输出输入的液压油压力差有关,且为非线性关系。式(3.14)的全微分为：

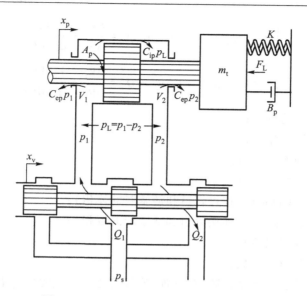

图 3.6　四通滑阀-双作用液压缸组合装置

$$\Delta Q_{\mathrm{L}} = \frac{\partial Q_{\mathrm{L}}(x_{\mathrm{v}}, p)}{\partial x_{\mathrm{v}}} \Delta x_{\mathrm{v}} + \frac{\partial Q_{\mathrm{L}}(x_{\mathrm{v}}, p)}{\partial p_{\mathrm{L}}} \Delta p_{\mathrm{L}} \tag{3.15}$$

令 $K_{\mathrm{q}} = \dfrac{\partial Q_{\mathrm{L}}}{\partial x_{\mathrm{v}}}$ 为阀的流量增益, $K_{\mathrm{c}} = -\dfrac{\partial Q_{\mathrm{L}}}{\partial p_{\mathrm{L}}}$ 为阀的流量-压力系数, $K_{\mathrm{p}} = \dfrac{\partial p_{\mathrm{L}}}{\partial x_{\mathrm{v}}}$ 为阀的压力增益。此三个系数表征阀的动、静态特性的重要参数。经上述线性化处理后,流量微小变化的拉氏变换式为:

$$\Delta Q_{\mathrm{L}} = K_{\mathrm{q}} \Delta x_{\mathrm{v}} - K_{\mathrm{c}} \Delta p_{\mathrm{L}} \tag{3.16}$$

式中: $K_{\mathrm{q}} \Delta x_{\mathrm{v}}$ ——流入滑阀的总流量增量;

$\qquad K_{\mathrm{c}} \Delta p_{\mathrm{L}}$ ——滑阀输出的总流量增量;

$\qquad \Delta Q_{\mathrm{L}}$ ——进入阀控液压缸装置的总流量增量。

滑阀输出最大功率(效率)时的负载压力 P_{L}^{*} 和负载流量 Q_{L}^{*} ,可由输出功率 $N_{阀出} = p_{\mathrm{L}} Q_{\mathrm{L}}$ 对负载压力 p_{L} 求极大值得:

$$\begin{cases} p_{\mathrm{L}}^{*} = \dfrac{2}{3} p_{\mathrm{s}} \\[2mm] Q_{\mathrm{L}}^{*} = \dfrac{Q_{0\mathrm{m}}}{\sqrt{3}} \end{cases} \tag{3.17}$$

式中: $Q_{0\mathrm{m}} = C_{\mathrm{d}} w x_{\mathrm{vm}} \sqrt{p_{\mathrm{s}}/\rho}$ 为供油压力下的最大空载流量, x_{vm} 为滑阀在最大开口时阀芯的位移。

2. 进出液压缸的流量连续方程

由图 3.6 可知,若流入与流出液压缸的流量差为负载流,则有:

$$Q_{\mathrm{L}} = Q_1 - Q_2$$

对每一个活塞腔应用连续性方程,则得到:

$$\begin{cases} Q_1 - C_{ip}(p_1 - p_2) - C_{ep}p_1 = \dfrac{dV_1}{dt} + \dfrac{V_1}{\beta_e}\dfrac{dp_1}{dt} \\[3mm] C_{ip}(p_1 - p_2) - C_{ep}p_2 - Q_2 = \dfrac{dV_2}{dt} + \dfrac{V_2}{\beta_e}\dfrac{dp_2}{dt} \end{cases} \tag{3.18}$$

式中: Q_1——流入液压缸的流量;

　　　Q_2——流出液压缸的流量;

　　　p_1——液压缸进油腔的压力;

　　　p_2——液压缸回油腔的压力;

　　　V_1——进油腔容积(包括阀、连接管道和活塞腔的体积);

　　　V_2——回油腔容积(包括阀、连接管道和活塞腔的容积);

　　　C_{ip}——液压缸内部泄漏系数;

　　　C_{ep}——液压缸外部泄漏系数;

　　　β_e——系统的有效容积弹性系数(包括油、连接管道及腔体的机械柔度)。

活塞高压腔和低压腔的体积分别为:

$$\begin{cases} V_1 = V_{01} + A_p x_p \\ V_2 = V_{02} - A_p x_p \end{cases} \tag{3.19}$$

式中: A_p——活塞面积;

　　　x_p——活塞位移;

　　　V_{01}——进油腔的初始容积;

　　　V_{02}——回油腔的初始容积。

当活塞处在中间位置时系统的稳定性最差,此时 $V_{01} = V_{02} = V_0$,总压缩容积为:

$$V_t = V_1 + V_2 = V_{01} + V_{02} = 2V_0 \tag{3.20}$$

可见,该容积为常数,与活塞位置无关。

在初始容积相等的条件下,由式(3.18)可以得到流量连续性方程为:

$$Q_L = A_p \frac{dx_p}{dt} + C_{tp}p_L + \frac{V_t}{4\beta_e}\frac{dp_L}{dt} \tag{3.21}$$

式中: C_{tp}——液压缸的总泄漏系数, $C_{tp} = C_{ip} + \dfrac{C_{ep}}{2}$。

其增量的拉氏变换式为:

$$\Delta Q_L = A_p s\Delta x_p + C_{tp}\Delta p_L + \frac{V_t}{4\beta_e}s\Delta p_L \tag{3.22}$$

3. 负载动力方程

活塞动态力平衡方程式为:

$$A_p p_L = m_t \frac{d^2 x_p}{dt^2} + B_p \frac{dx_p}{dt} + Kx_p + F_L \tag{3.23}$$

式中：B_p——活塞和负载折算到活塞上的总黏性阻尼系数；

　　　m_t——活塞和负载折算到活塞上的总质量；

　　　K——负载的弹簧刚度；

　　　F_L——作用在活塞上的外负载力。

其拉氏变换式为：

$$A_p \Delta p_L = m_t s^2 \Delta x_p + B_p s \Delta x_p + K \Delta x_p + \Delta F_L \tag{3.24}$$

式(3.16)、式(3.22)和式(3.24)完全描述了阀-液压缸组合装置的动态特性。

（1）阀—液压缸组合装置输出位移时的动特性

联立求解式(3.16)、式(3.22)和式(3.24)可得到活塞位移增量的拉氏变换式：

$$\Delta x_p = \frac{\dfrac{K_q}{A_p} \Delta x_v - \dfrac{K_{ce}}{A_p^2}\left(1 + \dfrac{V_t}{4\beta_e K_{ce}}s\right)\Delta F_L}{\dfrac{V_t m_t}{4\beta_e A_p^2}s^3 + \left(\dfrac{K_{ce}m_t}{A_p^2} + \dfrac{B_p V_t}{4\beta_e A_p^2}\right)s^2 + \left(1 + \dfrac{B_p K_{ce}}{A_p^2} + \dfrac{KV_t}{4\beta_e A_p^2}\right)s + \dfrac{K_{ce}K}{A_p^2}} \tag{3.25}$$

式中：K_{ce}——总流量-压力系数，$K_{ce} = K_c + C_{tp}$。

式(3.25)给出了活塞对阀芯输入位移和负载力扰动的响应特性。这个方程适用于任何一种四通阀和对称双作用液压缸的组合。例如，在两级伺服阀中，用双喷嘴挡板阀驱动功率滑阀，这里的滑阀即相当于活塞。

如果阀-液压缸组合是一个功率输出元件，通常没有弹簧负载，$K = 0$。同时考虑到 $\dfrac{B_p K_{ce}}{A_p^2} \ll 1$，则式(3.25)可简化为：

$$\Delta x_p = \frac{\dfrac{K_q}{A_p} \Delta x_v - \dfrac{K_{ce}}{A_p^2}\left(1 + \dfrac{V_t}{4\beta_e K_{ce}}s\right)\Delta F_L}{s\left(\dfrac{s^2}{\omega_n^2} + \dfrac{2\zeta_n}{\omega_n}s + 1\right)} \tag{3.26}$$

式中：

$$\omega_n = \sqrt{\frac{4\beta_e A_p^2}{V_t m_t}} \tag{3.27}$$

$$\zeta_n = \frac{K_{ce}}{A_p}\sqrt{\frac{\beta_e m_t}{V_t}} + \frac{B_p}{4A_p}\sqrt{\frac{V_t}{\beta_e m_t}} \tag{3.28}$$

其中，ω_n 为无阻尼液压固有频率，ζ_n 为阻尼比。

式(3.27)表示活塞在中间位置时的液压固有频率，此时液压弹簧刚度 $K_n = \dfrac{4\beta_e A_p^2}{V_t}$。当液压缸腔封闭时，如果使活塞有一个小位移 Δx_p，则油液弹力 $A_p(\Delta p_1 - \Delta p_2)$ 将是：

$$A_p(\Delta p_1 - \Delta p_2) = \beta_e A_p^2\left(\frac{1}{V_{01}} + \frac{1}{V_{02}}\right)\Delta x_p \tag{3.29}$$

由此得液压缸两腔的总液压弹簧刚度为：

$$K_{\text{n}} = \beta_{\text{e}} A_{\text{p}}^2 \left(\frac{1}{V_{01}} + \frac{1}{V_{02}} \right) \tag{3.30}$$

可见，K_{n} 是活塞位置的函数。当 $V_{01} = V_{02}$ 时，即当活塞处于中间位置时，K_{n} 最低，从而给出最低的固有频率。因此活塞在中间位置时，稳定性最差。当活塞运动到行程的一端时，较小腔的弹簧刚度就起了主要作用，于是固有频率就将增大。

由式(3.26)可以得到活塞输出位移对阀芯输入位移和负载力扰动的传递函数分别为：

$$\frac{\Delta x_{\text{p}}}{\Delta x_{\text{v}}} = \frac{\dfrac{K_{\text{q}}}{A_{\text{p}}}}{s \left(\dfrac{s^2}{\omega_{\text{n}}^2} + \dfrac{2\zeta_{\text{n}}}{\omega_{\text{n}}} s + 1 \right)} \tag{3.31}$$

式中：$\dfrac{K_{\text{q}}}{A_{\text{p}}}$ ——装置的速度增益（或速度放大系数）。

$$\frac{\Delta x_{\text{p}}}{\Delta F_{\text{L}}} = \frac{-\dfrac{K_{\text{ce}}}{A_{\text{p}}^2} \left(1 + \dfrac{V_{\text{t}}}{4\beta_{\text{e}} K_{\text{ce}}} s \right)}{s \left(\dfrac{s^2}{\omega_{\text{n}}^2} + \dfrac{2\zeta_{\text{n}}}{\omega_{\text{n}}} s + 1 \right)} \tag{3.32}$$

式(3.31)表示液压缸活塞输出位移对阀芯输入位移 Δx_{v}（也可转换成输入流量 $K_{\text{q}} \Delta x_{\text{v}}$）的动特性。它由速度放大系数、液压固有频率 ω_{n} 和阻尼比 ζ_{n} 三个综合参数所决定。因此这三个参数也就决定了动力装置的固有特性。式(3.32)表示液压缸活塞输出位移对负载力扰动的动特性，即负载力变化对液压缸活塞输出速度的影响，反映了动力装置的动态柔度（或动态刚度）特性。

对阀-液压缸组合装置来说，当满足 $\dfrac{K}{K_{\text{n}}} \ll 1$ 和 $\left(\dfrac{K_{\text{ce}} \sqrt{K M_{\text{t}}}}{A_{\text{p}}^2} \right)^2 \ll 1$ 这两个条件时，即考虑弹簧负载情况下，式(3.26)可简化为：

$$\Delta x_{\text{p}} = \frac{\dfrac{K_{\text{q}}}{A_{\text{p}}} \Delta x_{\text{v}} - \dfrac{K_{\text{ce}}}{A_{\text{p}}^2} \left(1 + \dfrac{V_{\text{t}}}{4\beta_{\text{e}} K_{\text{ce}}} s \right) \Delta F_{\text{L}}}{\left(s + \dfrac{K_{\text{ce}} K}{A_{\text{p}}^2} \right) \left(\dfrac{s^2}{\omega_{\text{n}}^2} + \dfrac{2\zeta_{\text{n}}}{\omega_{\text{n}}} s + 1 \right)} \tag{3.33}$$

式中：$\dfrac{K_{\text{ce}} K}{A_{\text{p}}^2}$ ——阶惯性环节的转折频率。

（2）阀-液压缸组合装置输出速度时的动特性

若将输出速度与位移之间的拉氏变换关系 $\Delta v_{\text{p}} = s \Delta x_{\text{p}}$ 代入以上各式，可得阀-液压缸组合装置输出速度时的动态数学模型。这是在电液速度控制系统中用于被控对象的数学模型。例如，由式(3.26)可得输入信号和干扰信号同时作用时，液压缸活塞杆输出的速度信号为：

$$\Delta v_p = s \Delta x_p = \cfrac{\cfrac{K_q}{A_p} \Delta x_v - \cfrac{K_{ce}}{A_p^2} \left(1 + \cfrac{V_t}{4\beta_e K_{ce}} s \right) \Delta F_L}{\cfrac{s^2}{\omega_n^2} + \cfrac{2\zeta_n}{\omega_n} s + 1} \tag{3.34}$$

活塞输出速度对阀芯输入位移及干扰力的传递函数分别为:

$$\frac{\Delta v_p}{\Delta x_v} = \cfrac{\cfrac{K_q}{A_p}}{\cfrac{s^2}{\omega_n^2} + \cfrac{2\zeta_n}{\omega_n} s + 1} \tag{3.35}$$

$$\frac{\Delta v_p}{\Delta F_L} = \cfrac{-\cfrac{K_{ce}}{A_p^2} \left(1 + \cfrac{V_t}{4\beta_e K_{ce}} s \right)}{\cfrac{s^2}{\omega_n^2} + \cfrac{2\zeta_n}{\omega_n} s + 1} \tag{3.36}$$

(3) 阀-液压缸组合装置输出力时的动特性

在式(3.16)、式(3.22)和式(3.24)中,不考虑干扰作用的情况下,令液压缸输出的负载力为 $F = A\Delta p_L$,联立求解可得液压缸活塞输出作用力对阀芯输入位移(或输入流量)的传递函数为:

$$\frac{\Delta F}{\Delta x_v} = \cfrac{\cfrac{K_q}{K_{ce}} A_p \left(\cfrac{m_t}{K} s^2 + \cfrac{B_p}{K} s + 1 \right)}{\cfrac{V_t m_t}{4\beta_e K_{ce} K} s^3 + \left(\cfrac{m_t}{K} + \cfrac{B_p V_t}{4\beta_e K_{ce} K} \right) s^2 + \left(\cfrac{A_p^2}{K_{ce} K} + \cfrac{B_p}{K} + \cfrac{V_t}{4\beta_e K_{ce}} \right) s + 1} \tag{3.37}$$

式(3.37)就是电液(压)力控制系统中的被控对象的传递函数。

3.2.3　电子电气环节的数学模型

1. 信号处理与调节电路

在检测控制系统中,信号要进行调制、放大、滤波、解调以及调节运算等。进行控制系统的设计与分析时,也必须建立它们的数学模型。

如图 3.7 所示为电感 L、电阻 R 与电容 C 的串、并联组成的无源低通滤波电路,利用基尔霍夫定律建立电路的微分方程后,求出输出电压 u_o 与输入电压 u_i 之间的传递函数为:

$$G(s) = \frac{U_o(s)}{U_i(s)} = \cfrac{1}{LCs^2 + \cfrac{L}{R} s + 1} = \cfrac{\omega_n^2}{s^2 + 2\zeta\omega_n s + \omega_n^2} \tag{3.38}$$

式中:$\omega_n = \sqrt{\cfrac{1}{LC}}$;

$\zeta = \cfrac{1}{2R} \sqrt{\cfrac{L}{C}}$。

　　图 3.8 所示为实现检测系统将电参数(电感、电容、电阻等)变化转换为电量(电压、电流等)变化的差分桥式调制电路。如第 2 章所述,当传感器失衡后,输出电压与差分阻抗之间的关系为:

$$U_o = -\frac{\Delta Z}{2Z_0}U_i$$

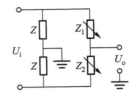

图 3.7　RLC 电路　　　　　　　　　　图 3.8　差分桥式调制电路

其传递函数为:

$$\frac{U_o(s)}{\Delta Z(s)} = K \tag{3.39}$$

式中:$K = -\frac{1}{2Z_0}U_i$。

　　其他电子电路与电气环节的数学模型(即环节的输出与输入之间的关系式)可参考第 2 章及第 5 章所述内容。

　　在进行系统设计时,需要调节电路对系统进行综合校正,以改善系统的性能。主要有相位超前校正、相位滞后校正以及滞后—超前校正等电路。利用比例、微分、积分以及惯性等环节既可以实现串联的超前、滞后、滞后—超前的校正作用,又可以并联在系统中实现并联校正作用。调节电路很多,表 3.1 给出几种反相输入的信号调节电路的数学模型(传递函数)及其频率特性,供读者参考。

表 3.1　几种常用调节电路的电路、传递函数和频率特性

序号	调节电路	电路	传递函数 $G_c(s) = \frac{U_o}{U_i}$	频率特性
1	比例调节器		$G_c(s) = -\frac{R_2}{R_1}$	
2	积分调节器		$G_c(s) = -\frac{1}{Ts}, T = RC$	

序号	调节电路	电路	传递函数 $G_c(s)=\dfrac{U_o}{U_i}$	频率特性
3	惯性调节器	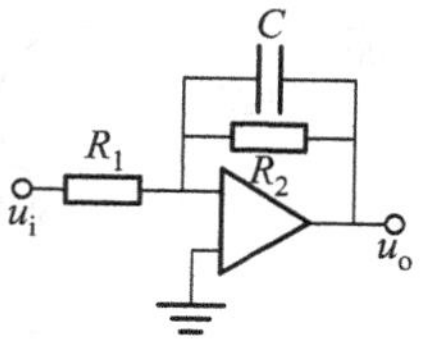	$$G_c(s)=-\frac{K}{Ts+1}$$ $$K=\frac{R_2}{R_1},\ T=R_2C$$	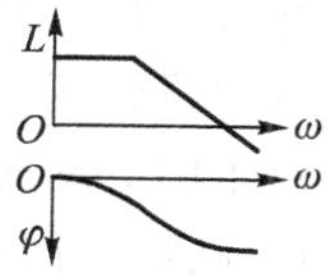
4	比例微分调节器	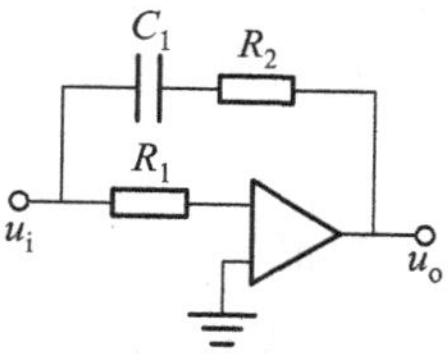	$$G_c(s)=-K(Ts+1)$$ $$K=\frac{R_2}{R_1},\ T=R_1C_1$$	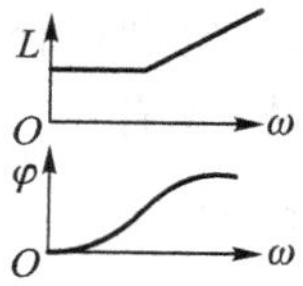
5	比例积分调节器	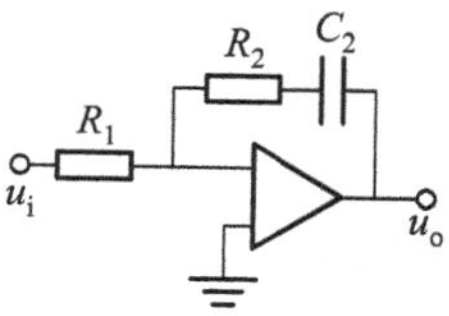	$$G_c(s)=-\frac{T_2s+1}{T_1s}$$ $$T_1=R_2C_2,\ T_2=R_1C_2$$	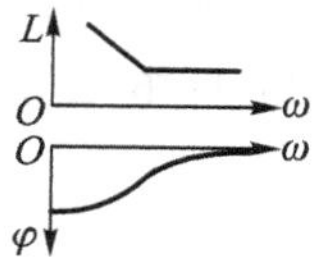
6	比例积分微分调节器	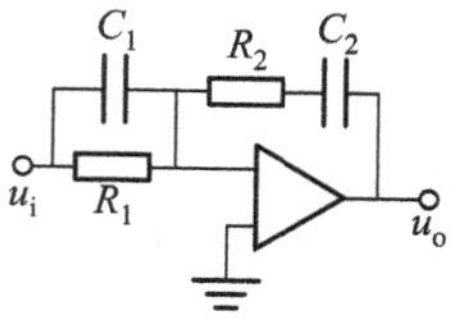	$$G_c(s)=-\frac{(T_1s+1)(T_2s+1)}{T_3s}$$ $$T_1=R_1C_1,\ T_2=R_2C_2,\ T_3=R_1C_2$$	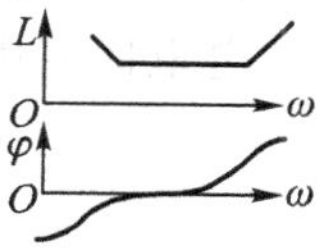
7	超前校正器	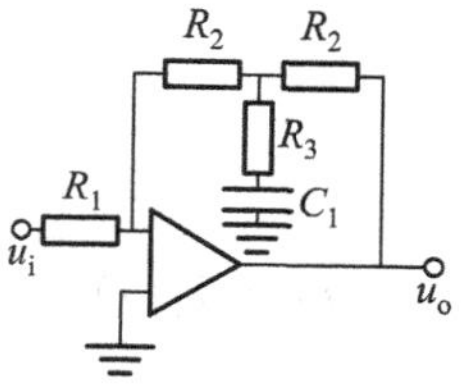	$$G_c(s)=-K(T_1s+1)/(T_2s+1)$$ $$T_1=C_1\left(R_3+\frac{R_2}{2}\right)$$ $$T_2=C_1R_3,\ K=2\frac{R_2}{R_1}$$	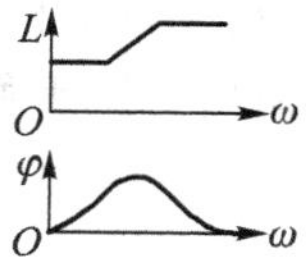
8	滞后校正器	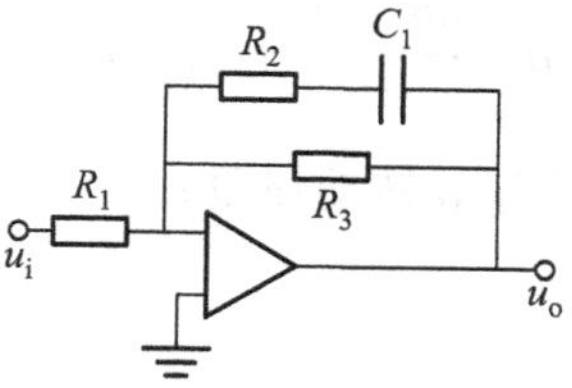	$$G_c(s)=-K\frac{T_1s+1}{T_2s+1},\ K=\frac{R_3}{R_1}$$ $$T_1=R_2C_1,\ T_2=(R_2+R_3)C_1$$	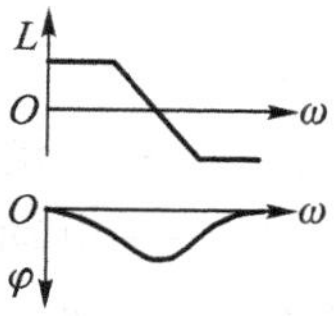

2. 执行电动机

执行电动机在机电一体化系统中占有很重要的地位,机电一体化系统中大多数机械系统的运动或驱动,都是靠执行电动机来完成的。下面建立直流电动机和交流电动机的动态数学模型。

（1）电枢控制直流电动机

直流电动机的原理图如图 3.9 所示,当励磁绕组流过电流 i_f 时,则产生空隙磁场。当在电枢

绕组中有电流 i_a 流过时,处在磁场中的转子绕组则会产生一个电磁力矩,驱动转子旋转。转子切割磁力线的运动又导致产生一个与转子外加电压方向相反的反电动势。转子转速与空隙磁场强度及电枢电压大小有关,所以通过控制电枢电压或励磁电流大小,就能控制电动机转速。

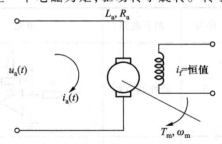

图 3.9　电枢控制直流电动机原理图

对于图 3.9 所示的直流电动机假设如下:

1)励磁绕组中励磁电流:

$$i_f = I_f = 恒值 \tag{3.40}$$

2)电动机补偿良好,电枢反应、涡流效应、磁滞影响可忽略,则有:

气隙磁通
$$\phi(t) = k_f i_f = k_f I_f = 恒值 \tag{3.41}$$

电动机转矩
$$T_m(t) = k_m i_a \phi(t) = k_m k_f I_f i_a = K_i i_a(t) \tag{3.42}$$

式中: K_i ——电动机力矩常数, $K_i = k_m k_f I_f$。

3)反电动势

$$e_b(t) = K_b \frac{\mathrm{d}\theta_m(t)}{\mathrm{d}t} = K_b \omega_m(t) \tag{3.43}$$

式中: K_b ——反电动势常数。

在电枢回路中的电压平衡方程为:

$$u_a(t) = R_a i_a(t) + L_a \frac{\mathrm{d}i_a(t)}{\mathrm{d}t} + e_b(t) \tag{3.44}$$

式中: R_a ——电枢电阻;

　　　L_a ——电枢电感。

输出力矩平衡方程为:

$$T_m(t) = J_{em} \frac{\mathrm{d}\omega_m(t)}{\mathrm{d}t} + B_{em} \omega_m(t) + T_L(t)$$

$$= J_{em} \frac{\mathrm{d}^2\theta_m(t)}{\mathrm{d}t^2} + B_{em} \frac{\mathrm{d}\theta_m(t)}{\mathrm{d}t} + T_L(t) \tag{3.45}$$

式中: J_{em} ——电动机转轴(包括负载端折算过来的)等效转动惯量;

　　　B_{em} ——电动机转轴的等效阻尼;

　　　$T_L(t)$ ——负载转矩;

　　　$T_m(t)$ ——电动机的电磁转矩。

将式(3.42)~式(3.45)进行拉氏变换式可得系统方框图(如图 3.10 所示)及从输入 $U_a(s)$ 到输出 $\Theta_m(s)$ 的传递函数为:

$$\frac{\Theta_m(s)}{U_a(s)} = \frac{K_i}{L_a J_{em} s^3 + (R_a J_{em} + B_{em} L_a) s^2 + (K_b K_i + R_a B_{em}) s} \tag{3.46}$$

由于 $L_a \approx 0$,所以有:

$$\frac{\Theta_{m}(s)}{U_{a}(s)} = \frac{K_{m}}{s(T_{m}s+1)} \tag{3.47}$$

式中：$K_{m} = \dfrac{K_{i}}{R_{a}B_{em}+K_{b}K_{i}}$ ——电动机增益常数；

$T_{m} = \dfrac{R_{a}}{R_{a}B_{em}+K_{b}K_{i}}$ ——电动机电枢时间常数。

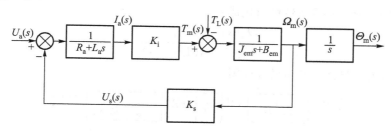

图 3.10 电枢控制直流电动机方框图

（2）励磁控制直流电动机

对图 3.11 所示直流电动机假设如下：

1）电枢电流：

$$i_{a} = I_{a} = 恒值 \tag{3.48}$$

2）铁心不饱和，工作于线性段，则有 $\phi(t) \propto i_{f}$，得：

$$\phi(t) = k_{f}i_{f}(t) \tag{3.49}$$

3）电动机转矩 $\quad T_{m}(t) \propto i_{a}\phi(t)$

$$T_{m} = k_{m}I_{a}\phi(t) = k_{m}k_{f}I_{a}i_{f}(t) = K_{i}i_{f}(t) \tag{3.50}$$

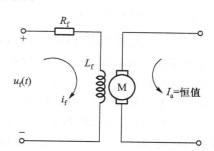

图 3.11 励磁控制直流电动机原理图

式中：K_{i}——力矩常数，$K_{i} = k_{m}k_{f}I_{a}$。

在励磁回路中的电压平衡方程为：

$$u_{f}(t) = R_{f}i_{f}(t) + \frac{di_{f}(t)}{dt}L_{f} \tag{3.51}$$

式中：$u_{f}(t)$——外加励磁控制电压；

R_{f}——励磁绕组中的电阻；

L_{f}——励磁绕组中的电感。

由力矩平衡方程可得：

$$T_{m}(t) = J_{em}\frac{d^{2}\theta_{m}(t)}{dt^{2}} + B_{em}\frac{d\theta_{m}(t)}{dt} \tag{3.52}$$

对式（3.50）、式（3.51）及式（3.52）取拉氏变换可求得 $U_{f}(s)$ 到 $\Theta_{m}(s)$ 的传递函数为：

$$\frac{\Theta_{m}(s)}{U_{f}(s)} = \frac{K_{i}}{R_{f}B_{em}s(1+\tau_{m}s)(1+\tau_{f}s)} = \frac{K}{s(1+\tau_{m}s)(1+\tau_{f}s)} \tag{3.53}$$

式中：τ_{m}——电动机机械时间常数，$\tau_{\mathrm{m}} = \dfrac{J_{\mathrm{em}}}{B_{\mathrm{em}}}$；

　　　τ_{f}——励磁场时间常数，$\tau_{\mathrm{f}} = \dfrac{L_{\mathrm{f}}}{R_{\mathrm{f}}}$；

　　　K——电动机增益常数，$K = \dfrac{K_{\mathrm{i}}}{R_{\mathrm{f}} B_{\mathrm{em}}} = \dfrac{k_{\mathrm{m}} k_{\mathrm{f}} I_{\mathrm{a}}}{R_{\mathrm{f}} B_{\mathrm{em}}}$。

由于 $L_{\mathrm{f}} \approx 0$，所以 $\tau_{\mathrm{m}} \gg \tau_{\mathrm{f}}$，式（3.53）可简化成：

$$\frac{\Theta_{\mathrm{m}}(s)}{U_{\mathrm{f}}(s)} = \frac{K}{s(1 + \tau_{\mathrm{m}} s)} \tag{3.54}$$

图 3.12 为励磁控制直流电动机方框图。

$$\xrightarrow{U_{\mathrm{f}}(s)} \boxed{\dfrac{1}{L_{\mathrm{f}}s + R_{\mathrm{f}}}} \xrightarrow{I_{\mathrm{f}}(s)} \boxed{K_{\mathrm{i}}} \xrightarrow{T_{\mathrm{m}}(s)} \boxed{\dfrac{1}{J_{\mathrm{em}}s^2 + B_{\mathrm{em}}s}} \xrightarrow{\Theta_{\mathrm{m}}(s)}$$

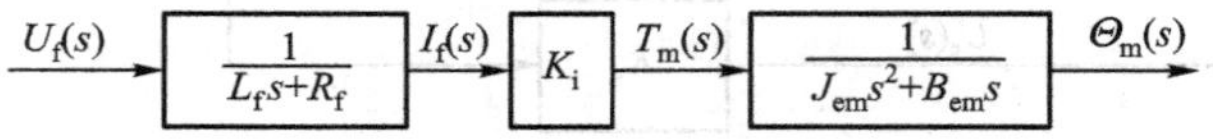

图 3.12　励磁控制直流电动机方框图

（3）两相感应电动机

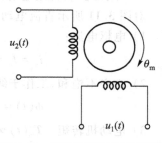

　　两相感应电动机原理图如图 3.13 所示。其中一相为参考相，外加恒定的交流电压，另一相为控制相。两相定子绕组互相垂直配置。当控制相外加一交变电压时，两相则分别产生交变磁场，这两个交变磁场合成一个旋转磁场。转子绕组对于旋转磁场相当于切割磁力线的运动，因而会产生感应电动势，使电枢绕组中具有感应电流。转子通电导线在旋转磁场作用下，产生力矩使转子旋转。通过改变控制电压的相位及幅值，就可改变电动机的旋转方向及转速。

图 3.13　两相感应电动机原理图

　　两相感应电动机的力矩–速度曲线如图 3.14 所示。可见，这组曲线具有严重的非线性因素。将其线性化后得到图 3.15 所示力矩–速度曲线图。图中，Ω_0 为空载转速，T_0 为堵转转矩，U_1 为额定控制电压。

　　对任意转矩 T_{m}，图 3.15 中的直线方程为：

$$T_{\mathrm{m}}(t) = m\omega_{\mathrm{m}}(t) + T_{\mathrm{d}}(t) \tag{3.55}$$

$$T_{\mathrm{d}}(t) = Ku_2(t) \tag{3.56}$$

式中：$m = -\dfrac{T_0}{\Omega_0}$；

　　　$u_2(t)$——控制电压；

　　　K——额定电压下单位控制电压的堵转转矩，$K = \dfrac{T_0}{U_1}$。

　　电动机的力矩平衡方程为：

$$T_{\mathrm{m}}(t) = B_{\mathrm{em}} \frac{\mathrm{d}\theta_{\mathrm{m}}(t)}{\mathrm{d}t} + J_{\mathrm{em}} \frac{\mathrm{d}^2 \theta_{\mathrm{m}}(t)}{\mathrm{d}t^2} \tag{3.57}$$

式中：J_{em}——电动机轴（包括负载端折算到转子轴上的）等效转动惯量；

B_{em}——电动机轴(包括负载端折算到转子轴上的)等效黏摩擦系数。

对式(3.55)、式(3.56)和式(3.57)取拉氏变换并解得电动机的传递函数为:

$$\frac{\Theta_m(s)}{U_2(s)} = \frac{K_m}{s(1 + \tau_m s)} \tag{3.58}$$

式中:K_m——电动机增益常数,$K_m = \dfrac{K}{B_{em}-m}$;

τ_m——电动机时间常数,$\tau_m = \dfrac{J_{em}}{B_{em}-m}$。

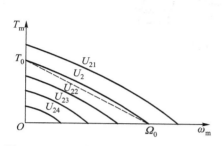

图 3.14 两相感应电动机力矩-速度曲线

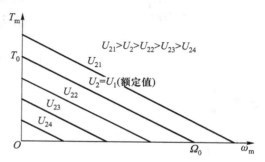

图 3.15 线性化的力矩-速度曲线

3. 典型位置随动系统的数学模型

图 3.16 为一典型的位置随动系统原理图。图中各符号意义如前所述。描述各变量关系的微分方程为:

$$\theta_e(t) = \theta_r(t) - \theta_c(t) \tag{3.59}$$

$$u(t) = K_s \theta_e(t) \tag{3.60}$$

$$u_a(t) = Au(t) \tag{3.61}$$

$$u_a(t) = L_a \frac{di_a(t)}{dt} + R_a i_a(t) + K_b \frac{d\theta_m(t)}{dt} \tag{3.62}$$

$$T_m(t) = K_i i_a(t) \tag{3.63}$$

$$T_m(t) = J_{em} \frac{d^2\theta_m(t)}{dt^2} + B_{em} \frac{d\theta_m(t)}{dt} \tag{3.64}$$

$$\theta_c(t) = \frac{N_1}{N_2}\theta_m(t) \tag{3.65}$$

在以上式中,A 为放大器增益;$J_{em} = J_m + \left(\dfrac{N_1}{N_2}\right)^2 J_L$;$B_{em} = B_m + \left(\dfrac{N_1}{N_2}\right)^2 B_L$

由方程式(3.59)到式(3.65)可以画出方框图如图 3.17 所示,并可求得系统的传递函数为:

$$\frac{\Theta_c(s)}{\Theta_r(s)} = \frac{K_s A K_i \dfrac{N_1}{N_2}}{R_a B_{em} s(1 + T_a s)(1 + T_{em} s) + K_b K_i s + K_s A K_i \dfrac{N_1}{N_2}} \tag{3.66}$$

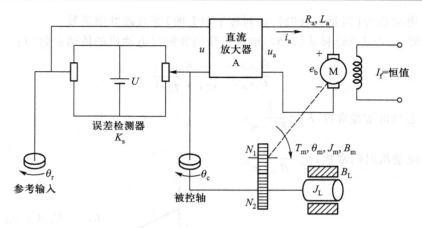

图 3.16　位置随动系统原理图

式中：$T_a = \dfrac{L_a}{R_a}$；

$$T_{em} = \dfrac{J_{em}}{B_{em}}。$$

图 3.17 和式(3.66)就是该典型位置随动系统的动态结构图和动态数学模型。

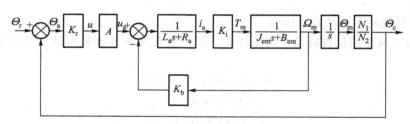

图 3.17　位置随动系统信号流图

3.3　控制系统的性能分析

系统的数学模型建立起来后，就可以对系统进行性能分析。系统的性能主要包括稳定性、稳态性以及动态性。

3.3.1　控制系统的稳定性分析

1. 控制系统的时间响应

设线性定常控制系统的闭环传递函数为：

$$G(s) = \frac{b_m s^m + b_{m-1} s^{m-1} + \cdots + b_1 s + b_0}{a_n s^n + a_{n-1} s^{n-1} + \cdots + a_1 s + a_0} \qquad n \geqslant m \qquad (3.67)$$

则系统的特征方程为：

$$a_n s^n + a_{n-1} s^{n-1} + \cdots + a_1 s + a_0 = 0 \tag{3.68}$$

若特征方程的 n 个特征根中有 n_1 个为实数根、n_2 对共轭复数根,则特征方程可以分解为 n_1 个一次因式 $(s+p_j)(j=1,2,\cdots,n_1)$ 及 n_2 个二次因式 $(s^2+2\zeta_k\omega_{nk}s+\omega_{nk}^2)(k=1,2,\cdots,n_2)$ 的乘积,即

$$\prod_{j=1}^{n_1}(s+p_j)\prod_{k=1}^{n_2}(s^2+2\zeta_k\omega_{nk}s+\omega_{nk}^2)=0, n_1+2n_2=n$$

表明闭环系统的传递函数有 n_1 个实数极点 $-p_j$ 和 n_2 对共轭复数极点 $-\zeta_k\omega_{nk}\pm j\omega_{nk}\sqrt{1-\zeta_k^2}$,$-\zeta_k\omega_{nk}$ 为极点的实部,ω_{nk} 和 ζ_k 分别为系统中第 k 个二阶环节的固有频率和阻尼比。

设系统的传递函数 m 个零点为 $-z_i(i=1,2,\cdots,m)$,则系统的传递函数可写为:

$$G(s)=\frac{K\prod\limits_{i=1}^{m}(s+z_i)}{\prod\limits_{j=1}^{n_1}(s+p_j)\prod\limits_{k=1}^{n_2}(s^2+2\zeta_k\omega_{nk}s+\omega_{nk}^2)} \tag{3.69}$$

对系统输入单位阶跃信号 $X_i(s)=\dfrac{1}{s}$,则其输出为:

$$X_o(s)=G(s)\frac{1}{s}=\frac{K\prod\limits_{i=1}^{m}(s+z_i)}{s\prod\limits_{j=1}^{n_1}(s+p_j)\prod\limits_{k=1}^{n_2}(s^2+2\zeta_k\omega_{nk}s+\omega_{nk}^2)}$$

对上式按部分分式展开得:

$$X_o(s)=\frac{A_o}{s}+\sum_{j=1}^{n_1}\frac{A_j}{s+p_j}+\sum_{k=1}^{n_2}\frac{B_k s+C_k}{s^2+2\zeta_k\omega_{nk}s+\omega_{nk}^2} \tag{3.70}$$

式中:A_o——$X_o(s)$ 在 $s=0$ 处的留数,$A_o=\lim\limits_{s\to 0}sX_o(s)=\dfrac{b_0}{a_0}$;

A_j——$X_o(s)$ 在 $s=-p_j$ 处的留数,$A_j=\lim\limits_{s\to -p_j}X_o(s)(s+p_j)(j=1,2,\cdots,n_1)$;

B_k、C_k——$X_o(s)$ 在闭环复数极点 $s=-\zeta_k\omega_{nk}\pm j\omega_{nk}\sqrt{1-\zeta_k^2}$ 处与留数有关的常系数。

对 $X_o(s)$ 的表达式进行拉氏反变换后可得到系统的时间响应为:

$$x_o(t)=A_o+\sum_{j=1}^{n_1}A_j e^{-p_j t}+\sum_{k=1}^{n_2}D_k e^{-\zeta_k\omega_{nk}t}\sin(\omega_{dk}t+\beta_k) \tag{3.71}$$

式中:$\omega_{dk}=\omega_{nk}\sqrt{1-\zeta_k^2}$;

$$\beta_k=\arctan\frac{B_k\omega_{dk}}{C_k-\zeta_k\omega_{nk}B_k};$$

$$D_k=\sqrt{B_k^2+\left(\frac{C_k-\zeta_k\omega_{nk}B_k}{\omega_{dk}}\right)^2}, k=(1,2,\cdots,n_2)。$$

其中,ω_{dk} 为稳态分量,β_k 为指数曲线(一阶系统),D_k 为振荡曲线(二阶系统)。

2. 控制系统的稳定性分析

当系统的闭环极点全部在 s 平面(根平面:$s = \sigma \pm j\omega$)的左半平面时,其特征根(极点)具有负实部,即有 $-p_j < 0$ 和 $-\zeta_k \omega_{nk} < 0$。在时间 $t \to \infty$ 时,由式(3.71)得系统的单位阶跃稳态响应为:

$$\lim_{t \to \infty} x_o(t) = x_o(\infty) = A_o \tag{3.72}$$

当系统的闭环极点有一个或几个在 s 平面的右半平面时,其相应的特征根(极点)具有正实部,则系统的输出响应 $x_o(t)$ 随着时间 $t \to \infty$,将发散或振荡发散,使系统处于不稳定状态。而当系统有闭环极点在 s 平面的虚轴上时,则系统输出响应 $x_o(t)$ 随着时间 $t \to \infty$,将持续等幅振荡,使系统处于临界稳定状态,系统随极点在 s 平面变化的瞬态响应如图 3.18 所示。

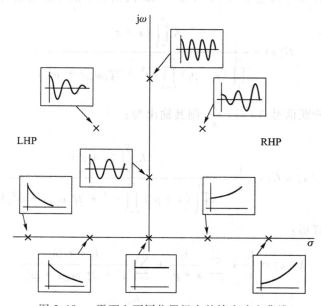

图 3.18　s 平面上不同位置极点的输出响应曲线

由以上分析可知,线性控制系统稳定的充分必要条件是系统特征方程的所有根具有负的实部,或特征根全部在 s 平面的左半平面。如果系统有一个根在 s 平面的右半平面(即实部为正),则系统不稳定。若特征根中有纯虚根,其余根均在 s 平面左半平面,则系统为临界稳定状态。

判断一个控制系统是否稳定除采用上述充分必要条件外,还可以用劳斯代数稳定性判据、奈奎斯特稳定性频域判据以及稳定裕量等方法来判断系统的稳定性。

下面介绍用稳定性频域判据分析系统的稳定性问题。

设闭环系统的开环传递函数为 $G_k(s) = \dfrac{M(s)}{N(s)}$,则系统的闭环特征函数为:

$$F(s) = 1 + G_k(s) = \frac{N(s) + M(s)}{N(s)} = \frac{D_B(s)}{D_k(s)}$$

闭环特征函数是复变函数,具有复变函数的所有特性。当 $s = j\omega$ 时,闭环特征函数的频率特性为:

$$F(j\omega) = 1 + G_k(j\omega) = \frac{D_B(j\omega)}{D_k(j\omega)} \tag{3.73}$$

可见,闭环特征函数的频率特性 $F(j\omega)$ 是闭环特征多项式 $D_B(j\omega) = N(j\omega) + M(j\omega)$ 与开环特征多项式 $D_k(j\omega) = N(j\omega)$ 之比,它反映了系统的闭环极点与开环极点以及系统开环频率特性 $G_k(j\omega)$ 之间的关系。其关系可用奈奎斯特稳定性判据来描述。

如果开环系统在 s 复平面的右半平面具有 N_p 个极点,由 $\omega = -\infty \rightarrow +\infty$ 所对应的开环频率特性的极坐标曲线 $G_k(j\omega)$ 逆时针围绕点 $(-1, j0)$ 的圈数为 N,那么闭环系统稳定的充分必要条件就是:

$$N = N_p \tag{3.74}$$

若闭环系统是稳定的,则其开环极坐标曲线 $G_k(j\omega)$ 一定是逆时针围绕 $(-1, j0)$ 点 $N(N \geq 0)$ 圈,此时在 s 平面的右半平面或其虚轴上均无闭环极点存在;若开环极坐标曲线 $G_k(j\omega)$ 顺时针围绕 $(-1, j0)$ 点 $N(N < 0)$ 圈时,则系统一定不稳定,而不管其开环系统在 s 平面的右半平面是否具有极点。

下面通过 2 个实例来说明分析系统稳定性的方法。

(1) 机床主轴加工系统的稳定性分析

由前述机床主轴加工系统的闭环的特征方程式(3.13)可得其开环传递函数为:

$$G_k(s) = \frac{k_c}{K_m}(1 - e^{-\tau s}) G_m(s) \tag{3.75}$$

由系统的闭环特征方程得开环频率特性 $G_k(j\omega) = -1$,即

$$-\frac{K_m}{k_c}\frac{1}{1 - e^{-\tau s}} = G_m(s) \tag{3.76}$$

令 $G_c(s) = -\dfrac{K_m}{k_c}\dfrac{1}{1 - e^{-\tau s}}$ 就可将奈奎斯特稳定性判据中的开环频率特性极坐标曲线 $G_k(j\omega)$ 是否包围 $(-1, j0)$ 点的问题归结为 $G_m(j\omega)$ 的奈氏图是否包围 $G_c(j\omega)$ 的极坐标轨迹的问题。$G_m(j\omega)$ 和 $G_c(j\omega)$ 的极坐标图如图 3.19 所示。其中:

$$G_c(j\omega) = -\frac{K_m}{k_c}\frac{1}{1 - e^{-\tau j\omega}} = -\frac{K_m}{k_c}\frac{1}{1 - \cos\tau\omega + j\sin\tau\omega}$$

$$= -\frac{K_m}{k_c}\left(\frac{1}{2} - j\cot\frac{\tau\omega}{2}\right)$$

可见,$G_c(j\omega)$ 为一条平行于虚轴,与虚轴相距 $\dfrac{-K_m}{2k_c}$ 的直线。当 ω 等于零时,$G_c(j0) = -\infty \angle -\pi$,如图 3.19 所示。

由奈奎斯特判据可知:

1) 若 $G_m(j\omega)$ 不包围 $G_c(j\omega)$,即 $G_m(j\omega)$ 与 $G_c(j\omega)$ 不相交,如图 3.19 中的曲线①,则系统绝

对稳定,因此系统绝对稳定的条件是 $G_m(j\omega)$ 中的最小负实部的绝对值小于 $-\dfrac{K_m}{2k_c}$。无论提高主轴的刚度 K_m,还是减小 k_c(切削阻力系数),都可提高稳定性,但对提高稳定性最有利的是增加阻尼。

2) 若 $G_m(j\omega)$ 包围 $G_c(j\omega)$ 一部分,即 $G_m(j\omega)$ 与 $G_c(j\omega)$ 相交,如图 3.19 中曲线③,则在一定频段下工作系统不稳定。

如果在工作频率 ω 下,保证 ω 避开 $\omega_A \sim \omega_B$ 的范围,也就是适当选择 τ 系统可稳定。所以,在此条件下系统的条件为:选择适当的主轴转速 $n\left(\text{在单刀铣刀时},\tau=\dfrac{1}{n}\right)$,使图 3.19 中的 $G_m(j\omega)$ 不包围 $G_c(j\omega)$ 上的点。

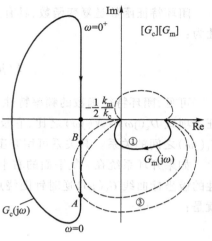

图 3.19　$G_m(j\omega)$ 和 $G_c(j\omega)$ 的奈氏图

(2) 电液伺服位置控制系统的稳定性分析

图 3.20 所示为阀控缸电液伺服位置控制系统,其控制方框图模型如图 3.21 所示。图中,阀控液压缸方框图的传递函数由式(3.32)确定。

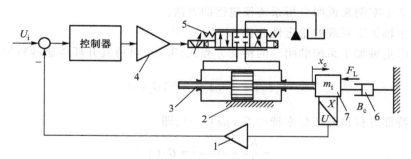

图 3.20　阀控缸电液伺服位置控制系统

1—反馈放大器;2—机架;3—液压缸;4—电子伺服放大器;5—电液伺服阀;6—黏性阻力负载;7—惯性负载

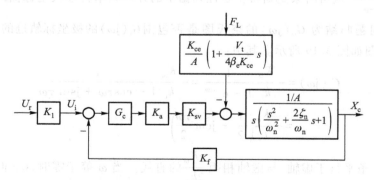

图 3.21　阀控缸电液伺服位置控制系统的框图

在系统校正前 $G_c(s)=1$,由图 3.21 可得系统的开环传递函数 $G_k(s)$ 及开环增益 K_v 为

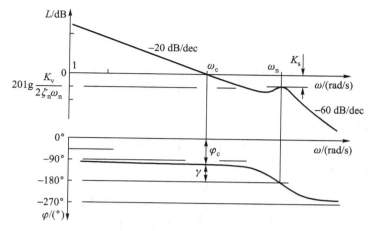

图 3.22 阀控缸电液伺服位置控制系统动态性能图

$$\begin{cases} G_k(s) = \dfrac{K_v}{s\left(\dfrac{s^2}{\omega_n^2} + \dfrac{2\zeta_n}{\omega_n}s + 1\right)} \\ K_v = \dfrac{K_1 K_f K_a K_{sv}}{A} \end{cases} \tag{3.77}$$

系统的特征方程为

$$1 + G_k(s) = s^3 + 2\zeta_n\omega_n s^2 + \omega_n^2 s + \omega_n^2 K_v = 0 \tag{3.78}$$

根据劳斯判据,阀控缸电液伺服位置控制系统满足稳定性的条件为:$K_v < 2\zeta_n\omega_n$。

阀控缸电液伺服位置控制系统性能如图 3.22 所示。当系统的增益(幅值)裕量 $L_g = 20\lg K_g$ 大于 6 dB(或 $K_g \geqslant 2$)及相位裕量 γ 在 30° ~ 60° 范围时,系统有较好的动态性能。阀控缸电液伺服位置控制系统的增益裕量为相频穿越频率处幅频特性的倒数,即:

$$K_g = \frac{1}{A(\omega_g)} = \frac{\omega_g}{K_v} \times \sqrt{\left[1 - \left(\frac{\omega_g}{\omega_n}\right)^2\right]^2 + \left(2\zeta_n\frac{\omega_g}{\omega_n}\right)^2} \tag{3.79}$$

根据定义,求其相频穿越频率 ω_g 为:

$$\varphi(\omega_g) = -\frac{\pi}{2} - \tan^{-1}\frac{2\zeta_n\dfrac{\omega_g}{\omega_n}}{1 - \left(\dfrac{\omega_g}{\omega_n}\right)^2} = -\pi \Rightarrow \omega_g = \omega_n \tag{3.80}$$

可见,系统相频穿越频率等于系统的固有频率。

由此可得系统满足增益裕量 $K_g \geqslant 2$ 的系统开环增益为:$K_v \leqslant \zeta_n\omega_n$。

系统的相位裕量为:

$$\gamma = 180° + \varphi(\omega_c) \tag{3.81}$$

式中,ω_c 为系统的截止(幅值穿越)频率,$A(\omega_c) = 1$ 确定。

若要求阀控缸电液伺服位置控制系统的相位裕量为 $\gamma = 45°$,即:

$$\gamma = 180° + \varphi(\omega_c) = 45°$$

由此得：

$$\varphi(\omega_c) = -\frac{\pi}{2} - \tan^{-1}\frac{2\zeta_n\dfrac{\omega_c}{\omega_n}}{1-\left(\dfrac{\omega_c}{\omega_n}\right)^2} = -\frac{3\pi}{4}$$

求解上式得系统的截止频率为：

$$\omega_c = \omega_n\left(-\zeta_n + \sqrt{\zeta_n^2 + 1}\right)$$

若要求相位裕量 $\gamma \geqslant 45°$，则：

$$\frac{K_v}{\omega_c\sqrt{\left[1-\left(\dfrac{\omega_c}{\omega_n}\right)^2\right]^2 + \left(2\zeta_n\dfrac{\omega_c}{\omega_n}\right)^2}} \leqslant 1$$

解得系统开环增益为：$K_v \leqslant 2\sqrt{2}\zeta_n\omega_n\left(\sqrt{\zeta_n^2+1}-\zeta_n\right)^2$。

由以上分析可知，可根据性能要求确定阀控缸电液伺服位置控制系统的开环增益。

设计实际工程控制系统时，要求系统不仅要稳定而且还要有一定的稳定程度，常根据系统对数频率特性中的相位裕量 γ 和幅值（增益）裕量 L_g 来分析系统的相对稳定性，如图 3.23 所示，其计算公式为：

$$\begin{cases}\gamma = 180° + \angle G_k(j\omega_c) = 180° + \varphi(\omega_c)\\ L_g = -20\lg|G_k(j\omega_g)| = -L(\omega_g)\end{cases} \tag{3.82}$$

式中：ω_c——系统的幅值穿越频率，$L(\omega_c) = 0$；

ω_g——系统的相频穿越频率，$\varphi(\omega_g) = -180°$。

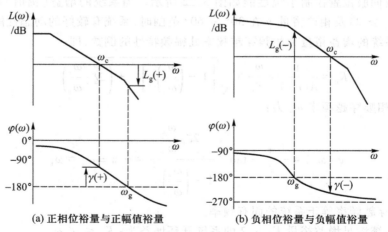

(a) 正相位裕量与正幅值裕量   (b) 负相位裕量与负幅值裕量

图 3.23 相位裕量与幅值裕量

当 $\gamma>0$ 时，相位裕量为正值；当 $\gamma<0$ 时，相位裕量为负值。当 $L_g>0$ 时，幅值裕量为正值；当 $L_g<0$ 时，幅值裕量为负值。只有同时满足 $\gamma>0$，$L_g>0$，系统才能稳定，为了使闭环系统具有良好的动态性能，通常要求 $\gamma=30\sim60°$，$L_g>6$ dB。

3.3.2 控制系统的误差分析

系统的误差用来度量系统的精度,误差小系统的精度就高。误差分为稳态误差和静态误差。稳态误差为原理性误差,主要取决于系统的输入和结构;静态误差是由系统的零漂、死区以及摩擦等非线性因素引起的输出误差。

1. 系统的稳态误差

对于给定输入和干扰输入同时作用的控制系统如图 3.24 所示,其系统误差(偏差)的拉氏变换为:

$$E(s) = \frac{1}{1 + G_1(s) G_2(s) H(s)} X_i(s) + \frac{- G_2(s) H(s)}{1 + G_1(s) G_2(s) H(s)} N(s) \quad (3.83)$$

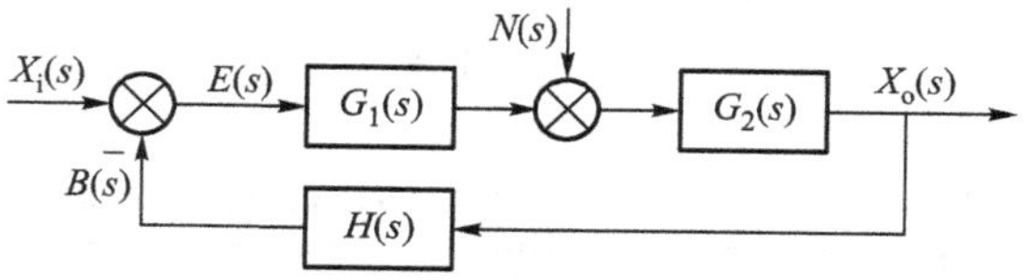

图 3.24 计及干扰作用的系统

给定输入信号和干扰输入信号引起的误差分别为:

$$\begin{cases} E_{X_i}(s) = \dfrac{1}{1 + G_1(s) G_2(s) H(s)} X_i(s) \\[4mm] E_N(s) = \dfrac{- G_2(s) H(s)}{1 + G_1(s) G_2(s) H(s)} N(s) \end{cases} \quad (3.84)$$

利用拉氏变换的终值定理,其稳态误差分别为:

$$\begin{cases} \varepsilon_{si} = \lim_{s \to 0} s E_{X_i}(s) = \lim_{s \to 0} \dfrac{s X_i(s)}{1 + G_1(s) G_2(s) H(s)} \\[4mm] \varepsilon_{sn} = \lim_{s \to 0} s E_N(s) = \lim_{s \to 0} \dfrac{- s G_2(s) H(s) N(s)}{1 + G_1(s) G_2(s) H(s)} \end{cases} \quad (3.85)$$

系统的误差 $E(s)$ 就是给定输入信号 $X_i(s)$ 引起的误差和干扰输入信号 $N(s)$ 引起的误差之和,即

$$\varepsilon_s = \lim_{t \to 0} s E(s) = \varepsilon_{si} + \varepsilon_{sn} \quad (3.86)$$

式中,$G_1(s)$、$G_2(s)$、$H(s)$ 取决于系统的结构、参数;式(3.83)分子中的 $G_2(s)$ 取决于扰动量的作用点。

由以上分析可知,系统的稳态误差由跟随误差和扰动误差两部分组成。它们不仅和系统的结构、参数有关,而且还和作用量(输入量和扰动量)的大小、变化规律和作用点有关。

若系统开环传递函数的一般形式为:

$$G_k(s) = G(s) H(s) = G_1(s) G_2(s) H(s)$$

$$= \frac{K \prod_{k=1}^{p} (T_k s + 1) \prod_{l=1}^{q} (T_l^2 s^2 + 2\zeta_l T_l s + 1)}{s^v \prod_{i=1}^{g} (T_i s + 1) \prod_{j=1}^{h} (T_j^2 s^2 + 2\zeta_j T_j s + 1)} e^{-T_d s} \tag{3.87}$$

式中： K——开环传递系数和开环放大系数；

           v——开环传递函数所包含积分环节的个数；

$p+2q=m$——分子多项式的阶数；

$v+g+2h=n$——分母多项式的阶数（即系统的阶次），对于实际的系统有 $n \geq m$。

由式（3.85）得稳态误差的计算公式为：

$$\begin{cases} \varepsilon_{si} = \lim_{s \to 0} s E_{X_i}(s) = \lim_{s \to 0} \dfrac{s X_i(s)}{1 + \dfrac{K}{s^v}} \\[4mm] \varepsilon_{sn} = \lim_{s \to 0} s E_N(s) = \lim_{s \to 0} \dfrac{-s G_2(s) H(s) N(s)}{1 + \dfrac{K}{s^v}} \end{cases} \tag{3.88}$$

可见，系统的静态误差只与系统的类型（积分环节的个数）v、系统开环传递（放大）系数 K 和给定 $X_i(s)$（或干扰 $N(s)$）输入信号有关。在分析控制系统误差时，需要研究不同输入时，其误差的变化情况。

（1）当输入信号为单位阶跃信号时，即 $X_i(s) = \dfrac{1}{s}$，由式（3.88）得系统的给定输入稳态误差为：

$$\varepsilon_{si} = \frac{1}{1 + K_p}$$

式中：K_p——位置静态误差系数。

$$K_p = \lim_{s \to 0} G(s) H(s) = \lim_{s \to 0} \frac{K}{s^v} = \begin{cases} K & v = 0 \\ \infty & v = 1, 2, \cdots \end{cases}$$

所以系统在单位阶跃信号作用下的稳态误差为：

$$\varepsilon_{si} = \frac{1}{1 + K_p} = \begin{cases} \dfrac{1}{1 + K} & v = 0 \\[3mm] 0 & v = 1, 2, \cdots \end{cases} \tag{3.89}$$

由式（3.89）可知，在给定信号为阶跃信号时，当系统为 0 型系统时将产生固定的误差值 $\dfrac{1}{1+K}$，当系统为 Ⅰ 型、Ⅱ 型及以上系统时，将不会产生稳态误差，也就是说输出准确地反映了输入。可见当给定信号为阶跃信号时，系统开环传递函数中有积分环节时，系统阶跃响应的稳态值将是无差的，而没有积分环节时，稳态值是有差的，为了减小误差，应当适当提高放大倍数。但过

大的 K 值将影响系统的相对稳定性。

（2）当输入信号为单位斜坡信号时，即 $X_{\mathrm{i}}(s) = \dfrac{1}{s^2}$，系统的稳态误差为：

$$\varepsilon_{\mathrm{si}} = \frac{1}{K_{\mathrm{v}}}$$

式中：K_{v}——速度静态误差系数。

$$K_{\mathrm{v}} = \lim_{s \to 0} sG(s)H(s) = \lim_{s \to 0} \frac{K}{s^{v-1}}$$

$$= \begin{cases} 0 & v = 0 \\ K & v = 1 \\ \infty & v = 2,3,\cdots \end{cases}$$

系统在单位斜坡信号作用下的稳态误差为：

$$\varepsilon_{\mathrm{si}} = \frac{1}{K_{\mathrm{v}}} = \begin{cases} \infty & v = 0 \\ \dfrac{1}{K} & v = 1 \\ 0 & v = 2,3,\cdots \end{cases} \tag{3.90}$$

由此可知，当给定信号为单位速度信号时，且系统为 0 型系统时，将产生无穷大的静态误差，当系统为 I 型系统时，将产生固定的静态误差值 $\dfrac{1}{K}$，当系统为 II 型及以上系统时，其静态误差为零。

（3）当输入信号为单位加速度信号时，有 $X_{\mathrm{i}}(s) = \dfrac{1}{s^3}$，系统的稳态误差为：

$$\varepsilon_{\mathrm{si}} = \frac{1}{K_{\mathrm{a}}}$$

式中：K_{a}——加速度静态误差系数。

$$K_{\mathrm{a}} = \lim_{s \to 0} s^2 G(s)H(s) = \lim_{s \to 0} \frac{K}{s^{v-2}} = \begin{cases} 0 & v = 0,1 \\ K & v = 2 \\ \infty & v = 3,4,\cdots \end{cases}$$

故系统在单位加速度信号作用下的静态误差为：

$$\varepsilon_{\mathrm{si}} = \frac{1}{K_{\mathrm{a}}} = \begin{cases} \infty & v = 0,1 \\ \dfrac{1}{K} & v = 2 \\ 0 & v = 3,4,\cdots \end{cases} \tag{3.91}$$

由式（3.91）可知，当给定信号为单位速度信号时，且系统为 0 或 I 型系统时将产生无穷大的静态误差，当系统为 II 型系统时将产生固定的静态误差 $\dfrac{1}{K}$，当系统为 III 型及以上系统时，其静态误差为零。

　　由以上分析可知,在给定 $X_i(s)$ 输入信号作用下,系统的静态误差(跟随误差)与系统的类型(积分环节的个数)v、系统开环传递(放大)系数 K 有关。若 v 愈多,K 愈大,则跟随稳态精度愈高,即系统的稳态性能愈好。

　　2. 系统的静态误差

　　除了系统因输入误差和负载(干扰)输入误差之外,还有运动零部件的摩擦力、间隙、零漂和死区等引起的静态误差。由于不同领域的系统及其组成或结构各不相同,其静态误差也不同。以阀控缸电液伺服位置控制系统为例(图 3.21),令 $s \to 0$ 可得系统静态误差计算分析模型,如图 3.25 所示。

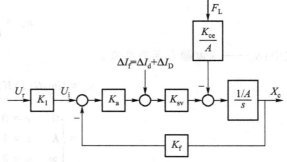

图 3.25　阀控缸电液伺服位置控制
系统静态误差分析模型

　　若负载摩擦力为 F_f,则由此引起系统的位置误差为:

$$\Delta x_{c1} = \frac{K_{ce} F_f}{K_v A^2} \tag{3.92}$$

　　静摩擦力矩折算到伺服阀输入端的死区电流为:

$$\Delta I_{D1} = \frac{K_{ce} F_f}{K_{sv} A} \tag{3.93}$$

　　电液伺服阀的零漂和死区所引起的位置误差为:

$$\Delta x_{c2} = \frac{\Delta I_d + \Delta I_D}{K_e K_d K_a} \tag{3.94}$$

　　系统总静态位置误差为:

$$\Delta x_c = \frac{\sum \Delta I}{K_e K_d K_a} \tag{3.95}$$

3.3.3　控制系统的动态性能分析

　　系统的动态性能就是输出响应的过渡过程情况,一个稳定的控制系统,描述其动态性能的时域参数主要有上升时间 t_r、峰值时间 t_p、调整时间 t_s 以及最大超调量 M_p 等。影响系统动态性能的因素主要是极点和零点。

　　1. 零点对系统动态性能的影响

　　由式(3.71)衰减幅值系数 A_j 及 $D_k(B_k,C_k)$ 可知,系统动态性能还与系统的零点有关,系统零点将对过渡过程产生影响。当极点和零点靠得很近时,对应项的幅值也很小,与极点对应的分量衰减很慢,即这对零、极点对系统过渡过程影响将很小。系数大而衰减慢的那些分量,将在动态过程起主导作用。

　　2. 极点对系统动态性能的影响

　　由图 3.18 分析可知,系统的输出响应与各分量幅值衰减快慢程度有关,主要取决于极点离虚轴及原点的距离,$-p_j$、$-\zeta_k \omega_{nk}$ 的绝对值愈大,衰减愈快;极点位置距原点越远,则对应项的幅值就越小,对系统过渡过程的影响就越小;输出响应的振荡频率主要取决于极点离实轴的距离,当系统极点离实轴越远时,输出响应的振荡频率越高。

由式(3.87)可知,一个系统可以分解成若干个零阶系统、一阶系统以及二阶系统。各阶系统应满足的动态性能时域指标极点取值范围必须位于图3.26所示阴影左侧范围内。

如果系统中离虚轴最近的极点,其实部小于其他极点实部的1/5,并且附近不存在零点,可以认为系统的动态响应主要由这一对极点决定,称为主导极点。利用主导极点的概念可将主导极点为共轭复数极点的高级系统降级近似作二阶系统来处理。

图3.27显示出了极点位置与对应的单位阶跃响应曲线间的关系。设有一系统,其传递函数极点在 s 平面上的分布如图3.27a所示。极点 s_3 距虚轴距离不小于共轭复数极点 s_1、s_2 距虚轴距离的5倍,即 $|Res_3| \geqslant 5|Res_1| = 5\zeta\omega_n$(此处 ζ、ω_n 对应于极点 s_1、s_2);同时,极点 s_1、s_2 的附近不存在系统的零点。由以上条件可算出与极点 s_3 所对应的过渡过程分量的调整时间为:

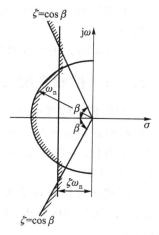

图3.26 系统在 s 平面上满足时域性能指标的范围

$$t_{s3} \leqslant \frac{1}{5} \times \frac{4}{\zeta\omega_n} = \frac{1}{5}t_{s1}$$

式中: t_{s1} ——极点 s_1、s_2 所对应过渡过程的调整时间。

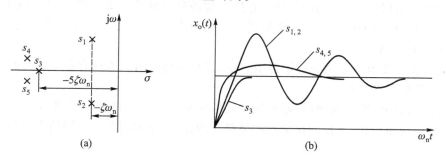

(a)   (b)

图3.27 系统极点的位置与阶跃响应的关系

图3.27b表示图3.27a所示的单位阶跃响应函数的分量。由图可知,由共轭复数极点 s_1、s_2 确定的分量在该系统的单位阶跃响应函数中起主导作用,即主导极点。因为它衰减得最慢。其他远离虚轴的极点 s_3、s_4、s_5 所对应的单位阶跃响应衰减较快,它们仅在极短时间内产生一定的影响。因此,对系统过渡过程进行近似分析时,可以忽略这些分量对系统过渡过程的影响。

3.4 控制系统的综合与校正

若系统不能全面地满足所要求的性能指标,则可考虑对原已选定的系统增加些必要的元件或环节以改善系统性能,使系统能够全面地满足所要求的性能指标,即对系统进行综合或校正。

综合校正的方法可以用频域校正法、时域校正法等,下面主要针对频域校正法加以介绍。

3.4.1 控制系统的串联校正

1. 串联校正的基本原理

串联校正指校正环节 $G_c(s)$ 串联在原传递函数方框图的前向通道中,如图 3.28 所示。为了减少功率消耗,串联校正环节一般都放在前向通道的前端,即低功率部分。

图 3.28   串联校正

串联校正按校正环节 $G_c(s)$ 的性质可分为:① 增益调整,② 相位超前校正,③ 相位滞后校正,④ 相位滞后-超前校正。

串联校正对系统作用如下:

1)超前校正是通过其相应超前效应获得所需结果,而滞后校正则通过其高频衰减特性获得所需结果。

2)校正增大了相位裕量和带宽,带宽增大意味着调整时间减小。具有超前校正的系统,其带宽总是大于具有滞后校正系统的带宽。因此,如果需要系统具有大的带宽,或具有快速的响应特性,则应当采用超前校正。如果系统存在着噪声信号,则不应增大带宽。因为随着带宽增大,高频增益增加,会使系统对噪声信号更加敏感,此时,应当采用滞后校正。

3)滞后校正可以改善稳态精度,但是它使系统的带宽减小。如果带宽过分减小,则已校正的系统将呈现出缓慢的响应特性。如果既需要快速响应特性,又需要良好的静态精度,则必须采用滞后-超前校正装置。

4)超前校正需要有一个附加的增益增长量,以补偿超前网络本身的衰减。这说明超前校正比滞后校正需要更大的增益。

5)虽然利用超前、滞后及滞后-超前网络能够完成大量的实际校正任务,但对复杂的系统,采用这些网络的简单校正,不能给出满意的结果。因此,必须采用具有不同的零点和极点的各种校正装置。

(1)校正环节与系统之间的关系

图 3.28 所示的系统在校正前,校正环节的传递函数 $G_c(s) = 1$,此时系统的开环传递函数为:

$$G_{k0}(s) = G_0(s)H(s)$$

系统校正后的开环传递函数为:

$$G_k(s) = G_c(s)G_{k0}(s)$$

若给出系统的频域性能指标为相位裕量 $[\gamma]$、增益裕量 $[L_g]$ 及带宽(截止频率) $[\omega_c]$ 等相对稳定性及动态性能指标,则校正后校正装置与校正前系统的幅频特性 $|G(j\omega)|$ 和相频特性 $\angle G(j\omega)$ 之间的关系为

$$\begin{cases} |G_k(j\omega_c)| = |G_c(j\omega_c)| |G_{k0}(j\omega_c)| = 1 \\ \angle G_k(j\omega_g) = \angle G_c(j\omega_g) + \angle G_{k0}(j\omega_g) = -180° \end{cases} \tag{3.96}$$

式中,ω_c、ω_g 分别为校正后系统的幅值穿越频率(截止频率或带宽)和相频穿越频率。

用对数幅频特性 $L(\omega) = 20\lg|G(\mathrm{j}\omega)|$ 和相频特性 $\varphi(\omega) = \angle G(\mathrm{j}\omega)$ 表示,则上式为:

$$\begin{cases} L_k(\omega_c) = L_c(\omega_c) + L_0(\omega_c) = 0 \\ \varphi_k(\omega_g) = \varphi_c(\omega_g) + \varphi_0(\omega_g) = -180° \end{cases} \qquad (3.97)$$

式中,$L_c(\omega_c)$、$\varphi_c(\omega_g)$ 分别为校正装置的对数幅频特性和相频特性;$L_0(\omega_c)$、$\varphi_0(\omega_g)$ 分别为校正前的对数幅频特性和相频特性;$L_k(\omega_c)$、$\varphi_k(\omega_g)$ 分别为系统校正后的对数幅频特性和相频特性。

满足性能指标要求时,则:

$$\begin{cases} \gamma = 180° + \varphi_k(\omega_c) = 180° + \varphi_c(\omega_c) + \varphi_0(\omega_c) \geq [\gamma] \\ L_g = -L_k(\omega_g) = -[L_c(\omega_g) + L_0(\omega_g)] \geq [L_g] \end{cases} \qquad (3.98)$$

利用式(3.97)、(3.98)就可以对系统的校正装置进行设计或选择。

(2)校正后系统的希望频率特性

用频率法对系统进行校正,其基本思路是通过所加校正装置,改变系统开环频率特性的形状,使校正后的系统尽可能满足如图3.29所示的希望频率特性。对于最小相位系统来说其希望的开环对数幅频特性应具有如下特点:

1)低频段的增益要足够大,以满足稳态精度的要求;

2)中频段的幅频特性一般以-20 dB/dec 的斜率穿越零分贝线,其前后斜率变化尽可能为 -40~-20~-40 dB/dec,并具有较宽的频带 ω_c,以保证系统有适当的增益裕量和相位裕量,这样,既保证了 ω_c 附近的斜率为-20 dB/dec,又保证了低频段有较高的增益,即保证了系统具有稳、准的最优特性,从而获得满意的动态性能;

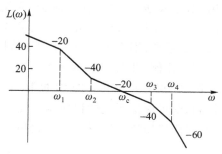

图 3.29 系统的希望频率特性

3)高频段要求幅值迅速衰减(即增益要尽可能的小),使系统的噪声影响降低到最低程度,如果系统原有部分高频段已符合该要求,则校正设计时可保持高频段形状不变;高于 ω_c 的频率特性都希望呈现-40 dB/dec。但是,由于控制系统各个部件之间存在一些较小的时间常数,致使高频段呈现出-60~-100 dB/dec 的形状;

4)衔接频段的斜率一般为前后频段相差 20 dB/dec,若相差 40 dB/dec,则对希望频率特性的性能有较大的影响。

2. PID 调节控制器

在机电一体化系统中,常采用能够实现比例、微分、积分等控制作用的调节器组合成相位超前、相位滞后以及相位滞后-超前等校正环节。它由比例(P)单元、积分(I)单元、微分(D)单元组成 PID 校正装置。

PID 校正装置是按照比例、积分、微分控制规律设计的控制器,它能够解决很多工程控制问题,在工业过程和设备自动化中应用非常广泛,尤其是对于特性为 $Ke^{-\tau's}/(1 + \tau s)$ 和 $Ke^{-\tau's}/[(1 + \tau_1 s)(1 + \tau_2 s)]$ 之类的被控对象,PID 调节控制器是一种比较理想的校正控制器。

PID 调节控制器中包含有三种基本控制规律,即比例(P)、积分(I)和微分(D)控制规律,每种控制规律所起的作用是不同的,既可以单独应用,也可以组合起来应用。

（1）比例控制器

比例控制器实质是一种增益可调的放大器,其校正装置的频率特性为:

$$G_c(j\omega) = K_p; \varphi_c(\omega) = 0; L_c(\omega) = 20\lg K_p \tag{3.99}$$

由图 3.30 可见,当 $K_p > 1$ 时,P 控制对系统性能的影响为:校正后系统的对数幅频特性向上平移,开环增益加大,使系统的稳态误差减小;幅值穿越频率（系统带宽）ω_c（$\omega_c > \omega_{c0}$）增大,过渡过程时间缩短;但系统稳定程度变差（$\gamma(\omega_c) < \gamma(\omega_{c0})$）,只有原系统稳定裕量充分大时才采用比例控制校正系统。当 $K_p < 1$ 时,与 $K_p > 1$ 时,对系统性能的影响正好相反。

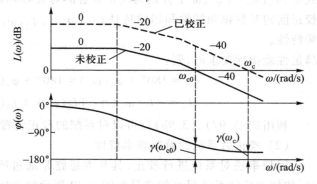

图 3.30　比例（$K_p > 1$）校正对系统性能的影响

比例控制器主要用于加强系统的调节作用,增益 K 越大,调节作用越强,系统的快速响应性越好,但是 K 值过大会导致系统不稳定。比例控制存在稳态误差,增大 K 值可减小稳态误差,但不能消除稳态误差。对于干扰较大、惯性也较大的系统,不宜单独采用比例控制。

（2）比例-积分（PI）控制器

比例-积分校正装置即 PI 控制调节器,是相位滞后校正装置,是在比例控制的基础上加上积分控制,既可保证系统的快速响应性,又可消除系统的稳态误差,使系统稳态和瞬态特性都得到改善,因而应用比较广泛。其对数频率特性为:

$$\begin{cases} L_c(\omega) = 20\lg \dfrac{K\sqrt{1 + (T\omega)^2}}{\omega}, \quad K = \dfrac{1}{T_i}, \quad T = K_p T_i \\ \varphi_c(\omega) = \tan^{-1}(T\omega) - 90° < 0 \end{cases} \tag{3.100}$$

式中,K_p 为比例调节系数;T_i 为积分时间常数。

比例-积分校正装置的对数频率特性如图 3.31a 所示。当 $K_p = 1$ 时,可提高系统的型次,使稳态性能得到改善,但相位裕量减小,稳定程度变差,其校正后系统性能如图 3.31b 所示;当 $K_p < 1$ 时,也可提高系统型次,改善其稳态性能,并可使系统从不稳定变为稳定,但系统的带宽 ω_c 减小,使系统的快速性变差,其校正后系统的性能如图 3.31c 所示。

（3）比例-微分（PD）控制器

比例-微分校正装置即 PD 调节器,也属于相位超前校正装置,其频率特性为:

$$\begin{cases} L_c(\omega) = 20\lg K_p \sqrt{1 + (T_d\omega)^2} \\ \varphi_c(\omega) = \tan^{-1}(T_d\omega) > 0 \end{cases} \tag{3.101}$$

式中,T_d 为微分时间常数。

图 3.32a 为 PD 校正装置的频率特性图。图 3.32b 所示为 PD 校正系统的性能图,在 PD 控制器中,由于微分控制作用的加入,可缩短瞬态响应的过渡过程,使系统稳定性和动态精度都得到提高。但是,比例微分控制不能消除稳态误差。PD 控制器对具有较大容量滞后（如温度控制

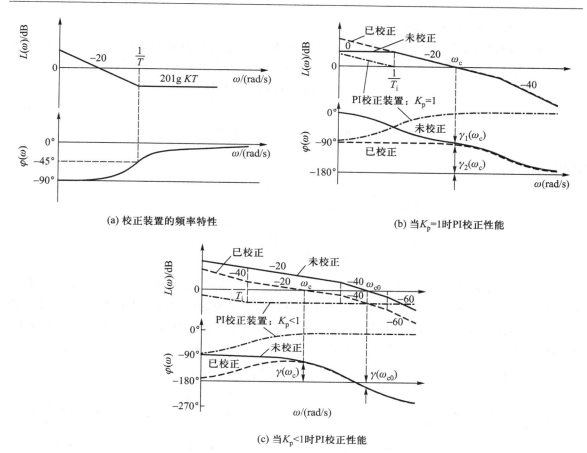

(a) 校正装置的频率特性

(b) 当 $K_p=1$ 时 PI 校正性能

(c) 当 $K_p<1$ 时 PI 校正性能

图 3.31 比例-积分校正

中由物体热容量引起的滞后)的系统具有显著的控制效果。PD 控制器可使系统相位裕量增加（因为 $\varphi_c(\omega)>0$），稳定性提高，带宽 ω_c 增大，快速性提高。当 $K_p=1$ 时，系统的稳态性能没有变化，高频段增益上升，可能导致执行元件输出饱和，并且降低了系统抗干扰的能力。

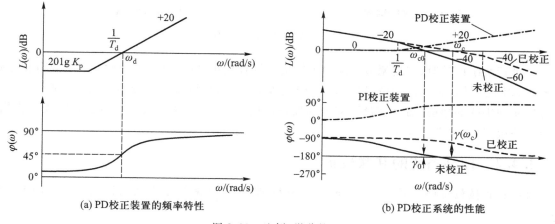

(a) PD 校正装置的频率特性

(b) PD 校正系统的性能

图 3.32 比例-微分校正

（4）比例-积分-微分（PID）控制器

PID 控制兼有比例、积分和微分三种基本控制规律的优点，是相位滞后-超前校正装置，可使系统的稳态和动态性能以及系统的稳定性都得到改善，因而应用最为广泛。其频率特性为：

$$\begin{cases} G_c(j\omega) = K_{pi} \dfrac{(j\omega T_1 + 1)(j\omega T_2 + 1)}{j\omega} \\ \varphi_c(\omega) = \tan^{-1}(T_1\omega) + \tan^{-1}(T_2\omega) - 90° \end{cases} \quad (3.102)$$

式中，$K_{pi} = \dfrac{K_p}{T_i}$

$$\begin{cases} T_1 = \dfrac{1}{2}T_i\left(1 + \sqrt{1 - \dfrac{4T_d}{T_i}}\right) \\ T_2 = \dfrac{1}{2}T_i\left(1 - \sqrt{1 - \dfrac{4T_d}{T_i}}\right) \end{cases} \quad , 4T_d/T_i < 1$$

调节上式中的 K_p、T_i 和 T_d 任意参数可改变相应调节器对系统的性能影响。校正装置的频率特性如图 3.33a 所示。通常，PID 控制器中积分控制在系统的低频段发生作用，以提高系统的稳态性能；而微分控制作用处于系统的中频段，以改善系统的动态性能，因此，有 $\omega_i < \omega_d$（即 $T_i > T_d$），PID 校正系统的性能如图 3.33b 所示。

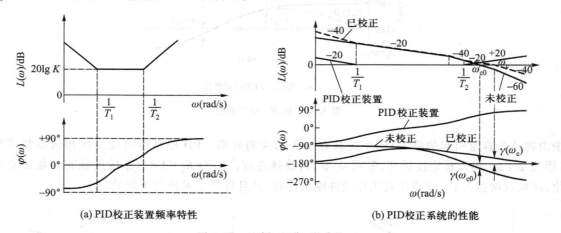

(a) PID校正装置频率特性   (b) PID校正系统的性能

图 3.33   比例-积分-微分校正

在进行系统设计时，需要调节电路对系统进行综合校正，以改善系统的性能。主要有相位超前校正、相位滞后校正以及相位滞后-超前校正等电路。利用比例、微分、积分以及惯性等环节既可以实现串联的超前、滞后、滞后-超前的校正作用，又可以并联在系统中实现并联校正作用。调节电路很多，可参考表 3.1。

3.4.2   控制系统的并联校正

并联校正按校正环节 $G_c(s)$ 的并联方式有反馈校正、顺馈校正以及前馈校正等，如图 3.34 所示。

1. 反馈校正

反馈校正在控制系统中得到广泛的应用,常见的有被控量的速度、加速度反馈,执行机构的输出及其速度反馈,以及复杂系统中间变量反馈等。

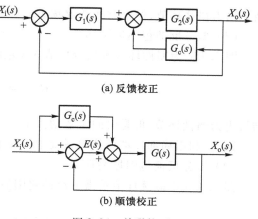

(a) 反馈校正

(b) 顺馈校正

图 3.34　并联校正

在随动系统和调速系统中,转速、加速度、电枢电流等,都可用做反馈信号源,而具体的反馈元件实际上就是一些测试传感器,如测速发电机、加速度传感器、电流互感器等。

从控制观点来看,反馈校正比串联校正有其突出的特点,它能有效地改变被包围环节的动态结构和参数;另外,在一定的条件下,反馈校正甚至能完全取代被包围环节,从而可以大大减弱这部分环节由于特性参数变化及各种干扰给系统带来的不利的影响。

（1）比例反馈包围积分环节

图 3.35a 为积分环节被比例（放大）环节所包围,则回路传递函数:

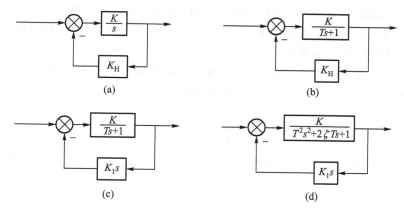

图 3.35　局部反馈回路

$$G(s) = \frac{\dfrac{K}{s}}{1 + K\dfrac{K_H}{s}} = \frac{K}{s + KK_H}$$

结果由原来的积分环节转变成惯性环节。

（2）比例反馈包围惯性环节

图 3.35b 为惯性环节被比例环节所包围,则回路传递函数:

$$G(s) = \frac{K}{Ts + (1 + KK_H)}$$

结果仍为惯性环节,但是时间常数减小了。反馈系数 K_H 越大,时间常数越小。

(3)微分反馈包围惯性环节

图 3.35c 为惯性环节被微分环节 $K_1 s$ 包围,则回路传递函数:

$$G(s) = \frac{K}{(T + KK_1)s + 1}$$

结果仍为惯性环节,但是时间常数增大了。反馈系数 K_1 越大,时间常数越大。

因此,利用局部反馈可使原系统中各环节的时间常数拉开,从而改善系统的动态平稳性。

(4)微分反馈包围振荡环节

图 3.35d 中振荡环节被微分反馈包围后,回路传递函数经变换整理为:

$$G(s) = \frac{K}{T^2 s^2 + (2\zeta T + KK_1)s + 1}$$

结果仍为振荡环节。但是阻尼比却显著加大,从而有效地减弱小阻尼环节的不利影响。

微分反馈是将被包围的环节的输出量速度信号反馈至输入端,故常称速度反馈(如果反馈的环节传递函数为 $K_1 s^2$,则称为加速度反馈)。

速度反馈在随动系统中使用得极为广泛,而且在具有较高快速性的同时,还具有良好的平稳性。当然实际上理想的微分环节是难以得到的,如测速发电机还具有电磁时间常数,故速度反馈的传递函数可取为 $K_1 s/(T_i s+1)$,只要 T_i 足够小($10^{-2} \sim 10^{-4}$s),阻尼效应仍是很明显的。

(5)利用反馈校正取代局部结构

反馈环节之所以能取代被包围环节,其原理是很简单的。如图 3.35 所示反馈回路,前向通道传递函数为 $G_1(s)$,反馈为 $H_1(s)$,则回路传递函数:

$$G(s) = \frac{G_1(s)}{1 + G_1(s)H_1(s)}$$

在一定频率范围内,如能选择结构参数,使 $|G_1(j\omega)H(j\omega)| \gg 1$,则整个反馈回路的传递函数等效为:

$$G(s) \approx \frac{1}{H_1(s)}$$

这和被包围环节 $G_1(s)$ 全然无关,达到了以 $1/H_1(s)$ 取代 $G_1(s)$ 的效果。

反馈校正的这种作用,在系统设计和调试中,常被用来改造不希望有的某些环节,以及消除非线性、变参数的影响和抑制干扰。

2. 顺馈校正

前面所讨论的闭环反馈系统,控制作用由偏差 $\varepsilon(t)$ 产生,即闭环反馈系统是靠误差来减小误差的。因此,从原则上讲,误差是不可避免的。

顺馈校正的特点是不依靠偏差而直接测量干扰,在干扰引起误差之前就对它进行近似补偿,及时消除干扰的影响。因此,对系统进行顺馈补偿的前提是干扰可以测出。

图 3.36 所示是一个单位反馈系统,其中图 3.36a 是一般的闭环反馈系统 $E(s) \neq 0$。若要使 $E(s) = 0$,即使 $X_i(s) = X_o(s)$,则可在系统中加入顺馈校正环节 $G_c(s)$,如图 3.36b 所示,加入

$G_c(s)$后可以补偿原来的误差。其等效闭环传递函数为：

$$G(s) = \frac{X_o(s)}{X_i(s)} = \frac{G_1(s)G_2(s) + G_c(s)G_2(s)}{1 + G_1(s)G_2(s)}$$

当 $G_c(s) = \dfrac{1}{G_2(s)}$时，$G(s) = 1$，即 $X_o(s) = X_i(s)$，所以 $E(s) = 0$。这称为全补偿的顺馈校正。

上述系统虽然加了顺馈校正，但稳定性并不受影响，因为系统的特征方程仍然是 $1 + G_1(s)G_2(s) = 0$。这是由于顺馈补偿为开环补偿，其传递路线没有参加到原闭环中去。

为减小顺馈控制信号的功率，大多将顺馈控制信号加在系统中信号综合放大器的输入端。同时，为了使 $G_c(s)$的结构简单，在绝大多数情况下，不要求实现全补偿，只要通过部分补偿将系统的误差减小至允许范围之内便可。

3. 前馈校正

按偏差的反馈控制能够产生作用的前提是被控量必须偏离设定值。也就是说，在干扰作用下，生产过程的被控量必然是先偏离设定值，然后通过对偏差进行控制，以抵消干扰的影响。如果干扰不断增加，则系统总是在干扰作用之后波动，特别是当系统滞后严重时，波动就更为严重。前馈控制是按扰动量进行控制的，当系统出现扰动时，前馈控制就按扰动量直接产生校正作用，以抵消扰动的影响。这是一种开环控制形式，在控制算法和参数选择合适的情况下，可以达到很高的精度。前馈控制的典型结构如图 3.37 所示。

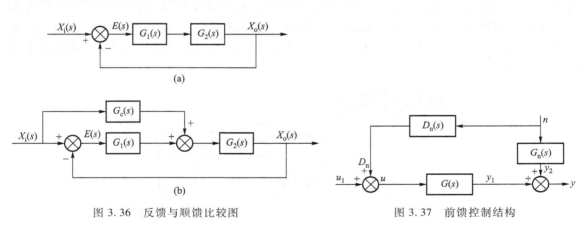

图 3.36 反馈与顺馈比较图   图 3.37 前馈控制结构

图中，$G_n(s)$是被控对象扰动通道的传递函数，$D_n(s)$是前馈校正控制器的传递函数，$G(s)$是被控对象控制通道的传递函数，n、u、y 分别为扰动量、控制量、被控量。

为了便于分析扰动量的影响，假定 $u_1 = 0$，则有：

$$Y(s) = Y_1(s) + Y_2(s) = [D_n(s)G(s) + G_n(s)]N(s)$$

若要使前馈作用完全补偿扰动作用，则应使扰动引起的被控量变化为零，即 $Y(s) = 0$，因此完全补偿的条件为：

$$D_n(s)G(s) + G_n(s) = 0$$

由此可得前馈校正控制器的传递函数为：

$$D_n(s) = -\frac{G_n(s)}{G(s)}$$

在实际生产过程控制中,因为前馈控制是一个开环系统,因此很少只采用前馈控制的方案,常常采用前馈-反馈控制相结合的方案。

3.4.3 控制系统的复合校正

1. 串级控制系统的校正

串级控制是在单回路串联校正控制的基础上发展起来的一种控制技术。当系统中同时有几个因素影响同一个被控量时,如果只控制其中一个因素,将难以满足系统的控制性能要求。串级控制针对这种情况,在原控制回路中,增加一个或几个控制副回路,用以控制可能引起被控量变化的其他因素,从而有效地控制了被控对象的时滞特性,提高了系统动态响应的快速性。例如一炉温控制系统如图 3.38 所示,其控制目的是使炉温保持恒定。假如煤气管道中的压力是恒定的,管道阀门的开度对应一定的煤气流量,这时为了保持炉温恒定,只需测量实际炉温,并与炉温设定值进行比较,利用二者的偏差以 PID 控制规律控制煤气管道阀门的开度即可。但实际上,煤气总管道同时向许多炉子供应煤气,管道中的压力可能波动。对于同样的阀位,由于煤气压力的变化,煤气流量要发生变化,最终将引起炉温的变化。系统只有检测到炉温偏离设定值时,才能进行控制,因此就会产生控制滞后。为了及时检测系统中可能引起被控量变化的某些因素并加以控制,在本例中,在炉温控制主回路中增加煤气流量控制副回路,构成串级校正控制结构,如图 3.39 所示。图中主控制器 $D_1(s)$（校正装置）和副控制器 $D_2(s)$（校正装置）分别表示温度调节器 TC 和流量调节器 FC 的传递函数。

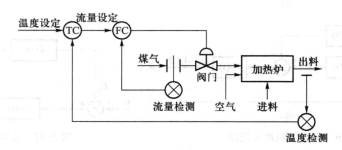

图 3.38 炉温控制系统

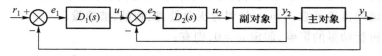

图 3.39 炉温和煤气流量的串级校正控制结构

2. 串级反馈控制系统的校正

为了防止主控制器输出(也就是副控制器的给定值)过大而引起副回路的不稳定,同时也为了克服对象惯性过大而引起调节品质的恶化,通常在副回路的反馈通道中加入微分校正控制器 $D_{2d}(s)$ 构成副回路微分先行控制的串并联校正结构,如图 3.40 所示。

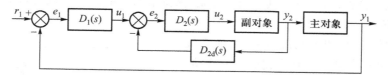

图 3.40 副回路微分先行控制的串并联校正控制结构

微分先行部分的传递函数为:

$$D_{2d}(s) = \frac{Y_{2d}(s)}{Y_2(s)} = \frac{T_2 s + 1}{a T_2 s + 1} \tag{3.103}$$

式中:a——微分放大系数。

与式(3.103)相应的微分方程为:

$$\frac{a T_2 \mathrm{d} y_{2d}(t)}{\mathrm{d} t} + y_{2d}(t) = \frac{T_2 \mathrm{d} y_2(t)}{\mathrm{d} t} + y_2(t) \tag{3.104}$$

3. 前馈-反馈校正

采用前馈校正与反馈校正控制相结合的控制结构,既能发挥前馈控制对扰动的补偿作用,又能保留反馈控制对偏差的控制作用,如图 3.41 所示为前馈-反馈校正的控制结构。前馈-反馈校正控制结构是在反馈控制的基础上,增加了一个扰动的前馈控制,由于完全补偿的条件未变,因此有:

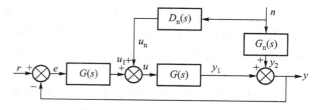

图 3.41 前馈-反馈控制结构

$$D_n(s) = -\frac{G_n(s)}{G(s)} \tag{3.105}$$

在实际应用中,还常采用前馈-串级校正控制结构,如图 3.42 所示。图中,$D_1(s)$、$D_2(s)$ 分别为主、副校正控制器的传递函数;$G_1(s)$、$G_2(s)$ 分别为主、副被控对象传递函数。

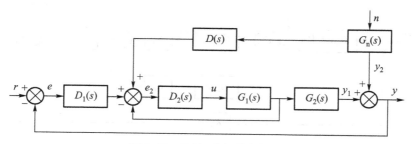

图 3.42 前馈-串级控制结构

前馈-串级校正控制能及时消除进入前馈回路和串级副回路的干扰对被控量的影响,因前馈控制的输出不直接作用于执行机构,而是补充到串级控制副回路的给定值中,这样就降低了对执行机构动态响应性能的要求,这也是前馈-串级控制结构广泛被采用的原因。例如,如图 3.43 所示的锅炉汽包水位控制系统中,其控制目标是:保持给水流量 D 和蒸汽流量 G 的平衡,以控制水位 H 为设定值 H_0。

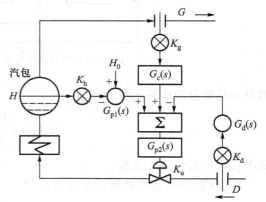

　　锅炉的给水流量 D 和蒸汽流量 G(表征系统负荷)的变化是引起汽包水位 H 变化的主要扰动。为了控制锅炉水位 H,采用了前馈-串级反馈控制结构,以前馈控制蒸汽流量 G,以串级控制的内控制回路控制给水流量 D,水位 H 作为系统的最终输出量,以串级控制的外控制回路进行闭环控制。蒸汽流量阶跃增加时,使锅炉储存的热能减少,汽包内气压下降,沸腾突然加剧。水中气泡迅速增多,整个水位升高,与实际情况相反,形成虚假水位现象。一般的控制系统不能克服其不良影响,这是因为当蒸汽流量大幅增加时,假水位上升使控制器输出信号不但不会开大阀门增加给水流

图 3.43　锅炉汽包水位控制系统示意图

量,以维持进出平衡,反而会关小阀门,减少给水量,等到假水位消失后,水位将更加迅速下降。引入蒸汽流量这个前馈信号后,能消除虚假水位的不良影响。因为当蒸汽负荷变化引起水位大幅波动时,蒸汽流量前馈控制信号起着超前的作用,它可使水位还未变化时提前使阀门动作,减少水位波动,从而改善了控制品质。

　　由于整个控制系统要求控制蒸汽流量 G、给水流量 D 以及锅炉水位 H 三个现场信号,故该控制系统又称为三冲量给水控制系统。其控制系统结构如图 3.44 所示。图中,$G_g(s)$ 为蒸汽流量水位通道的传递函数;$G_0(s)$ 为给水流量水位通道的传递函数;$G_d(s)$ 为给水流量反馈通道的传递函数;$G_c(s)$ 为蒸汽流量前馈补偿校正环节的传递函数;$G_{p2}(s)$ 为副控制器(给水校正控制器)的传递函数,$G_{p1}(s)$ 为主控制器的(水位校正控制)的传递函数;K_g、K_d、K_h 分别是蒸汽流量、给水流量、锅炉水位等测量装置的传递函数;K_u 为执行机构的传递函数。

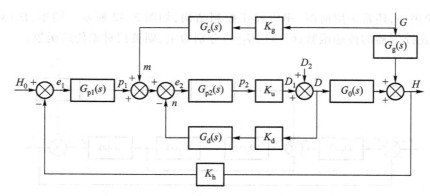

图 3.44　锅炉汽包水位控制系统结构方框图

当系统负荷变化引起蒸汽流量变化时,通过前馈通道和串级内回路的补偿控制,将迅速改变给水流量,以适应蒸汽流量的变化,并减小对水位的影响;流量 D_2 表征由于各种原因引起的水流量的扰动,这个扰动主要由内回路闭环反馈控制进行补偿;不管由于何种原因(包括前馈控制未能对蒸汽流量变化进行完全补偿的情况),在锅炉水位偏离设定值时,串级主控回路以闭环反馈控制进行总补偿控制,使锅炉水位维持在设定值。

3.5 数字控制系统分析

3.5.1 控制信号的采样与复原

用计算机代替连续时间控制系统中的控制器再加上必要的附加装置,则可以构成计算机控制系统,如图 3.45 所示。

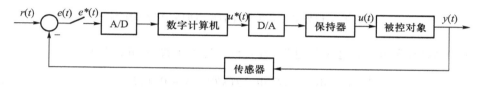

图 3.45　计算机控制系统

因为计算机只能处理离散时间的数字信号,而被控对象的输出往往是模拟量,如速度、压力、温度、流量、液位等,为了使计算机控制系统能够得以实现,需要将连续时间信号 $e(t)$ 离散化,即经过采样、量化,编码成数字量后,才能输入计算机进行运算和处理,这一过程通常由采样/保持电路和 A/D 转换器实现。计算机根据某个控制算法,对输入的数字序列 $e^*(t)$ 加以一系列的运算,得到控制量 $u^*(t)$,它也是一个数字序列。$u^*(t)$ 经过 D/A 转换和保持器后又变成连续信号或模拟信号 $u(t)$,作为被控对象的输入,控制被控对象实现控制目标。

因此,在计算机控制系统的分析与设计中,必须考虑连续时间信号和离散时间信号的相互转换问题。即采样、量化,A/D 和 D/A 转换以及保持器等问题。

1. 信号的采样

把时间上连续的信号变成时间上离散的采样信号或数字信号的过程称为采样。采样过程如图 3.46 所示,采样开关每隔时间 T 闭合一次,每次闭合时间为 τ,对连续信号 $f(t)$ 进行采样,将它变成时间上离散的采样信号 $f^*(t)$。即得到一个序列 $\{f(0), f(T), f(2T), \cdots\}$。其中 * 表示离散化的意思。称 $f^*(t)$ 为 $f(t)$ 的采样信号。

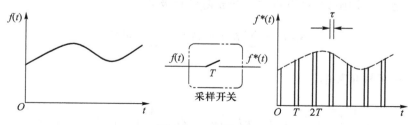

图 3.46　采样过程

　　T 称为采样周期。如果在采样过程中,采样周期 T 保持不变,则称为周期采样,若整个计算机控制系统有多个采样开关,这些开关的采样周期都为相等的常数,并且所有的开关都同时开闭,则称为同步周期采样;各采样开关以各自不同的采样周期进行采样,则称为多速率采样;各采样周期是随机变化的,则称为随机采样。本书只讨论同步周期采样过程。

　　采样开关闭合时间 τ 通常非常短,特别是在实际应用中,采样开关均为电子开关,这时有 $\tau \le T$。在理想情况下,可以假设 $\tau = 0$,并称对应的采样开关为理想采样开关。通过理想采样开关采样后的信号 $f^*(t)$ 就成为一系列有高度无宽度的脉冲序列,如图 3.47 所示。

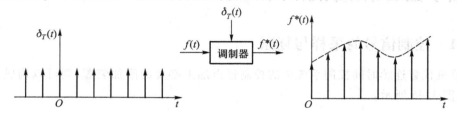

图 3.47　理想采样开关采样后所得的采样脉冲序列

　　可以采用脉冲函数 δ 来描述采样过程,若 $f(t)$ 为连续函数,对 δ 函数有:

$$\int_{-\infty}^{\infty} f(t)\delta(t-kT)\,\mathrm{d}t = f(kT) \quad k = 0,1,2,\cdots \tag{3.106}$$

　　由式(3.106)可知,δ 函数具有采样性质。因此,理想采样开关闭合一次,相当于在该时刻作用一个单位脉冲函数。采样开关以 T 为周期闭合,相当于一系列单位脉冲函数的作用。若单位脉冲函数为:

$$\delta_T(t) = \sum_{k=-\infty}^{\infty} \delta(t-kT) \tag{3.107}$$

则 $f^*(t)$ 可以看成是 $\delta_T(t)$ 被连续信号 $f(t)$ 调幅的结果。即采样过程可以看成是一个脉冲调制过程,输入量 $f(t)$ 作为调制信号,而 $\delta_T(t)$ 作为载波。因此,采样函数 $f^*(t)$ 可表示为:

$$f^*(t) = \sum_{k=-\infty}^{\infty} f(t)\delta(t-kT)$$

$$= \sum_{k=-\infty}^{\infty} f(kT)\delta(t-kT) \tag{3.108}$$

　　在式(3.108)中,$f^*(t)$ 由一系列脉冲构成,表达式中 $\delta(t-kT)$ 仅表示采样发生的时刻,并无其他的物理意义,而 $f(kT)$ 则表示在 kT 采样时刻所得到的离散信号值。

　　由于 $\delta_T(t)$ 是一周期函数,可以将它展开成傅里叶级数。

$$\delta_T(t) = \sum_{-\infty}^{\infty} \delta(t-kT) = \sum_{-\infty}^{\infty} C_k \mathrm{e}^{k\omega_s t} \tag{3.109}$$

式中:$\omega_s = \dfrac{2\pi}{T}$——采样角频率。

$$C_k = \frac{1}{T}\int_{-\frac{T}{2}}^{\frac{T}{2}} \left(\sum_{k=-\infty}^{\infty} \delta(t-kT) \right) \mathrm{e}^{-jk\omega_s t}\,\mathrm{d}t = \frac{1}{T}\int_{-\frac{T}{2}}^{\frac{T}{2}} \delta(t)\mathrm{e}^{-jk\omega_s t}\,\mathrm{d}t = \frac{1}{T}$$

因此有

$$\delta_T(t) = \frac{1}{T} \sum_{k=-\infty}^{\infty} e^{jk\omega_s t} \qquad (3.110)$$

代入式(3.108)可得:

$$f^*(t) = \frac{1}{T} \sum_{k=-\infty}^{\infty} f(t) e^{jk\omega_s t} \qquad (3.111)$$

若所讨论的函数 $f(t)$ 在 $t<0$ 时等于零,则式(3.108)还可以写成:

$$f^*(t) = \sum_{k=0}^{\infty} f(t)\delta(t-kT) = \sum_{k=0}^{\infty} f(kT)\delta(t-kT) \qquad (3.112)$$

式(3.111)、式(3.112)均是关于采样信号 $f^*(t)$ 的等效数学描述。两种描述彼此之间都是等价的。采样信号也可以用序列来表示,例如式(3.111)、式(3.112)所表示的 $f^*(t)$,还可以用序列

$$\{f(kT)\} = \{f(0), f(T), f(2T), \cdots, f(kT), \cdots\} \qquad (3.113)$$

来表示。它与式(3.111)和式(3.112)之间的相互转化关系是显而易见的。

2. 采样信号的复原

连续信号 $f(t)$ 经过采样之后即可得到采样信号 $f^*(t)$,它在时间上是断续的、离散的。在工程中,还存在另一种信号变换,即由采样信号 $f^*(t)$ 不失真地恢复到原连续信号 $f(t)$。这一过程称为采样信号的恢复。下面先从频谱分析入手讨论这一问题。

对式(3.111)两边取拉氏变换,并利用拉氏变换的位移定理,可得:

$$F^*(s) = \frac{1}{T} \sum_{k=-\infty}^{\infty} F(s+jk\omega_s) \qquad (3.114)$$

其中, $F(s)$ 为 $f(t)$ 的拉氏变换,而 $F^*(s)$ 为 $f^*(t)$ 的拉氏变换。通常 $F^*(s)$ 的全部极点均在 s 平面的左半部,故可用 $j\omega$ 代替式(3.114)中的 s,直接得出 $f^*(t)$ 的傅氏变换:

$$F^*(j\omega) = \frac{1}{T} F[j(\omega+k\omega_s)] \qquad (3.115)$$

其中, $F(j\omega)$ 为 $f(t)$ 的频谱,它是连续的频谱,而 $F^*(j\omega)$ 是 $f^*(t)$ 的频谱,它是离散的频谱。式(3.115)表示 $f(t)$ 经采样后所得到的采样信号 $f^*(t)$ 的频谱 $F^*(j\omega)$ 与 $f(t)$ 的频谱 $F(j\omega)$ 相比,是 $F^*(j\omega)$ 在高频部分重现 $F(j\omega)$。设 $F(j\omega)$ 具有如图 3.48a 所示的频谱,其中 ω_{max} 为 $f(t)$ 信号有效频谱的最高频率,则视 ω_s 与 ω_{max} 之间的关系不同, $F^*(j\omega)$ 具有图 3.48b、c 及 d 所示的频谱。

从图 3.48b、c 中可以看出,当 $\omega_s \geq 2\omega_{max}$ 时, $F^*(j\omega)$ 的频谱与 $F(j\omega)$ 相比,只是在高频重现 $F(j\omega)$ 的频谱,相邻两个频谱之间并不重叠。若采用具有图 3.49 所示频谱特性的低通滤波器或称理想保持器,消除高频分量,则可以不失真地由 $F^*(j\omega)$ 恢复到 $F(j\omega)$。

另一方面,当 $\omega_s < 2\omega_{max}$ 时,则 $F^*(j\omega)$ 的相邻的两个频谱之间产生了重叠,从而引起畸变。这时由理想保持器也不能恢复原来的 $F(j\omega)$,如图 3.48d 所示。

总结之,可以得到有名的香农采样定理:若 $f(t)$ 是一个带宽为 $2\omega_{max}$ 的有限带宽信号,则由采

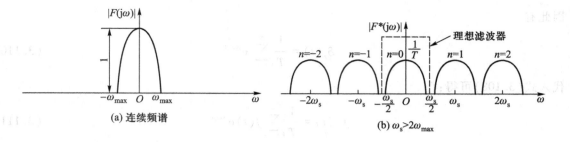

(a) 连续频谱　　　　　　　　　(b) $\omega_s > 2\omega_{max}$

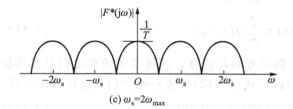
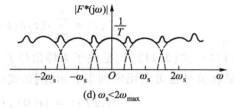

(c) $\omega_s = 2\omega_{max}$　　　　　　　　(d) $\omega_s < 2\omega_{max}$

图 3.48　$F(j\omega)$ 和 $F^*(j\omega)$ 的频谱

样信号 $f^*(t)$ 能够无失真地恢复到原信号 $f(t)$ 的条件为: $\omega_s \geqslant 2\omega_{max}$。其中 $\omega_s = \dfrac{2\pi}{T}$ 为采样角频率。

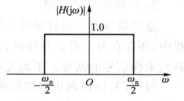

图 3.49　理想保持器的频谱

　　将离散的采样信号恢复到原连续信号的装置称为保持器。理想的保持器是具有图 3.49 所示频谱的低通滤波器。然而理想的低通滤波器是不能物理实现的,因此必须用适当的近似方法来构造。在计算机控制系统中,最广泛采用的一类保持器是零阶保持器。零阶保持器将前一个采样时刻的采样值 $f(kT)$ 保持到下一个采样时刻 $(k+1)T$。也就是说在区间 $[kT,(k+1)T]$ 内零阶保持器的输出为常数,如图 3.50 所示。

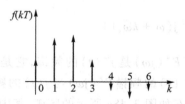
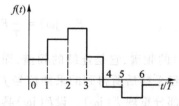

图 3.50　应用零阶保持器恢复的信号 $f(kT)$

　　零阶保持器可以看成是两个信号的合成,即

$$h(t) = 1(t) - 1(t - T) \tag{3.116}$$

其中,$h(t)$ 为零阶保持器的脉冲响应系数,$1(t)$ 表示单位阶跃信号,即

$$1(t) = \begin{cases} 1 & t \geqslant 0 \\ 0 & t < 0 \end{cases} \tag{3.117}$$

求拉氏变换后可得零阶保持器的传递函数:

$$H(s) = \frac{1 - \mathrm{e}^{-Ts}}{s} \tag{3.118}$$

零阶保持器的频谱特性如图 3.51 所示。

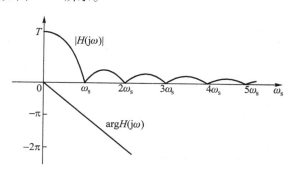

图 3.51 零阶保持器的频谱特性

3.5.2 Z 变换与 Z 反变换

1. Z 变换

（1）Z 变换的定义

z 变换是用来分析和综合离散时间系统的一种数学工具。它在离散系统中的作用与拉氏变换在连续系统中的作用是类似的。

对于周期采样，若采样时间 τ 足够小，则由采样所获得的离散脉冲信号 $f^*(t)$ 可用式（3.112）表示。对其进行拉普拉斯变换，得：

$$F^*(s) = \mathscr{L}\left[f^*(t)\right] = \sum_{k=0}^{\infty} f(kT)\,\mathrm{e}^{-ksT} \tag{3.119}$$

令 $z = \mathrm{e}^{sT}$ 则：

$$F(z) \triangleq \mathscr{Z}\{f(kT)\} \triangleq \mathscr{Z}[f^*(t)] \triangleq \sum_{k=0}^{\infty} f(kT) z^{-k} \tag{3.120}$$

这就是采样信号 $f^*(t)$ 的 Z 变换表达式。

（2）连续信号的 Z 变换方法

1）从连续时间信号求 Z 变换 当连续信号以时间函数的形式给出时，可直接由 Z 变换的定义来确定其 Z 变换，也可采用查表的方法求取 Z 变换。常见函数的 Z 变换列于表 3.2。

表 3.2 Z 变 换 表

序号	$X(s)$	$x(t)$ 或 $x(k)$	$X(z)$
1	1	$\delta(t)$	1
2	e^{-kTs}	$\delta(t-kT)$	z^{-k}
3	$\dfrac{1}{s}$	$1(t)$	$\dfrac{z}{z-1}$

序号	$X(s)$	$x(t)$ 或 $x(k)$	$X(z)$
4	$\dfrac{1}{s^2}$	t	$\dfrac{Tz}{(z-1)^2}$
5	$\dfrac{1}{s+a}$	e^{-at}	$\dfrac{z}{z-e^{-aT}}$
6	$\dfrac{a}{s(s+a)}$	$1-e^{-at}$	$\dfrac{z(1-e^{-aT})}{(z-1)(z-e^{-aT})}$
7	$\dfrac{\omega}{s^2+\omega^2}$	$\sin\omega t$	$\dfrac{z\sin\omega T}{z^2-2z\cos\omega T+1}$
8	$\dfrac{s}{s^2+\omega^2}$	$\cos\omega t$	$\dfrac{z(z-\cos\omega T)}{z^2-2z\cos\omega T+1}$
9	$\dfrac{1}{(s+a)^2}$	te^{-at}	$\dfrac{Tze^{-aT}}{(z-e^{-aT})^2}$
10	$\dfrac{\omega}{(s+a)^2+\omega^2}$	$e^{-at}\sin\omega t$	$\dfrac{ze^{-aT}\sin\omega T}{z^2-2ze^{-aT}\cos\omega T+e^{-2aT}}$
11	$\dfrac{s+a}{(s+a)^2+\omega^2}$	$e^{-at}\cos\omega t$	$\dfrac{ze^{-aT}\cos\omega T}{z^2-2ze^{-aT}\cos\omega T+e^{-2aT}}$
12	$\dfrac{2}{s^3}$	t^2	$\dfrac{T^2z(z+1)}{(z-1)^2}$
13		a^k	$\dfrac{z}{z-a}$
14		$a^k\cos k\pi$	$\dfrac{z}{z+a}$

例 3.1　求下列信号的 Z 变换

$$x(t) = \begin{cases} 0 & t < 0 \\ e^{-at} & t \geqslant 0 \end{cases}$$

解： $\mathscr{Z}[x(t)] = \displaystyle\sum_{k=0}^{\infty} e^{-akT}z^{-k} = 1 + e^{-aT}z^{-1} + e^{-2aT}z^{-2} + \cdots$

$$= \frac{1}{1-e^{-aT}z^{-1}} = \frac{z}{z-e^{-aT}}$$

2）由拉普拉斯变换求 Z 变换　当连续信号以拉普拉斯变换的形式给出时，可先将其反变换成时域信号，然后采用前面介绍的方法求得其 Z 变换，也可先将其展开成简单的部分分式，然后用熟知的结果或查表求得其 Z 变换。

例 3.2 已知 $F(s) = \dfrac{a}{s(s+a)}$,求 $F(z)$。

解:将 $F(s)$ 展开成部分分式得:

$$F(s) = \frac{a}{s(s+a)} = \frac{1}{s} - \frac{1}{s+a}$$

查表 3.2 求得:

$$F(z) = \frac{z}{z-1} - \frac{z}{z - \mathrm{e}^{-aT}} = \frac{z(1 - \mathrm{e}^{-aT})}{(z-1)(z - \mathrm{e}^{-aT})}$$

这里用到了 Z 变换的线性定理,将在下面介绍。

(3) Z 变换的性质

Z 变换具有和拉氏变换类似的一些性质或定理,它们可使问题的分析和求解变得更加简单。下面简要介绍其中的几个主要定理。

1)线性定理　若 $f_1(t)$、$f_2(t)$ 的 Z 变换为 $F_1(z)$、$F_2(z)$,且 $f(t) = af_1(t) + bf_2(t)$,则:

$$F(z) = aF_1(z) + bF_2(z) \tag{3.121}$$

2)滞后定理(延迟定理)　若 $\mathscr{Z}[f(t)] = F(z)$,且 $t<0$ 时,$f(t) = 0$,则:

$$\mathscr{Z}[f(t - mT)] = z^{-m}F(z) \tag{3.122}$$

式中:T——采样周期;

m——正整数。

滞后定理说明了 z^{-1} 与拉氏变换中 e^{-sT} 的作用一样,表示纯滞后环节,滞后时间为一个采样周期 T。

3)超前定理　若 $\mathscr{Z}[f(t)] = F(z)$,则:

$$\mathscr{Z}[f(t + mT)] = z^m F(z) - z^m \sum_{k=0}^{m-1} f(kT)z^{-k} \tag{3.123}$$

若 $f(0) = f(T) = f(2T) = \cdots = f[(m-1)T] = 0$,则有 $\mathscr{Z}[f(t+mT)] = z^m F(z)$ 超前定理表明,算子 z 相当于使信号超前一个采样周期 T 的环节。

4)初值定理　若 $f(t)$ 的 Z 变换为 $F(z)$,且 $\lim\limits_{z\to\infty} F(z)$ 存在,则:

$$f(0) = \lim_{z\to\infty} F(z) \tag{3.124}$$

5)终值定理　若 $f(t)$ 的 Z 变换为 $F(z)$,且 $f(kT)$ 具有固定的有限终值,则:

$$\lim_{t\to\infty} f(t) = \lim_{k\to\infty} f(kt) = \lim_{z\to1} [(z-1)F(z)] \tag{3.125}$$

2. Z 反变换

Z 反变换是根据 Z 变换函数 $F(z)$ 反求出原来的采样函数 $f^*(t)$ 或 $f(kT)$,记为:

$$f^*(t) = \{f(kT)\} = \mathscr{Z}^{-1}[F(z)] \tag{3.126}$$

在采用 Z 变换方法对控制系统进行分析、求解并设计出合适的控制器后,还要通过 Z 反变换的方法将 z 平面上的解转换回时域内,以得到一个脉冲序列或差分方程。

（1）幂级数展开法

采用幂级数展开法求取 Z 反变换时，首先将 Z 变换函数展开成幂级数形式，然后根据 Z 变换定义，幂级数中各项 z^{-k} 的系数就是在各采样时刻的原函数值 $f(kT)$。

例 3.3 求 $F(z) = \dfrac{1}{1-az^{-1}}$ 的反变换 $f(kT)$，其中 $|az^{-1}| < 1$。

解：将 $F(z)$ 展开成幂级数，得：

$$F(z) = \frac{1}{1-az^{-1}} = 1 + az^{-1} + a^2z^{-2} + \cdots + a^kz^{-k} + \cdots$$

将上式与 Z 变换的定义式（3.120）相比较，可得 $f(0)=1, f(T)=a, f(2T)=a^2, \cdots, f(kT)=a^k, \cdots$。

（2）部分分式法

当 Z 变换函数 $F(z)$ 是有理分式时，可先将其分解成简单的部分分式之和，然后利用 Z 变换定理及查表等方法获得其 Z 反变换。

例 3.4 试用部分分式法求 $F(z) = \dfrac{10z}{(z-1)(z-2)}$ 的 Z 反变换。

解：首先将 $F(z)/z$ 展开成部分分式：

$$\frac{F(z)}{z} = \frac{10}{(z-1)(z-2)} = \frac{10}{z-2} - \frac{10}{z-1}$$

$$F(z) = \frac{10z}{z-2} - \frac{10z}{z-1} = 10F_1(z) - 10F_2(z)$$

查表 3.2 解得

$$f(kT) = \mathscr{Z}^{-1}[F(z)] = 10f_1(kT) - 10f_2(kT) = 10(2^k - 1)$$

即 $f(0) = 0, f(T) = 10, f(2T) = 30, \cdots$。此例中之所以先将 $F(z)/z$ 展开成部分分式，是为了直接利用 Z 变换表来获得 Z 反变换，因为在 Z 变换表中，Z 变换函数的分子中通常都有 z 的因子。

3.5.3 脉冲传递函数

1. 脉冲传递函数的定义

在输入和输出的初始条件均为零的情况下，一个环节或系统的输出脉冲序列（即输出采样信号）$y^*(t)$ 的 Z 变换 $Y(z)$ 与输入脉冲序列（即输入采样信号）$x^*(t)$ 的 Z 变换 $X(z)$ 之比，称为该环节或系统的 Z 传递函数，又称脉冲传递函数。如用 $G(z)$ 来表示系统的 z 传递函数，则：

$$G(z) = \frac{\mathscr{Z}[y^*(t)]}{\mathscr{Z}[x^*(t)]} = \frac{Y(z)}{X(z)} \tag{3.127}$$

脉冲传递函数可用来描述离散系统的结构和特性，是分析和设计微型机控制系统的一个重要工具。

2. 脉冲传递函数 $G(z)$ 的求法

采样系统的脉冲传递函数 $G(z)$ 有两种求法：若已知连续系统的传递函数 $G(s)$，可将 $G(s)$ 分解成部分分式,由 $G(s)$ 求出 $G(z)$;若已知采样系统的差分方程,则可将差分方程作变换后,由脉冲传递函数的定义式求得 $G(z)$。但需要注意两点:第一,$G(s)$ 表示的是某个线性环节本身的传递函数,而 $G(z)$ 表示的是线性环节与采样器两者组合体的脉冲传递函数,尽管在计算 $G(z)$ 时只需知道线性环节自身的动态特性 $G(s)$,但算出的 $G(z)$ 却是包含了采样器的性质在内的。若是没有采样器,只有线性环节,也就谈不上脉冲传递函数了;第二,$G(z)$ 与 $G(s)$ 之间的关系可以表示为 $G(z)=\mathscr{Z}[g(t)]=\mathscr{Z}\{\mathscr{L}^{-1}[G(s)]\}$,尽管都使用同一字母 G,但 $G(z)$ 并不是把 $G(s)$ 中的 s 换成 z 而得来的,也可以直接说对 $G(s)$ 求 Z 变换。

例 3.5 系统方框图如图 3.52 所示,试求此系统的脉冲传递函数。

解:将连续系统传递函数分解成部分分式,即

$$G(s)=\frac{4}{s(0.2s+1)}=\frac{20}{s(s+5)}$$
$$=\frac{4}{s}-\frac{4}{s+5}$$

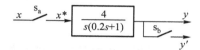

图 3.52 例 3.5 系统方框图

查表得:

$$G(z)=\frac{4z}{z-1}-\frac{4z}{z-e^{-5T}}=\frac{4z(1-e^{-5T})}{(z-1)(z-e^{-5T})}$$

3. z 传递函数的连接方式

与拉氏传递函数一样,z 传递函数也可用方框图表示,并且也具有串联、并联和反馈连接方式。在求系统传递函数时,对于串联环节要注意

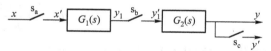

图 3.53 含采样器的串联环节

两个环节之间是否有采样器,如图 3.53 和图 3.54 所示。采样开关同时工作时,由图 3.53 根据定义可得:

$$G_1(z)=\frac{Y_1(z)}{X(z)}=\mathscr{Z}[G_1(s)],\quad G_2(z)=\frac{Y(z)}{Y_1(z)}=\mathscr{Z}[G_2(s)]$$

所以脉冲传递函数为:

$$G(z)=\frac{Y(z)}{X(z)}=G_1(z)\cdot G_2(z) \tag{3.128}$$

若串联环节之间无采样器(如图 3.54 所示),则两个环节可合并为一个连续环节 $G(s)=G_1(s)G_2(s)$,其脉冲传递函数为:

$$G(z)=\frac{Y(z)}{X(z)}=\mathscr{Z}[G_1(s)\cdot G_2(s)]=G_1G_2(z) \tag{3.129}$$

注意:$G_1(z)\cdot G_2(z)\neq G_1G_2(z)$

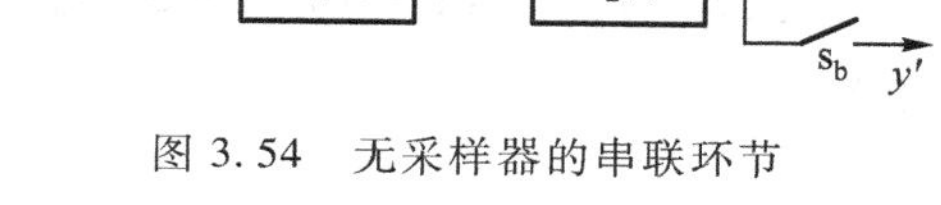

图 3.54 无采样器的串联环节

对于并联环节无论采样器在什么位置,其系统的脉冲传递函数结构形式均与并联环节的拉氏传递函数结构形式相同。如图 3.55 所示并联环节,其脉冲传递函数均为:

$$G(z) = G_1(z) \pm G_2(z) \tag{3.130}$$

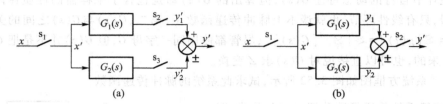

图 3.55　并联环节

4. 闭环系统的脉冲传递函数

闭环系统的结构如图 3.56 所示。图中,r、c、e、b 分别表示系统的输入、输出、误差、反馈等连续信号;r^*、c^*、e^*、b^* 分别表示相应的离散信号;s_a 是系统采样开关,s_1、s_2、s_3 是虚拟开关,所有开关同步,可求得系统的脉冲传递函数为:

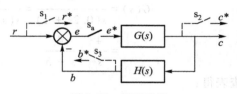

图 3.56　闭环系统

$$\Phi(z) = \frac{C(z)}{R(z)} = \frac{G(z)}{1 + GH(z)}$$

对单位反馈闭环系统,有 $H(s) = 1$,可得:

$$\Phi(z) = \frac{C(z)}{R(z)} = \frac{G(z)}{1 + G(z)} \tag{3.131}$$

例 3.6　设采样系统的结构如图 3.57 所示,试求其闭环脉冲传递函数。

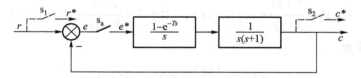

图 3.57　例 3.6 采样系统

解: 被控对象的传递函数为:

$$G(s) = \frac{1 - \mathrm{e}^{-Ts}}{s} \frac{1}{s(s+1)} = (1 - \mathrm{e}^{-Ts}) \frac{1}{s^2(s+1)}$$

对上式作 Z 变换可得:

$$G(z) = (1 - z^{-1}) \left[\frac{Tz}{(z-1)^2} - \frac{(1 - \mathrm{e}^{-T})z}{(z-1)(z - \mathrm{e}^{-T})} \right] = \frac{T}{z-1} - \frac{1 - \mathrm{e}^{-T}}{z - \mathrm{e}^{-T}}$$

则闭环系统的脉冲传递函数为:

$$\varPhi(z) = \frac{C(z)}{R(z)} = \frac{G(z)}{1 + G(z)} = \frac{(T + e^{-T} - 1)z + 1 - (1 + T)e^{-T}}{z^2 - (2 - T)z + 1 - Te^{-T}}$$

3.5.4　数字（采样）控制系统的性能分析

类似连续系统,采样控制系统的分析内容也包括系统稳定性、动态性能和稳态性能。这三方面性能指标的定义和连续系统一样,唯一的区别是这里所研究的变量是各采样时刻的离散值。

1. 采样控制系统稳定性

（1）采样控制系统稳定的充要条件

连续系统稳定的充要条件是其闭环传递函数的极点全部位于 s 平面的左半部。如果有极点出现在 s 平面右半部,则系统不稳定。所以 s 平面的虚轴是连续系统稳定与不稳定的分界线。描述采样系统的数学模型是脉冲传递函数,脉冲传递函数的变量为 z,而 z 与 s 之间成确定的指数关系,即 $z = e^{Ts}$,如果将 s 平面按这个指数关系映射到 z 平面,即找出 s 平面的虚轴及稳定区域（s 左半平面）在 z 平面的映象,那么,就可很容易地获得采样系统稳定的充要条件。

令 $s = \sigma + \mathrm{j}\omega$,则有:

$$z = e^{Ts} = e^{T(\sigma + \mathrm{j}\omega)} = |z|e^{\mathrm{j}\theta}; \quad z = e^{T\sigma}, \theta = T\omega$$

s 平面的虚轴表示实部 $\sigma = 0$ 和虚部 ω 从 $-\infty$ 变到 $+\infty$,映射到 z 平面上,表示以 $|z| = 1$,即单位圆和 $\theta = T\omega$,ω 从 $-\infty$ 变到 $+\infty$,映射 z 在单位圆上逆时针旋转无限多圈。简单地说,就是 s 平面的虚轴在 z 平面的映象为一单位圆（即圆的半径为1）。s 平面的左半部表示 $\sigma < 0$,映射到 z 平面为单位圆的内部,如图 3.58 阴影区。s 平面的右半部表示 $\sigma > 0$,映射到 z 平面为单位圆的外部,如图 3.58 的非阴影区。

因此可得采样系统稳定的充要条件是闭环脉冲传递函数的极点均在 z 平面单位圆的内部。如果闭环脉冲传递函数的极点在 z 平面单位圆外部,则此系统不稳定。z 平面单位圆的周线是采样系统临界稳定的标定。

（2）稳定判据

在线性连续系统中,我们可以用劳斯判据（代数判据）来判断系统的特征根（即闭环极点）是否在 s 平面的左半部,从而确定系统是否稳定。但采样系统的稳定性是根据系统特征根是否在 z 平面单位圆内来决定,如果

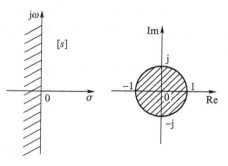

图 3.58　s 平面与 z 平面的映射关系

将 z 平面按指数关系再变回到 s 平面来使用劳斯判据,则采样系统特征方程在 s 平面不是代数方程,而是超越方程,使得劳斯判据不能使用。为此,需要采用另一种变换——双线性变换,或称 w 变换,将 z 平面变换到 w 平面,使得 z 平面的单位圆在 w 平面的映象为虚轴;z 平面单位圆的内部与外部映射到 w 平面,分别为 w 平面的左半部与右半部。这样,经过 w 变换后,再对以 w 为变量的特征方程应用劳斯判据,就可以确定采样系统的稳定性了。

现将双线性变换简述如下:

令　　　　　　　　　　　　$$z = \frac{1 + w}{1 - w} \quad 或 \quad w = \frac{z - 1}{z + 1} \tag{3.132}$$

因 z 与 w 均为复量,所以均可用实部与虚部的形式来表示,即

$$z = x + \mathrm{j}y \text{ 和 } w = u + \mathrm{j}v \tag{3.133}$$

将式(3.133)代入式(3.132),则得:

$$w = \frac{x + \mathrm{j}y - 1}{x + \mathrm{j}y + 1} = \frac{x^2 + y^2 - 1}{(x+1)^2 + y^2} + \mathrm{j}\frac{2y}{(x+1)^2 + y^2} \tag{3.134}$$

所以

$$u = \frac{x^2 + y^2 - 1}{(x+1)^2 + y^2}, \quad v = \frac{2y}{(x+1)^2 + y^2}$$

在 z 平面的单位圆上, $|z| = \sqrt{x^2 + y^2} = 1$,此时 $u = 0$,使得 $w = u + \mathrm{j}v = \mathrm{j}v$,这说明 z 平面的单位圆在 w 平面的映象为虚轴。根据变量 z 与 w 的关系可得出:在 z 平面的单位圆内,复变量 w 的实部为负值,这说明 z 平面单位圆的内部映射到一平面时是 w 平面的左半部。同理, z 平面单位圆的外部映射到 w 平面上是 w 平面的右半部。将 z 平面经过以上双线性变换后就可以利用劳斯判据了。

2. 采样控制系统的动态性能

采样控制系统的动态性能是指系统在单位阶跃信号输入下的过渡过程特性(或者说系统的动态响应特性)。如果已知采样控制系统在阶跃输入下输出的 Z 变换 $C(z)$,那么,对 $C(z)$ 进行 Z 的反变换,就可获得动态响应 $c^*(t)$。将 $c^*(t)$ 连成光滑曲线,就可得到系统的动态性能指标(即超调量 $\sigma\%$ 与过渡过程时间 t_s),这与连续系统类似,如图 3.59 所示。

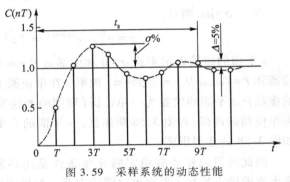

图 3.59　采样系统的动态性能

系统闭环极点对系统的动态性能的影响如图 3.60 和图 3.61 所示。由图可以看出:

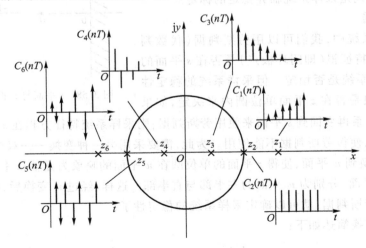

图 3.60　闭环实数点对系统动态性能的影响

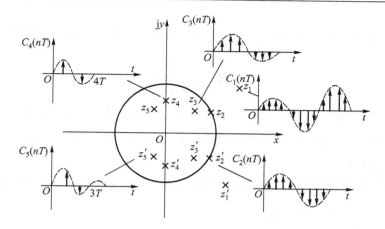

图 3.61 闭环复数点对系统动态性能的影响

① 极点在 z 平面单位圆外,对应的暂态响应是发散(图 3.60)或振荡发散(图 3.61)的;

② 极点在 z 平面单位圆上,对应的暂态响应为幅值(图 3.60)不变或等幅振荡(图 3.61);

③ 极点在 z 平面单位圆内,对应的暂态响应是衰减(图 3.60)或振荡衰减的(图 3.61)。

3. 采样控制系统的稳态性能

采样控制系统的稳态性能是指系统的精度,它以稳态误差大小来衡量。与连续系统一样,采样控制系统的稳态误差与输入信号种类及系统自身的结构参数(系统无差度阶数、放大系数)有关。

单位反馈采样控制系统的简单结构图如图 3.62 所示。

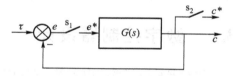

图 3.62 单位反馈采样控制系统

系统误差信号 e 的 Z 变换为 $E(z) = R(z) - C(z) = R(z) - E(z)G(z)$,根据 Z 变换的终值定理,可求得采样系统的稳态误差为:

$$\lim_{t \to \infty} e^*(t) = \lim_{z \to 1}(z-1)E(z) = \lim_{z \to 1}(z-1)\frac{R(z)}{1 + G(z)} \qquad (3.135)$$

前面已经指出,s 平面的虚轴在 z 平面的映象为单位圆。故 s 平面上的极点 $s = 0$(在虚轴上)对应 z 平面上的极点 $z = 1$(在单位圆上)。所以采样系统的无差度阶数就是开环脉冲传递函数 $G(z)$ 中 $z = 1$ 的极点数,也就是系统的型号。

(1)位置误差 e_s

给系统输入单位阶跃信号 $r(t) = 1(t)$ 后的稳态误差称位置误差。单位阶跃信号的 Z 变换为 $R(z) = \dfrac{z}{z-1}$,将其代入式(3.135),得系统位置误差为:

$$e_s = \lim_{t \to \infty} e^*(t) = \frac{1}{1 + G(1)} \qquad (3.136)$$

对 0 型系统,$G(z)$ 没有 $z = 1$ 的极点,故 $G(1)$ 为恒值,e_s 亦为恒值。

对 Ⅰ 型和 Ⅱ 型系统,$G(z)$ 分别有一个和两个 $z = 1$ 的极点,故 $G(1) = \infty$,$e_s = 0$。

(2)速度误差 e_Ω

给系统输入阶跃速度 $\Omega(t) = \Omega_0$ 后的稳态误差称速度误差。阶跃速度输入所对应的位置输

入为 $r(t) = \Omega_0 t$。其 Z 变换为 $R(z) = \dfrac{Tz}{(z-1)^2}$，将其代入式(3.135)，得系统速度误差为：

$$e_\Omega = \lim_{z \to 1} \frac{T}{(z-1)G(z)} \tag{3.137}$$

对 I 型系统，$G(z)$ 有一个 $z=1$ 的极点，故 $\lim\limits_{z \to 1}(z-1)G(z) =$ 常数，使得 e_Ω 亦为常值。

对 II 型系统，$G(z)$ 有两个 $z=1$ 的极点，故 $\lim\limits_{z \to 1}(z-1)G(z) = \infty$，因而 $e_\Omega = 0$。

（3）加速度误差 e_a

给系统输入恒定加速度 $\varepsilon(t) = \varepsilon_0$ 后的稳态误差称加速度误差。恒定加速度输入所对应的位置输入为 $r(t) = \dfrac{\varepsilon_0 t^2}{2}$，其 Z 变换为：

$$R(z) = \frac{\varepsilon_0}{2} \frac{T^2 z(z+1)}{(z-1)^2}$$

将 $R(z)$ 代入式(3.135)，则得：

$$e_a = \lim_{z \to 1} \frac{\varepsilon_0 T^2 z(z+1)}{2[1 + G(z)](z-1)^2} \tag{3.138}$$

对 0 型系统，$e_a = \infty$；对 I 型系统，$e_a = \infty$；对 II 型系统，$e_a =$ 常值。

3.6　数字控制器设计

控制器是控制系统中实现控制功能的核心，它根据系统的控制要求，按照一定规律或规则对系统实施控制。在连续控制系统中，采用模拟式调节器（又称校正装置）作为控制器，而在微型机控制系统中，采用以控制算法及相应控制软件为主的数字控制器来实现对整个系统的控制功能。

3.6.1　PID 数字控制器设计

1. PID 控制的控制算法

将前述 PID 控制器的控制规律微分方程式(3.102)离散化，可得到计算机控制系统使用的数字 PID 调节器。离散化时作如下近似：

$$\begin{cases} u(t) \approx u(kT) \\ e(t) \approx e(kT) \\ \displaystyle\int e(t)\,\mathrm{d}t \approx \sum_{j=0}^{k} Te(j) \\ \dfrac{\mathrm{d}e(t)}{\mathrm{d}t} \approx \dfrac{e(k) - e(k-1)}{T} \end{cases} \tag{3.139}$$

式中：T——采样周期。

为使算式简便,把式中的 $e(kT)$、$u(kT)$ 分别计为 $e(k)$、$u(k)$。数字 PID 控制有三种形式,即位置式 PID、增量式 PID 和速度式 PID。

(1) 位置式 PID

在微机控制系统中,位置式 PID 调节器的输出 $u(kT)$ 是全量输出,是执行机构所应达到的位置(如调节阀开度(位置)的大小)。将式(3.139)代入式(3.102),可得差分方程:

$$u(k) = K_p e(k) + K_i \sum_{j=0}^{k} e(j) + K_d [e(k) - e(k-1)] \qquad (3.140)$$

式中:$u(k)$——$t = kT$ 时的控制量;

K_i——积分系数,$K_i = \dfrac{K_p T}{T_i}$;

K_d——微分系数,$K_d = \dfrac{K_p T_d}{T}$。

式(3.140)就是 PID 控制算式的位置式。这种 PID 的积分项是对以前逐次偏差 $e(j)$ 的累加,这样就需占用较多的存储单元,而且不便于计算机编程,所以位置式 PID 目前很少使用。

(2) 增量式 PID

所谓增量式 PID 就是对位置式 PID 取增量,数字调节器的输出值是增量。PID 运算的输出增量为相邻两次采样时刻所计算的位置值之差,即

$$\Delta u(k) = u(k) - u(k-1)$$

由式(3.140)可知:

$$u(k-1) = K_p e(k-1) + K_i \sum_{j=0}^{k-1} e(j) + K_d [e(k-1) - e(k-2)]$$

由式(3.140)减上式得:

$$\Delta u(k) = K_p [e(k) - e(k-1)] + K_i e(k) + K_d [e(k) - 2e(k-1) + e(k-2)] \quad (3.141)$$

式(3.141)就是 PID 控制算式的增量式,其输出 $u(k)$ 表示阀位的增量。采用这种算法,计算机每次只输出控制增量 $\Delta u(k)$,因而可减小系统故障所造成的影响,提高系统可靠性。在增量形式的控制算法中,控制作用的比例、积分和微分部分是相互独立的,操作人员易于理解,便于检查参数变化对控制效果的影响。在工程上常采用式(3.141)进行计算机编程。

在微机控制中,既要考虑控制器的计算精度,又要考虑系统的实时性、通用性。这里给出一种较为实用的两字节定点 PID 计算方法,图 3.63 为 PID 计算程序方框图和内存分配图。图 3.64 为两字节定点数格式。为编程方便,设

$$\Delta e(k) = e(k) - e(k-1)$$

$$\Delta^2 e(k) = [\Delta e(k) - \Delta e(k-1)]^2 = e(k) - 2e(k-1) + e(k-2)$$

化简得:

$$\Delta u(k) = K_p [\Delta e(k) + K_i e(k) + K_d \Delta^2 e(k)]$$

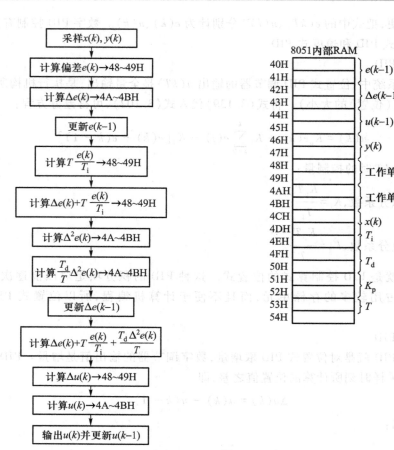

图 3.63　PID 计算程序方框图和内存分配图

（3）速度式 PID

PID 运算后的输出是位置相对于时间的变量，

尾数高8位　　　　尾数低8位

如直流伺服电机的转动速度，此种 PID 算式的形式

图 3.64　两字节定点数规格

称为速度式。将增量式 PID 算式（3.141）两边同除以 T 得到：

$$v(k) = \frac{\Delta u(k)}{T} = K_p \left\{ \frac{1}{T}[e(k) - e(k-1)] + \frac{1}{T_i}e(k) + \right.$$

$$\left. \frac{T_d}{T^2}[e(k) - 2e(k-1) + e(k-2)] \right\} \tag{3.142}$$

式（3.142）就是 PID 控制算式的速度式，其输出 $v(k)$ 可表示为直流伺服电机的转动速度。

2. PID 控制器的几种改进形式

前面介绍的三种形式的 PID 控制器是理想的 PID 控制器，其实际控制效果并不理想。为了改善控制质量，针对不同对象和条件，可以对 PID 算式进行适当的改进，这就形成了几种非标准的 PID 形式。

（1）带有死区的 PID 算法

在计算机控制系统中,某些系统为了避免控制动作的过于频繁,消除由于频繁动作所引起的系统振荡和设备磨损,对一些精度要求不太高的场合,可以采用带有死区的 PID 控制,即人为地设置控制不灵敏区 e_0,当偏差 $|e(k)| < |e_0|$ 时,$\Delta u(k)$ 取零,控制器输出保持不变;当 $|e(k)| \geqslant |e_0|$ 时,$\Delta u(k)$ 以 PID 规律参与控制,控制算法可表示为:

$$\Delta u(k) = \begin{cases} 0 & |e(k)| < |e_0| \\ K_p[e(k) - e(k-1)] + K_i e(k) + \\ K_d[e(k) - 2e(k-1) + e(k-2)] & |e(k)| \geqslant |e_0| \end{cases} \tag{3.143}$$

这种控制方式显然精度较低,它适用于要求控制装置不易频繁动作的场合,如化工过程的液面控制等。

（2）积分分离的 PID 算法

在普通的 PID 数字控制器中引入积分环节的目的主要是为了消除静差,提高控制精度。但在过程的起动、停车或大幅度改变给定值时,由于在短时间内产生很大的偏差,往往会产生严重的积分饱和现象,以致造成很大的超调和长时间的振荡。这在某些生产过程中是不允许的。为了克服这个缺点,可采用积分分离方法,即在被控制量开始跟踪时,取消积分作用;而当被控制量接近给定值时,才利用积分作用,以消除静差。控制算法可改写为:

$$\Delta u(k) = \begin{cases} K_p\left\{e(k) - e(k-1) + \dfrac{T_d}{T}[e(k) - \\ 2e(k-1) + e(k-2)]\right\} & |e(k)| \geqslant \varepsilon \\ K_p\left\{e(k) - e(k-1) + \dfrac{T}{T_i}e(k) + \\ \dfrac{T_d}{T}[e(k) - 2e(k-1) + e(k-2)]\right\} & |e(k)| < \varepsilon \end{cases} \tag{3.144}$$

程序方框图如图 3.65 所示。在单位阶跃信号的作用下,将积分分离式的 PID 控制与普通的 PID 控制响应结果进行比较（图 3.66）,可以发现,前者超调小,过渡时间短。

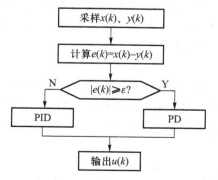

图 3.65 积分分离式的 PID 算法程序方框图

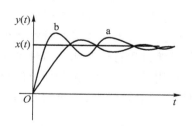

图 3.66 两种控制效果比较
a—积分分离式 PID;b—普通 PID

（3）不完全微分的 PID 算法

微分环节的引入,改善了系统的动态特性,但也容易引入高频干扰。对一般的 PID 算式,在阶跃输入的作用下,微分项会急剧增加,控制系统很容易产生振荡。为了克服这一缺点,可采用不完全微分形式的 PID 控制。该控制器的传递函数为:

$$D(s) = \frac{U(s)}{E(s)} = K_p \left[1 + \frac{1}{T_i s} + \frac{T_d s}{1 + \frac{T_d}{K_d s}} \right] \tag{3.145}$$

式中: K_d——微分增益。

将式（3.145）分解成比例积分和微分两部分,再进行差分离散化后,可推导出不完全微分的 PID 增量形式表达式为:

$$\Delta u(k) = \Delta u_{PI}(k) + \Delta u_D(k)$$
$$= K_p[e(k) - e(k-1)] + \frac{K_p T}{T_i} e(k) + \tag{3.146}$$
$$\frac{K_p T_d}{T_s}[e(k) - 2e(k-1) + e(k-2)] + \alpha[u_D(k-1) - u_D(k-2)]$$

式中:　$T_s = T + \dfrac{T_d}{K_d}$;

$$\alpha = \frac{\dfrac{T_d}{K_d}}{T_s};$$

$$\Delta u_{PI} = K_p \left[e(k) - e(k-1) + \frac{T}{T_i} e(k) \right];$$

$$\Delta u_D(k) = \alpha[u_D(k-1) - u_D(k-2)] + \frac{K_p T_d}{T_s}[e(k) - 2e(k-1) + e(k-2)]。$$

当偏差 $e(k)$ 发生阶跃变化时,从图 3.67 中可以看出,两者控制作用完全不同。

完全微分控制只在扰动发生的第 1 个周期内起作用;而不完全微分型的 PID 控制中,微分作用按指数规律逐渐衰减到零,可以延续几个周期。延长时间的长短与 K_d 的选择有关, K_d 越大延续时间越短, K_d 越小延续时间越长。 K_d 一般取 10 ~ 30。从改善系统动态性能的角度看,不完全微分的 PID 算式控制效果更好,其程序方框图如图 3.68 所示。

（4）具有纯滞后补偿的 PID 算法

在生产过程中,大多数工业对象存在着较大的纯滞后。纯滞后时间 θ 的存在会使系统的稳定性降低,过渡过程特性变坏。当对象的纯滞后时间 θ 与对象的惯性时间常数 T_M 之比大于或等于 0.5 时,采用常规的 PID 控制器难以获得满意的控制效果。为此史密斯（Smith）就这个问题提出了一种纯滞后补偿模型,即所谓的 Smith 预估控制。

通常这些被控对象的传递函数近似为一阶形式 $G_d(s) = \dfrac{K_p e^{-\theta s}}{\tau s + 1}$。图 3.69 为具有纯滞后对象的常规 PID 控制系统,对象特性 $G_d(s) = G_p(s) e^{-\theta s}$,系统的闭环传递函数为:

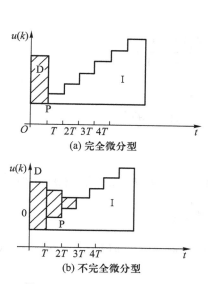

(a) 完全微分型

(b) 不完全微分型

图 3.67 两种微分作用的比较

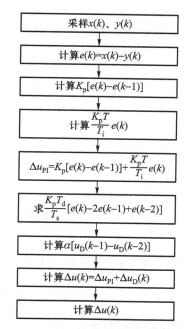

图 3.68 不完全微分 PID 算法程序方框图

$$\Phi(s) = \frac{Y(s)}{X(s)} = \frac{D(s)G_p(s)e^{-\theta s}}{1 + D(s)G_p(s)e^{-\theta s}}$$

其特征方程为：

$$1 + D(s)G_p(s)e^{-\theta s} = 0$$

可见,方程中含有纯滞后环节 $e^{-\theta s}$,对系统的稳定性具有很大的影响。如果采用图 3.70 所示的 Smith 补偿器对纯滞后进行补偿,则补偿后的系统闭环传递函数为：

$$\Phi(s) = \frac{\dfrac{D(s)}{1 + D(s)G_p s(s)(1 - e^{-\theta s})}G_p(s)e^{\theta s}}{1 + \dfrac{D(s)G_p(s)e^{-\theta s}}{1 + D(s)G_p(s)(1 - e^{-\theta s})}} = \frac{D(s)G_p(s)e^{-\theta s}}{1 + D(s)G_p(s)}$$

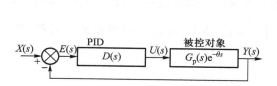

图 3.69 具有纯滞后对象的 PID 控制系统

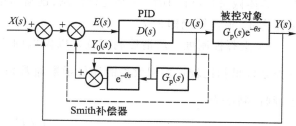

图 3.70 带有 Smith 补偿器的控制系统

由此可得补偿后系统的闭环特性方程为 $1 + D(s)G_p(s) = 0$,不再含有 $e^{-\theta s}$ 环节。显然,纯滞后环节已处于闭环控制回路之外,消除了对系统稳定性的影响。设 $G_p(s) = \dfrac{K_p}{\tau s + 1}$,则补偿器传递函数为:

$$\frac{Y_0(s)}{U(s)} = G_p(s)(1 - e^{-\theta s}) = \frac{K_p(1 - e^{-\theta s})}{\tau s + 1}$$

微分方程为:

$$\tau \frac{\mathrm{d}y_0(t)}{\mathrm{d}t} + y_0(t) = K_p[u(t) - u(t - \theta)]$$

对上式进行离散化处理得:

$$\tau \frac{y_0(kT) - y_0((k-1)T)}{T} + y_0(kT) = K_p[u(kT) - u(kT - nT)] \quad (\theta = nT)$$

经简化整理,并令 $k = k-1$,带入上式得 Smith 控制器的预估表达式:

$$y_0(k) = \frac{\tau}{T + \tau}y_0(k - 1) + \frac{K_pT}{T + \tau}[u(k - 1) - u(k - 1 - n)] \quad (3.147)$$

3. PID 数字控制参数的整定

设计 PID 数字控制器的关键是控制器参数的确定,它直接影响系统的控制质量。确定参数的方法可大体上分为两大类,即理论计算法和工程整定法。前者主要适用于基本设计阶段和计算机辅助设计与仿真,具有参数作用直观、机理清楚、易于优化等优点,但这种方法难于获得精确结果,还应在系统实施时对参数进行实际调整。工程整定法适用于现场应用,它以试验为基础,不依赖被控对象的数学模型,因而简便易行。下面介绍两种数字 PID 控制算法的参数整定方法。

(1) 按扩充临界比例度法整定 T 和 K_p、T_i、T_d

扩充临界比例度法是对模拟调节器中使用的临界比例度法的扩充,是实验经验法的一种。用它来整定 T 和 K_p、T_i、T_d 的工作步骤如下所述:

1) 选择一个足够短的采样周期 T_{min}。所谓足够短,具体地说就是采样周期选择为对象的纯滞后时间的 $1/10$ 以下。

2) 用上述的 T_{min},采用模拟调节器的临界比例度法,求出临界比例度 δ_k 及临界振荡周期 T_k。具体做法是仅让 DDC 作纯比例控制,逐渐缩小比例度,最终得到一个等幅振荡,此时的比例度即为 δ_k,振荡周期即为 T_k。

3) 选择控制度。所谓控制度就是以模拟调节器为基准,将 DDC 的控制效果与模拟调节器的控制效果相比较。控制效果的评价函数通常采用 $\left(\int_0^\infty e^2(t)\mathrm{d}t\right)_{min}$(最小的误差平方面积)表示,则控制度为:

$$控制度 = \frac{\left[\left(\int_0^\infty e^2(t)\mathrm{d}t\right)_{DDC}\right]_{min}}{\left[\left(\int_0^\infty e^2(t)\mathrm{d}t\right)_{模拟}\right]_{min}} \quad (3.148)$$

在实际应用中,并不需要计算出两个误差平方面积,控制度仅表示控制效果的物理概念。例如,当控制度为 1.05 时,就是指 DDC 与模拟控制效果基本相同;控制度为 2.0 时,是指 DDC 比模拟控制效果差。

4)根据选定的控制度查表 3.3,求得 T、K_p、T_i、T_d 的值。

5)按求得的参数整定运行,在投运中观察控制效果,用探索法进一步寻求比较满意的值。

(2)按扩充响应曲线法整定 T 和 K_p、T_i、T_d

扩充响应曲线法是对模拟调节器中使用的响应曲线法的扩充,也是一种实验经验法,其整定 T 和 K_p、T_i、T_d 的工作步骤如下:

1)数字控制器不接入控制系统,让系统处于手动操作状态,将被调量调节到给定值附近,并使之稳定下来。然后突然改变给定值,给对象一个阶跃输入信号。

表 3.3　按扩充临界比例度法整定 T 和 K_p、T_i、T_d

控制度	控制规律	T	K_p	T_i	T_d
1.05	PI	$0.03T_k$	$0.53\delta_k$	$0.88T_k$	—
	PID	$0.014T_k$	$0.63\delta_k$	$0.49T_k$	$0.14T_k$
1.2	PI	$0.05T_k$	$0.49\delta_k$	$0.91T_k$	—
	PID	$0.043T_k$	$0.47\delta_k$	$0.47T_k$	$0.16T_k$
1.5	PI	$0.14T_k$	$0.42\delta_k$	$0.99T_k$	—
	PID	$0.09T_k$	$0.34\delta_k$	$0.43T_k$	$0.20T_k$
2.0	PI	$0.22T_k$	$0.36\delta_k$	$1.05T_k$	—
	PID	$0.16T_k$	$0.27\delta_k$	$0.40T_k$	$0.22T_k$
模拟调节器	PI	—	$0.57\delta_k$	$0.83T_k$	—
	PID	—	$0.70\delta_k$	$0.50T_k$	$0.13T_k$
Ziegler-Nichols 整定式	PI	—	$0.45\delta_k$	$0.83T_k$	—
	PID	—	$0.60\delta_k$	$0.50T_k$	$0.125T_k$

2)用记录仪记录被调量在阶跃输入下的整个变化过程曲线,如图 3.71 所示。

3)在曲线拐点处作切线,求得滞后时间 τ、被控对象时间常数 T_τ 以及它们的比值 T_τ/τ。

4)由求得的 T_τ 和 τ 及它们的比 T_τ/τ,选择一控制度,查表 3.4 即求得数字 PID 的控制参数 K_p、T_i、T_d 及采样周期 T。

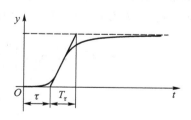

图 3.71　控制对象阶跃响应曲线

表 3.4 按扩充响应曲线法整定 T 和 K_p、T_i、T_d

控制度	控制规律	T	K_p	T_i	T_d
1.05	PI	0.1τ	$0.83\dfrac{T_\tau}{\tau}$	3.4τ	—
	PID	0.05τ	$1.15\dfrac{T_\tau}{\tau}$	2.0τ	0.45τ
1.2	PI	3.6τ	0.2τ	$0.78\dfrac{T_\tau}{\tau}$	
	PID	0.16τ	$1.0\dfrac{T_\tau}{\tau}$	1.9τ	0.55τ
1.5	PI	0.5τ	$0.68\dfrac{T_\tau}{\tau}$	3.9τ	—
	PID	0.34τ	$0.85\dfrac{T_\tau}{\tau}$	1.62τ	0.65τ
2.0	PI	0.8τ	$0.57\dfrac{T_\tau}{\tau}$	4.2τ	—
	PID	0.6τ	$0.6\dfrac{T_\tau}{\tau}$	1.5τ	0.82τ
模拟调节器	PI	—	$0.9\dfrac{T_\tau}{\tau}$	3.3τ	—
	PID		$1.2\dfrac{T_\tau}{\tau}$	2.0τ	0.4τ
Ziegler-Nichols 整定式	PI		$0.9\dfrac{T_\tau}{\tau}$	3.3τ	—
	PID		$1.2\dfrac{T_\tau}{\tau}$	3.0τ	0.5τ

5) 按求得的参数整定运行, 在投运中观察控制效果, 用探索法进一步寻求比较满意的值。

3.6.2 串级数字控制系统

1. 串级数字控制

根据前述串级控制连续系统方框图(图 3.39), 当 $D_1(s)$ 和 $D_2(s)$ 由计算机来实现时, 计算机串级控制系统如图 3.72 所示, 图中的 $D_1(z)$ 和 $D_2(z)$ 是由计算机实现的数字控制器, $H(s)$ 是零阶保持器, T 为采样周期, $D_1(z)$ 和 $D_2(z)$ 通常是 PID 控制规律。

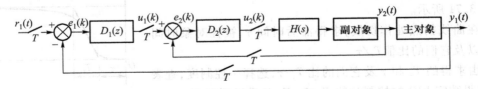

图 3.72 计算机串级控制系统

不管串级控制有多少级,计算的顺序总是从最外面的回路向内进行。对图 3.71 所示的双回路串级控制系统,其计算顺序为:

(1) 计算主回路的偏差 $e_1(k)$

$$e_1(k) = r_1(k) - y_1(k)$$

(2) 计算主回路控制器 $D_1(z)$ 的输出 $u_1(k)$

$$u_1(k) = u_1(k-1) + \Delta u(k)$$

$$\Delta u(k) = K_{\text{P1}}[e_1(k) - e_1(k-1)] + K_{\text{I1}}e_1(k) +$$

$$K_{\text{D1}}[e_1(k) - 2e_1(k-1) + e_1(k-2)]$$

式中: K_{P1}——比例增益;

K_{I1}——积分系数,$K_{\text{I1}} = \dfrac{K_{\text{P1}}T}{T_{\text{I1}}}$;

K_{D1}——微分系数,$K_{\text{D1}} = \dfrac{K_{\text{P1}}T_{\text{D1}}}{T}$。

(3) 计算副回路的偏差 $e_2(k)$

$$e_2(k) = u_1(k) - y_2(k)$$

(4) 计算副回路控制器 $D_2(z)$ 的输出 $u_2(k)$

$$\Delta u_2(k) = K_{\text{P2}}[e_2(k) - e_2(k-1)] + K_{\text{I2}}e_2(k) +$$

$$K_{\text{D2}}[e_2(k) - 2e_2(k-1) + e_2(k-2)]$$

式中: K_{P2}——比例增益;

K_{I2}——积分系数,$K_{\text{I2}} = \dfrac{K_{\text{P2}}T}{T_{\text{I2}}}$;

K_{D2}——微分系数,$K_{\text{D2}} = \dfrac{K_{\text{P2}}T_{\text{D2}}}{T}$。

且

$$u_2(k) = u_2(k-1) + \Delta u_2(k)$$

2. 串级微分先行数字控制

微分先行串级控制系统的结构方框图如图 3.40 所示,将系统离散化得其数字控制系统如图 3.73 所示。

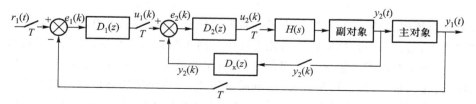

图 3.73　副回路微分先行的串级控制系统

将式(3.103)或式(3.104)写成相应的差分方程得:

$$\frac{aT_2[y_{2d}(k) - y_{2d}(k-1)]}{T} + y_{2d}(k) = \frac{T_2[y_2(k) - y_2(k-1)]}{T} + y_2(k) \qquad (3.149)$$

整理得:

$$y_{2d}(k) = \frac{aT_2 y_{2d}(k-1)}{aT_2 + T} + \frac{(T_2 + T)y_2(k)}{aT_2 + T} - \frac{T_2 y_2(k-1)}{aT_2 + T}$$

$$= \Phi_1 y_{2d}(k-1) + \Phi_2 y_2(k) - \Phi_3 y_2(k-1) \qquad (3.150)$$

式中:

$$\Phi_1 = \frac{aT_2}{aT_2 + T};$$

$$\Phi_2 = \frac{T_2 + T}{aT_2 + T};$$

$$\Phi_3 = \frac{T_2}{aT_2 + T}。$$

系数中 Φ_1、Φ_2、Φ_3 可先离线计算,并存入内存指定单元,以备控制计算时调用。下面给出副回路微分先行的串级控制算法。

(1)计算主回路的偏差 $e_1(k)$

$$e_1(k) = r_1(k) - y_1(k) \qquad (3.151)$$

(2)计算主控制器的输出 $u_1(k)$

$$u_1(k) = u_1(k-1) + \Delta u_1(k) \qquad (3.152)$$

$$\Delta u_1(k) = K_{P1}[e_1(k) - e_1(k-1)] + K_{I1}e_1(k) +$$

$$K_{D1}[e_1(k) - 2e_1(k-1) + e_1(k-2)] \qquad (3.153)$$

(3)计算微分先行部分的输出 $y_{2d}(k)$

$$y_{2d}(k) = \Phi_1 y_{2d}(k-1) + \Phi_2 y_2(k) - \Phi_3 y_2(k-1) \qquad (3.154)$$

(4)计算副回路的偏差 $e_2(k)$

$$e_2(k) = u_1(k) - y_{2d}(k) \qquad (3.155)$$

(5)计算副控制器的输出 $u_2(k)$

$$u_2(k) = u_2(k-1) + \Delta u_2(k) \qquad (3.156)$$

$$\Delta u_2(k) = K_{P2}[e_2(k) - e_2(k-1)] + K_{I2}e_2(k) \qquad (3.157)$$

串极控制系统中,副回路给系统带来了一系列的优点:串级控制较单回路控制系统有更强的抑制扰动的能力,通常副回路抑制扰动的能力比单回路控制高出十几倍乃至上百倍,因此在设计此类系统时,应把主要的扰动包含在副回路中;当对象的纯滞后比较大时,若用单回路控制,则过渡过程时间长,超调量大,参数恢复较慢,控制质量较差,采用串级控制可以克服对象纯滞后的影响,改善系统的控制性能;对于具有非线性的对象,采用单回路控制,在负荷变化时,若不相应地改变控制器参数,系统的性能很难满足要求,若采用串级控制,把非线性对象包含在副回路中,由于副控回路是随动系统,能够适应操作条件和负荷的变化,自动改变副控调节器的给定值,因而控制系统有良好的控制性能。

在串级控制系统中,主、副控制器的选型非常重要。对于主控制器,为了减少稳态误差,提高控制精度,应具有积分控制;为了使系统反应灵敏,动作迅速,应加入微分控制,因此主控制器应具有 PID 控制规律。对于副控制器,通常可以选用比例控制,当副控制器的比例系数不能太大时,则应加入积分控制,即采用 PI 控制规律,副回路较少采用 PID 控制规律。

3.6.3 前馈-反馈数字控制系统

以前馈-反馈控制系统为例,介绍计算机前馈-反馈控制系统的算法步骤和算法流程图。图 3.74 是计算机前馈-反馈控制系统的方框图。图中,T 为采样周期,$D_n(z)$ 为前馈控制器,$D(z)$ 为反馈控制器,$H(s)$ 为零阶保持器。$D_n(z)$、$D(z)$ 是由计算机算法实现的。

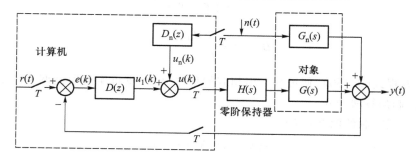

图 3.74 计算机前馈-反馈控制系统方框图

若 $G_n(s) = \dfrac{K_1 e^{-\tau_1 s}}{T_1 s + 1}$ $G(s) = \dfrac{K_2 e^{-\tau_2 s}}{T_2 s + 1}$,令 $\tau = \tau_1 - \tau_2$

则:
$$D_n(s) = \frac{u_n(s)}{N(s)} = \frac{K_f\left(s + \dfrac{1}{T_2}\right) e^{-\tau s}}{s + \dfrac{1}{T_1}} \tag{3.158}$$

式中:
$$K_f = -\frac{K_1 T_2}{K_2 T_1}。$$

由式(3.158)可得前馈调节器的微分方程
$$\frac{du_n(t)}{dt} + \frac{u_n(t)}{T_1} = K_f\left[\frac{dn(t-\tau)}{dt} + \frac{n(t-\tau)}{T_2}\right] \tag{3.159}$$

假如选择的采样频率足够高,即采样周期足够短时,可对微分方程离散化,得到差分方程。设纯滞后时间是采样周期的整数倍,即 $\tau = mT$,离散化时,令
$$u_n(t) \approx u_n(k); \quad n(t-\tau) \approx n(k-m); \quad dt \approx T;$$

$$\frac{\mathrm{d}u_n(t)}{\mathrm{d}t} \approx \frac{[u_n(k) - u_n(k-1)]}{T};$$

$$\frac{\mathrm{d}n(t-\tau)}{\mathrm{d}t} \approx \frac{[n(k-m) - n(k-m-1)]}{T}.$$

由式(3.158)和式(3.159)可得到差分方程：

$$u_n(k) = A_1 u_n(k-1) + B_m n(k-m) + B_{m+1} n(k-m-1) \tag{3.160}$$

式中：

$$A_1 = \frac{T_1}{T + T_1};$$

$$B_m = \frac{K_f T_1 (T + T_2)}{T_2 (T + T_1)};$$

$$B_{m+1} = -\frac{K_f T_1}{T + T_1}.$$

根据差分方程式(3.160)，便可编写出相应的程序，由计算机实现前馈调节。下面推导计算机前馈-反馈控制的算法步骤。

(1) 计算反馈控制的偏差 $e(k)$

$$e(k) = r(k) - y(k) \tag{3.161}$$

(2) 计算反馈控制器(PID)的输出 $u_1(k)$

$$\begin{cases} \Delta u_1(k) = K_P e(k) + K_I e(k) + K_D [\Delta e(k) - \Delta e(k-1)] \\ u_1(k) = u_1(k-1) + \Delta u_1(k) \end{cases} \tag{3.162}$$

(3) 计算前馈调节器 $D_n(z)$ 的输出 $u_n(k)$

$$\begin{cases} \Delta u_n(k) = A_1 \Delta u_n(k-1) + \Delta n(k-m) + B_{m+1} \Delta n(k-m-1) \\ u_n(k) = u_n(k-1) + \Delta u_n(k) \end{cases} \tag{3.163}$$

(4) 计算前馈-反馈调节器的输出 $u(k)$

$$u(k) = u_n(k) + u_1(k) \tag{3.164}$$

3.6.4   数字控制器的直接设计方法

1. 直接设计方法的原理与步骤

数字控制器的直接数字设计方法就是根据对控制系统的性能要求，应用离散控制理论，直接设计数字控制系统。

在图 3.75 所示的计算机控制系统中 $G_p(s)$ 是被控对象的传递函数。设包括被控对象和零阶保持器在内的广义对象的传递函数为：

$$G(s) = \frac{1 - \mathrm{e}^{-Ts}}{s} G_p(s) \tag{3.165}$$

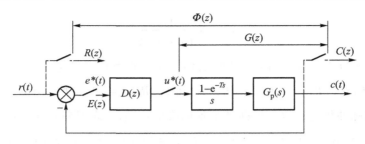

图 3.75　计算机控制系统

对式(3.165)进行 Z 变换可得其脉冲传递函数 $G(z) = \mathscr{Z}[G(s)]$，由图 3.75 可得整个系统的闭环脉冲传递函数 $\Phi(z)$ 为：

$$\Phi(z) = \frac{D(z)G(z)}{1 + D(z)G(z)} \tag{3.166}$$

由式(3.166)可求得数字控制器的脉冲传递函数：

$$D(z) = \frac{1}{G(z)} \frac{\Phi(z)}{1 - \Phi(z)} \tag{3.167}$$

可见，若已知广义对象的脉冲传递函数 $G(z)$，并且根据对控制系统的性能要求定出 $\Phi(z)$，则数字控制器 $D(z)$ 也就确定下来了。因此，数字控制器的直接设计法步骤为：

1）根据对控制系统性能指标要求和其他约束条件，确定闭环系统脉冲传递函数 $\Phi(z)$；

2）根据式(3.167)确定数字控制器 $D(z)$；

3）编程实现 $D(z)$。

2. 最少拍数字控制器的设计

最少拍数字控制系统是在最少的几个采样周期内达到在采样时刻输入输出无误差的系统。显然，这种系统对闭环脉冲传递函数 $\Phi(z)$ 的性能要求是快速性和准确性。具体来说，利用直接数字设计法设计系统时，要求所设计的系统满足：① 对于特定的参考输入信号，达到稳态后，系统在采样时刻精确实现对输入的跟踪；② 系统以最快速度达到稳态；③ $D(z)$ 应是物理可实现的；④ 闭环系统应是稳定的。

（1）设计原理

1）对系统稳态误差的要求

以典型输入信号为例，通常典型输入信号有：

阶跃信号：$R(z) = \dfrac{1}{1 - z^{-1}}$

斜坡信号：$R(z) = \dfrac{Tz^{-1}}{(1 - z^{-1})^2}$

加速度信号：$R(z) = \dfrac{T^2 z^{-1}(1 + z^{-1})}{2(1 - z^{-1})^3}$

一般情况下，可设输入为：

$$R(z) = \frac{A(z)}{(1 - z^{-1})^m} \tag{3.168}$$

其中,$A(z)$中不含$z = 1$的因子。在图3.74系统中,由于误差信号满足

$$E(z) = R(z) - C(z) = R(z) - \Phi(z)R(z) = [1 - \Phi(z)]R(z) \tag{3.169}$$

称$1 - \Phi(z)$为误差脉冲传递函数。根据Z变换的终值定理,稳态误差$e(\infty)$为:

$$e(\infty) = \lim_{k \to \infty} e(kT) = \lim_{z \to 1}(1 - z^{-1})E(z) = \lim_{z \to 1}(1 - z^{-1})R(z)[1 - \Phi(z)]$$

$$= \lim_{z \to 1}(1 - z^{-1}) \frac{A(z)}{(1 - z^{-1})^m}[1 - \Phi(z)] \tag{3.170}$$

由式(3.170)知,要使图3.74所示系统的稳态误差$e(\infty)$为零,则要求$1 - \Phi(z)$中必须含有$(1 - z^{-1})$的至少m次因子,即

$$1 - \Phi(z) = (1 - z^{-1})^p F_1(z) \quad p \geq m \tag{3.171}$$

其中,$F_1(z)$为一个待定的z^{-1}多项式。

2)最快速达到稳态的要求

将式(3.171)代入式(3.169),可得:

$$E(z) = (1 - z^{-1})^p F_1(z) \frac{A(z)}{(1 - z^{-1})^m} = (1 - z^{-1})^{p-m} F_1(z) A(z) \tag{3.172}$$

因为$A(z)$和$F_1(z)$都是z^{-1}多项式,$E(z)$是z^{-1}有限阶多项式。它的次数等于$E(z)$趋于零的拍数。为使$E(z)$尽快为零,希望这个多项式的次数为最小,为此,选

$$1 - \Phi(z) = (1 - z^{-1})^m F_1(z) \tag{3.173}$$

可以使式(3.172)中右边的第一个因子等于1。式(3.173)是设计最少拍控制系统的一般公式。

若要使设计的数字控制器最简单,且$E(z)$以最少的拍数达到零,可选$F_1(z) = 1$。但选$F_1(z) = 1$,可能使系统不能满足$D(z)$物理可实现和稳定性的要求。

3)$D(z)$物理可实现的要求

所谓数字控制器$D(z)$物理可实现问题是要求数字控制器算法中不允许出现对未来时刻的信息的要求。这是因为未来信息尚属未知,不能用来计算控制量。具体说来,就是$D(z)$的无穷级数展开式中不能出现的z正幂项。

设广义对象的脉冲传递函数为:

$$G(z) = \frac{z^{-l}(b_0 + b_1 z^{-1} + \cdots + b_m z^{-m})}{a_0 + a_1 z^{-1} + \cdots + a_n z^{-n}} = z^{-l}(g_0 + g_1 z^{-1} + g_2 z^{-2} + \cdots) \tag{3.174}$$

若我们希望闭环脉冲传递函数$\Phi(z)$为:

$$\Phi(z) = \varphi_r z^{-r} + \varphi_{r+1} z^{-(r+1)} + \cdots \tag{3.175}$$

则代入式(3.167)可求得数字控制器的脉冲传递函数:

$$D(z) = \frac{\varphi_r z^{-r} + \varphi_{r+1} z^{-(r+1)} + \cdots}{z^{-l}(g_0 + g_1 z^{-1} + \cdots)[1 - \varphi_r z^{-r} - \varphi_{r+1} z^{-(r+1)} + \cdots]}$$

$$= d_{r-l} z^{-(r-l)} + d_{r-l+1} z^{-(r-l+1)} + \cdots \tag{3.176}$$

显然,若$(r-l) < 0, r < l$,则$D(z)$的无穷级数展开式将出现z的正幂项。这意味着在计算$u(k)$时需要$e(k+1), e(k+2), \cdots$,等的信息,这是不可能的,这时的$D(z)$不是物理可实现的。只有$(r-l) \geqslant 0$时才能满足$D(z)$物理可实现条件要求。为此,取$r=l$,则闭环脉冲传递函数$\Phi(z)$应具有的形式为:

$$\Phi(z) = z^{-l} \Phi_0(z) \tag{3.177}$$

其中,$\Phi_0(z) = \varphi_0 + \varphi_1 z^{-1} + \varphi_2 z^{-2} + \cdots + \varphi_p z^{-p}$,可以利用它使$\Phi(z)$满足其他的要求。这样所得到的数字控制器$D(z)$才是可以物理实现的。

4)闭环稳定性要求

影响系统闭环稳定性的因素主要是系统被控对象的零、极点。设系统的广义被控对象$G(z)$中有l个采样周期的纯滞后,w个单位圆外或单位圆上的零点$\{Z_1, Z_2, Z_3, \cdots, Z_w\}$,$v$个单位圆外或单位圆上的极点$\{P_1, P_2, P_3, \cdots, P_v\}$,将式(3.174)变为:

$$G(z) = \frac{z^{-l} \prod_{i=1}^{w} (1 - Z_i z^{-1})}{\prod_{i=0}^{v} (1 - P_i z^{-1})} G'(z) \tag{3.178}$$

其中,$G'(z)$没有单位圆外或单位圆上的零、极点。

① 被控对象极点对稳定性的影响

将式(3.167)写成:

$$\Phi(z) = D(z) G(z)[1 - \Phi(z)] \tag{3.179}$$

显然,$G(z)$若有单位圆上或单位圆外的极点,并且,该极点没有与$D(z)$或$1 - \Phi(z)$的零点对消的话,则它也将成为$\Phi(z)$的极点,从而造成闭环系统不稳定。如果我们利用$D(z)$的零点去对消$G(z)$不稳定的极点,虽然从理论上来说可以得到一个稳定的闭环系统,但是这种稳定是建立在零极点完全对消的基础上的。当系统的参数产生漂移,或者辨识的对象有误差时,这种零极点的对消不可能准确实现,从而引起闭环系统不稳定。因此为保证闭环系统稳定,只能利用$1 - \Phi(z)$的零点来对消这些极点,使$1 - \Phi(z)$的零点必须包含有$G(z)$在单位圆外或单位圆上的不稳定极点。若$G(z)$有k个$z=1$(单位圆上)的极点,则有:

$$1 - \Phi(z) = (1 - z^{-1})^k \cdot \prod_{i=1}^{v-k} (1 - P_i z^{-1}) \cdot F_2(z) \tag{3.180}$$

其中,$P_i(i=1, 2, \cdots, v-k)$是单位圆外的极点;$F_2(z)$是z^{-1}的有限阶多项式,可以利用它使$1 - \Phi(z)$满足其他的要求。

② 被控对象零点对稳定性的影响

由图3.74可以得到:

$$U(z) = \frac{\Phi(z)}{G(z)} R(z) \tag{3.181}$$

根据式(3.181),若 $G(z)$ 有位于单位圆外或单位圆上的零点,则数字控制器输出序列 $\{u(k)\}$ 将随着时间的推移而趋向于无穷大,造成闭环系统不稳定。为克服这一现象,$\Phi(z)$ 的零点必须包含 $G(z)$ 的所有在单位圆外或单位圆上的零点,即

$$\Phi(z) = \prod_{i=1}^{w} (1 - Z_i z^{-1}) \cdot F_3(z) \tag{3.182}$$

其中,$F_3(z)$ 是 z^{-1} 的有限阶多项式,可以利用它使 $\Phi(z)$ 满足其他的要求。

(2)闭环传递函数 $\Phi(z)$ 及误差传递函数 $1 - \Phi(z)$ 的确定

由以上对控制系统的性能要求和约束条件可分别得到 5 个闭环脉冲传递函数,综合式(3.171)、式(3.173)和式(3.180),可得系统满足稳态性、快速性以及稳定性要求的闭环误差传递函数为:

$$1 - \Phi(z) = (1 - z^{-1})^j \cdot \prod_{i=1}^{v-k} (1 - P_i z^{-1}) \cdot F(z) \tag{3.183}$$

式中:$j = \max(k, m)$;

$F(z) = 1 + f_1 z^{-1} + f_2 z^{-2} + \cdots + f_q z^{-q}$。

可以利用它使 $1 - \Phi(z)$ 满足其他的要求。

再综合式(3.177)和式(3.182)可得系统满足数字控制器物理可实现条件和稳定性要求的闭环传递函数为:

$$\Phi(z) = z^{-l} \cdot \prod_{i=1}^{w} (1 - Z_i z^{-1}) \cdot \Phi_0(z) \tag{3.184}$$

其中,$\Phi_0(z) = \varphi_0 + \varphi_1 z^{-1} + \varphi_2 z^{-2} + \cdots + \varphi_p z^{-p}$,可以利用它使 $\Phi(z)$ 满足其他的要求。

为使式(3.183)和式(3.184)中的闭环传递函数 $\Phi(z)$ 为同一系统的传递函数,且满足前面提出的各项性能要求和约束条件,将式(3.184)代入式(3.183)的左边得:

$$1 - z^{-l} \cdot \prod_{i=1}^{w} (1 - Z_i z^{-1}) \cdot \Phi_0(z) = (1 - z^{-1})^j \cdot \prod_{i=1}^{v-k} (1 - P_i z^{-1}) \cdot F(z) \tag{3.185}$$

比较式(3.185)两边的阶次可得:

$$l + w + p = j + v - k + q \tag{3.186}$$

其中 p, q 待定。为满足式(3.171),且保证 $\Phi(z)$ 有最低的阶次,应选

$$p = j + v - k - 1, \quad q = l + w - 1 \tag{3.187}$$

比较式(3.185)等号两边同次幂系数,得出 $j + v - k + l + w - 1$ 个方程,便可求解出 $\Phi_0(z)$ 和 $F(z)$ 中的未知系数 $\varphi_i, i = 0, 1, \cdots, p$ 和 $f_i, i = 1, 2, 3, \cdots, q$。

(3)数字控制器的确定

将所求得的闭环传递函数和误差传递函数代入式(3.167)可得最少拍数字控制器:

$$D(z) = \frac{1}{G(z)} \frac{\Phi(z)}{1 - \Phi(z)}$$

例 3.7 设计算机控制系统,结构如图 3.74 所示,其中

$$G_{\mathrm{p}}(s) = \frac{10}{s(0.025s + 1)}$$

已知采样周期 $T = 0.025$ s,输入为斜坡信号,试设计最少拍控制系统 $D(z)$。

解:系统广义对象传递函数为:

$$G(s) = \frac{1 - \mathrm{e}^{-Ts}}{s} \frac{10}{s(0.025s + 1)}$$

其脉冲传递函数

$$G(z) = (1 - z^{-1})\mathscr{Z}\left[\frac{10}{s^2(0.025s + 1)}\right] = \frac{0.092z^{-1}(1 + 0.718z^{-1})}{(1 - z^{-1})(1 - 0.368z^{-1})}$$

把上式与式(3.178)对比可知,$l = 1, w = 0, v = 1$ 且 $k = 1$,对于斜坡信号 $m = 2$,故 $j = \max(k, m) = \max(1, 2) = 2$,由式(3.187)得:

$$\begin{cases} p = j + v - k - 1 = 2 + 1 - 1 - 1 = 1 \\ q = l + w - 1 = 1 + 0 - 1 = 0 \end{cases}$$

将上式结果代入式(3.184)、式(3.183)及式(3.185)得

$$\Phi(z) = z^{-1}(\varphi_0 + \varphi_1 z^{-1}); \quad 1 - \Phi(z) = (1 - z^{-1})^2;$$
$$1 - z^{-1}(\varphi_0 + \varphi_1 z^{-1}) = (1 - z^{-1})^2$$

解得:$\varphi_0 = 2, \varphi_1 = -1$,即

$$\Phi(z) = 2z^{-1} - z^{-2}$$

$$D(z) = \frac{1}{G(z)}\frac{\Phi(z)}{1 - \Phi(z)} = \frac{(1 - z^{-1})(1 - 0.368z^{-1})}{0.092z^{-1}(1 + 0.718z^{-1})}\frac{2z^{-1} - z^{-2}}{(1 - z^{-1})^2}$$

$$= \frac{21.8(1 - 0.5z^{-1})(1 - 0.368z^{-1})}{(1 - z^{-1})(1 + 0.718z^{-1})}$$

这就是最少拍数字控制器的脉冲传递函数。对单位斜坡输入,闭环系统的输出序列为:

$$C(z) = \Phi(z)R(z) = (2z^{-1} - z^{-2})\frac{Tz^{-1}}{(1 - z^{-1})^2}$$

$$= 0.025(2z^{-2} + 3z^{-3} + 4z^{-4} + \cdots)$$

数字控制器的输出序列(即控制变量)为:

$$U(z) = \frac{C(z)}{G(z)} = (2z^{-1} - z^{-2})\frac{Tz^{-1}}{(1 - z^{-1})2}\frac{(1 - z^{-1})(1 - 0.368z^{-1})}{0.092z^{-1}(1 + 0.718z^{-1})}$$

$$= 0.54z^{-1} - 0.316z^{-2} + 0.4z^{-3} - 0.115z^{-4} + 0.25z^{-5} + \cdots$$

$u(k)$ 和 $c(k)$ 的波形如图 3.76 所示。

例 3.8 考虑如图 3.75 所示的系统,设广义对象的脉冲传递函数

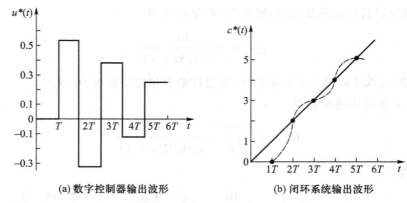

(a) 数字控制器输出波形   (b) 闭环系统输出波形

图 3.76 输出序列示意图

$$G(z) = \frac{0.000\ 392z^{-1}(1 + 2.78z^{-1})(1 + 0.2z^{-1})}{(1 - z^{-1})^2(1 - 0.286z^{-1})}$$

设采样周期 $T = 0.05$ s,典型输入信号为阶跃信号和斜坡信号,试设计最少拍控制系统。

解: 由广义对象的脉冲传递函数得: $v = 2(k = 2)$, $w = 1$, $l = 1$。对于要跟踪的阶跃信号 $R_1(z) = \frac{1}{1-z^{-1}}$ 和斜坡信号 $R_2(z) = \frac{Tz^{-1}}{(1-z^{-1})^2}$,若按分母阶次较小的 $R_1(z)$ 进行设计,则当系统输入为 $R_2(z)$ 时,稳态误差将为无穷大。因此,按分母阶次较大的 $R_2(z)$ 进行设计,取 $m = 2$,故 $j = \max(k, m) = \max(2, 2) = 2$,由式(3.187)得:

$$\begin{cases} p = j + v - k - 1 = 2 + 2 - 2 - 1 = 1 \\ q = l + w - 1 = 1 + 1 - 1 = 1 \end{cases}$$

阶次确定后,可令

$$\Phi(z) = z^{-1}(1 + 2.78z^{-1})(\varphi_0 + \varphi_1 z^{-1}); 1 - \Phi(z) = (1 - z^{-1})^2(1 + f_1 z^{-1})$$

由 $1 - z^{-1}(1 + 2.78z^{-1})(\varphi_0 + \varphi_1 z^{-1}) = (1 - z^{-1})^2(1 + f_1 z^{-1})$,比较同次幂系数可得方程

$$-\varphi_0 = f_1 - 2, \quad -2.78\varphi_0 - \varphi_1 = 1 - 2f_1, \quad -2.78\varphi_1 = f_1$$

解得: $\varphi_0 = 0.728$, $\varphi_1 = -0.46$, $f_1 = 1.277$

于是闭环系统脉冲传递函数为:

$$\Phi(z) = 0.723z^{-1} + 1.554z^{-2} - 1.277z^{-3}$$

所求的最少拍数字控制器

$$D(z) = \frac{1}{G(z)} \frac{\Phi(z)}{1 - \Phi(z)}$$

$$= \frac{(1 - z^{-1})^2(1 - 0.286z^{-1})}{0.000\ 39z^{-1}(1 + 2.78z^{-1})(1 + 0.2z^{-1})} \cdot$$

$$\frac{z^{-1}(1 + 2.78z^{-1})(0.723 - 0.46z^{-1})}{(1 - z^{-1})(1 + 1.277z^{-1})}$$

$$= \frac{1\,840(1 - 0.286z^{-1})(1 - 0.636z^{-1})}{(1 + 0.2z^{-1})(1 + 1.277z^{-1})}$$

在单位阶跃输入下系统的输出：

$$C(z) = \Phi(z)\frac{1}{1 - z^{-1}} = \frac{0.723z^{-1} + 1.554z^{-2} - 1.277z^{-3}}{1 - z^{-1}}$$

$$= 0.723z^{-1} + 2.277z^{-2} + z^{-3} + z^{-4} + \cdots$$

在单位斜坡输入下系统的输出：

$$C(z) = \Phi(z)\frac{Tz^{-1}}{(1 - z^{-1})^2} = \frac{0.05z^{-1}(0.723z^{-1} + 1.554z^{-2} - 1.277z^{-3})}{(1 - z^{-1})^2}$$

$$= 0.05(0.723z^{-1} + 2.277z^{-2} + 3z^{-3} + 4z^{-4} + 5z^{-5} + \cdots)$$

图 3.77 给出了两种不同输入下系统输出的波形。注意到对单位阶跃输入，系统有最大为 127.7% 的超调。

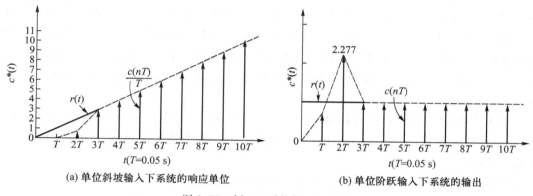

(a) 单位斜坡输入下系统的响应单位   (b) 单位阶跃输入下系统的输出

图 3.77　例 3.8 系统输出波形图

最少拍控制系统具有最快速的响应，但是它的输出在采样点之间存在有纹波，同时它还需要有很大的控制作用，这个控制作用有可能加剧采样点之间的振荡，还可能在 D/A 输出端引起饱和。另外，针对某一典型输入所设计的最少拍控制器，对其他输入信号适应性较差。最少拍控制系统还对参数变化过于敏感，参数变化有可能导致控制效果急剧下降。因此，除开个别情况以外，最少拍控制系统实用意义不大。

3. 最少拍无纹波数字控制器设计

按最少拍控制系统设计出来的闭环系统，在有限拍后即进入稳态。这时闭环系统输出 $c(k)$ 在采样时刻精确地跟踪输入信号。然而，进一步研究可以发现虽然在采样时刻闭环系统输出与所研究的参考输入一致，但是在两个采样时刻之间，系统的输出存在着纹波或振荡，如例 3.7 的图 3.76b 所示。这种纹波不但影响系统的控制性能，产生过大的超调和持续振荡，而且还增加了系统功率损耗和机械磨损。

由图 3.76 可见，虽然经 2 拍之后，连续被控对象输出 $c(t)$ 即在采样时刻精确地跟踪参考输入，但由于输出 $u(t)$ 一直在振荡，从而引起输出值在采样时刻之间的纹波。由

$$C(z) = \Phi(z)R(z) \tag{3.188}$$

$$C(z) = G(z)U(z) \tag{3.189}$$

可以得到控制信号 $U(z)$ 对输入 $R(z)$ 的脉冲传递函数为：

$$\frac{U(z)}{R(z)} = \frac{\Phi(z)}{G(z)} \tag{3.190}$$

设广义对象脉冲传递函数

$$G(z) = \frac{P(z)}{Q(z)} \tag{3.191}$$

则式（3.190）可写成

$$\frac{U(z)}{R(z)} = \frac{\Phi(z)Q(z)}{P(z)} \tag{3.192}$$

显然，$P(z)$ 的零点即是 $G(z)$ 的零点。根据式（3.192），$R(z)$ 到 $U(z)$ 的脉冲传递函数是一个有理分式，从而它的单位脉冲响应为无限长。但是，如果在选择 $\Phi(z)$ 时，令 $\Phi(z)$ 包含 $G(z)$ 的所有零点，则由式（3.192），$P(z)$ 与 $\Phi(z)$ 中相应因子相消，使得由 $R(z)$ 到 $U(z)$ 的脉冲传递函数为一阶次有限 z^{-1} 的多项式，这就表示它的脉冲响应时间为有限长了。这样，经过了有限拍之后，控制变量 $u(k)$ 或者为零，或者为常数，不会再产生振荡，从而避免了连续被控对象的输出 $c(t)$ 在采样时刻之间的纹波。

对例 3.7 所设计的系统，在选择 $\Phi(z)$ 时，只注意了 $G(z)$ 中单位圆外的零点，而没有注意 $G(z)$ 中在单位圆内的零点 $z=-0.718$，这样在控制量的 Z 变换中就含有 $z=-0.718$ 的极点，从而造成了输出的纹波。

为消除纹波，对闭环系统传递函数 $\Phi(z)$ 的附加要求是：

$\Phi(z)$ 必须包含广义对象 $G(z)$ 的所有零点。即不仅要包含广义对象 $G(z)$ 在 z 平面单位圆外或单位圆上的零点（这是前面为保证闭环稳定性所要求的），而且还必须包含 $G(z)$ 在单位圆内的零点。

总结以上分析，得到最少拍无纹波系统的设计方法如下：

1）$\Phi(z)$ 和 $1-\Phi(z)$ 必须满足最少拍控制系统设计方法中所有的要求。

2）无纹波的附加条件是：$\Phi(z)$ 必须包含 $G(z)$ 在 z 平面上的所有零点。类似式（3.184），必须选 $\Phi(z)$，满足

$$\Phi(z) = z^{-l} \prod_{i=1}^{w} (1 - Z_i z^{-1}) \phi_0(z) \tag{3.193}$$

其中，$\phi_0(z) = \varphi_0 + \varphi_1 z^{-1} + \cdots + \varphi_p z^{-p}$，$w$ 为 $G(z)$ 的所有零点个数。

3）其他的设计步骤与最少拍控制系统的设计步骤一致。

例 3.9 设计算机控制系统的结构及参数均与例 3.7 相同，试针对斜坡输入信号，设计最少拍无纹波控制系统。

解： 由例 3.7 知广义对象脉冲传递函数

$$G(z) = \frac{0.092z^{-1}(1 + 0.718z^{-1})}{(1 - z^{-1})(1 - 0.368z^{-1})}$$

分析可知,$w=1$（包括 $G(z)$ 的所有零点）,$v=1$（$k=1$）（$G(z)$ 有一个位于单位圆上的极点 1）,$l=1$。对于斜坡信号 $m=2$,所以 $j=\max(k,m)=\max(1,2)=2$,由式（3.187）得:

$$\begin{cases} p = j + v - k - 1 = 2 + 1 - 1 - 1 = 1 \\ q = l + w - 1 = 1 + 1 - 1 = 1 \end{cases}$$

所以,$\Phi(z)=z^{-1}(1+0.718z^{-1})(\varphi_0+\varphi_1 z^{-1})$;$1-\Phi(z)=(1-z^{-1})^2(1+f_1 z^{-1})$

由 $1-z^{-1}(1+0.718z^{-1})(\varphi_0+\varphi_1 z^{-1})=(1-z^{-1})^2(1+f_1 z^{-1})$ 展开得:

$$1 - \varphi_0 z^{-1} - (\varphi_1 + 0.718\varphi_2)z^{-2} - 0.718\varphi_1 z^{-3} =$$
$$1 + (f_1 - 2)z^{-1} + (1 - 2f_1)z^{-2} + f_1 z^{-3}$$

比较对应项系数,得方程组为:

$$\begin{cases} -\varphi_0 = f_1 - 2 \\ -\varphi_1 - 0.718\varphi_2 = 1 - 2f_1 \\ -0.718\varphi_1 = f_1 \end{cases}$$

解得:$\varphi_0=1.407,\varphi_1=-0.826,f_1=0.592$

即有:
$$\Phi(z)=z^{-1}(1+0.718z^{-1})(1.407-0.826z^{-1})$$
$$1 - \Phi(z) = (1 - z^{-1})^2(1 + 0.592z^{-1})$$

最少拍无纹波控制器

$$D(z) = \frac{\Phi(z)}{G(z)(1-\Phi(z))} = \frac{15.29(1 - 0.368z^{-1})(1 - 0.587z^{-1})}{(1 - z^{-1})(1 + 0.592z^{-1})}$$

闭环系统输出序列

$$C(z) = \Phi(z)R(z) = \frac{Tz^{-1}}{(1-z^{-1})^2}z^{-1}(1 + 0.718z^{-1})(1.407 - 0.826z^{-1})$$
$$= 0.025(1.41z^{-2} + 3z^{-3} + 4z^{-4} + 5z^{-5} + \cdots)$$

数字控制器的输出序列（即系统的控制变量）

$$U(z) = \frac{Y(z)}{G(z)}$$
$$= \frac{Tz^{-1}}{(1-z^{-1})^2}z^{-1}(1 + 0.718z^{-1})(1.407 - 0.826z^{-1})\frac{(1 - z^{-1})(1 - 0.368z^{-1})}{0.092z^{-1}(1 + 0.718z^{-1})}$$
$$= 0.38z^{-1} + 0.02z^{-2} + 0.09z^{-3} + 0.09z^{-4} + \cdots$$

图 3.78 显示了系统输出变量和控制变量的波形图。

将图 3.78 与图 3.76 比较可以看出,有纹波系统的调整时间为两个采样周期,系统输出跟随输入函数后,由于数字控制器的输出仍在波动,所以系统输出与采样时刻之间有纹波。无纹波系

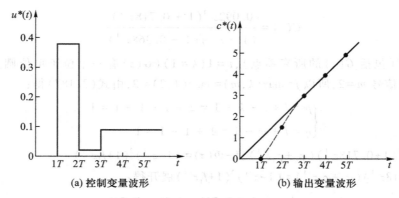

图 3.78 例 3.9 系统输出波形

统的调整时间为三个采样周期,系统输出进入稳态所需时间比有纹波系统增加了一个采样周期。由于系统中数字控制器的输出经 $3T$ 后为常值,所以无纹波系统输出在采样点之间不存在纹波。

4. 大林数字控制器设计

大林数字控制器设计是针对工业过程控制系统中纯滞后控制对象的直接设计控制算法。其设有一阶惯性的纯滞后对象 $G(s) = \dfrac{Ke^{-\theta s}}{T_1 s + 1}$,$T_1$ 为被控对象的时间常数;θ 为纯滞后时间,且 θ 为采样周期 T 的整数倍,即 $\theta = NT$。

大林算法的设计目标是:设计一个合适的数字控制器 $D(z)$,使系统在阶跃函数的作用下,整个系统的闭环传递函数为一个延迟环节和一个惯性环节相串联的形式。即理想的闭环传递函数中 $\Phi(s) = \dfrac{e^{-\theta s}}{T_0 s + 1}$($\theta = NT$),$T_0$ 为闭环系统的等效时间常数。由于是在平面上讨论数字控制器的设计,若采用零阶保持器,且采用周期为 T,则整个闭环系统的脉冲传递函数为:

$$\Phi(z) = \frac{Y(z)}{X(z)} = Z\left[\frac{1 - e^{-Ts}}{s} \frac{e^{-NTs}}{T_0 s + 1} \right] = \frac{z^{-(N+1)}(1 - e^{-\frac{T}{T_0}})}{1 - e^{-\frac{T}{T_0}} z^{-1}}$$

代入式(3.167)中得:

$$D(z) = \frac{\Phi(z)}{G(z)[1 - \Phi(z)]} = \frac{z^{-(N+1)}(1 + e^{-\frac{T}{T_0}})}{G(z)\left[1 - e^{-\frac{T}{T_0}} z^{-1} - \left(1 - e^{-\frac{T}{T_0}}\right) z^{-(N+1)}\right]} \quad (3.194)$$

由阶跃响应不变法,可知被控对象的脉冲传递函数为:

$$G(z) = l\left[\frac{1 - e^{-Ts}}{s} \frac{Ke^{-NTs}}{T_1 s + 1} \right] = Kz^{-N}(1 - z^{-1}) l\left[\frac{1}{s(T_1 s + 1)} \right]$$

$$= Kz^{-N}(1 - z^{-1}) \frac{z^{-1}(1 - e^{-\frac{T}{T_1}})}{(1 - e^{-\frac{T}{T_1}} z^{-1})(1 - z^{-1})}$$

$$= Kz^{-(N+1)} \frac{1 - \mathrm{e}^{-\frac{T}{T_1}}}{1 - \mathrm{e}^{-\frac{T}{T_1}}z^{-1}} \tag{3.195}$$

代入式(3.194)得：

$$D(z) = \frac{\left(1 - \mathrm{e}^{-\frac{T}{T_0}}\right)\left(1 - \mathrm{e}^{-\frac{T}{T_1}}z^{-1}\right)}{K\left(1 - \mathrm{e}^{-\frac{T}{T_1}}\right)\left[1 - \mathrm{e}^{-\frac{T}{T_0}}z^{-1} - \left(1 - \mathrm{e}^{-\frac{T}{T_0}}\right)z^{-(N+1)}\right]} \tag{3.196}$$

$D(z)$可由计算机直接实现。

习　　题

3.1　机电一体化控制系统设计与常规控制系统设计的主要区别是什么？

3.2　控制系统有哪些分类方法及类型？各类控制系统的特点是什么？

3.3　建立被控对象数学模型的方法有哪些？各种方法的特点及适用场合如何？

3.4　微型机控制系统的组成和特点是什么？

3.5　试推导由矩形脉冲响应换算出阶跃响应的公式。

3.6　试分析 PID 算法的各参数对系统的影响。

3.7　在 s 平面上绘出满足控制系统时域性能指标的区域。

3.8　如何判别采样控制系统的稳定性？

3.9　试说明利用前馈校正装置消除静态误差的原理。

3.10　举例说明消除系统静态误差的方法。

3.11　设计快速无波纹系统必须具备的条件是什么？

3.12　在如图 3.75 所示的具有单位反馈的计算机控制系统中，若 $G_p(s) = \dfrac{K}{s(\tau_m s + 1)}$，$K = 10\ \mathrm{s}^{-1}$，$T = \tau_m = 0.025\ \mathrm{s}$，试针对等速输入函数设计：(1) 最少拍无差控制系统；(2) 快速无波纹控制系统；(3) 分别画出两种控制系统的数字控制器和系统的输出波形。

3.13　画出采样瞬间数字控制器的输出曲线及系统跟随输入信号的输出曲线。

3.14　用 ADC0809、DAC0832 及分频器、译码器、运算放大器、单片机等组成控制装置的硬件电路，并画出电路原理图。

3.15　已知 PI 控制器的传递函数为 $G(s) = \dfrac{s+0.15}{s+0.015}$，设计能实现该控制规律的电路。

3.16　建立如图 3.79 所示四通滑阀-非对称液压缸组合装置的数学模型。

3.17　按照一定性能指标要求对某控制系统综合校正，后求得其应加的串联-校正装置为 $\dfrac{1}{s(s+a)}$。

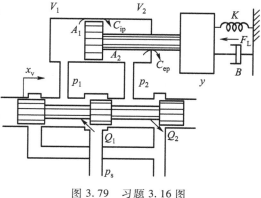

图 3.79　习题 3.16 图

（1）试按模拟调节规律离散化的方法实现此调节规律的数字控制器算式；（2）画出该数字控制器的程序方框图。

3.18　具有纯滞后对象的常规 PID 控制系统如图 3.69 所示：

补偿器传递函数

$$\frac{Y_o(s)}{U(s)} = G_p(s)(1 - e^{\theta s}) = \frac{K_p(1 - e^{\theta s})}{\tau s + 1}$$

（1）求相应的 Smith 预估控制器的离散化表达式；

（2）大林（Dahlin）算法设计的整个理想闭环传递函数是怎样的？

第4章　机电一体化计算机接口设计

4.1　概述

在机电一体化系统中,计算机控制器是整个系统的大脑,类似于人的大脑要通过神经系统控制四肢的活动,机电一体化系统是通过计算机接口联系计算机控制器与驱动结构。从计算机的角度来看,除主机以外的硬件设备统称为外围设备。计算机接口技术就是研究主机与外围设备交换信息的技术,它在计算机控制中占有相当重要的地位,在机电一体化系统中应用十分广泛。

计算机控制器从外界获取的信息多种多样,有电压、电流、压力、速度、频率、温度、湿度等各种物理量。这些信息在实际工作时,通过检测通道接口从外围的检测设备传递给计算机,经计算机内的软件程序完成信息的采集、加工、处理、分析和判断后,将计算结果及调节和控制信号输出到控制通道的接口,再传递给相关外围设备,对被控对象加以控制。此外,为了方便操作人员与计算机的联系,并及时了解系统输出及输入的工作状态,接口技术中还应包括人机交互通道的接口。对于多台计算机同时工作的计算机控制器,为了便于整体控制及资源共享,各个单元间还应当有单元间通道接口。

由于机电产品开发研究的对象各种各样,设计技术要求不同,设计方案也不同,所涉及的计算机控制接口也不同。接口除有通用和专用之分,根据与外部传递信息的不同,计算机接口一般可分为如下几种:

1)人机交互通道及接口技术。一般包括键盘接口技术、显示接口技术、打印接口技术、软磁盘驱动器接口技术等。

2)计算机的过程输入通道及接口技术。一般包括 A/D 转换接口技术、V/F 转换接口技术等。

3)计算机的过程输出通道及接口技术。一般包括 F/V 转换接口技术、D/A 转换接口技术、光电隔离接口技术、开关接口技术等。

4)系统间通道及接口技术。一般包括公用 RAM 区接口技术,串行口技术等。

本章重点介绍机电一体化系统中常用的人机交互通道及接口、计算机的过程输入/输出通道及接口等计算机接口的实现方法及其应用程序设计。

4.1.1　人机交互通道及接口

机电一体化系统的最终使用者仍然是人,因此系统需要解决与使用者之间的操作交互。人机接口是操作者与机电一体化系统(主要是控制微机)之间进行信息交换的接口。按照信息的传递方向,人机接口可以分为两大类:输入接口与输出接口。计算机控制器通过输出接口向操作者显示系统的各种状态、运行参数及结果等信息;另一方面,操作者通过输入接口向计算机控制器输入各种控制命令及控制参数,对系统运行进行控制,实现要求系统所完成的功能和任务。

4.1.2 计算机的过程输入/输出通道

在实现对生产过程的控制中,操作者将对象的被控参数及运行状态,按要求的方式送入计算机之后,计算机经过计算、处理,将结果以数字量的形式输出,此时要将数字量变换为适合生产过程控制的量,因此在计算机和生产过程之间,必须有设置信息的传递和变换装置,这个装置就称为过程输入/输出通道,也叫I/O通道。根据过程信息的性质及传递方向,过程输入/输出通道包括模拟量输入通道、模拟量输出通道、数字量(开关量)输入通道和数字量(开关量)输出通道。

生产过程的被调参数(如温度、压力、流量、速度、位移等),一般是随时间连续变化的模拟量,通过检测元件如变送器转换为对应的模拟电压和电流。由于计算机只能识别数字量,故模拟电信号必须通过模拟量输入通道转化为数字量后,才能送入计算机。生产现场的状态量(如开关、电平高低、脉冲量等)虽然是数字量信号,但由于这些信号的设定标准与计算机内部不同,也同样不能为计算机直接接受,需要通过数字量(开关量)输入通道将状态信号转变为数字量送入计算机。

计算机控制生产现场过程的控制通道也有两个,即模拟量输出通道和数字量输出通道。计算机输出的控制信号以数字形式给出,若执行元件要求提供模拟电压或电流,则采用模拟量输出通道将数字量转换为模拟电压或电流。若执行元件要求数字量(开关量),则应采用数字量输出通道,将计算机输出的数字量经变换处理和放大后输出。

由此可见,过程输入/输出通道是计算机和工业生产过程相互交换信息的桥梁。

4.1.3 接口设计应考虑的问题

在实时控制的机电一体化系统中,无论是人机接口,还是计算机的过程输入/输出通道,其本质都是计算机与外部设备联系的纽带,都包括输入通道和输出通道两个方面。输入通道实质上是一个信息检测—变换—传递—输入的通道,输出通道实际上是信息变换—传递—输出的通道。两类通道通过计算机这个信息处理中心有机地构成一个完整的控制系统(图 4.1),这些通道必须通过接口电路来实现与 CPU 的信息交换。接口电路作为输入输出通道的主体,起着连接外部设备与 CPU 的桥梁作用,它的基本任务有:

1)控制信息的传递路径 即根据控制的任务在众多的信息源中进行选择,以确定该信息传送的路径和目的地。

2)控制信息传送的顺序 计算机控制的过程就是执行程序的过程,为确保进程正确无误,接口电路应根据控制过程的要求,适时地发出一组有序的门控信号。

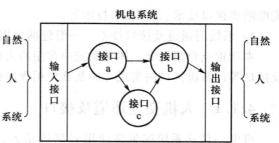

图 4.1 机电系统接口结构

在接口电路设计中应解决以下问题:

(1)触发方式

有序的门控信号的主要作用就是严格遵循系统工作时序要求,适时对系统中某个或某些特定部件发出开启或关闭的触发信号,这必然涉及同步触发和异步触发的方式。所谓同步触发是指系统的许多相关部件或功能块在同一门控信号作用下完成要求的操作,例如,系统的复位信号就是确保系统中各相关部件或功能块恢复到初始状态的同步信号。异步触发则指各相关部件或功能块不需在同一信号控制下完成自己的操作。接口电路中的各相关部件或功能块,其内部各单元在外部的同步信号作用下,要完成许多操作,这些操作可以是同步的,也可以是异步的,但必须要满足时序要求。因此计算机控制系统是一种复合的触发方式,在同步触发中隐含异步触发,在异步触发中隐含同步触发,但其触发方式和触发时机必须遵循系统的工作时序。

（2）时序

控制逻辑的结构有组合控制逻辑与存储控制逻辑两种类型,不管哪种类型都要严格遵守规定的操作步骤,每一个操作步骤又都是在一组有序的控制信号驱动下实现的。所以接口电路设计,首先要根据系统运行的要求,标出每个控制信号发生的时间顺序和相互之间的时间差,以及与系统时钟的关系,画出描述控制信号工作状态随时间变化的时序图,然后根据时序图来确定逻辑电路结构。

（3）负载能力

一旦控制逻辑确定后,系统能否可靠运行与器件的选择关系密切,器件的选择除了要考虑工作电平的摆幅、数值、延时外,还应考虑器件所带负载是否与其承载能力匹配。

4.2 人机接口设计

4.2.1 人机接口的类型及特点

在机电一体化产品中,人机接口包括:操作者向计算机控制器输入各种指令及参数的输入接口、向操作者显示系统各种信息的输出接口。常用的输入设备有控制开关、BCD 或二进制码拨盘、键盘、触摸屏等;常用的输出设备有状态指示灯、发光二极管显示器、液晶显示器、微型打印机、阴极射线管显示器等,扬声器作为一种声音信号输出设备,也在产品设计时经常被采用。

人机接口作为人与系统控制计算机之间进行信息传递的通道,有着其自身的一些特点,需要在进行设计时予以考虑。

（1）专用性

每一种机电一体化产品都有其自身的特定功能,对人机接口有着不同的要求,所以人机接口的设计方案要根据产品的要求而定。例如,对于一些简单的二值性的控制参数,可以考虑采用控制开关;对一些少量的数值型参数输入可以考虑使用 BCD 拨码盘;而当系统要求输入的控制命令和参数比较多时,则应考虑使用行列式键盘等。

（2）低速性

由于人机接口要适应人工操作的生理条件,与控制微机的工作速度相比,大多数人机接口设备的工作速度是很低的。因此在进行人机接口设计时,要考虑控制计算机与接口设备间的速度匹配,提高控制计算机与接口设备间速度匹配的合理性,提高控制计算机的工作效率。

（3）高性能价格比

由于产品中的机电结合大大强化了机械系统的功能,使整个机电一体化系统具有高性能价格比。所以在进行人机接口设计时,在满足功能要求的前提下,人机接口的配置应该遵循小型、廉价的原则。

4.2.2　人机输入接口设计

　　来自输入设备的数据在进入控制计算机后,要通过数据总线传送给 CPU,而 CPU 与存储器以及其他设备传输的输入/输出数据,也要通过这条数据总线分时地进行传输。因此,输入接口的功能设计就必须满足在只有 CPU 允许该输入接口进行数据输入时,才把来自外设的数据传送到数据总线上。不同的输入设备其输入接口的设计也各不相同,下面介绍几种常用人机输入接口及其设计方法。

　　1. 开关输入接口设计

　　对于一些二值化的控制命令和参数,可以采用简单的开关作为人机交互的输入设备,常用的开关有按钮、转换开关等,如图 4.2a 所示为一简单开关输入电路。在该图中,上拉电阻的设计是电路设计的关键。上拉电阻的作用是:当开关处于 OFF 状态时能将高电平传送给输入缓冲器或输入口,反之输入低电平。上拉电阻的阻值越小,当开关处于断开状态(OFF)时,被传输的高电平值就越高,但是当开关处于闭合状态(ON)时,流过开关触点的电流就越大。因此当采用这种电路时,上拉电阻的阻值应在全面考虑开关的触点电流和整个电路的功耗电流后再确定。

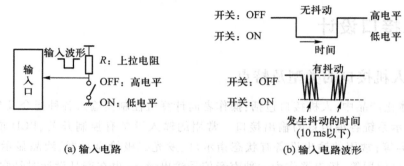

(a) 输入电路　　　　　　　　　　　　　　(b) 输入电路波形

图 4.2　简单开关输入电路及其工作信号

　　当开关电路使用带机械触点的开关时,在开关进行开、闭的瞬间,由于开关簧片的反弹会导致输出信号的抖动,即开关或继电器的触点在开、闭操作的瞬间,因机械振动会导致输出信号产生不规则的波动。由于开关的抖动使输入计算机的信号变成图 4.2b 所示的波形。抖动时间的长短,与开关的机械特性有关,一般为 5~10 ms。按钮的稳定闭合期由操作员的按键动作决定,一般在几百微秒至几秒之间,如果 CPU 在读取开关状态信号时正好发生开关的抖动,就可能导致数据的读取错误。所以在进行实际接口设计时,必须采用软件或硬件措施进行开关去抖处理。

　　采用如图 4.3a 所示的硬件去抖电路可去除这种开关的抖动现象。此外,通过程序对输入的开关信号进行处理,也能够去除图 4.3b 中因开关抖动引起的读取错误,这种方法称为软件去抖。软件去抖办法是在检测到开关状态后,延时一段时间再进行检测,若两次检测到的开关状态相同则认为有效,否则按键抖动处理。延时时间应大于抖动时间。

　　2. 拨码盘输入接口

　　拨码盘是机电一体化系统中常见的一种廉价、可靠的输入设备,若系统需要输入少量的参数,如修正系数、控制目标等,采用拨码盘较为方便,这种方式具有保持性。拨码盘的种类很多,作为人机接口使用最方便的是十进制输入、BCD 码输出的 BCD 拨码盘。BCD 拨码盘可直接与

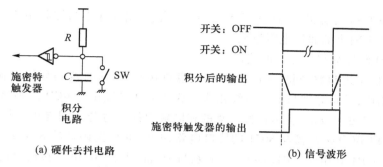

(a) 硬件去抖电路 (b) 信号波形

图 4.3 硬件去抖电路及其工作原理

控制计算机的并行口或扩展口相连,以 BCD 码形式输入信息,下面介绍它的结构和应用。

（1）BCD 拨码盘的结构

每片拨盘具有十个位置,每个位置都有相应的数字显示,代表拨码输入的 0~9 十个数字,单片 BCD 拨码盘的外形引脚如图 4.4 所示。单片拨码盘可代表一位十进制数,需要几位十进制数可选择几位 BCD 拨码盘来拼接。

BCD 拨码盘后面有五个接点,其中 A 为输入控制线,另外四根是 BCD 码输出的信号线。当拨码盘拨到不同位置时,输入控制线 A 则分别与四根 BCD 输出线中的某根或某几根接通,其接通的 BCD 码输出线状态正好与拨码盘指示的十进制数相一致。表 4.1 为 BCD 拨码盘的输入输出状态表。

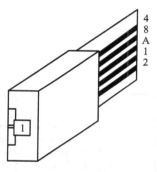

图 4.4 单片 BCD 拨码盘

表 4.1 中输出状态为 1 时,表示该输出线与 A 相接,例如,当拨码盘拨至 5 时,4、1 脚为 1,表示 4、1 脚与 A 接通。当控制端 A 接+5 V 时,4、1 脚输出高电平,8、2 脚输出低电平,这时拨码盘输出的 BCD 码为正逻辑;当控制端 A 接地时,4、1 脚输出低电平,8、2 脚输出高电平,这时拨码盘输出的 BCD 码为负逻辑。

表 4.1 BCD 拨码盘的输入输出状态表

拨盘输入	输出状态				拨盘输入	输出状态			
	8	4	2	1		8	4	2	1
0	0	0	0	0	5	0	1	0	1
1	0	0	0	1	6	0	1	1	0
2	0	0	1	0	7	0	1	1	1
3	0	0	1	1	8	1	0	0	0
4	0	1	0	0	9	1	0	0	1

（2）BCD 拨码盘的接口方法

1）单片 BCD 拨码盘与单片机的接口

单片 BCD 拨码盘可以与任何一个 4 位 I/O 口或扩展 I/O 口相连,图 4.5 所示是 8051 通过

P1.3～P1.0 与 BCD 拨码盘相连的接口电路。为了防止输出端在不与控制端 A 相连时电平不确定,通常将 8、4、2、1 输出端通过电阻拉低。

　　2) 多片 BCD 码拨盘与单片机的接口

　　若要输入多位十进制数,则将多位 BCD 拨码盘拼接起来,这时拨码盘的控制线 A 就不能与+5 V 或地直接相连,而是分别与 I/O 口线相连。这些 I/O 口线作为 BCD 拨码盘的片选信号,同时,为了减少 I/O 口占用数量,将多位拨码盘的相同输出线通过与非门与单片机的 I/O 口相连。图 4.6 所示为 4 位 BCD 拨码盘与 8051 的接口电路,4 位 BCD 拨码盘的 8、4、2、1 脚分别经过四个与非门与 P1.3～P1.0 相连。P1.7～P1.4 分别与千、百、十、个位 BCD 拨码盘的控制端相连,当某位选中时,该位的控制线 A 置 0,其他 3 位控制线置 1。例如,当选中百位输出时,使 P1.6=0,P1.7=P1.5=P1.4=1,这时四个与非门所有与其他位连接的输入端均为 1,四个与非门输出的状态完全取决于百位 BCD 拨码盘的输出状态。

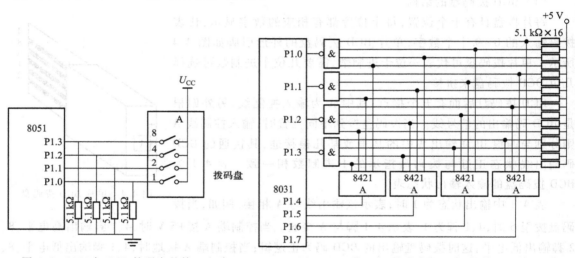

图 4.5　8051 与 BCD 拨码盘的接口电路　　　　图 4.6　4 位 BCD 拨码盘与 8051 的接口电路

　　说明:P1 口输入的高 4 位是位控信号,低 4 位为 BCD 码。因此要取得 BCD 码,必须将读入数据的高 4 位进行屏蔽。低 4 位 BCD 码按千位、百位、十位、个位依次存放在 8051 片内 RAM 的60H～63H 单元的低 4 位。程序清单如下:

```
        MOV     R1,# 60H        ;存放单元首地址
        MOV     R2,# 7FH        ;BCD 码位控初值
        MOV     R7,# 04H        ;BCD 码个数
LOOP：  MOV     A,R2
        MOV     P1,A            ;送 BCD 位控制字
        MOV     A,P1            ;读入 BCD 码
        ANL     A,# 0FH         ;屏蔽高 4 位
        MOV     @ R1,A          ;送存储单元
        INC     R1              ;指向下个存储单元
        MOV     A,R2
```

```
RR        A                    ;位控右移一位
MOV       R2,A
DJNZ      R7.LOOP              ;4 位 BCD 码读完否？未完返回
```

3. 键盘输入接口

在机电一体化系统的人机接口中,当需要操作者输入的指令或参数比较多时,可以选择键盘作为输入接口。下面将简单介绍矩阵式键盘的工作原理、硬件接口电路的设计和键处理程序设计。

矩阵式键盘由一组行线(X_i)与一组列线(Y_i)交叉构成,按键位于交叉点上,为对各个键进行区别,可以按一定规律分别为各个键命名键号,如图 4.7 所示。通常键行线通过上位电阻接至 +5 V 电源,当无键按下时,行线呈高电平。当键盘上某键按下时,则该键对应的行线与列线被短路。例如,7 号键被按下闭合时,行线 X3 与列线 Y1 被短路,此时 X3 的电平由 Y1 的电位决定。可采用 8031 单片机通过 P1 口与该 4×4 键盘的接口电路,如果行线 X0~X3 接至控制微机的输入口 P1.0~P1.3,列线 Y0~Y3 接至控制微机的输出口 P1.4~P1.7,则在微机的控制下依次从 P1.4~P1.7 输出低电平,并使其他线保持高电平,则通过对 P1.0~P1.3 的读取即可判断有无键闭合、哪一个键闭合。这种工作方式称为扫描工作方式。控制微机对键盘的扫描可以采用程控的方式、定时方式,亦可以采取中断方式。应该着重强调一点:由于按键为机械触点,故在释放与闭合瞬间,将产生抖动,为保证对键的一次闭合作一次且仅作一次处理,必须采取去抖动措施,通常采用软件方法。

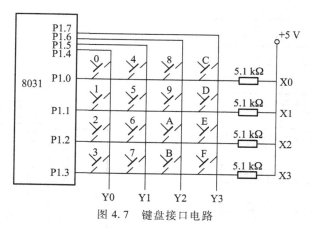

图 4.7　键盘接口电路

有了矩阵式键盘的硬件结构以后,还要设计按键输入处理程序实现键盘的功能。在设计按键处理程序时,应考虑下面四项功能:

1)判断键盘上有无按键闭合

在扫描线 P1.7~P1.4 上全部送 0,然后读取 P1.3~P1.0 状态。若全部为 1,则无按键闭合;若不全为 1,则有按键闭合。

2)去除按键的机械抖动

读取键号后延时 10 ms,再次读键盘,若此按键仍闭合则认为有效,否则认为前述按键的闭合是由于机械抖动和干扰引起的。

3)判断闭合按键的键号

对键盘列线进行扫描,依次从 P1.7、P1.6、P1.5、P1.4 送出低电平,并从其他列线送出高电平,以相应的顺序读入 P1.3~P1.0 状态,若 P1.3~P1.0 全部为 1,则列线输出为 0 的这一列没有键闭合;若 P1.3~P1.0 不全为 1,则说明有按键闭合。状态为低电平的按键的行号加上其所在列的列首号,即为该按键键号,例如:P1.7~P1.4 输出为 1101,读回 P1.3~P1.0 为 1011,则说明位于第 2 行(X2)与第 1 列(Y1)相交处的键处于闭合状态,第一列列首号为 1,行号为 2,则键号为 6。

4) 功能操作

控制微机对按键的一次闭合仅进行一次功能操作。等待闭合键释放后,再将键号送入累加器 A 中。

图 4.8 为键扫描子程序方框图,编程扫描方式只有在 CPU 空闲时才调用键扫描子程序,因此在应用系统中软件方案设计时,应考虑这种键盘扫描程序的编程调用应能满足键盘响应的要求。

上述方法对键盘的扫描是由程序控制进行的。实际在系统的工作过程中,操作者很少对其进行干预,所以在大多数情况下,控制微机对键盘进行空扫描。为提高控制微机的工作效率亦可以采用中断方式设计键盘接口,平时不对键进行监控,只有当键闭合时,产生中断请求,控制系统才响应中断,对键盘进行管理。如图 4.9 所示为中断方式的键盘硬件接口电路,其软件处理方法与采用程控方式相似。

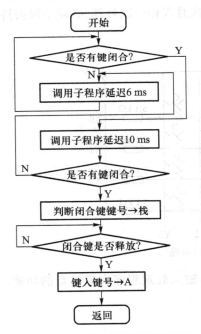

图 4.8 键盘键扫描子程序方框图

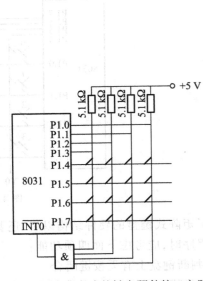

图 4.9 中断方式的键盘硬件接口电路

4.2.3 人机输出接口设计

1. 发光二极管显示器的接口设计

数字显示器接口电路的设计:单片机应用系统中,常使用 LED(发光二极管)、CRT(阴极射线管)显示器和 LCD(液晶显示器)等作为显示器件。其中 LED 和 LCD 成本低、配置灵活、与单片机接口方便,故应用广泛。

　　LED 显示器是单片机应用产品中常用的廉价输出设备。它是由若干个发光二极管组成的,当发光二极管导通时,相应的一个点或一个笔画发亮,控制不同组合的二极管导通,就能显示出各种字符。常用的七段显示器结构如图 4.10 所示。发光二极管的阳极连在一起的称为共阳极显示器,如图 4.10b 所示;阴极连在一起的称为共阴极显示器,如图 4.10a 所示。这种笔画式的七段显示器,能显示的字符数量较少,但控制简单、使用方便。

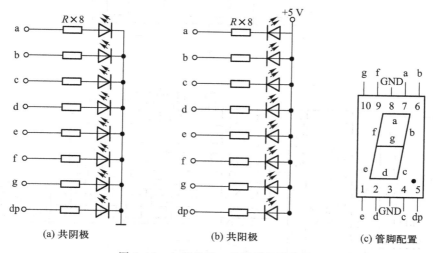

图 4.10　七段发光二极管显示器结构

　　通常的七段 LED 显示块中有八个发光二极管,故也称为八段显示块。其中七个发光二极管构成七笔字形 8,一个发光二极管构成小数点。七段显示块与单片机接口非常容易,只要将一个 8 位并行输出口与显示块的发光二极管引脚相连即可。8 位并行输出口输出不同的字节数据即可获得不同的数字或字符,通常将控制发光二极管的 8 位字节数据称为段选码,共阳极与共阴极的段选码互为补数。

　　点亮显示器有静态和动态两种方法。所谓静态显示就是当显示器显示某一个字符时,相应的发光二极管恒定地导通或截止。例如七段显示器的 a、b、c、d、e、f 导通,g 截止,显示 0,如图 4.10c 所示。这种显示方式每一位都需要一个 8 位输出口控制,三位显示器的接口逻辑如图 4.11 所示,图中采用共阴极显示器。静态显示时,较小的电流能得到较高的亮度,所以由 8255 的输出口直接驱动。当显示器位数很少(仅一、二位)时,采用静态显示方法是适合的;当位数很多时,用静态显示所需的 I/O 口太多,一般采用动态显示的方法。所谓动态显示就是一位一位地轮流点亮各位显示器(扫描)。对于每一位显示器来说,每隔一段时间点亮一次。显示器的亮度既与导通电流有关,也与点亮时间和间隔时间的比例有关。调整电流和时间参数,可实现较高亮度、较稳定地显示。若显示器的位数不大于 8 位,则控制显示器公共极电位只需一个 8 位并行口。控制各位显示器所显示的字形也需一个公用的 8 位口(称为段数据口)。8 位共阴极显示器和 8155 的接口逻辑如图 4.12 所示。8155 的 PA 口作为扫描口,经 BIC8718 驱动器接显示器公共极,PB 口作为段数据口,经驱动后接显示器的 a、b、c、d、e、f、g、dp 各引脚,如 PB_0 输出经驱动后接各显示器的 a 脚,PB_1 输出经驱动后接各显示器的 b 脚,以此类推。

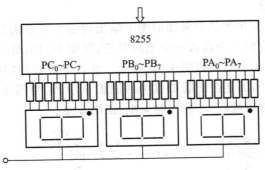

图 4.11　三位显示器的接口

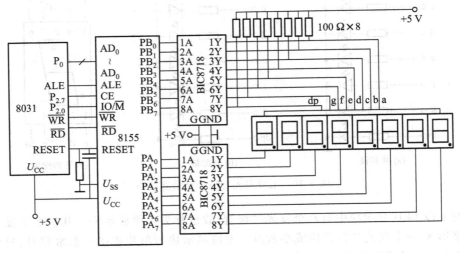

图 4.12　8155 扩展口控制 8 位 LED 显示器的接口

2. 打印机接口设计

在机电一体化系统中,有时要求打印输出数据、表格及曲线等信息,可以使用微型打印机或上位机完成。后者是将打印的数据传送到上位机,再利用上位机容易编程(一般为高级语言)等特点将要输出的数据打印出来;前者是直接向微型打印机传送命令代码打印数据。目前常用微型打印机的型号有 GP16、TPμP-16A、TPμP-40A、PP40 等。

GP16 和 TPμP-16A 是超小型的智能点阵式打印机。GP16 和 TPμP-16A 每行可打印 16 个字符;TPμP-40A 和 PP40 是准宽行打印机,每行可打印 40 个字符,字符点阵为 5×7。TPμP-16A 和 TPμP-40A 的接口与时序要求完全相同,只是指令代码不完全相同。TPμP-40A 内部有一个 240 种字符的字库,并有绘图功能。下面简单介绍一下 TPμP-40A 的接口及应用。

(1) TPμP-40A 主要技术性能

TPμP-40A 微型打印机可打印出精美的图形和曲线,而且价格适中,它具有如下主要技术性能和指标:

1) 采用单片机控制,具有 2 kB 控打程序及标准的圣特罗尼克(Centironic)并行接口,便于和计算机应用系统或智能仪器仪表联机使用。

2）有较丰富的打印命令,命令代码均为单字节,格式简单。

3）可产生所有标准的 ASCII 代码字符以及 128 个非标准字符和图符。有 16 个代码字符(6×7 点阵)可由用户通过程序自行定义,并可通过命令用此 16 个代码字符去更换任何驻留代码字符,以便用于多种文字的打印。

4）可打印出 8×240 点阵的图样(汉字或图案点阵),代码字符和点阵图样可在一行中混合打印。

5）字符、图样和点阵图可以在宽和高的方向上放大二倍、三倍或四倍。

6）每行字符的点行数(包括字符的行间距)可用命令更换,即字符行间距空点行在 0 ~ 256 间任选。

7）带有水平和垂直制表命令,便于打印表格。

8）具有重复打印同一字符命令,以减少输送代码的数量。

9）带有命令格式的检错功能,当输入错误命令时,打印机立即打印出错误信息代码。

（2）接口要求

TPμP-40A 微型打印机与单片机应用系统之间可通过 20 芯扁平电缆相连,打印机接插件引脚信号如图 4.13 所示。

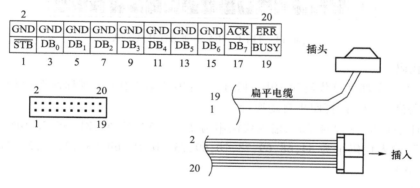

图 4.13 TPμP-40A 插脚安排

其引脚说明如下:

- DB$_0$ ~ DB$_7$——数据线,由计算机送给打印机。

- $\overline{\text{STB}}$(STROBE)——数据选通信号。在该信号的上升沿,数据线上的 8 位并行数据送入打印机内部锁存器。

- BUSY——打印机"忙"状态信号,高电平有效。有效时表示打印机正在打印数据,此时计算机不得使用$\overline{\text{STB}}$信号向打印机输出新的数据。它可作中断请求信号,也可供 CPU 查询。

- $\overline{\text{ACK}}$(ACKNOWLEDGE)——打印机的应答信号。此信号有效(低电平)时,表明打印机已取走数据线上的数据。

- $\overline{\text{ERR}}$(ERROR)——出错信号。当送入打印机的命令格式有错时,打印机立即打印出一行出错信息,以提示操作者注意。在打印机打印出错信息之前,该信号线出现一个负脉冲,脉冲宽度为 30 ms。

（3）字符代码及打印指令

TPμP-40A 全部代码共 256 个,其中 00H 未使用。

代码 01H~0FH 为打印命令;代码 10H~1FH 为用户自定义代码;代码 20H~7FH 为标准 ASCII 代码;代码 80H~FFH 为非 ASCII 代码,其中包括少量汉字、希腊字母、块图图符和一些特殊的字符,如图 4.14 所示。

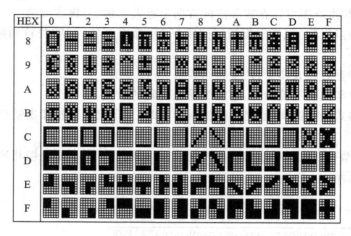

图 4.14　TPμP-40A 中非 ASCII 代码表

1）字符代码

TPμP-40A 中全部字符代码为 10H~FFH,字符串的结束代码（或称回车换行）为 0DH。但是,当输入代码满 40 个时,打印机自动换行。

例如,打印字符串“$1234.56”,输入代码串为 24,31,32,33,54,ZE,35,36,0D。打印“This is Micro-Printer”,输入代码串为 54,68,69,73,20,69,73,20,4D,69,63,72,6F,2D,70,72,69,6E, 74,65,72,ZE,0D。

2）打印命令

TPμP-40A 的命令代码及功能如表 4.2 所示。

表 4.2　TPμP-40A 打印命令代码及功能

命令代码	命令功能
01H	打印字符、图符,增宽（X1,X2,X3,X4）
02H	打印字符、图符,增高（X1,X2,X3,X4）
03H	打印字符、图符,宽和高同时增加（X1,X2,X3,X4）
04H	字符行间距更换/定义
05H	用户自定义字符点阵

命令代码	命令功能
06H	驻留代码字符点阵式样更换
07H	水平(制表)跳区
08H	垂直(制表)跳行
09H	恢复 ASCII 代码和请输入缓冲区命令
0AH	一个空位后回车换行
0B~0CH	未使用
0DH	回车换行/命令结束
0EH	重复打印同一个命令
0FH	打印位点阵图命令

TPμP-40A 的控制打印命令由一个命令字和若干个参数组成,格式如下:

CC　xx 0 ⋯ xx n　0D

CC——命令代码字 01H~0FH。

xx n——n 个参数字节,$n=0~250$,随不同命令而异。

0D——命令结束代码,除表 4.2 中代码为 06H 的命令必须用它结束外,均可省略。

3)命令非法时的出错提示

当主机向 TPμP-40A 输入非法命令时,打印机即打印出错代码,用以提示用户。各代码含义如下:

ERROR:　0　;放大系数出界

ERROR:　1　;定义代码非法

ERROR:　2　;非法换码命令

ERROR:　3　;绘图命令错误

ERROR:　4　;垂直制表命令错误

(4)接口信号时序

接口信号时序如图 4.15 所示。选通信号 $\overline{STB}$ 宽度应大于 0.5 μs。$\overline{ACK}$ 应答信号在很多情况下可不使用。

(5)硬件接口电路

TPμP-40A 的控制电路由单片机构成,输入电路中有锁存器,输出电路中有三态门控制,它可以直接与单片机 P0 口线相连,实际中通常是通过扩展 I/O 口与打印机相连。图 4.16 为 89C51 通过 8155 与打印机连接的接口电路。

(6)打印程序实例

下面介绍的打印机程序实例采用图 4.16 所示电路,接口芯片选用 8155。使用的打印机为 TPμP-40A/16A。编制程序使打印机先打印一行"2009 年 08 月 16 日",然后再打印 300H ~

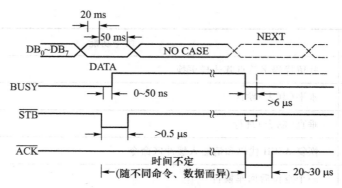

图 4.15　TPμP-40A 接口信号时序

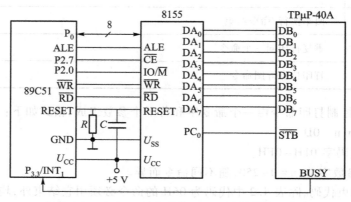

图 4.16　TPμP-40A 与扩展 I/O 口连接的接口电路

30FH 单元内的数据,此数据区内的数据已是分离的 BCD 码,均放在低半字节。程序清单:

```
            MOV DPTR,#7F00H        ;选中 8155 命令寄存器
            MOV A,#0DH             ;命令字设 A 口、C 口为输出方式
            MOVX @ DPTR,A          ;写入命令寄存器
            MOV A,#0FFH            ;选通线先置为高
            MOV DPTR,#7F03H        ;选中 8155 的 C 口
            MOVX @ DPTR,A
            CLR  A
            MOV R3,A
LOOP1:      MOV DPTR,#TAB          ;指向表首
            MOVC A,@ A+DPTR        ;取字符
            LCALL PRT              ;调打印程序
            INC R3
            MOV A,R3
            XRL A,#11
            JZ LOOP2              ;打印完 11 个字符转 LOOP2
```

```
          MOV A,R3
          LJMP LOOP1
LOOP2： MOV A,#0DH              ;送回车换行符
          LCALL PRT
          MOV DPTR,#300H          ;送打印数据区首地址
          MOV R7,#16
LOOP3： MOVX A,@DPTR
          ADD A,#30H              ;变换为 ASCII 码
          LCALL PRT
          INC DPTR
          DJNZ R7,LOOP3
          MOV A,#0DH
          LCALL PRT
HERE： SJMP HERE
  PRT： PUSH DPH
          PUSH DPL
PRT1： JB P3.3,PRT1             ;没准备好等待
          MOV DPTR,#7F01H          ;选中 8155 的 A 口
          MOVX @DPTR,A
          MOV DPRT,#7F03H          ;选中 8155 的 C 口
          MOV A,#00H
          MOV @DPTR,A              ;送选通信号
          MOV A,#0FFH
          MOVX @DPTR,A
          POP DPL
          POP DPH
          RET
  TAB： DB 32B,30H,30H,39H,8CH      ;2009 年
          DB 30H,38H,8DH,31H,36H,8EH;08 月 16 日
```

3. LCD 显示器接口简介

（1）液晶显示器概述

液晶显示器是一种功耗极低的显示器件。近年来,液晶显示技术发展十分迅猛,市面上出现了各种各样的 LCD 显示板。液晶显示器具有低压微功耗、平板型结构、显示信息量大、没有电磁辐射、寿命长等特点,已经越来越广泛地应用在各种智能仪器仪表中。

从显示内容来分类,液晶显示器件可分为字段型（或称为笔画型）、点阵字符型和点阵图形型 3 种。字段型通常有 7 段、8 段、9 段、14 段、16 段等,主要用来显示数字、西文字母或某些特殊字符,这与 LED 数码管相似;点阵字符型主要由 5×8、5×11 等点阵块组成,主要用来显示数字、符号等;点阵图形型是在平面上排成多行多列的晶格阵列,可以显示图形和汉字等复杂信息。

　　常用的液晶显示有两种形式:一种是液晶显示器件,包括前后偏振片在内的液晶显示器件,简称 LCD;另一种是液晶显示模块,包括组装好的线路板、LCD 驱动和控制电路及其附件,英文名称叫"LCD Module",简称 LCM。

　　液晶显示器通常把驱动电路集成在一起,形成液晶显示模块,用户可以不必了解驱动器与显示器是如何连接的,完全可以把液晶显示模块看作一块集成电路,使用时按照一定要求向显示模块发命令和写数据。

　　由于点阵字符型液晶显示模块在国际上已经规范化,无论显示屏的规格如何变化,它们的电特性和接口形式都是统一的。所以只要设计出一种型号的接口电路,在指令设置上稍加改动即可适合于其他规格的点阵字符型 LCD 模块。下面以 HC16202 型 LCD 显示模块为例说明点阵字符型液晶显示模块的原理及其应用。

　　(2) 字符型 LCD 介绍

　　1) 字符型 LCD 显示原理简介

　　字符型 LCD 是一种用 5×7 点阵图形来显示字符的液晶显示器。被显示的每个字符都有一个代码(用十六进制数表示,如 47H 表示字符 G,4DH 表示字符 M 等)。

　　显示时 LCD 从单片微机得到此代码,并把它存储到显示数据 RAM(DD RAM)中。LCD 的字符发生器根据此代码可产生 G 或 M 的 5×7 点阵图形。

　　字符在 LCD 显示屏上的位置地址是通过数据总线,由单片微机送至 LCD 指令寄存器。每个字符代码送入 LCD 后,LCD 可将显示位置地址自动加 1 或减 1。

　　通过不同的指令可以使 LCD 实现清除显示、光标恢复始位、开/关光标、闪烁字符、移位光标、移位显示等功能。字符型 LCD 不仅可以采用上电触发电路自行复位,还可以采用软件编程的方法复位和初始化。

　　字符型 LCD 内部有字符发生器 ROM(CG ROM),存储 160 个 5×7 点阵字符和 32 个 5×11 点阵字符,同时内部还有一个 RAM 型字符发生器(CG RAM),利用 RAM 可以自定义 8 个 5×7 或 4 个 5×11 点阵字符图形。

　　2) 字符型 LCD 内部组成

　　字符型 LCD 内部主要是由指令寄存器(IR)、数据寄存器(DR)、忙标志(BF)、地址计数器(AC)、显示数据寄存器(DD RAM)、字符发生器 ROM(CG ROM)、字符发生器 RAM(CG RAM)和时序发生器电路等组成,分述如下:

　　① 指令寄存器　指令寄存器寄存"清除显示""光标移位"等命令的指令码,也可以寄存 DD RAM 和字符发生器 CG RAM 的地址。

　　指令寄存器只能由单片微机写进信息。只要把某一格式的指令码写到指令寄存器 IR 中,就能实现对 LCD 的某种操作。

　　② 数据寄存器　数据寄存器是单片机与 DD RAM 或 CG RAM 之间进行数据交换的缓冲寄存器。当单片机向 LCD 写入数据时,写入的数据首先寄存在 DR 中,然后才自动写入 DD RAM 或 CG RAM 中。数据是写入 DD RAM 中,还是写入字符发生器 CG RAM 中,由当前的操作而定。

　　当从 DD RAM 或 CG RAM 中读取数据时,DR 也用作寄存数据。在地址信息写入 IR 后,来自 DD RAM 或 CG RAM 的相应数据移入 DR 中。数据传送在单片机执行读 DR 内容指令后完成。数据传送完成后,来自相应 RAM 的下一个地址单元内的数据被送入 DR,以便单片机进行连续的读操作。

③ 忙标志(BUSY FLAG,BF) 在 LCD 里面有一个存放"忙标志"信息的地址,当 LCD 引脚 RS=0,R/$\overline{W}$=1,E=1 时选中该地址,表示要读取其"忙标志"信息,随后 BF 的状态由数据线 DB$_7$ 输出。当 BF=1 时,表示 LCD 正在进行内部操作,表示"正忙",不能接收任何命令;当 BF=0 时,表示 LCD 已经准备好,可以执行下一条指令。

④ 地址计数器(AC) 地址计数器的内容是 DD RAM 或 CG RAM 的单元地址。即其作为 DD RAM 或 CG RAM 的地址指针。如果地址码随指令写入 IR,则 IR 的地址码自动装入 AC,同时选择 DD RAM 或 CG RAM 单元。AC 具有自动加 1 或自动减 1 的功能。当数据从 DR 送到 DD RAM(CGRAM)或者从 DD RAM(C GRAM)送到 DR 后,AC 自动加 1 或自动减 1。当 RS=0,R/$\overline{W}$=1 时,在 E 信号高电平"H"的作用下,AC 的内容送到 DB$_7$~DB$_0$。

⑤ 显示数据寄存器(DD RAM) DD RAM 是 80×8 位的 RAM,用来存储显示数据的代码,最多可存储 80 个 8 位代码。没有用上的 RAM 可被单片机用作一般目的的存储区。RAM 地址从高位至低位依次为 AC$_6$、AC$_5$、AC$_4$、AC$_3$、AC$_2$、AC$_1$、AC$_0$(参考指令系统中显示地址设置)。由于 HC16202 为显示容量有限的组件,最大可以显示一行 16 个字符,单行显示和双行显示时对应的 DD RAM 地址与显示位置的关系分别见表 4.3 和表 4.4。

表 4.3 单行显示时 DD RAM 地址与显示位置的关系

列位	1	2	3	4	5	6	7	8	10	11	12	13	14	15	16
第一行	00H	01H	02H	03H	04H	05H	06H	07H	40H	41H	42H	43H	44H	45H	46H	47H

表 4.4 双行显示时 DD RAM 地址与显示位置的关系

列位	1	2	3	4	5	6	7	8	9	10	11	12	13	14	15	16
第一行	00H	01H	02H	03H	04H	05H	06H	07H	08H	09H	4AH	4BH	4CH	4DH	4EH	4FH
第二行	40H	41H	42H	43H	44H	45H	46H	47H	48H	49H	4AH	4BH	4CH	4DH	4EH	4FH

⑥ 字符发生器 ROM(CG ROM) CG ROM 存储 160 个不同代码的 5×7 点阵字符和 32 个 5×10 点阵字符图形(出厂时已经写好),代码与字符的对应关系可查阅产品说明书。

⑦ 字符发生器(CG RAM) CG RAM 可存储自编程定义的 8 个 5×7 点阵的字符图形。

⑧ 时序发生器 它用于产生整个 LCD 内部操作的时序信号。

3)字符型 LCD 模块外部接线端定义

主要引线功能定义见表 4.5。

表 4.5 主要引线功能定义

RS	数据/指令寄存器选择引脚 高电平 1:DB0~DB7 与数据寄存器通信 低电平 0:DB0~DB7 与指令寄存器通信
R/$\overline{W}$	读/写选择引脚。高电平 1:读数据;低电平 0:写数据
E	读写使能引脚。高电平有效,下降沿锁定数据
DB$_0$~DB$_7$	8 位数据线引脚

为了应用的方便,根据表 4.5 可以得到 LCD 模块的各个寄存器的选择操作方法,见表 4.6。

表 4.6　LCD 模块寄存器的选择

RS	R/$\overline{\text{W}}$	操作说明
0	0	把"命令"代码写进命令寄存器,执行内部操作
0	1	读"忙标志"信息及地址计数器的内容
1	0	把数据写进 DD RAM 或 CG RAM,执行内部操作
1	1	读数据存储器,执行内部操作

4）指令系统

指令系统包括清屏、光标复位、模式设置、显示开/关控制等,见表 4.7。

表 4.7　HC16202 字符型 LCD 的指令系统

指令码值								指令功能
D_7	D_6	D_5	D_4	D_3	D_2	D_1	D_0	
0	0	0	0	0	0	0	1	清屏
0	0	0	0	0	0	1	任意	光标复位
0	0	0	0	0	1	I/D	S	模式设置
0	0	0	0	1	D	C	B	显示开/关控制
0	0	0	1	S/C	R/L	*	*	光标或屏移动
0	0	1	DL	N	F	*	*	系统功能设置
0	1	A_5	A_4	A_3	A_2	A_1	A_0	CG RAM 地址设置
1	A_6	A_5	A_4	A_3	A_2	A_1	A_0	DD RAM 地址设置
BF	AC_6	AC_5	AC_4	AC_3	AC_2	AC_1	AC_0	读"忙"标志和地址指针

指令说明:

① 清屏　将空码写入 DD RAM 全部单元,将地址指针计数器 AC 清零,光标或闪烁归 home 位。该指令多用于上电时或更新全屏显示内容时。

② 光标复位:将地址指针计数器 AC 清零,光标或闪烁位返回到显示屏的左上第一字符位上。

③ 模式设置　I/D 是当单片机读/写 DD RAM 或 CG RAM 的数据后,地址指针计数器 AC 的修改方式,由于光标位置也是由 AC 值确定,所以也是光标移动方式。当 I/D=0,AC 为减 1 计数器,光标左移一个字符位;当 I/D=1,AC 为加 1 计数器,光标右移一个字符位。

S 表示写入字符时,是否允许画面滚动。当 S=0,禁止滚动;当 S=1,允许滚动。当 I/D 同时为 0 时,显示画面向右滚动一个字符位;当 I/D 同时为 1 时,显示画面向左滚动一个字符位。

④ 显示开/关控制

D——画面显示状态位,当 D=1 时,开显示;当 D=0 时,关显示。

C——光标显示状态位,当 C=1 时,光标显示;当 C=0 时,光标消失。

B——闪烁显示状态位,当 B=1 时,启动闪烁;当 B=0 时,禁止闪烁。

⑤ 光标或屏移动:将产生光标或屏移动。

当 S/C=1,画面滚动;当 S/C=0,光标滚动。

当 R/L=1,向右滚动;当 R/L=0,向左滚动。

该指令专用于滚动功能,执行一次,呈现一次滚动效果。

⑥ 系统功能设置　设置接口数据宽度、显示行数、字符点阵形式。

DL 设置模块接口形式,体现在数据总线长度上。DL=1,8 位数据长度,$DB_0 \sim DB_7$ 有效;DL=0,4 位数据长度,$DB_4 \sim DB_7$ 有效。在该方式下,8 位指令代码和数据将按先高 4 位后低 4 位的顺序分两次传送。

N 设置显示的字符行数。N=1,双行显示;N=0,单行显示。

F 设置显示的字符的字体。F=1,5×10 点阵字符体;F=0,5×7 点阵字符体。

⑦ 字符发生器 CG RAM 地址设置　将 6 位 CG RAM 地址写入地址指针计数器 AC 中。

⑧ 显示地址 DD RAM 设置　将 7 位 DD RAM 地址写入地址指针计数器 AC 中。

⑨ 读"忙"标志和地址指针　只当 BF=0 时,单片机才能向显示模块写指令代码或读/写数据。

⑩ CG RAM/DD RAM 中数据写入命令　根据当前地址指针计数器 AC 值的属性及数值将数据送入相应的存储器内的 AC 所指的单元中。

⑪ CG RAM/DD RAM 中数据读出命令　需设置或确认地址指针计数器 AC 值的属性及数值,从数据寄存器通道中的数据输出寄存器读取当前所存放的数据。

（3）LCD 模块应用举例

LCD 模块与单片微机的连接如图 4.17 所示。

根据硬件连接,可知写指令口地址为 10H,可以理解为通过该口地址可以选中 IR,从而为把"指令代码"通过数据线传送到 IR 中做好准备。

读状态口地址为 12H,可以理解为通过该口地址选中"忙"信号标志存储的地址单元。

写数据口地址为 11H,可以理解为通过该口地址实现把数据写进数据寄存器里面。

读数据口地址为 13H,可以理解为通过该口地址实现读取数据寄存器里面的数据。

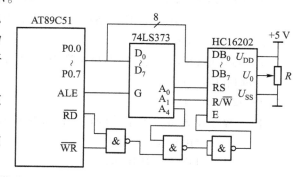

图 4.17　LCD 模块与单片微机的连接

从图 4.17 所示的电路连接来看,关键是看 A_0、A_1 和 A_4。对 10H 来说,$A_0=0$,$A_1=0$ 使得 RS=0,$R/\overline{W}=0$,对照表 4.5 或表 4.6 可以知道其要实现的操作是"把命令写进 IR(命令寄存器),执行内部操作",可以把 HC16202 当作外部存储器来看待,当对之进行写操作时,对应的

$\overline{WR}=0$，配合 $A_4=1$，使得 $E=1$，实现把相应命令代码写进 IR 操作。

1）LCD 初始化设置

```
        MOV R0,#10H              ;写指令口地址
        MOV R1,#12H              ;读"忙"指令口地址
        LCALL RDBUSY             ;判 LCD"忙"?
        MOV A,#38H               ;系统设置,8 位,二行,5×7 点阵
        MOVX @R0,A

        LCALL RDBUSY
        MOV A,#01H               ;清屏
        MOVX @R0,A

        LCALL RDBUSY
        MOV A,#02H               ;光标回到第一行第一列
        MOVX @R0,A
        LCALL RDBUSY
        MOV A,#06H               ;显示地址加 1 模式
        MOVX @R0,A

        LCALL RDBUSY
        MOV A,#0FH               ;显示开
        MOVX @R0,A
        RET
RDBUSY: MOVX A,@R1               ;读"忙"标志
        JB ACC.7 RDBUSY          ;若"忙"则继续等待;不"忙"则退出
        RET
```

2）写数据，在写入数据（即显示数据）之前，必须设置数据显示的位置

Line1:00H~0FH

Line2:40H~4FH

以下程序设置待显示字符的显示位置为 00H（第一行第一列）：

```
        MOV R0,#10H
        LCALL RDBUSY
        MOV A,#80H               ;设置数据显示位置
        MOVX @R0,A
```

然后可写要显示的数据。LCD 有一个字符表，当要显示字符表的字符时，只需向 LCD 写入该字符在字符表中对应的代码。阿拉伯数字在字符表中对应的代码就是它的 ASCII 码。

以下程序向 LCD 中写入 39H（9 的 ASCII 码），程序的执行结果是在 LCD 的左上角显示字符 9：

```
        LCALL RDBUSY
        MOV R0,＃11H              ;写数据口地址
        MOV A,＃39H               ;要显示"9"
        MOVX @R0,A
```

以上程序执行完后,显示位置会自动加1,当要显示"91"时,可以接着以上的程序:

```
        LCALL RDBUSY
        MOV A,＃31H               ;要显示"1"
        MOVX @R0,A
```

4.3 过程输入通道接口设计

4.3.1 任务与特点

在机电一体化产品中,控制计算机要对机械装置进行有效控制,使其按预定的规律运行,完成预定的任务,就必须随时对机械系统的运行状态进行监控,随时检测各种工作和运行参数,如位置、速度、转矩、压力、温度等。因此进行系统设计时,必须选用相应传感器将这些物理量转换为电量,再经过信息采集接口的整形、放大、匹配、转换,变成计算机可以接受的信号传递给计算机。传感器传送给计算机的信号中,既有开关信号(如限位开关、时间继电器等),又有频率信号(如超声波无损探伤等);既有数字量,又有模拟量(如温敏电阻、应变片等)。针对不同性质的信号,过程输入通道接口要对其进行不同的处理,例如对模拟信号必须进行模/数转换变成计算机可以接受的数字量再传送给计算机。

4.3.2 模拟输入通道接口设计

1. 模拟输入通道的结构

(1) 模拟输入通道的结构形式

模拟输入通道的任务是对过程量(即模拟量)进行变换、放大、采样和模/数转换,使其变为二进制数字量并输入到计算机。典型的模拟量输入通道的结构如图4.18所示,通道各部分电路作用说明如下。

1) 传感器　将过程量转换为电信号。

2) 放大电路　对微弱的电信号进行放大。

3) 多路转换开关　将多路模拟输入信号按要求分时输入。

4) 采样保持　对模拟信号进行采样,在模/数转换期间对采样信号进行保持。

5) A/D转换　即模/数转换,将模拟信号转换为二进制数字量。

6) 接口电路　提供模拟输入通道与计算机之间的控制信号和数据的传送通路。

(2) 设计时应考虑的问题

模拟输入通道是计算机控制系统的信号采集通道,从信号的传感、变换到计算机输入,都必须考虑信号拾取、信号调节、A/D转换、电源配置和防止干扰等问题。

1) 信号的拾取方式

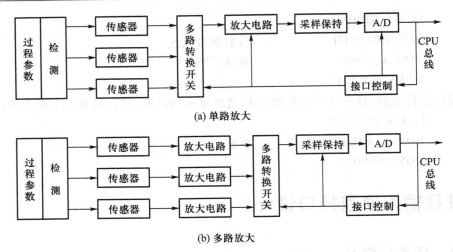

图 4.18　模拟输入通道的结构

　　模拟输入通道中,首先要将外界非电参量,如温度、压力、速度、位移等物理量转换为电量,这个环节可采用敏感元件、传感器或测量仪器来实现。

　　通过敏感元件来拾取被测信号时,敏感元件可以随用户要求和使用环境的特点做成各种探头。敏感元件将被测的物理量变换为电流、电压或 RLC 参量的变化,对 RLC 参量型敏感元件,要设计相应的电路使其变换为电压或电流。

　　用敏感元件及相应的测量电路、信号传递通路配以适当外形可以制成各类传感器。通过传感器来拾取被测信号时,尽管传感器测量的物理量及测量原理不同,但一般输出为模拟信号或频率量。输出模拟量可以是电压或电流,大信号电压输出可直接与 A/D 电路相连,小信号电压输出则经放大后与 A/D 电路相连;而电流输出信号则需转化为电压信号后与 A/D 电路相连。输出频率量传感器精度高、抗干扰能力强,便于远距离传送,它需采用特殊的转换方法才能变为二进制数字量。

　　目前应用在现场的调节测量仪表已系列化,它一般采用标准化输出信号,如电压信号为 $0 \sim 5\ V$、$\pm 5\ V$、$0 \sim 10\ V$、$\pm 2.5\ V$ 等范围,而电流信号则为 $4 \sim 20\ mA$、$0 \sim 10\ mA$ 等范围,它们经适当处理(如 I/U 变换、滤波)后可直接与 A/D 电路相连。

　　2)信号的调节

　　在模拟量输入通道中,信号调节的任务是将传感器信号转换成满足 A/D 电路要求的电平信号。在一般测量系统中,信号调节的任务比较复杂,除小信号放大、滤波外,还应有零点校正、线性化处理、温度补偿、误差修正、量程切换等信号处理电路。目前部分信号处理工作可由计算机软件完成,从而使信号处理电路得以简化。

　　3)A/D 转换方式的选择

　　模拟量输入通道的模/数转换方式有 A/D 转换电路和 U/F 变换方式。U/F 变换方式将信号电压变换为频率量,由计算机或计数电路计数来实现模拟量转化为数字量。A/D 转换电路一般采用专用的转换芯片,选择时应从转换精度、转换速度及系统成本等方面综合考虑。

　　4)电源配置

　　信号拾取时,要考虑对传感器的供电,对于不同的信号调节电路中的芯片,一般会提出对电源的要求,必须很好地解决电源问题。

模拟输入通道与生产现场联系较紧,而且传感器输出信号较弱,电源配置时要充分考虑干扰的隔离与抑制。

5)抗干扰措施

由于传感器拾取的信号来自生产现场,受干扰的因素很多,在设计过程中应采用可靠的抗干扰措施,如隔离、滤波等。

在模拟输入通道中,传感器及信号放大已在前面的章节中介绍,此处不再讨论。

2. 模拟多路转换器及其与 CPU 的接口

模拟多路转换器又称多路开关。在分时检测时,利用多路开关可将各个输入信号依次地或随机地连接到公用放大器或 A/D 转换器上。为了提高过程参数的检测精度,对多路开关提出了较高的要求,例如接通电阻要很小、开路电阻要很大、切换速度要快、寿命长、工作可靠等。

(1)多路转换开关的类型

多路开关有两类:一类是机械触点式,如干簧继电器、水银继电器和机械振子式继电器。另一类是电子式开关,如晶体管、场效应管及集成电路开关等。

干簧继电器是较理想的触点式开关,优点是接触电阻小、断开时阻抗高,工作寿命较长(可达 $10^6 \sim 10^7$ 次),工作频率可达 400 Hz。缺点是由于剩磁的影响,有时会有触点吸合不放的现象。干簧继电器适合于小信号中速度的采样单元使用。

电子式开关开关速度高,工作频率可在 1 000 点/s 以上,体积小、寿命长。缺点是导通电阻较大,驱动部分和开关元件部分不独立,影响小信号的测量精度。

(2)多路转换开关的连接方式

多个信号经多路转换开关接到公用放大器或 A/D 转换器的方式有三种:

1)单端接法 将所有输入信号源一端接至同一个信号地。然后将信号地与模拟地相连。图 4.19a 为单端接法示意图。这种接法抑制共模干扰能力较弱,适合于高电平信号场合。

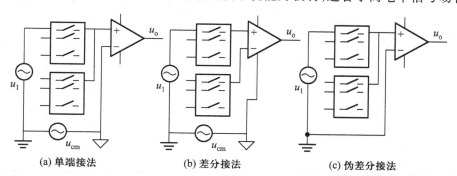

(a) 单端接法　　　　(b) 差分接法　　　　(c) 伪差分接法

图 4.19　多路开关的连接方式

2)差分接法 模拟量双端输入、双端输出接到放大器上(图 4.19b),这种接法的共模干扰抑制能力强,一般用于低电平输入、现场干扰较严重、信号源和多路开关距离较远的场合,或者输入信号有各自独立的参考电压场合。

3)伪差分接法 和单端接法不同点是模拟地和信号地接成一点,而且应该是所有信号的真正地,也是各输入信号唯一参考地(图 4.19c),这种方法可抑制信号源和多路开关所具有的共模干扰,适用于信号源距离较近的场合。

（3）集成多路转换器

常用的 CMOS 集成多路转换器有单端和差分两种类型,一般情况下,它们分别用于单端接法和差分接法应用场合。

单端集成多路转换器有 16 通道和 8 通道两种芯片,典型 16 通道芯片有 AD7506、MAX306、DG406 等,典型 8 通道芯片有 AD7501、MAX354、CD4051、DG408 等。单端 8 通道集成多路转换器的电路结构原理如图 4.20 所示,控制逻辑列于表 4.8 中。差分集成多路转换器也有 4 通道和 8 通道两种。典型 8 通道差分多路转换器有 AD7510、MAX307、DG407 等。4 通道差分多路转换器如图 4.21 所示,相应的通道控制逻辑如表 4.9 所示。

集成多路转换器的通道控制逻辑有些是 TTL/CMOS 兼容,有些只是 CMOS 兼容,在设计电路时要注意。

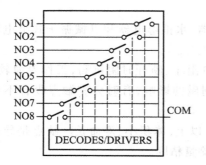

图 4.20　单端 8 通道多路转换器结构原理图

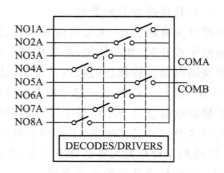

图 4.21　差分 4 通道多路转换器结构原理图

表 4.8　单端 8 通道多路转换器控制逻辑

A_0	A_1	A_2	EN	S-ON
×	×	×	0	NONE
0	0	0	1	1
0	0	1	1	2
0	1	0	1	3
0	1	1	1	4
1	0	0	1	5
1	0	1	1	6
1	1	0	1	7
1	1	1	1	8

表 4.9　差分 4 通道多路转换器控制逻辑

A_0	A_1	A_2	S-ON
×	×	0	NONE
0	0	1	1
0	1	1	2
1	0	1	3
1	1	1	4

（4）集成多路转换器与单片机 8031 的接口

为了实现集成多路转换器通道的自由选择,在多路转换器和 CPU 之间应设置一个接口电路。该接口电路的基本要求是修改和锁存通道选择控制信号(如 A_0、A_1、A_2、EN)。

集成多路转换器与单片机 8031 的接口实现有两种方法。第一种方法直接利用单片机 8031 的 I/O 接口实现对集成多路转换器进行控制,图 4.22 为采用 P1 口实现控制的原理图。选择通道时,只需将 P1.0 置 1,其余置成相应逻辑就能进行控制。第二种方法采用锁存器实现对多路转换器进行控制。图 4.23 为实现原理图。74LS175 为四 D 触发器,它的输出与多路转换器控制信号相连,其输入与 CPU 数据总线相连(为便于编程,一般采用数据总线低位),D 触发器选通脉冲由 CPU 地址信号和写控制信号 WR 联合形成。通道的选择只需几条简单程序语句便可实现,例如:

```
MOV    A,    #NumCH          ;通道号+08H=NumCH
MOV    DPTR,#ADDRCH          ;74LS175 锁存地址
MOVX   @DPTR,A              ;锁存控制
```

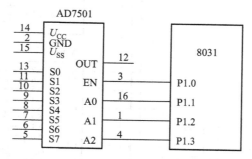

图 4.22　单片机 I/O 口控制多路转换器

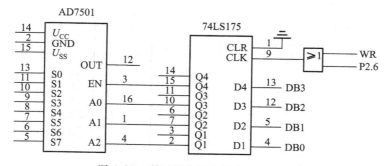

图 4.23　利用锁存器控制多路转换器

采用多片集成多路转换器可实现更多通道的选择控制,采用单端集成多路转换器也可实现差分输入方式。图 4.24 为 4 片 AD7501 实现 16 通道差分输入的原理电路。

3. 采样保持器

A/D 转换器完成一次完整的转换过程所需的时间称转换时间,对变化快的模拟信号来说,转换期间将引起转换误差,这个误差叫作孔径误差(如图 4.25 所示)。设模拟信号为:

$$u_f = U_f \sin 2\pi ft$$

它的微分为:

$$\frac{\mathrm{d}u}{\mathrm{d}t} = 2\pi f U_f \cos 2\pi ft \tag{4.1}$$

最大变化率为:

发送数据送行的时候，图 4.23 应数据全部置高电平，"BH1~BL5"为与门 D 输出零，这种做法也能实现数据显示放电压。本本处，此之外，还有多种实现方式，如采用交流耦合放大。此次，D 通道实验通过如何 CPU 选用很长测试期间的选行或行范效值。在使用端或者任意地点的连接置行接触的。

$$MOV \quad ？$$

$$MOV \quad TIP？$$

$$MOV \quad C？$$

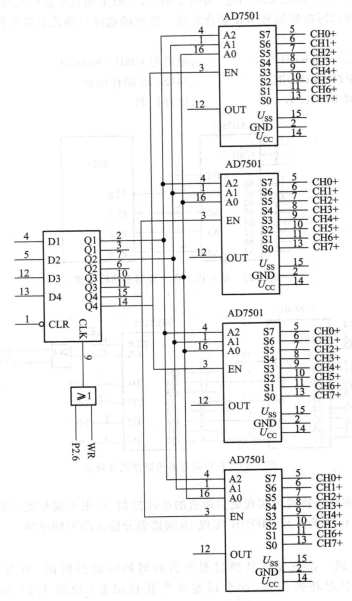

图 4.24　16 通道差分输入实现原理图

$$\left.\frac{\mathrm{d}u}{\mathrm{d}t}\right|_{\max} = 2\pi f U_{\mathrm{f}} \tag{4.2}$$

在信号与横坐标相交时，信号变化率最大，可能引起最大的信号误差，设孔径时间为 Δt，这时最大误差为：

$$\Delta U = U_{\mathrm{f}} \cdot 2\pi f \cdot \Delta t \tag{4.3}$$

为满足 A/D 转换精度要求,希望在 Δt 时间内,信号变化最大幅度应小于模/数转换器的量化误差 ΔE。对于 12 位 A/D 转换器 ADS1211,转换时间为 100 μs,基准电压为 10.24 V,其量化误差为

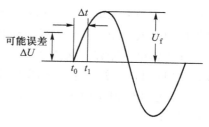

图 4.25 孔径误差

$$\Delta E = \frac{1}{2}\text{LSB} = \frac{1}{2} \times \frac{10.24}{2^{12}} \text{ mV} = 1.25 \text{ mV}$$

若 $U_f = 5$ V,由此要求输入信号的最高变化频率:

$$f_{max} \leqslant \frac{1}{2\pi U_f}\frac{\Delta E}{\Delta t} \approx 0.5 \text{ Hz}$$

因此当转换时间越长时,不影响转换精度所允许的信号最高频率就越低,这将大大地限制 A/D 转换器的工作频率范围。

为了在满足转换精度的条件下提高信号允许的工作频率,可在 A/D 转换前加入采样保持器。

采样保持器又叫作采样保持放大器(SHA),它的原理如图 4.26 所示。它由模拟开关 S、保持电容 C_B 和缓冲放大器组成。其工作原理如下:

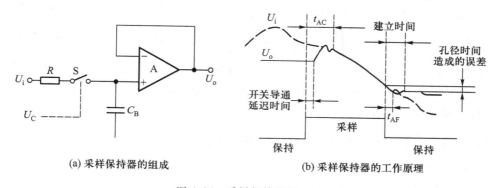

(a) 采样保持器的组成　　　(b) 采样保持器的工作原理

图 4.26 采样保持器原理图

当控制信号为高电平时(采样阶段),开关 S 闭合,输入信号通过电阻 R 向电容充电,通常要求充电时间越短越好,以使电容电压迅速达到输入电压值。当控制信号为低电平时(保持阶段),S 断开,电容的放电回路断开,因而电容电压下降速度很慢,A/D 转换器就可根据此时的电容电压进行量化。

采样保持器的主要性能参数有采样时间、孔径时间、输出电压衰减率、直通馈入等。

1) 采样时间:给出采样指令后,跟踪输入信号到满量程并稳定在终值误差(0.2~0.005)% 内变化和滞留的最小时间。

2) 孔径时间:保持指令给出后到采样开关真正断开所需的时间。

3) 输出电压衰减率:保持阶段中泄漏电压引起的放电速度。

4) 直通馈入:输入信号通过采样保持开关的极间电容穿通到保持电容上的现象。

常用的采样保持器有多种,图 4.27 为 LF198 采样保持器的原理及典型接线图。LF198 具有采样速度高,保持电压下降速度慢及精度高等特点。采用的电源电压为±5 V~±18 V,输入模拟

电压最大等于电源电压。LF198 的模拟开关采用脉冲控制，逻辑控制输入端用于控制采样或保持，可与各种类型的控制信号和逻辑电平兼容。保持电容 C_H 的选择要折中考虑保持步长、采样时间、输出电压下降率等参数，当 $C_H = 0.01\ \mu F$ 时，信号达到 0.01% 的采样时间为 6 μs，保持电压下降率为3 mV/s。

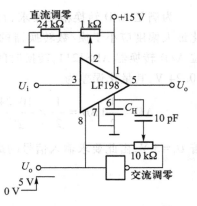

图 4.27   LF198 原理图及典型接法

选择采样保持器时主要考虑的因素：输入信号范围、输入信号变化率、多路转换器的切换速度、采集时间等。若输入模拟信号变化缓慢、A/D 转换器转换速度相对很快，可以不用采样保持器。

4. A/D 转换及与 CPU 的接口

在机电一体化产品常用的传感器中，有很多是以模拟量形式输出信号的，如位置检测用的差动变压器、温度检测用的热电偶、温敏电阻、转速检测用的测速发电机等。但由于控制微机是一个数字系统（有些型号单片机内部集成了 A/D 转换器件，如 MCS-96 系列单片机等）。这就要求信息采集接口能完成 A/D 转换功能，将传感器输出的模拟量转换成相应的数字量，输入给控制计算机，这一工作通常采用 A/D 转换器完成。

A/D 转换器的种类很多，常用的有双积分式与逐次比较式两种，其中双积分式转换速度慢，但精度高，常用型号有 MC14433$\left(3\dfrac{1}{2}\text{位}\right)$，ICL7135$\left(4\dfrac{1}{2}\text{位}\right)$，ICL7109（12 位二进制）等；逐次比较式 A/D 转换器转换速度较快，常用型号有 ADC0808/0809（8 通道 8 位二进制），ADC0816/0817（16 通道 8 位二进制），ADC1210（单通道 12 位二进制）等。

（1）MC14433 接口设计

MC14433 是 $3\dfrac{1}{2}$ 位双积分式 A/D 转换器，国产型号为 5G14433。

1）主要技术性能

转换精度：读数的 ±0.05%±1 字；

转换速率：4~10 次/s；

量　　程：199.9 mV 或 1.999 V（由基准电压 U_R 决定）；

基准电压：200 mV 或 2 V；

转换结果输出形式：分时输出 BCD 码。

2）管脚说明

MC14433 是一个 24 管脚、双列直插式芯片，图 4.28 所示为 MC14433 的引脚分布，各管脚功能如下：

U_{DD}：主电源，+5 V；

U_{EE}：模拟部分负电源，-5 V；

U_{SS}：数字地；

U_R：基准电压输入管脚，取 200 mV 或 2 V；

U_X：被测电压输入管脚，最大为 199.9 mV 或 1.999 V；

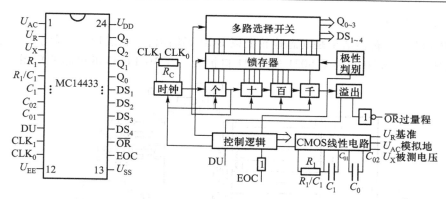

图 4.28　MC14433 管脚

U_{AC}:模拟地；

R_1,C_1,R_1/C_1:积分电阻、电容输入管脚,C_1 一般取 0.1 μF 的聚丙烯电容,R_1 取 27 kΩ(对应 199.9 mV 量程)或 470 kΩ(对应 1.999 V 量程)；

C_{01},C_{02}:接失调补偿电容 C_0,C_0 一般取 0.1μF；

CLK_0,CLK_1:振荡器频率调节电阻 R_C 输入管脚,典型值为 470 kΩ,R_C 越大,工作频率越低；

EOC:转换结束状态输出线,当一次转换结束后,EOC 输出一个宽为 1/2 个时钟周期的正脉冲；

DU:更新转换控制信号输入线,高电平有效,若 DU 与 EOC 相连,则每次 A/D 转换结束后自动起动新的转换；

$\overline{OR}$:过量程状态信号输出线,低电平有效,当 $|U_X|>U_R$ 时,$\overline{OR}$ 输出低电平；

$DS_4 \sim DS_1$:分别是个、十、百、千位的选通脉冲输出线；

$Q_3 \sim Q_0$:BCD 码数据输出线,动态输出千位、百位、十位、个位;DS_1 有效时,Q_3 表示千位值(0 或 1),Q_2 表示极性(0 负 1 正),Q_1 无意义,Q_0 为 1 而 Q_3 为 0 表示过量程,Q_0 为 1 而 Q_3 为 1 表示欠量程;当 DS_2 有效时,$Q_3 \sim Q_0$ 以 BCD 码输出百位值,十位值和个位值的输出形式与此相同。

图 4.29 所示为 MC14433 的转换结果输出时序波形。从图中可以看出,转换结果的千位值、百位值、十位值、个位值是在 $DS_1 \sim DS_4$ 的同步下分时由 $Q_3 \sim Q_0$ 送出的。

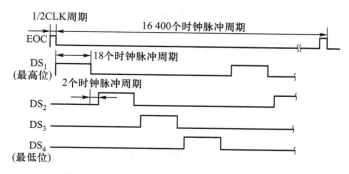

图 4.29　MC14433 的转换结果输出时序波形

3）接口设计举例

由于 MC14433 的转换结果是动态地轮流以 BCD 码输出，非总线形式，因此必须通过并行口与主控微机相连，图 4.30 示出了 8031 通过 P1 口扩展一片 MC14433 的电路原理图。

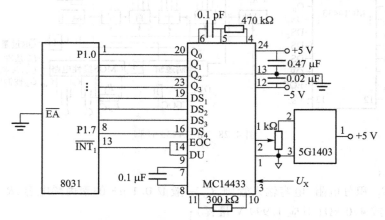

图 4.30 MC14433 与 8031 直接连接的接口方法

在图 4.30 中，5G1403 为精密参考电压源，向 MC14433 提供参考电压，8031 读取 A/D 转换结果可以采取查询方式或中断方式。如欲按图 4.31 所示格式存放 A/D 转换结果，则采用中断方式读取转换结果的中断服务子程序方框图如图 4.32 所示。相应程序可设计如下：

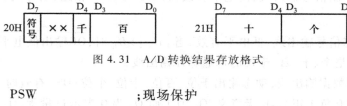

图 4.31 A/D 转换结果存放格式

```
        PUSH    PSW             ;现场保护
        PUSH    ACC
INT：   JNB     P1.4,INT        ;等待 DS₁ 有效
        JB      P1.0,OVER       ;超量程转 OVER
        JNB     P1.2,S1
        SETB    07H             ;置负标志
        AJMP    S2
S1：    CLR     07H             ;置正标志
S2：    JNB     P1.3,S3
        SETB    04H
        AJMP    S4
S3：    CLR     04H             ;处理千位值
S4：    JNB     P1.5,S4         ;等待 DS₂ 有效
        MOV     A,P1
        MOV     R0,#20H         ;百位值送 20H
```

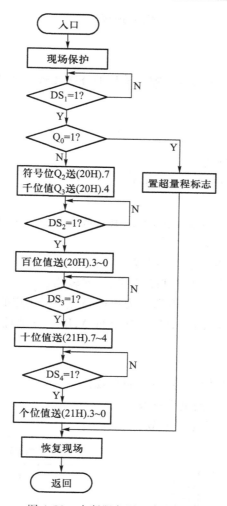

图 4.32 中断服务子程序方框图

```
          XCHD    A,@R0          ;低4位
S5:       JNB     P1.6,S5        ;等待 DS₃ 有效
          MOV     A,P1
          INC     R0
          SWAP    A
          MOV     @R0,A          ;十位值送 21H
                                 ;高4位
S6:       JNB     P1.7,S6        ;等待 DS₄ 有效
          MOV     A,P1
          XCHD    A,@R0          ;个位值送 21H
          SJMP    S7             ;低4位
OVER:     SETB    06H
S7:       POP     ACC
```

  POP PSW   ;恢复现场

  RETI

（2）ADC0809 接口设计

ADC0809 是一种 8 路模拟输入、8 位数字输出的逐次比较式 A/D 转换器。

1）主要技术性能

精度：±0.4%；

量程：0~5 V；

转换速度：100 μs/次（典型值）；

时钟范围：50~800 kHz（典型值 640 kHz）。

2）管脚说明

ADC0809 是一个 28 管脚双列直插式器件，其管脚分布如图 4.33a 所示，主要管脚符号及功能如下：

$IN_0 \sim IN_7$：8 路模拟量输入端，量程 0~5 V；

$D_0 \sim D_7$：8 位转换结果数据输出端，TTL 电平，三态输出；

A，B，C：通道地址输入端，图 4.33b 所示为地址码与模拟通道的对应关系；

ALE：通路锁存控制信号输入端，ALE 上升沿将 A，B，C 三地址线的状态锁存到片内通路地址寄存器中；

CLOCK：转换时钟输入端；

START：启动转换控制信号输入端，正脉冲有效；

EOC：转换结束信号输出端，高电平有效；

OE：数据输出允许控制端，高电平有效。

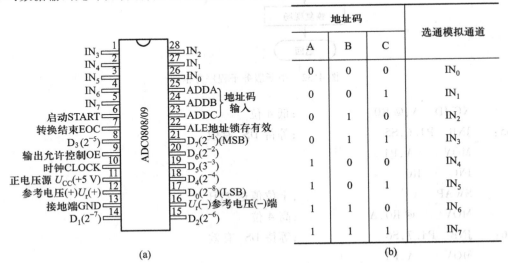

	地址码			选通模拟通道
	A	B	C	
	0	0	0	IN_0
	0	0	1	IN_1
	0	1	0	IN_2
	0	1	1	IN_3
	1	0	0	IN_4
	1	0	1	IN_5
	1	1	0	IN_6
	1	1	1	IN_7

(a)   (b)

图 4.33 ADC0809 的管脚与模拟通道地址

3）接口设计

  由于 ADC0809 内部有三态输出的数据锁存器，故可与控制微机的总线直接接口。图 4.34 所示为 8031 单片机与 ADC0809 的接口逻辑。

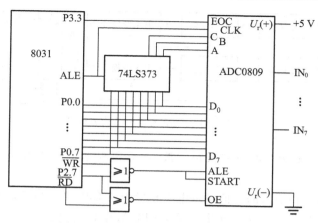

图 4.34　8031 与 ADC0809 的接口逻辑

设现有一位移测量用差分变压器,对应 0~80 mm 量程,输出电压为 0~5 V,要求用图 4.34 中 ADC0809 的 IN_2 进行 A/D 转换和采集,并将采集结果存于 8031 片内 RAM 40H 中,则相应程序可如下设计:

```
        MOV     DPTR,#7FFAH       ;选择 IN₂ 并启
        MOV     A,#0FAH           ;动 A/D 转换
        MOVX    @DPTR,A
        ACALL   DL                ;调延时子程序
WT:     JNB     P3.3,WT           ;等待转换结束
        MOVX    A,@DPTR           ;读转换结果
        MOV     40H,A
        RET
DL:     MOV     R4,#10H           ;延时子程序
D₁:     DJNZ    R4,D1
        RET
```

在上段程序中调用了延时子程序,这是由于 EOC 信号在 A/D 转换启动后约 10 μs 才变为低电平,所以必须延时后才能对 EOC 查询,这一点请在程序设计时注意。

以上介绍了两种 A/D 器件,在进行 A/D 接口设计的时候,要根据系统总体指标,合理对各环节进行精度分配,根据精度、时间等指标正确选择 A/D 器件。

4.3.3　开关(数字)量输入通道接口设计

1. 开关量输入通道的结构形式

开关量输入通道又可称为数字量输入通道,该通道将双值逻辑的开关量(数字量)变换为计算机能够接收的数字量,它的结构形式如图 4.35 所示。

典型的开关量输入通道通常由以下几部分组成:

1) 信号变换器　将过程的非电量开关量转换为电压或电流的双值逻辑值。

2) 整形变换电路　将混有毛刺之类干扰的输入双值逻辑信号或其信号前后沿不合要求的

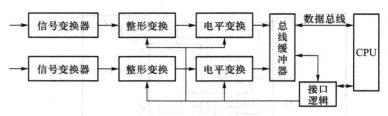

图 4.35　开关量输入通道结构方框图

输入信号整形为接近理想状态的方波或矩形波,而后再根据系统要求变换为相应形状的脉冲信号。

3) 电平变换电路　将输入的双值逻辑电平转换为与 CPU 兼容的逻辑电平。

4) 总线缓冲区　暂存数字量信息并实现与 CPU 数据总线的连接。

5) 接口电路　协调通道的同步工作,向 CPU 传递状态信息并控制开关量到 CPU 的输入。

2. 开关量形式及变换

过程开关量(数字量)大致可分为三种形式:机械有触点开关量、电子无触点开关量和非电量开关量。不同的开关量要采用不同的变换方法。

(1) 机械有触点开关量

机械有触点开关量是工程中遇到的最典型的开关量,它由机械式开关(例如继电器、接触器、开关、行程开关、阀门、按钮等)产生,它有动合、动断两种方式,机械有触点开关量的显著特点是无源,开闭时产生抖动。同时这类开关通常安装在生产现场,在信号变换时应采取隔离措施。

机械有触点开关量的变换方法通常有以下三种:

1) 控制系统自带电源方式

这种方法一般用于开关安装位置离计算机控制装置较近的场合,供电电源为直流 24 V 以下,常用电路有串联和并联两种(图 4.36)。对于并联电路,触点闭合时输出 U_o 为高电平;触点打开时,U_o 为低电平。串联电路正好与之相反。

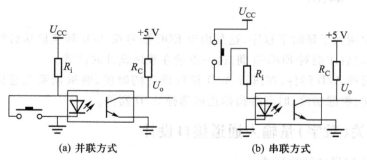

(a) 并联方式　　　　　　(b) 串联方式

图 4.36　自带电源的开关量变换电路

2) 外接电源方式

它适合于开关安装在离控制设备较远位置的场合。外接电源可采用直流或交流形式。采用直流电源形式的变换电路如图 4.37 所示。其中二极管为保护元件,对 R_i 的选择应考虑功率因素,则 R_i 的选择式如下:

$$R_C = 0.1 U_{CC} \tag{4.4}$$

$$P_R \geqslant 0.1 R_i (\text{式中 } R_i \text{ 单位为 } k\Omega) \tag{4.5}$$

外接电源采用交流时一般采用变压器,将高压交流(220 V 或 110 V)变为低压交流,电路如图 4.38 所示。这种电路的响应速度较慢,因而使用较少。

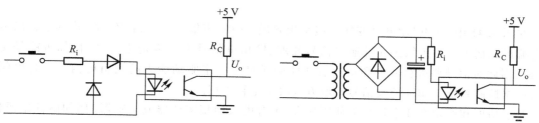

图 4.37　外接直流电源的开关量变换电路　　　图 4.38　采用变压器的开关量变换电路

3)恒流源方式

这种方式适用于抗干扰能力要求高、传输距离较远的场合。电流一般取 0~10 mA,即触点闭合时输出电流为 10 mA,触点打开时输出电流为 0。

(2)电子无触点开关量

电子无触点开关量指电子开关(例如固态继电器、功率电子器件、模拟开关等)产生的开关量。由于电子无触点开关通常没有辅助机构,其开关状态与主电路没有隔离,因而隔离电路是它的信号变换电路的重要组成部分。

电子无触点开关量的采集可由两种方式实现。第一种方式与有触点开关处理方法相同,即把无触点开关当作有触点开关,按图 4.39 方式连接电路即可。需要注意的是连接极性不能随意更换。

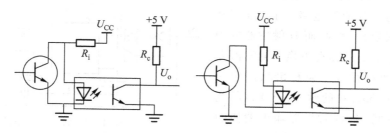

图 4.39　电子无触点开关变换电路

电子无触点开关量变换的第二种方法是从功率开关的负载电路取样法。它的原理电路方框图如图 4.40 所示。这种方法直接反映负载电路工作状态,而对开关状态的采样是间接的。

图 4.40　开关量取样变换电路方框图

(3)非电量开关量(数字量)

通过采用磁、光、声等方式反映过程状态,在许多控制领域中得到广泛应用。这种非电量开关量(数字量)需要通过电量转换后才能以电的形式输出。实现非电量开关量(数字量)的信号变换电路由非电量/电量变换元件、放大(或检波)电路、光电隔离电路等组成(图 4.41)。

图 4.41　非电量开关量变换电路结构图

在图 4.41 中,非电量/电量变换一般采用磁敏、光敏、声敏等元件,将磁、光、声的变化以电压或电流形式输出。由于敏感元件输出信号较弱,输出电信号不一定是逻辑量(例如可能是交流电压),因此对信号要进行放大和检波后才能变成具有一定驱动能力的逻辑电信号。光电隔离电路根据控制系统工作环境及信号拾取方式决定是否采用。

对于精度和稳定性要求较高的使用场合,可考虑采用精密仪器或传感器(例如磁性编码器、光学编码器、感应同步器等)。

3. 整形与电平变换

各种过程开关量经信号变换后转换成逻辑电信号或脉冲信号,但这种信号在脉冲宽度、脉冲波形形状、脉冲前后沿陡度及信号电平可能不很理想,通常需进行波形整形及电平变换才能输入到计算机。

(1)波形整形

波形整形的目的是使逻辑信号变为较理想的电信号,并提高抗干扰能力。波形整形包括触点消抖、脉冲定宽、去除尖峰毛刺等。

1)触点消抖

在机械有触点开关中,当触点闭合或打开时将产生抖动,使得开关量在动作瞬间的状态不稳,若是工作在计数方式或作为中断输入,将导致系统工作不正常,因此采用触点消抖是必要的。

实现触点消抖的方法很多,图 4.42 为采用定时器 555 的一种消抖电路。定时器 555 输出作为 D 触发器的时钟,而 D 触发器的 D 端则与输入相连,555 工作在单稳态触发器方式,当触点闭合或打开时将触发 555,产生一个脉冲宽度 $T = 0.632RC$ 的脉冲,只要该脉宽大于触点抖动时间,在 D 触发器输出端便能获得与输入状态相同、没有抖动的信号。

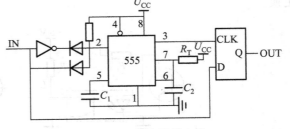

图 4.42　触点消抖电路

2)脉冲定宽

在许多控制系统中,有时要求在开关量变化时提供一个脉冲宽度稳定的脉冲,如上跳时产生脉冲、下跳时产生脉冲、上下跳变时都产生脉冲。采用单稳触发器很容易实现这个功能。图 4.43 为上、下跳变都产生脉冲的一种电路,脉冲定宽应注意的问题是:脉冲宽度应明显小于引起脉冲产生的开关量变化的周期。其中 555 定时器工作在单稳触发器状态。

3)消除毛刺

由于受环境干扰的影响,传输的开关量信号将产生毛刺。带有毛刺的开关量信号会对计算机控制系统的工作可靠性产生一些影响。消除毛刺通常采用史密特触发器(例如 74LS14 等)或集成比较器。图 4.44 为采用比较器的整形电路。该电路具有与史密特触发器相似的特性,门槛电平由 R_P 调节,回环宽度由 R_f 调节。

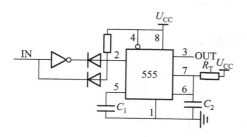

图 4.43 开、关状态产生定宽脉冲电路

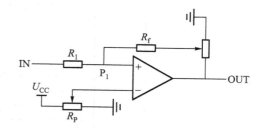

图 4.44 采用比较器的整形电路

（2）电平变换

在计算机控制系统中,CPU 一般只接收 TTL 电平信号,当开关量变换后的信号为非 TTL 电平时,则需要进行电平变换。

电平变换可采用光电隔离、晶体管或 CMOS-TTL 电平变换芯片,电路如图 4.45 所示。其中光电隔离抗干扰性能好,但反应速度较慢,采用晶体管或 CMOS-TTL 变换芯片则速度较快。

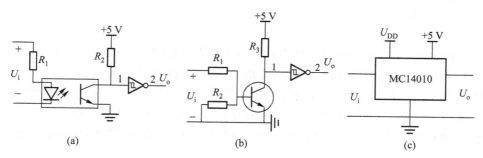

图 4.45 电平变换电路

4. 开关量输入通道与 CPU 的接口

根据计算机控制系统的功能要求,CPU 对开关量输入信号的处理形式主要有三种:开关状态检测、脉宽测量和脉冲计数。

（1）开关状态检测及其接口

开关状态检测是指计算机在适当时刻将外部开关量的状态读入到计算机中。通常采用的方式为定时查询或中断。在定时查询方式里,CPU 周期性地在规定时刻将开关量状态读入,这种方式对开关量状态变化时刻不能正确反映,其误差大小与读取周期相关。采用定时查询方式的接口非常简单,如果从数据总线读入,只需加入总线缓冲器即可。总线缓冲器通常为三态逻辑门电路,图 4.46 为采用 74LS244 的接口电路。对于单片机而言,开关量输入信号也可直接与 I/O 口相连,无需添加接口元件。

中断方式指开关量输入状态发生变化时向 CPU 申请中断。在 CPU 响应中断时读入相应的

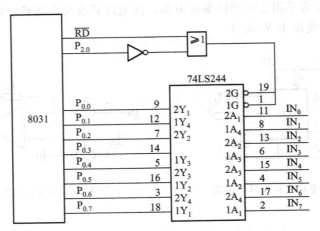

图 4.46　采用 74LS244 的定时查询方式接口电路

开关量状态。中断方式能够及时反映开关量状态的变化,使控制系统及时地对其状态进行处理。中断方式的接口电路包括总线缓冲电路及中断请求信号形成电路。在开关量输入较少时,比较容易设计中断请求信号发生电路,甚至可直接用开关量输入作为中断请求信号。由于 CPU 的中断资源有限,若开关量输入较多时,则应将其所有开关量输入综合后产生统一的中断请求信号,因此电路相当复杂。为简化系统,通常只对某几个重要的开关量输入(如故障状态等),需要及时处理时才采用中断方式。

（2）脉宽测量接口电路

脉宽测量指对开关量输入的某个状态(1 或 0)的持续时间进行测量。对于单片机,可利用定时器及外部中断来测量脉冲宽度,具体方法请参考单片机的有关书籍。

采用通用接口计数器芯片也可实现脉冲宽度测量,8253 是典型的 8 位数据总线的定时器接口芯片,它有三个功能相同的 16 位减计数器,每个计数器的工作方式及计数常数分别由软件编程,它的内部结构如图 4.47 所示。8253 与单片机的接口电路简单,表 4.10 列出了通道及操作时序关系。

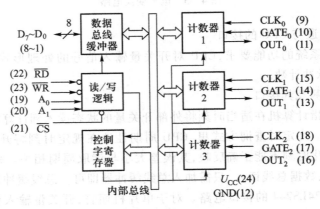

图 4.47　8253 的原理框图

表 4.10　通道及操作时序关系

$\overline{CS}$	$\overline{RD}$	$\overline{WR}$	A_1	A_2	操作
0	0	1	0	0	读计数器0
0	0	1	0	1	读计数器1
0	0	1	1	0	读计数器2
0	0	1	1	1	无操作(禁止读)
0	1	0	0	0	计数常数写入计数器0
0	1	0	0	1	计数常数写入计数器1
0	1	0	1	0	计数常数写入计数器2
0	1	0	1	1	写入方式控制字
1	×	×	×	×	禁止(三态)
0	1	1	×	×	不操作

　　8253 工作方式由工作方式控制字定义,控制字定义如图 4.48 所示,它有六种工作方式,可以完成计数、脉冲宽度测量等工作。脉宽测量可采用方式 0 或方式 2 来实现。采用方式 0 时,单片机要查询脉冲状态。采用方式 2 时,可由 GATE 信号产生中断信号,它要求被测脉冲状态为高电平,被测信号接 GATE,而 CLK 接入基准脉冲。图 4.49 为 8253 与 8031 的接口电路。

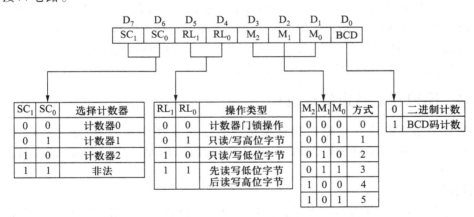

图 4.48　8253 的控制字

（3）脉冲计数

　　脉冲计数通常用来测量单位时间内的脉冲数,主要用于测频率、测转速或用于 V/f 方式的模/数转换。脉冲计数可直接采用单片机的定时器/计数器来完成,也可采用 8253 实现。采用 8253 进行脉冲计数时,被测信号连接到 CLK 上,而 GATE 则接入一个脉宽为采样周期的方波信号,用它来控制计数时间。

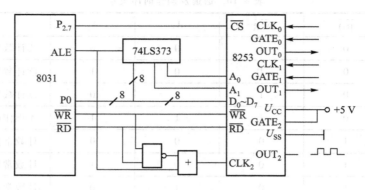

图 4.49　8253 与 8031 的接口电路

4.4　过程输出通道接口设计

4.4.1　任务与特点

控制微机通过信息采集接口检测机械系统的状态,经过运算处理,发出有关控制信号,经过控制输出接口的匹配、转换、功率放大,驱动执行元件去调节机械系统的运行状态,使其按设计要求运行。根据执行元件的需要,不同控制接口的任务也不同,例如对于交流电动机变频调速器,控制信号为 0~5 V 电压或 4~20 mA 电流信号,则控制输出接口必须进行 D/A 转换;对于交流接触器等大功率器件,必须进行功率驱动。由于机电系统中执行元件多为大功率设备,如电动机,电热器,电磁铁等,这些设备产生的电磁场、电源干扰往往会影响微机的正常工作,所以抗干扰设计同样是控制输出接口设计时应考虑的重要内容。

4.4.2　模拟输出通道接口设计

模拟量输出通道的任务是把微型机输出的数字量变换成模拟量,这个任务主要由数/模转换器来完成。对于模拟量输出通道,要求可靠性高,满足一定的精度,还必须具有保持的功能。

1. 结构形式

在许多场合要求具有多路模拟量输出通道。对于多路模拟量输出通道的结构形式,主要取决于输出保持器的构成方式。输出保持器的作用主要是在新的控制信号到来前,使本次控制信号维持不变。保持器一般有数字保持和模拟保持两种方案,这就决定了模拟量输出通道的两种基本结构形式。

(1) 独立 D/A 转换器形式

图 4.50 为这种形式的结构图。在这种形式中,CPU 和通道之间通过独立的接口缓冲器传送信息,因此这是数字保持的方案。它的优点是转换速度快、工作可靠,每条输出通路相互独立,不会由于某一路 D/A 故障而影响其他通路的工作。但使用了较多的 D/A 转换器,因而成本较高,随着大规模集成电路技术的发展,成本将不成问题。

（2）共用 D/A 转换器的形式

这种形式的原理方框图如图 4.51 所示。因为共用一个 D/A 转换器，故它必须在 CPU 控制下分时工作。即依次把 D/A 转换器转换成的模拟电压（或电流），通过多路模拟开关传送给输出采样保持器，这种结构节省了 D/A 转换器，但因为分时工作，只适用于通道数量不多且速率要求不高的场合。由于需用多路转换器，且要求输出采样保持器的保持时间与采样时间之比很大，因而其可靠性较差。

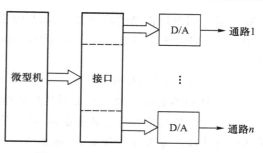

图 4.50　独立 D/A 转换器结构形式

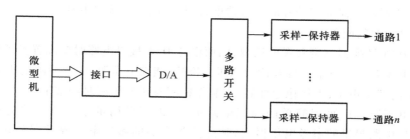

图 4.51　共用 D/A 转换器结构形式

2. D/A 转换接口设计的一般性问题

模拟量输出通道不论采用何种形式，都要取决于 D/A 转换器和与 CPU 的接口。

在 D/A 转换器接口设计中，主要考虑的问题是 D/A 转换芯片的选择、数字量码的输入及模拟量的极性输出、参考电压电流源、模拟量输出的调整与分配等。

（1）D/A 转换芯片的选择原则

选择 D/A 转换芯片时，主要考虑芯片的性能、结构及应用特性。在性能上必须满足 D/A 转换的技术要求，在结构和应用特性上满足接口方便、外围电路简单、价格低廉等要求。

D/A 转换器性能指标包括静态指标（各项精度指标）、动态指标（建立时间、尖峰等）、环境指标（使用的环境温度范围、各种温度系数）。这些指标通过查阅手册可以得到。

D/A 转换器结构特性与应用特性主要表现为芯片内部结构的配置状态，它对接口电路设计影响很大。主要的特性有：

1）数字输入特性

包括接收数码制、数据格式及逻辑电平等。D/A 转换器一般只能接收二进制数码，当输入数字代码为偏置码或补码等双极性数码时，应外接适当偏置电路才能实现。D/A 转换器一般采用并行码和串行码两种数据形式，采用的逻辑电平多为 TTL 或低压 CMOS 电平。

2）模拟量输出特性

指 D/A 转换器的输出电量特性（电压或是电流），多数 D/A 转换器采用电流输出。对于输出特性具有电流源性质的 D/A 转换器，用输出电压允许范围来表示由输出电路（包括简单电阻或运算放大器）造成输出电压的可变动范围，只要输出端电压在输出电压允许范围内，输出电流与输入数字间保持正确的转换关系,而与输出电压的大小无关。对于输出特性为非电流源特性的 D/A 转换器,无输出电压允许范围指标,电流输出端应保持公共端电流或虚地,否则将破坏其转换关系。

3) 锁存特性及转换控制

D/A 转换器对输入数字量是否具有锁存功能,将直接影响与 CPU 的接口设计。若无锁存功能,通过 CPU 数据总线传送数字量时,必须外加锁存器。同时有些 D/A 转换器对锁存的数字量输入转换为模拟量要施加控制,即施加外部转换控制信号才能转换和输出,这种 D/A 转换器在分时控制多路 D/A 转换器时,可实现多路 D/A 转换的同步输出。

4) 参考电压源

参考电压源是影响输出结果的模拟参量,它是重要的接口电路。对于内部带有参考电压源的 D/A 转换芯片不仅能保证有较好的转换精度,而且可以简化接口电路。

(2) 参考电压源的配置

目前多数 D/A 转换器不带参考电压源,因而设计 D/A 接口电路时要配置参考电压源。

目前参考电压源主要有带温度补偿的稳压二极管、能隙电压源,由于能隙电压源工作在正常线性区域,因而内部噪声小,工作稳定性好,在制作精密参考电压源时经常采用。

外接参考电压源可以采用简单的稳压电路形式,也可采用带运算放大器的稳压电路(图 4.52),简单稳压电路提供的参考电压恒定,带运算放大器的参考电压源具有驱动能力强、负载变化对输出参考电压没有影响,所供参考电压可以调节等性能,目前已有带缓冲运算放大器的精密参考电压源可供选用。

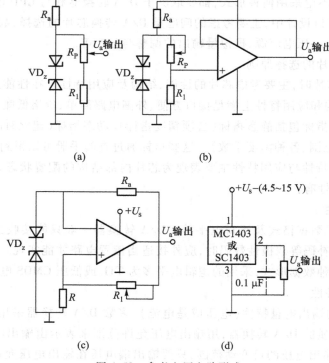

图 4.52   参考电压电路形式

（3）数字输入码与模拟输出电压的极性

所有的 D/A 转换器的输出电压 U_o，都可表示为输入数字量 D 和模拟参考电压 U_R 的乘积：

$$U_o = DU_R \tag{4.6}$$

二进制代码 D 可以表示为：

$$D = \alpha_1 2^{-1} + \alpha_2 2^{-2} + \cdots + \alpha_n 2^{-n} \tag{4.7}$$

目前绝大多数 D/A 转换器输出的是电流量，这个电流要通过一个反相器才能变换为电压输出，图 4.53 为 D/A 转换器输出电路。

图 4.53 对应的输出电压为：

$$U_o = -DU_R \qquad (0 \leqslant D < 1) \tag{4.8}$$

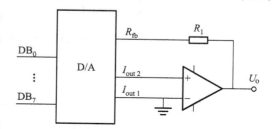

图 4.53　D/A 转换器的输出电路

在实时控制系统中，工业现场的执行机构的控制有时要求双极性电压信号，这时模拟输出通道必须双极性输出。

采用偏移二进制码方法实现 D/A 转换器的双极性输出比较容易，而且与计算机输出兼容，因为只需将最高位求反，就可将二进制的补码转换为偏移码。

双极性输出的一般原理见图 4.54。在单极性输出（常常为运算放大器反相输出）之后，再加上一级运算放大器反相输出。

在图 4.54 中，$R_1 = R_3 = 2R_2$，对内部有反馈电阻 R_{fb} 的 D/A 转换器，R_f 可以不要，可直接将 a、b 短接后接到 R_{fb} 引脚上。在 A_1 单极性输出基础上，A_2 运算放大器起反相求和作用，即参考电压 U_{REF} 提供偏流 I_2，它与 A_1 输出提供的偏流 I_2 相反。由于 $R_1 = 2R_2$，使得 A_2 的输出在 A_1 输出基础上偏移 $U_{REF}/2$。输入数据码与理想输出电压的对应关系见表 4.11。

表 4.11　输入数据码与理想输出电压的关系

输入数据码	理想输出电压 U_{OUT}	
MSB　　　　LSB	$+U_{REF}$	$-U_{REF}$
11111111	$U_{REF} - 1\mathrm{LSB}$	$\lvert U_{REF} \rvert + 1\mathrm{LSB}$
11000000	$U_{REF}/2$	$-\lvert U_{REF} \rvert /2$
10000000	0	0
01111111	$-1\mathrm{LSB}$	$+1\mathrm{LSB}$
00111111	$-\lvert U_{REF} \rvert /2 - 1\mathrm{LSB}$	$\lvert U_{REF} \rvert /2 + 1\mathrm{LSB}$
00000000	$-\lvert U_{REF} \rvert$	$+\lvert U_{REF} \rvert$

上述双极性输出方式把最高位作符号位使用，与单极性输出比较，其分辨率降低一位。在双极性接法时，如果再改变参考电压极性，便可实现四个象限的乘积输出，实现参考电压正负极性切换的方法如图 4.55 所示。

基准电压切换时要由计算机输出一位控制信号来切换模拟开关。图 4.55a 切换的是小电流，模拟开关对电源精度影响较小，但要求正、负电源性能一致，温度系数要匹配。图 4.55b 是另

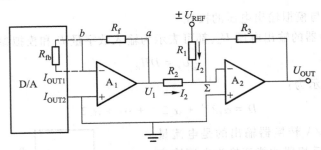

图 4.54   D/A 转换器双极性输出原理图

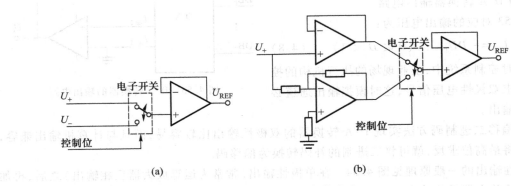

(a)   (b)

图 4.55   基准电压切换方法

一种切换方法,它没有温度系数的问题,但运算放大器的温度漂移,有可能影响参考电源精度。

(4) 尖峰及其消除

尖峰是输入数码发生变化时产生的瞬时误差。尖峰的持续时间虽然很短(一般为几十纳秒),但幅值可能很大,必须采取措施加以消除。

产生尖峰的原因是由于开关在换向过程中"导通"延迟时间与"截止"延迟时间不相等所致,若模拟开关电路"截止延迟时间"较短,导通延迟时间较长,而 D/A 转换器是逐位增加时,可能出现图 4.56 的尖峰波形。例如当输入数码由 011…11 变到 100…00 时,实际上只增加了一个 LSB,由于开关电路对 1→0 比 0→1 响应要快,结果在转换的瞬间出现 000~00 状态,使模拟输出向下猛跌,造成一个很大的尖峰误差,当然实际的尖峰大小还决定于电路中各元件的响应速度和寄生参数的影响,但在 1→0 时都可能产生尖峰。而且发生的位越高、尖峰的幅值一般也越大。

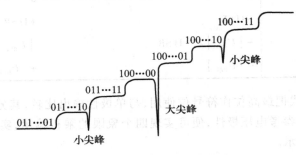

图 4.56   D/A 转换时产生的尖峰波形示意图

由于尖峰出现的幅值和出现的时刻不是周期性的,故不能采用简单的滤波方法去消除。图 4.57 为一种外接消尖峰电路,电路由一个单稳态触发器和一个快速采样保持器组成,每当输入数据被锁存的同时,单稳态电路触发而产生保持信号,使采样保持器处于保持状态。保持状态持续时间可以调整到 D/A 转换器的建立时间,这样尖峰时刻正好落在采样开关 S 的断开期间,当 D/A 输出已稳定在新数据所对应的模拟输出时,S 才导通。虽然保持电路本身需要一段过渡过程,但输出电压可消除尖峰的影响。

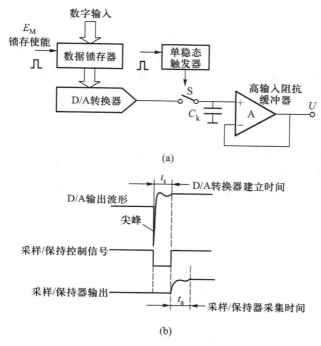

图 4.57 消尖峰电路工作原理

3. D/A 转换器及其与 CPU 的接口

模拟量输出通道不论采用何种结构形式,总是需要解决 D/A 转换器与计算机的接口问题。

D/A 转换器要求输入在一定时间内保持稳定,它采用的二进制数据输入方式有并行和串行两种形式,串行 D/A 转换器采用的接口形式和输入时序与串行 A/D 基本相似,这里不再介绍。并行输入 D/A 转换器的位数有多种,由于微处理器系统大都采用 8 位 I/O 数据总线,因此 D/A 转换器的位数不同,它与 CPU 的接口也有所不同。分别对 8 位及以下 D/A 转换器和 8 位以上 D/A 转换器进行讨论。

(1) 8 位数/模转换器及其与 CPU 的接口

D/A 转换器主要有两种类型,一类是片内不带锁存器(目前用得较少),这时 D/A 转换器通过相应位数的锁存器实现与 CPU 的接口,它的接口原理图如图 4.58 所示,其中控制逻辑根据锁存器锁存电平、地址译码有效输出电平及 WR 有效电平来确定,它由基本门电路组成。

另一类 D/A 转换器内部带有数据寄存器、片选和写信号管脚,可以作为一个 I/O 扩展口直接与 CPU 接口。下面以 DAC0832 为例说明其接口方法。

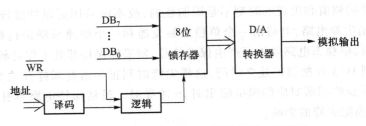

图 4.58 无内部锁存器 D/A 转换器接口原理图

DAC0832D/A 转换器功能方框图如图 4.59 所示。它是一个具有两级数据缓冲器的 8 位 D/A 芯片(20 个管脚)。这种芯片适用于系统中有多个模拟量同时输出的系统,它可以与各种微处理器直接接口。其内部采用 $R{-}2R$ 梯形电阻解码网络来实现数/模转换。

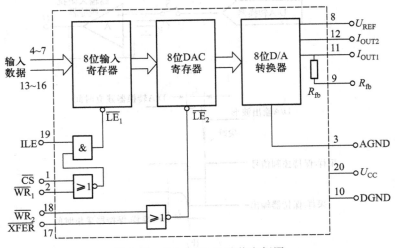

图 4.59 DAC0832 的功能方框图

DAC0832 的主要特性为:输入电平与 TTL 兼容,基准电压 U_{REF} 工作范围为 +10 ~ -10 V,电流稳定时间为 1 μs,功耗为 20 mW,电源电压 U_{CC} 范围为 +5 ~ +15 V。

使用 DAC0832 时,应注意 $\overline{WR}$ 选通脉冲的宽度一般不能小于 500 ns,寄存器保持数据的时间不应小于 90 ns,否则锁存数据会出错。由于 DAC0832 具有两级数据锁存器,所以,它具有双缓冲、单缓冲及直通数据输入三种工作方式。

双缓冲工作方式时,8 位输入寄存器和 8 位 DAC 寄存器可分别由 $\overline{LE_1}$ 和 $\overline{LE_2}$ 控制,先由 $\overline{WR_1}$ 和 $\overline{CS}$ 控制输入数据锁存到 8 位输入寄存器。这种方式可用于需要同时输出多个模拟信号的多个 DAC0832 的系统,当多个数据已分别存入各自的输入寄存器后,再同时使所有 DAC0832 的 $\overline{WR_2}$ 和 $\overline{XFER}$(传递控制)有效,数据锁存入 8 位 DAC 寄存器并同时输出多个模拟信号。这时,需要有两个地址译码,分别选通 $\overline{CS}$ 和 $\overline{XFER}$。

单缓冲工作方式时,只用输入寄存器锁存数据,另一级 8 位 DAC 寄存器接成直通方式,即把 $\overline{WR_2}$ 和 $\overline{XFER}$ 接地,或者两级寄存器同时锁存,如把 $\overline{WR_1}$ 与 $\overline{WR_2}$ 接在一起,而把 $\overline{XFER}$ 接地。

直通方式时,应把所有控制信号接成有效形式:$\overline{CS}$、$\overline{WR_1}$、$\overline{WR_2}$和$\overline{XFER}$接地,ILE 接+5 V。

DAC0832 有两个输出端 I_{OUT1} 和 I_{OUT2},采用电流输出形式,当输入数据为 FFH 时,I_{OUT1} 电流最大。I_{OUT1} 和 I_{OUT2} 电流之和为一个常数。为使输出电流线性地转移成电压,要在输出端接上运算放大器。R_{fb} 是片内反馈电阻,它为外部运算放大器提供适当的反馈电阻,当 R_{fb} 和 $R-2R$ 电阻网络不能满足满量程精度时,由外接电阻 R 和电位器 R_W 调节,运算放大器应具有调零功能,当输入为全 0 时,电压输出应尽可能为零。DAC0832 与 MCS-51 系列单片机 8031 的接口如图 4.60 所示。

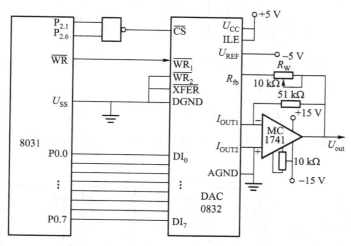

图 4.60　DAC0832 与单片机 8031 的接口

在图 4.60 中,DAC0832 工作于单缓冲方式,$\overline{WR_2}$ 和 $\overline{XFER}$ 接地,第二级锁存器为直通状态。由 $P_{2.6}$(A14)和 $P_{2.1}$(A9)作为地址选择,DAC0832 的口地址为 4200H。实现 D/A 转换的程序很简单,只要把 8031 累加器中的数据输出到 DAC0832 即可,程序如下:

```
MOV      DPTR,#4200H        ;0832 的口地址
MOV      A,#DATA            ;取数据
MOVX     @DPTR,A            ;输出到 0832
```

（2）12 位 D/A 转换器及其与 CPU 的接口

当 D/A 转换器分辨率大于 8 位时,与 8 位微处理器的接口就需采取适当措施。例如,对于一个 12 位的 D/A 转换器,就要分成高低字节分别进行传送,分两次传送 12 位数字量,D/A 转换器的输出就有一个中间量,这是不允许的。为了消除这个中间量,必须使 D/A 转换器的所有输入位同时接收信息。图 4.61 是 12 位 D/A 转换器与 8 位微处理器的接口。低 8 位先送入 8 位的暂存锁存器,当高 4 位传送时,同时选通低 8 位。

图 4.61 中的 AD7521 为内部无锁存器的 12 位 D/A 转换器,其中 $R-2R$ 电阻网络数字输入与 TTL 兼容,转换时间为 500 ns。

实际工程应用中,大都采用带有内部锁存缓冲器的 D/A 转换器,这种 D/A 转换器接口与 8 位 D/A 转换器有些相似,下面以 DAC1230 为例进行说明。

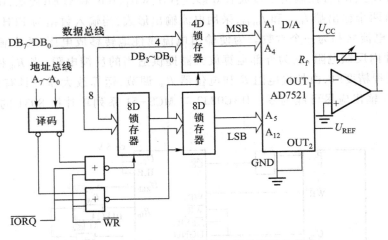

图 4.61　12 位 D/A 转换器与微处理器的接口

DAC1230 是两级缓冲寄存器结构,图 4.62 为 DAC1230 的结构图。DAC1230 的主要特性为:

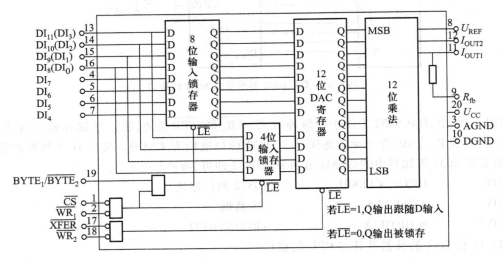

图 4.62　DAC1230 结构图

分辨率:12 位

输出电流稳定时间:1 μs

参考电压:-10~+10 V

单工作电源:+5~+15 V

控制 DAC1230 实现自动转换操作的时序如图 4.63 所示,数字量输入分两次输入到内部缓冲器中,工作过程如下:

首先使 $BYTE_1/\overline{BYTE_2}$ 为高电平,$\overline{CS}$ 和 $\overline{WR_1}$ 为低电平,最高 8 位数字量($DI_4 \sim DI_{11}$)输入到 8 位输入锁存器,同时 4 位输入锁存器也将改变,但该值是无效数值,接着令 $BYTE_1/\overline{BYTE_2}$ 为低电

平,$\overline{CS}$和$\overline{WR_1}$为低电平,低 4 位数字量($DI_0 \sim DI_3$)输入到低 4 位输入锁存器,同时高 8 位数字量被锁存,随后当$\overline{CS}$和$\overline{WR_1}$变高电平时,低四位数据也被锁存。完成上述步骤后,令$\overline{XFER}$和$\overline{WR_2}$同时为低电平,8 位输入锁存器和 4 位输入锁存器的共 12 位数字量输出同时输入到 12 位 DAC 寄存器输出端,使 D/A 转换器刷新输出,当$\overline{XFER}$和$\overline{WR_2}$变高电平时,数字量被锁存在 12 位 DAC 寄存器中。

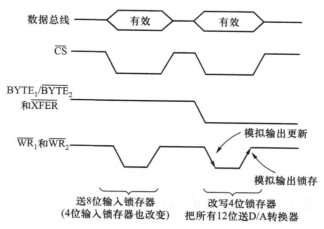

图 4.63　DAC1230 实现自动转换操作的工作时序

DAC1230 与单片机 8031 的接口电路如图 4.64 所示。在图 4.64 中的地址及控制逻辑见表 4.12。

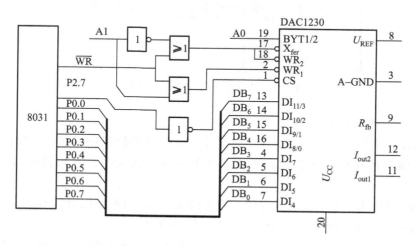

图 4.64　DAC1230 与单片机 8031 的接口电路

表 4.12　DAC1230 与单片机 8031 接口电路的地址及控制逻辑

地址	控制方式	功能
8000H	I/O 写	输入 $DI_4 \sim DI_{11}$
8001H	I/O 写	输入 $DI_0 \sim DI_3$
8002H	I/O 写	DAC 刷新输出

接口程序如下：

```
MOV DPTR,＃8000H
MOV   A,＃DAH            ;DAC 数字量高 8 位
MOVX @ DPTR,A
MOV DPTR,＃8001H
MOV   A,＃DAL            ;DAC 数字量低 8 位,其中最低 4 位为 0
MOVX @ DPTR,A
MOV DPTR,＃8002H
MOVX @ DPTR,A            ;刷新输出(与 A 中值无关)
```

4.4.3　开关(数字)量输出通道接口设计

1. 结构形式

开关量输出通道将计算机输出的数字量控制信号传递给开关型或脉冲型执行机构,其典型结构如图 4.65 所示。

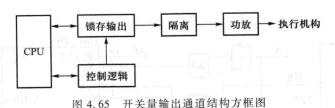

图 4.65　开关量输出通道结构方框图

2. 开关量输出通道与 CPU 的接口

开关量输出通道与计算机接口的任务是将计算机输出的数字量锁存后再输出,以保证在程序控制规定的期限内输出的开关状态不变。开关量输出通道与计算机的接口可以采用以下方法：

1)对于单片机,由于本身带有具有锁存功能的 I/O 口,因此可以直接利用其 I/O 口作为输出而无需另加接口电路。例如利用 8031 的 P1 口作为输出。

2)采用通用集成可编程 I/O 接口芯片。可编程芯片的最大特点,就是在不增加任何硬件的条件下,通过改变程序内容就可达到改变芯片功能的目的。可编程并行接口芯片一般有两个以上具有锁存或缓冲功能的数据端口,一个以上的控制寄存器和中断逻辑电路,因此使用非常方便。这类芯片主要有:8155、8255、Z80-PIO 等,它们的使用可参考有关文献,这里不再赘述。

3）采用通用逻辑芯片：采用 TTL 或 CMOS 逻辑芯片实现。这类芯片有 TTL 和 CMOS 系列锁存器等。图 4.66 为 74LS273 与 8031 的接口电路。

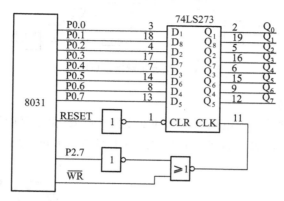

图 4.66 74LS273 与 8031 的接口电路

3. 功率接口技术

计算机输出的数字量经锁存输出后，要进行隔离和放大后加到执行机构上。开关量输出通道控制的执行机构大都属于脉冲型功率元件或开关型功率元件，不同的功率元件需要不同的功放电路，因此涉及的功放电路很多，下面介绍几种常用的驱动电路。

（1）直流电磁式继电器、接触器功率接口

直流电磁式继电器、接触器一般用功率接口集成电路或晶体管驱动，对于使用小功率直流继电器很多的系统中，适宜用功率接口集成电路（例如 ULN 2803 系列）。直流继电器接口电路如图 4.67 所示。

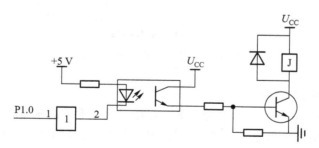

图 4.67 直流继电器接口电路

对于接触器或中大功率继电器可采用一个小型直流继电器来驱动，即计算机控制小继电器，用小继电器触点来接通接触器线圈电源。

（2）交流电磁式接触器功率接口

交流电磁式接触器由于线圈的工作电压要求是交流电，所以通常使用双向晶闸管驱动或使用直流继电器作中间继电器。采用双向晶闸管的交流接触器接口电路如图 4.68 所示。

其中 MOC3041 为采用双向晶闸管输出的光电耦合器，用于触发双向晶闸管 VS。当 P1.0 为低电平时，VS 会导通，使交流接触器线圈通电。

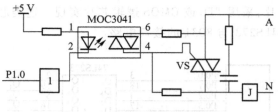

图 4.68　交流接触器接口电路

（3）晶闸管触发电路

晶闸管触发电路通常采用光电隔离或脉冲变压器来触发,由于晶闸管触发采用脉冲形式,因此触发脉冲可通过软件来产生。晶闸管触发的接口电路如图 4.69 所示。

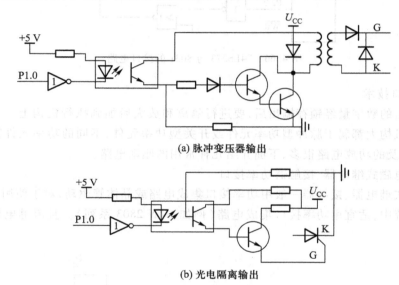

图 4.69　晶闸管触发驱动电路

（4）固态继电器接口电路

固态继电器(solid state relay)简称为 SSR。它是用晶体管或晶闸管代替常规继电器的触点开关而在前级中与光电隔离器融为一体。因此,固态继电器实际上是一种带光电隔离器的无触点开关。根据结构形式,固态继电器有直流型固态继电器和交流型固态继电器之分。由于固态继电器输入控制电流小,输出无触点,所以与电磁式继电器相比,具有体积小、重量轻、无机械噪声、无抖动和回跳、开关速度快、工作可靠等优点。在微型计算机控制系统中得到了广泛的应用,大有取代电磁继电器之势。

1）直流型 SSR　直流型 SSR 的原理电路如图 4.70 所示。由图 4.70 可以看出,固态继电器的输入部分是一个光电隔离器,因此,可用 OC 门或晶体管直接驱动。它的输出端经整形放大后带动大功率晶体管输出,输出工作电压可达 30~180 V(5 V 开始工作)。

直流型 SSR 主要用于带直流负载的场合,如直流电动机控制、步进电机控制和电磁阀等。图 4.71 所示为采用直流型 SSR 控制三相步进电机的原理电路图。图中 A、B、C 为步进电机的三

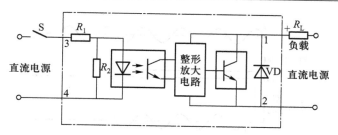

图 4.70　直流型 SSR 原理电路图

相,每相由一个直流型 SSR 控制,分别由三路控制信号控制。只要按着一定的顺序分别给三个 SSR 送高低电平信号,即可实现对步进电机控制。

　　2）交流型 SSR　　交流型 SSR 又可分为过零型和移相型两类。它采用双向晶闸管作为开关器件,用于交流大功率驱动场合,如交流电动机、交流电磁阀控制等,其原理电路如图 4.72 所示。对于非过零型 SSR,在输入信号时,不管负载电流相位如何,负载端立即导通;而过零型必须在负载电源电压接近零且输入控制信号有效时,输入端负载电源才导通。当输入的控制信号撤销后,不论哪一种类型,它们都只在流过双向晶闸管负载电流为零时才关断,其波形如图 4.73 所示。

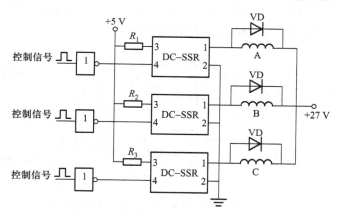

图 4.71　采用直流型 SSR 控制三相步进电机的原理图

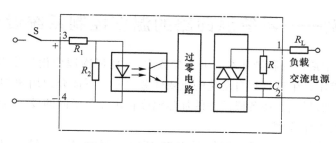

图 4.72　交流过零型 SSR 原理图

　　交流型 SSR 控制单向交流控制电动机的实例如图 4.74 所示。图中,改变交流电动机通电绕组,即可控制电动机的旋转方向;如用此接口电路控制流量调节阀的开和关,也可实现控制管道中流体流量的目的。当控制信号为低电平时,经反相后,使 AC-SSR1 导通,AC-SSR2 截止,交

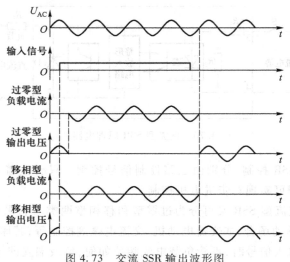

图 4.73　交流 SSR 输出波形图

流电通过 A 相绕组,电动机正转;反之,如果控制信号为高电平,则 AC-SSR1 截止,AC-SSR2 导通,交流电流经 B 相绕组,电动机反转。图中所示的 R_P、C_P 组成浪涌电压吸收回路。通常 R_P 为 100 Ω 左右,C_P 为 0.1 μF。R_M 为压敏电阻,用作过电压保护。

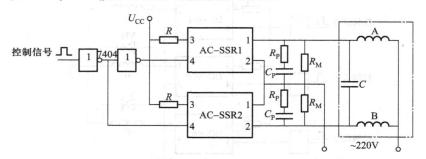

图 4.74　用交流型 SSR 控制交流电动机原理图

4.5　设计举例——不等温回路的温度控制系统设计

　　温度是工业生产中最常见和最基本的工艺参数之一,任何物理变化和化学反应过程都与温度密切相关,因此温度控制是生产过程自动化的重要任务之一。下面介绍用 8031 单片微机对四个不同区段的电加热分别加以控制,使各段回路的加热温度稳定在各不同的设定值的温度控制系统。

　　1. 系统的组成及工作原理

　　单个区段温度控制系统的组成框图如图 4.75 所示。图中,热电偶用来检测炉温,将温度转变成毫伏级的电压信号,经放大后送 A/D 转换器。这样通过采样和 A/D 转换,就将所检测的炉温对应的电压信号转换成数字量送入微机中,并与给定炉温对应的电压信号进行比较,其差值即为实际炉温和给定炉温间的偏差。计算机对偏差按一定的控制规律进行运算,运算结果通过控制晶闸管过零触发脉冲的个数,也就是控制电阻炉平均功率的大小来达到控制温度的目的。

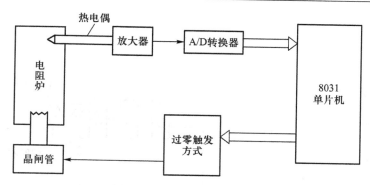

图 4.75 温度控制系统框图

2. 系统的控制算法

在实际应用中,可选用的控制算法很多,但最常用的仍是数字 PID 算法。最优控制理论已证明,PID 控制能满足大多数工业对象的控制要求。PID 算法蕴涵了动态控制过程中过去、现在和将来的主要信息,而且其配置几乎最优。其中比例(P)代表了当前的信息,起纠正偏差的作用,使过程反应迅速;微分(D)代表了将来的信息,在信号变化时有超前控制作用,有利于克服振荡,提高系统的稳定性,加快系统的过渡过程;积分(I)代表了过去积累的信息,它能消除静差,改善系统静差特性。这三种作用配合得当,可使动态过程快速、平稳和准确,并收到良好的控制效果。因此本系统采用 PID 算法。

3. 系统的硬件设计

(1)设计原则

1)改变软件控制方案或增加其他功能时,不必更换硬件或改动较小。

2)运行稳定可靠,具有较高的性能价格比。

3)操作人员可以方便地调整各种参数。

根据以上原则设计的硬件原理图如图 4.76 所示,下面就硬件原理图作一些说明。

(2)计算机系统

计算机系统的主机采用 8031(或 8051)单片机,加上 EPROM2764(或 27128)、RAM6116(或 6264)组成单片机的基本系统。用 74LS 系列芯片和一片 8255 作 I/O 口,信号由 P_2 口的 $P_{2.5}$、$P_{2.6}$ 和 $P_{2.7}$ 线经 74LS138 译码,再与 $\overline{RD}$ 和 $\overline{WR}$ 信号做或逻辑运算后分别作为这些 I/O 口的选通信号。其中数码管显示和键盘用 74LS273 和 74LS244 作 I/O 口,8255 的 C 口作为控制字输出口连接驱动电路,B 口作为多路开关的选通口。A/D 变换芯片 MC14433 也采用 74LS244 作为缓冲输入。

整个主机系统还留有充分的余量便于扩展。P_1 口、8255 的 A 口和 P_3 口的大部分都没用上,可以用这些接口接打印机或作开关量输入输出等。

(3)多路传感器信号输入电路

采用 CD4067 电子开关作为多路开关。热电偶的冷端补偿是通过测量室温用软件加以补偿的。

(4)过零检测电路及双向晶闸管的触发

为实现双向晶闸管的过零触发,系统应具有交流电全波过零检测电路以获得电网电压过零同步信号。过零检测和双向晶闸管触发电路如图 4.77 所示。

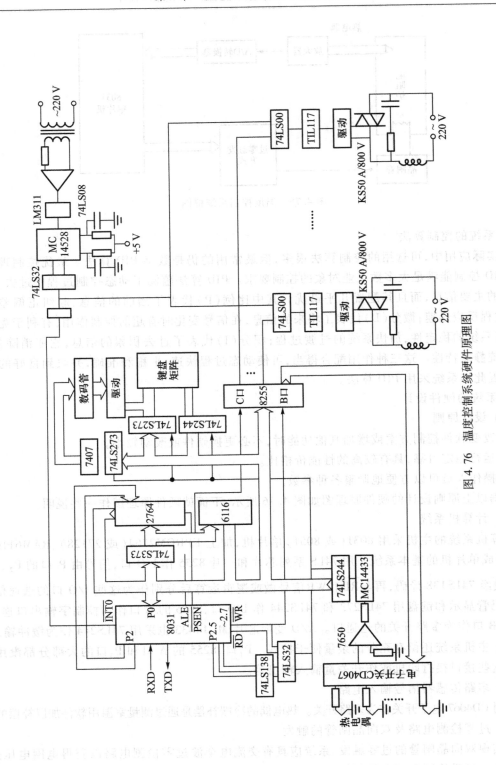

图 4.76   温度控制系统硬件原理图

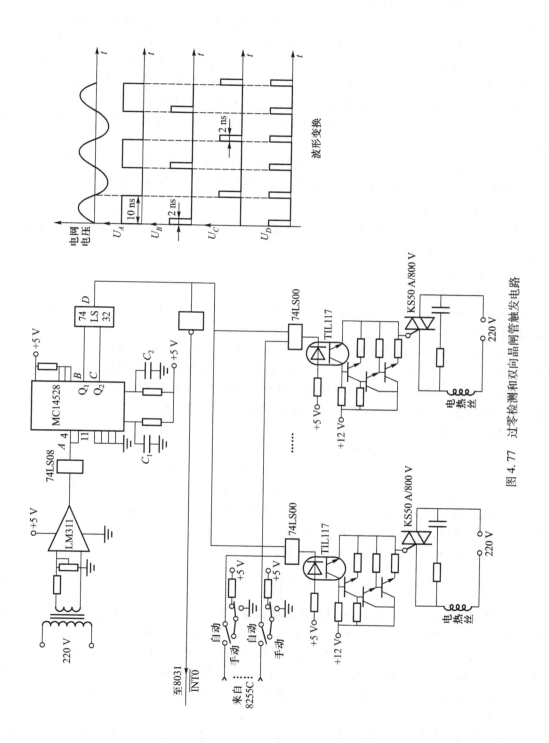

图 4.77 过零检测和双向晶闸管触发电路

　　由图 4.77 可知,过零检测电路由同步变压器、电压比较器 LM311、与门 74LS08、双稳触发器 MC14528 以及或门 74LS32 等部分组成。其工作原理为:同步变压器和 LM311 组成正弦交流电的正半波过零检测电路,经与门 74LS08 整形后,在交流电每一正半周的起始零点处产生上升沿,同时在正半周回零处产生一个下降沿,从而在 A 点输出一串矩形脉冲序列,再分别送 MC14528 的两个信号输入端,其中矩形脉冲的上升沿在 Q_1 端(即 B 点)经脉冲延迟整形后输出一正脉冲,矩形脉冲的下降沿在 Q_2 端(即 C 点)经脉冲延迟整形后也输出一正脉冲。B 点和 C 点输出经 74LS32 或逻辑运算后在 D 点得到正弦交流电每一周期的正负半周起始零点处的脉冲。

　　双向晶闸管的触发:由过零检测电路输出的脉冲,一方面与 8255 的 C 口低 4 位中每一位经与非门 74LS00 逻辑运算后输出去触发 4 路双向晶闸管;另一方面该脉冲也作为向 8031 单片机的 $\overline{INT0}$ 的中断请求信号。

　　另外在触发线路的触发信号和驱动线路之间采用光电耦合 TIL117 隔开,提高了系统的抗干扰性能,双向晶闸管 KS50A/800V 工作在一、三象限,负向触发。

　　4. 系统的软件设计

　　(1) 系统应用程序

　　整个温度控制系统是在系统应用程序的控制下执行的,应用程序主要由主程序和中断程序组成,如图 4.78 所示。

　　交流电的每一次过零点都向 8031 请求中断,此中断程序较短,被定为高优先级中断,主要是为保证正弦波形的完好性。定时采样中断程序顺序地采集四路测温点的电压值。中断以外的时间是主程序完成每一路的非线性计算温度值、PID 计算的时间。数码管显示是采用动态扫描,调用显示程序的方法,在主程序和定时采样等待时,都插入调用显示程序的指令。

　　(2) PID 算法程序

　　该温度控制系统采用增量式 PID 算法,即:

$$u_k = u_{k-1} + \Delta u_k = u_{k-1} + K_p[\Delta e_k + Ie_k + D\Delta e_k^2] \tag{4.9}$$

$$e_k = \omega - Y_k \; ; \; \Delta e_k = e_k - e_{k-1} \; ; \; \Delta e_k^2 = \Delta e_k - \Delta e_{k-1} \; ; \; I = T/T_i \; ; \; D = T_d/T$$

其中,ω 为设定值;Y_k 为第 k 次实际采样值;K_p 为比例系数;T 为采样周期;I 为积分系数,D 为微分系数;T_i 为积分时间常数;T_d 为微分时间常数。

　　为克服积分饱和,采用积分分离法,其控制算式为:

$$e_k = \omega - Y_k = \begin{cases} \text{PD 运算} & > \varepsilon \\ \text{PID 运算} & \leqslant \varepsilon \end{cases} \tag{4.10}$$

　　每个回路的参数 T、K_p、I 和 D,通过现场调试整定,可得到符合该系统的各参数值;或计算机不接入控制回路中,系统处于开环状态,用飞升法测出各参数的近似值。

　　在以上参数中 ω、ε、K_p、I、D 、e_{k-1}、Δe_{k-1}、u_{k-1} 及 Y_k 均以三字节规格化浮点数表示。对于多个回路,每个回路的参数通过键盘由操作者输入,存放在 RAM6116 中固定区域里,在进行该回路计算时,应将这些有关参数送入图 4.79 中的 RAM 区域里,计算完后,还应将有关参数送回其对应的 RAM6116 的区域里。

　　设 PID 程序的计算结果放在 52H 至 55H 的四个单元中,最大数为 64H,最小数为 00H,则 PID 算法框图如图 4.79 所示。

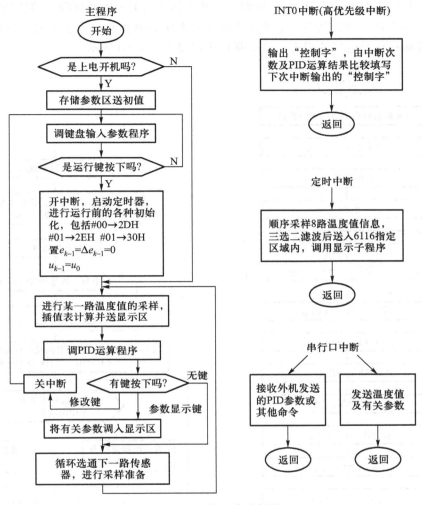

图 4.78 系统程序总框图

（3）外部中断 0 的中断服务程序

对于工频交流电（$f = 50$ Hz），电热丝在全导通时的功率为 P_H，设控制周期 $T = 1$ s，则实际输出功率 P 与实际导通次数 N 成正比，即 $P = \dfrac{N}{100} P_H$。

在交流电的每次过零点时，通过同步电路向 8031 发出中断申请。用 8031 内部 RAM 的 30H 作为中断次数计数单元，初始化时，30H 置#01，然后每中断一次加 1，以 100 次中断（即 1 s）为一周期，循环往复。

过零触发方式控制晶闸管的过程：由 PID 算法程序计算得到的 u_k，通过取整得到实际导通次数 N，若表示过零次数的中断次数小于或等于实际导通次数 N，则由 8255C 口的输出控制字将晶闸管接通，回路处于加热状态；反之，晶闸管断开，回路处于非加热状态，从而达到控制温度的目的。

　　另外为了保持正弦波的完整性,中断程序一开始即送出上次中断时确定的控制字,然后再计算下一次中断时应输出的控制字。这种过零触发方式使晶闸管输出为正弦波,可避免移相触发输出非正弦波而造成对电网的损害。其中断程序框图如图 4.80 所示。

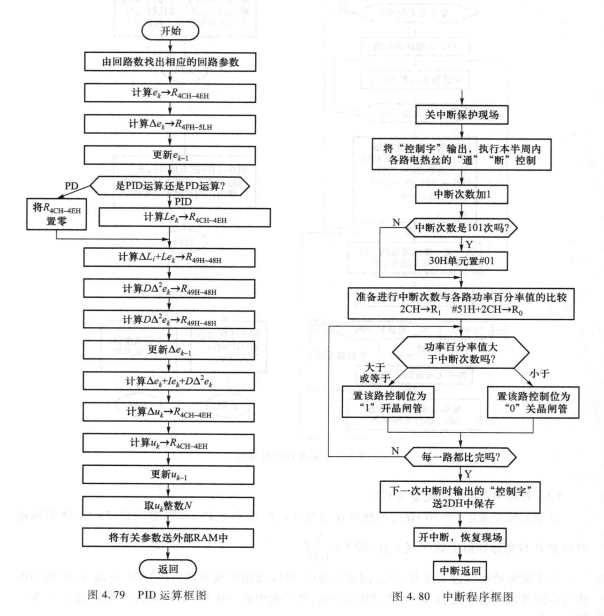

图 4.79　PID 运算框图　　　　　　　　　图 4.80　中断程序框图

（4）定时中断程序

　　为了防止干扰,在定时中断采样时采用三选二滤波法。对连续两次采样值进行比较,相同则作为本次采样值,不相同则舍去前一个采样值,再采样一次,再比较,直到连续两次相同为止。该滤波法效果好,通常只需 2~3 次就可得到结果。具体程序如下:

```
LB2:LCALL CHEI
    MOV   R4,5EH
    MOV   R5,5FH
CH1:LCALL CHEI
    MOV   A,R4
    CJNE A,5EH,CH2
    MOV   A,R5
    CJNE A,5FH,CH2
    RET
CH2:MOV   5EH,R4
    MOV   5FH,R5
    AJMP CH1
```

其中 CHEI 为采样 MC14433 的子程序,采样结果放在 R4、R5 中。

5. 讨论

本节介绍了用 8031 单片机控制不等温回路,主要说明数字控制系统设计的一般步骤。此系统只要在软件上稍加改动,就可实现程序升温和恒温过程。

首先通过人机对话方式,操作者输入各段升温和恒温的温度-时间线段,计算机则根据这些线段以及定时中断的间隔(如每分钟一次)得到每次中断时的各设定值。如第一次中断设定值为 30℃,第二次为 30.5℃,第三次为 31℃……直到整个程序过程的最后一点。这些设定值将依次存储在 RAM6116 的约定区域内。定时中断将依次把这些设定值作为下一时间段的设定值 W。PID 运算程序在每次定时中断时都重新刷新一次设定值。

定时采样借用外部 $\overline{\text{INT0}}$ 中断,因为外部中断 100 次的时间正好是 1 s(50 Hz 交流电),所以可以用 2FH 单元作为定时中断计数单元,当 2FH 单元计满 60 次,刚好是 1 min 时,就将下一个设定值送入存放设定值的 31H~33H 单元,同时清零 2FH 单元。根据这样的方法,可实现各种规律的程序升温和恒温过程。

习   题

4.1 试述机电一体化产品接口的分类方法。

4.2 试述人机接口的作用和特点。

4.3 简述过程输入输出通道的组成及功能。

4.4 说明过程输入输出通道的编址方式及特点。

4.5 人机接口中,常用的输入设备有哪几种? 常用的输出设备有哪几种?

4.6 七段发光二极管显示器的动态工作方式和静态工作方式各具有什么优缺点?

4.7 过程输入输出通道的主要控制方式有哪些? 请说明其工作流程。

4.8 程控增益运算放大器的功能是什么? PGA100 是一个常用的 8 级可编程增益控制放大器,请设计一个 PGA100 与 8031 单片机的接口。

4.9 多路模拟转换开关的主要接法有哪些? 各有什么特点?

4.10 利用差分四通道多路转换器芯片设计一个差分 16 通道多路转换器,提供与 8031 的接口和通道选择编码。

4.11 在机电接口中,光电耦合器的作用是什么?

4.12 说明 D/A 转换的双极性输出原理,并画出电路原理图。

4.13 简述 D/A 转换器产生尖峰的原因及抑制尖峰的方法。

4.14 在某机电一体化产品中,8031 通过 P1 口扩展了一个 4×4 键盘,画出接口逻辑电路,并编写键处理子程序。

4.15 在某机电一体化产品中,采用 8031 作控制计算机,要求通过其串行口扩展 74LS164,控制 6 位 LED 显示器,试画出接口逻辑,并编写相应程序,将片内 RAM30H~35H 内容送显示。

4.16 某数字式单相交流功率测量装置采用 8031 作为主控制器,其测量算法是:

$$P = K \sum_{k=0}^{31} u(k) i(k)$$

其中,K 是功率归算系数,$u(k)$、$i(k)$ 为电压、电流采样值,每个正弦波周期采样 32 点。请设计一个模拟输入通道及其与 8031 的接口,该通道采用 AD574A,最后确定采样周期(设交流频率为 50 Hz)。

4.17 已知某 DAC 的输入为 12 位二进制数,满刻度输出电压 $U_{out} = 10$ V,试求最小分辨率电压 U_{LSB} 和分辨率。

4.18 若 ADC 输入模拟电压信号的最高频率为 100 kHz,采样频率的下限是多少?完成一次 A/D 转换时间的上限是多少?

4.19 采用 DAC0832 设计一个双路模拟量输出通道,要求:① 双路输出同时改变;② 输出为单极性;③ 提供与 8031 的接口及实现的程序。

4.20 简述有触点开关消抖的基本原理,并画出其原理电路。

4.21 在一医药生产设备中,采用半导体压力传感器对容器压力进行监测,对应于 0~200 kPa 的测量范围,传感器输出为 0~20 mA,要求测量精度为 0.2 kPa,试进行接口设计。

4.22 在一多楔带自动成形的机器中,采用变频调速器对主轴电动机进行调速控制,若对应于 0~5 V 的输入信号,调速器输出为 0~50 Hz,试进行控制输出接口设计(采用 DAC0832 进行 D/A 转换)。若电动机额定转速为 1 500 r/min,现要求其输出为 1 200 r/min,计算机输出数字量应为多少?

4.23 试设计一恒温箱控制系统。要求:① 采用 8031 作控制计算机;② 用电热丝进行加热,功率可以由 80311 调节;③ 使箱内温度均匀,采用风扇强制循环,风扇启停由 8031 控制;④ 8031 通过 5G14433 对箱内温度进行采集;⑤ 采用扬声器进行超温报警。

第5章 伺服系统设计

5.1 概述

在机电一体化控制系统中,把输出量能够以一定准确度跟随输入量的变化而变化的系统称为伺服系统,亦称随动系统。机电一体化系统将控制指令经变换与放大后,通过伺服系统将指令转化为机械执行元件的准确位移、速度、加速度,用来控制被控对象的位移(或转角)、速度、加速度,使其能自动、连续、稳定、快速、精确地复现输入指令的变化规律。因此伺服系统是机电一体化系统的关键组成,相当于系统"四肢"的"肌肉"。

5.1.1 伺服系统的基本结构

伺服系统的结构类型繁多,其组成和工作状况也不尽相同。一般来说,其基本组成包含控制器、功率放大器、执行机构和检测装置四大部分,如图 5.1 所示。

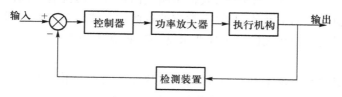

图 5.1 伺服系统的组成

(1)控制器

控制器的主要任务是根据输入信号和反馈信号决定控制策略。常用的控制算法有 PD(比例+微分)、PI(比例+积分)、PID(比例+积分+微分)控制,以及根据系统要求所设计的最优控制等。控制器通常由电子线路或计算机组成。

(2)功率放大器

伺服系统中的功率放大器的作用是将信号进行放大,并用来驱动执行机构完成某种操作。在现代机电一体化系统中的功率放大装置主要由各种电力电子器件组成。

(3)执行机构

执行机构主要由伺服电机或液压伺服机构和机械传动装置等组成。目前,采用电动机作为驱动元件的执行机构占据较大的比例。伺服电机包括步进电机、直流伺服电机、交流伺服电机等。

(4)检测装置

检测装置的任务是测量被控制量(即输出量),实现反馈控制。伺服传动系统中,用来检测位置量的检测装置有:自整角机、旋转变压器、光电码盘等;用来检测速度信号的检测装置有:测速发电机、光电码盘等。检测装置的精度是至关重要的,无论采用何种控制方案,系统的控制精度总是低于检测装置的精度。

伺服系统的种类很多,按其组成元件性质划分,可分为全部由电气元件组成的电气伺服系统、由电气元件与液压(或气动)元件组合的电气-液压(气动)伺服系统。电气伺服系统又包括直流伺服系统、交流伺服系统和步进伺服系统。按控制方式划分,可分为开环伺服系统、闭环伺服系统以及由开环与闭环组合的复合伺服控制系统。

开环伺服系统结构较为简单,技术容易掌握,调试、维护方便,工作可靠,成本低,但精度低、抗干扰能力差,一般用于精度、速度要求不高,成本要求低的机电一体化系统。闭环伺服系统采用反馈控制原理组成系统,它具有精度高、调速范围宽、动态性能好等优点,缺点是系统结构复杂、成本高等,一般用于要求高精度、高速度的机电一体化系统。

5.1.2　伺服系统的基本要求

伺服系统是控制系统在机电一体化技术中的具体体现,因此与控制系统一样,伺服系统也必须满足稳、准、快的基本要求。

（1）稳定性

伺服系统的稳定性是指当作用在系统上的扰动信号消失后,系统能够恢复到原来的稳定状态下运行,或者在输入的指令信号作用下,系统能够达到新的稳定运行状态的能力。稳定的伺服系统在受到外界干扰或输入指令作用时,其输出响应的过渡过程随着时间的增加而衰减,并最终与期望值一致。不稳定的伺服系统,其输出响应的过渡过程或者随时间的增加而增长,或者表现为等幅振荡状态。因此伺服系统的稳定性要求是一项最基本的要求,也是伺服系统能够正常运行的最基本条件。

伺服系统的稳定性是系统本身的一种特性,取决于系统的结构及组成元件的参数(如惯性、刚度、阻尼、增益等),与外界作用信号(包括指令信号和扰动信号)的性质或形式无关。在机电一体化系统中,执行装置一般处于系统回路之内,如图 5.2a 所示,其结构、固有频率和回程误差将影响系统的稳定性,而传动误差的低频分量(低于伺服带宽那部分传动误差)可得到校正。对图 5.2b 所示的开环控制系统,无检测装置,不对过程位置进行检测和反馈,执行装置的传动误差和回程误差直接影响整个系统的精度,但不存在稳定性问题。一个伺服系统是否稳定,可根据系统的传递函数,采用自动控制理论所提供的各种方法来判别。

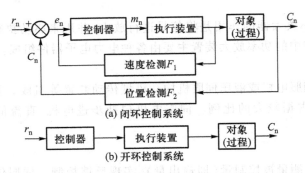

图 5.2　控制系统中的执行装置

（2）精度及系统误差

伺服系统的精度是指其输出量复现输入指令信号的精确程度。伺服系统工作过程中通常存在着三种误差,即动态误差、稳态误差和静态误差。稳定的伺服系统对变化的输入信号的动态响应过程往往是一个振荡衰减过程,在动态响应过程中输出量与输入量之间的偏差称为系统的动态误差。在动态响应过程结束后,即在振荡完全衰减掉之后,输出量对输入量的偏差可能会继续存在,这个偏差称为系统的稳态误差。系统的静态误差则是指由系统组成元件本身的误差及干扰信号所引起的系统输出量对输入量的偏差。

影响伺服系统精度的因素很多,就系统组成元件本身的误差来讲,有传感器的灵敏度和精度、伺服放大器的零点漂移和死区误差、机械装置中的反向间隙和传动误差、各元器件的非线性因素等。此外,伺服系统本身的结构形式和输入指令信号的形式对伺服系统精度都有重要影响。从构成原理上讲,有些系统无论采用多么精密的元器件,也总是存在稳态误差的,这类系统称为有差系统,而有些系统却是无差系统。系统的稳态误差还与输入指令信号的形式有关,当输入信号形式不同时,有时存在误差,有时却误差为零。

(3)快速响应性及调速范围

快速响应性有两方面含义,一是指动态响应过程中,输出量跟随输入指令信号变化的迅速程度,常由系统的上升时间(输出响应从零上升到稳态值所需要的时间)来表征,它主要取决于系统的阻尼比。阻尼比小则响应快,但阻尼比太小会导致最大超调量(系统输出响应的最大值与稳态值之间偏差)增大和调整时间(系统的输出响应达到并保持在其稳态值的一个允许的误差范围内所需的时间)加长,使系统相对稳定性降低;二是指动态响应过程结束的迅速程度,用系统的调整时间来描述,并取决于系统的阻尼比和无阻尼固有频率。当阻尼比一定时,提高固有频率值可以缩短响应过程的持续时间。

伺服系统所能提供的最高速度与最低速度(常常是最高转速与最低转速)之比称为系统的调速范围,即

$$R_{\mathrm{N}} = \frac{n_{\max}}{n_{\min}} \tag{5.1}$$

式中:$n_{\max}$——额定负载时的最高速度(或转速);

$n_{\min}$——额定负载时的最低速度(或转速);

R_{N}——调速范围。

调速范围包括如下含义:

1)若 R_{N} 较大,但在该调速范围内,则要求速度均匀、稳定、无爬行。

2)无论在高速还是在低速驱动时,输出的力或转矩稳定。当速度变化时,驱动装置能平滑地运行,力矩波动要小。在很低速度驱动时,速度平稳,并能输出额定力或转矩。

3)在零速时,一般希望驱动装置能够处于伺服锁定状态。

伺服系统的快速响应性、稳定性和精度三项基本性能要求是相互关联的,在进行伺服系统设计时,必须首先满足系统的稳定性要求,然后在满足精度要求的前提下尽量提高系统的快速响应性。

此外,对机电一体化伺服系统还有负载能力、可靠性、体积、质量以及成本等方面的要求,这些要求都应在设计时给以综合考虑。

5.1.3　伺服系统设计的内容和步骤

设计伺服系统必须按照用户提出的要求,依据被控对象工作性质和特点,明确对伺服系统的基本性能要求;同时要充分了解市场上器材、元件的供应情况,了解它们的性能质量、品种规格、价格与售后服务,了解新技术、新工艺的发展状态。在此基础上着手设计,以免闭门造车。系统设计的主要内容和步骤如下。

（1）系统总体方案的初步制订

首先根据需要与可行性,对伺服系统的总体有一个初步的设想。是采用纯电气的,还是采用电气-液压的或是电气-气动的? 在确定采用纯电气的方案时,是采用步进电机作执行元件,还是采用直流伺服电机或是交流伺服电机? 系统控制方式是用开环的或是闭环的或是复合控制的? 是采用模拟式的还是采用数字式的? 整个系统应由哪几个部分组成? 这些问题在制订方案时必须明确回答。

（2）系统的稳态设计

总体方案仅仅是一个粗略的轮廓,必须进一步将系统的各部分具体化,通常先根据对系统稳态性能的要求,进行稳态设计,将系统各部分采用的型号规格和具体参数值确定下来。

系统的稳态设计也要分步骤进行,首先要根据被控对象运动的特点,选择系统的执行电动机和相应的机械传动机构;接着可以选择或设计驱动执行电动机的功率放大装置;再根据系统工作精度的要求,确定检测装置具体的组成形式,选择元件的型号规格,设计具体的线路参数。然后根据已确定的执行电动机、功率放大装置和检测装置,设计前置放大器、信号转换线路等。在考虑各元、部件相互连接时,要注意阻抗的匹配、饱和界限、分辨率、供电方式和接地方式。为使有用信号不失真地、不失精度地有效传递,要设计好耦合方式。同时也要考虑必要的屏蔽、去耦、保护、滤波等抗干扰措施。

（3）建立系统的动态数学模型

经过系统的稳态设计,系统主回路各部分均已确定。但稳态设计依据的主要是系统的稳态性能指标,因此所构成的系统还不能保证满足系统动态性能的要求,为系统的动态设计做准备,需要对稳态设计所确定的系统作定量计算（或辅助实验测试）,建立它的动态数学模型,称之为原始系统的数学模型。

（4）系统的动态设计

根据被控对象对系统动态性能的要求,结合以上获得的原始系统数学模型,进行动态设计,要确定采用什么校正形式,确定校正装置具体线路和参数,确定校正装置在原始系统中具体连接的部位和连接方式。使校正后的系统能满足动态性能指标要求。

（5）系统的仿真试验

根据校正后系统的数学模型进行仿真,以检验各种工作状态下系统的性能,以便发现问题,及时予以调整。

以上设计内容和步骤只是一个定量的设计方案,工程设计计算总是近似的,只作为工程实施的一个依据。在具体实施时,要经过系统调试实验,方能将系统的有关参数确定下来,特别是校正装置的参数,往往要通过系统的反复调试才能确定。因此,上面所介绍的设计方法都不是万能的,它们只是便于工程设计定量,使设计者心里有数,使工程实施少走弯路、减少盲目性。

5.2 电力电子技术基础

在伺服系统中,为了保证伺服电机能够正确稳定地工作,必须要有相应的电力电子技术提供支持与配合。所谓电力电子技术,简单地讲是指以电力为处理对象的电子技术,它是一门利用各种电力电子器件对电能进行电压、电流、频率和波形等变换与控制的学科。随着电子科学技术的发展,以电力半导体器件(亦称功率半导体器件)为基础的电力电子技术在伺服系统中得到广泛应用,推动了伺服技术的发展。本小节主要介绍伺服系统中常用的一些新型电力电子器件及相关电力电子技术。

5.2.1 新型电力电子器件

(1) 晶闸管

晶闸管又称可控硅,其控制电流可从数安培到数千安培。晶闸管主要有单向晶闸管 SCR、双向晶闸管 TRIAC 和门极可关断晶闸管 GTO 三种最基本类型,此外还有光控晶闸管、温控晶闸管等特殊类型。

1) 单向晶闸管 SCR

图 5.3 描述了单向晶闸管 SCR 的基本结构及表示符号。SCR 由三个极组成,分别称为阳极 A,阴极 K 及控制极 G(又称门极)。它有截止和导通两种稳定状态,两种状态的转换可以由导通条件和关断条件来说明。

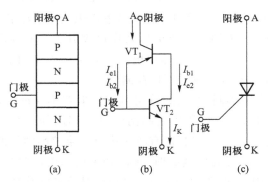

图 5.3 单向晶闸管内部结构及符号

导通条件是指晶闸管从阻断到导通所需的条件。这个条件是在晶闸管的阳极加上正向电压,同时在控制极加上正向电压。关断条件是指晶闸管从导通到阻断所需的条件。晶闸管一旦导通,控制极对晶闸管就不起控制作用了。只有当流过晶闸管的电流小于保持晶闸管导通所需的电流即维持电流时,晶闸管才关断。

2) 双向晶闸管 TRIAC

双向晶闸管可以看成是两个单向晶闸管反向并联组成,如图 5.4 所示,其中 MT1 和 MT2 为主电极,G 为门极,与单向晶闸管相比,双向晶闸管的特点是:在触发后双向导通的,门极所加触发信号可以为正也可以为负。

在使用时应注意：由于双向晶闸管是双向导通的，它从一个方向过零进入反向阻断状态只是一个十分短暂的过程，当负载是感性负载时（如电枢），由于电流滞后性，有可能会使电压过零时电流仍存在，从而导致双向晶闸管失控（不关断）。为使双向晶闸管能正确工作应在其两主电极 MT1 与 MT2 间加 RC 电路。

　3）门极可关断晶闸管 GTO

　　GTO 的内部结构及表示符号如图 5.5 所示。与 SCR 相比，GTO 有更灵活方便的控制性能，即当门极加上正控制信号时 GTO 导通，在门极加上负控制信号时 GTO 截止。

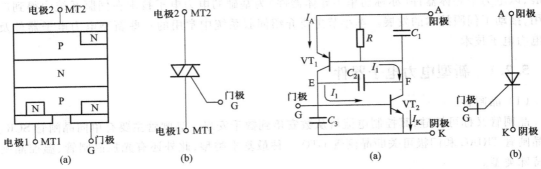

图 5.4 双向晶闸管的内部结构及符号　　　　　图 5.5 门极可关断晶闸管及符号

　4）光控晶闸管与温控晶闸管

　　这是两类特种晶闸管。光控晶闸管是把光电耦合器件与双向晶闸管做到一起形成的集成电路。它的典型产品有 MOC3041、MOC3021 等。其结构如图 5.6 所示。

　　光控晶闸管与一般晶闸管的区别在于：它受光信号控制，实现了输入与输出的电隔离。有些型号内部有过零电路（如 MOC3041），故可用来作过零开关。光控晶闸管的输入电流一般为 10～100 mA，输入端反向电压一般为 6 V；输出电流一般为 1 A，输出端耐压一般为 400～600 V。因此，光控晶闸管大多用于驱动大功率的双向晶闸管。

　　温控晶闸管是一种小功率晶闸管，它的输出电流一般在 100 mA 左右。温控晶闸管是一种温敏器件，它和普通晶闸管具有相同的开关特性，并且与热敏电阻、PN 结温度传感器相比有较多优点。温控晶闸管的温度特性是负特性，也就是说，当温度越高时，正向开关门槛电压越低。在温控晶闸管的阴极电压固定时，温度升到某一个值，温控晶闸管就会导通；温度继续上升，温控晶闸管保持导通；如果温度下降到某一个值，则温控晶闸管又会变成截止。可见，用温控晶闸管可实现温度的开关控 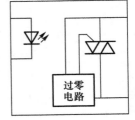 制。在温控晶闸管的门极和阳极或阴极之间加上适当器件，如电位器、　　　　　图 5.6 光控晶闸管结构 光敏管、热敏电阻等，可以改变晶闸管的导通温度值。温控晶闸管一般用于 50 V 以下低压场合。

　（2）功率晶体管

　　所谓功率晶体管就是指在大功率范围应用的晶体管，有时也称为电力晶体管。与晶闸管相比，功率晶体管有如下特点：① 大功率晶体管不仅可以工作在开关状态，而且也可以工作在模拟状态，因而有着更广的工作范围，如声频功率放大、超声波功率放大、有源滤波器等。② 功率晶体管的开关速度远大于晶闸管。③ 功率晶体管的控制比晶闸管容易。④ 功率晶体管价格高于晶闸管。

功率晶体管的内部结构如图 5.7 所示。功率晶体管和人们心目中的"大功率晶体管"不同,从本质上讲,它不是一个管子,而是一个多管复合结构,其功率可高达几千瓦。由于采用了复合结构,使功率晶体管有较大的电流放大系数。图 5.7 中二极管 VD_1 是加速二极管,在输入端 b 的控制信号从高电平变成低电平的瞬间,二极管 VD_1 导通,可以使 VT_1 的一部分射极电流经过 VD_1 流到输入端 b,从而加速了功率晶体管集电极电流的下降速度,即加速了功率晶体管的关断。VD_2 是续流二极

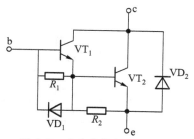

图 5.7 功率晶体管内部结构

管,对晶体管 VT_2 起保护作用,特别对于感性负载,当功率晶体管关断时,感性负载所存储的能量可以通过 VD_2 的续流作用而泄放,从而避免对功率晶体管造成反向击穿。

应该强调一点,当功率晶体管工作在开关状态时,其基极输入电流应选得大些,否则,晶体管会增加自身压降来限制其负载电流,从而有可能使功率晶体管超过允许功率而损坏。这是因为晶体管在截止或高导通状态时,功耗都很小,但在开关过程中,晶体管可能同时出现高电压,大电流,瞬态功耗会超过静态功耗好几十倍,如果驱动电流太小,会使晶体管陷入开关过渡的危险区。

(3)功率场效应晶体管

功率场效应晶体管又称功率 MOSFET,是在大功率范围应用的场效应晶体管,在机电系统应用中,它有着比双极型功率晶体管更好的特性,主要表现在如下几个方面:

1)由于功率场效应晶体管是多数载流子导电,故而不存在少数载流子的储存效应,从而有较高的开关速度。

2)具有较宽的安全工作区而不会产生热点,同时,由于它具有正的电阻温度系数,所以容易进行并联使用。

3)具有较高的可靠性和较强的过载能力,短时过载能力通常为额定值的四倍。

4)具有较高的控制电压,即阈值电压,这个阈值电压可达 $2 \sim 6$ V,因此,有较高的噪声容限和抗干扰能力,给电路设计带来极大的方便。

5)由于它是电压控制器件,具有很高的输入阻抗,因此驱动电流很小,接口容易。

由于功率场效应晶体管存在这些明显的优点,所以在电动机调速,开关电源等各种领域得到越来越广泛的应用。

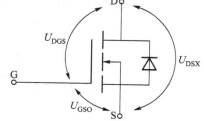

图 5.8 功率场效应晶体管表示符号

场效应管的表示符号如图 5.8 所示,其中 G 为栅极,即控制极;S 为源极;D 为漏极;在漏极 D 与源极 S 间的反向二极管是在管子制造过程中形成的。

由于功率场效应管输入阻抗大,控制电压高,这使它的驱动电路相对简单。图 5.9 所示为两种功率场效应管的驱动电路,图中 R_L 为负载电阻。

由于功率场效应管绝大多数是电压控制而非电流控制,吸收电流很小,因此 TTL 集成电路也就足以驱动大功率的场效应晶体管。又由于 TTL 集成电路的高电平输出为 $3.5 \sim 5$ V,直接驱动功率场效应晶体管偏低一些,所以在驱动电路中常采用集电极开路的 TTL 集成电路。图 5.9a 所示电路中,74LS07 输出高电平取决于上拉电阻 R_g 的上拉电平,为保证有足够高的电平驱动功率场效应管导通,也为了保证它能迅速截止,在实际中常把上拉电阻接到 $+10 \sim +15$ V 电源。

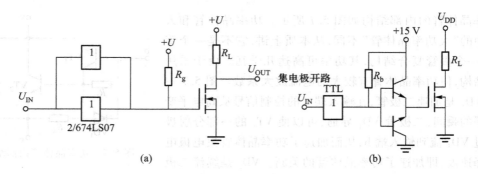

图 5.9　功率场效应管的驱动电路

功率场效应管的栅极 G 相对于源极 S 而言存在一个电容,即功率场效应管的输入电容,这个电容对控制信号的变化起充放电作用,即平滑作用。控制电流越大,充放电越快,功率场效应管的速度越快。故有时为了保证功率场效应管有更快的开关速度,常采用晶体管对控制电流进行放大,如图 5.9b 所示。另外,在实际使用中,为避免干扰由执行元件处窜入控制微机,常采用脉冲变压器、光电耦合器等对控制信号进行隔离。

（4）固态继电器（SSR）

固态继电器是一种无触点功率型通断电子开关,又名固态开关。当在控制端输入触发信号后,主回路呈导通状态;无控制信号时主回路呈阻断状态。控制回路与主回路间采取了电隔离及信号耦合技术。

固态继电器是由固态元件组成的无触点开关器件,与电磁继电器相比,具有工作可靠、使用寿命长、对外界干扰小、能与逻辑电路兼容、抗干扰能力强、开关速度快、使用方便等优点。但在使用时,应考虑其应用特性如下:

1）根据产品功能不同,固态继电器输出电路可接交流或直流,对交流负载的控制有过零与不过零控制功能,其控制信号如图 5.10 所示。

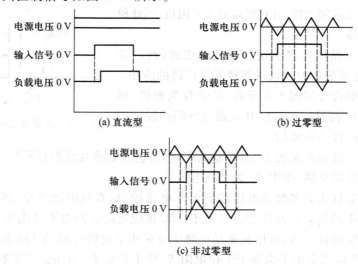

图 5.10　不同功能的固态继电器控制信号

2）由于固态继电器是一种电子开关，故有一定的通态压降和断态漏电流。

3）负载短路易损坏 SSR，应特别注意避免。目前国产 SSR 的驱动电流一般为 $0.5 \sim 20$ mA，最小工作电压 3 V，可直接由 TTL 器件驱动。

5.2.2 晶闸管可控整流技术

晶闸管作为一种重要的新型电力电子器件，在伺服系统中最主要的应用就是可控整流。晶闸管可控整流是在传统二极管整流电路的基础上发展起来的一种大功率直流控制技术，用晶闸管替换二极管构成可控整流电路。

晶闸管整流电路作为一种静止式可控整流方式，它的输出电压不仅连续可调，而且能以小功率信号去控制大功率系统。与传统旋转边流机组等可控直流电源相比，具有经济性和可靠性高、功率放大倍数大（在 10^4 以上）、快速性好（毫秒级）等优点；但也存在对过电压、过电流和过高的 du/dt 与 di/dt 都十分敏感，易造成电力公害的缺点。下面将简单介绍几种主要晶闸管可控整流电路的原理、波形、特点和应用范围。

（1）单相半波可控整流电路

1）具有电阻性负载的单相半波可控整流电路

具有电阻性负载的单相半波可控整流电路如图 5.11 所示，设输入电压为正弦波电压 $u_2 = \sqrt{2} U_2 \sin \omega t$。

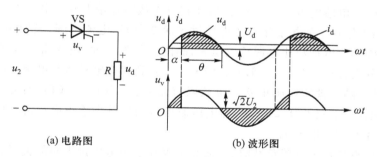

(a) 电路图　　(b) 波形图

图 5.11　具有电阻性负载的单相半波可控整流电路及信号波形

在输入电压正半周内，晶闸管承受正向电压。初始阶段，晶闸管保持正向阻断，输出电压为 0，输出电流为 0。如在某一时刻，给晶闸管的控制极加上触发脉冲，则晶闸管导通，负载两端产生输出电压 u_d，输出电流为 i_d。输入电压正半周时段内，输出电压呈缺角的半波波形。当输入电压下降到零时，电流也变为零，晶闸管关断。输入电压负半周内，晶闸管承受反向电压，保持关断状态。直到下一个正半周，重新给晶闸管的控制极加触发脉冲后又重新导通。

从零电压到被触发导通的瞬间的这段时间所对应的电度角，称为晶闸管的控制角 α；晶闸管的导通角 $\theta = \pi - \alpha$，是从被触发导通的瞬间开始到电压为零这段时间所对应的电度角。如果改变控制信号的相位，则 α、θ 将随之变化，控制信号越提前，导通角 θ 越大，则平均输出电压 U_s 越大。通常把 SCR 输出电压的最大值到最小值之间所对应的 α 角的变化范围称为移相范围。

整个工作过程中，负载上得到一个正向的整流输出电压，其波形为缺角半波的周期波形。因为晶闸管与负载电阻串联，所以输出电流波形与输出电压波形相似。整流电压的平均值 U_d 为：

$$U_d = \frac{1}{2\pi}\int_0^\pi \sqrt{2}\,U_2 \sin \omega t\, d\omega t = 0.45 U_2 \frac{1 + \cos \alpha}{2} \tag{5.2}$$

负载平均电流 I_d 为:

$$I_d = \frac{U_d}{R} = 0.45 \frac{U_2}{R} \times \frac{1 + \cos \alpha}{2} \tag{5.3}$$

负载两端电压的有效值 U 为:

$$U = \sqrt{\frac{1}{\pi}\int_0^\pi (\sqrt{2}\,U_2 \sin \omega t)^2\, d\omega t} = U_2 \sqrt{\frac{1}{4\pi}\sin 2\alpha + \frac{\pi - \alpha}{2\pi}} \tag{5.4}$$

负载电流有效值 I 为:

$$I = \frac{U}{R} = \frac{U_2}{R}\sqrt{\frac{1}{4\pi}\sin 2\alpha + \frac{\pi - \alpha}{2\pi}} \tag{5.5}$$

2) 具有电感性负载的单相半波可控整流电路

具有电感性负载的单相半波可控整流电路如图 5.12 所示。在具有电感的交流电路中,流过电感的电流变化时,会产生阻碍电流变化的感应电动势 $e_L = L\dfrac{di_d}{dt}$,其极性为上正下负。当 $\omega t = \alpha$ 时,晶闸管导通,由于电感电流 i 不能跃变,因而它只能从零开始上升。电流上升后,感应电动势逐渐减小,在电感中储存了磁场能量。当电压过零而变负时,电流下降,又使感应电动势的极性与前面相反。只要感应电动势比电源负电压大,晶闸管仍然导通,电流将继续流通。这时,电感储存的能量一部分消耗在负载上,一部分送回电源。直到感应电动势与电源负电压相等时,晶闸管阻断,电流为零。晶闸管的导通角 θ 与负载阻抗角有关,当 $\omega t \gg R$ 时,导通角 θ 接近于 $2\pi - 2\alpha$。实际上,导通角 θ 总是小于 $2\pi - 2\alpha$,即电压波形负面积总小于正面积,使直流平均电压 $U_d > 0$。这样,负载中才有直流电流 I_d。

单相半波可控整流接大电感负载时,为使晶闸管在电源电压过零时能关断,负载上不致出现负电压,可在负载上并联一个二极管,该二极管称为续流二极管,其极性如图 5.13 所示。

当电源电压过零变负时,二极管 VD 导通,晶闸管反向阻断,负载两端为二极管正向电压,接近于零,不会出现负电压,电流波形是连续的。此外,由电感储存的磁场能量供给电阻消耗。因

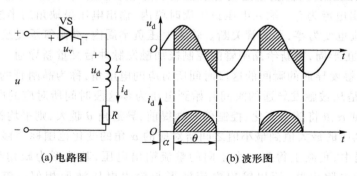

(a) 电路图　　　　　　(b) 波形图

图 5.12　具有电感性负载的单相半波可控整流电路及信号波形

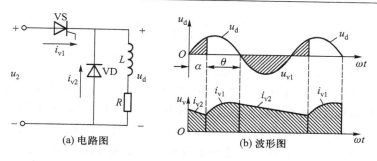

图 5.13　接有续流二极管的单相半波可控整流电路及信号波形

此,电流波形比电阻负载的整流电路输出的电流波形要平稳得多。

（2）单相全波可控整流电路

1）具有电阻性负载的单相全波可控整流电路

具有电阻性负载的单相全波可控整流电路如图 5.14 所示。图中整流变压器二次侧带有中间抽头。两个晶闸管分别在正负半周内加上触发脉冲后导通,所以一周期内得到两个缺角的半波波形。一旦出现触发脉冲,承受正向电压的晶闸管导通,处于反向电压的晶闸管承受二次侧全部电压,所以在电阻性负载时全波可控整流电路的晶闸管可能承受最大正向电压为$\sqrt{2}\,U_2$,而承受的最大反向电压为$2\sqrt{2}\,U_2$。

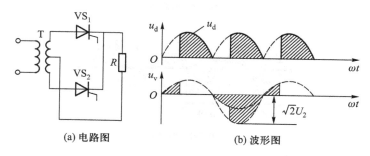

图 5.14　具有电阻性负载的单相全波可控整流电路及信号波形

单相全波可控整流电路控制角 α 的移相范围及导通角 θ 的变化范围与单相半波相同。单相全波可控整流电路的输出直流电压为:

$$U_d = 0.9U_2 \frac{1 + \cos\alpha}{2} \tag{5.6}$$

输出电压有效值为:

$$U = U_2\sqrt{\frac{1}{2\pi}\sin 2\alpha + \frac{\pi - \alpha}{2\pi}} \tag{5.7}$$

负载电流平均值为:

$$I_d = \frac{U_d}{R} = 0.9\frac{U_2}{R}\frac{1 + \cos\alpha}{2} \tag{5.8}$$

负载电流有效值为:

$$I = \frac{U_2}{R} \sqrt{\frac{1}{2\pi} \sin 2\alpha + \frac{\pi - \alpha}{2\pi}} \tag{5.9}$$

2）具有电感性负载的单相全波整流电路

单相全波可控整流电路接电感性负载在 $\alpha < 90°$ 范围内，u_d 可以从 $0 \sim 0.9$ V 范围内调节。当第一个触发脉冲来到时，接正半周的那个晶闸管导通，由于电感的作用，此管一直导通到电源电压出现负值。第二个触发脉冲来到后，另一个晶闸管导通，使此管承受反压阻断。负载电流由原来的晶闸管换到由另一个晶闸管供给。这种电流从一个晶闸管换到另一个晶闸管，不用任何换流措施的换流方式叫自然换流或电源换流。当控制角 $\alpha = 90°$ 时，如电感足够大，负载得到的是正负面积近似相等的交变电压，输出电压 $u_d \approx 0$。当 $\alpha > 90°$ 时，负载上得到的是断续的电流波形。对应控制角 α 的三种情况的电压和电流波形如图 5.15 所示。全波可控整流电路中每个晶闸管的控制角 α 工作在 $0° \sim 90°$ 的范围内，其输出电压为 $u_d = 0.9 U_2 \cos \alpha$。

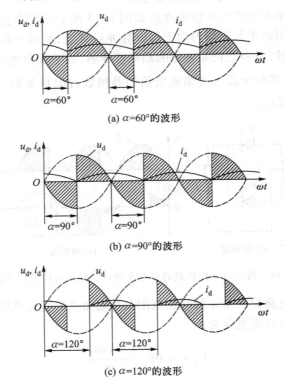

图 5.15　具有电感性负载的单相全波可控整流电路的电流和电压波形

晶闸管在具有电感性负载的全波整流电路中，可能承受的最大正向电压为 $2\sqrt{2} U_2$，这与电阻性负载时不同。在实际应用中，可以在负载两端并接续流二极管，以提高输出电压，消除电压负压部分，使输出电流更平直。这时输出平均电压及平均电流的计算方法与电阻性负载的全波整流电路相同。

单相全波可控整流电路变压器两个二次绕组的直流部分相互抵消，不会引起铁心直流磁化。但是它要用带中心抽头的变压器，每个二次绕组在一周内只工作一半时间，利用率低，而且晶闸管正反向耐压要求都高,只适用于较小容量的整流电路。

（3）可控整流电路的数学模型

在进行晶闸管可控整流电路的控制分析和设计时,可以把晶闸管可控整流电路当作系统中的一个纯滞后环节来处理,即 $G_s(s) = K_s e^{-T_s s} = \dfrac{K_s}{1 + T_s s}$,该环节的放大系数 K_s 和时间常数 T_s 在设计时需要确定。

电路的滞后效应是由晶闸管的失控时间引起的。众所周知,晶闸管一旦导通后,控制电压的变化在该器件关断以前就不再起作用,直到下一相触发脉冲来到时才能使输出整流电压发生变化,这就造成整流电压滞后于控制电压的状况。

下面以单相全波纯电阻负载整流波形为例来讨论上述的滞后作用以及滞后时间的大小（图5.16）。假设在 t_1 时刻某一对晶闸管被触发导通,控制角为 α_1,如果控制电压 U_c 在 t_2 时刻发生变化,由 U_{c1} 突降到 U_{c2},但由于晶闸管已经导通,U_c 的变化对它已不起作用,整流电压并不会立即响应,必须等到 t_3 时刻该器件关断以后,触发脉冲才有可能控制另一对晶闸管。设新的控制电压 U_{c2} 对应的控制角为 α_2,则另一对晶闸管在 t_4 时刻才能导通,平均整流电压因而降低。假设平均整流电压是从自然换相点开始计算的,则平均整流电压在 t_3 时刻从 U_{d01} 降低到 U_{d02},从 U_c 发生变化的时刻 t_2 到 U_{d0} 响应变化的时刻 t_3 之间,便有一段失控时间 T_s。应该指出,如果有电感作用使电流连续,则 t_3 与 t_4 重合,但失控时间仍然存在。显然,失控时间 T_s 是随机的,它的大小随 U_c 发生变化的时刻而改变,最大可能的失控时间就是两个相邻自然换相点之间的时间,与交流电源频率和整流电路形式有关,由下式确定:

$$T_{smax} = \frac{1}{mf} \tag{5.10}$$

式中：f——交流电源频率,Hz;

m——一周内整流电压的脉波数。

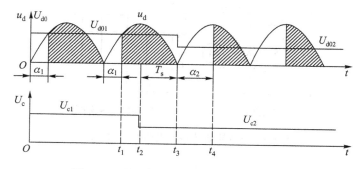

图 5.16　晶闸管可控整流电路的失控时间

相对于整个系统的响应时间来说,T_s 是不大的,在一般情况下,可取其统计平均值 $T_s = 0.5 T_{smax}$,并认为是常数。或者按最严重的情况考虑,取 $T_s = T_{smax}$。例如：交流电源频率为 50 Hz时,单相半波晶闸管整流电路的最大失控时间为 $T_{smax} = \dfrac{1}{50}$ s = 0.02 s = 20 ms。

由于实际的晶闸管可控整流电路都是非线性的,只能在一定的工作范围内近似看成线性环节。设计时,最好先用实验方法测出晶闸管可控整流电路的输入-输出特性曲线,希望整个调速范围的工作点都落在特性的近似线性范围之中,并有一定的调节余量。电路的放大系数 K_s 可由工作范围内的特性斜率决定,即 $K_s = \dfrac{\Delta U_{d0}}{\Delta U_c}$。如果不可能实测特性,只好根据装置的参数估算。例如,当触发电路控制电压 U_c 的调节范围是 $0 \sim 10$ V,对应的整流电压 U_{d0} 的变化范围是 $0 \sim 220$ V 时,可取 $K_s = \dfrac{220}{10} = 22$。

5.2.3　脉宽调制功率变换技术

　　脉宽调制功率变换是利用电力电子元件的可控性能,采用脉宽调制技术,直接将恒定的直流电压调制成可变大小和极性的直流电压,并将其作为电动机的电枢端电压,实现伺服系统平滑调速的电力控制技术,广泛地应用在中小功率的调速系统中。

　　脉宽调制(pulse width modulation)简称 PWM 技术,是利用电力电子开关器件的导通与关断,将直流电压变成连续的电压脉冲序列,并通过控制脉冲宽度或周期达到变压的目的,也可以通过控制脉冲宽度和脉冲列的周期达到变压变频的目的。

　　PWM 技术采用全控式电力电子器件如电力晶体管(GTR)、门极可关断晶体管(GTO)、绝缘双极晶体管(IGBT)等组成的直流电压的控制装置,称为直流斩波器(PWM 斩波器)或直流调压器,PWM 斩波器的电路原理图和输出电压波形如图 5.17 所示。图中全控式电力晶体管 VT 工作在开关状态,当 VT 被触发导通时,电源电压 U_s 加在电动机两端,当 VT 关断时,电动机与电源断开,经二管续流,端电压接近于零。一直重复这个过程,可得如图 5.17b 所示的电枢电压波形 $U_d = f(t)$。波形好像是 U_s 波形在 $(t_{on} - T)$ 时间内被斩断后形成的,直流斩波由此得名。这样电枢压平均值为:

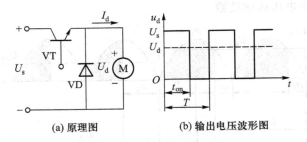

(a) 原理图　　　　　　(b) 输出电压波形图

图 5.17　PWM 斩波器的电路原理图及波形

$$U_d = \frac{t_{on}}{T} U_s = \rho U_s \tag{5.11}$$

式中:T——晶体管的开关周期;

　　　t_{on}——VT 导通时间;

　　　f——开关频率;

　　　ρ——占空比。

$$\rho = \frac{t_{on}}{T} = \frac{U_d}{U_s} = t_{on} f$$

由式(5.11)可见,在电源 U_s 和开关周期 T 不变的情况下,改变 VT 的导通时间 t_{on}(脉冲宽度),就改变了电动机的电枢电压平均值,换言之,U_d 随 ρ 的改变而平滑改变,从而满足平滑调速要求。同时还可以看出,ρ 的变化范围为 $0 \leqslant \rho \leqslant 1$,如图 5.17 所示,$U_d$ 的调节范围为 $0 \sim U_s$,均为正值,即电动机只能实现单一方向的不可逆调速。要实现可逆调速,电路结构应作相应的改变。PWM 直流调压电路的核心包括 PWM 变换器和脉宽调制电路两部分,后面将重点介绍这两类电路的结构。

与晶闸管可控整流技术相比,PWM 调制技术具有下述优点:

1)主电路简单,所需功率元件少。

2)开关频率高,需要的滤波装置很小甚至仅靠电枢电感的滤波作用就能获得平滑的直流电流,电流容易连续,谐波成分少,电动机损耗和发热小。

3)低速性能好,稳态精度高,且调速范围宽,可达到 1:10 000。

4)系统频带宽,快速响应性能好,动态抗干扰能力强。

5)主电路元件工作于开关状态,能耗小,装置效率高,系统的功率因数较高。

(1)不可逆 PWM 变换器

1)无制动作用的不可逆 PWM 变换器

无制动作用的不可逆 PWM 变换器的主电路原理图如图 5.18 所示,它实际上就是直流斩波器,其原理也与前面介绍的 PWM 斩波器一致。图 5.18a 中,VT 仍采用全控式电力晶体管,电源电压 U_s 由不可控整流电路提供,采用大电容 C 滤波,以消除直流供电线路上的谐波电流对主电路的干扰。二极管 VD 在晶体管关断时为电枢回路提供释放电感储存能的续流回路。

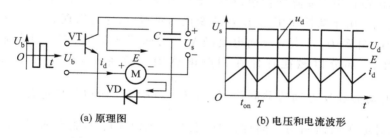

(a) 原理图　　　　　　　　(b) 电压和电流波形

图 5.18　无制动作用的不可逆 PWM 变换器电路

电力晶体管 VT 的导通与关断由脉宽调制器产生的基极脉宽调制电压 U_b 来控制。在一个开关周期内,当 $0 \leqslant t \leqslant t_{on}$ 时,U_b 为正,VT 饱和导通,U_s 通过 VT 加到电枢绕组两端。当 $t_{on} \leqslant t \leqslant T$ 时,U_b 为负,VT 截止关断,电枢失去电源,经 VD 续流。电枢平均端电压 $U_d = \dfrac{t_{on} U_s}{T} = \rho U_s$,改变 ρ($0 \leqslant \rho \leqslant 1$)即改变 U_d,以达到调速的目的。

图 5.18b 给出了稳态运行时的脉冲端电压 u_d、电枢平均端电压 U_d 和电枢电流 i_d 的波形。由图可见,稳态电流 i_d 是脉动的,其平均值等于负载电流 $i_{dL} = \dfrac{T_L}{C_m}$。必须注意主电路中电流 i_d 不能反向,电动机只能正向运行,因此没有制动作用,系统的动态特性较差。

由于开关频率较高,电流脉动的幅值不会很大,再影响到转速 n 和反电动势 E 的波形就更小,可视 n 和 E 为恒值。为简化起见,假定 VT、VD 均有理想开关特性,开关状态的转换可在瞬时内完成,电源 U_s 为理想恒压源,在不同工作状态下电枢回路电阻 R 和电感 L 均为常数。这样,当电动机的平均电磁转矩 T_e 与负载转矩 T_L 平衡时,电枢电流 i_d 是周期性变化的,即我们说的稳态情况只能算作准稳态。稳态时的主电路电压平衡方程式为:

$$U_d = E + I_d R \tag{5.12}$$

电枢电流平均值为:

$$I_d = \frac{U_d - E}{R} = \frac{\rho U_s}{R} - \frac{E}{R} \tag{5.13}$$

2) 有制动作用的不可逆 PWM 变换器

在图 5.18 的主电路中再增设一个电力晶体管,为反向电流 $-i_d$ 提供通路,形成两个晶体管(VT$_1$ 和 VT$_2$)交替开关电路,就构成了具有制动作用的不可逆 PWM 变换器,如图 5.19 所示。图中 VT$_1$ 和 VT$_2$ 的驱动电压大小相等、方向相反,即 $U_{b1} = -U_{b2}$。这种系统可在一二象限中运行,在减速和停车时具有较好的动态性能。

当电动机运行在工作状态下,在 $0 \leqslant t \leqslant t_{on}$ 时,U_{b1} 为正,U_{b2} 为负,VT$_1$ 饱和导通;VT$_2$ 截止,电源电压 U_s 加在电枢两端,电流 i_d 沿图 5.19a 中的回路 1 导通。在 $t_{on} \leqslant t \leqslant T$ 时,U_{b1} 和 U_{b2} 改变极性,VT$_1$ 截止,VT$_2$ 仍不导通。原因是这时 i_d 沿回路 2 经二极管 VD$_2$ 续流,在 VD$_2$ 两端产生的压降(极性见图 5.19a)给 VT$_2$ 施加反压,使它无法导通。因此该电路中 VT$_1$,VD$_2$ 交替导通,而 VT$_2$ 一直不通,其电压和电流波形图见图 5.19b,仍有 $U_d > E$,$i_d > 0$。

如果在电动机运行中需要降低转速,相应要减小控制电压,使 U_{b1} 的正脉冲变窄,负脉冲变宽,从而使 U_d 降低。由于惯性作用,n 和 E 的变化相对滞后,这时出现 $E > U_d$。在 $t_{on} \leqslant t \leqslant T$ 时,U_{b2} 变正,VT$_2$ 导通,由 $E - U_d$ 产生的反向电流经 VT$_2$ 沿回路 3 流通,产生能耗制动,部分电能消耗在电路电阻上,部分以磁能存储在回路电感中。而在 $0 \leqslant t \leqslant t_{on}$ 时,VT$_2$ 截止(U_{b2} 为负),这时自感电动势和反电动势共同作用,有 $L \dfrac{di_d}{dt} + E > U_s$,所以反向电流 $-i_d$ 只能经过 VD$_1$ 沿回路 4 流通,对电源回馈制动。同理,VD$_1$ 上的反压使 VT$_1$ 不能导通,造成在电动机的制动状态中,VT$_2$、VD$_1$ 轮流导通,VT$_1$ 始终截止,电压和电流波形图见图 5.19c。反向电流的制动作用使电动机转速下降,直到新的稳态。值得注意的是,由于直流电源 U_s 采用不可逆整流装置时,电流不可能通过它回馈到电网,因此回馈制动阶段电流只能向滤波电容 C 充电,从而造成瞬间电压升高,称作泵升电压。为了避免泵升电压过高损坏电力晶体管和整流二极管,必须采取措施加以限制。

另外,在轻载电动状态下,负载电流较小,回路电感储能减少,在 VT$_1$ 关断期间,经过 VD$_2$ 续流的 i_d 很快衰减,在图 5.19d 中 $t_{on} \sim T$ 期间的 t_2 时刻为零,这时 VD$_2$ 两端压降也降为零。使 VT$_2$ 导通,在反电动势 E 作用下产生反向电枢电流 $-i_d$ 沿回路 3 流通,导致局部时间的能耗制动。到 $t = T$(相当于 $t = 0$)后,VT$_2$ 关断,$-i_d$ 又开始沿回路 4 经 VD$_1$ 续流,直到 $t = t_4$ 时 $-i_d$ 衰减到零,VT$_1$ 才开始导通,电流 i_d 再次改变方向沿回路 1 流通。在一个开关周期内 VT$_1$、VD$_2$、VT$_2$、VD$_1$ 轮流导通的电流波形如图 5.19d 所示。

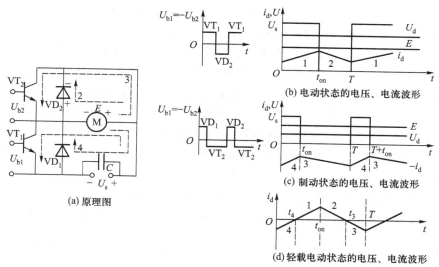

(b) 电动状态的电压、电流波形

(c) 制动状态的电压、电流波形

(d) 轻载电动状态的电压、电流波形

图 5.19 有制动电流通路的不可逆 PWM 变换器电路

（2）可逆 PWM 变换器

可逆 PWM 变换器按主电路结构不同有 H 型、T 型等,由于 H 型变换器优于其他类型变换器,在生产中得到了广泛应用。H 型变换器由 4 个电力晶体管和 4 个续流二极管组成桥式电路,按控制方式不同又分为双极式、单极式和受限单极式。

1）双极式 H 型可逆 PWM 变换器

双极式 H 型可逆 PWM 变换器的主电路如图 5.20 所示。四个电力晶体管的分为两组,两组晶闸管交替地导通和关断。其中 VT_1 和 VT_4 同时导通和关断,其基极驱动电压 $U_{b1} = U_{b4}$；VT_2 和 VT_3 同时动作,其基极驱动电压 $U_{b2} = U_{b3} = -U_{b1}$,驱动电压的波形图如图 5.21 所示。

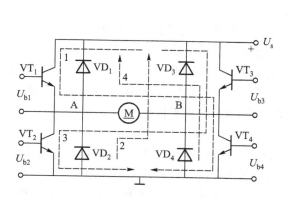

图 5.20 双极式 H 型可逆 PWM 变换器电路

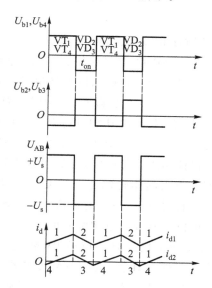

图 5.21 双极式 H 型可逆 PWM 变换器电压与电流波形

在一个开关周期 T 内,当 $0 \leqslant t \leqslant t_{on}$ 时,U_{b1}、U_{b4} 为正,VT_1 和 VT_4 饱和导通;而 U_{b2}、U_{b3} 为负,VT_2 和 VT_3 截止。这时电枢 AB 两端加上 $+U_s$,$U_{AB} = U_s$,电枢电流 i_d 沿回路 1 流通。当 $t_{on} \leqslant t \leqslant T$ 时,U_{b1}、U_{b4} 为负,VT_1 和 VT_4 截止;U_{b2} 和 U_{b3} 为正,但 VT_2 和 VT_3 并未导通,原因仍是 i_d 沿回路 2 经 VD_2、VD_3 续流,使 VT_2 和 VT_3 上承受着 VD_2 和 VD_3 上压降施加的反压而截止,这时 $U_{AB} = -U_s$。U_{AB} 在一个周期内极性正负相间,双极式由此而得名,U_{AB} 波形如图 5.21 所示。如果电动机负载较重,i_d 较大,在续流阶段 VT_2、VT_3 处于关断状态,因此 i_d 始终为正,电动机工作在电动状态,电流波形如图 5.21 中 i_{d1}。如果负载较轻,在续流阶段 i_d 很快衰减到零,VT_2 和 VT_3 失去反压,并在 $-U_s$ 与反电动势 E 作用下导通,i_d 反向沿回路 3 流通,电动机处于制动状态。同理,在 $0 \leqslant t \leqslant t_{on}$ 时,电流也有一次倒向,其波形图如图 5.21 中 i_{d2}。

双极式 H 型可逆 PWM 变换器虽然在一个周期内电枢电压在 $+U_s$ 和 $-U_s$ 之间变换,但是这并不能实现电动机可逆运行。电动机的可逆运行由正、负脉冲驱动电压宽窄而定,换言之,由电枢平均端电压的极性而定。正脉冲较宽时 $t_{on} > \dfrac{T}{2}$,电枢平均端电压为正,电动机正转。正脉冲较窄时 $t_{on} < \dfrac{T}{2}$,电枢平均端电压为负,电动机反转。如果正负脉冲宽度相等,即 $t_{on} = \dfrac{T}{2}$ 时,平均电压为零,电动机停转。图 5.21 所示为电动机正转时的电压、电流波形。可见,在 $0 \leqslant t \leqslant t_{on}$ 段,电枢端电压 $U_d = U_s$;而在 $t_{on} \leqslant t \leqslant T$ 段,$U_d = -U_s$,因此电枢电压的平均值为:

$$U_d = \frac{t_{on}}{T} U_s - \frac{T - t_{on}}{T} U_s = \left(\frac{2t_{on}}{T} - 1 \right) U_s \tag{5.14}$$

仍以 $\rho = \dfrac{U_d}{U_s}$ 定义占空比,则双极式可逆 PWM 变换器占空比为:

$$\rho = \frac{2t_{on}}{T - 1} \tag{5.15}$$

调速时,ρ 的变化范围是 $-1 \leqslant \rho \leqslant 1$。显然,$\rho > 0$、$U_s > 0$ 时,电动机正转;$\rho < 0$、$U_s < 0$ 时,电动机反转;$\rho = 0$、$U_s = 0$ 时,电动机停止。然而 $\rho = 0$ 时,电枢电压的瞬时值不为零,会产生平均值为零的交变电流(不产生转矩),以增加电动机损耗和发热。同时它能使电动机产生高频微振,起着动力润滑的作用,可以消除正、反向时的静摩擦死区。

综上所述,双极式 H 型可逆 PWM 变换器的优点是:① 电流连续;② 可使电动机在 4 个象限中运行;③ 电动机停转时有微振电流,能消除静摩擦死区;④ 低速时每个晶体管的驱动脉冲较宽,能保证晶体管可靠导通;⑤ 低速平稳性好,调速范围可达 20 000 左右。缺点是:在工作过程中,四个电力晶体管都处于开关状态,开关损耗大,且容易发生上、下两管直通事故。为避免上、下两管直通,可在一管关断和另一管导通的驱动脉冲之间,设置逻辑延时。

2) 单极式 H 型可逆 PWM 变换器

为了克服双极式 H 型可逆 PWM 变换器的上述缺点,在动、静态性能要求略低的调速系统中,常采用单极式 H 型可逆 PWM 变换器。其电路仍与图 5.20 相同,但其驱动脉冲信号不一样。对应图 5.20,单极式左边两个管子的驱动脉冲 $U_{b1} = -U_{b2}$,与双极式一样具有正负交替的脉冲波形,使 VT_1 和 VT_2 轮流导通。右边两个晶体管 VT_3 和 VT_4 的驱动信号与双极式不一样,变成根据电动机的转向而施加不同的直流控制信号。需要电动机正转时，U_{b3} 恒为负，U_{b4} 恒为正，则 VT_3 截止，VT_4 常通。希望电动机反转时，则 U_{b3} 恒为正，U_{b4} 恒为负，故 VT_3 常通而 VT_4 截止。显然，在一个周期中，由于驱动信号不同，必然导致单极式变换器的各晶体管开关状况和电流通路与双极式有所不同。负载较轻时电流在一个周期内要反复变向，在此不再详述。

单极式 H 型 PWM 变换器在电动机朝一个方向旋转时，只输出一种极性的脉冲电压，单极式由此得名。因此它的输出电压波形和占空比的范围与不可逆变换器相同，区别在于单极式变换器相当于两个有制动作用的不可逆变换器在反极性控制下工作，并且占空比满足 $-1 \leqslant \rho \leqslant 1$ 的条件，当 ρ 为负值时电动机可以反转运行，即单极式 PWM 系统也可以实现 4 个象限运行。

单极式 H 型 PWM 可逆变换器中电力晶体管 VT_3 与 VT_4 总有一个常通，一个常断，不像双极式 H 型 PWM 变换器是频繁交替通断，有助于减少开关损耗，提高装置可靠性。然而 VT_1 和 VT_2 仍是交替通断，存在两管直通的危险。为防止 VT_1、VT_2 直通，在电动机正转时，使 U_{b2} 恒为负，让 VT_2 一直截止；当电动机反转时，使 U_{b1} 恒为负，VT_1 一直截止。这种控制方式称为受限单极式，它与在负载较重时运行的单极式 H 型 PWM 变换器相同，但在负载较轻时，由于其中一个晶体管截止，所以电流不能反向，那么在续流期间电流衰减到零时，出现断流，使变换器外特性变软。这是受限单极式 H 型 PWM 变换器的缺点，其优点则是避免两晶体管直通，提高可靠性。

（3）脉宽调制器

前面介绍的 PWM 变换器只是对已有的脉宽可调的脉冲电压信号 U_b 进行功率放大，而给 PWM 变换器的电力晶体管 CTR 提供脉冲电压信号的就是脉宽调制器。脉宽调制器是一种电压-脉宽变换装置，由电流调节器 ACR 的输出电压 U_s 控制。本书的第 2 章介绍了电压-脉宽变换器的基本电路和工作原理，图 5.22 为以锯齿波作调制信号的另一种脉宽调制器电路。

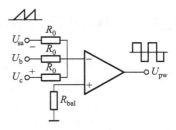

图 5.22　锯齿波脉宽调制器电路

锯齿波脉宽调制器由锯齿波发生器（振荡器）和电压比较器组成，电压比较器是由运算放大器和几个输入信号组成。运算放大器工作在开环状态，很小的输入信号就可使其输出电压达到饱和值，改变输入信号极性，就可使输出电压在正、负饱和值之间变化，实现将连续电压信号变成脉冲电压信号。运算放大器反相输入端共有三个输入信号：一是锯齿波发生器提供的锯齿波信号 U_{sa}，其频率一般为 1～4 kHz，由主电路开关频率决定；二是控制电压 U_c，其极性和大小随系统控制要求随时可变；三是负偏移电压 U_b，且 $U_b = -\dfrac{U_{samax}}{2}$。以上三个信号在运算放大器反相端 Σ 点相叠加，当 U_c 改变时，运算放大器输出端可得到脉冲宽度可变的调制输出电压 U_{pw}。设置偏移电压 U_b 的目的在于，对不同控制方式的 PWM 变换器，对其输出 U_{pw} 有不同的要求。下面以双极式可逆变换器输出电压 U_{pw} 为例，说明锯齿波脉宽调制波形的变化。

当 $U_c = 0$ 时，输入信号 $U_{sa} + U_b$（二者实际值相减）的合成电压正负宽度相同，经运算放大器倒相后，输出脉冲电压 U_{pw} 正负半波宽度相等，如图 5.23a 所示。对应于可逆变换器输出 $U_d = 0$ 的情况。

当 $U_c > 0$ 时，$U_{sa} + U_b + U_c$ 使输入端合成电压为正的宽度增加，则输出 U_{pw} 的正半波变窄，如图 5.23b 所示。

当 $U_c<0$ 时, $U_{sa}+U_b+U_c$ 使输入端合成电压为正的宽度减小,则输出 U_{pw} 的正半波增宽,如图 5.23c 所示。

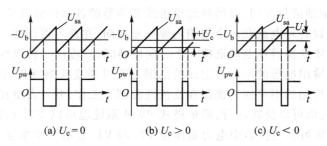

(a) $U_c=0$　　　　(b) $U_c>0$　　　　(c) $U_c<0$

图 5.23　锯齿波脉宽调制波形图

显然,输出脉冲电压 U_{pw} 的宽度与控制电压 U_c 的大小成正比,改变 U_c 大小就能调节 U_{pw},从而改变电动机电枢电压 U_d,以控制转速。改变 U_c 极性时,也就改变了双极性可逆变换器输出平均电压 U_d 的极性以及电动机转向。

目前已有集成化的电压-脉宽变换器芯片,如 LM3524。此外,有些单片机本身也具有 PWM 输出功能,如 80C552、8098 等,其输出脉冲宽度及频率可由编程确定,应用起来非常方便。

5.3　步进伺服系统设计

步进伺服系统是一种采用步进电机为驱动元件的伺服系统,通常采用开环伺服的结构形式,因此称为开环步进伺服系统,其组成如图 5.24 所示。在开环步进伺服系统中指令信号是单向流动的,由机床数控装置送来的指令脉冲,经驱动电路、功率步进电机或电液脉冲马达、减速器、滚珠丝杠副转换成机床工作台的移动。由于步进电机的角位移量和指令脉冲的个数成正比,旋转方向与通电相序有关,因此只要控制指令脉冲的数量、频率及电机绕组通电的相序,便可控制机床工作台运动的位移量、速度和移动方向。开环系统没有位置和速度反馈回路,因此省去了检测装置,系统简单可靠,不需要像闭环伺服系统那样进行复杂的设计计算与试验校正。

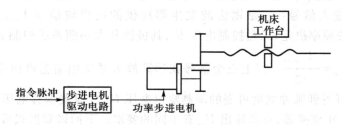

图 5.24　开环步进伺服系统结构示意图

5.3.1　步进电机工作原理及其特性

步进电机是将电脉冲信号转换成角位移(或线位移)的一种机电式数模转换器。其转子的转角(或位移)与电脉冲数成正比,它的速度与脉冲频率成正比,而运动方向是由步进电机通电的顺序所决定的。

1. 步进电机的种类和结构

步进电机的结构形式很多,其分类方式也很多,常见的分类方式是按产生力矩的原理、输出力矩的大小、定子和转子的数量和各绕组的分布而决定的。根据不同的分类方式,可将步进电机分为多种类型,见表 5.1。

表 5.1　步进电机的分类

分类形式	具体类型
按力矩产生的原理	(1) 反应式:转子无绕组,由被励磁的转子绕组产生反应力矩实现步进运行 (2) 励磁式:定、转子均有励磁绕组(或转子用永久磁钢)由电磁力矩实现步进运行
按输出力矩大小	(1) 伺服式:输出力矩在几百~几千牛厘米(N·cm),只能驱动较小的负载,要与液压扭矩放大器配用,才能驱动机床工作台等较大的负载 (2) 功率式:输出力矩在 5~50 N·m 以上,可以直接驱动机床工作台等较大的负载
按定、转子数	(1) 单定子式;(2) 双定子式;(3) 三定子式;(4) 多定子式
按各相绕组的分布	(1) 径向分相式:电动机各相按圆周依次排列 (2) 轴向分相式:电动机各相按轴向依次排列

目前,我国使用的步进电机多为反应式步进电机,如图 5.25 所示,这是一台典型的单定子、径向分相、反应式伺服步进电机的结构原理图。这种步进电动机可分为定子和转子两部分,其中定子又分为定子铁心和定子绕组。定子铁心由硅钢片叠压而成,定子绕组是绕置在定子铁心六个均匀分布齿上的线圈,在直径方向上相对的两个齿上的线圈串联在一起,构成一相控制绕组。图 5.25 所示步进电机可构成三相控制绕组,故也称为三相步进电机。当任一相绕组通电时,形成一组定子磁极,其方向如图 NS 极。在定子的每个磁极上,即定子铁心的每个齿上又开了五个小齿,齿槽等宽,齿间夹角为 9°,转子上没有绕组,只有均匀分布的 40 个小齿,齿槽也是等宽的,齿间夹角也是 9°,与磁极上的小齿一致。此外,三相定子磁极上的小齿在空间位置上依次错开 1/3 齿距,如图 5.26 所示。当 A 相磁极上的小齿与转子上的齿对齐时,B 相磁极上的齿刚好超前(或滞后)转子齿 1/3 齿距角,C 相磁极齿超前(或滞后)转子齿 2/3 齿距角。

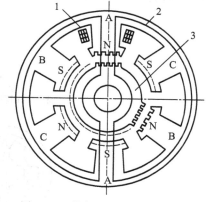

图 5.25　单定子径向分相反应式
伺服步进电机结构原理图
1—绕组;2—定子铁心;3—转子铁心

图 5.27 是一种五定子轴向分相反应式伺服步进电机的结构图。从图中可以看出步进电机的定子和转子在轴向可分为五段,每一段都形成独立的一相定子铁心、定子绕组和转子。各段定子铁心上的齿就像内齿轮的齿形,由硅钢片叠成。转子的形状像一个外齿轮,由硅钢片制成,定子铁心和转子上的齿都没有开小齿。这种步进电机各段定子上的齿在圆周方向均匀分布,彼此之间错开1/5齿距,其转子齿彼此不错位。

常见的步进电机,除了反应式步进电机之外,还有永磁式步进电机和永磁反应式(即混合式)步进电机,它们的结构虽不相同,工作原理是相同的。

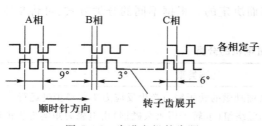

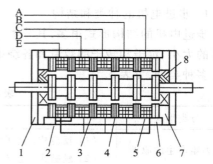

图 5.26　步进电机的齿距

图 5.27　五定子轴向分相反应式伺服步进电机

1—端板；2—磁路；3—定子；4—转子；5—线圈；
6—机壳；7—端盖；8—轴承

2. 步进电机的工作原理

三相反应式步进电机的工作原理如图 5.28 所示,在步进电机定子的六个齿上分别缠绕有 W_A、W_B、W_C 三相绕组,构成三对磁极,转子上则均匀分布着四个齿。步进电机采用直流电源供电。当 W_A、W_B、W_C 三相绕组轮流通电时,通过电磁力吸引步进电机一步一步地旋转。假设在初始状态时,A 相通电,其他两相断电,在电磁力作用下,转子的 1、3 两齿与磁极 A 对齐(如图 5.28 所示);然后切断 A 相电源,同时接通 B 相,则由于电磁力作用,转子将逆时针转过 30°,使靠近磁极 B 的 2、4 两齿与 B 对齐;接着再切断 B 相电源,接通 C 相,转子又逆时针回转 30°,使靠近磁极 C 的 1、3 两齿与 C 对齐。

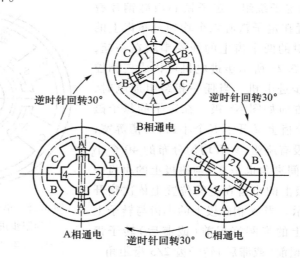

图 5.28　三相反应式步进电机工作原理

如果按上述通断电顺序(即 A→B→C→A→⋯)连续向各绕组供电,则步进电机将按逆时针方向连续旋转。每通断电一次,步进电机转过 30°,称为一个步距角。如果改变各相绕组的通断电顺序,如 A→C→B→A→⋯,步进电机将按顺时针方向旋转。如果改变绕组的通断电频率,则可改变步进电机的转速。步进电机绕组的每一次通断电操作称为一拍,每拍中只有一相绕组通电,其余断电,这种通电方式称为单相通电方式。三相步进电机的 A、B、C 三相轮流通电一次共需三拍,称为一个通电循环,相应的通电方式又称为三相单三拍通电方式。

如果步进电机通电循环的每拍中都有两相绕组通电,这种通电方式称为双相通电方式。三相步进电机采用双相通电方式时,每个通电循环也需三拍,其步距角为 30°,因而又称为三相双三拍通电方式,即 AB→BC→CA→AB→⋯。

如果步进电机通电循环的各拍中交替出现单、双相通电状态,这种通电方式称为单、双相轮流通电方式。三相步进电机采用单双相轮流通电方式时,每个通电循环中共有六拍,其步距角等于 15°,因而又称为三相六拍通电方式,即 A→AB→B→BC→C→CA→A→⋯。

一般情况下,m 相步进电机可采用单相通电、双相通电或单双相轮流通电方式工作,对应的通电方式分别称为 m 相单 m 拍、m 相双 m 拍或 m 相 $2m$ 拍通电方式。

综上所述,可以得出如下结论:

1)步进电机受数字脉冲信号控制,定子绕组的通电状态每改变一次,转子便转过一个确定的角度 θ(即步进电机的步距角),步进电机的输出角位移 β 与输入脉冲数 N 成正比,即

$$\beta = N\theta$$

2)改变步进电机定子绕组的通电顺序,转子的旋转方向也随之改变。

3)步进电机定子绕组通电状态的改变速度越快,其转子旋转的速度越快,即通电状态的变化频率越高,转子的转速越高,其转速计算公式为:

$$n = \frac{\theta}{360°} \times 60f = \frac{\theta f}{6}$$

式中:n——电动机转速;

f——控制脉冲频率。

4)步进电机的步距角 θ 与定子绕组的相数 m、转子的齿数 z、通电方式 k 有关,其计算公式为:

$$\theta = \frac{360°}{kmz}$$

式中,相邻通电相数相同时,$k = 1$;相邻通电相数不同时,$k = 2$;以此类推。

3. 步进电机的主要特性

(1)主要性能指标

1)步距角及步距精度

步进电机的步距角 θ 是反映步进电机定子绕组的通电状态每改变一次,转子转过的角度。它是决定开环伺服系统脉冲当量的重要参数。数控机床常见的反应式步进电机的步距角一般为 0.5°~3°。一般情况下,步距角越小,加工精度越高。步距精度是指理论的步距角和实际的步距角之差,以分表示。步距精度主要由步进电机齿距制造误差、定子和转子间气隙不均匀、各相电磁转矩不均匀等因素造成。步距精度直接影响工件的加工精度以及步进电机的动态特性。

2)起动频率(突跳频率)与起动惯频特性

空载时,步进电机由静止突然起动,进入不失步的正常运行所允许的最高起动频率,称之为起动频率或突跳频率,用 f_q 表示。若起动时频率大于突跳频率,步进电机就不能正常起动。f_q

与负载惯量有关,一般说来随着负载惯量的增长而下降。起动惯频特性即指负载转矩一定时,起动频率随负载惯量变化的特性。起动时的惯频特性如图 5.29 所示,它反映了电动机跟踪的快速性。

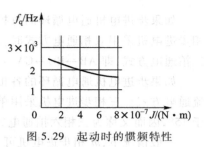

图 5.29　起动时的惯频特性

（2）静态特性

所谓静态是指步进电机通的直流电大小为常数且转子不动时的定位状态。静态特性主要是静态矩角特性,最大静态力矩 M_{max},还有起动力矩 M_q。

空载时,若步进电机某相通以直流电流,则该相对应定、转子的齿槽对齐。这时转子上没有力矩输出。如果在电动机轴上加上一逆时针方向的负载力矩 M,则步进电机转子就要逆时针方向转过一个角度 θ 才能重新稳定下来。这时转子上受到的电磁力矩 M_j 和负载力矩 M 相等。称 M_j 为静态力矩,θ 角称为失调角。$M_j = f(\theta)$ 的曲线称为力矩-失调角特性曲线,又称矩角特性,如图 5.30 所示。若步进电机各相矩角特性差异过大,会引起精度下降和低频振荡,这种现象可以用改变某相电流大小的方法使电动机各相矩角特性大致相同。曲线的峰值叫做最大静态力矩并用 M_{jmax} 表示。M_{jmax} 愈大,自锁力矩愈大,静态误差愈小。静态力矩和控制电流平方成正比。但当电流上升到磁路饱和时,$M_{jmax} = f(\theta)$ 曲线上升平缓。一般说明书上的最大静态力矩是在额定电流和规定通电方式下的 M_{jmax}。由图 5.30 还可以看出,曲线 A 和 B 的交点所对应的力矩 M_q 是电动机运行状态的最大起动力矩。随着电动机相数的增加 M_q 也增加。当外加负载超过 M_q 时电动机就不能起动。

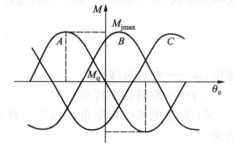

图 5.30　单相通电矩角特性

M_{jmax} 这项指标反映了步进电机的负载能力和工作的快速性。M_{jmax} 值愈大,电动机负载能力愈强,快速性愈好。

（3）动态特性

步进电机的动态特性对快速动作及工作可靠性影响很大,与其本身的特性、负载特性、驱动方式等有关。

当控制脉冲的转换时间大于电动机的过渡过程时,电动机呈步进运动状态,即断续运行状态;当控制脉冲的频率和步进电机的固有频率相同时,步进电机则会发生共振现象,破坏电动机正常运行。因此除改变电动机结构外,在应用时应根据加工条件选择适当相数的电动机和合理的运行方式,并在步进电机轴上增加阻尼,如加消振器减轻振动,消除失步;当控制脉冲的转换时间小于电动机的过渡过程时,步进电机呈连续运行状态。一般电动机都以连续运行状态工作。在运行状态下的转矩即为动态转矩。

动态转矩是指在电动机转子运行的过渡过程尚未达到稳定值时电动机产生的力矩,也即某一频率下最大负载转矩。由于控制绕组电磁常数的存在,绕组电流的增长可近似认为是时间的指数函数,所以步进电机的动态力矩随脉冲时间的不同,也就是随控制脉冲频率的不同而改变。脉冲频率增加,动态力矩变小。动态转矩与脉冲频率的关系称为矩频特性,如图 5.31 所示。步进电机的动态转矩即电磁力矩随频率升高而急剧下降。

步进电机起动后,当控制脉冲频率逐渐升高仍能保证不丢步运行的极限频率,称为连续运行频率,有时称为最高连续频率或最高工作频率,记作 f_{max}。连续运行频率远大于起动频率,这是由于起动时有较大的惯性扭矩并需要一定加速时间的缘故。在工作频率高于起动频率的情况下,电动机若要停止,脉冲频率必须逐步下降。同样,当要求工作频率在最高工作频率或高于突跳频率的情况下,要使电动机的工作频率大于突跳频率时,脉冲速度必须逐步上升。这种加速和减速时间不能过小,否则会出现失步或超步,这项指标反映了步进电机的最高运行速度。步进电机的升降速特性曲线如图 5.32 所示。它与加速时间常数 T_a、减速时间常数 T_d、电动机工作频率和负载惯量有关。

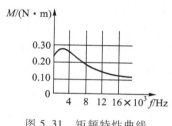

图 5.31 矩频特性曲线

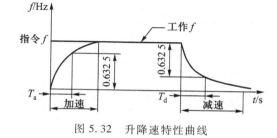

图 5.32 升降速特性曲线

5.3.2 步进电机的控制与驱动

步进电机的运行特性不仅与步进电机本身的特性和负载有关,而且与配套使用的驱动电源(即驱动电路)有着十分密切的关系。选择性能优良的驱动电源对于步进电机的使用控制是十分重要的,有利于充分发挥步进电机的性能。步进电机的驱动电源包括环形分配器(又称脉冲分配器)和功率放大器两部分。

1. 步进电机脉冲分配控制

由步进电机工作原理知,要使步进电机正确运转,必须按一定顺序对定子各相绕组励磁,以产生旋转磁场,即将指令脉冲按一定规律分配给步进电机各相绕组。实现这一功能的器件称为分配器或脉冲分配器,可由硬件电路或软件程序来实现。

(1)硬件脉冲分配器

脉冲分配器按一定的顺序导通和截止,使步进电机相应的绕组通电或断电。它由门电路、触发器等基本逻辑功能元件组成。目前市场上已有多种集成化的脉冲分配器芯片可供选用。国产 YB 系列集成脉冲分配器型号为:YB013(三相)、YB014(四相)、YB015(五相)、YB016(六相)。其主要性能参数见表 5.2,各管脚功能见表 5.3,其中励磁方式控制端 A0、A1 的控制信号电平状态与励磁(通电)方式的对应关系见表 5.4。

表 5.2 集成脉冲分配器主要性能参数

性能	输出高电平/V	输出低电平/V	输入低电平/V	输入高电平/V	吸收电流/mA	工作频率/kHz	电源电压/V	环境温度/℃
参数	≥2.4	≤0.4	≤0.8	2.4	1.6	0～160	5±0.5	0～+70

表 5.3　集成脉冲分配器各管脚功能

管脚号 \ 相数	三	四	五	六
1	选通输出控制端 $\overline{E0}$	选通输出控制端 $\overline{E0}$	A 相输出端	A 相输出端
2	清零端 $\overline{RST}$	清零端 $\overline{RST}$	选通输出控制端 $\overline{E0}$	选通输出控制端 $\overline{E0}$
3	励磁方式控制端 A1	励磁方式控制端 A1	清零端 $\overline{RST}$	清零端 $\overline{RST}$
4	励磁方式控制端 A0	励磁方式控制端 A0	励磁方式控制端 A1	励磁方式控制端 A1
5	选通输出控制端 $\overline{E1}$	选通输出控制端 $\overline{E1}$	励磁方式控制端 A0	励磁方式控制端 A0
6	选通输出控制端 $\overline{E2}$	选通输出控制端 $\overline{E2}$	选通输出控制端 $\overline{E1}$	选通输出控制端 $\overline{E1}$
7	（空）	（空）	选通输出控制端 $\overline{E2}$	选通输出控制端 $\overline{E2}$
8	（空）	（空）	时钟脉冲输入端 CP	反转控制端 $-\Delta$
9	地端 GND	地端 GND	地端 GND	地端 GND
10	时钟脉冲输入端 CP	时钟脉冲输入端 CP	反转控制端 $-\Delta$	时钟脉冲输入端 CP
11	反转控制端 $-\Delta$	反转控制端 $-\Delta$	正转控制端 $+\Delta$	正转控制端 $+\Delta$
12	正转控制端 $+\Delta$	正转控制端 $+\Delta$	出错报警输出端 S	出错报警输出端 S
13	出错报警输出端 S	（空）	E 相输出端	F 相输出端
14	（空）	D 相输出端	D 相输出端	E 相输出端
15	C 相输出端	C 相输出端	C 相输出端	D 相输出端
16	电源 U_{cc}	电源 U_{cc}	B 相输出端	C 相输出端
17	B 相输出端	B 相输出端	（空）	B 相输出端
18	A 相输出端	A 相输出端	电源 U_{cc}	电源 U_{cc}

表 5.4　励磁（通电）方式控制表

控制电平		励磁方式			
A0	A1	YB013	YB014	YB015	YB016
0	0	$A \to B \to C \to A \to \cdots$	$A \to B \to C \to D \to A \to \cdots$	$A \to B \to C \to D \to E \to A \to \cdots$	$A \to B \to C \to D \to E \to F \to A \to \cdots$
0	1	$AB \to BC \to CA \to AB \to \cdots$	$AB \to BC \to CD \to DA \to AB \to \cdots$	$ABC \to BCD \to CDE \to \cdots$	$ABC \to BCD \to CDE \to DEF \to \cdots$
1	0	$A \to AB \to B \to BC \to C \to \cdots$	$A \to AB \to B \to BC \to C \to CD \to \cdots$	$AB \to ABC \to BC \to BCD \to \cdots$	$AB \to ABC \to BC \to BCD \to \cdots$
1	1	$A \to AB \to B \to BC \to C \to \cdots$	$AB \to ABC \to BC \to BCD \to \cdots$	$AB \to ABC \to BC \to BCD \to \cdots$	$ABC \to ABCD \to BCD \to BCDE \to \cdots$

图 5.33 是采用通用微机接口芯片 8255 和脉冲分配器 YB014 组成的步进电机脉冲分配控制电路原理示意图(管脚 7、8、13 未给出)。图中,A0 接电源,A1 接地,构成四相八拍控制;当 8255 的 PA0 口输出高电平时,控制步进电机正转,输出低电平时,控制步进电机反转;8255 的 PA1 口输出的脉冲数量决定步进电机的转角,脉冲频率决定步进电机的转速。

(2)软件脉冲分配器

软件脉冲分配器是指实现脉冲分配控制的计算机程序。它不需额外电路,成本低,但占用计算机运行时间。

软件脉冲分配器控制的基本原理是:根据步进电机与计算机的接线情况及通电方式列出脉冲分配控制数据表;运行时按节拍序号查表获得相应的控制数据;在规定时刻通过输出口将数据输出到步进电机驱动电路。下面通过实例介绍软件脉冲分配器的实现方法。

图 5.34 是采用单片机 8031 对数控 $X-Y$ 工作台的两台四相步进电机进行控制的接口电路原理图。图中采用了负逻辑控制,即当 8031 的 P1 口某一接线输出低电平 0 时,对应的步进电机绕组被接通。表 5.5 是按图 5.34 列出的四相八拍脉冲分配控制数据表。

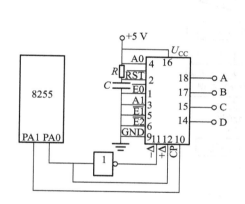

图 5.33 四相八拍脉冲分配控制原理示意图　　图 5.34 单片机与步进电动机接口电路

表 5.5 四相八拍脉冲分配控制数据表

节拍序号	Y 向电动机				X 向电动机				通电相数	控制数据	旋转方向
	P1.7	P1.6	P1.5	P1.4	P1.3	P1.2	P1.1	P1.0			
	D	C	B	A	D	C	B	A			
1	1	1	1	0	1	1	1	0	A	EEH	正反转转
2	1	1	0	0	1	1	0	0	AB	CCH	
3	1	1	0	1	1	1	0	1	B	DDH	
4	1	0	0	1	1	0	0	1	BC	99H	
5	1	0	1	1	1	0	1	1	C	BBH	
6	0	0	1	1	0	0	1	1	CD	33H	
7	0	1	1	1	0	1	1	1	D	77H	
8	0	1	1	0	0	1	1	0	DA	66H	

由表 5.5 可见,当 8031 的 P1 口输出数据 EEH 时,Y 向和 X 向两个步进电机的 A 相绕组都通电;当输出数据 CCH 时,Y 向和 X 向步进电机的 A、B 两相绕组都通电;当按节拍序号顺序循环控制时,步进电机正转;当按倒序循环控制时,步进电机反转。

根据上述脉冲分配控制软件处理原则可得图 5.35 所示的程序图。

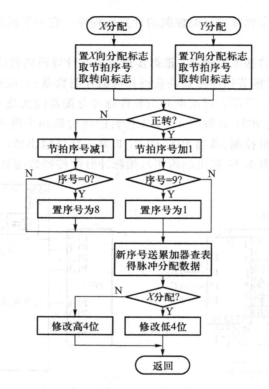

图 5.35 脉冲分配控制程序图

2. 步进电机的速度控制

(1) 恒速控制

通过脉冲分配频率可实现步进电机的速度控制。速度控制也有硬、软件两种方法。硬件方法是在硬件脉冲分配器的时钟输入端(CP)接一可变频率脉冲发生器,改变其振荡频率,即可改变步进电机速度。

下面主要介绍软件方法。

软件方法常采用定时器来确定每相邻两次分配的时间间隔,即脉冲分配周期,并通过中断服务程序向输出口分配控制数据。若利用 8031 单片机控制步进电机,采用其 CTC0(零号定时/计数器)作为定时器时,则速度控制程序为:

```
FC:    MOV TL0, 5BH      ;5AH、5BH 中存放着与速度
       MOV TH0, 5AH      ;相应的定时常数
       SETB TR0          ;起动定时器
       :                 ;其他程序,如脉冲分配等
```

```
INTR0：MOV TL0, 5BH        ；重装定时常数
       MOV TH0, 5AH
       MOV P1, 55H         ；输出脉冲分配控制数据
       RETI                ；中断返回
```

程序中前三条指令的作用是预置定时常数及起动定时器,可放在主程序中执行,也可作为子程序调用。定时器起动后,计算机可进行其他工作。当有定时中断申请时,CPU 响应中断,从标号为 INTR0 的中断服务程序入口开始进行中断服务。首先重装定时常数,为下一节拍做好准备,然后 P1 口输出 55H 中寄存脉冲分配控制数据。

速度控制的关键是定时常数的确定。设数控 X—Y 工作台的脉冲当量为 δ,单位为 mm,要求的运动速度为 v,单位为 mm/min,8031 的晶振频率为 f_{osc},采用 CTC0 的工作模式 1(即 16 位定时器模式),则定时常数 T_x 可按式(5.16)确定:

$$T_x = 2^{16} - \frac{5f_{osc}\delta}{v} \tag{5.16}$$

(2)变速控制

由于步进电机转子的本身惯量较大,致使起动频率不高,尤其在步进电机带了负载以后,起动频率将会大大下降。为使步进电机能在较高的频率下可靠运行,可对其升降速度进行控制,使脉冲信号能按一定的规律升频和降频。图 5.36 为自动升降速电路的结构方框图,其工作原理为:设 P_a 为运算器送来的进给脉冲,其频率为 f_a,P_b 为实际送入步进电机分配器的工作脉冲,其频率为 f_b。

图 5.36 自动升降速电路结构方框图

P_a 和 P_b 都经同步器送入可逆计数器。同步计数器的作用在于保证不丢失 P_a 和 P_b,并使 P_a 送入可逆计数器时作加法,P_b 送入可逆计数器作减法。可逆计数器中记下的是进给脉冲与工作脉冲之差,设此数为 N,送入数模转换装置,将 N 的变化转换成电阻值 R 的变化,然后通过 R 的变化改变振荡频率。由于该电路为闭环系统。当输入量 f_a 为阶跃值时,输出量 f_b 却是缓慢变化的,从而达到自动升降速的目的。由上分析可知,只有当可逆计数器内的存数 N 不为零时,才有输出脉冲。在输入不变的进给脉冲 f_a 后,工作脉冲 f_b 则是一个变量,它从某一低频 f_{b0} 升高到 f_a。而 f_a、f_b 都要送可逆计数器,为避免两者由于重叠或相隔很短造成的计数误差,使它们都通过同步器,保证其计数正确。

在进给开始时,$f_a>f_b$,可变频振荡器的频率较低,所以反馈脉冲(即工作脉冲)数比进给脉冲数少,因而可逆计数器的寄存器数 N 逐渐增加,振荡器的频率逐步提高,经过时间 t 后使 $f_a=f_b$,达到平衡,这就是升速过程。在 $f_a=f_b$ 后,可逆计数器的存数不变,因而振荡器的频率也稳定下来,这时反馈脉冲频率和进给脉冲频率相一致,这就是恒速过程。如果运算已达到终点,进给脉冲 f_a 变为零,此时可逆计数器只有反馈脉冲。因此,可逆计数器中的存数逐渐减少,反馈脉冲的频率亦逐步

降低,直到可逆计数器中存数为零,即可逆计数器全 0,步进电动机才停止工作,这个过程就是降速过程。

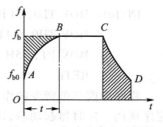

图 5.37　自动升降速过程图

由上分析可知,在整个升速、恒速和降速过程中,步进电机所走的步数和指令的进给脉冲数相等,整个升降速过程可用图 5.37 表示。

步进电机的自动升降速控制可以由电子电路实现,也可以由计算机软件实现。当前,应用计算机软件控制步进电机越来越广泛。应用计算机,特别是单片机控制步进电机,设计简单,价格低廉,应用方便,系统可靠,灵活性大。

步进电机升降速控制可以依据不同的控制规律,图 5.38 绘出了几种常用的升降速控制曲线。图 5.38a 绘出了线性升降速控制特性,这种控制是以恒定的加速度进行升、降速,实现容易,方法简单,但加速时间较长。图 5.38b 为指数曲线升降速控制,这种特性从步进电机运行矩频特性推导出来,符合步进电机加、减速的运动规律,能充分利用步进电机的有效转矩,因而快速响应好,缩短了升、降速时间。图 5.38c 所示为抛物线升、降频控制特性。这种方法充分利用步进电机低速时的有效转矩,使升、降速时间大大缩短。

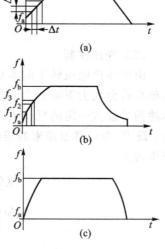

(a)

(b)

(c)

图 5.38　几种常用的升降速控制曲线

3. 步进电机的驱动

要使步进电机输出足够的转矩,必须采用功率驱动器(功率放大电路)对控制信号进行放大以驱动负载工作。步进电机的功率驱动电路种类很多,可以用晶体管驱动电源、高频晶闸管驱动电源、可关断晶闸管驱动电源和混合元件驱动电源等。驱动电源可以是单电压驱动、高低电压驱动、调频调压驱动以及细分驱动等。下面介绍几种典型驱动电路。

(1) 单电压驱动电路

如图 5.39 给出了单电压驱动电路,图中只给出步进电机的一相驱动电路,其他各相驱动电路相同。图中,适当选择 R_1、R_2、R_3 的阻值,使得当输入信号 u_A 为低电平(0.3 V)时,$u_{b2}<0$(约为 -1 V),这时功率管 VT_3 截止。当输入信号 u_A 为高电平(>3.6 V),$u_{b2}>0$(约为 0.7 V),功率管 VT_3 饱和导通,步进电机的 A 相绕组中有电流。同样,B 相绕组、C 相绕组等,只要某相为逻辑高电平,相应的相便导通。

(2) 高低电压驱动电路

为了改善步进电机的频率响应,改善励磁电流的波形,一种方法是提高电流上升时间段的励磁电压,当电流上升到一定值后,再将励磁电压减为额定值。这就是高低电压驱动的原理,其电路如图 5.40 所示。当 u_A 为高电平时,使 VT_g、VT_d 均导通,在高低压电源作用下(VD_1 处于截止状态,使低压不对绕组作用),绕组电流迅速上升,电流前沿很陡,当电流达到或超过额定电流时,利用定时电路或电流检测等措施切断 VT_g 的基极电压,于是 VT_g 截止,但 VT_d 仍是导通的,绕组电流立即转而由低电压电源经过二极管 VD_1 供给。绕组中的电流限制在额定励磁电流 I_{WY} 值。当 u_A 为低电平时,u_{bg}、u_{bd} 为低电平,VT_g、VT_d 均截止,绕组中反电动势经二极管 VD_2 和电阻 R_{f2} 向高压电源放电,绕组中电流迅速下降。

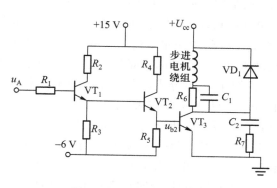

图 5.39　单电压驱动电路

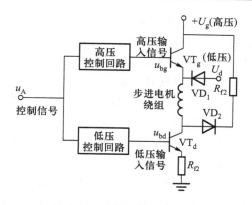

图 5.40　高低电压驱动电路

采用高低压驱动电源，步进电机绕组不需要串电阻，电源功率损耗较小。图 5.41 给出了高低压驱动电源加在绕组上的电压、电流波形。在图 5.41b 中的 t_0 期间绕组施以高电压。t_0 可以通过定时电路或绕组中的电流检测得到。

（3）恒流斩波驱动电路

这种电路采用单一高压电源供电，以加快电流上升速度，并通过对绕组电流的检测，控制功放管的开和关，使电流在控制脉冲持续期间始终保持在规定值上下，其波形如图 5.42 所示。图 5.43 是一个高低电压驱动的电流斩波控制电路。图中，电动机绕组回路中串接一个电流检测环节，当绕组电流上升到某一数值或下降到某一数值时，电流检测环节输出一信号，与分配器送来的 u_A 脉冲进行综合，经过高电压电流放大器控制高压管 VT_g 的导通与关断。低压管 VT_d 直接与 u_A 信号经电流放大器进行控制。

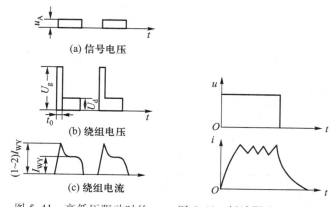

图 5.41　高低压驱动时的
电压和电流波形

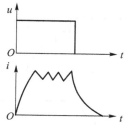

图 5.42　斩波限流驱动电路波形图

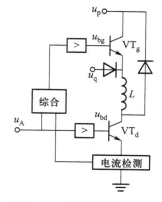

图 5.43　电流斩波控制电路

（4）细分驱动电路

1）细分原理

以上提出的步进电机各种驱动线路，都是按照环形分配器决定的分配方式控制电动机各相绕组的导通或截止，从而使电动机产生步进旋转的合成磁势拖动转子步进旋转。其步距角的大小只有两种,即整步工作或半步工作,步距角由电动机结构所确定。如果要求步进电机有更小的步距角,更高的分辨率(即脉冲当量),或者为减小电动机振动、噪声等,可以在每次输入脉冲切换时,不是将绕组电流全部通入或切除,而是只改变相应绕组中额定电流的一部分,则电动机的合成磁势也只旋转步距角的一部分,转子的每步运动也只有步距角的一部分。这里,绕组电流不是一个方波,而是阶梯波,额定电流是台阶式的投入或切除,电流分成多少个台阶,则转子就以同样的次数转过一个步距角。这种将一个步距角细分成若干步的驱动方法,称为细分驱动。

下面用磁势转换图来分析细分驱动的原理,并以三相反应式步进电机为例说明。

对应于半步工作状态,状态转换表为 A→AB→B→BC→C→CA→…,如果要将每一步细分成四步走完,则可将电动机每相绕组的电流分四个台阶切入或切出。图 5.44 画出了四细分时各相电流的变化情况,横坐标上标出的数字为切换输入 CP 脉冲的序号,同时也表示细分后的状态序号。初始状态 0 时,A 相通额定电流,即 $i_A = I_N$,当第一个 CP 脉冲到来时,B 相不是马上通额定电流,而是只通额定电流的四分之一,即 $i_B = \dfrac{I_N}{4}$,此时电动机的合成磁势由 A 相中 I_N 与 B 相中 $\dfrac{I_N}{4}$ 共同产生。由图 5.45a 可看出合成磁势的旋转情况。状态 2 时,A 相电流未变,而 B 相电流增加到 $i_B = \dfrac{I_N}{2}$;状态 3 时,$i_A = I_N$,$i_B = \dfrac{3}{4}I_N$;状态 4 时,$i_A = I_N$,$i_B = I_N$。未加细分时,从 A 到 AB 状态只需一步,而在细分工作时经四步才运行到 AB,这四步的步距角为 θ_1、θ_2、θ_3 和 θ_4(图 5.45),这四步才走完半步状态工作时一步的步距角,即 $\theta_1 + \theta_2 + \theta_3 + \theta_4 = \theta_b$。图中还表示出从 AB→B 细分的情况。不细分时,完成状态转换一个循环走六步,即 $m_1 = 6$,电动机转角为 $\theta = 6\theta_b$;细分后需 24 步才走完一个循环,即 $m_1 = 24$,电动机转角仍为 $6\theta_b$。

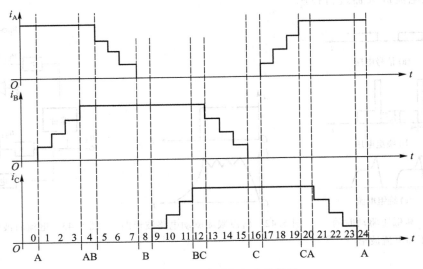

图 5.44　四细分时各相电流波形

不细分时,即电动机运行六拍时,每步的步距角理论上是一样的,即 $\theta_b = 60°$(点角度),细分后步距角应为 15°,但上述细分方法各步的步距角理论值就不相同,其中由包含 θ_1 的三角形中可以得出:

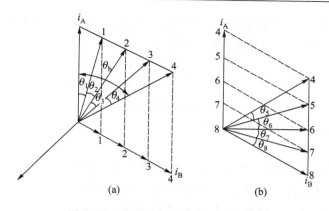

图 5.45　细分时合成磁势的旋转情况

$$\begin{cases} \dfrac{\sin(120° - \theta_1)}{4} = \dfrac{\sin\theta_1}{1} \\[2mm] \sin 120°\cos\theta_1 - \cos 120°\sin\theta_1 = 4\sin\theta_1 \\[2mm] \sin 120°\cos\theta_1 = 4\sin\theta_1 + \cos 120°\sin\theta_1 \\[2mm] \tan\theta_1 = \dfrac{\sin\theta_1}{\cos\theta_1} = \dfrac{\sin 120°}{4 + \cos 120°} \\[4mm] \tan\theta_1 = \dfrac{\dfrac{1}{4}\cos 30°}{1 - \dfrac{1}{4}\sin 30°} \end{cases} \tag{5.17}$$

可解得：

$$\theta_1 = 13.9°$$

再由

$$\begin{cases} \tan(\theta_1 + \theta_2) = \dfrac{\dfrac{2}{4}\cos 30°}{1 - \dfrac{2}{4}\sin 30°} \\[6mm] \tan(\theta_1 + \theta_2 + \theta_3) = \dfrac{\dfrac{3}{4}\cos 30°}{1 - \dfrac{3}{4}\sin 30°} \end{cases} \tag{5.18}$$

可解得：

$$\theta_2 = \theta_3 = 16.1°$$

同理，$\theta_4 = 13.9°$。

可见，四细分时步距角有两个数值，即 13.9°及 16.1°。

步距角不均匀容易引起电动机的振动和失步。如果要使细分后步距角仍然一致,则通电流的台阶就不应该是均匀的。如若使 θ_1 为 15°,则 i_B 应满足:

$$\tan 15° = \frac{i_B \cos 30°}{I_N - i_B \sin 30°}$$

得:

$$i_B = 0.267\ 9 I_N$$

同理可计算出 θ_2、θ_3、θ_4 都为 15°时的 i_B 值。

2) 细分电路

细分驱动需要控制相绕组电流的大小。前述单电压串联电阻驱动和斩波恒流驱动电路可用于细分驱动电路。利用单电压的原理实现细分驱动可以有两种电路,其一是使功放管工作在放大区,利用集电极电流 i_c 与基极电流 i_b 成正比的关系即可组成简单的细分电路,如图 5.46 所示,此时

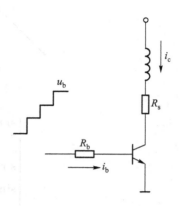

$$i_b = \frac{u_b - U_{be}}{R_b};\qquad i_c = \beta I_b = \frac{\beta(u_b - U_{be})}{R_b}$$

为使功放管在绕组电流达额定值时也不进入饱和区,应满足:

$$i_c R_s < U_P - U_{ce}$$

图 5.46 线性放大细分电路

U_{ce} 为功放管饱和压降。为使功放管在绕组电流为零时也不进入截止区,此时 u_b 应略小于功放管基射极导通压降 U_{be}。因为功放管工作在放大区耗散功率很大,所以只适用小功率的电动机。

要使功放管工作在开关状态,可用多路功放管对同一相绕组供电来实现细分驱动,具体电路如图 5.47 所示,图中以回路并联为例。如果取 $R_{s1} = R_{s2} = R_{s3} = R_{s4} = R_s$,则任一路导通时,可为绕组提供电流 U_P/R_s(U_{ce} 忽略不计),取作 $\dfrac{U_P}{R_s} = \dfrac{I_N}{4}$,就能实现四细分,额定电流工作时四个晶体管均导通。如果取 $\dfrac{U_P}{R_{s1}} = \dfrac{I_N}{4}$、$\dfrac{U_P}{R_{s2}} = \dfrac{2I_N}{4}$、$\dfrac{U_P}{R_{s3}} = \dfrac{3I_N}{4}$、$\dfrac{U_P}{R_{s4}} = I_N$,则各台阶只有一个管导通就可以了。如果取 $\dfrac{U_P}{R_{s1}} = \dfrac{I_N}{15}$、$\dfrac{U_P}{R_{s2}} = \dfrac{2I_N}{15}$、$\dfrac{U_P}{R_{s3}} = \dfrac{4I_N}{15}$、$\dfrac{U_P}{R_{s4}} = \dfrac{8I_N}{15}$,则利用导通信号的不同组合可实现十五细分。

在斩波恒流驱动电路中,绕组电流的大小取决于比较器的给定电压,所以利用这种电路实现细分实际就是对应各个电流台阶对比较器施加对应的给定电平。利用集成驱动片 3717,在给定电平端 U_R 施加台阶电平,即可实现细分驱动,如图 5.48 所示。

5.3.3 步进伺服系统设计计算

1. 主要内容

步进电机伺服系统的设计,首先应进行系统的机电参数设计和计算,即首先根据系统驱动对象的工作情况、动力负载、位移和速度的控制需要,选择合适的步进电机。然后在此基础上进行控制系统的设计,包括控制器的选型和设计、控制算法的设计等。步进伺服系统的电动机选择

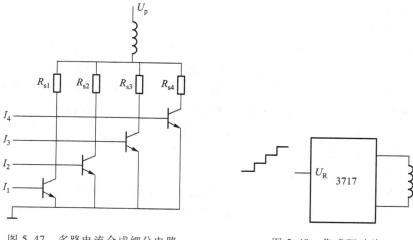

图 5.47 多路电流合成细分电路　　　图 5.48 集成驱动片

和控制方法设计应在系统论指导下有机结合。电动机参数设计的好坏,直接关系到控制系统的复杂程度和性能。因此应该重视电动机参数的设计和计算。

2. 设计计算参数

步进电机伺服系统的电动机参数设计与计算主要包括确定执行机构的参数、机械传动比、转动惯量、负载力矩以及电动机型号等。

(1) 确定脉冲当量,初选步进电机

脉冲当量应根据小于或等于系统的定位精度来确定。对于开环伺服系统,脉冲当量一般取 0.005~0.01 mm。脉冲当量取得太大,将无法满足伺服系统的定位精度要求;如果脉冲当量取得过小,则使机械系统难以实现或降低了系统的经济性。初步选择步进电机,主要依据系统提出的性能指标,选择步进电机的种类、步距角和运行频率。目前市场上提供了很多步进电机品种,但在我国最常用的步进电机有反应式步进电机(BC 或 BF 系列)和混合式步进电机(BYG 系列)两种。在电动机体积相同的条件下,混合式步进电机的转矩比反应式步进电机大,同时混合式步进电机的步距角可以做得较小。在外形尺寸上受到限制、又需要小步距角和大转矩的情况下,选择混合式步进电机。在需要快速移动大距离的条件下,应选择转动惯量小、运行频率高、价格较低的反应式步进电机。另外,混合式步进电机在断电时有自定位转矩,而反应式步进电机在停止供电后,转子处在自由位置。选择步进电机的种类和步距角需要依据具体情况而定。

(2) 确定机械系统的传动比和传动方式

一般伺服系统的机械传动都是减速系统。减速系统的传动比主要根据负载的性质、脉冲当量和其他要求来选择确定。减速系统的传动比要满足电动机和机械负载之间的转速、力矩和位移的相互匹配。在开环系统中,减速器的传动比可以按照脉冲当量和步距角来确定:

$$i = \frac{\theta \cdot P_\mathrm{h}}{360° \delta}$$

式中:i——减速器的传动比;

　　　θ——步距角;

P_h——丝杠导程；

δ——脉冲当量。

如果计算出的传动比较小,则采用一级齿轮传动或同步带传动;如果传动比很大,则要采用多级齿轮传动。多级齿轮涉及传动级数和总传动比在各级传动中的分配问题。传动级数的确定主要考虑两个因素,一方面使齿轮的总转动惯量与电动机轴上的主动轮的转动惯量比值最小,另一方面则是避免传动级数过大而使系统复杂、体积增大。总传动比在各级齿轮副上的分配大体遵循等效转动惯量最小、重量相等和输出转角最小这三个原则。如果传动比太大,则应考虑使用谐波齿轮减速器等大减速比的减速器。

（3）计算系统的等效转动惯量

机械系统各部件的转动惯量可以根据有关的转动惯量计算公式进行计算。对于某些传动件（如齿轮、丝杠等）,通常不容易精确计算出它的转动惯量,此时就将其等效为圆柱体来近似估算。详细计算公式参考第 1 章。

（4）计算电动机负载力矩

伺服系统带动被控对象运动,被控对象的负载很复杂,难于用简单的数学表达式来描述。因此在工程设计中,常常对负载作合理的简化,负载的处理方法也参考第 1 章。

（5）确定步进电机的型号并验算

在步骤（1）中,能够初步确定步进电机的种类、步距角等参数。在计算出机械系统的转动惯量和负载力矩后,根据惯量匹配原则,进一步确定步进电机的型号,并进行验证。如果该型号电动机不满足系统要求,仍需要重新考虑步进电机的选择。

（6）选择步进电机配套的驱动器

3. 控制系统设计

在初步确定电动机和各机械部件的型号和参数后,开始进行控制系统设计。在大多数情况下,两者应是并行进行的。控制系统设计主要包括硬件和软件设计两个方面。

（1）系统硬件设计

硬件设计包括控制器的设计、外围电路设计。开环系统一般以步进电机作为执行元件。选择步进电机型号后,就可以选择相应的驱动器。目前市场上步进电机和驱动器是成套出售的,一般情况下不需要自行开发驱动器。因此对于开环系统而言,控制系统设计主要集中在控制器和应用软件的设计上。控制器有工控机、单片机和 PLC 等。由于工控机的硬件和系统软件都很丰富,开发难度较小,开发工作较少。如果选择单片机作为控制器的微处理器,不仅要设计硬件电路,还需编写软件程序。下面以单片机为例介绍硬件系统和软件系统的设计。

1）选择微处理器芯片

控制系统是实时系统,运算速度决定了控制系统能否完成预定的任务;字长则决定了计算精度。对于运算量小、精度和速度要求不高的场合,可以选择 8 位机,否则要选用 16 位或 32 位机。同时,还应注意系统的开发工具是否经济、丰富。

2）系统规模确定

根据实际需要,选择单片机的存储容量和 I/O 口,并留有余地。系统还应有丰富的中断功能和实时时钟,保证伺服系统的实时性。选择单片机类型时,最好选择那些集成度高、片内含有丰富外围功能的芯片。这样可以减少元件的数量,同时增强系统的抗干扰能力。

3）电路设计和仿真

在制作 PCB 板之前，最好对电路原理图进行计算机辅助设计和仿真，及早发现存在的错误和缺陷，并进行修改。设计和制作电路板时，应注意留有余地，以便今后修改和扩展功能。对于电路的抗干扰设计也应引起足够的重视。

（2）系统软件设计

控制系统大部分设计任务集中在软件设计上。对于单片机而言，软件设计时应注意以下几点。

1）认真编写软件任务书

对控制系统应完成的功能和指标进行分析，编制详细的任务说明书。按照结构化和模块化的思路，将执行软件和系统监控软件分成不同的模块，对每个模块说明其功能、入口参数和出口参数。

2）资源分配

系统的硬件资源包括 RAM/ROM、I/O 口、定时器/计数器、中断等。对这些资源应进行认真分配，一般 I/O 口和 RAM 资源比较紧张，应仔细规划。

3）程序编写与调试

单片机程序设计语言一般采用汇编语言。因此，在编制程序时，一定要对程序的流程图、功能、资源分配等进行详细的说明。一个具有良好编程习惯的程序员，其写代码的时间远少于编写说明文档的时间。完备的文档，不仅能有效地减少程序出错概率，还有助于软件的维护。程序调试时，先单个模块进行测试。确认每个模块都没有错误后，将整个软件进行联合调试和测试。

4. 设计计算例

简易数控车床的纵向（Z 轴）进给系统，通常是采用步进电机驱动滚珠丝杠，带动装有刀架的拖板作往复直线运动，其工作原理图如图 5.49 所示，其中工作台即为拖板。

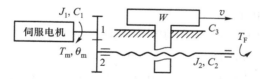

图 5.49　步进电机驱动的齿轮—丝杠进给系统

已知拖板重量 $W = 2\ 000$ N，拖板与贴塑导轨间的摩擦系数 $\mu = 0.06$，车削时最大切削负载 $F = 2\ 150$ N（与运动方向相反），Y 向切削分力 $F_Y = 2F_Z = 4\ 300$ N（垂直于导轨），要求导轨的进给速度为 $v_1 = 10 \sim 500$ mm/min，快速行程速度 $v_2 = 300$ mm/min，滚珠丝杠名义直径 $d_0 = 32$ mm，导程 $P_h = 6$ mm，丝杠总长 $l = 1\ 400$ mm，拖板最大行程为 $1\ 150$ mm，定位精度 ± 0.01 mm，试选择合适的步进电机，并检查其起动特性和工作速度。

（1）脉冲当量的选择

选择步进电机时，要考虑是否有现成的与其配套的驱动器。目前我国市场上最为常用的步进电机有反应式和混合式两种。在本例中，要求空载快进的速度比较高，定位精度要求不高，步距角可以选得大些。因此，初步确定选用价格便宜、转动惯量较小、运行频率高的反应式步进电机。初选三相步进电机采用三相六拍（1~2 相励磁）运行方式，步距角 $\theta = 0.75°$，其每转脉冲数：

$$s = \frac{360°}{\theta} = 480 \text{ p/r}$$

初选脉冲当量（每输入一个指令脉冲，步进电机驱动工作台的移动距离单位 mm/p）$\delta = 0.01$ mm/p，由此可得中间齿轮传动 i 为：

$$i = \frac{P_h}{\delta s} = \frac{6}{0.01 \times 480} = 1.25$$

选小齿轮齿数 $z_1 = 20$，$z_2 = 25$，模数 $m = 2$ mm。

（2）等效负载转矩计算

1）空载时的摩擦转矩 T_{LF}

$$T_{LF} = \frac{\mu W P_h}{2\pi \eta_s i} = \frac{0.06 \times 2\,000 \times 0.006}{2\pi \times 0.8 \times 1.25} \text{ N} \cdot \text{m} = 0.114\,6 \text{ N} \cdot \text{m}$$

2）车削加工时的负载转矩 T_L

$$T_L = \frac{[F_Z + \mu(W + F_Y)]P_h}{2\pi \eta_s i} = \frac{[2\,150 + 0.06 \times (2\,000 + 4\,300)] \times 0.006}{2\pi \times 0.8 \times 1.25} \text{ N} \cdot \text{m}$$

$$= 2.414 \text{ N} \cdot \text{m}$$

两式中 $\eta_s = 0.8$，为丝杠顶紧时的传动效率。

（3）等效转动惯量计算

1）滚动丝杠的转动惯量 J_s

$$J_s = \frac{\pi \rho d_0^4 l}{32} = \frac{\pi \times 7.85 \times 10^3 \times 0.032^4 \times 1.4}{32} \text{ kg} \cdot \text{m}^2$$

$$= 1.131 \times 10^{-3} \text{ kg} \cdot \text{m}^2$$

式中：丝杠密度 $\rho = 7.85 \times 10^3$ kg/m³。

2）拖板运动惯量换算到电动机轴上的转动惯量 J_w

$$J_w = \frac{W}{g} \times \left(\frac{P_h}{2\pi}\right)^2 \times \frac{1}{i^2} = \frac{2\,000}{9.8} \times \left(\frac{0.006}{2\pi}\right)^2 \times \frac{1}{1.25^2} \text{ kg} \cdot \text{m}^2$$

$$= 1.19 \times 10^{-4} \text{ kg} \cdot \text{m}^2$$

3）大齿轮的转动惯量 J_{g2}

$$J_{g2} = \frac{\pi \rho d_2^4 b_2}{32} = \frac{\pi \times 7.85 \times 10^3 \times 0.05^4 \times 0.01}{32} \text{ kg} \cdot \text{m}^2$$

$$= 4.82 \times 10^{-5} \text{ kg} \cdot \text{m}^2$$

式中：b_2——大齿轮宽度，$b_2 = 10$ mm。

4）小齿轮的转动惯量 J_{g1}

$$J_{g1} = \frac{\pi \rho d_1^4 b_1}{32} = \frac{\pi \times 7.85 \times 10^3 \times 0.04^4 \times 0.012}{32} \text{ kg} \cdot \text{m}^2$$

$$= 2.37 \times 10^{-5} \text{ kg} \cdot \text{m}^2$$

式中：b_1——小齿轮宽度，$b_1 = 12$ mm。

因此,换算到电动机轴上的总惯性负载 J_L 为:

$$J_L = J_{g1} + J_W + \frac{J_{g2} + J_s}{i^2} = \left(2.37 \times 10^{-5} + 1.19 \times 10^{-4} + \right.$$

$$\left. \frac{4.82 \times 10^{-5} + 1.132 \times 10^{-5}}{1.25^2} \right) \ \text{kg} \cdot \text{m}^2 = 8.98 \times 10^{-4} \ \text{kg} \cdot \text{m}^2$$

(4)初选步进电动机型号

已知 $T_L = 2.414\ \text{N}\cdot\text{m}$,$J_L = 8.98 \times 10^{-4}\ \text{kg}\cdot\text{m}^2$,初选步进电机型号为 110BF003,它的三条特性曲线如图 5.50 所示。其最大静扭矩 $T_{max} = 8\ \text{N}\cdot\text{m}$,转子惯量 $J_m = 4.7 \times 10^{-4}\ \text{kg}\cdot\text{m}^2$ 时,由此可得:

$$\frac{T_L}{T_{max}} = \frac{2.414}{8} = 0.3 < 0.5$$

$$\frac{J_L}{J_m} = \frac{8.98 \times 10^{-4}}{4.7 \times 10^{-4}} = 1.91 < 4$$

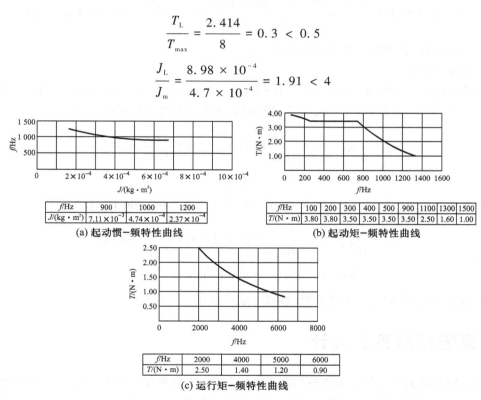

图 5.50　110BF003 型步进电机的特性曲线

该型号电动机规定最小加、减速时间为 1 s,现试算之。

在图 5.50 所示的起动惯-频特性曲线中,查不确定的、带惯性负载的最大自起动频率,可用以下公式进行计算:

$$f_L = \frac{f_m}{\sqrt{1 + \dfrac{J_L}{J_m}}} = \frac{1\ 000}{\sqrt{1 + \dfrac{8.98 \times 10^{-4}}{4.7 \times 10^{-4}}}} \ \text{Hz} = 586\ \text{Hz}$$

式中：f_m——电动机本身的起动频率，Hz。

空载时的起动时间 t_a，由下式计算：

$$t_a = 0.104\ 7 \frac{(J_L + J_m)\,n_m}{T_m T_f}$$

查电动机的起动矩-频特性曲线可知，当 $f = 586$ Hz 时，对应的转速：

$$n_m = \frac{1}{6}\theta f_L = \frac{1}{6} \times 0.75 \times 586\ \text{r/min} = 73.25\ \text{r/min}$$

由此可得：

$$t_a = 0.104\ 7 \times \frac{(4.7 \times 10^{-4} + 8.98 \times 10^{-4}) \times 73.25}{3.5 - 0.114\ 6}\ \text{s} = 0.003\ 1\ \text{s} < 1\ \text{s}$$

因此，该电动机在带惯性负载时能够起动。

（5）速度的验算

快进速度的验算：从图 5.50 的运行矩-频特性曲线查得，当 $f_{max} = 6\ 000$ Hz 时，电动机转矩 $T_m = 0.9$ N·m $> T_f = 0.114\ 6$ N·m，故可按此频率计算最大的快进速度 v_2 为：

$$v_2 = \frac{1}{6}\theta f_{max} \frac{L}{i} = \frac{1}{6} \times 0.75 \times 6\ 000 \times \frac{6}{1.25}\ \text{mm/min}$$

$$= 3\ 600\ \text{mm/min} > 300\ \text{mm/min}$$

工进速度的验算：当 $T_L = 2.414$ N·m 时，对应的频率 $f_1 \approx 2\ 000$ Hz，故有：

$$v_1 = \frac{1}{6}\theta_s f_1 \frac{L}{i} = \frac{1}{6} \times 0.75 \times 2\ 000 \times \frac{6}{1.25}\ \text{mm/min}$$

$$= 1\ 200\ \text{mm/min} > 500\ \text{mm/min}$$

综上所述，可选该型号的步进电机，且有一定的裕量。

5.4　直流伺服系统设计

用直流伺服电机作为执行元件的伺服系统，叫直流伺服系统。通常直流伺服系统包括直流电动机、直流电源及控制驱动电源、位置或速度反馈装置等单元组成。直流电源及控制驱动电路技术已经十分成熟，可根据设计需要自行设计或者选购。本小节重点介绍直流伺服电机的工作原理和特点，及其伺服控制方法，并通过实例为直流伺服机电系统设计提供参考依据。

5.4.1　直流伺服电机工作原理及类型

直流伺服电机是伺服系统中应用最早的，也是应用最为广泛的执行元件。直流伺服电机具有起动转矩大、体积小、重量轻和转速容易控制、效率高等优点。其缺点就是转子上安装具有机械运动性质的电刷和换向器，需要定期维修和更换电刷，使用寿命短、噪声大。直流伺服电机在数控机床和工业机器人等机电一体化产品中得到广泛应用。

1. 直流伺服电机的工作原理和特点

与普通电动机一样,直流伺服电机也主要由磁极、电枢、电刷及换向片等三部分组成,如图5.51 所示。其中磁极采用永磁材料制成,充磁后即可产生恒定磁场。在他励式直流伺服电机中,磁极由冲压硅钢片叠成,外绕线圈,靠外加励磁电流才能产生磁场。电枢转子也是由硅钢片叠成,表面嵌有线圈,通过电刷和换向片与外加电枢电源相连。

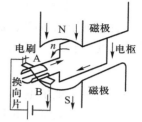

图 5.51　直流伺服
电机基本结构

当电枢绕组中通过直流电时,在定子磁场的作用下就会产生带动负载旋转的电磁转矩,驱动转子转动。通过控制电枢绕组中电流的方向和大小,就可以控制直流伺服电机的旋转方向和速度。当电枢绕组中电流为零时,伺服电机则静止不动,无自转现象。

直流伺服电机有如下特点:

1) 稳定性好。直流伺服电机具有下垂的机械特性,能在较宽的速度范围内稳定运行。

2) 可控性好。直流伺服电机具有线性的调节特性,能使转速正比于控制电压的大小;转向取决于控制电压的极性(或相位);控制电压为零时,转子惯性很小,能立即停止。

3) 响应迅速。直流伺服电机具有较大的起动转矩和较小的转动惯量,在控制信号增加、减小或消失的瞬间,直流伺服电机能快速起动、快速增速、快速减速和快速停止。

4) 控制功率低,损耗小,效率比较高。

5) 转矩大。直流伺服电机广泛应用在宽调速系统和精确位置控制系统中,其输出功率一般为 1~600 W,也有达数千瓦。电压有 6 V、9 V、12 V、24 V、27 V、48 V、110 V、220 V 等。转速可达 1 500~1 600 r/min。时间常数低于 0.03。

2. 直流伺服电机的分类

直流伺服电机按定子磁场激励方式的不同,可分为电磁式和永磁式两种。电磁式是采用励磁绕组励磁;而永磁式则和一般永磁直流电动机一样,采用氧化体、铝镍钴、稀土钴等磁材料产生激励磁场。由于永磁式直流伺服电机不需要外加励磁电源,因而在机电一体化伺服系统中应用较多。

直流伺服电机按电枢的结构与形状可分成平滑电枢型、空心电枢型和有槽电枢型等。平滑电枢型的电枢无槽,其绕组用环氧树脂粘固在电枢铁心上,因而转子形状细长,转动惯量小。空心电枢型的电枢无铁心,且常做成杯形,其转子转动惯量最小。有槽电枢型的电枢与普通直流电动机的电枢相同,因而转子转动惯量较大。

直流伺服电机还可按转子转动惯量的大小而分成大惯量、中惯量和小惯量直流伺服电机。大惯量直流伺服电机(又称直流力矩伺服电机)负载能力强,易于与机械系统匹配,而小惯量直流伺服电机的加速能力强、响应速度快、动态特性好。

根据控制方式,直流伺服电机可分为磁场控制方式和电枢控制方式。显然,永磁直流伺服电机只能采用电枢控制方式,一般电磁式直流伺服电机大多也用电枢控制式。

由上述可见,直流伺服电机有多种类型,各有特点及相应的适用场合,设计伺服系统时,应根据具体条件和要求来合理选用。

5.4.2　直流伺服电机的控制原理

根据电动机的工作原理可知直流伺服电机的控制主要就是通过调整电枢绕组的电流大小和

定子磁场的强弱,实现对电动机承载能力和转速、转角的控制。下面简单讨论直流伺服电机的这种控制特性。

1. 直流伺服电机控制特性方程

直流伺服电机的电枢等效回路如图 5.52 所示。当电动机处于稳态运行时,回路中的电流 I_a 保持不变,则电枢回路中的电压平衡方程式为:

$$U_K = E_a + I_a R_a \qquad (5.19)$$

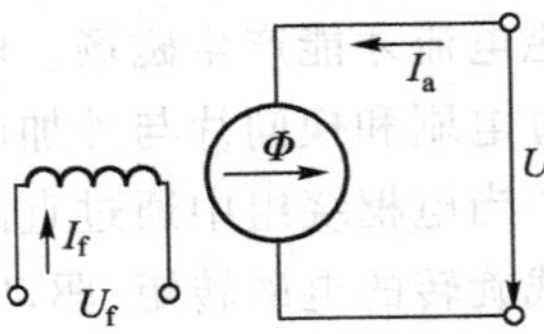

式中:U_K——电枢电压;

　　　E_a——电枢反电动势;

　　　I_a——电枢电流;

　　　R_a——电枢电阻。

图 5.52　电枢控制式直流伺服电机

转子在定子磁场中以转速 n 切割磁力线时,电枢反电动势 E_a 与转速 n 之的关系如下:

$$E_a = c_e \Phi n \qquad (5.20)$$

式中:c_e——电动势常数,仅与电动机结构有关;

　　　Φ——定子磁场中每极气隙磁通。

此外,电枢电流切割磁场磁力线所产生的电磁转矩 T 可由下式表达:

$$T = c_T \Phi I_a \qquad (5.21)$$

式中:c_T——转矩常数,仅与电动机结构有关。

根据式(5.19)、式(5.20)和式(5.21),可得到直流伺服电机运行控制特性的一般表达式:

$$n = \frac{U_K}{c_e \Phi} - \frac{T R_a}{c_e c_T \Phi^2} \qquad (5.22)$$

2. 直流伺服电机的调速方法

由上述直流伺服电机的控制特性公式可知直流伺服电机的调速方法有两种,一种是电枢电压控制,即在定子磁场不变的情况下,通过控制施加在电枢绕组两端的电压信号来控制电动机的转速和输出转矩;另一种是励磁磁场控制,即通过改变励磁电流的大小来改变定子磁场强度,从而控制电动机的转速和输出转矩。

（1）电枢电压控制方式

当电动机负载转矩 T 不变、磁通 Φ 不变时,式(5.22)右边各项除 U_K 外均为常数。因此,电动机在一定负载下转速 n 与电枢电压 U_K 有关系。即当负载转矩 T 不变、磁通 Φ 不变时,电动机的转速 n 随电枢端电压 U_K 的上升而线性增大,反之则减小,这种方式也称为恒转矩调速方式。

（2）励磁磁场控制方式

当电枢电压 U_K 不变,负载转矩 T 一定时,改变电动机励磁绕组的端电压以改变磁通 Φ,也可改变电动机转速 n 的大小。这种控制方式叫作磁极控制方式。

采用电枢电压控制方式时,由于定子磁场保持不变,其电枢电流可以达到额定值,相应的输出转矩也可以达到额定值,因而这种方式又称为恒转矩调速方式。而采用励磁磁场控制方式时,由于电动机在额定运行条件下磁场已接近饱和,因而只能通过减弱磁场的方式来改变电动机的转速。由于电枢电流不允许超过额定值,因而随着磁场的减弱,电动机转速增加,但输出转矩下降,输出功率保持不变,所以这种方式又被称为恒功率调速方式。

3. 直流伺服电机的特性

(1)机械特性

机械特性是指控制电压恒定时,电动机转速随负载转矩变化的关系,即 U_{K} = 常数时,$n = f(T)$。

由式(5.22)知,当控制电压 U_{K} 不变时,由于磁通 $\varPhi$ 不变,所以式中仅电磁转矩 T 是变量,因此转速 n 是电磁转矩 T 的线性函数,式(5.22)可写成:

$$n = n_0 - KT \tag{5.23}$$

式中:n_0——直线在纵坐标上的截距;

K——直线的斜率。

由式(5.23)可知,机械特性为一直线,如图 5.53 所示。它表明当电磁转矩 T 增加时,转速 n 下降,反之当电磁转矩 T 减小时,转速 n 上升。根据式(5.23)可得到直流伺服电机的两种特殊运行状态。

当 $T = 0$ 时,即空载时:

$$n = n_0 = \frac{U_{\mathrm{K}}}{c_e \varPhi} \tag{5.24}$$

n_0 称为理想空载转速。可见,其值与电枢电压成正比。

当 $n = 0$,即起动或堵转时:

$$T = T_{\mathrm{d}} = \frac{c_{\mathrm{T}} \varPhi U_{\mathrm{K}}}{R_{\mathrm{a}}} \tag{5.25}$$

T_{d} 称为起动转矩或堵转转矩,其值也与电枢电压成正比。

机械特性的下降斜率 $K = \dfrac{R_{\mathrm{a}}}{c_e c_{\mathrm{T}} \varPhi^2}$ 可表示为 $\Delta n / \Delta T$(ΔT 是转矩增量,Δn 是对应 ΔT 的转速增量),因此 K 值的大小表示了电动机变化,转矩变化所引起的转速变化程度。对应同样的转矩变化,转速变化大(即 K 大)的机械特性软,转速变化小(即 K 小)的机械特性硬。

图 5.54 是 U_{K} 不同时的机械特性。从前面分析可知,n_0 和 T_{d} 都和电枢电压 U_{K} 成正比,而斜率 K 与 U_{K} 无关。所以对应不同的电压 U_{K},可以得到一组相互平行的直线。电枢电压越大,直线的位置越高。

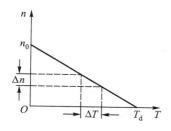

图 5.53 直流伺服电机的机械特性

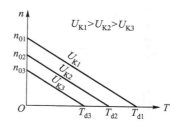

图 5.54 不同控制电压时的机械特性

（2）调节特性

调节特性是指负载力矩 $T = T_s =$ 常数的情况下，电动机的转速 n 与控制电压 U_K 之间的函数关系，即 $n = f(U_K)$。由式（5.22）可得：

$$n = \frac{U_K}{c_e \Phi} - \frac{T_s R_a}{c_e c_T \Phi^2} = K_1 U_K - K_2 T_s \qquad (5.26)$$

由上式可以看出，当 $T_s =$ 常数时，n 与 U_K 之间的关系是一条直线，直线的斜率为 $K_1 = \dfrac{1}{c_e \Phi}$，不同 T_s 时的调节特性是一组平行线，如图 5.55 所示。

如令 $n = 0$，则从式（5.26）得：

$$U_{K0} = \frac{K_2}{K_1} T_s = K T_s \qquad (5.27)$$

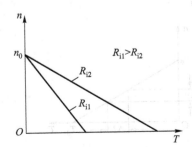

图 5.55　伺服电机的调节特性

U_{K0} 称为始动电压，即当控制电压 U_K 小于 U_{K0} 时电动机不转，只有当 $U_K > U_{K0}$ 时电动机才会转动。由图 5.55 可以看出，不同 T_s 时的调节特性与横轴的交点即为在这个负载力矩下的始动电压。在这个区域内，电动机不转，故称为电动机死区。显然，负载越大，死区也越大。直流伺服电机在理想空载（$T_{s0} = 0$）时，始动电压为零，即不存在死区。

（3）影响直流伺服电机特性的因素

上述对直流伺服电机静态特性的分析是在理想条件下进行的，实际上电动机的功放电路、电动机内部的摩擦及负载的变动等因素都对直流伺服电机的静态特性有着不容忽略的影响。

1）功放电路对机械特性的影响

直流伺服电机是由功放电路供电的，功放电路中必然存在一定内阻，其等效电路如图 5.56 所示。图中 E 为功放的恒定电动势，R_i 为内阻。此时若仍然由式（5.23）表示机械特性，则其斜率应为：

$$K = \frac{R_a + R_i}{c_e c_T \Phi^2} \qquad (5.28)$$

图 5.57 为对应不同的放大器内阻 R_i 时的机械特性。可见放大器内阻越大，机械特性越软。因此，希望放大器有较低的内阻，以改善电动机的性能。

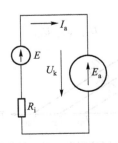

图 5.56　放大器的等效电路

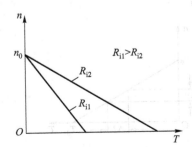

图 5.57　放大器内阻对机械特性的影响

2）电动机内部摩擦对调节特性的影响

由图 5.55 可见，直流伺服电机在理想空载时，其调节特性从原点开始（对应 $T_{s0} = 0$ 的直线）。但实际上直流伺服电机内部存在摩擦（如转子与轴承间的摩擦等），直流伺服电机在起动时需要克服一定的摩擦转矩，因而起动时电枢电压不可能为零，同样存在一个死区电压（即始动电压）。

3）负载变动对调节特性的影响

由式（5.26）可知，在负载转矩不变的条件下，直流伺服电机转速与电枢电压呈线性关系。但在实际伺服系统中，经常会遇到负载随转速变动的情况，如流体摩擦阻力是随转速增加而增加的，数控机床切削加工过程中的切削力也是随进给速度变化而变化的。这时由于负载的变动将导致调节特性的非线性问题。

4）电枢电压较小时对调节特性的影响

理论上，在任意负载力矩 T_s 下，直流伺服电机的转速都可以从零开始向上调节。实际上，当电枢电压 U_K 比较小时，电动机的转速在每分钟几转到几十转范围内是不稳定的，会出现时快时慢的现象，称为直流电动机低速运转的不稳定性。产生这种现象的原因是当 U_K 很低时，电动机的反电动势很小，因此由齿槽效应等因素造成的电动势脉动的影响增大。同时，电枢回路电阻（主要是电刷与换向器的接触电阻）变化，也是造成转速不稳的重要原因。

根据上述直流电动机的控制特性，在实际设计直流伺服系统时，主要考虑直流伺服系统的速度控制和位置控制的实现。其中速度控制主要有晶闸管双闭环调速和 PWM 调速两种方法。

5.4.3 晶闸管直流伺服电机调速系统

晶闸管直流电动机调速系统以晶闸管作为电动机的驱动功率放大器，系统类型很多，但较常用的是带有速度调节和电流调节的双闭环调速系统，其电路原理如图 5.58 所示。

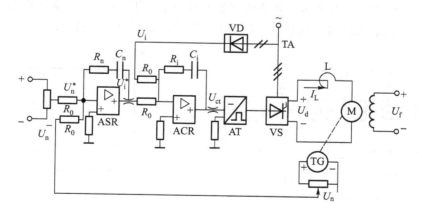

图 5.58 转速、电流双闭环调速系统电路原理

1. 转速、电流双闭环调速系统的组成

转速、电流双闭环调速系统主要由转速调节器 ASR、电流调节器 ACR、测速发电机 TG、电流互感器 TA、晶闸管触发器 AT、晶闸管 VS 及伺服电机等组成。

转速调节器 ASR 的输入接受给定转速电压 U_n^* 与测速反馈电压 U_n 之差，其输出电压经限幅,作为电流调节器 ACR 电流给定输入电压 U_i^* 与电流反馈信号电压 U_i 相比较进入 ACR。ACR 的输出电压经限幅作为晶闸管触发、整流装置的控制电压 U_{ci}。由图 5.58 可知,电流调节环在里面,称内环反馈;转速调节环在外面,称外环反馈,这样形成了转速、电流双闭环调速系统。ASR 输出限幅电压为 U_{im}^*,它决定了电流调节器的给定电压的最大值;ACR 的输出限幅电压是 U_{ctm},它限制了晶闸管整流装置的输出电压最大值。

　　为了消除系统静差并提高系统的快速响应性,通常采用 PI 调节器作为转速调节器 ASR 和电流调节器 ACR 器。PI 调节器即比例积分调节器,是同时具有比例运算和积分运算两种作用的放大器,比例积分调节器有以下特点:

　　1)由于有比例调节功能,才有了较好的动态响应特性,有了良好的快速性,弥补了积分调节的延缓作用。

　　2)由于有积分调节的功能,只要输入端有微小的信号,积分就进行,直至输出达限幅值为止。

　　正因为有这种积累、保持特性,所以积分调节在控制系统中就能消除静态误差。

　　晶闸管触发器 AT 和晶闸管 VS 作为驱动直流伺服电机的功率驱动装置。晶闸管触发器 AT 的输出脉冲控制晶闸管的导通和关断。

　　2. 双闭环调速系统的静态特性

　　由系统电路原理图 5.58 可得系统的静态(稳态)结构方框图,如图 5.59 所示。系统的 ASR 和 ACR 两个调节器为 PI 调节器,根据 PI 调节器的静态输出特性和两个调节器输出的限幅特性(图 5.58 中符号"≼"),当调节器饱和时,输出为恒值,输入量的变化不再影响输出,除非输入为反极性信号使调节器退出饱和。换句话说,饱和的调节器暂时隔断了输入和输出之间的联系,相当于系统开环。在调节器饱和的条件下,调节器隔离了输入和输出之间的线性关系。在调节器不饱和的条件下,PI 的作用使输入偏差电压在稳态时为零,实现无静差。

　　系统静态特性如图 5.60 所示。转速调节器不饱和情况下,在系统正常运行时,两个调节器都不饱和。稳态时,它们的输入偏差电压都是零。因此有如下两个关系式:

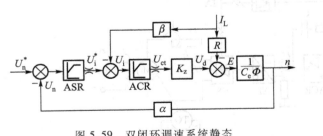

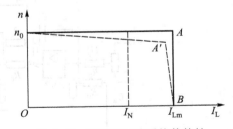

图 5.59　双闭环调速系统静态
(稳态)结构方框图

图 5.60　双闭环调速系统静特性

$$n = \frac{U_n^*}{\alpha} \qquad (5.29)$$

$$U_i^* = U_i = \beta I_L \qquad (5.30)$$

　　由于 ASR 不饱和,则 $U_i^* < U_{im}^*$,由式(5.30)知:$I_L < I_{Lm}$。一般设计成 $I_{Lm} > I_N$(额定电流)。在两个调节器均不饱和时运行于静特性 n_0-A 段,如图 5.60 所示。

转速调节器饱和情况：当转速调节器 ASR 饱和时，ASR 输出达到限幅值 U_{im}^*，转速外环呈开环状态，转速的变化对系统不再产生影响（即无速度调节作用），双闭环系统已经变成只有电流内环无静差的单闭环系统。稳态时，有：

$$I_L = \frac{U_{im}^*}{\beta} = I_{Lm} \qquad (5.31)$$

式中，I_{Lm} 为设计最大电流。它决定于电动机的允许过载能力和拖动系统所要求的最大加速度。在转速 $n<n_0$ 的范围内，式（5.31）描述了图 5.60 静特性的 AB 段。

由图 5.60 可见，双闭环调速系统的静特性在负载电流 $I_L<I_{Lm}$ 时，表现为转速无静差（$\Delta n = 0$）。这时，系统以转速负反馈起主要调节作用。当 I_L 达到 I_{Lm} 以后，转速调节器 ASR 输出饱和。此时系统以电流调节器起主要作用，系统表现为电流无静差（$\Delta I_L = 0$），起到过电流的自动保护作用。这正是转速、电流双闭环对系统的作用。从静特性 $n=f(I_L)$ 看，双闭环系统比带电流截止负反馈的单闭环系统静特性要优越。

图 5.60 中还画出虚线所示的静特性。这是考虑到运算放大器的开环增益并非理想情况（无穷大）而产生的实际偏差。

双闭环调速系统在稳态运行情况下，两个调节器 ASR 和 ACR 均未达到饱和，它们的输出是无静差的，有式（5.29）和式（5.30）两式的关系。由图 5.59 静态结构方框图可得出如下关系式：

$$U_{ct} = \frac{U_d}{K_2} = \frac{c_e\Phi n + I_L R}{K_2} = \frac{\dfrac{c_e\Phi U_n^*}{\alpha} + I_L R}{K_2} \qquad (5.32)$$

由上述关系式，可以看出，系统在稳态工作时，转速 n 由给定电压 U_n^* 决定；ASR 的输出电压 U_i^* 是由负载电流 I_L 决定；而晶闸管触发和整流装置的控制电压 U_{ct} 同时由 n 和 I_L 决定，就是 U_n^* 和 I_L 决定，也就是说，两个 PI 调节器在输出未饱和时的输出量 U_i^* 和 U_{ct}，只与转速 n 的稳态值和 I_L 的稳态值有关，而与偏差 Δn 和 ΔI_L 无关。这正是与比例调节器的不同之处。其输出量的稳态值与输入无关，而是由它后面环节的需要决定的。后面需要 PI 调节器提供多么大的输出值，它就能提供多少，直到饱和为止。根据这一特点可以方便地计算出转速反馈系数和电流反馈系数即

$$\begin{cases} \alpha = \dfrac{U_{nm}^*}{n_{max}} \\[3mm] \beta = \dfrac{U_{im}^*}{I_{Lm}} \end{cases} \qquad (5.33)$$

式中，最大给定转速电压 U_{nm}^* 和 ASR 最大输出限幅电压 U_{im}^* 由运算放大器的允许输入电压决定。

　3. 双闭环调速系统的动态结构图

根据图 5.58 双闭环调速系统的电路原理图，分别求出各元器件的传递函数可进一步得到如图 5.61 所示的双闭环调速系统动态结构图。图中 $W_n(s)$ 和 $W_i(s)$ 分别表示转速调节器和电流调节器的传递函数。为引出电流反馈，在电动机的动态结构图中把电枢电流 I_a 作为变量引出。

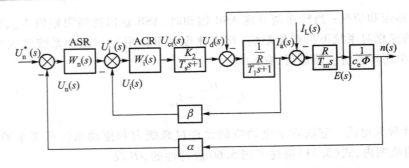

图 5.61　双闭环调速系统动态结构图

转速调节器和电流调节器的传递函数 $W_n(s)$ 和 $W_i(s)$ 均采用 PI 调节电路,则有:

$$W_n(s) = W_i(s) = K_p \frac{\tau_1 s + 1}{\tau_1 s} \tag{5.34}$$

式中:τ_1——PI 调节器的超前时间常数,$\tau_1 = R_1 C_1$。

晶闸管的传递函数为:

$$\frac{U_d(s)}{U_{ct}(s)} = \frac{K_2}{1 + T_s s} \tag{5.35}$$

由直流伺服电机的数学模型经简化可得其传递函数为:

$$\frac{E(s)}{I_a(s) - I_L(s)} = \frac{R}{T_m s} \tag{5.36}$$

感应电动势 $E(s)$ 与转速 n 之间的传递函数为:

$$\frac{n(s)}{E(s)} = \frac{1}{c_e \Phi} \tag{5.37}$$

由以上各环节的传递函数可建立整个系统的数学模型,并对系统进行动态性能分析。

5.4.4　直流脉宽调制型(PWM)伺服电机调速系统

脉宽调制型(PWM)调速系统是以脉宽调制功率变换(PWM)技术驱动直流伺服电机,与晶闸管相位控制的直流调速系统一样组成闭环控制系统,其静、动态分析与设计方法基本相同。

1. PWM 直流脉宽调制型调速原理

PWM 直流脉宽调制型调速控制结构如图 5.62 所示。主要由两部分组成,一部分是电压-脉宽变换器,另一部分是 PWM 开关功率放大器。

电压-脉宽变换器由三角波(或锯齿波)发生器、加法器和比较器组成。三角波发生器用于产生一定频率的三角波 U_T,该三角波经加法器与输入的指令信号 U_I 相加,产生信号 $U_I + U_T$,然后送入电压比较器。两个输入端的信号差的微弱变化,会使比较器输出对应的开关信号。一般情况下,比较器负输入端接地,信号 $U_I + U_T$ 从正端输入。当 $U_I + U_T > 0$ 时,比较器输出满幅度的正电平;当 $U_I + U_T < 0$ 时,比较器输出满幅度的负电平。电压-脉宽变换器对信号波形的调制过程如图 5.63 所示。

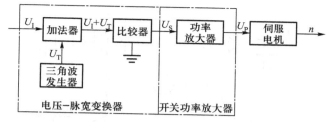

图 5.62 PWM 直流脉宽调制型调速控制结构图

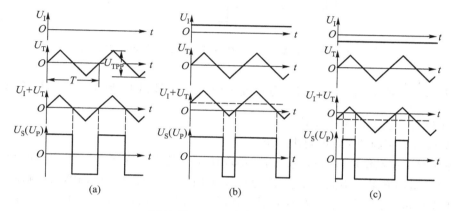

图 5.63 PWM 脉宽调制波形

当指令信号 $U_I = 0$ 时,输出信号 U_S 为正、负脉冲宽度相等的矩形脉冲,如图 5.63a 所示;当指令信号 $U_I > 0$ 时,U_S 的正脉宽大于负脉宽,如图 5.63b 所示;当指令信号 $U_I < 0$ 时,U_S 的负脉宽大于正脉宽,如图 5.63c 所示;当指令信号 $U_I \geqslant \dfrac{U_{TPP}}{2}$($U_{TPP}$ 是三角波的峰—峰值)时,U_S 为正直流信号;当指令信号 $U_I \leqslant \dfrac{U_{TPP}}{2}$ 时,U_S 为负直流信号。

PWM 开关功率放大器的作用是对电压-脉宽变换器输出的信号 U_S 进行放大,输出具有足够大功率的信号 U_P,以驱动直流伺服电机,本书在第 5.2.3 节已就 PWM 功率驱动技术进行了详细论述。图 5.64 是双极性输出的 H 型桥式 PWM 晶体管功率放大器的电路原理图。U_S 来自电压-脉宽变换器的输出,$-U_S$ 可通过对 U_S 反相获得。当 $U_S > 0$ 时,VT_1 和 VT_4 导通;$U_S < 0$ 时,VT_2 和 VT_3 导通。该功放电路及其所驱动的直流伺服电机有以下四种工作状态。

1)当 $U_I = 0$ 时,U_S 的正、负脉宽相等,直流分量为零,VT_1 和 VT_4 的导通时间与 VT_2 和 VT_3 的导通时间相等,流过电枢绕组中的平均电流等于零,电动机不转。但在交流分量作用下,电动机在停止位置处微振,这种微振有动力润滑作用,可消除电动机启动时的静摩擦,减小起动电压。

2)当 $U_I > 0$ 时,U_S 的正脉宽大于负脉宽,直流分量大于零,VT_1 和 VT_4 的导通时间长于 VT_2 和 VT_3 的导通时间,流过绕组中的电流平均值大于零,电动机正转,且随着 U_I 增加,转速增加。

3)当 $U_I < 0$ 时,U_S 的直流分量小于零,电枢绕组中的电流平均值也小于零,电动机反转,且反转转速随着 U_I 减小而增加。

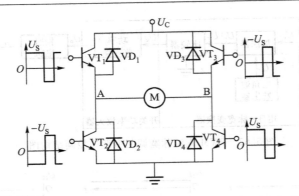

图 5.64　H 型桥式 PWM 晶体管功率放大器的电路原理图

4）当 $U_1 \geqslant \dfrac{U_{TPP}}{2}$ 或 $U_1 \leqslant \dfrac{U_{TPP}}{2}$ 时，U_S 为正或负的直流信号，VT_1 和 VT_4 或 VT_2 和 VT_3 始终导通，电动机在最高转速下正转或反转。

2. 典型双闭环控制的 PWM 调速系统

双闭环脉宽调速系统原理方框图，如图 5.65 所示。其中系统闭环控制方案仍沿用前述的典型转速、电流双闭环方案。不同之处在于，系统中采用了脉宽调制单元 UPW、调制波产生器 GM、逻辑延时环节 DLD、电力晶体管基极驱动器 GD 以及瞬时动作的限流保护 FA 等。下面分别介绍上面几个特殊部件的工作原理。

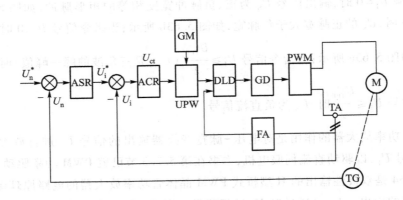

图 5.65　双闭环脉宽调速系统原理方框图

（1）脉宽调制单元 UPW　脉宽调制单元是将电压信号变换为脉宽可调的脉冲信号装置。在系统原理图中，由电流调节器 ACR 输出的控制电压 U_{ct} 作为 UPW 输入信号，UPW 的输出为脉冲信号，它的脉冲宽度与 U_{ct} 成正比。实现脉宽调制功能的电路很多。

（2）逻辑延时环节比 DLD

设置 DLD 的主要目的是保护跨接于 PWM 变换器电源 U_S 两端的上、下两只电力晶体管不至瞬时同时导通，造成短路，甚至损坏电力晶体管。可逆 PWM 变换器正常工作时，是上、下两电力晶体管交替导通和关断。但是电力晶体管，从饱和导通到截止，有存储时间 t_s 和电流下降时间 t_f。这两个时间构成晶体管的关断时间 t_{off}，即 $t_{off} = t_s + t_f$。

　　如果交替工作的两个晶体管,一个已经导通而另一个处于 t_{off} 阶段,而此时这一管尚未真正关断,因而造成两管都导通。同样,由于晶体管从截止到饱和导通也有开通时间 $t_{\text{on}} = t_d + t_r$(其中 t_d 是延迟时间, t_r 为上升时间)。也存在两管同时导通的可能性。为此设置了 DLD 环节。一般 DLD 由 R、C 延迟电路组成,具体电路从略。

　　(3)瞬时动作的限流保护环节 FA

　　FA 的设置是为一旦 PWM 变换器某桥臂电流超过允许最大电流时,FA 环节使电力晶体管 VT_1 和 VT_4(或 VT_2 和 VT_3)同时封锁截止,以便保护电力晶体管不会造成脉冲损坏。

　　(4)基极驱动器 GD

　　脉宽调制单元 UPW 输信号经过分选和逻辑延时后,送到基极驱动器做功率放大,以使电力晶体管基极得到足够的驱动功率。使晶体管达到饱和导通或可靠截止。因此,每个电力晶体管应设计独立的基极驱动器。使晶体管在相隔离;同时基极交替工作中迅速饱和导通,或迅速截止关断。这就要求基极驱动器一方面与控制电路互极驱动电流波形应设计正确,以满足迅速完成开关过程中的导通、饱和导通和截止三个阶段,要求基极电流波形一般应设计成如图 5.66 所示的形状。与控制电路的隔离问题,常采用光电耦合器件,具体电路这里也不再介绍。

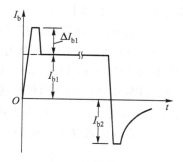

图 5.66　开关晶体管要求基极电流波形图

5.4.5　直流位置伺服控制系统

1. 直流位置伺服系统控制结构方框图

　　位置控制系统是应用领域非常广泛的一类系统,如数控机床、工业机器人、雷达天线和电子望远镜的瞄准系统等。直流位置伺服系统可采用电流环、速度环、位置环等多层反馈结构。即在电流、速度双闭环伺服系统的基础上,增加位置反馈环节就可构成直流位置控制伺服系统。在一般位置控制系统的实现中,根据选用位置反馈环节输出信号的不同,位置环有模拟式和数字式两种实现形式。直流位置伺服控制系统的组成结构如图 5.67 所示。

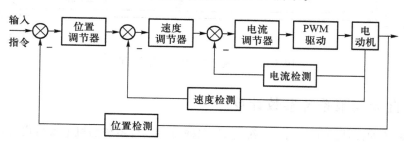

图 5.67　直流伺服控制系统结构方框图

　　(1)电流环

　　电流值由电流传感器取自伺服电机的电枢回路,主要用于对电枢回路的滞后进行补偿,使动态电流按要求的规律变化。采用电流环后,反电动势对电枢电流的影响将变得很小,这样在电动机负载突变时,电流负反馈的引入起到了过载保护的作用。

（2）速度环

伺服电机的转速可由测速发电机或光电编码器获得。速度反馈用于对电动机的速度误差进行调节,以实现要求的动态特性,同时,速度环的引入还会增加系统的动态阻尼比,减小系统的超调,使电动机运行更加平稳。

（3）位置环

可采用脉冲编码器或光栅尺等对转角或直线位移进行测量。将系统的实际位置转换成具有一定精度的电信号,与指令信号比较产生偏差控制信号,控制电动机向消除误差的方向旋转,直到达到一定的位置精度。

2. 直流位置伺服系统控制电路图

图 5.68 为一采用单片机控制的直流位置伺服系统原理图。图中伺服电机的控制电压由单片机输出后送入 0832 进行 D/A 转换,转换后的模拟量经放大和电平转换送入 PWM 功放电路,产生的 PWM 波驱动电动机旋转;采用测速发电机对电动机的转速进行测量,经放大后送入 0809进行 A/D 转换,转换后送入单片机;电动机的转角位移由 9 位绝对式光电编码器直接送入 8751的端口,进行位置反馈。控制系统中的速度调节器和位置调节器将由 8751 的应用程序来完成。

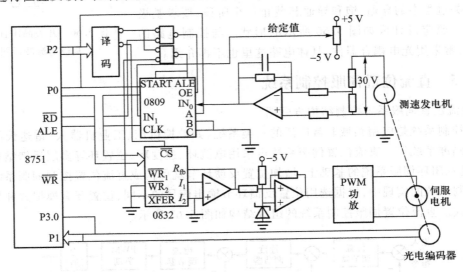

图 5.68　直流位置伺服系统原理图

5.4.6　直流伺服系统参数计算

直流伺服系统的设计同步进伺服系统类似,同样应该进行系统的机电参数设计和计算,然后在此基础上进行控制系统的设计。在机电参数计算时,直流伺服电机的选用要满足惯量匹配和容量匹配原则。由于直流伺服电机的机械特性较软,常用于闭环控制,因此对于直流伺服电机的选择,还应考察固有频率和阻尼比等。在控制系统设计时,同样要综合设计系统的硬件结构和软件程序。

1. 计算原则

（1）惯量匹配原则

理论分析和实践证明,负载惯量和电动机惯量的比值对伺服系统的性能有很大的影响,且与伺服电机的种类以及应用场合有关,直流伺服系统通常分小惯量直流伺服和大惯量直流伺服两种情况。这里我们只讨论大惯量直流伺服的情况。大惯量直流伺服电机 J_{eL}/J_m 推荐为 $0.25 \leqslant \dfrac{J_{eL}}{J_m} \leqslant 1$。

大惯量宽调速伺服的特点是转矩大、惯量大,能在低速范围内提供额定转矩,常常不需要传动装置而与滚珠丝杠直接连接,受惯性负载的影响小。转矩力质量比值高于普通电动机而小于小惯量伺服电机。大惯量伺服电机的惯量 $J_m \approx 0.1 \sim 0.6 \text{ kg} \cdot \text{m}^2$。

（2）等效转矩 T_{rms}

直流伺服电机的转矩–速度特性曲线一般分为连续工作区、断续工作区和加刃减速区。图 5.69 是北京数控机床厂生产的 FB–15 型直流电动机的转矩–速度特性曲线。图 5.69 中 a、b、c、d、e 五条曲线组成电动机的三个区域,描述了电动机转矩和速度之间的关系。曲线 a 为电动机温度限制曲线,在此曲线上电动机达到绝缘所允许的极限值,电动机在此曲线内能长期工作。曲线 c 为电动机最高转速限制线,随着转速上升,电枢电压升高,整流子片间电压升高,超过一定值有发生起火的危险。转矩曲线 d 中最大转矩主要受永磁体材料的去磁限制,当去磁超过某

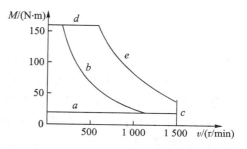

图 5.69 直流电动机的转矩–速度特性曲线

值后,铁氧体磁性发生变化。在连续区,电动机转矩和转速可以任意组合而长期工作。在断续区,电动机只允许短时间工作或周期间歇性工作,工作一段时间停歇一段时间,间歇循环允许工作的时间长短因载荷而异。加减速区只供电动机加、减速期间工作。由于三个区的用途不同,电动机转矩选择方法也不同。工程上常根据电动机发热等效原则,将重复短时工作制折算为连续工作制来选择电动机。选择方法是:在一个工作循环周期内,计算所需电动机转矩的均方根值(即等效转矩),寻找连续额定转矩大于该值的电动机。

常见的变转矩、加减速控制的两种计算模型如图 5.70 所示。图 5.70a 是一般伺服系统的计算模型。根据电动机发热条件的等效原则,三角形转矩波在加减速时的均方根转矩 T_{rms} 由下式近似计算:

$$T_{rms} \approx \sqrt{\frac{T_1^2 t_1 + 3T_2^2 t_2 + T_3^2 t_3}{3t_p}} \tag{5.38}$$

式中:t_p——一个负载周期的时间,$t_p = t_1 + t_2 + t_3 + t_4$。

图 5.70b 为常用的矩形波负载转矩、加减速计算模型,其 T_{rms} 为:

$$T_{rms} \approx \sqrt{\frac{T_1^2 t_1 + T_2^2 t_2 + T_3^2 t_3}{t_p}} \tag{5.39}$$

式(5.38)和式(5.39)的适用条件是,t_p 小于温度上升热时间常数的四分之一,且温度上升热时间常数和冷却时间常数相等(一般情况下,这些条件都是满足的)。选择直流伺服电机的额定转矩 T_R 时,应满足:

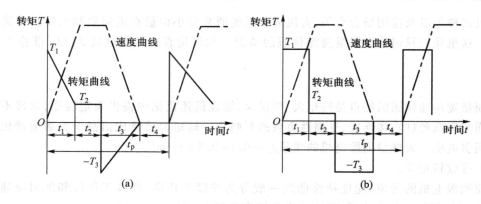

图 5.70　两种常见的负载−加减速控制计算模型

$$T_{\mathrm{R}} = K_1 K_2 T_{\mathrm{rms}} \tag{5.40}$$

式中：K_1——安全系数，一般取 $K_1 = 1.2$；

　　　K_2——转矩波形系数，矩形转矩波取 1.05，三角形转矩波取 1.67。

如果计算的 $K_1 \times K_2$ 值略小于推荐值的乘积，则应检查电动机的温度上升是否超过温度限值，不超过时仍可采用。否则应重新选择电动机。直流伺服电机应根据负载转矩、惯性负载来选择电动机的种类（大惯量还是小惯量电动机）；按照电动机的工作特性曲线及设计要求来进行计算和型号的确定，还应检查其起动、加减速能力，必要时应检查其温升。

2. 设计计算例

下面以三合板半圆筒的激光切割机为例介绍直流伺服系统的参数计算方法。激光切割机采用 YAG 固体激光器由高压电源激励，产生的激光束经导光与聚焦系统、由激光头输出的光斑照射工作表面进行切割。

激光切割机的主要设计技术参数如下：① α 轴（主轴）的周向加工速度 $100 \sim 300$ mm/min（可调）；② X 轴（进给轴）最大速度 6 000 mm/min；③ α 轴与 X 轴的加速时间 0.5 s；④ X 向最大移动量 2 000 mm；⑤ α 向最大回转角 180°；⑥ α 轴周向和 X 轴的最小设定单位（脉冲当量）±0.01 mm/p；⑦ 定位精度 0.1 mm 以内；⑧ 传感器（旋转编码器）1 000 p/r。

激光切割机包括 α 轴和 X 轴系两个半闭环伺服传动系统。α 轴系由直流伺服电机通过三级齿轮传动减速，使工件仅在 180° 范围内回转，电动机轴上装有编码器进行角位移检测和反馈。X 轴系由直流伺服电机直接驱动滚珠丝杠、带动装有整个 α 轴系的工作台往复运动（图 5.71），编码器通过齿轮传动增速与电动机轴相连，以获得所需的脉冲当量。下面以 X 轴的伺服传动为例进行系统的机电参数计算。

（1）根据脉冲当量确定丝杠导程 P_{h} 或中间齿轮传动比 i

如图 5.71 所示，已知：线位移脉冲当量 $\delta = 0.01$ mm/p，编码器的分辨率 $s = 1\ 000$ p/r，相当于该轴上的每个脉

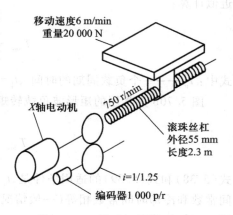

移动速度 6 m/min
重量 20 000 N
X 轴电动机
750 r/min
滚珠丝杠
外径 55 mm
长度 2.3 m
$i = 1/1.25$
编码器 1 000 p/r

图 5.71　X 轴系伺服传动系统

冲步距角 $\theta = \dfrac{360°}{1\,000} = 0.36°$，换算到电动机轴上 $\theta_m = \theta \times 1.25 = 0.45°$。电动机直接驱动丝杠时，其中间齿轮传动比 $i = 1$。根据线位移脉冲当量的定义，可知

$$P_h = \delta i \times \frac{360°}{\theta_m} = 0.01 \times 1 \times \frac{360°}{0.45°}\ \text{mm} = 8\ \text{mm}$$

（2）所需的电动机转速计算

已知：线速度 $v_2 = 6\,000$ mm/min，所需的电动机转速 n_m 为：

$$n_m = \frac{v_2}{P_h} = \frac{6\,000}{8}\ \text{r/min} = 750\ \text{r/min}$$

因此，编码器轴上的转速 $n_r = \dfrac{n_m}{1.25} = 600$ r/min。

（3）等效负载转矩计算

已知：移动体（含工件、整个 α 轴系和工作台）的重力 $W = 20\,000$ N，贴塑导轨上的摩擦系数 $\mu = 0.065$，移动时的摩擦力 $F_1 = \mu W = 1\,300$ N，滚珠丝杠副的效率 $\eta = 0.9$。根据机械效率公式，换算到电动机轴上所需的转矩 T_1 为：

$$T_1 = \frac{\mu W P_h}{2\pi\eta} = \frac{0.065 \times 20\,000 \times 0.008}{2\pi \times 0.9} = 1.839\ \text{N} \cdot \text{m}$$

由于移动体的重量很大，滚珠丝杠副必须事先预紧，其预紧力为最大轴向载荷的 1/3 时，其刚度增 2 倍，变形量减小 1/2。预紧力 $F_2 = \dfrac{F_1}{3} = 433.33$ N，螺母内部的摩擦系数 $\mu_m = 0.3$，因此，滚珠丝杠预紧后的摩擦转矩 T_2 为：

$$T_2 = \mu_m \frac{F_2 P_h}{2\pi} = 0.3 \times \frac{433.33 \times 0.008}{2\pi}\ \text{N} \cdot \text{m} = 0.165\,6\ \text{N} \cdot \text{m}$$

在电动机轴上的等效负载转矩 T_L 为：$T_L = T_1 + T_2 = 2.004\,6$ N·m

（4）等效转动惯量计算

1）换算到电动机轴上的移动体 J_1

根据运动惯量换算的动能相等原则计算得：

$$J_1 = \frac{W}{g}\left(\frac{P_h}{2\pi}\right)^2 = \frac{20\,000}{9.8} \times \left(\frac{0.008}{2\pi}\right)^2\ \text{kg} \cdot \text{m}^2 = 3.308 \times 10^{-3}\ \text{kg} \cdot \text{m}^2$$

2）换算到电动机轴上的传动系统 J_2

传动系统（含滚珠丝杠副、齿轮及编码器等）的等效转动惯量 J_2，计算结果为：

$$J_2 = 0.021\,152\ \text{kg} \cdot \text{m}^2$$

因此，换算到电动机轴上的等效转动惯量 J_L 为：

$$J_L = J_1 + J_2 = (3.308 \times 10^{-3} + 0.021\,152)\ \text{kg} \cdot \text{m}^2 = 2.45 \times 10^{-2}\ \text{kg} \cdot \text{m}^2$$

（5）初选直流伺服电机的型号

根据 T_L 和 J_L 的计算结果，查日本三洋直流伺服电机的产品规格参数表 5.6，初选电动机型号为 CN-800-10，电动机参数为 $T_M = 8.3$ N·m，$J_m = 0.91 \times 10^{-2}$ kg·m^2，则有 $\dfrac{J_L}{J_m} = \dfrac{2.45}{0.91} = 2.69 < 3$，$n_R = 1\,000$ r/min，$n_{max} = 1\,500$ r/min。

表 5.6　日本三洋直流伺服电机产品规格参数表

参数		C-100-20	C-200-20	CN-400-10	CN-800-10
额定输出功率	P_R/kW	0.12	0.23	0.45	0.85
额定电枢电压	E_R/V	70	60	105	100
额定转矩	T_M/(N·m)	1.17	2.25	4.40	8.30
额定电枢电流	I_R/A	3.1	5.8	5.6	11
额定转速	n_R/(r/min)	1 000	1 000	1 000	1 000
连续失速转矩	T_s/(N·m)	1.45	2.90	5.50	10.50
瞬时最大转矩	T_{ps}/(N·m)	13.00	26.00	40.00	80.00
最大转速	n_{max}/(r/min)	2 000	2 000	1 500	1 500
比功率	Q/(kW/s)	1.32	2.92	3.22	7.4
转矩常数	K_T/(N·m/A)	0.46	0.46	0.92	0.92
感应电压常数	K_E/(V/Kr/min)	47.5	47.5	95	95
转子惯量	J_m/(kg·m^2)	0.10×10^{-2}	0.17×10^{-2}	0.59×10^{-2}	0.91×10^{-2}
电枢阻抗	R_a/Ω	4.7	1.65	2.2	0.78
电枢电感	L_a/mH	11	4.5	8	3.7
机械时间常数	t_m/ms	23	15	16	10
电气时间常数	t_e/ms	2.4	2.7	3.8	4.7
热稳定常数	t_{th}/ms	45	50	60	70
热阻抗	R_{th}/(℃/W)	1.5	1.0	0.75	0.6
电枢绕组温度上限	℃	130	130	130	130

（6）计算电动机需要的转矩 T_m

已知：加速时间 $t_1 = 0.5$ s，电动机转速 $n_m = 750$ r/min，滚珠丝杠传动效率 $\eta = 0.9$，根据动力学公式，电动机所需的转矩 T_m 为：

$$T_m = T_a + T_L = \frac{2\pi}{60}(J_m + J_L)\frac{n_m}{t_1 \eta} + T_L$$

$$= \left[\frac{2\pi}{60}(0.91 \times 10^{-2} + 2.45 \times 10^{-2})\frac{750}{0.5 \times 0.9} + 2.004\,5\right] \text{N·m}$$

$$= 7.87 \text{ N·m}$$

（7）伺服电机的确定

1）伺服电机的安全系数检查

$T_{Lr} = T_m = 7.87 \text{ N} \cdot \text{m}$，故有 $\dfrac{T_M}{T_{Lr}} = \dfrac{8.30}{7.87} = 1.055 < 1.26$

由于该电动机的安全系数很小，必须检查电动机的温升。

2）热时间常数检查

已知：$t_p = 1 \text{ s}, t_{th} = 70 \text{ min}$，故 $t_p \ll 0.25 t_{th}$。

3）电动机的 ω_n 和 ζ 检查

已知：$t_m = 10 \text{ ms}, t_e = 4.7 \text{ ms}$，则有：

$$\omega_n = \sqrt{\frac{1}{t_m t_e}} = \sqrt{\frac{1}{10 \times 10^{-3} \times 4.7 \times 10^{-3}}} \text{ rad/s} = 145.9 \text{ rad/s} > 80 \text{ rad/s}$$

$$\zeta = \frac{1}{2}\sqrt{\frac{t_m}{t_e}} = \frac{1}{2}\sqrt{\frac{10 \times 10^{-3}}{4.7 \times 10^{-3}}} = 0.729$$

该 ζ 值比较接近最佳阻尼比 0.707。

（8）电动机温升检查

在连续工作循环条件下，检查电动机的温升。

1）加速时的电枢电流 I_a

$$I_a = \frac{T_m}{K_T}$$

式中：K_T——电动机转矩常数，$K_T = 0.92 \text{ N} \cdot \text{m/A}$。

所以 $I_a = \dfrac{7.87}{0.92} \text{ A} = 8.55 \text{ A}$

2）温升的第一次估算

当温度为 $t_1 ℃$ 时，对应的电枢电阻 R_{at} 为：

$$R_{at} = R_{20}[1 + 3.93 \times 10^{-3}(t_1 - 20)]$$

式中：R_{20}——20 ℃时的电枢电阻。

由表 5.6 查得 $R_{20} = 0.78 \text{ }\Omega$，设 $t_1 = 60 ℃$，则有：

$$R_{at} = 0.78 \times [1 + 3.93 \times 10^{-3}(60 - 20)] \text{ }\Omega = 0.902 \text{ }\Omega$$

在该温度下的电功率损耗 P_e 为：

$$P_e = I_a^2 R_{at} = 8.55^2 \times 0.902 \text{ W} = 65.94 \text{ W}$$

由表 5.6 查得热阻抗 $R_{th} = 0.6 ℃/\text{W}$，因此，电枢的温升：

$$\Delta t_1 = P_e R_{th} = 65.94 \times 0.6 ℃ = 39.56 ℃$$

若环境温度为 25 ℃，则电枢温度为 64.56 ℃，以此温度作为第二次估算的基础。

3）温升的第二次估算

设 $t_1 = 65 ℃$，则有：

$$R_{at} = 0.78 \times [1 + 3.93 \times 10^{-3} \times (65 - 20)] \text{ }\Omega = 0.918 \text{ }\Omega$$

$$P_e = I_a^2 R_{at} = 8.55^2 \times 0.918 \text{ W} = 67.11 \text{ W}$$
$$\Delta t_1 = P_e R_{th} = 67.11 \times 0.6 \text{ ℃} = 40.27 \text{ ℃}$$

若环境温度为 25 ℃,则电枢温度为 65.27 ℃,与假设温度基本一致。

4）温升的第三次估算

设 $t_1 = 83$ ℃(热带地区),则有:

$$R_{at} = 0.78 \times [1 + 3.93 \times 10^{-3}(83 - 20)] \text{ Ω} = 0.973 \text{ Ω}$$
$$P_e = I_a^2 R_{at} = 8.55^2 \times 0.973 \text{ W} = 71.13 \text{ W}$$
$$\Delta t_1 = P_e R_{th} = 71.13 \times 0.6 \text{ ℃} = 42.68 \text{ ℃}$$

若环境温度为 40 ℃,则电枢温度为 82.68 ℃,与假设温度基本一致。

查表 5.6,对于电枢绕组绝缘等级为 F 级的电动机,当环境温度为 40 ℃时,电动机允许的温升限值可达 100 ℃。因此,该电动机的安全系数虽然较小,在设计参数范围内,仍可正常使用。

（9）电动机启动特性检查

1）直线运动中的加速度计算

在等加速的直线运动过程中,其加速度 a 为:

$$a = \frac{v - v_0}{60t_a}$$

式中：v——加速过程的终点速度,m/min;

   v_0——初始速度,m/min。

已知：$v = 6$ m/min,$v_0 = 0$ m/min,$t_a = 0.5$ s,则有:

$$a = \frac{v - v_0}{60t_a} = \frac{6 - 0}{60 \times 0.5} \text{ m/s}^2 = 0.2 \text{ m/s}^2 = 0.020\,4g$$

其中,g 为重力加速度。

2）加速距离计算

在等加速运动中,其移动距离 S 为 $S = v_0 t_a + 0.5 a t_a^2$,已知：$v_0 = 0, a = 0.2$ m/s^2,$t_a = 0.5$ s,则有:

$$S = v_0 t_a + 0.5 a t_a^2 = (0 \times 0.5 + 0.5 \times 0.2 \times 0.5^2) \text{ m} = 0.025 \text{ m} = 25 \text{ mm}$$

3）等加速运动的调节特性

若 $a = 0.2$ m/s^2 保持不变,则对电动机所需的转矩毫无影响。对于不同的线速度要求,其加速时间与距离是不同的,即具有调节特性。例如:

① $v = 100$ mm/min,则有 $t_a = 8.33 \times 10^{-3}$ s, $S = 6.94 \times 10^{-3}$ mm。

② $v = 600$ mm/min,则有 $t_a = 0.05$ s, $S = 0.25$ mm。

（10）定位精度分析

X 轴系的定位精度主要取决于滚珠丝杠传动的精度和刚度,它与电动机制造精度的关系不大。已知定位精度 $\Delta = 0.1$ mm,一般按 $\Delta_s = (1/3 \sim 1/2)\Delta = 0.033 \sim 0.05$ mm 选择丝杠的累积误差。其次,计算丝杠的刚度所产生的位移误差。激光加工机的工艺力是非常小的,但要重视滚珠丝杠的精度和刚度,以免产生过大的变形误差。

5.5 交流伺服系统设计

采用交流伺服电机作为执行元件的伺服系统,称为交流伺服系统。目前常将交流伺服系统按其选用不同的电动机而分为两大类：同步型交流伺服电机和异步型交流伺服电机。采用同步型交流伺服电机的伺服系统，多用于机床进给传动控制、工业机器人关节传动和其他需要运动和位置控制的场合。异步型交流伺服电机的伺服系统，多用于机床主轴转速，和其他调速系统。

5.5.1 交流伺服电机的种类和结构特点

交流伺服电机由于结构简单、成本低廉、无电刷磨损问题、维修方便，因而在伺服系统中得到广泛的应用，其功率一般从几瓦到几十瓦。

1. 交流伺服电机的种类

交流伺服电机与一般交流电动机一样，分为同步型和感应型交流伺服电机，有单相、两相和三相交流伺服电机。

同步型交流伺服电机（SM）：采用永磁结构的同步电动机，又称为无刷直流伺服电机。其特点：① 无接触换向部件；② 需要磁极位置检测器（如编码器）；③ 具有直流伺服电机的全部优点。

感应型交流伺服电机（IM）：指笼型感应电动机。其特点：① 对定子电流的激励分量和转矩分量分别控制；② 具有直流伺服电机的全部优点。

2. 交流伺服电机的结构特点

交流伺服电机采用了全封闭无刷结构，以适应实际生产环境不需要定期检查和维修。其定子省去了铸件壳体，结构紧凑、外形小、重量轻（只有同类直流电动机重量的 75% ~ 90%）。定子铁心较一般电动机开槽多且深，围绕在定子铁心上，绝缘可靠，磁场均匀。可对定子铁心直接冷却，散热效果好，因而传给机械部分的热量小，提高了整个系统的可靠性。转子采用具有精密磁极形状的永久磁铁，因而可实现高转矩/质量比，动态响应好，运行平稳。转轴安装有高精度的脉冲编码器作检测元件。因此交流伺服电机以其高性能、大容量日益受到广泛的重视和应用。

5.5.2 交流伺服电机的控制与驱动

1. 交流两相伺服电机的控制原理

（1）交流伺服电动机的控制方式

交流伺服电机的工作原理和单相感应电动机无本质上的差异。但是，交流伺服电机必须具备一个性能，就是能克服交流伺服电机的所谓自转现象，即无控制信号时，它不应转动，特别是当它已在转动时，如果控制电压 $\dot{U}_\mathrm{U}$ 消失后，它应能立即停止转动，即无自转现象。在 $\dot{U}_\mathrm{U}$ 消失时，电动机即处于单相供电（$\dot{U}_\mathrm{V}$）状态，根据单相感应电动机原理可知，其力矩曲线为正、反转两个旋转磁场产生的力矩之和，如图 5.72 中虚线所示，电动机会继续运转。为了避免电动机的自转现象，就必须增加转子电阻，使转矩曲线的稳定运行区增大，因此电动机转子导条或杯型转子用高电阻率的铝合金制

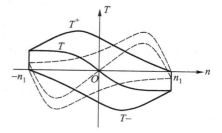

图 5.72 单相工作时的制动转矩

造。当转子电阻足够大时,单相供电状态产生的正转和反转转矩如图 5.72 中实线所示,其电磁转矩始终与转向相反,是制动转矩。电动机在运转情况下,一旦控制信号 $\dot{U}_U$ 消失,电动机就会立即停转,达到不自转要求。

交流伺服电机的励磁绕组和控制绕组一般都设计成对称的,即串联匝数、绕组系数和导线线径都相同,空间位置相差 90°电角度。如在两相绕组上加以幅值相等、相位差 90°电角度的对称电压,则在电动机的气隙中产生圆形旋转磁场。若两个电压幅值不等或相位差不是 90°电角度,则产生的磁场将是一个椭圆形旋转磁场。加在控制绕组上的信号不同,产生的磁场椭圆度也不相同。例如,负载转矩一定,改变控制信号,就可以改变磁场的圆度,从而控制伺服电机的转速。显然,交流伺服电机的控制方式有三种:1) 保持控制电压和励磁电压之间的相位差角为 90°,仅仅改变控制电压的幅值的幅值控制;2) 保持控制电压的幅值不变,仅仅改变控制电压与励磁电压的相位差的相位控制;3) 在励磁电路串联移相电容,改变控制电压的幅值以引起励磁电压的幅值,及其相对于控制电压的相位差发生变化的幅值-相位控制(电容控制)。

由于幅值控制方式机械特性和调节特性均优于其他两种控制方式,本书主要介绍交流伺服电机的控制原理。

(2) 交流伺服电机的幅值控制原理

交流伺服电机的接线图如图 5.73 所示。励磁绕组 V 与电容串联接到单相交流电源电压上,控制绕组 U 接于同频率交流电压或功率放大器的输出端。励磁绕组串接电容,同单相异步电动机分相原理相同,用于产生两相旋转磁场,适当选择 C 的数值,可使励磁电流 $\dot{I}_V$ 超前于电压 $\dot{U}$,从而使励磁绕组的端电压 $\dot{U}_V$ 与电源电压 $\dot{U}$ 间有近90°的相位差。而控制绕组的电压 $\dot{U}_U$ 其频率与 $\dot{U}$ 及 $\dot{U}_V$ 相同,而相位与 $\dot{U}$ 相同或相反(对应伺服电机的正转或反转)。$\dot{U}_U$ 的大小取决于控制信号的大小,从而决定电动机转速的快慢。

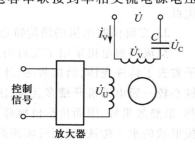

图 5.73　伺服电机接线图

假定不考虑磁饱和现象,两相绕组外加 $\dot{U}_U$ 和 $\dot{U}_V$,在两绕组中分别产生脉动磁通 Φ_U 和 Φ_V。由于两绕组中电流相差 90°相位角,则两磁通在相位上也相差 90°。其瞬时表达式分别为 $\Phi_U = \Phi_{Um}\sin \omega t$;$\Phi_V = \Phi_{Vm}\cos \omega t$

两磁通在空间的合成磁通应是两个磁通的几何和。即

$$\Phi = \sqrt{\Phi_U^2 + \Phi_V^2} = \sqrt{(\Phi_{Um}\sin \omega t)^2 + (\Phi_{Vm}\cos \omega t)^2} \tag{5.41}$$

式(5.41)是一个椭圆方程式。设纵轴长为由 Φ_{Vm},横轴长为 Φ_{Um}。则总合成磁通矢量末端随时间而改变的轨迹如图 5.74 所示。合成磁通矢量的瞬时位置可由下式导出:

$$\tan \alpha = \frac{\Phi_U}{\Phi_V} = \frac{\Phi_{Um}\sin \omega t}{\Phi_{Vm}\cos \omega t} = \frac{\Phi_{Um}}{\Phi_{Vm}}\tan \omega t \tag{5.42}$$

若设磁场椭圆度为 $K = \frac{\Phi_{Vm}}{\Phi_{Um}} \approx \frac{U_V}{U_U}$,称其为电动机的有效信号系数。由此,式(5.42)可写为:

$$\tan\alpha = \frac{\tan\omega t}{K} \text{ 或 } \alpha = \arctan\frac{\tan\omega t}{K} \quad (5.43)$$

如果电动机的磁极对数为 p，则合成磁通矢量在空间的转速 ω' 为：

$$\omega' = \frac{d\alpha}{pdt} = \frac{\omega}{p}\frac{K}{K^2 + (1 - K^2)\sin^2\omega t} \quad (5.44)$$

从式（5.44）可知，由于合成磁通矢量具有脉动特性，所以转速的瞬时值也是脉动的，而我们需要的是一个周期内的平均速度。式中正弦交变量 $\sin^2\omega t$，在一个周期内的平均值为：

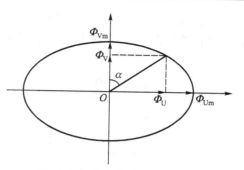

图 5.74 总合成磁通矢量末端随时间变化的轨迹图

$$\frac{1}{T}\int_0^T \sin^2\omega t d(\omega t) = \frac{1}{2}$$

最后得到转速在一个周期内的平均值为：

$$\omega' = \frac{\omega}{p}\frac{2K}{1 + K^2} \quad (5.45)$$

由式（5.45）可以看出：合成磁通矢量的转速，即为电动机转子的理想空载转速。它决定于两个绕组中磁通的幅值比 K，也就是决定于两绕组上的电压有效值或幅值比。当励磁绕组回路电容为常数时，控制绕组两端电压大小改变时，可改变 K 值，也就是电动机可以获得不同的转速。

2. 交流伺服电机的调压调速控制

单相晶闸管交流调压电路的种类很多，但应用最广泛的是两支单向晶闸管反并联电路。图 5.75 所示为单相交流反并联电路及其带电阻性负载时的电压、电流波形图。由图可见，当电源电压为正半周时，在控制角为 α 的时刻触发 VS_1 使之导通，电压过零时，VS_1 自行关断；负半周时，在同一控制角 α 下触发 VS_2。如此不断重复，负载上便得到正负对称的交流电压。改变晶闸管控制角 α 的大小，就可以改变负载上交流电压的大小。对于电阻性负载，其电流波形与电压波形同相。

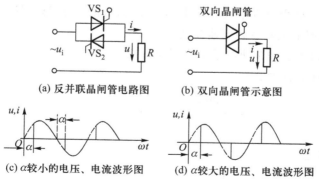

(a) 反并联晶闸管电路图　　(b) 双向晶闸管示意图

(c) α 较小的电压、电流波形图　　(d) α 较大的电压、电流波形图

图 5.75 单相交流反并联电路及波形图

当晶闸管调压电路带电感性负载(如感应型交流电动机),其电流波形由于电感上电流不能突变而有滞后现象,其电路和波形如图 5.76 所示。

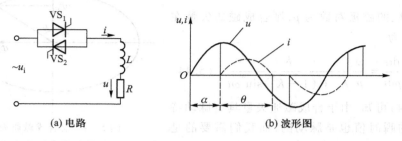

(a) 电路   (b) 波形图

图 5.76 带电感性负载的电路及波形图

由于电感性负载中电流的波形滞后于电压的波形,因此,当电压过零变为负值后,电流经过一个延迟角才能降到零,从而晶闸管也要经过一个延迟角才能关断。延迟角的大小与控制角 α、负载功率因数角 φ 都有关系,这一点和单相整流电路带电感性负载相似。

图 5.77 所示为一种实用的交流调压调速闭环控制的电路,图中分为五个部分,包括:电源部分、同步信号检测及触发电路、主回路、转速反馈及频压转换电路、PI 调节器电路。电源部分为由变压器 TF1、TF2 及集成电源 7812、7912 构成的 ±12 V 双电源电路,转速反馈由码盘及频率/电压转换器 LM2907 构成的频压转换电路,PI 调节器电路由 U7A、U7B、U8B 三个运算放大器 LM358 组成。

整个电路的工作过程:当给定一个转速指令时,由于转速还没有跟上指令的变化,经 PI 电路输出一个电压,此电压控制移相触发电路的触发角发生变化,改变电动机两端的电压,转速发生相应改变,使系统跟踪指令的变化,最终达到系统稳定。

同步信号检测及触发电路的工作原理:交流正弦波信号经 TF$_1$ 变成同相15 V 交流信号,波形如图 5.78a 所示;经全波整流桥 Q$_1$ 后波形图如图 5.78b 所示。经过整流后的脉动直流电压与固定的 0.7 V 电压做比较,如果比较器 LM393 的引脚 1 输出端不接电容 C_1,该点的输出波形如图 5.78c 所示。为了得到锯齿波,在 LM393 的 1 脚加上电容 C_1,当 LM393 的引脚 1 输出为高电平时,对电容 C_1 充电,电压逐渐上升。当 LM393 的引脚 3 电压低于 0.7 V 时,LM393 输出为低电平。由于 LM393 为集电极开路输出,电容 C_1 通过 LM393 的引脚 1 迅速放电,电压快速下降,这样在 LM393 输出端引脚 1 形成近似的锯齿波,如图 5.78d 所示。锯齿波与 LM393 的引脚 5 控制电压 u_c 相比较,用来触发 MOC3021,随引脚 5 电压的变化,触发角也变化,达到移相控制的目的。

3. 感应型交流伺服电机的变频调速控制

(1)交流伺服电机的变频调速的基本原理及特性

异步电动机的转速方程为:

$$n = \frac{60f_1}{p}(1 - s) = n_1(1 - s) \tag{5.46}$$

式中:n——电动机转速;

    n_1——定子转速磁场的同步转速;

    f_1——定子供电频率;

    s——转差率。

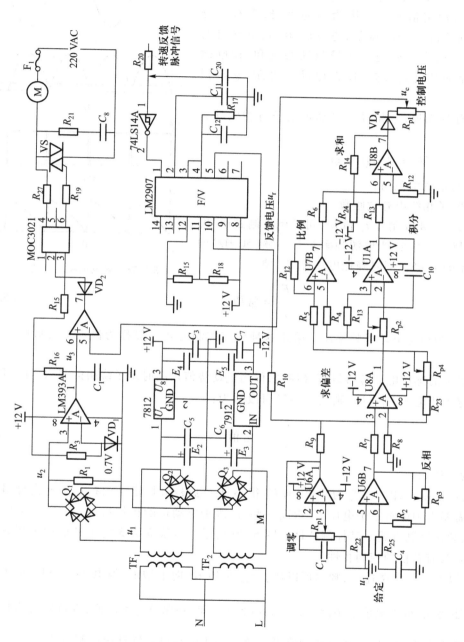

图 5.77 单相电动机调压调速电路

由式(5.46)可见,改变异步电动机的供电频率 f_1,可以改变其同步转速 n_1,实现调速运行,也称为变频调速。

对交流异步电动机进行变频调速控制时,希望每极磁通 $\varPhi_m$ 保持为额定值不变。因为磁通太弱,没有充分利用铁心,在同样的转子电流下,电磁转矩小,电动机的负载能力下降。而增大磁通又会导致铁心饱和,使励磁电流过大,严重时使绕组过热,降低电动机寿命,甚至损坏电动机。

由电动机理论知道,三相异步电动机定子每相电动势有效值 E_1 为:

$$E_1 = 4.44 f_1 N_1 \varPhi_m$$

式中: $\varPhi_m$——每极气隙磁通;

　　　N_1——定子相绕组有效匝数。

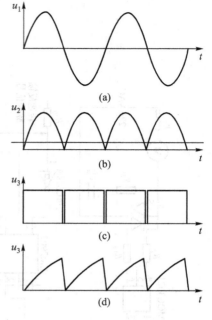

图 5.78　触发电路各点波形图

由上式可见,只要控制好 f_1 和 E_1,可达到控制磁通 $\varPhi_m$ 的目的。要保持 $\varPhi_m$ 不变,当电源频率 f_1 从工频(50 Hz)向额定频率 f_{1N} 调节时,必须同时降低电动势 E_1,使

$$\frac{E_1}{f_1} = 常值 \tag{5.47}$$

式(5.47)称为恒定电动势频率比。采用这种调速控制方式一般称为恒定电动势频率比的控制方式。

然而,绕组中的感应电动势难以直接控制,但当电动势值较高时定子绕组的漏磁压降可忽略不计,并认为定子相电压 $U_1 \approx E_1$,则式(5.47)可改写为:

$$\frac{U_1}{f_1} \approx 常值 \tag{5.48}$$

式(5.48)称为恒压频比。

当低频调速控制时,因 U_1/f_1 为常数,则 U_1 很小,E_1 也很小时,定子阻抗压降所占分量不再能忽略,这时需要人为地将定子电压 U_1 提高一些,以改善电动机的机械特性。一般称为定子压降补偿的恒压频比控制方式。其控制特性如图 5.79 所示。直线 b 为无定子补偿的恒压频比控制特性,直线 a 为有补偿的控制特性。

对 50 Hz 以上的变频调速时,频率可以从 $f_1 = f_{1N} = 50$ Hz 向上增加,但电压 U_1 却不能增加得比额定值 U_{1N} 还要大,最多只能使 $U_1 = U_{1N}$。由式(5.48)知,要保持 $\dfrac{U_1}{f_1}$ = 常值,维持磁通为恒值不太可能,只能迫使磁通 $\varPhi_m$ 与 f_1 成反比地降低。这就属于电动机弱磁升速控制方式。

综合上述分析,异步电动机变频调速控制,是综合在工频以下按恒压频比控制方式,维持励磁磁通 $\varPhi_m$ 不变,属于恒转矩调速性质;在工频以上是维持 $U_1 = U_{1N}$,增加频率,减小磁通的恒功率调速性质的控制方式。这种控制方式,电动机在不同转速下,应以额定电流和允许温升为前提条件,其综合控制特性如图 5.80 所示。

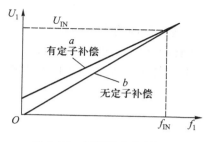

图 5.79　恒压频比控制特性

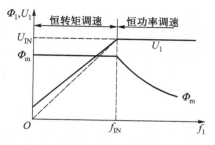

图 5.80　异步电动机变频调速

　　为实现上述的变压和变频的调速控制特性,必须应用变频装置,以获得变压变频的电源。这种装置通称变压变频装置(VVVF)。变频装置由整流、中间直流环节和逆变等主要环节组成。按照控制方式的不同变频器有三种类型:① 用可控整流器变压,逆变器变频;② 用不可控整流器和斩波器变压,逆变器变频;③ 用不可控整流器整流、脉宽调制逆变器同时变压变频,如图 5.81 所示。由于用不可控整流器,功率因数高,用脉宽调制(PWM)逆变器,谐波减小,采用可控关断的全控式器件,开关频率得以提高,输出波形非常逼近正弦波。当前应用正弦波脉宽调制(SPWM)逆变器已成为最有前途的变频调速结构形式。

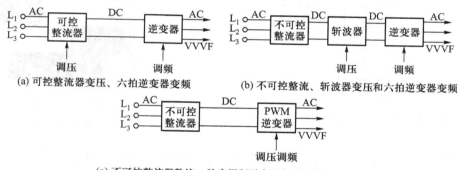

(a) 可控整流器变压、六拍逆变器变频　　　　(b) 不可控整流、斩波器变压和六拍逆变器变频

(c) 不可控整流器整流、脉宽调制逆变器变压变频

图 5.81　间接变频装置的三种结构形式

（2）交流伺服电机正弦脉宽调制变频调速器

1）SPWM 变频器电路的组成

　　实现正弦波脉宽调制变频器由主电路和控制电路两部分组成,如图 5.82 所示。它与直流伺服电机的 PWM 晶体管功率放大器原理类似,主电路通常采用交—直—交方式,即先将交流电通过整流、滤波电路转换成直流电,再将直流电由逆变器电路转变成频率可调的矩形波交流电,如图 5.82a 所示。图中 $VT_1 \sim VT_6$ 是逆变器的六个电力晶体管作为功率开关器件,各由一个续流二极管反并连接,整个逆变器由三相整流桥提供恒值直流电压 U_s,C 为滤波电容。控制电路即为电压-脉冲变换电路,如图 5.82b 所示,由参考信号发生器产生一组对称的三相正弦参考电压信号 u_{rU}、u_{rV} 和 u_{rW}。其频率决定逆变器输出的基波频率,应在所要求的输出频率范围内可调;其幅值决定逆变器输出电压的大小,也应在一定范围内变化。由三角波发生器产生三角波载波信号电压 u_t 是共用的,分别与每相参考电压信号比较后,给出正或零的饱和输出,产生 SPWM 脉冲序

列波 u_{du}、u_{dv} 和 u_{dw} 作为逆变器功率开关管的控制驱动信号。

2）三相逆变器的工作原理

由图 5.82a 所示变频器的主电路可知,图中 U、V、W 为逆变器的输出。图 5.83 是逆变器各逆变管(电力晶体管)导通的时序,其中深色部分表示逆变管导通。从图可以看出,每一时刻总有三只逆变管导通,另三只逆变管关断;并且,VT_1 与 VT_4、VT_2 与 VT_5、VT_3 与 VT_6 每对逆变管不能同时导通。

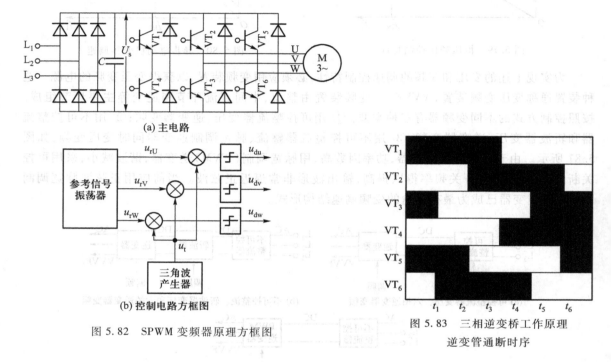

(a) 主电路

(b) 控制电路方框图

图 5.82　SPWM 变频器原理方框图

图 5.83　三相逆变桥工作原理
逆变管通断时序

在 t_1 时间段,VT_1、VT_3、VT_5 这三只逆变管导通,电动机绕组电流的方向是从 U 到 V 和从 W 到 V(设从 U 到 V、从 V 到 W、从 W 到 U 为正方向,下同),得到线电压为 U_{UV} 和 $-U_{VW}$。

在 t_2 时间段,VT_1、VT_5、VT_6 这三只逆变管导通,电动机绕组电流的方向是从 U 到 V 和从 U 到 W,得到线电压为 U_{UV} 和 $-U_{WU}$。

在 t_3 时间段,VT_1、VT_2、VT_6 这三只逆变管导通,电动机绕组电流的方向是从 U 到 W 和从 V 到 W,得到线电压为 $-U_{WU}$ 和 U_{VW}。

在 t_4 时间段,VT_2、VT_4、VT_6 这三只逆变管导通,电动机绕组电流的方向是从 V 到 U 和从 V 到 W,得到线电压为 $-U_{UV}$ 和 U_{VW}。

在 t_5 时间段,VT_2、VT_3、VT_4 这三只逆变管导通,电动机绕组电流的方向是从 V 到 U 和从 W 到 U,得到线电压为 $-U_{UV}$ 和 U_{WU}。

在 t_6 时间段,VT_3、VT_4、VT_5 这三只逆变管导通,电动机绕组电流的方向是从 W 到 U 和从 W 到 V,得到线电压为 U_{WU} 和 $-U_{VW}$。

线电压 U_{UV}、U_{VW}、U_{WU} 的波形如图 5.84 所示。从图中可以看出,三者之间互差 120°,它们的幅值是 U。因此,只要按图 5.83 的规律控制六只逆变管的导通和关断,就可以把直流电逆变成矩形波三相交流电,而矩形波三相交流电的频率可在逆变时受到控制。然而,矩形波不是正弦波,含有许多高次谐波成分,将使交流异步电动机产生发热、力矩下降、振动噪声等不利结果。为了使输出的波形接近正弦波,可采用变频与变压的正弦脉宽调制波(SPWM 波)。

3)SPWM 逆变器输出电压波形

根据 SPWM 逆变器控制电路图 5.82b 可知,产生正弦脉宽调制波的方法是:用正弦波(参考信号)与等腰三角形波(三角波信号)进行比较,如图 5.85 所示,其相等的时刻(即交点)作为开关管开或关的时刻。将这组等腰三角形波称为载波,而正弦波则称为调制波。正弦波的频率和幅值是可控制的。改变正弦波的频率,就可以改变输出电源的频率,从而改变电动机的转速;改变正弦波的幅值,也就改变了正弦波与载波的交点,使输出脉冲系列的宽度发生变化,从而改变了输出电压。

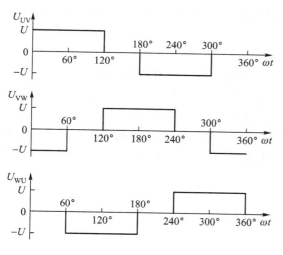

图 5.84 逆变器输出线电压波形

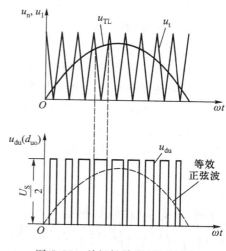

图 5.85 单极性脉宽调制波形

对三相逆变开关管生成 SPWM 的控制可以有两种方式:一种是单极性控制;另一种为双极性控制。

采用单极性控制时,每半个周期内,逆变桥的同一桥臂的上、下两只逆变开关管中,只有一只逆变开关管按图 5.85 的规律反复通断,而另一只逆变开关管始终关断;在另外半个周期内,两只逆变开关管的工作状态正好相反。当参考电压(调制波)u_t 高于三角波电压 u_{rU} 时,相应比较器输出电压 u_{du} 为高电平,反之为零电平。只要正弦调制波的最大值低于三角波幅值,调制结果必然产生等幅但不等宽,且两侧窄中间宽的与参考正弦波半个周期对称的脉宽调制波形。负半周,用相同方法调制后再倒相即可。

三相逆变器中的六只逆变开关管的工作状态仍然可以用图 5.83 进行描述。图中深色的部分是逆变开关管按图 5.85 的规律进行开通与关断的时间,而空白部分则是逆变开关管始终关断的时间。例如,VT_1 开关管在 t_1、t_2、t_3 时间段中按 SPWM 波的规律进行开通和关断,在 t_4、t_5、t_6 时间段则全关断;同一桥臂的 VT_4 开关管正好相反,在 t_1、t_2、t_3 时间段全关断,而在 t_4、t_5、t_6 时间段则按 SPWM 波的规律进行开通和关断。

在图 5.82b 控制电路中,比较器输出电压 u_{du} 的正和零两种电位分别对应于功率开关管 VT_1 的导通和关断两种状态。由于 VT_1 在正半周内反复通断,逆变器的输出端可获得重现 u_{du} 形状的正弦脉宽调制相电压 $u_{U0} = f(t)$,脉冲的幅值为 $+U_s/2$,宽度按正弦规律变化。与此同时,V 相和 W 相的负半周出现 VT_6 或 VT_2 导通,u_{V0} 或 u_{W0} 的脉冲幅值为 $-U_s/2$,而 $u_{U0} = f(t)$ 的负半周由 VT_4 的通和断来实现。其 V 相和 W 相工作同上,只是相位上分别相差 120°。

采用双极性控制时,三相正弦波脉宽调制逆变器调制方法,输出基波电压的幅值和频率与单极式相同,也是通过改变正弦参考信号的幅值和频率实现,只是功率开关管通断情况有区别。在全部周期内,同一桥臂的上、下两只逆变开关管交替开通与关断,形成互补的工作方式,其各种波形如图 5.86 所示。即双极式控制时,$u_{U0} = f(t)$ 是在 $+U_s/2$ 和 $-U_s/2$ 之间跳变的脉冲波。如 $u_{rU} > u_t$ 时 VT_1 导通,$u_{U0} = \dfrac{+U_s}{2}$;$u_{rU} < u_t$ 时 VT_4 导通,$u_{U0} = -\dfrac{U_s}{2}$。同理 u_{V0} 波形是由 VT_3 和 VT_6 交替导通得到,u_{W0} 的波形是由 VT_5 和 VT_2 交替导通得到。图中同时画出逆变器输出的线电压波形 $u_{UV} = f(t)$,是由 $u_{U0} - u_{V0}$ 得到,脉冲幅值为 $+U_s$ 和 $-U_s$。

4）逆变器的类型及特点

常用的三相正弦波脉宽调制逆变器主要有电压源逆变器和电流源逆变器。

电压源逆变器和异步电动机电路原理图如图 5.87 所示。逆变器采用三相六拍电压源供电方案,C_d 为滤波电容,C_d 前串入小容量电感 L_d,主要起限流作用。$VD_1 \sim VD_6$ 为续流二极管与 $VS_1 \sim VS_6$ 构成反并联,为感性负载无功电流提供通路。逆变器中的晶闸管多采用强迫换流方式。按强迫换流顺序一般有两种,一种称 180° 导电型,即在每一桥臂上下两个管子之间互相换流。

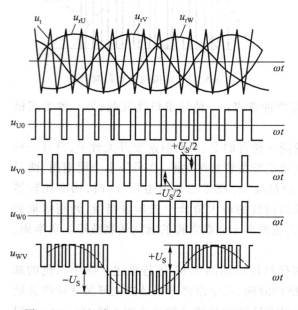

图 5.86　双极式 SPWM 逆变器三相输出波形图

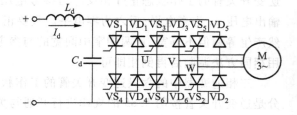

图 5.87　电压源逆变器和异步电动机电路原理图

例如,当 VS_4 导通时,关断 VS_1,当 VS_6 导通时,关断 VS_3 等,每个晶闸管导通区间是 180°,故称180°导电型逆变器;另一种是120°导电型,它是在同一排桥臂左、右两管子之间换流。例如 VS_3 导通时,使 VS_1 关断, VS_5 导通时,使 VS_3 关断, VS_1 导通时, VS_5 关断,在 VS_4 导通时,使 VS_2 关断等。这时每个晶闸管一次导通间隔为120°。上述两种类型逆变器其脉冲顺序和各晶闸管导通与关断波形图如图5.88所示。图中阴影部分表示晶闸管的导通期间,但并不表示各相输出电压和电流波形。各相电压和电流波形取决于逆变器的类别和负载性质。对电压源逆变器常采用180°导电型。

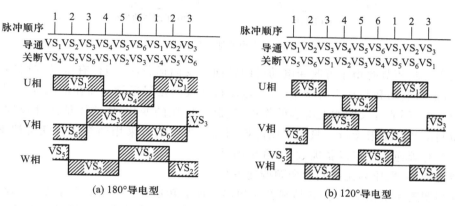

图5.88 两种导电型逆变器脉冲序列及各晶闸管导通与关断波形图

电流源逆变器的主电路如图5.89所示。图中 C_{13}、C_{35}、C_{51}、C_{46}、C_{62}、C_{24} 是换流电容器,每个电容承担与其相连的两个晶闸管间的强迫换流作用。二极管 $VD_1 \sim VD_6$ 分别与桥臂晶闸管相串联,在换流过程中起隔离作用,使电动机绕组的感应电动势不致影响电容的放电过程。该电流源逆变器采用120°导电型。晶闸管导通与关断区段已在图5.88b示出。

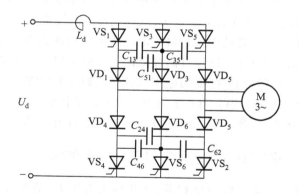

图5.89 电流源逆变器主电路

电流源变频调速系统的特点之一是易于实现回馈制动,适用于需要制动和经常正、反转的机械负载。当电动机在电动状态下运行时,可控整流器 UR 工作于整流状态(控制角 $\alpha < 90°$),逆变器工作于逆变状态。这时直流回路电压 U_d 的极性为上正、下负,电流由 U_d 的正端流入逆变器,电能由电网经变频装置传送给电动机,变频器的输出角频率 $\Omega_1 > \Omega$。当降低变频器的输出频率使 $\Omega_1 < \Omega$,同时使可控整流器的控制角 $\alpha < 90°$,则电动机进入发电状态,直流回路电压立即反向,而电流方向不变。此时逆变器成为整流器,同时可控整流器转入逆变状态,电能由电动机回馈交

流电网。上述两种运行状态示意图如图 5.90 所示。

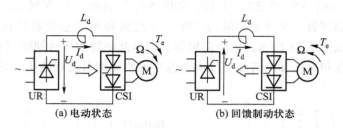

(a) 电动状态　　　　　　　(b) 回馈制动状态

图 5.90　电流源变频调速系统两种运行状态

改变频率控制环节的相序可改变电动机的转向。反向运行时,同样有电动和回馈制动两种运行状态,与正向电动和制动运行状态一起,电动机实现四象限运行。而在电压源变频调速系统中,由于中间直流环节有大的滤波电容的作用,钳制了电压的变化,使之不能迅速反向。所以无法实现回馈制动和四象限运行。只能采用能耗制动。当然也可采用两组反并联可控整流器,一组整流另一组有源逆变。但设备庞大,实现更困难。

（3）转速开环、恒压频比控制的变频调速系统

这类变频调速系统由交－直－交晶闸管变频器实现的转速开环调速,采用恒压频比带低频电压补偿的协调控制方案。这类系统结构最简单,成本也较低,适用于生产机械对调速系统静、动态性能要求不很高的场合,如风机、水泵等节能调速可采用这一方案。这类变频调速系统又可分为电压源和电流源两种形式,先介绍电压源变频调速方案。

系统结构原理如图 5.91 所示。图中 UR 为可控整流器,UI 为电压源逆变器,AG 为给定积分器,BAB 为绝对值变换器。设置电压控制环节和频率控制环节,接受同一的控制信号以保证二者的协调。由于转速控制开环,从转速给定输入电压 U_Ω^* 到电压和频率控制环节输入信号 U_{abs} 之间设置给定积分器 AG 和绝对值变换器 BAB,以避免加阶跃转速给定信号时,使系统产生冲击电流,造成电源跳闸。给定积分器的作用是将给定阶跃信号转换为按设定的斜率逐渐变化的斜坡信号,从而使电动机电压和转速平缓地升高或降低。又由于积分器输出信号是可逆的,而电动机的旋转方向取决于变频电压的相序,而与电压和频率控制环节的输入信号的极性无关,因而设置了绝对值变换器 BAB。下面分别介绍系统图中各环节的工作原理。

给定积分器原理如图 5.92 所示。它由三级运算放大电路组成,第一级为高增益的极性鉴别器,$A_{U1} = \left| \dfrac{R_1}{R_0} \right| > |100|$,其输出电压 U_1 只反映给定电压 U_Ω^* 的极性,不管 U_Ω^* 大小如何,U_1 均为饱和值,且极性与 U_Ω^* 相反。第二级为反相器,使其输出电压 U_2 的极性与 U_1 相反,变成与 U_Ω^* 极性相同。第三级为积分器,其输出电压 U_{ag} 为 U_2 的积分,即 U_{ag} 为斜坡信号。积分变化率由电位器 R_P 调节。最后由 U_{ag} 经 R_0 引负反馈信号至第一级,以便决定积分的终止时刻。当 $|U_{ag}| < U_\Omega^*$,则第一级的输出电压 U_1 始终饱和,负反馈信号对 U_1 无影响,直到 $|U_{ag}| = U_\Omega^*$ 时,U_1 和 U_2 很快下降到零,积分终止,U_{ag} 为恒定值。

突加 U_Ω^* 和突减 U_Ω^* 后,积分器各级电压波形如图 5.93 所示。给定积分器的积分时间常数 $T = RC$。调节 R_P 的位置或改变 R、C 的数值,均可改变 U_{ag} 的斜率,从而改变调速系统的加速度和减速度。一般要求在 5~50 s 之间可调。

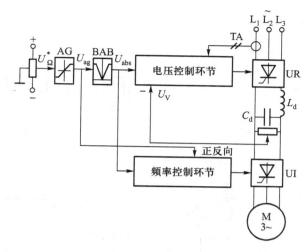

图 5.91 转速开环交-直-交电压源变频调速系统原理方框图

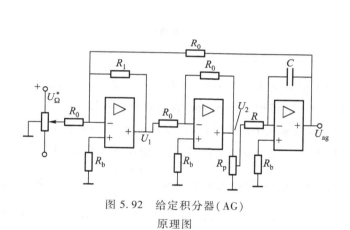

图 5.92 给定积分器(AG)
原理图

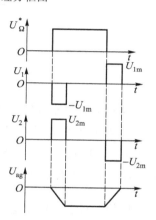

图 5.93 给定积分器(AG)各级输入、
输出波形图

给定积分器输出波形 U_{ag}，实际上代表了速度开环调速系统的起动、运行和制动的波形，是系统可靠工作所必需的控制部件，有软起动器之称。

绝对值变换器 BAB 电路图如图 5.94 所示。其输入信号为给定积分器的输出电压 U_{ag}。由于运放选择的反馈电阻和输入电阻均为 R_0，则其输出电压 U_{abs} 的大小与 U_{ag} 相等(当忽略二极管 VD_1 和 VD_2 的正向压降时)。同时由两个二极管的单向导电性，使输出电压 U_{abs} 的极性不随 U_{ag} 的极性而变，即 $U_{abs} = |U_{ag}|$。这里运放为反相接法，输入与输出为反极性。根据系统控制要求，也可设计成正极性的。

电压控制环节一般采用电压、电流双闭环结构，内环设置电流调节器用以限制动态电流，同时起保护作用。外环设置电压调节器，用以控制输出电压。结构方框图如图 5.95 所示。

来自绝对值变换器的输出电压 U_{abs} 作为电压控制环节的输入信号，首先通过函数发生器 AF 把电压给定信号 U_V^* 提高一些，以补偿定子阻抗压降，改善低速时的机械特性。函数发生器的原理图及输入输出间的特性曲线如图 5.96 所示。

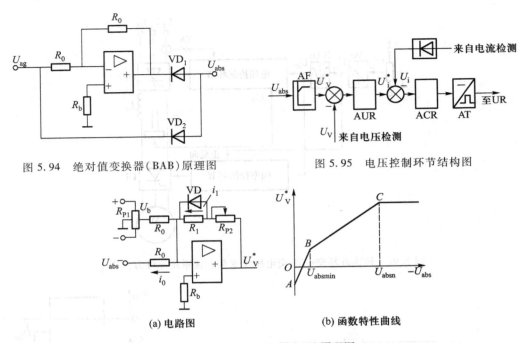

图 5.94　绝对值变换器（BAB）原理图　　　　　图 5.95　电压控制环节结构图

（a）电路图　　　　　（b）函数特性曲线

图 5.96　函数发生器（AF）原理图

　　函数发生器的输入信号为 U_{abs}，其输出信号为电压调节器 AUR 的给定电压 U_V^*（设 U_{abs} 为负极性，U_V^* 为正极性），通过调节电位器 R_{P1} 和 R_{P2} 可得到图 5.96b 的函数特性曲线。

　　当 $U_{abs} = 0$ 时，调节 R_{P1} 建立偏压 $+U_b$，运放输出 U_V^* 为负值（A 点），使可控整流器 UR 处于等待逆变状态，无电压输出。随 U_{abs} 信号增大，U_V^* 逐渐变正，使 UR 进入整流区工作，但 U_V^* 的大小还不足以使二极管 VD 完全导通时，函数发生器 AF 的放大系数为 $K_{af} = \dfrac{(R_1 + R_{P2})}{R_0}$，此时输入输出特性处于比较陡的 AB 段。在 B 点时，$i_1 R_1 = 0.7\ \text{V}$，二极管 VD 刚好完全导通，电阻 R_1 认为短接，则 AF 的放大系数变成 $K'_{af} = \dfrac{R_{P2}}{R_0}$，特性斜率开始减小（实际上为平滑过渡）。在 B 点，电压频率比控制电压为 U_{absmin}，对应于最低速度工作点。在 BC 段，AF 的输出电压为：

$$U_V^* = \frac{R_{P2}}{R_0}(U_{abs} - U_b) + 0.7$$

　　特性中的 C 点对应于基频（50 Hz）工作点，BC 段为 AF 在变频调速时的工作特性（50 Hz 以下），调节电位器及 R_{P2} 可改变工作特性的斜率，调节 R_{P1}，可以改变 AF 的偏压值 U_b，即改变工作特性的起始点（A 点）。超过 C 点以后，利用运算放大器的限幅输出作用可使 U_V^* 保持恒定，则系统可进入恒压变频调速阶段，即弱磁升速阶段。

　　频率控制环节主要由电压频率变换器 BVF、环形分配器 DRC 和脉冲放大器 AI 三部分组成，如图 5.97 所示。图中 DPI 为极性鉴别器，GFC 为频率给定动态校正器。

　　电压频率变换器 BVF 是一个电压控制的振荡器，它将电压信号转变成一系列脉冲信号，脉

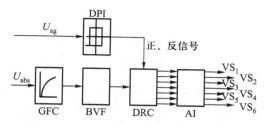

图 5.97 频率控制节方框图

冲列的频率与控制电压的大小成正比,从而得到恒压频比的控制作用。如果逆变器输出最高频率为 f_{max},则压频变换器应能给出 $6 \times f_{max}$ 的最高频率。为此,在逆变器的一个工作周期内发出六个触发脉冲,分别触发六个桥臂的六个晶闸管。

环形分配器是一个具有六分频作用的环形计数器,它将压频变换器输出的脉冲列分配成六个一组相互间隔 60° 的具有一定宽度的脉冲信号。当调速系统可逆时,只要改变晶闸管的触发顺序就可改变输出电压的相序,从而改变电动机的转向。为此,选用可逆计数器,由正、反向控制信号来控制可逆计数器的加、减运算输入端。当正信号时,计数器作 +1 运算,输出脉冲按 1→6 顺序触发晶闸管,逆变器输出正序电压。当反信号时,计数器作 −1 运算,输出脉冲按 6→1 倒序触发晶闸管,得到反相序电压。正、反控制信号由给定积分器输出电压信号 U_{ag} 经极性鉴别器 DPI 获得。

脉冲放大器 AI 的任务是将脉冲进行功率放大,保证晶闸管的控制极获得足够的触发功率和必要的脉冲宽度。当逆变器输出频率在 50 Hz 以上时,AI 采用普通功放即可满足要求,当输出频率在 50 Hz 以下时,为了减小脉冲变压器体积,同时得到很好的脉冲波形,对环形分配器 DRC 送来的脉冲信号还应施加高频调制,对高频载波频率一般选 3~5 kHz。

另外在电压频率变换器之前设置一个频率给定动态校正器 GFC。这是由于系统属于交−直−交电压源变频调速系统,中间直流回路存在大滤波电容 C_d,使直流电压的变化变缓,而频率控制环节响应较快,设置 GFC(如采用一阶惯性环节)可使频率变化也变慢,由参数调整使电压和频率的动态变化协调一致。

转速开环交−直−交电流源变频调速系统控制方案介绍如下:

系统的结构原理如图 5.98 所示。与电压源变频调速系统方案的主要区别在于采用了大电感滤波的电流源逆变器(UIC)。控制方式上均为电压−频率协调控制。图中 AG 为给定积分器,BAB 为绝对值变换器,AF 为函数发生器,AUR 为电压调节器,ACR 为电流调节器,BVF 为压频变换器,DRC 为环形分配器,AI 为脉冲放大器,UR 为可控整流器,TV 为电压互感器,DPI 为极性鉴别器,TA 为电流互感器,GFC 为频率给定动态校正器。

图 5.98 与图 5.91 均为电压控制的系统,不同之处是后者电压反馈信号从电流源逆变器 UIC 的输出端引出,而不是取自电压源。主要原因在于电流源逆变器在回馈制动时直流回路电压要反向,而电压源变频器直流电压极性不变。图 5.98 的另一特点是电压—频率协调控制的动态校正方法与电压源变频调速系统不同,它是用电流信号通过频率给定动态校正器 GFC 来加速频率控制,使其与电压变化协调一致。一般 GFC 采用微分校正,或不另加校正,只调整调节器的参数。

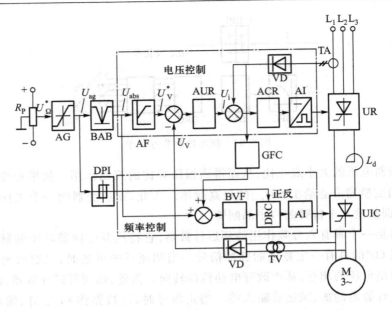

图 5.98 转速开环交-直-交电流源变频调速系统原理方框图

习　题

5.1　什么叫伺服系统？伺服系统的基本类型有哪些？

5.2　试举出几个具有伺服系统的机电一体化产品实例,分析其伺服系统的基本结构,指出其属于何种类型的伺服系统。

5.3　简述伺服系统的构成及各功能元件的作用。

5.4　结合伺服系统对执行元件的基本要求,分析为何机电一体化伺服系统趋向于采用电气式执行元件。

5.5　影响伺服系统动态误差、稳态误差和静态误差的主要因素有哪些？指出稳态误差和静态误差的关系与区别。

5.6　为什么电动机的转速转矩关系为下降特性是理想的？

5.7　某舰载雷达天线座稳定平台,其横摇和纵摇符合正弦运动规律,最大横摇角为±25°,周期为 10 s;最大纵摇角为±7.5°,周期为 5 s。试求该平台横摇、纵摇的峰值角速度和角加速度。

5.8　请选用脉冲分配器专用集成电路 PMM8713 对步进电机实现控制。要求:三相电动机运行方式为三相六拍,正、反转由 Cv 和 Cd 脚完成。步进电机运行速度应可调。

5.9　试分析人对手、脚等进行伺服控制的过程,并进而分析具有触觉、视觉或步行机构的智能机器人的伺服控制原理及过程。

5.10　某五相步进电机通电方式为 AB→ABC→BC→BCD→CD→…,试计算其步距角。

5.11　某五相步进电机转子有 48 个齿,采用二相—三相运行方式,试计算其步进角。

5.12　某三相变磁阻式步进电机转子有 40 个齿,试计算各种运行方式的步进角。

5.13　若一台 BF 系列四相反应式步进电机,其步距角为 1.8°/ 0.9°。试问:

（1）1.8°/0.9°表示什么意思？

（2）转子齿数为多少？

（3）写出四相八拍运行方式的一个通电顺序。

（4）在 A 相测得电源频率为 400 Hz 时，其每分钟的转速为多少？

5.14　一台 70BF6-3 型反应式步进电机，已知相数 $m = 6$，单六拍运行，步距角为 3°，单双十二拍运行步距角为 1.5°，求转子齿数。

5.15　试根据机械特性曲线，分析当负载转矩不变时，直流伺服电机的调压调速过程。

5.16　采用单片机 8031 控制三相步进电机，通电方式分别为双三拍和三相六拍，试设计响应的硬件和软件脉冲分配器，并指出各自的特点及适用场合。

5.17　采用 MCS-51 系列单片机控制步进电机运行速度。已知电动机步距角 $\alpha = 0.75°$，最高转速 $n_{max} = 400$ r/min。试选择合适的定时器及工作模式，导出定时常数计算公式，并计算当电动机转速 $n = 100$ r/min 时，定时器的定时常数 T。

5.18　伺服系统中为何要进行惯量匹配计算？怎样实现惯量匹配？

5.19　为什么说调压调速方法不太适合于长期工作在低速的生产机械？

5.20　为什么调压调速必须采用闭环控制才能获得较好的调速特性？其根本原因何在？

5.21　试分析单向晶闸管驱动感性负载时的工作状态。

5.22　试设计电压-脉宽变换器及开关功率放大器的接口电路。

5.23　某直流电动机额定转速 1 000 r/min，要求调速范围 $D = 10$，静差度 $S = 5\%$，系统允许的静态速度降是多少？

5.24　试述变频调速的工作原理。

5.25　设计晶闸管电动机双闭环直流调速系统。已知条件：直流电动机参数 $P_{nom} = 0.85$ kW，$U_{nom} = 110$ V，$I_{nom} = 9.8$ A，$n_{nom} = 1 500$ r/min，采用三相桥式整流电路，其电阻 $R_{rec} = 0.7\ \Omega$，平波电抗 $R_L = 0.3\ \Omega$，$GD^2 = 1.8$ (N·m)^2，最大给定电压 $U_m = 10$ V，ASC、ACR 限幅输出 $U_{ctm} = 8$ V，堵转电流 $I_{abc} = 2I_{nom}$，临界截止电流 $I_{act} = 1.5I_{nom}$。设计指标：

（1）稳态指标：调速范围 $D = 20$，静差率 $S = 10\%$；

（2）动态指标：电流超调量 $\sigma_i \leqslant 5\%$；

（3）空载起动到额定转速时的转速超调量 $\sigma_n \leqslant 10\%$，过渡过程时间 $t_s \leqslant 0.8$ s。

5.26　设计连续伺服控制系统。设计任务与技术要求：有一观测镜由人直接操纵，另有摄像设备安置于一随动转台上。随动转台的转角受观测镜直接控制，为此需要设计一套位置伺服系统，以保证转台能连续、快捷、准确地跟踪观测镜轴的运动。已知：转台轴承受干摩擦力矩 $T_c = 8.56$ N·m，转台转动惯量 $J_L = 21.658$ kg·m，转台平稳跟踪角速度 $\Omega = 0.2 \sim 50°/$ s，最大跟踪角加速度 $\varepsilon_m = 50°/$ s^2，最大调转角加速度 $\varepsilon_{lim} = 50°/$ s^2，转台跟随观测镜的静误差 $e_c \leqslant 0.5°$，转台等速跟踪观测镜的速度误差 $e_v \leqslant 0.5°$，转台连续跟踪时最大误差 $e_{max} \leqslant 2°$，转台对阶跃信号响应的最大超调量 $\sigma \leqslant 30\%$，过渡过程时间 $t_s \leqslant 1.2$ s。

第6章 典型机电一体化系统设计与分析

6.1 可编程控制(PLC)机电系统

图 6.1 所示是一个供料控制系统。运料小车负责向四个料仓送料,送料路上从左到右共有四个料仓(1 号仓~4 号仓)位置开关,其信号分别由 PLC 的输入端 I0.0、I0.1、I0.2、I0.3 检测,当信号状态为 1 时,说明运料小车到达该位置,否则说明小车没有到达这个位置。小车行走受两个信号的驱动,Q0.0 驱动小车左行,Q0.1 驱动小车右行。料仓要料信号由四个手动按钮发出,从左到右(1 号仓~4 号仓)分别为 I0.4、I0.5、I0.6、I0.7。试设计一个驱动小车自动运料的控制程序。

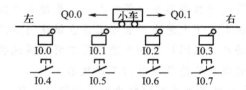

图 6.1 供料控制系统示意图

为了设计运料小车的控制程序,首先要对小车的驱动条件进行分析。第一,要料料仓的位置(由 M0.0~M0.3 决定);第二,运料小车当前所处的位置(由 I0.0~I0.3 决定);第三,运料小车的右行、左行、停止控制(由 Q0.0、Q0.1 决定)。

1. 小车运行条件

运料小车右行条件:小车在 1、2、3 号仓位,4 号仓要料;小车在 1、2 号仓位,3 号仓要料;小车在 1 号仓位,2 号仓要料。

运料小车左行条件:小车在 4、3、2 号仓位,1 号仓要料;小车在 4、3 号仓位,2 号仓要料;小车在 4 号仓位,3 号仓要料。

运料小车停止条件:要料仓位与小车的车位相同。

运料小车的互锁条件:小车右行时不允许左行起动,同样,小车左行时也不允许右行起动。

2. 编制控制程序

料仓要料状态的编程:要料信号取决于 I0.4~I0.7,这些信号都是手动按钮产生的。实际中可能出现多个按钮同时产生要料信号的情况,为了确定把要料权交哪个料仓,必须要确定排队规则。本设计中采取要料时刻不相同时,先要料者优先。要料时刻相同时,料仓号小者有优先的规则。程序中使用 M 继电器来代表料仓要料状态。其中 M0.0~M0.3 分别代表 1 号料仓、2 号料仓、3 号料仓、4 号料仓的要料状态。如图 6.2 所示供料控制程序的梯形图的头四个支路就用上述送料规则的编程。

小车停止状态的编程:梯形图中第 5 条支路是小车到位停止的编程。有小车停止以后,要清除料仓要料状态信号。

小车右行的编程:梯形图中第 6 条支路是小车右行的编程。

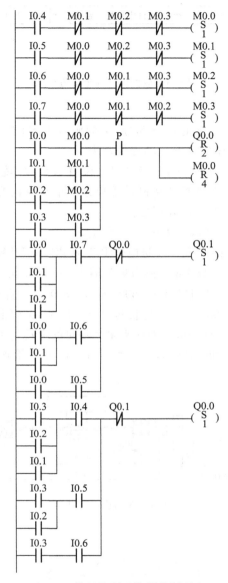

图 6.2 供料控制系统的控制程序

小车左行的编程：梯形图中第 7 条支路是小车左行的编程。

6.2 数控步进伺服系统

1. 数控机床的组成

图 6.3 是数控机床的组成方框图。被加工零件图是数控机床加工的原始数据,在加工前需根据零件图指定加工工序及工艺规程,并将其按照标准的数控编程语言编制成加工程序。

数控机床计算机系统用来接受并处理由程序载体输入的加工程序,依次加工其转换成使伺

图 6.3　数控机床的组成方框图

服驱动系统动作的脉冲信号。

　　伺服驱动系统是整个数控系统的执行部分,由伺服放大器(包括伺服控制电路和功率放大电路)、伺服电机等组成,为机床的进给运动提供动力。

　　反馈系统用于检测机床工作的各个运动参数、位置参数、环境参数(如温度、振动、电源电压、导轨坐标、切削力等),并将其变换成控制计算机系统能接受的数字信号,以构成闭环或半闭环控制。经济型的数控机床一般采取开环控制。

　　2. 功率步进电机驱动的开环数控车床的设计与校验

　　已知:某数控车床纵向进给传动链由步进电机驱动,经齿轮副和滚珠丝杠副传动。功率步进电机的型号为110BF003,其主要技术参数为最大静力矩 7.84 N·m,步距角 $\theta = 1.5°$,转动惯量 $J_M = 4.606 \times 10^{-4}$ kg·m²,快速空载起动时电动机转速 $n = 500$ r/min;滚珠丝杠直径 $d_0 = 50$ mm,丝杠导程 $P_h = 6$ mm,$L_{min} = 400$ mm,$L_{max} = 1\ 400$ mm,丝杠长度 $L = 2\ 000$ mm(图 6.4)。工作台及刀架质量 $m = 3\ 000$ kg,导轨静摩擦力 $F_0 = 3\ 000 \times 0.2 = 600$ N,最大轴向负荷 $F_{0max} = 5\ 000$ N。

　　要求:脉冲当量 $\delta = 0.01$ mm,加速时间 $T = 25$ ms,最大进给速度 $v_{max} = 1.2$ m/min,定位精度 ± 0.015 mm。

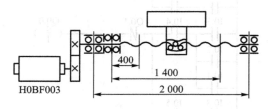

H0BF003

图 6.4　纵向进给传动链

　　(1) 计算降速比

$$i = \frac{\theta P_h}{360\delta} = \frac{1.5 \times 6}{360 \times 0.01} = 2.5$$

式中:θ——步进电机步距角;

　　　　δ——脉冲当量,mm;

　　　　P_h——丝杠导程,mm。

　　选齿轮 $z_1 = 20$,$z_2 = 50$,模数 $m = 2$,齿宽 $b = 20$ mm。

　　(2) 转动惯量计算

　　1) 计算小齿轮的转动惯量 J_1

$$J_1 = 0.77 D_1^4 b \times 10^{-12} = 0.77 \times 40^4 \times 20 \times 10^{-12} \text{ kg·m}^2$$
$$\approx 4 \times 10^{-5} \text{ kg·m}^2$$

式中：D_1——小齿轮分度圆直径，mm，$D_1 = mz_1 = 2\times20$ mm $= 40$ mm；

　　　b——齿轮宽度，mm。

　　2）计算大齿轮的转动惯量 J_2

$$J_2 = 0.77D_2^4 b \times 10^{-12} = 0.77 \times 100^4 \times 20 \times 10^{-12} \text{ kg} \cdot \text{m}^2$$
$$\approx 15.4 \times 10^{-5} \text{ kg} \cdot \text{m}^2$$

式中：D_2——大齿轮分度圆直径，mm，$D_2 = mz_2 = 2\times50$ mm $= 100$ mm。

　　3）计算丝杠转动惯量 J_s

$$J_s = 0.77d_0^4 L \times 10^{-12} = 0.77 \times 50^4 \times 2\,000 \times 10^{-12} \text{ kg} \cdot \text{m}^2$$
$$\approx 9.6 \times 10^{-3} \text{ kg} \cdot \text{m}^2$$

式中：L——丝杠长度，mm。

　　4）计算工作台的转动惯量 J_W

$$J_W = \left(\frac{P_h}{2\pi}\right)^2 m \times 10^{-6} = \left(\frac{P_h}{2\pi}\right)^2 \times 3\,000 \times 10^{-6}$$
$$\approx 2.7 \times 10^{-3} \text{ kg} \cdot \text{m}^2$$

式中：m——工作台（包括工件）的质量，kg。

　　5）负载折算到电动机轴上的转动惯量

$$J_r = J_1 + \frac{1}{i^2}(J_2 + J_s + J_W)$$

$$= 4 \times 10^{-5} \text{ kg} \cdot \text{m}^2 + \frac{1}{2.5^2}(15.4 \times 10^{-4} + 9.6 \times 10^{-3} + 2.7 \times 10^{-3}) \text{ kg} \cdot \text{m}^2$$

$$\approx 0.002 \text{ kg} \cdot \text{m}^2$$

（3）电动机力矩计算

1）计算加速力矩 M_a

$$M_a = \frac{J_r n}{9.6T} = \frac{0.002 \times 500}{9.6 \times 0.025} \text{ N} \cdot \text{m} = 4.2 \text{ N} \cdot \text{m}$$

2）计算摩擦力矩 M_f

$$M_f = \frac{F_0 P_h}{2\pi\eta i} \times 10^{-3} = \frac{600 \times 6}{2\pi \times 0.8 \times 2.5} \times 10^{-3} \text{ N} \cdot \text{m} \approx 0.28 \text{ N} \cdot \text{m}$$

式中：η——传动链总效率，取 $\eta = 0.8$。

3）计算附加摩擦力矩 M_0

$$M_0 = \frac{F_{0max} P_h}{2\pi\eta i}(1 - \eta_0^2) \times 10^{-3} = \frac{5\,000 \times 6}{2\pi \times 0.8 \times 2.5}(1 - 0.9^2) \times 10^{-3} \text{ N} \cdot \text{m}$$
$$= 0.45 \text{ N} \cdot \text{m}$$

式中：η——传动链总效率，取 $\eta = 0.8$；

　　　η_0——滚珠丝杠未预紧时的效率，取 $\eta_0 = 0.9$。

4）计算快速空载起动时电动机所需力矩

$$M = M_a + M_f + M_0 = (4.2 + 0.28 + 0.45) \text{ N} \cdot \text{m} = 4.93 \text{ N} \cdot \text{m}$$

因此，选用 7.84 N·m 的步进电机满足要求。

（4）刚度计算

滚珠丝杠一端轴向支承，丝杠的最小拉压刚度 $K_{\Delta\min}$ 和最大拉压刚度 $K_{\Delta\max}$ 分别为：

$$K_{\Delta\min} = \frac{\pi d^2 E}{4 L_{\max}} = \frac{\pi \times 50^2 \times 2.06 \times 10^5}{4 \times 1\ 400} \text{ N/mm} = 2.89 \times 10^5 \text{ N/mm}$$

$$= 289 \text{ N/}\mu\text{m}$$

$$K_{\Delta\max} = \frac{\pi d^2 E}{4 L_{\min}} = \frac{\pi \times 50^2 \times 2.06 \times 10^5}{4 \times 400} \text{ N/mm} = 1.011 \times 10^6 \text{ N/mm}$$

$$= 1\ 011 \text{ N/}\mu\text{m}$$

式中：E——弹性模量。

按照近似估算，将丝杠本身的拉压刚度 K_Δ 乘以 1/3，作为传动的综合拉压刚度 K_0，即

$$K_{0\max} = \frac{K_{\Delta\max}}{3} = \frac{1\ 011}{3} \text{ N/}\mu\text{m} = 337 \text{ N/}\mu\text{m}$$

$$K_{0\min} = \frac{K_{\Delta\min}}{3} = \frac{289}{3} \text{ N/}\mu\text{m} = 96 \text{ N/}\mu\text{m}$$

（5）计算反向死区误差

$$\Delta = \frac{2 F_0}{K_0} = \frac{2 \times 600}{96} \text{ N/}\mu\text{m} = 12.5 \text{ N/}\mu\text{m} > 10 \text{ }\mu\text{m}$$

所以，不能满足单脉冲进给的要求，应使死区误差 Δ 小于脉冲当量 δ 值 0.01 mm。

（6）计算由于传动刚度的变化引起的定位误差 δ_k

$$\delta_k = F_0 \left(\frac{1}{K_{0\min}} - \frac{1}{K_{0\max}} \right) = 600 \times \left(\frac{1}{96} - \frac{1}{337} \right) \text{ }\mu\text{m} = 4.5 \text{ }\mu\text{m}$$

所以，$\delta_k < \frac{1}{5} \times 30 \text{ }\mu\text{m} = 6 \text{ }\mu\text{m}$，可以满足由于传动刚度变化引起的定位误差小于 $\left(\frac{1}{3} \sim \frac{1}{5} \right)$ 机床定位精度的要求。

3. 数控机床计算机控制系统硬件

数控机床计算机系统有两种基本形式，即经济型和全能型。所谓经济型系统是用一个计算机作主控单元，伺服系统大都为功率步进电机，采用开环控制系统，步进脉冲当量为 0.01 ~ 0.005 mm/脉冲，机床快速移动速度为 5 ~ 8 m/min，传动精度较低，功能也较为简单。全功能型系统用 2 ~ 4 个计算机系统进行控制，各 CPU 之间采用标准总线接口，或者采用中断方式通讯。在主控计算机的管理下，各计算机之间分别进行指令识别、插补运算、文本及图形显示、控制信号的输入输出等。伺服系统一般采用交流或直流电动机伺服驱动的闭环或半闭环控制，这种形式可方便地控制进给速度和主轴转速。机床最快移动速度为 8 ~ 24 m/min，步进脉冲当量为 0.01 ~

0.001 mm/脉冲,控制的轴数多达 20~24 个,因而广泛用于精密数控车床、铣床、加工中心等精度要求高、加工工序复杂的场合。

（1）单片机系统

早期的经济型数控系统多采用功能简单的 Z80 单片机控制。近年来,多采用单片机为核心,做成专用的数控系统,图 6.5 所示为一种经济型数控系统的硬件方框图,适用普通车床的数控系统。

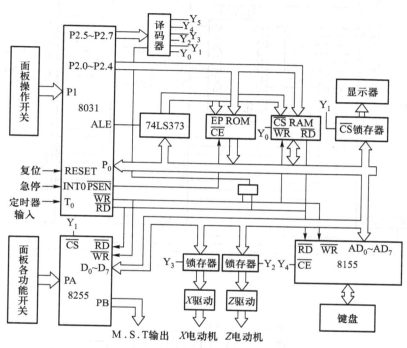

图 6.5　经济型数控系统的硬件方框图

图 6.5 中键盘用于手工输入零件的加工程序,显示器用于显示输入的指令和加工状态,8031 对加工程序进行指令识别和运算处理后,向锁存器 Y_2、Y_3 输出进给脉冲,经 X、Z 驱动模块伺服放大后,驱动 X 轴、Z 轴步进电机,产生进给运动;8255 的 PB 口输出控制信号 M.S.T。其中 M 为辅助功能信号,主要是主电动机、冷却电动机的启/停控制信号;S 为主轴调速控制信号;T 为转刀架的转位换刀控制信号。

1）存储器扩展电路　存储器扩展电路如图 6.6 所示,EPROM 用于存储控制程序,RAM 用于存储加工程序。为了保证 RAM 在掉电时加工数据不丢失,电路中还设计了掉电保护电路。

2）面板操作键和功能选择开关　面板操作键与 8031 的 P1 口接口电路如图 6.7 所示。图中 SB_1~SB_4 为手动操作进给键,分别完成人工操作的 $\pm X$,$\pm Z$ 的进给。运行时按下此键,可中断程序的运行。SA_1 是一个两位开关,用于单段/连续控制,置于"单段"位置时,每运行一个程序段就暂停,只有按下起动键,才继续运行下一个程序段。单段工作方式一般用于检查输入的加工程序。SA_1 置于"连续"位置时,程序将连续执行。

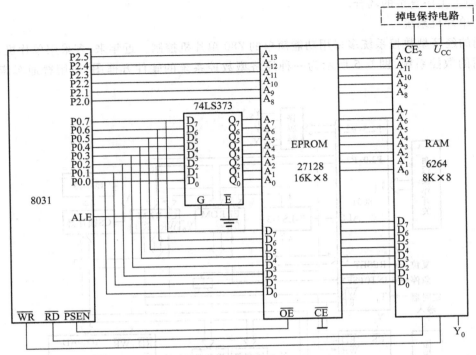

图 6.6　存储器扩展电路

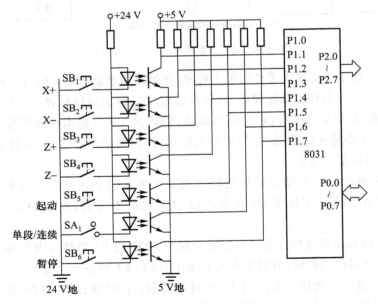

图 6.7　P1 口与面板操作开关的连接

功能选择开关 SA_2 为一个单刀 8 掷波段开关,它与系统的 8255 的 PA 口相连,如图 6.8 所示,用于编辑、空运行、自动、手动、回零、通信等功能的选择。

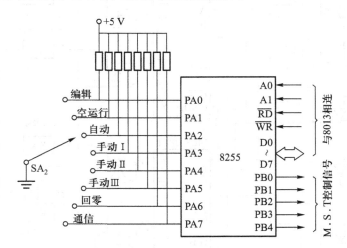

图 6.8 功能选择开关的接线图

编辑方式:用于加工程序的输入、检索、修改、插入和删除等操作。

空运行方式:起动加工程序后,只执行加工指令,对 M.S.T 指令则跳过不执行,而且刀具以设定的速度运行。这种方式主要用于检查加工程序,而不用于加工。

自动方式:只有在这种方式下,才可以按起动键实行加工。在编辑状态下输入程序并经检查无误后,将 SA_2 置自动方式,再按下起动键,认定当前刀具为起点位置,开始执行加工程序。

手动方式:用于加工前对刀调整或进行简单加工。该方式有 Ⅰ、Ⅱ、Ⅲ 共三种选择,分别对应不同的进给速度。

回零方式:使刀架沿 X 轴、Z 轴回到机械零点。

通信方式:该方式中包括系统与盒式磁带机、打印机及上位机的数据通信、转存等操作。

3) M.S.T 接口 M.S.T 信号有两个特点:一是信号功率较大,计算机输出的信号要进行放大后才能使用;二是信号控制的都是 220 V 或 380 V 强电开关器件,因此,必须采用严格的电气隔离措施,如图 6.9 所示,由 8255PB 口输出控制信号,先经过一次光隔离,经译码放大后,由中间继电器 KA 再次隔离,因此,该接口电路具有较强的抗干扰能力。8255PB 口定义为基本输出方式,从 PB0~PB4 输出的五个信号经光电耦合后,送至 3~8 译码器,其中,PB0~PB2 为译码地址信号,PB3、PB4 为译码器片选信号。S01~S04 为与调整电动机相连的四种主要调整信号,T10~T40 为四种换刀信号。

M03~M05、M22~M26 为八个辅助功能信号,其中 M03 用于起动主轴正转,M04 用于控制主轴反转,M05 使主轴停止,M22~M26 是用户自用信号,可用于控制冷却电动机的启/停、液压电动机的启/停、第三坐标的启/停或电磁铁动作等。各 M.S.T 的译码逻辑联系表如表 6.1 所示。

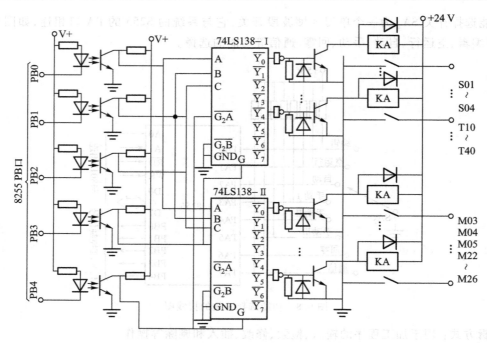

图 6.9 强电接口电路

表 6.1 M. S. T 信号地址对照表

8255PB 口					输出信号	8255PB 口					输出信号
PB4	PB3	PB2	PB1	PB0		PB4	PB3	PB2	PB1	PB0	
0	1	0	0	0	S01	1	0	0	0	0	M03
0	1	0	0	1	S02	1	0	0	0	1	M04
0	1	0	1	0	S03	1	0	0	1	0	M05
0	1	0	1	1	S04	1	0	0	1	1	M22
0	1	1	0	0	T10	1	0	1	0	0	M23
0	1	1	0	1	T20	1	0	1	0	1	M24
0	1	1	1	0	T30	1	0	1	1	0	M25
0	1	1	1	1	T40	1	0	1	1	1	M26

（2）STD 总线系统

图 6.10 所示为一种两坐标的 STD 总线数控系统。它由 CPU、带掉电保护的 RAM、键盘、步进电机接口、I/O 接口、CRT 显示接口等六个模板组成。

CPU 模块采用 Z80A 作 CPU，晶振频率为 4 MHz，EPROM 容量为 32 kB，用于存放系统的控制程序。板内的 CTC0 通道作串行口波特率发生器，CTC2 通道作监控程序的单步操作，板内并行口采用 Z80PIO 芯片，提供 2×8 位并行接口。串行口为 RS232C 标准，用于与上位机的数据通信。

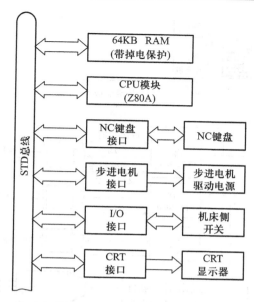

图 6.10　STD 总线数控系统

64 kB 的 RAM 模块用于存放加工程序,为使掉电后输入的加工程序不被丢失,选用带掉电保护功能的静态 RAM 模板。

两个轴的步进电机共用一个接口模板,该模板有两组相同结构的电路,包括进给脉冲发生器、脉冲计数器、进给方向控制逻辑和脉冲分配器等。进给脉冲发生器与脉冲计数器由 8253 定时/计数器芯片实现。8253 的 0 号通道作进给脉冲的发生器,进给脉冲的频率由装入的时间常数决定。8253 的 1 号通道为脉冲计数器,用来监测是否有脉冲丢失。进给方向逻辑主要用于控制步进电机的进给方向,脉冲分配器则将进给脉冲一次分配给步进电机的各相绕组。

I/O 模板中的输入通道主要与机床侧的各种开关相连,如限位开关、零点接近开关等;输出通道用于输出 M. S. T 功能信号,输出信号经锁存器、光电隔离及晶体管放大后,可以驱动 24 V、200 mA 以下的继电器、电磁阀等。

CRT 模板与普通 CRT 显示器连接,可实现数控过程的显示及加工程序、加工零件的显示。该模板以 MC6845CRT 控制器为核心,产生 CRT 所需的行同步、场同步信号,并与 STD 总线接口。

(3) 标准数控系统

标准数控系统的构成方框图如图 6.11 所示。该系统有 X、Y、Z 三轴控制,其中任意两轴可联动。链式刀库可储 40~60 把刀具,由换刀机械手自动进行换刀(ATC)。系统配有工作台精密转动控制(TAB),转动角度由数控编程中的第二辅助功能 B 指定。该系统可完成各种加工工序(如铣、钻、镗、扩和攻螺纹等)的控制。

系统通过接口接收来自 MDI 的数据,并在 CRT 上显示,又可通过 RS232C 接口读入上位机传来的数控加工程序。操作面板上有各种功能选择开关,从机床和操作面板上输出的信号,大部分由 PLC 处理,但也有一部分信号,如紧急停车、超程、返回原点等,可直接输入计算机控制系统。

三轴驱动采用伺服驱动方式,各电动机均加装光电编码器作为位置和速度的检测反馈元件,

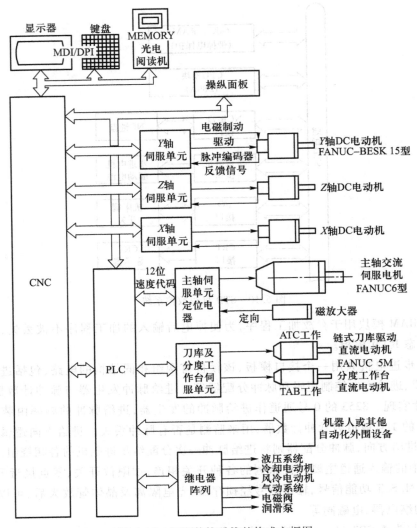

图 6.11 标准数控系统的构成方框图

反馈信号一路输入计算机系统作精插补;另一路径 F/U 变换送入伺服驱动模块中的速度调节器,速度放大部分可配 SRC 或 PWM。

在计算机控制系统的控制下,经 PLC 进行译码可输出 12 位二进制速度代码,再经 D/A 转换和电压比较后形成主轴电动机转速控制信号,由矢量处理电路得到三种相位相差 120° 的电流信号,经 PWM 调制放大后加到三相桥式晶体管电路,使主轴的交流伺服电机按规定的转速和方向转动。磁放大器为主轴定向之用。

计算机控制系统将相应的 T、M、B 功能送至 PLC,经 PLC 译码识别,发出相应的控制信号,该信号自动切换伺服单元工作状态,即由 ATC 转换为 TAB,或由 TAB 转换为 ATC。刀库和分度台均有直流伺服电机驱动,通过控制相应的伺服电机,实现自动换刀和工作台的分度。除进给插补外,几乎其他所有的工作(S、T、M、B)都离不开 PLC,经 PLC 处理的信号有 194 个。

（4）数控机床的软件构成

数控机床软件分为系统软件（控制软件）和应用软件（加工软件）两部分。加工软件是描述被加工零件的几何形状、加工顺序、工艺参数的程序，它用国际标准的数控编程语言编程。

控制软件是为了完成机床数控而编制的系统软件，因为各数控系统的功能设置、控制方案、硬件线路均不相同，因此，在控制软件的结构和规模上相差很大，但从数控的要求来看，控制软件应该包括数据输入、数据处理、插补运算、速度控制、输出控制、管理和诊断程序等模块。

1）数据输入模块

系统输入的数据主要是零件的加工程序（指令），一般通过键盘输入，也有通过上一级计算机直接传入的（如 CAD/CAM 系统）。系统中的输入管理程序通常采用中断方式。

2）数据处理模块

输入的零件加工程序是用标准的数控语言编写的 ASCII 字符串，因此，需要把输入的数控代码转换成系统能进行运算操作的二进制代码，还要进行必要的单位换算和数控代码的功能识别，以便确定下一步操作内容。

3）插补运算模块

数控系统必须按照零件加工程序中提供的数据，如曲线的种类、起点、终点等，按插补原理进行运算，并向各坐标轴发出相应的进给脉冲。进给脉冲通过伺服系统驱动刀具或工作台作相应的运动，完成程序规定的加工。插补运算模块除实现插补各种运算外，还有实时性要求，在数控过程中，往往是一边插补一边加工的，因此，插补运算的时间要尽可能短。

4）速度控制模块

一条曲线的进给运动往往需要刀具或工作台在规定的时间内走许多步来完成，因此，除输出正确的插补脉冲外，为了保证进给运动的精度及平稳性，还应控制进给的速度。在速度变化较大时，要进行自动加减速控制，以免因速度突变而造成伺服系统的驱动失步。

5）输出控制模块

输出控制模块包括：

① 伺服控制。将插补运算的进给脉冲转变为有关坐标的进给运动。

② 误差补偿。当进给脉冲改变方向时，根据机床的精度进行反向间隙补偿处理。

③ M. S. T 等辅助功能的输出。在加工中，需要起动机床主轴、调整主轴速度和换刀等，因此，软件需要根据控制代码，从相应的硬件输出口输出控制脉冲或电平信号。

6）管理程序

管理程序负责对数据输入、处理、插补运算等操作，对加工过程中的各程序模块进行调度管理。管理程序还要对面板命令、脉冲信号、故障信号等引起的中断进行中断处理。

7）诊断程序

系统应对硬件工作状态和电源状态进行监视，在系统初始化过程中还需对硬件的各个资源（如存储器、I/O 口等）进行检测，使系统出现故障时能及时停车并指示故障类型和故障源。

6.3　电液伺服系统

以电液伺服系统在带钢连续生产机组的跑偏控制设备中的应用为例，阐述电液伺服控制系统的设计过程和设计内容。图 6.12 是带钢连续生产机组中卷取机跑偏控制设备简图。

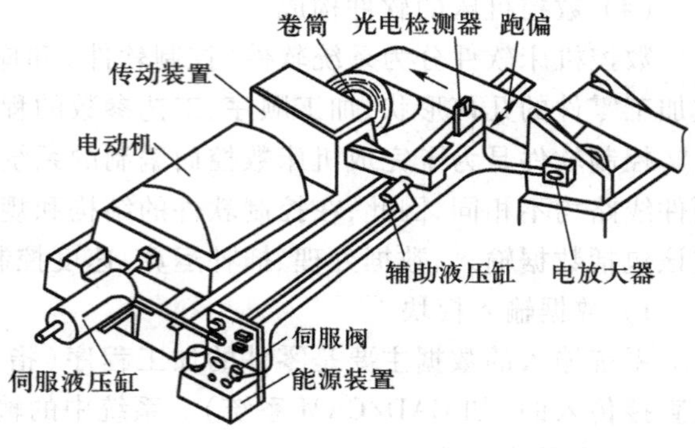

图 6.12　卷取机跑偏控制设备简图

1. 主机参数及设计要求

（1）主机有关参数

最大卷取速度：$v = 5$ m/s；最大钢卷质量：$m_1 = 15\ 000$ kg；卷取机移动部件质量：$m_2 = 20\ 000$ kg；卷取机移动行程：$L = 150$ mm；卷取机导轨：V 形滚动导轨，甘油润滑，摩擦系数 $f = 0.08$；工作环境：冷轧车间，连续生产机组。

（2）系统设计要求

卷齐误差：$e \leqslant \pm (1 \sim 2)$ mm；调节速度 v_n 和系统的频宽 $\omega_{0.707}$ 应分别大于钢带跑偏速度 v_g 和跑偏频率 ω_g。对机组的测试结果表明，当机组速度 $v = 5$ m/s 时，带钢跑偏频率 $\omega_g \leqslant 1$ Hz，根据统计数据，在机组速度 $v = 5$ m/s 时，取系统频宽：$\omega_{0.707} = 3\omega_g = 3$ Hz = 18.85 rad/s；纠偏速度：$v_n = 2.2 \times 10^{-2}$ m/s。其他要求：工作可靠、抗污染、使用维护方便。

2. 拟定控制方案

由于有一定的跑偏速度，且质量较大，将钢带整齐地卷成外径 1.6 m 的钢卷对控制精度有较高要求，考虑到与卷齐精度和响应速度都有一定的要求，宜选用电液伺服控制系统。

该控制系统通过执行元件控制卷取机的位移，使其跟踪钢带的偏移，从而使钢卷卷齐。因此，该控制系统为位置伺服系统。由于被检测的是连续运动着的钢带边缘偏移量，其位置传感器需使用非接触式的。气动位置检测元件和光电位置检测元件均可实现对钢带的跑偏位移检测，并可分别构成气液伺服和电液伺服控制系统。电液伺服系统的优点是信号传输快，电反馈和校正方便，光电检测器的开口（即发射与接收器间距）可达 1 m 左右，并可直接方便地装于卷取机旁。因此，选用电液伺服控制系统。由于要求工作可靠、抗污染、且系统频宽较低，宜采用抗污染能力较强的工业伺服阀来构成电液伺服系统。

由于控制功率不大，卷筒作直线运动且位移较小，故采用恒压源供油的阀控缸系统。为使阀与缸匹配，采用对称缸。图 6.13a 所示为电液伺服系统原理图，图 6.13b 为其控制电路简图。

光电检测器由发光光源和光电二极管接收器组成，光电二极管作为平衡电桥的一个臂。钢带正常运行时，光电管接收一半光照，其电阻为 R_1，调整电桥电阻 R_3，使 $R_1 \cdot R_3 = R_2 \cdot R_4$，电桥无输出，当钢带跑偏，带边偏离检测器中央，电阻 R_1 随光照变化，使电桥失去平衡，从而造成调节偏差信号 u_g，此信号经放大器放大后，推动伺服阀工作，伺服阀控制液压缸跟踪带边，直到带边重新处于检测器中央，达到新的平衡为止。

为了避免卷完一卷切断钢带时，钢带尾部撞坏检测器，剪切前需将检测器退回。为此，设计了检测器缸。钢带引入卷取机钳口，开始卷取前，检测器应能自动对位，即让光电管的中心自动对准钢带边缘，为此，检测缸也需有伺服阀控制，检测器推出或自动对位时，卷取机移动缸应不动，自动卷齐时，检测缸应固定，为此，采用两套可控液压锁，作为液压锁的液控单向阀由电磁阀控制。

自动卷齐或检测器自动对位时，系统为闭环工作状态；快速退出检测器时，切断闭环，手动给定伺服阀最大负向电流，此时，伺服阀当换向阀用。自动卷齐闭环系统原理如图 6.14 所示。

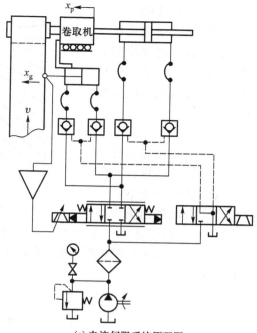

(a) 电液伺服系统原理图

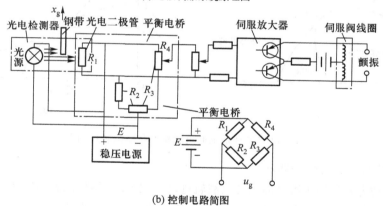

(b) 控制电路简图

图 6.13 跑偏控制系统原理图

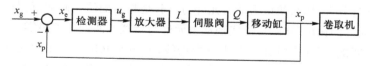

图 6.14 自动卷齐闭环系统原理图

3. 液压动力元件设计

（1）系统负载特性与输出特性的匹配

1）系统的负载特性

系统的负载特性即负载轨迹,是执行元件输出轴上所受的负载阻力(力矩)与负载动力元件的运动速度（或转速）间的轨迹关系。系统的综合负载由惯性负载、弹性负载、黏性负载、静动摩擦负载以及重力负载等部分或全部合成，其负载运动规律即负载轨迹特性可变换为一族斜椭圆轨迹曲线，如图 6.15 所示。斜椭圆与坐标轴（第 I 象限）之间包围的部分为负载工作区域，如图 6.16a 所示。

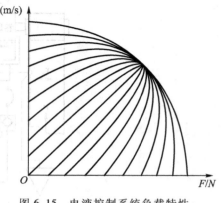

图 6.15　电液控制系统负载特性

2）系统的输出特性

在电液控制系统中，液压马达和液压缸是执行元件。以泵控动力元件或阀控动力元件供给执行元件液压能量，其动力元件供给的负载流量 Q_L 与负载压力 p_L 之间的关系就是电液控制系统动力元件的输出特性。将输出负载流量转换为负载速度 v（或转速），负载压力转换为负载力 F（或力矩）。无论是阀控还是泵控动力元件，只有在系统的输出特性曲线能够将负载轨迹完全包围在内时，动力元件才能够完成拖动的任务，如图 6.16a 所示。

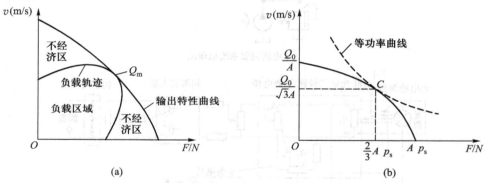

图 6.16　电液控制系统的负载特性与输出特性的匹配

3）输出特性与负载特性的匹配

图 6.16a 中动力元件输出特性曲线与负载轨迹之间包围的区域，代表不经济的设计，因此应尽量减小这部分区域的大小。如果动力元件的最大功率输出点与负载的最大功率点相重合或相接近，即动力元件的输出特性曲线与负载轨迹在最大功率点或其附近相切，而输出特性曲线与负载轨迹之间的区域又不过分大，那么便认为动力元件与负载是相匹配的。通常，负载特性是由负载要求决定的，改变动力元件的输出特性，可以实现动力元件与负载的匹配。理想零开口四边阀控液压缸动力元件与负载的匹配，其输出特性曲线为一抛物线，如图 6.16b 所示，图中过负载特性最大功率点的等功率曲线与抛物线相切。通过匹配计算，阀的最大功率输出点所对应的 p_L 和 Q_L 值为：

$$p_L^* = \frac{2}{3} p_s \quad \text{和} \quad Q_L^* = \frac{Q_{0m}}{\sqrt{3}} \tag{6.1}$$

所以，动力元件能提供的最大功率输出点所对应的负载力和负载速度为：

$$F^* = \frac{2}{3} p_s A \quad \text{和} \quad v = \frac{1}{\sqrt{3}} \frac{Q_{0m}}{A} \tag{6.2}$$

式中，Q_{0m} 为阀的最大空载流量；A 为活塞的有效面积。

本系统的主要负载为惯性负载和摩擦负载，黏性负载较小，可忽略，无弹性负载和外作用负载。因此，

$$F = m_t a_m + F_f$$

式中：m_t—— 总运动质量，$m_t = m_1 + m_2 = 35 \times 10^3$ kg；

$\quad a_m$—— 纠偏加速度，$a_m = v_n \cdot \omega_{0.707} = 2.2 \times 10^{-2} \times 18.85$ m/s^2 = 0.41 m/s^2；

$\quad F_f$—— 液压缸及导轨的总摩擦力。

总摩擦力为： $\quad F_f = f m_t g = 0.08 \times 35 \times 10^3 \times 9.8$ N = 27 440 N

代入数据得

$$F = 41\ 790\ \text{N}$$

取最大纠偏速度 $v_n = 0.022$ m/s，由图 6.16b 得负载特性与输出特性匹配的交汇区域如图 6.17所示。最大功率点的负载力为 $F_L^* = F = 41\ 790$ N，最大速度为 $v_{max} = v_n = 0.022$ m/s。

（2）执行元件参数计算

负载数值不太大，设备为一般工业用的地面固定设备，因此，取系统的供油压力 $p_s = 4.5$ MPa。

执行元件为液压缸，且液压缸直接拖动负载。因此，无需确定传动比和进行等效负载计算，可直接确定液压缸活塞面积 A_p，由式（6.2）得：

$$A_p = \frac{3F_L^*}{2p_s} = \frac{3 \times 41\ 790}{2 \times 4.5 \times 10^6} \text{ m}^2 = 1.39 \times 10^{-2} \text{ m}^2$$

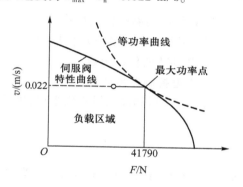

图 6.17　功率匹配曲线图

按液压缸尺寸系列选取活塞直径 $D = 150$ mm，活塞杆直径 $d = 60$ mm，则液压缸的有效面积为：

$$A_p = \frac{\pi}{4}(D^2 - d^2) = \frac{\pi}{4}(0.15^2 - 0.06^2) \text{ m}^2 = 1.48 \times 10^{-2} \text{ m}^2$$

（3）确定电液伺服阀的规格

先计算系统所需的最大流量：

$$Q_{max} = A_p v_{max} = 1.48 \times 10^{-2} \times 0.022 \text{ m}^3/\text{s} = 3.26 \times 10^{-4} \text{ m}^3/\text{s}$$

$$= 19.56 \text{ L/min}$$

伺服阀的输出流量计算：

$$Q_L = 1.2 Q_{max} = 23.47 \text{ L/min}$$

伺服阀压降：

$$p_v = p_s - \frac{F_L^*}{A_p} = \left(4.5 \times 10^6 - \frac{41\ 790}{1.48 \times 10^{-2}} \right) \text{ Pa} = 1.7 \text{ MPa}$$

由 p_v 和 Q_L 值，查伺服阀压降和输出流量的关系曲线得伺服阀的额定流量为：

$$Q_n = 40 \text{ L/min}$$

考虑额定流量、响应频宽、抗污染、使用要求等因素,查伺服阀产品样本,选 DYC1-40L 伺服阀。DYC1-40L 伺服阀主要参数见表 6.2。

表 6.2 DYC1-40L 伺服阀主要参数

参数名称		数值	参数名称	数值
额定空载流量 Q_n/(L/min)		40	滞环	≤3%
额定供油压力 p_s/MPa		6.3	零漂	≤2%
额定电流 I_n/mA		±300	频宽 f_{sv}/Hz	25
颤振电流	幅度/mA	25	阻尼比 ζ_{sv}	0.7
	频率/Hz	50		
不灵敏度		≤0.5%	固有频率 ω_{sv}/(rad/s)	157

4. 系统的动静态性能计算

(1)系统方框图和开环传递函数

1)各环节的传递函数

① 光电控制器传递函数

光电检测器和放大器响应很快,可看作比例环节。当光路调整好后,检测器的增益:

$$K_1 = \frac{U_g}{X_e} = 常数$$

式中:X_e——偏差位移,$X_e = X_g - X_p$,X_g 为跑偏位移,X_p 为纠偏位移;

U_g——检测器输出电压。

电放大器增益:

$$K_2 = \frac{I}{U_g}$$

在跑偏控制系统中,光电检测器和伺服放大器合称为光电控制器。因此,光电控制器总增益为:

$$K_a = \frac{I}{X_e} = K_1 \cdot K_2$$

K_a 值可由伺服放大器进行调整。

② 执行元件-负载传递函数

因无弹性负载,则该位移伺服系统的纠偏位移为:

$$X_p = \frac{\dfrac{Q_0}{A_p} - \dfrac{K_{ce}}{A_p^2}(1 + K_1 s) F_f}{s\left(\dfrac{s^2}{\omega_n^2} + \dfrac{2\zeta}{\omega_n} + 1\right)}$$

根据四通阀-对称缸类型,液压固有频率 ω_n 的计算公式为:

$$\omega_n = \sqrt{\frac{4\beta_e A_p^2}{V_t m_t}}$$

其中,$V_t \approx L A_p$,取 $\beta_e = 700$ MPa,则:

$$\omega_n = \sqrt{\frac{4\beta_e A_p^2}{V_t m_t}} = \sqrt{\frac{4 \times 700 \times 10^6 \times (1.48 \times 10^{-2})^2}{1.48 \times 10^{-2} \times 0.15 \times 35 \times 10^3}} \text{ rad/s}$$

$$= 88.84 \text{ rad/s}$$

取阀芯直径 $D = 15$ mm,$r_c = 5 \times 10^{-6}$ m;$\mu = 1.4 \times 10^{-2}$ Pa·s,则根据:

$$K_{c0} = \frac{\pi \cdot \pi D r_c^2}{32\mu}$$

可计算得:

$$K_{c0} = 0.082\ 478 \times 10^{-10} \text{ m}^5/\text{N} \cdot \text{s}$$

$$K_{ce} \approx K_{c0} = 0.082\ 478 \times 10^{-10} \text{ m}^5/\text{N} \cdot \text{s}$$

$$\zeta_n = \frac{K_{ce}}{A_p}\sqrt{\frac{\beta_e m_t}{V_t}} = \frac{0.082\ 478 \times 10^{-10}}{1.48 \times 10^{-2}}\sqrt{\frac{700 \times 10^6 \times 35 \times 10^3}{1.48 \times 10^{-2} \times 0.15}} = 0.059$$

ζ_n 的计算值较小,可取 $\zeta_n = 0.2$。

$$K_1 = \frac{V_t}{4\beta_e K_{ce}} = \frac{1.48 \times 10^{-2} \times 0.15}{4 \times 700 \times 10^6 \times 0.082\ 478 \times 10^{-10}} = 0.096 \text{ s}$$

③ 伺服阀的传递函数

由伺服阀的产品样本查得:

$$K_{sv} G_{sv}(s) = \frac{Q_0}{I} = \frac{K_{sv}}{\dfrac{s^2}{157^2} + \dfrac{2 \times 0.7}{157}s + 1}$$

额定流量 $Q_n = 40$ L/min 的阀在实际供油压力 $p_s = 4.5$ MPa 时,流量增益:

$$K_{sv} = \frac{Q_n\sqrt{\dfrac{P_s}{P_{sn}}}}{I_n} = \frac{\dfrac{40 \times 10^{-3}}{60}\sqrt{\dfrac{4.5}{7}}}{0.3} \text{ m}^2/(\text{s} \cdot \text{A}) = 1.782 \times 10^{-3} \text{ m}^3/(\text{s} \cdot \text{A})$$

2) 系统方框图和开环传递函数

由以上各环节的传递函数可得系统方框图,如图 6.18a 所示,代入数据参数如图 6.18b 所示。

系统开环传递函数:

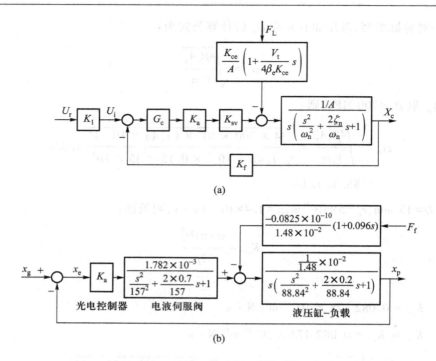

图 6.18   跑偏控制系统方框图

$$G(s)H(s)=\cfrac{K_v}{s\left(\cfrac{s^2}{\omega_n^2}+\cfrac{2\zeta_n}{\omega_n}s+1\right)\left(\cfrac{s^2}{\omega_{sv}^2}+\cfrac{2\zeta_{sv}}{\omega_{sv}}s+1\right)}$$

$$=\cfrac{K_v}{s\left(\cfrac{s^2}{88.8^2}+\cfrac{2\times0.2}{88.8}s+1\right)\left(\cfrac{s^2}{157^2}+\cfrac{2\times0.7}{157}s+1\right)}$$

式中：K_v——系统开环增益。

$$K_v=\frac{K_aK_{sv}}{A_p}$$

（2）确定系统开环增益

由系统开环传递函数得系统的幅频特性和相频特性为：

$$\begin{cases}A_0(\omega)=\cfrac{K_v}{\omega\sqrt{\left(1-\cfrac{\omega^2}{88.8^2}\right)^2+\left(\cfrac{2\times0.2\omega}{88.8}\right)^2}\sqrt{\left(1-\cfrac{\omega^2}{157^2}\right)^2+\left(\cfrac{2\times0.7\omega}{157}\right)^2}}\\[3em]\varphi_0(\omega)=-90°-\tan^{-1}\cfrac{\cfrac{2\times0.2\omega}{88.8}}{1-\cfrac{\omega^2}{88.8^2}}-\tan^{-1}\cfrac{\cfrac{2\times0.7\omega}{157}}{1-\cfrac{\omega^2}{157^2}}\end{cases}$$

系统中开环增益的确定应首先满足系统稳定性的指标要求,虽然系统设计要求中没有明确稳定裕量指标,但实际工程中,考虑到理论计算中忽略某些因素以及随使用而造成的系统参数变化等影响,需要一定的稳定裕量。一般取增益裕量 $L_g = 20\lg K_g = 6$ dB,即 $K_g = \dfrac{1}{A_0(\omega_g)} \approx 2$,相位裕量 $\gamma = 45°$。

按增益裕量要求确定系统的开环增益,由系统的相频特性得:

$$\varphi_0(\omega_g) = -90° - \tan^{-1}\dfrac{\dfrac{2\times0.2\omega_g}{88.8}}{1-\dfrac{\omega_g^2}{88.8^2}} - \tan^{-1}\dfrac{\dfrac{2\times0.7\omega_g}{157}}{1-\dfrac{\omega_g^2}{157^2}} = -180°$$

解得系统的相频穿越频率共有四个,分别为:

$$\omega_{g1} = 74.79 \text{ rad/s}, \omega_{g2} = 88.8 \text{ rad/s}, \omega_{g3} = 157 \text{ rad/s}, \omega_{g4} = 186 \text{ rad/s}$$

再由 $K_g = \dfrac{1}{A_0(\omega_g)} \approx 2$ 解得系统的开环增益分别为:

$$K_{v1} = 16.987\ 5 \ , \ K_{v2} = 19 \ , \ K_{v3} = 246 \ , \ K_{v4} = 560$$

系统的开环增益越大其稳定性就越差。故选取系统的开环增益为:$K_v = K_{v1} = 16.987\ 5$,相应的相频穿越频率为 $\omega_g = 74.79$ rad/s。

由 $A_0(\omega_c) = 1$ 解得系统的幅值穿越频率为:$\omega_c = 17.6$ rad/s,则系统的相位裕量为:

$$\gamma = 180° + \varphi(\omega_c)$$

$$= 180° - 90° - \tan^{-1}\dfrac{\dfrac{2\times0.2\times17.6}{88.8}}{1-\dfrac{17.6^2}{88.8^2}} - \tan^{-1}\dfrac{\dfrac{2\times0.7\times17.6}{157}}{1-\dfrac{176^2}{157^2}} = 76.2°$$

可见,系统的相位裕量 $\gamma > 45°$,满足性能要求,其开环对数频率特性如图6.19所示。

可求得光电控制器的增益

$$K_a = \dfrac{K_v}{\dfrac{K_{sv}}{A_p}} = \dfrac{16.987\ 5}{\dfrac{1.782\times10^{-3}}{1.48\times10^{-2}}}\text{A/m} = 141.086 \text{ A/m}$$

（3）性能指标验算

1）稳态精度验算

① 跟随误差

本系统对阶跃输入不存在稳态误差,即当检测器测到错位时,卷筒很快便跟上。系统对于幅值为 $v_g (v_g = v_n)$ 的等速输入引起的稳态速度误差为:

$$e_{sp} = \dfrac{v_g}{K_v} = \dfrac{2.2\times10^{-2}}{16.987\ 5}\text{m} = 1.295\times10^{-3} \text{ m}$$

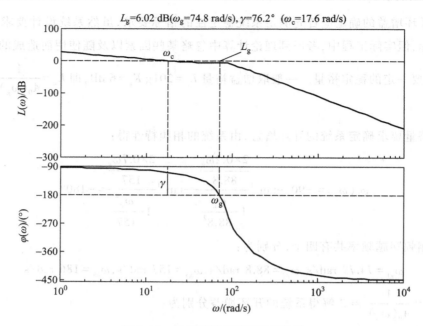

图 6.19　系统开环对数频率特性图

② 干扰误差

因摩擦力较大,可将其视为负载扰动。在系统方框图中,令 $s=0$ 得对干扰的静态方框图,如图 6.20 所示(积分环节中的 s 暂不为 0)。求出输出对摩擦力扰动的闭环传递函数并令 $s=0$ 得:

$$\frac{X_\mathrm{p}}{F_\mathrm{f}} = -\frac{K_\mathrm{ce}}{K_\mathrm{v}A_\mathrm{p}^2}$$

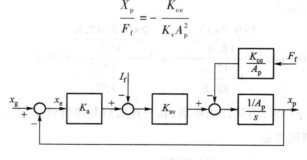

图 6.20　对干扰的静态方框图

由摩擦引起的稳态误差为:

$$e_\mathrm{sL} = \frac{K_\mathrm{ce}F_\mathrm{f}}{K_\mathrm{v}A_\mathrm{p}^2} = \frac{0.082\,4 \times 10^{-10} \times 27\,440}{16.987\,5 \times (1.48 \times 10^{-2})^2}\,\mathrm{m} = 0.060\,8 \times 10^{-3}\,\mathrm{m}$$

③ 静差

伺服阀的分辨率为 0.5%,油液污染后分辨率降低。因此,设伺服阀的死区电流为 $\Delta I_\mathrm{D} = 0.01I_\mathrm{n}$;伺服阀的零漂电流为 $\Delta I_\mathrm{d1} = 0.02I_\mathrm{n}$。

光电控制器的零漂较小,折算到伺服阀的零漂电流约为 $\Delta I_\mathrm{d2} = 0.01I_\mathrm{n}$。将以上各种干扰折算到伺服阀输入端的总等效零漂电流为：

$$I_f = \Delta I_{d1} + \Delta I_D + \Delta I_{d2} = 0.04 I_n = 12 \text{ mA} = 0.012 \text{ A}$$

式中：I_f——总等效零漂电流。

由静态方框图 6.20 可得干扰 I_f 产生的静差：

$$e_{sf} = \frac{I_f}{K_a} = \frac{0.012}{141.1} \text{ m} = 0.085 \times 10^{-3} \text{ m}$$

④ 总稳态误差

系统的总稳态误差为上述各误差之和：

$$E = e_s = e_{sp} + e_{sL} + e_{sf} = (1.295 \times 10^{-3} + 0.060\ 8 \times 10^{-3} + 0.085 \times 10^{-3}) \text{ m}$$

$$= 1.440\ 8 \times 10^{-3} \text{ m} = 1.440\ 8 \text{ mm}$$

可见，满足 $E \leqslant \pm(1 \sim 2)$ mm 的要求。

2）响应速度计算

求出系统的闭环传递函数得闭环传递函数为：

$$\phi(s) = \frac{G(s)H(s)}{1 + G(s)H(s)}$$

$$= \frac{16.99}{5.145 \times 10^{-9} s^5 + 1.314 \times 10^{-6} s^4 + 2.076 \times 10^{-4} s^3 + 1.342 \times 10^{-2} s^2 + s + 16.99}$$

由闭环传递函数得系统的闭环幅频特性为：

$$|\phi(j\omega)| = \frac{16.99}{\sqrt{(16.99 - 1.342 \times 10^{-2}\omega^2 + 1.314 \times 10^{-6}\omega^4)^2 + (\omega - 2.076 \times 10^{-4}\omega^3 + 5.145 \times 10^{-9}\omega^5)^2}}$$

令 $|\phi(j\omega)| = \dfrac{|\phi(j0)|}{\sqrt{2}} = \dfrac{1}{\sqrt{2}}$，解得闭环系统的最小带宽为 $\omega_{-3\text{ dB}} = 26.15$ rad/s。

闭环系统最小频宽 $\omega_{-3\text{ dB}} = 26.15$ rad/s 大于系统的开环幅值截止频率 $\omega_c = 17.6$ rad/s，系统闭环响应速度满足要求。

6.4 计算机控制的直流可逆调速系统设计

直流调速系统电动机可逆数字化的主要优点是：

1）常规的晶闸管直流调速系统中大量硬件可用软件代替，从而简化系统结构，减少电子元件虚焊、接触不良和漂移等引起的一些故障，而且维修方便。

2）动态参数调整方便，只需改变软件中几条伪指令即可。

3）系统可以方便地设计监控、故障自诊断、故障自动复原程序，以提高系统的可靠性。

4）可采用数字滤波来提高系统抗干扰能力。

5）可采用数字反馈，来提高系统的精度。

6）容易与上一级计算机交换信息。

7）降低成本。

1. 系统的硬件连接

本系统由一台微型机代替原模拟系统中速度调节器、电流调节器、触发器、逻辑切换单元、电压记忆环节、锁零单元和电流自适应调节器等,从而使直流调速系统实现全数字化。其硬件结构如图 6.21 所示。

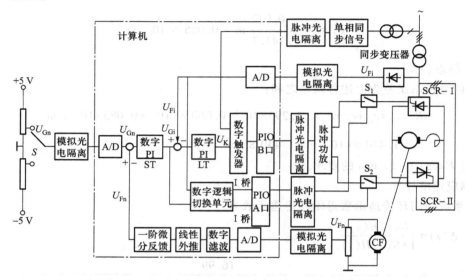

图 6.21 计算机控制的直流可逆调速系统结构图

从图 6.21 可知,速度给定、速度反馈和电流反馈信号是通过模拟光电隔离器、A/D 转换器送入计算机,计算机按照已定的控制算法计算产生双脉冲,经并行口、数字光电隔离器、功率放大器送到晶闸管的控制极,以控制晶闸管输出整流电压的大小,平稳地调节电动机的速度。晶闸管正反组切换由数字逻辑切换单元来完成。

2. 对象数学模型、电流调节器的设计和采样周期的选择

可逆晶闸管直流调速系统结构图如图 6.22 所示。

图 6.22 中 U_{Gn} 为速度给定,U_{Gi} 为电流给定,U_{Fn} 为速度反馈,U_{Fi} 为电流反馈,U_K 为触发器输入信号,E 为电动机反电动势,U_{DO} 为晶闸管整流电压,I_D 为主回路电流。

原始数据:直流电动机型号 Z_{2-32} 型,额定功率 1.1 kW,额定电压 220 V,额定电流 6.58 A,额定转速 1 000 r/min,励磁电压 220 V,运转方式连续。

直流测速发电机:型号 ZYS,额定电压 110 V,额定转速 1 900 r/min,额定功率 23.1 W,额定电流 210 mA。

参数实测数据为:电动机电枢电阻 R_D = 4.92 Ω,电动机电枢电感 L_D = 0.048 H,电抗器电阻 R_P = 1.18 Ω,电抗器电感 L_P = 0.031 3 H,整流变压器直流电阻 R_T = 0.18 Ω,整流变压器电感 L_T = 0.017 H。

（1）对象的数学模型

可逆晶闸管直流调速系统被控对象是直流电动机,由图 6.22 可知:

$$U_{DO} - E = I_D R_\varepsilon + L_\varepsilon \frac{\mathrm{d}I_D}{\mathrm{d}t} = R_\varepsilon \left(I_D + T_D \frac{\mathrm{d}I_D}{\mathrm{d}t} \right) \tag{6.3}$$

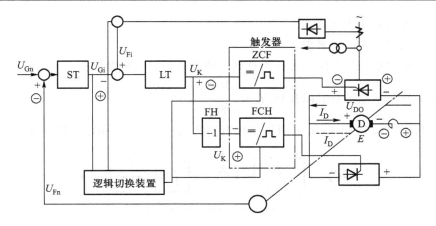

图 6.22 可逆晶闸管直流调速系统结构图

对式(6.3)进行拉氏变换得：

$$G_{d(s)} = \frac{I_D(s)}{U_{DO}(s) - E(s)} = \frac{\dfrac{1}{R_\varepsilon}}{T_D s + 1} \tag{6.4}$$

其中，$R_\varepsilon = R_D + 2R_T + R_P + R_r$，$R_r$ 为晶闸管重叠角等效电阻。R_ε、L_ε、T_D 的数值依次为：

$$R_\varepsilon = (4.92 + 2 \times 0.18 + 1.88 + 1.6)\ \Omega = 8.76\ \Omega$$

$$L_\varepsilon = L_D + 2L_T + L_P = (0.048 + 0.031 + 2 \times 0.017)\ H = 0.11\ H$$

$$T_D = \frac{L_\varepsilon}{R_\varepsilon} = \frac{0.11}{8.76}\ s = 0.013\ s$$

直流电动机轴上的力矩方程为：

$$M - M_{FZ} = c_\mu I_D - c_\mu I_{FZ} = \frac{GD^2}{375} \frac{dn}{dt} \tag{6.5}$$

$$I_D - I_{FZ} = \frac{GD^2}{c_\mu 375} \frac{dn}{dt} = \frac{T_m dE}{R_\varepsilon dt} \tag{6.6}$$

对式(6.6)进行拉氏变换得：

$$\frac{E(s)}{I_D(s) - I_{FZ}(s)} = \frac{R_\varepsilon}{T_m s} \tag{6.7}$$

$$n = \frac{E}{c_e} \tag{6.8}$$

式中：　M——电动机电磁力矩；

M_{FZ}——电动机轴上负载力矩；

I_{FZ}——电动机负载电流；

n——电动机转速；

c_μ——电动机转矩常数；

c_e——电动机电动势常数；

GD^2——拖动系统整个运动部分折算到电动机轴上的飞轮惯量；

T_m——拖动系统机电时间常数，$T_m = \dfrac{GD^2 R_e}{375 c_\mu c_e}$。

由式（6.4）、式（6.7）和式（6.8）可以作出电动机结构方框图，如图 6.23 所示。

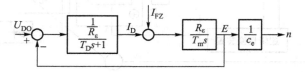

图 6.23　电动机结构方框图

由图 6.23 可以立即得到电动机数学模型：

$$G_s(s) = \frac{n(s)}{U_{DO}(s)} = \frac{\dfrac{1}{c_e}}{T_m T_D s^2 + T_m s + 1} \tag{6.9}$$

（2）电流调节器的设计及采样周期的选择

确定了被控对象电动机的数学模型，由图 6.22 很容易作出电流环结构图，如图 6.24 所示。

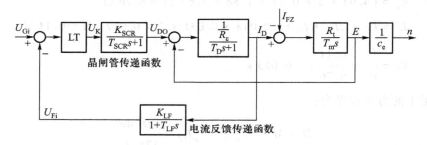

图 6.24　电流环结构图

由于突加给定阶跃速度信号 U 后，速度调节器的输出马上到达饱和限幅值，电流环投入工作，使电动机电枢电流很快上升，相对电流来说，速度变化很缓慢。因此，可以认为反电动势对电流产生的影响很小，令 $\Delta E = 0$，则图 6.24 通过结构图变换，简化为图 6.25。

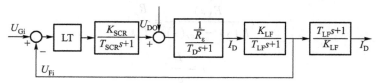

图 6.25　简化的电流环结构图

1）电流调节器的设计

① 晶闸管传递函数

一般三相桥式电路晶闸管最大失控时间在 0~0.003 3 s 之间随机分布，取其平均值，即 $T_{SCR} =$

0.001 7 s。令本系统电流调节器最大输出电压 $U_{Km} = 2.54$ V,晶闸管最大输出整流电压为:

$$U_{DO} = 245.34 \text{ V}$$

则

$$K_{SCR} = \frac{245.34}{2.54} = 96.59$$

所以晶闸管传递函数为:

$$G_{SCR}(s) = \frac{K_{SCR}}{T_{SCR}s + 1} = \frac{96.59}{0.001\,7s + 1} \qquad (6.10)$$

② 电流反馈传递函数

电流反馈回路由交流互感器经三相桥式整流及 T 型滤波构成,一般时间常数在 1~2 ms 之间。取 $T_{LF} = 0.001\,6$ s。电动机最大起动电流为 11.33 A,而速度调节器输出限幅为 2.4 V,则 $K_{LF} = \frac{2.4}{11.33} = 0.212$,其传递函数为:

$$G_{fi}(s) = \frac{K_{LF}}{T_{LF}s + 1} = \frac{0.212}{0.001\,6s + 1} \qquad (6.11)$$

注意到 T_{SCR} 和 T_{LF} 都很小,可以把它看成是小惯性群,即

$$T_{\varepsilon} = T_{SCR} + T_{LF} = (0.001\,7 + 0.001\,6)\text{ s} = 0.003\,3\text{ s}$$

这样晶闸管传递函数和电流反馈传递函数可并为一惯性环节,由式(6.10)、式(6.11)得

$$G_{\varepsilon}(s) = G_{SCR}(s) \cdot G_{fi}(s) \approx \frac{K_{\varepsilon}}{T_{\varepsilon}s + 1}$$

$$G_{\varepsilon}(s) = \frac{96.59}{0.001\,7s + 1} \cdot \frac{0.212}{0.001\,6s + 1} \approx \frac{20.47}{0.003\,3s + 1}$$

将已求结果代入图 6.25,即可得到电流环最简单结构图,如图 6.26 所示。

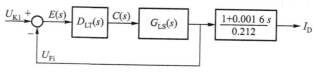

图 6.26　电流环最简结构图

其中,$D_{LT}(s)$ 为电流调节器 LT 的传递函数,$G_{LS}(s)$ 为电流环广义控制对象。

$$G_{LS}(s) = G_{\varepsilon}(s) \cdot G_d(s)$$

$$= \frac{K}{(T_{\varepsilon}s + 1)(T_D s + 1)} = \frac{20.47 \times \dfrac{1}{8.76}}{(0.003\,3s + 1)(0.013s + 1)} \qquad (6.12)$$

③ 电流调节器 $D_{LT}(s)$ 的求取

为了使本系统电流环超调小,有好的动态性能,采用二阶最佳来设计电流调节器。令电流调节器用比例积分调节器,其传递函数为:

$$D_{\mathrm{LT}}(s) = \frac{C(s)}{E(s)} = \frac{1 + \tau_{\mathrm{D}} s}{\tau_{\mathrm{i}} s} \qquad (6.13)$$

根据二阶最佳工程设计方法,则有

积分时间常数:$\tau_{\mathrm{i}} = 2KT_e = 2 \times 2.34 \times 0.003\ 3\ \mathrm{s} = 0.015\ \mathrm{s}$

微分时间常数:$\tau_{\mathrm{D}} = T_{\mathrm{D}} = 0.013\ \mathrm{s}$

这样可得:

$$D_{\mathrm{LT}}(s) = \frac{1 + 0.013s}{0.015s} = 0.87 + \frac{66.67}{s}$$

令 $K_0 = 0.87, K' = 66.67$,则有:

$$D_{\mathrm{LT}}(s) = K_0 + \frac{K'}{s} \qquad (6.14)$$

式(6.14)是一个 PI 调节器,可以导出离散化方程和差分方程:

离散化方程: $$C_k = K_1 e_k + K_2 \sum_{i=0}^{k} e_i \qquad (6.15)$$

差分方程: $$C_k = C_{k-1} + (K_1 + K_2) e_k - K_1 e_{k-1} \qquad (6.16)$$

其中, $$K_1 = K_0 - K' T_{\mathrm{LT}} = 0.87 - 66.67 \times 0.001 = 0.80$$

$$K_2 = K' T_{\mathrm{LT}} = 66.67 \times 0.001 = 0.067$$

这里设电流环采样周期 $T_{\mathrm{LT}} = 0.001\ \mathrm{s}$。把以上参数代入式(6.15)和式(6.16)可得:

$$C_k = 0.8 e_k + 0.067 \sum_{i=0}^{n} e_i \qquad (6.17)$$

$$C_k = C_{k-1} + 0.87 e_k - 0.8 e_{k-1} \qquad (6.18)$$

由式(6.17)和式(6.18)可立即作出程序方框图,由计算机求解。

2)电流环的稳定性分析

由图 6.25 可以作出电流环采样系统方框图,如图 6.27 所示。则电流环闭环的脉冲传递函数为:

$$D_{\mathrm{LB}}(z) = \frac{D_{\mathrm{LT}}(z) G'_{\mathrm{LS}}(z)}{1 + D_{\mathrm{LT}}(z) G'_{\mathrm{LS}} G_{\mathrm{Fi}}(z)} \qquad (6.19)$$

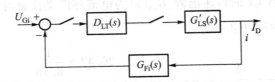

图 6.27　电流环采样系统方框图

式(6.19)中 $D_{\mathrm{LT}}(z)$ 为电流调节器的 Z 变换,$G'_{\mathrm{LS}}(z)$ 为电流环控制对象的 Z 变换,$G'_{\mathrm{LS}} G_{\mathrm{Fi}}(z)$ 为调节对象和电流反馈传递函数积的 Z 变换,即

$$D_{LT}(z) = \mathscr{Z}[D_{LT}(s)] = \frac{67.54z - 0.87}{z - 1}$$

$$G'_{LS}(z) = \mathscr{Z}[G_{SCR}(s) \cdot G_d(S)] = \frac{0.21z + 0.16}{(z - 0.56)(z - 0.93)}$$

$$G'_{LS}G_{Fi}(z) = \mathscr{Z}[G_{SCR}(s) \cdot G_d(s) \cdot G_{Fi}(s)] = \frac{0.013z^2 + 0.016z + 0.0068}{(z - 0.56)(z - 0.93)(z - 0.54)}$$

则有:

$$G_{LB}(z) = \frac{(7.54z - 0.87)(0.21z + 0.16)(z - 0.54)}{z^4 - 2.20z^3 + 2.42z^2 - 1.23z + 0.27}$$

由上式可得特征方程为

$$z^4 - 2.20z^3 + 2.43z^2 - 1.23z + 0.27 = 0 \qquad (6.20)$$

式(6.20)的根为:

$$z_{1,2} = 0.66 \pm 0.74j$$
$$z_{3,4} = 0.44 \pm 0.28j$$

从而可知 z_1、z_2、z_3、z_4 四个根的绝对值均小于 1,它们都在单位圆内,因此电流环是稳定的。

3）电流环在单位阶跃下的稳态误差

$$G_{LE}(z) = \frac{1}{1 + D_{LT}(z)G'_{LS}G_{Fi}(z)}$$

$$= \frac{(z - 1)(z - 0.56)(z - 0.93)(z - 0.56)}{z^4 - 2.20z^3 + 2.42z^2 - 1.23z + 0.27}$$

上式利用 Z 变换终值定理有:

$$e(\infty) = \lim_{z \to 1}(1 - z^{-1}) \cdot G_{LE}(z) \cdot \frac{1}{1 - z^{-1}} = 0$$

所以电流环在单位阶跃输入是无静差的。

4）电流环采样周期选择

由图 6.26 可知,电流环广义控制对象可以看成是一个大惯性环节和一个小惯性环节串联而成,其传递函数为:

$$G_{LS}(s) = \frac{K}{(T_D s + 1)(T_i s + 1)}$$

则应选择的采样周期为

$$T_{LT} = \frac{1}{4}\min(T_D, T_g) = \frac{1}{4}\min(0.013\,s, 0.0033\,s) \approx 0.001\,s$$

（3）速度调节器的设计及采样周期的选择

在图 6.24 中,当加速度给定后,ST 输出立即达到限幅值,ST 输出就是 LT 的给定,因而系统以最大加速度升速。但是此速度反馈来不及跟上速度给定,即 $U_{gn} > U_{fn}$,则 ST 仍然处于饱和限幅,故速度环工作在开环状态,速度继续上升,只有当 $U_{gn} < U_{fn}$ 时,ST 才退出饱和限幅,这时才真正构成速度闭环,直到稳态为止。因此,系统速度闭环时其初始条件不为零,而按二、三阶最佳工程设计是以频率法为基础,传递函数为工具,零初始条件为前提的,因而按二、三阶最佳来设计速度调节器就成问题。为此提出按二次型性能指标最优控制来设计速度调节器。

按二次型性能指标最优设计速度调节器的方法是基于控制作用受约束下,确定最优控制规律,使系统从任意初态,以最优性能指标转移到新的平衡状态。本系统设计以稳态运行为初态,转速降到零时为平衡状态,即当速度给定突然变为零时寻找制动过程最优控制律。

1) 一般设计方法

若给定为一般定常线性系统,其状态方程为:

$$\begin{cases} \dot{X}(t) = AX(t) + BU(t) \\ X(t_0) = X_0 \end{cases} \tag{6.21}$$

其中,A 为 $n \times n$ 常阵,B 为 $n \times m$ 常阵,试确定使性能指标最优泛函为:

$$J = \frac{1}{2} \int_{t_0}^{\infty} \left[X^{\mathrm{T}}(t) QX(t) + U^{\mathrm{T}}(t) RU(t) \right] \mathrm{d}t \tag{6.22}$$

的控制规律 $U^*(t)$。

其中 Q 是 $n \times n$ 正定或半正定对称阵,R 是 $m \times m$ 正定或半正定对称阵。可以证明,当系统完全能控时,即能控矩阵式(6.23)的秩为 n 时,问题一定有解:

$$\left[B \mid AB \mid A^2 B \mid \cdots\cdots A^{n-1} B \right] \tag{6.23}$$

且为

$$U^*(t) = -KX(t) \tag{6.24}$$

其中

$$K = R^{-1} B^{\mathrm{T}} P \tag{6.25}$$

式(6.25)为状态反馈阵,P 是 $n \times n$ 对称阵,它是 Riccati 代数方程

$$-PA - A^{\mathrm{T}} P + PBR^{-1} B^{\mathrm{T}} P - Q = 0 \tag{6.26}$$

的解。由于式(6.26)是矩阵方程,计算量大,为此设计一个专用程序,由已知 A、B、Q、R 阵求 K 阵。将式(6.26)改写为:

$$P(A - BR^{-1} B^{\mathrm{T}} P) + (A - BR^{-1} B^{\mathrm{T}} P)^{\mathrm{T}} P = -(PBR^{-1} B^{\mathrm{T}} P) - Q \tag{6.27}$$

先给定一个初值 P_0,代入公式(6.27),求出新值 P_1,不断迭代,直到 P_1 和 P_0 几乎相等为止,即

$$\sum_{ij=0}^{n} \left[P_1(i,j) - P_0(i,j) \right]^2 \leqslant E$$

其中 E 为迭代偏差,其程序方框图如图 6.28 所示。

2) 速度调节器的设计

① 速度环的状态方程

由图 6.26,再考虑加入给定滤波器,则电流环闭环传递函数为:

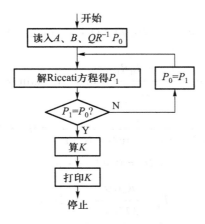

图 6.28 求状态反馈阵 K 程序方框图

$$G_{LB}(s) = \frac{K_i}{T_i s + 1} = \frac{4.72}{1 + 0.006\ 6s}$$

即 $K_i = 4.72, T_i = 0.006\ 6$ s。这样电流环闭环传递函数作为速度环的一个环节来处理。为了确保系统精度,在 $G_{LB}(s)$ 前面再串一个积分环节,则速度环被控对象结构图如图 6.29 所示。

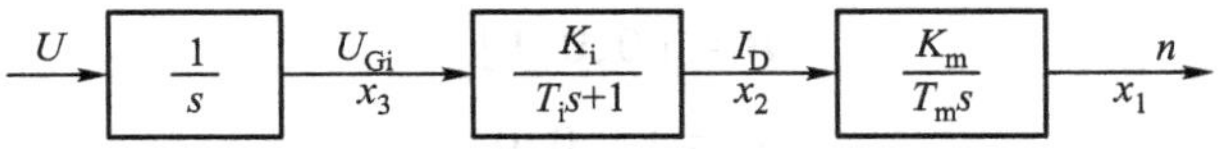

$$U \rightarrow \boxed{\frac{1}{s}} \xrightarrow[x_3]{U_{Gi}} \boxed{\frac{K_i}{T_i s+1}} \xrightarrow[x_2]{I_D} \boxed{\frac{K_m}{T_m s}} \xrightarrow[x_1]{n}$$

图 6.29 速度环被控对象结构图

设状态变量:
$$y = x_1 = n$$
$$x_2 = I_d$$
$$x_3 = U_{Gi}$$

则有:
$$\begin{cases} \dot{x}_1 = \dfrac{K_m}{T_m} x_2 \\[2mm] \dot{x}_2 = -\dfrac{1}{T_1} x_2 + \dfrac{K_i}{T_i} x_3 \\[2mm] \dot{x} = U \end{cases}$$

相应状态方程为:
$$\dot{X} = \begin{vmatrix} \dot{x}_1 \\ \dot{x}_2 \\ \dot{x}_3 \end{vmatrix} = \begin{bmatrix} 0 & \dfrac{K_m}{T_m} & 0 \\[2mm] 0 & -\dfrac{1}{T_i} & \dfrac{K_i}{T_i} \\[2mm] 0 & 0 & 0 \end{bmatrix} \begin{bmatrix} x_1 \\ x_2 \\ x_3 \end{bmatrix} + \begin{bmatrix} 0 \\ 0 \\ 1 \end{bmatrix} U$$

$$Y = \begin{bmatrix} 1 & 0 & 0 \end{bmatrix} X = CX$$

其中:

$$K_m = \frac{R_\varepsilon}{c_e} = 46.74 \ (\Omega \cdot r)/(\min \cdot V)$$

$$c_e = \frac{U_H - I_H R_D}{n_H} = 0.19 \ V \cdot \min/r$$

$$c_\mu = \frac{c_e}{(1.03 \ V \cdot A \cdot \min/r \cdot N \cdot m)} = 0.18 \ N \cdot m/A$$

$$GD^2 = 0.43 \ kg \cdot m^2$$

$$T_m = \frac{R_e GD^2}{375 c_e c_\mu} = 0.29 \ s$$

$$A = \begin{bmatrix} 0 & \dfrac{K_m}{T_m} & 0 \\[2mm] 0 & \dfrac{-1}{T_i} & \dfrac{K_i}{T_i} \\[2mm] 0 & 0 & 0 \end{bmatrix} = \begin{bmatrix} 0 & 158.98 & 0 \\ 0 & -151.52 & 714.70 \\ 0 & 0 & 0 \end{bmatrix}$$

$$B = [0, 0, 1]^T$$

$$C = [1, 0, 0]$$

把 A、B 代入式(6.23)得:

$$(B \mid AB \mid A^2 B) = \begin{bmatrix} 0 & 0 & 113\ 623 \\ 0 & 714.70 & -108\ 391 \\ 1 & 0 & 0 \end{bmatrix}$$

它的秩为 3,因此状态方程有解,即系统能控。由于本系统只考虑快速性要求,即对 $x_1 = n$ 提出快速要求,对其他两个状态变量无他求,故 Q 作如下选择:

$$Q = \begin{bmatrix} q_{11} & 0 & 0 \\ 0 & 0 & 0 \\ 0 & 0 & 0 \end{bmatrix}$$

q_{11} 不能选择过大,否则使系统稳定性下降,一般先 $q_{11} < 1$,选 $q_{11} = 0.001\ 2$。

对于单输入系统,R 为常数,选 $R = 1$,把以上四参数代入式(6.27)。用计算机离线求出 P 阵,最后求出状态反馈矩阵为:

$$K = R^{-1} B^T P = [0.035, 0.018, 1.87]$$

② 速度调节器求取

引入状态反馈后图 6.29 可以画成如图 6.30 所示的方框图。由于本设计是在速度给定降为零时,寻找制动过程最优控制律,因而令 $U_{Gn} = 0$,此时图 6.30 成为图 6.31。图 6.31 中 K_{SF} 是对 1 000 r/min 时,若令 $U_{SF} = 2.4\ V$,则 $K_{SF} = 2.4\ V/(1\ 000\ r/\min) = 0.002\ 4\ (V \cdot \min)/r$。若考虑速

度调节器采用 PI 调节器,并加入比例微分负反馈,其结构图如图 6.32 所示。

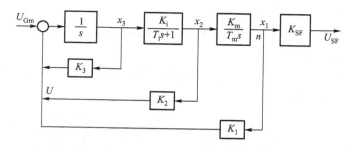

图 6.30　速度环状态反馈方框图

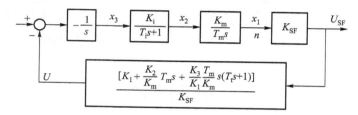

图 6.31　速度环状态反馈简化图

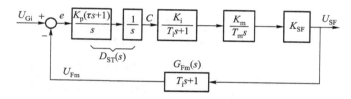

图 6.32　PI 调节器加比例微分负反馈方框图

比较图 6.31 和图 6.32 可得:

$$\frac{K_p(\tau s + 1)}{\tau s}(T_f s + 1) = \frac{1}{K_{SF}}\left[K_1 + \frac{K_2}{K_m}T_m s + \frac{K_3 T_m}{K_1 K_m}s(T_f s + 1)\right] \tag{6.28}$$

比较式(6.28)两边系数有: $K_p = 0.97, \tau = 0.063, T_f = 0.007\,0$,相应速度调节器的传递函数为:

$$D_{ST}(s) = \frac{K_p(\tau s + 1)}{\tau s} = \frac{0.063s + 1}{0.063s} = K_0 + \frac{K'}{s}$$

$$= 0.97 + \frac{15.63}{s} \tag{6.29}$$

比例微分反馈的传递函数为:

$$G_{Fn}(s) = 1 + T_f s = 1 + 0.007\,0s \tag{6.30}$$

由式(6.29)可得到速度调节器的离散化方程和差分方程为:

$$C_k = 0.83e_k + 0.15\sum_{i=0}^{k} e_i \tag{6.31}$$

$$C_k = C_{k-1} + 0.97e_k - 0.83e_{k-1} \tag{6.32}$$

由式(6.30)可得比例微分反馈差分方程为:

$$U_{\text{Fn}}(k) = U_{\text{SF}}(k) + 0.73[U_{\text{SF}}(k) - U_{\text{SF}}(k-1)] \tag{6.33}$$

③ 速度环的稳定性分析

考虑反电动势的影响,数字直流调速系统方框图如图 6.33 所示。其中 $G_{\text{S}}(s)$ 由图 6.34 求之,它实际上是速度环的控制对象。

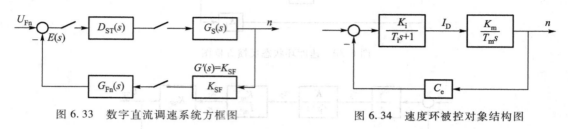

图 6.33　数字直流调速系统方框图　　　　　图 6.34　速度环被控对象结构图

$$G_{\text{S}}(s) = \cfrac{\cfrac{K_i}{T_i s + 1}\cfrac{K_m}{T_m s}}{1 + \cfrac{K_i}{T_s s + 1}\cfrac{K_m C_e}{T_m s}}$$

$$= \frac{113\ 593.53}{(s + 75.78)^2 + 124.82^2}$$

$$\mathscr{Z}\{G_{\text{S}}(s)\} = \mathscr{Z}\left\{\frac{1 - e^{-sT}}{s}\frac{11\ 359.53}{(s + 75.78)^2 + 124.82^2}\right\}$$

$$= 2.94\frac{z + 0.60}{z^2 - 0.35z + 0.23}$$

$$\mathscr{Z}\{G_{\text{Fn}}(s)\} = 1.73\frac{z - 0.42}{z}$$

$$\mathscr{Z}\{G_{\text{S}}G'(s)\} = 0.007\ 0\frac{z + 0.60}{z^2 - 0.35z + 0.23}$$

$$\mathscr{Z}\{D_{\text{ST}}(s)\} = 0.98\frac{z - 0.85}{z - 1}$$

由图 6.33 可得到系统闭环脉冲传递函数为:

$$G_{\text{B}}(z) = \frac{D_{\text{ST}}(z)G_{\text{S}}(z)}{1 + D_{\text{ST}}(z)G_{\text{Fn}}(z)G'G_{\text{S}}(z)}$$

$$= \frac{2.87z(z - 0.85)(z + 0.60)}{z^4 - 1.34z^3 + 0.58z^2 - 0.24z + 0.002\ 6}$$

因而得到系统特征方程为：

$$z^4 - 1.34z^3 + 0.58z^2 - 0.24z + 0.002\ 6 = 0 \qquad (6.34)$$

利用计算机求解式（6.34）得到的根为：

$$z_{1,2} = 0.165 \pm 453\mathrm{j}$$

$$z_3 = 0.998$$

$$z_4 = 0.121$$

由此可见，全部根都在单位圆内，所以系统是稳定的。

④ 速度环稳态误差分析

由图6.33可求得系统误差脉冲传递函数为：

$$G_{\mathrm{E}}(z) = \frac{1}{1 + D_{\mathrm{ST}}(z)\,G_{\mathrm{fn}}(z)\,G_{\mathrm{S}}G'(z)}$$

$$= \frac{z(z-1)(z^2 - 0.35z + 0.23)}{z^4 - 1.34z^3 + 0.58z^2 - 0.24z + 0.002\ 6}$$

当给定为单位阶跃输入时有：

$$e(\infty) = \lim_{z \to 1}(1 - z^{-1}) \cdot G_{\mathrm{E}}(z) \cdot \frac{1}{1 - z^{-1}} \to 0$$

当给定为速度输入时有：

$$e(\infty) = \lim_{z \to 1}(1 - z^{-1}) \cdot G_{\mathrm{E}}(z) \cdot \frac{T_{\mathrm{ST}}z^{-1}}{(1 - z^{-1})^2}$$

$$= \lim_{z \to 1}(1 - z^{-1}) \cdot G_{\mathrm{E}}(z) \cdot \frac{0.009\ 6z^{-1}}{(1 - z^{-1})^2} = 4.98$$

当给定为加速度输入时有：

$$e(\infty) = \lim_{z \to 1}(1 - z^{-1}) \cdot G_{\mathrm{E}}(z) \cdot \frac{0.009\ 6^2(z^{-1} + z^{-2})}{(1 - z^{-1})^3} \to \infty$$

⑤ 速度环采样周期的选择

速度环的控制对象传递函数为：

$$G_{\mathrm{S}}(s) = \frac{113\ 593.53}{(s + 75.78)^2 + 124.82^2}$$

则有：

$$t = \frac{2\pi}{\beta} = \frac{2\pi}{124.82} = 0.05\ \mathrm{s}$$

$$\alpha = 75.78(1/s)$$

$$\frac{1}{\alpha} = \frac{1}{75.78} = 0.013 \text{ s}$$

$$T_{\text{ST}} = \frac{1}{2}\min\left(\frac{1}{\alpha}, t\right) = \frac{1}{2}\min(0.013 \text{ s}, 0.05 \text{ s}) \approx 0.008 \text{ s}$$

选择速度环采样周期为 0.003 3~0.009 6 s。

（4）数字直流调速系统软件设计

这里给出了数字直流调速系统程序总框
图,如图 6.35 所示。它包括主程序、初始化程
序、电流环中断服务程序、产生同步脉冲中断服
务程序、发触发脉冲断服务程序、速度环子程
序、乘法子程序和乘法表子程序。

1）乘法表子程序的设计

为了实现 PI 调节器的运算,必须设计乘法
子程序供调用。鉴于电流环响应快,采样周期
短,其乘法运算若采用一般乘法子程序,则占用
时间多。为了提高其响应速度,当要进行乘法
运算时只调用乘法子程序,这样就可以大大提
高速度,这也是电流环软件设计的特点。

① 乘法表制作基本原理

设需要求解 $C = Ke$,就可以改写为：

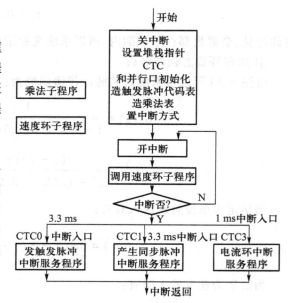

图 6.35　系统程序总框图

$$C = Ke = \underbrace{K + K + K + \cdots + K}_{e\text{次}} \tag{6.35}$$

式(6.35)表明乘法运算可以转化为加法运算,乘法表就是根据这一原理制作的。例如 K
(电流环比例系数)作乘数,e(电流给定和电流反馈的偏差)作被乘数。先固定 K 值,改变 e,则可
以预先把 K 与 e 的乘积计算出来,制成一张表格放在内存,当系统运行时计算出偏差 e,立即可
以在内存查到 K 与 e 之积。当然,K 也可以任意调整,不过改变 K 值以后,相应内存乘法表数值
随之改变。为了更好地说明乘法表制作,下面举例说明,令 $K = 255$,$e = 0 - 255$。注意：这里已把
K 和 e 的值化为相应的二进制代码了,则可以制作乘法表见表 6.3。

表 6.3　乘　法　表

$K \times e$	内存单元高 8 位	内存单元低 8 位
表头地址 TBA；$K \times 0 = 0$	00　00　00　00	00　00　00　00
$K \times 1 = K + 0$	00　00　00　00	11　11　11　11
$K \times 2 = K + K$	00　00　00　01	11　11　11　10
$K \times 3 = K + K + K$	00　00　00　10	11　11　11　01
⋮	⋮	⋮

那么如何查乘法表呢?若已知 $e=3$,K 的表头地址为 2000H,则取内存单元 2000H+2×3 的内容即为 $K×3$ 之积。

② 制作乘法表子程序方框图

本程序方框图可以制作正、负乘法表,当 e 为正时,查正表,当 e 为负时,查负表。其相应的程序方框图如图 6.36 所示。

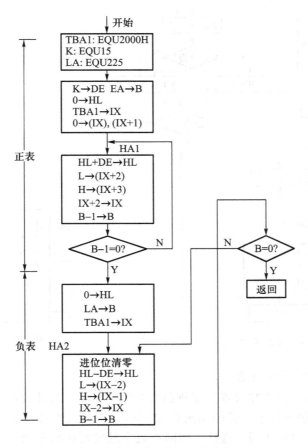

图 6.36 制作乘法表子程序方框图

2) 乘法子程序的设计

一般乘法子程序要执行一段程序,因此运算速度比查表慢得多,但所占用内存少,所以它适用于内存紧张的慢速系统。设 DE 放被乘数,A 放乘数,HL 放乘积,因此,乘法是 16 位乘 8 位。其乘积可达 24 位,取高 16 位,舍去后 8 位,其程序方框图如图 6.37 所示。

3) 数字触发器的设计

① 设计基本原理

(a) 模拟触发器的原理

模拟触发器的基本原理可以用图 6.38 来说明。它利用每相(A 相、B 相或 C 相)同步脉冲产生锯齿波和电流调节器输出 U_K 交点产生触发脉冲(双脉冲)触发晶闸管。若改变 U_K 大小就可以改变脉冲相位,达到移相的目的,以改变晶闸管输出直流电压大小。

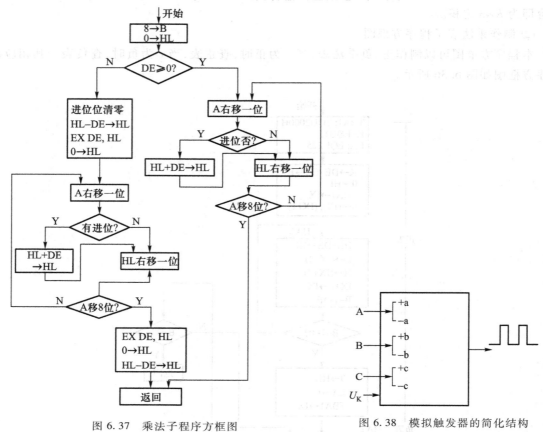

图 6.37　乘法子程序方框图　　　　　　图 6.38　模拟触发器的简化结构

（b）三相同步脉冲数字触发器

仿照模拟触发器,设想+A 相设置数字锯齿波(即计数器),当计数器和电流调节器输出 U_{K} 相等即发出触发脉冲,触发该触发器的晶闸管,改变 U_{K} 即可改变移相大小,改变晶闸管输出直流电压。+B 相和+C 相原理相同。这种三相同步数字触发器比较复杂,下面讨论一种简单的数字触发器。

（c）单相同步脉冲数字触发器

它用一个同步变压器与脉冲发生器配合,产生一个相间 360°电角度的同步脉冲,用此脉冲起动计时器 CTC1 通道,产生五个相间 60°电角度的同步脉冲,把这五个同步脉冲和起动计时器 CTC1 的脉冲相加后,送到计时器 CTC0 的 CLK/TRG 输入端,起动计时器 CTC0 通道。根据电流调节器的输出 U_{K},计算晶闸管的触发角 α。而后把 α 换算成时间常数放在计时器 CTC0 通道时间寄存器中。而计时器 CTC0 通道中断服务程序通过并行口发出双脉冲。双脉冲经功率放大送入晶闸管控制极,以控制晶闸管的导通和截止。其原理方框图如图 6.39 所示。

② 单相同步脉冲形成电路

此电路同步变压器初级接三相电源 A 相,变压器次级经 RC 移相后产生一个落后于 A 相 60°的正弦电压,该电压加到 VT_1 基极,使 VT_1 不断导通和截止,经非门和微分电路就可以产生一个落后主回路 A 相 60°的同步信号,也就是说,使同步信号在线电压 $\alpha = 30°$ 的位置上,其电路结构图如图 6.40 所示。

图 6.40 中各点波形如图 6.41 所示。

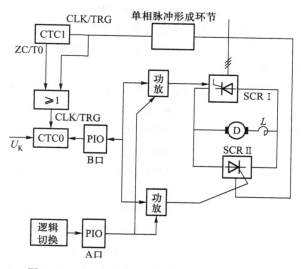

图 6.39 单相同步脉冲数字触发器结构方框图

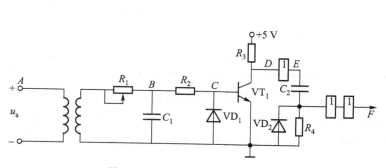

图 6.40 单相同步脉冲形成电路

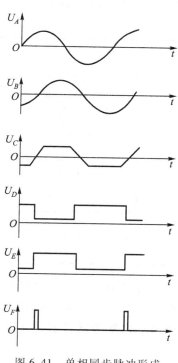

图 6.41 单相同步脉冲形成
电路各点波形图

③ 晶闸管触发脉冲的形成和输出

图 6.41 或门输出相间 60°脉冲作为本系统六相同步脉冲,问题是究竟在什么时刻触发哪一组哪两个晶闸管,参阅图 6.42(这里只画一组晶闸管)。这就需要根据电流调节器的输出,计算触发器 α 值的大小。若 $\alpha<90°$,触发正组晶闸管,若 $\alpha>90°$,触发反组晶闸管。因此,可以设想每隔 60°电角度计算一次 α 角,根据 α 的大小使计算机从并行口送出两个脉冲(双脉冲),经功放后送到该触发的晶闸管控制极就可以满足要求。例如 $\alpha<90°$,来看一下每隔 60°电角度,并行口应输出怎样的脉冲才能达到要求:

第 n 个 60°	并行口输出的脉冲	该触发 SCR
0	00100001	1,6
−1	00000011	1,2
−2	00000110	3,2
−3	00001100	3,4
−4	00011000	5,4
−5	00110000	5,6

这样,完全满足正组 SCR 导通顺序,每隔 60°有两个晶闸管被触发。$\alpha>90°$时原理相同。因此,归结为:计算机算出 α 角后,送出预先安排好的脉冲代码,这样可以事先造一个脉冲代码表放在内存。只要计算出那个 60°触发区,取出表中脉冲代码送到并行口就可以满足要求。我们规定 U_a 产生同步脉冲为 0 序号,以下顺序减 1,对于每一线电压脉冲代码见表 6.4。

表 6.4　电压脉冲代码

脉冲序号	$\alpha\leqslant90°$			$\alpha>90°$		
	线电压及应触发 SCR	脉冲代码	脉冲代码地址	线电压及应触发 SCR	脉冲代码	脉冲代码地址
0	U_{ab} 1.6	21H	M	U_{cb} 5.6	30H	$M+1$
−1	U_{ac} 1.2	03H	$M-1$	U_{ab} 1.6	21H	M
−2	U_{bc} 3.2	06H	$M-2$	U_{ac} 1.2	03H	$M-1$
−3	U_{ba} 3.4	0CH	$M-3$	U_{bc} 3.2	06H	$M-2$
−4	U_{ca} 5.4	18H	$M-4$	U_{ba} 3.4	0CH	$M-3$
−5	U_{cb} 5.6	30H	$M-5$	U_{ca} 5.4	18H	$M-4$

现以 M 代表脉冲代码基地址,以脉冲序号为索引,就可以很方便地从表中查出相应脉冲代码。若 $\alpha_{min}=30°$、$\alpha_{max}=150°$,则移相范围为 120°,若 $\alpha\leqslant90°$,在同步脉冲起动下移相 60°,当 $\alpha\geqslant90°$时,在同步脉冲起动下又可移相 60°,所以本系统触发器总移相范围可达 120°,满足设计要求。

当然,α 触发区还可以分为三个触发区,即 0~60°、60°~120°、120°~180°。其设计原理与上同。

由表 6.4 可知,当 $\alpha>90°$时,在同一脉冲序号下脉冲地址加 1,以 M 为基地址,将其脉冲代码放在计算机内存即可。

④ SCR 定相问题

一般考虑主回路电感较大,当 SCR 整流桥输出电压为零时,α 一般定为 90°。本系统为可逆调速系统,最小逆变角为 30°。根据配合控制的原则,最小 α 也为 30°。以线电压为例,作进一步说明。若 $\alpha=0$(即自然换相点),则要求同步电压落后 U_{ab} 的角度为 60°,考虑其 $\alpha_{min}=30°$,则同步电压应落后 U_{ab} 的角度为 90°。所以可用 $-U_c$ 作为 U_{ab} 同步电压(参阅图 6.42b),如果要求同步电压负半周(即同步电压由正变负瞬间)产生脉冲,那么 U_{ab} 的同步电压应是 $+U_c$。若用 U_a 作为 U_{ab} 的同步电压,则 U_a 相位滞后 60° 即可。图 6.42 是以 U_a 作为单相同步电源经 R_1C_1 移相 60° 而得。

⑤ α 定时精度

α 定时机构是由定时器 CTC0 通道来实现的,定标系数选 256,主频为 2 MHz,则 60° 电角度相当于时间常数 1AH,每个二进制代码的角度为 $\dfrac{60°}{26}=2.3°$,这就是本触发器的分辨率。如果定标系数选为 16,还会进一步提高分辨率,因此,完全可以满足生产要求。

这里必须指出:单相同步电源电压可以任选一相,则根据相位关系,仍可以列出相应的脉冲代码表。

⑥ 单相同步脉冲数字触发器软件设计

（a）产生相间 60° 的五个同步脉冲 CTC1 中断服务程序

令 LMK 为 CTC1 脉冲序号存放单元,则 CTC1 中断服务程序方框图如图 6.43 所示。

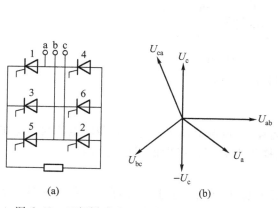

图 6.42　三相桥式 SCR 整流电路和电压矢量图

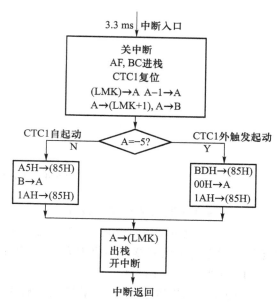

图 6.43　CTC1 中断服务程序方框图

（b）发脉冲代码的 CTC0 中断服务程序

设内存空间中脉冲代码首地址为 2820H,KKH 为存放脉冲代码地址,KKR 为放电流调

节器的输出 U_K，80H 为并行口数据输出口地址。则可以作出 CTC0 中断服务程序，如图 6.44 所示。

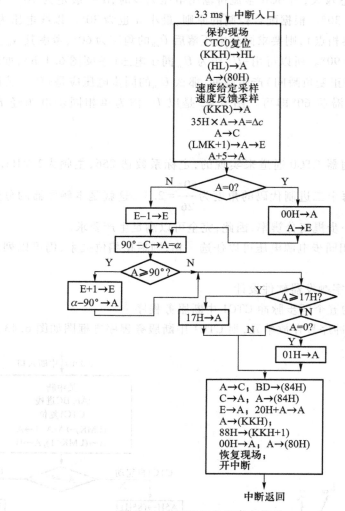

图 6.44　CTC0 服务程序方框图

4）电流环中断服务程序的设计

它主要完成电动机锁零运算、电压记忆单元运算、电流调节器 PI 运算、轻载时电流自适应的 I 运算。设系统电流断续临界值为 I_0，反馈电流采样值为 I，则程序方框图如图 6.45 所示。

① 锁零单元程序设计

为防止电动机慢速爬行，一般模拟晶闸管都设有锁零单元。这里用计算机软件来实现。首先检查下 U_{Gn}（速度给定）和 U_{Fn}（速度反馈）是否为零或小于某临界值 n_0，若不为零系统正常运行。若为零，使电流调节器输出为负电压，把晶闸管调速系统推向逆变，迫使电动机停止（爬行），其程序方框图如图 6.46 所示。

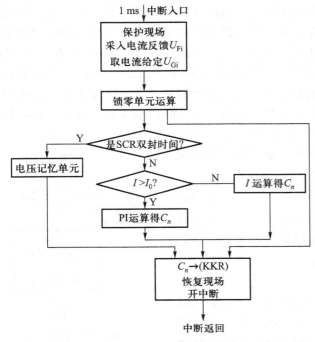

图 6.45 电流环中断服务程序简化方框图

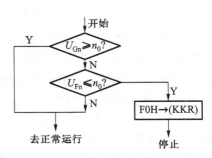

图 6.46 锁零程序方框图

② 电压记忆单元程序设计

一般可逆调速稳定运行时电动机反电动势和负载电流方向相反,整流装置从电网吸收能量,晶闸管处于整流状态,电动机处于电动状态。当给定反转信号后,原整流组 SCR1 处于本桥逆变状态,此时主回路电流迅速下降,当电流降到接近于零时(注意此时反电动势几乎不变),经一段 $2 \sim 3$ ms 延时,将原整流组 SCR1 封锁,再经 7 ms 左右延时,将另一组 SCR II 开放,SCR II 刚开放瞬间,电动机反电动势并未改变,若此时 SCR II 处于整流状态,则相当于电机处于反接制动状态,其示意图如图 6.47 所示。从图看到,SCR II 整流电压 U_{DOF} 和电动机反电动势恰好同向串联(极性如图 6.47 所示),则主回路将产生很大电流冲击,其大小为:

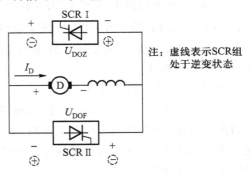

图 6.47 SCR II 切换瞬间处整流状态示意图

$$I_D = \frac{-U_{DOF} - E}{R}$$

为了避免这一电流冲击,希望在这一瞬间,SCR II 处于逆变状态,电动机运行在再生制动状态。一般采取推 $\beta_{\min}$ 方法,即无准备切换。在切换瞬间把 SCR II 推向最小 β 角,这样再生制动开始时逆变电压 U_{DOF} 处于最大值,而切换前转速决定的电动机电动势一般小于这个电压,因而不会产生冲击电流,必须等到逆变电压低于电动机电动势之后,才能产生制动电流。移动 β 角所占用的时间差不多有几十毫秒,因此影响系统快速性。同时零电流间隙增加,将引起电枢回路参数变化,使电枢电磁时间常数减少,系统放大倍数下降,影响系统超调量和稳定性,导致系统动态品质恶化。为缩短切换死区,一般采用所谓有准备切换。即主回路电流接近零时,SCR Ⅱ 不推向 $\beta_{\min}$ 的位置,而是产生一个逆变电压与电动机反电动势相应值,当逻辑切换一结束,SCR Ⅱ 开放瞬间使其逆变电压正好等于电动机反电动势,其方向与反电动势相反,则此时不会产生电流冲击,也不会出现过大的电流间隙死区,从而加快换向过程,这就是所谓有准备切换或称电压记忆,电压跟踪。问题是要建立逆变电压和电动机反电动势大小相等方向相反,这个信号是从哪儿取呢?由于测速发电机输出电压恰好正比于电动机反电动势,因而逆变电压可取自测速机输出,再把这一逆变电压加到触发器的输入就能满足要求。因而所建立的逆变电压 U_K 为:

$$U_K = -K_N |U_{Fn}| K_N > 0 \qquad (6.36)$$

式(6.36)中 K_N 为比例系数,U_{Fn} 为速度反馈值。只要适当选择比例系数 K_N,总可以使逆变电压 U_K 和电动机反电动势大小相等,方向相反。其程序方框图如图 6.48 所示。

③ PI 调节器的程序设计

由于本系统速度调节器和电流调节器都是采用 PI 调节器,这里以电流调节器为例说明程序设计方法。而以后速度调节器 PI 程序设计从略。首先求电流给定值 U_{Gi} 和电流反馈值 U_{Fi} 的偏差 $e = U_{Gi} - U_{Fi}$,然后按 PI 运算,即为:

$$C_n = C_{n-1} + K_1 e_n - K_2 e_{n-1}$$

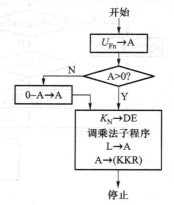

图 6.48　电压记忆单元程序方框图

并对 PI 调节器输出 C_n 进行限幅。由于本系统电流反馈取自交流互感器经过整流后的电流,它不能反映主回路电流极性,因而软件设计要特别注意。设 L1 单元内容为 OFH 代表正转指令;而 L1 单元内容为 FOH 代表反转指令;1000H 单元存放 C_{n-1},TAB1 为 K_1 乘法表的表头地址;TAB2 为 K_2 乘法表的表头地址。这里用了两个乘法表,速度快,不过占用较多的内存单元,其程序方框图如图 6.49 所示。

④ 电流自适应程序设计

在转速和电流双闭环调速系统中,电流环 PI 调节器的动态参数一般是按电枢回路电流连续的情况来选取,然而当系统轻载工作时,如果平波电抗器的电感量不太大,就会出现电流断续情况。当电枢电流断续时,晶闸管调速系统的机械特性和电流连续相比有明显的差别,其动态性能也发生两项重要变化。

(a)由于电流断续时整流装置外特性变陡,其等效内阻大大增加,因此,使电流环调节对象总放大倍数下降。

(b)当电流断续时,由于电枢回路电磁时间常数 T_D 存在,从整流电压 U_{DO} 的突变到平均电枢电流 I_D 响应不可能瞬间完成,而是如图 6.50a 那样按指数规律逐渐变到平稳值。当电流断续时情况不同,由于电感对电流的延缓作用已在一个波头结束,平均电压突变后,下一个波头的平均电流也立即随电压变化,如图 6.50b 所示。因此,从整流电压和电流平均值的关系上看,相当于 $T_D = 0$,也就是说,在平均整流电压和平均电流之间,电流连续时是惯性环节,电流断续时就成为比例环节。其中 ΔU_D 为主回路整流电压突变量。

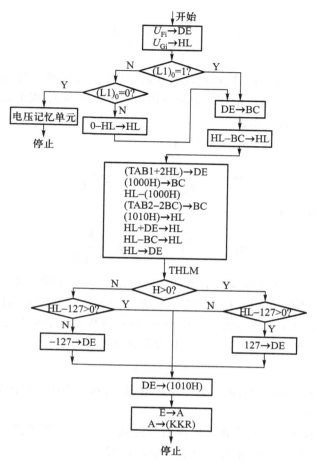

图 6.49　PI 调节器的程序设计

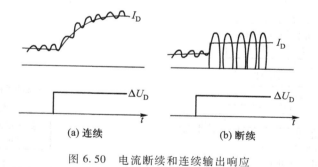

(a) 连续　　　　　　　(b) 断续

图 6.50　电流断续和连续输出响应

考虑到上述两项变化,平均整流电压与平均整流电流间的传递函数由连续的 $\dfrac{\dfrac{1}{R}}{T_\mathrm{D}s+1}$ 变成断续时的 $\dfrac{1}{R'}$,其中 R' 是断续时电枢回路的等效总电阻,如果电流调节器已按连续情况设计好了,其传递函数为：

$$D_{\text{LT}}(s) = \frac{K_1(\tau_1 s + 1)}{\tau_1 s}$$

为了使系统在电流断续时具有同样的动态性能,只有让调节器结构和参数也随着调节对象传递函数变更而改变才行,假设电流环其他部分传递函数没有变化,则电流断续时电流调节器的传递函数 $D'_{\text{LT}}(s)$ 应满足下列关系：

$$D_{\text{LT}}(s) \frac{\dfrac{1}{R}}{T_D s + 1} = D'_{\text{LT}}(s) \frac{1}{R'}$$

考虑到电流连续时通常选择 $T_D = \tau_1$,则有：

$$D'_{\text{LT}}(s) = \frac{K'}{s}, \quad \text{其中 } K' = \frac{K_1 R'}{\tau_1 R}$$

由此可见,电流断续时要求电流调节器是一个积分环节,因而电流断续时要改变电流调节器的结构,使它和电流连续时相适应,使其动态性能基本上和电流连续时相同,这就称为电流自适应控制。若用计算机软件来实现电流自适应控制,只要判断主回路电流是否连续即可,若电流连续就按 PI 算法,若电流断续就按 I 算法。按积分算法其差分方程为：

$$C_n = C_{n-i} + K_3 e_{n-1}$$

设 II 单元放电流反馈值;IO 单元放电流断续临界值,则其相应程序方框图如图 6.51 所示。

5）速度环子程序的设计

速度环软件设计任务是：完成速度反馈信号的数字滤波、线性外推、比例微分反馈、速度调节器的 PI 计算和逻辑切换,其简单程序方框图如图 6.52 所示。

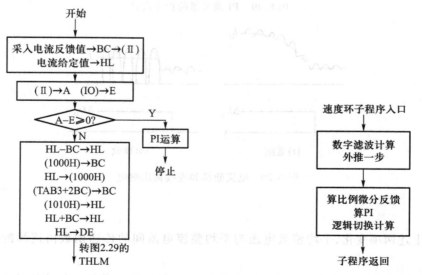

图 6.51　电流自适应程序方框图　　　　　图 6.52　速度环子程序方框图

① 数字滤波器的程序设计

所谓数字滤波是用计算机软件模拟硬件滤波,计算机软件只是编程序,而不要增加硬设备,因此可以简化系统,降低成本,目前它在计算机控制系统已获得广泛应用。那么计算机软件如何代替硬件滤波呢?设有一个低通滤波器如图 6.53 所示。其输入量为 $X(t)$,输出量为 $Y(t)$。

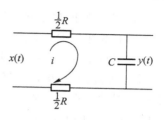

图 6.53 RC 滤波器

由图 6.53 可列出如下方程:

$$X(t) = Ri + \frac{1}{C}\int i\mathrm{d}t \tag{6.37}$$

$$Y(t) = \frac{1}{C}\int i\mathrm{d}t \tag{6.38}$$

对式(6.37)和式(6.38)进行拉氏变换有:

$$X(s) = RI(s) + \frac{1}{Cs}I(s) \tag{6.39}$$

$$Y(s) = \frac{1}{Cs}I(s) \tag{6.40}$$

由式(6.39)和式(6.40)可得:

$$\frac{Y(s)}{X(s)} = \frac{1}{Ts + 1} \tag{6.41}$$

其中 $T = RC$ 为滤波器的时间常数,由式(6.41)可得:

$$T\frac{\mathrm{d}Y(t)}{\mathrm{d}t} + Y(t) = X(t) \tag{6.42}$$

令 $\mathrm{d}Y(t) = Y_n - Y_{n-1}$,$\mathrm{d}t = \tau$(采样周期)。则式(6.42)可写成差分方程:

$$Y_n = (1 - Q)Y_{n-1} + QX_n \tag{6.43}$$

这样可由式(6.43)差分方程编制应用软件,由计算机求解,则计算机软件完全可以取代图 6.53 硬件。

本系统是速度反馈通道加入数字滤波器。令 $Q = \frac{3}{4}$,则有:

$$Y_n = \frac{Y_{n-1} + Y_{n1} + Y_{n2} + Y_{n3}}{4} \tag{6.44}$$

其中 Y_{n-1} 是上一时刻滤波器输出值,Y_{n1}、Y_{n2}、Y_{n3} 是本时刻连续采入五个采样值去掉最大和最小值后剩下的三个采样值。所以滤波器输出 Y_n 可以抗慢速和快速随机干扰。这种数字滤波器算法简单,其程序方框图从略。

② 线性外推和比例微分反馈的程序设计

（a）线性外推的概念

数字直流调速系统中,若速度在 k 时刻立即改变触发脉冲相位,使速度恢复到给定值。事实上,由于速度给定,电流反馈和速度反馈采样、速度调节器的 PI 计算、电流调节器的 PI 计算和数字触发器的计算都需要一定时间,因此,k 时刻不能立即去控制 SCR 调速系统,往往要推迟 1 个采样周期,即 $k+1$ 时刻才会控制生产过程,使速度回到给定值。这种控制方案出现的时间滞后问题,一般会导致系统动态品质恶化。为克服这一缺点,DDC 系统中一般都设计一外推器,即根据过去和当前时刻采样值预测下一次采样值,从而计算下一次采样时间的控制量去控制生产过程,这就是所谓的外推作用。

（b）线性外推算法

线性外推是以线性变化为前提,从 $k-1$、k 时刻采样,预测 $k+1$ 时刻采样值。例如,电动机速度反馈一般由测速发电机电压 U_{Fn} 经数字滤波得到,若 $k-1$ 和 k 时刻的数字滤波为 $U_{Fn}(k-1)$ 和 $U_{Fn}(k)$,则可以预测 $k+1$ 时刻的滤波值为 $U_{Fn}(k+1)$,图 6.54 表明外推作用。则有:

$$U_{Fn}(k+1) = U_{Fn}(k) + U_{Fn}(k) - U_{Fn}(k-1) = U_{Fn}(k) + \Delta U_{Fn}(k) \tag{6.45}$$

（c）比例微分反馈算法

速度环中比例微分负反馈示意图如图 6.55 所示。

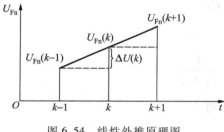

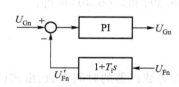

图 6.54　线性外推原理图　　　　　图 6.55　比例微分反馈方框图

比例微分反馈的微分方程为:

$$U'_{Fn}(t) = U_{Fn}(t) + T_i \frac{\mathrm{d}U_{Fn}(t)}{\mathrm{d}t}$$

令 $t = (k+1)T_s$,$T_s = \mathrm{d}t$,则:

$$U'_{Fn}(k+1) = U_{Fn}(k+1) + \frac{T_i}{T_s}\Delta U_{Fn}(k) = U_{Fn}(k+1) + K_3 \Delta U_{Fn}(k) \tag{6.46}$$

其中,$K_3 = \dfrac{T_i}{T_s}$。

（d）外推器和比例微分负反馈程序方框图

令前一时刻滤波值 $U_{Fn}(k-1)$ 放在 BC 中,K_3 放在内存 MM1 单元,则其程序方框图如图 6.56 所示。

③ 四象限无环流逻辑切换的程序设计

四象限逻辑切换种类繁多,但基本原理相同,为了使系统安全可靠工作,必须满足以下条件:

（a）任何时刻只允许一组晶闸管工作。

（b）只有当工作的那组晶闸管电流断续以后才能封锁其触发脉冲,否则若工作的那组晶闸管正处在逆变状态,电流还在连续就取消其触发脉冲,将会导致 SCR 失控。

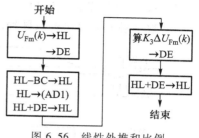

图 6.56　线性外推和比例微分反馈程序方框图

（c）只有当工作的那组晶闸管电流降到零,而晶闸管恢复到阻断状态,才能开放另一组晶闸管,否则会产生环流。

（d）为避免待工作组晶闸管开放瞬间电流冲击,要求待工作组晶闸管开放瞬间的触发脉冲相位与电动机反电动势相适应,使待工作组晶闸管开放瞬间输出电压与电动机反电动势大小相等,方向相反,避免电流过大冲击。

此外,当主回路电流下降到零时,工作组的晶闸管并未能真正关断,必经过一定时间间隔,晶闸管才能恢复正向阻断能力。这一时间长短与该元件承受正向电压和反向电压有关,在正向电压下,约 100 μs,在反向电压下,约 20 μs 左右。因而主回路电流降到零时不能马上开放工作组晶闸管,否则会产生短路危险。所以我们设计待工作组晶闸管在关断 2 ms 左右才允许其开放,这就是所谓延时开放。另外检测主回路电流不可能为真零,而只能是小于某个数值,近似看成零而已。为了使电流为零时工作组晶闸管封锁,一般检测到主回路零电流后延时 2 ms 才封锁工作组晶闸管,这称为延时封锁。令 U_{Fi0} 为零电流基准,U_{Gi} 为电流调节器的给定值,81H 为并行口数据口地址,$L1 = 0FH$ 代表正转,$L1 = F0H$ 代表反转,则其程序方框图如 6.57 所示。

（5）数字直流调速系统运行结果

由于生产中一般采用三相桥式反并联的调速系统,我们就采用这种系统构成 DDC 系统进行各种指标测试。实验结果表明:采用计算机软件代替晶闸管无环流可逆调速系统中的模拟 PI 调节器（ST,LT）,逻辑切换装置和数字触发器等组成 DDC 最佳调速系统,它在性能上和模拟调速系

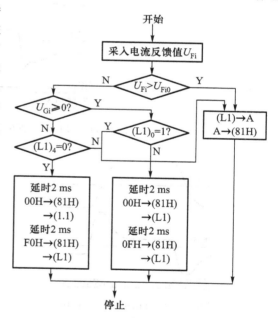

图 6.57　逻辑切换程序方框图

统基本相同,而可靠性大大提高。尽管本实验计算机速度不高,但其快速性仍不亚于模拟系统,从拍摄的示波图可以看到 DDC 系统过渡过程时间为 0.5 s,而模拟系统过渡过程时间大于 0.5 s。在正反转切换过程中这两种系统的电流冲击也比较接近。系统突加扰动后恢复时间为 0.5 s,这和一般模拟系统接近。

这里采用数字触发器整流出来的电压波形从低压到高压的调整过程中,始终保持整齐的输出波形。以上说明 DDC 系统性能指标都达到较满意的结果。下面给出本系统各种波形图。

1）数字 PI 调节器的输出波形如图 6.58 所示。

2）数字触发器输出的双脉冲波形如图 6.59 所示。

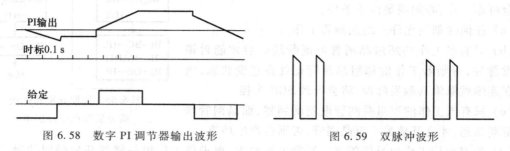

图 6.58　数字 PI 调节器输出波形　　　　　图 6.59　双脉冲波形

3）DDC 系统正反转切换过程的速度和电流波形如图 6.60 所示。

4）原模拟系统正反转切换过程的速度和电流波形如图 6.61 所示。

5）突加负载时电动机的速度和电流波形如图 6.62 所示。

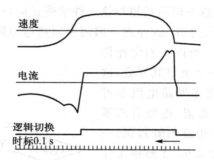

图 6.60　DDC 系统正反转切换过程速度和电流波形

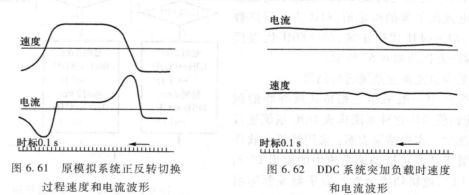

图 6.61　原模拟系统正反转切换　　　　图 6.62　DDC 系统突加负载时速度
过程速度和电流波形　　　　　　　　　和电流波形

习　题

6.1　试编一个用 PLC 实现 24 h 时钟程序,要求:

1）秒闪烁灯指示,即每秒指示灯亮灭各半;

2）半点声音报时,响一声;

3）整点声音报时,几点钟响几声。

6.2　设计一种电脑刺绣机,刺绣花样由刺绣打版机输出存放在磁盘或 EPROM 中;刺绣范围：长 400 mm,宽 500 mm;绣品物料为机织物、针织物及皮革等;刺绣机头数为 6 头;刺绣速度：根据线迹长短自动调整,调速范围为 150～650 针/min;刺绣精度：≤0.1 mm;最大刺绣线迹长度：12.5 mm。

6.3　微机控制电液伺服万能试验机设计。

功能要求：

1）金属拉伸试验：满足 GB/T 228—2010 金属拉伸试验规定要求。控制系统具有力控制、变形控制和位移控制三种试验控制方式,在试验过程中三种控制方式可以按照设定程序平滑切换。软件可以自动求取 R_{eH}（上屈服强度）、R_{eL}（下屈服强度）、R_p（规定塑性延伸强度）、R_t（规定总延伸强度）、R_m（抗拉强度）、E（弹性模量）等参数。

2）满足 GB/T 3098.1—2010、GB/T 3098.2—2010 等标准中对螺栓的抗拉强度试验、楔负荷和保证载荷试验要求。

3）满足结构件的抗滑移性能试验。

4）满足国标的同时能够满足 ISO、ASTM、DIN、JISZ 等标准的测试程序。

设计指标：

1）最大试验力：1 000 kN。

2）试验机级别：0.5 级。

3）试验力测量范围：1%～100%。

4）立柱数：4 柱（应采用全刚性框架结构）。

5）试验力分辨力：优于或等于满量程的 1/300 000（全量程只有一个分辨力,不分档）。

6）试验力示值相对误差：示值的 ±0.5% 以内。

7）位移示值相对误差：示值的 ±0.5% 以内。

8）变形示值相对误差：示值的 ±0.5% 以内。

9）拉伸夹头间距离：大于 900 mm。

10）圆试样夹持范围：$\phi 15 \sim \phi 60$ mm。

11）扁试样夹持范围：2～40 mm。

12）活塞行程：大于 650 mm。

13）活塞移动上升速率：大于 180 mm/min。

14）活塞移动下降速率：大于 300 mm/min。

附表　电动机技术数据表

附表 1　LY 系列直流力矩电动机技术数据

型号	峰值堵转 转矩(不小于)/(N·m)	峰值堵转 电流/A	峰值堵转 电压20℃(±15%)/V	峰值堵转 功率20℃(±15%)/W	最大空载转速(不大于)/(r/min)	连续堵转 转矩(不小于)/(N·m)	连续堵转 电流/A	连续堵转 电压20℃(±15%)/V	连续堵转 功率20℃(±15%)/W	电动机常数(不小于)/(N·m/W)	转矩灵敏度(不小于)/(N·m/A)	反电势系数(不小于)/(V/(r·min⁻¹))	电枢转动惯量(不大于)/(kg·m²)	电磁时间常数(不大于)/ms	质量(不大于)/kg
36LY51	4.9×10^{-2}	2.7	12	32.4	5 800	1.47×10^{-2}	0.81	3.6	2.9	0.008 61	0.018	0.001 9	2.94×10^{-6}	0.5	0.05
36LY52	4.9×10^{-2}	1.2	27	32.4	5 800	1.47×10^{-2}	0.36	8.1	2.9	0.008 61	0.040 8	0.004 2	2.94×10^{-6}	0.5	0.05
36LY53	9.8×10^{-2}	3.2	12	38.4	3 500	2.94×10^{-2}	0.96	3.6	3.46	0.015 8	0.030 6	0.003 2	5.88×10^{-6}	0.6	0.1
36LY54	9.8×10^{-2}	1.6	27	13	3 500	2.94×10^{-2}	0.48	8.1	3.9	0.014 9	0.061 3	0.006 1	5.88×10^{-6}	0.6	0.1
45LY51	6.125×10^{-2}	2.9	12	35	4 200	2.45×10^{-2}	1.16	1.8	5.57	0.010 3	0.021 0	0.002 2	5.88×10^{-6}	0.8	0.08
45LY52	6.125×10^{-2}	1.3	27	35	4 200	2.45×10^{-2}	0.52	10.8	5.62	0.010 3	0.046 9	0.004 9	5.88×10^{-6}	0.8	0.08
45LY53	1.225×10^{-1}	3.3	12	40	2 700	4.9×10^{-2}	1.32	4.8	6.34	0.019 5	0.037 3	0.003 9	1.176×10^{-5}	1.2	0.15
45LY54	1.225×10^{-1}	1.6	27	43	2 700	4.9×10^{-2}	0.64	10.8	6.9	0.018 7	0.076 9	0.008	1.176×10^{-5}	1.2	0.15
55LY51	1.225×10^{-1}	3.1	12	37	2 400	6.37×10^{-2}	1.61	6.21	10	0.020 2	0.039 7	0.004 1	2.254×10^{-5}	0.8	0.13
55LY52	1.225×10^{-1}	1.37	27	37	2 400	6.37×10^{-2}	0.71	11	10	0.020 2	0.089 8	0.009 4	2.254×10^{-5}	0.8	0.13
55LY53	2.45×10^{-1}	3.8	12	45.4	1 500	0.127 4	1.98	6.25	12.4	0.036 3	0.064 5	0.006 7	4.41×10^{-5}	1.2	0.25
55LY54	2.45×10^{-1}	1.68	27	45.4	1 500	0.127 4	0.87	14	12.4	0.036 4	0.146	0.015 3	4.41×10^{-5}	1.2	0.25
70LY51	3.1×10^{-1}	1.79	27	48.3	1 400	0.171 5	0.96	14.5	13.9	0.045 3	0.175	0.018 7	8.82×10^{-5}	1.5	0.3
70LY52	3.1×10^{-1}	1.14	48	54.7	1 400	0.171 5	0.61	25.8	15.7	0.042 2	0.275	0.029 3	8.82×10^{-5}	1.5	0.3
90LY53	1.372	2.7	27	73	450	0.784	1.51	15.1	23.7	0.160 8	0.509	0.053 1	5.88×10^{-4}	3	1

续表

型号	峰值堵转				最大空载转速(不大于)/(r/min)	连续堵转				电动机常数(不小于)/(N·m/W)	转矩灵敏度(不小于)/(N·m/A)	反电势系数(不小于)/(V/r·min⁻¹)	电枢转动惯量(不大于)/(kg·m²)	电磁时间常数(不大于)/ms	质量(不大于)/kg
	转矩(不小于)/(N·m)	电流/A	电压20℃(±15%)/V	功率20℃(±15%)/W		转矩(不小于)/(N·m)	电流/A	电压20℃(±15%)/V	功率20℃(±15%)/W						
90LY54	1.372	1.5	48	73	450	0.784	0.86	27.4	23.7	0.161 8	0.915	0.096	5.88×10^{-4}	3	1
130LY54	3.43	5.46	27	147	400	1.666	2.65	13	34.5	0.282 7	0.629	0.065	2.254×10^{-3}	3	1.8
130LY55	3.43	3.13	48	150	400	1.666	1.52	23.3	35.5	0.280 0	1.096	0.113	2.254×10^{-3}	3	1.8
130LY56	3.43	2.58	60	154	400	1.666	1.25	29	36	0.275 7	1.33	0.138	2.254×10^{-3}	3	1.8
160LY51	4.90	3.8	27	102	160	3.43	2.66	18.9	50.3	0.483 8	1.29	0.135	5.88×10^{-3}	3	2.6
160LY52	4.90	2.1	48	100	160	3.43	1.47	33.6	49.4	0.488 1	2.33	0.244	5.88×10^{-3}	3	2.6
160LY53	4.90	1.7	60	102	160	3.43	1.19	42	50	0.485 2	2.88	0.3	5.88×10^{-3}	3	2.6
160LY54	7.35	4.3	27	115	130	5.145	3	18.9	56.7	0.683 1	1.71	0.178	8.428×10^{-3}	4	3.9
160LY55	7.35	2.5	48	120	130	5.145	1.75	33.6	58.8	0.671 9	2.94	0.308	8.428×10^{-3}	4	3.9
160LY56	7.35	1.9	60	114	130	5.145	1.33	42	55.9	0.689 3	3.87	0.405	8.428×10^{-3}	4	3.9
250LY54	19.60	7.15	27	193	80	12.74	4.65	17.6	81.8	1.411	2.74	0.288	3.528×10^{-2}	6	7.5
250LY55	19.60	4.04	48	194	80	12.74	2.63	31.4	82.5	1.408	4.85	0.51	3.528×10^{-2}	6	7.5
320LY55	39.20	1.98	110	218	50	2.94	1.485	82.5	123	2.593	10.3	2.07	0.137 2	7	15

附表 2　SZ 系列直流电动机技术数据

型号	转矩/(N·m)	转速/(r/min)	功率/W	电压/V 电枢	电压/V 励磁	电流/A(不大于) 电枢	电流/A(不大于) 励磁	允许顺逆转速差/(r/min)	转动惯量不大于/(kg·m²)	备注
45SZ01	3.332×10^{-2}	3 000	10	24		1.1	0.33	200	6.566×10^{-6}	
45SZ02	3.332×10^{-2}	3 000	10	27		1	0.3	200	6.566×10^{-6}	
45SZ03	3.332×10^{-2}	3 000	10	48		0.52	0.17	200	6.566×10^{-6}	
45SZ04	3.332×10^{-2}	3 000	10	110		0.22	0.082	200	6.566×10^{-6}	
45SZ05	2.842×10^{-2}	6 000	18	24		1.6	0.33	300	6.566×10^{-6}	
45SZ06	2.842×10^{-2}	6 000	18	27		1.4	0.3	300	6.566×10^{-6}	
45SZ07	2.842×10^{-2}	6 000	18	48		0.8	0.17	300	6.566×10^{-6}	
45SZ08	2.842×10^{-2}	6 000	18	110		0.34	0.082	300	6.566×10^{-6}	
45SZ51	4.6×10^{-2}	3 000	14	24		1.3	0.45	200	8.134×10^{-6}	
45SZ52	4.6×10^{-2}	3 000	14	27		1.2	0.42	200	8.134×10^{-6}	
45SZ53	4.6×10^{-2}	3 000	14	48		0.65	0.22	200	8.134×10^{-6}	
45SZ54	4.6×10^{-2}	3 000	14	110		0.27	0.12	200	8.134×10^{-6}	
45SZ55	4.6×10^{-2}	6 000	25	24		2	0.45	300	8.134×10^{-6}	
45SZ56	3.92×10^{-2}	6 000	25	27		1.8	0.42	300	8.134×10^{-6}	
45SZ57	3.92×10^{-2}	6 000	25	48		1	0.22	300	8.134×10^{-6}	
45SZ58	3.92×10^{-2}	6 000	25	110		0.42	0.12	300	8.134×10^{-6}	
45SZ60	4.214×10^{-2}	4 200±10%	18.5	48	24	0.82	0.45	250	8.134×10^{-6}	
55SZ01	6.468×10^{-2}	3 000	20	24		1.55	0.43	200	1.47×10^{-5}	
55SZ02	6.468×10^{-2}	3 000	20	27		1.37	0.42	200	1.47×10^{-5}	
55SZ03	6.468×10^{-2}	3 000	20	48		0.79	0.22	200	1.47×10^{-5}	

续表

型号	转矩/(N·m)	转速/(r/min)	功率/W	电压/V 电枢	励磁	电流/A(不大于) 电枢	励磁	允许顺逆转速差/(r/min)	转动惯量不大于/(kg·m²)	备注
55SZ04	6.468×10^{-2}	3 000	20	110		0.34	0.09	200	1.47×10^{-5}	
55SZ05	5.488×10^{-2}	6 000	35	24		2.7	0.43	300	1.47×10^{-5}	
55SZ06	5.488×10^{-2}	6 000	35	27		2.3	0.42	300	1.47×10^{-5}	
55SZ07	5.488×10^{-2}	6 000	35	48		1.34	0.22	300	1.47×10^{-5}	
55SZ08	5.488×10^{-2}	6 000	35	110		0.54	0.09	300	1.47×10^{-5}	
55SZ09	4.214×10^{-2}	8 000~ 10 000+15%	40	110		0.66	0.09	400	1.47×10^{-5}	
55SZ10/H₄	5.488×10^{-2}	6 000-10%	35	27		2.3	0.42	300	1.47×10^{-5}	
70SZ51	0.176 4	3 000	55	24		4	0.57	200	7.056×10^{-5}	
70SZ52	0.176 4	3 000	55	27		3.5	0.5	200	7.056×10^{-5}	
70SZ53	0.176 4	3 000	55	48		1.9	0.31	200	7.056×10^{-5}	
70SZ54	0.176 4	3 000	55	110		0.8	0.13	200	7.056×10^{-5}	
70SZ55	0.147 0	6 000	92	24		6	0.57	300	7.056×10^{-5}	
70SZ56	0.147 0	6 000	92	27		5.4	0.5	300	7.056×10^{-5}	
70SZ57	0.147 0	6 000	92	48		3	0.31	300	7.056×10^{-5}	
70SZ58	0.147 0	6 000	92	110		1.2	0.13	300	7.056×10^{-5}	
70SZ59	9.3×10^{-2}	8 000~10 000	88	110		1.32	0.13	400	7.056×10^{-5}	
110SZ01	0.784 0	1 500	123	110		1.8	0.27	100	5.586×10^{-4}	
110SZ02	0.784 0	1 500	123	220		0.9	0.13	100	5.586×10^{-4}	
110SZ03	0.637 0	3 000	200	110		2.8	0.27	200	5.586×10^{-4}	

续表

型号	转矩/(N·m)	转速/(r/min)	功率/W	电压/V 电枢	电压/V 励磁	电流/A(不大于) 电枢	电流/A(不大于) 励磁	允许顺逆转速差/(r/min)	转动惯量不大于/(kg·m²)	备注
110SZ04	0.637 0	3 000	200	220	220	1.4	0.13	200	5.586×10⁻⁴	
110SZ07	0.477 2	10 000±750	500	110	110	7.2	0.42	500	5.586×10⁻⁴	短时 10 min
110SZ12	0.637 0	3 000	200	160	190	2	0.15	200	5.586×10⁻⁴	
130SZ03/H₁	19 500	3 000	600	110	110	7.6	0.28	200	1.96×10⁻³	
130SZ04	19 500	3 000	600	220	220	3.8	0.18	200	1.96×10⁻³	
130SZ04M	19 500	3 000	600	220	220	3.8	0.18	200	1.96×10⁻³	
130SZ06	23 000	750	177	110	110	2.3	0.28	75	1.96×10⁻³	
130SZ07M/H₁	16 250	1 500	250	220	220	1.6	0.18	100	1.96×10⁻³	
130SZ08M/H₁	16 250	1 500	250	180	180	1.8	0.3	100	1.96×10⁻³	
130SZ09/H₁	19 500	2 000	400	24	24	24		150	1.96×10⁻³	
130SZ11	23 000	1 500	355	180	200	3	0.17	100	1.96×10⁻⁴	

附表 3　稀土永磁材料的直流力矩电动机

型号	峰值堵转			理想空载转速/(r/min)	连续堵转			转动惯量/(kg·m²)	T_i/ms	测速发电机		
	T_{mbl}/(N·m)	I_{mbl}/A	U_m/V		T_{cbl}/(N·m)	I_{cbl}/A	U_c/V			比电势/[N/(r/min)]	纹波%	负载阻值 ≮ kΩ
70LYX	1.8	7.2	27	900	0.68	2.73	10.2	3×10^{-4}	2			
90LYX	3	7	27	510				9.1×10^{-4}	3			
110LYX	5	8.8	27	400	2.3	4	12.4	15.4×10^{-4}	3			
130LYX	8	8.5	48	420				28.5×10^{-4}	3			
160LYX	19.6	5	48	120	11.76	3	28.8	0.012	2			
70LCX-1	1.8	7.2	27	900	0.68	2.73	10.2	4×10^{-4}	2	0.08	4	15
90LCX-1	3	7	27	510				13×10^{-4}	3	0.2	4	30
110LCX-1	5	8.8	27	400	2.3	4	12.4	22×10^{-4}	3	0.2	4	30
130LCX-1	8	8.5	48	420				38×10^{-4}	3	0.2	4	30
160LCX-1	19.6	5	48	120	11.76	3	28.8	0.015	2	0.2	4	30
160LCX-2	19.6	5	48	60				0.018	2	1.5	2	140

附表 4　ZK 型封闭式直流伺服电机

型号	P_{nom}/kW	$\eta_{nom}/(r \cdot min)$	U_{nom}/V	I_{nom}/A	U_f/V	P_f/W	$GD^2/(kg \cdot m^2)$	G/kg
ZK–12F	0.2	3 000	110	2.46	300		0.008	14
ZK–12F	0.37	3 500	220	2.5	300		0.014	24
ZK–12F	0.375	3 500	110	4.5	300		0.014	24
ZK–12F	0.37	3 000	110	4.4	220	35	0.016	23
ZK–12F	0.37	3 000	220	2.2	220	35	0.016	23
ZK–12F	0.5	3 000	110	5.8	220	35	0.016	26
ZK–12F	0.76	2 500	110	8.2	220	50	0.053	40
ZK–12F	0.45	1 500	220	2.5	220	50	0.053	40
ZK–12F	0.37	1 000	110	4.2	220	50	0.053	40
ZK–12F	0.76	2 500	110	8.2	220	50	0.053	40
ZK–12F	1.6	2 500	220	9.5	220	70	0.16	90
ZK–12F	0.76	1 000	220	4.5	220	70	0.16	90
ZK–12F	1.6	2 500	220	9.5	220	70	0.16	90
ZK–12F	3.2	2 500	220	18.2	220	85	0.26	110
ZK–12F	1.6	1 500	110	18.2	110	85	0.26	110
ZK–12F	1.6	1 500	110	18.2	110	85	0.26	110
ZK–12F	3.2	2 500	220	18.2	220	85	0.26	110

附表 5　两相异步电动机技术数据

机座号	型号	频率/Hz	励磁电压/V	控制电压/V	堵转转矩 不小于/(N·m)	堵转励磁电流 不大于/A	堵转控制电流 不大于/A	额定输出功率不小于/W	空载转速不小于/(r/min)	时间常数不大于/ms	质量不大于/kg
12	12SL4G4	400	20	20	6.5	0.13	0.13	0.16	9 000	12	15
	12SL4G6	400	20	20				0.1	5 600	8	20
20	20SL4E6	400	36	36	1.96×10^{-3}	0.15	0.15	0.32	6 000	12	50
	20SL4E4	400	36	36	1.764×10^{-3}	0.15	0.15	0.5	9 000	25	50
	20SL4G6	400	20	20	1.96×10^{-3}	0.25	0.25	0.32	6 000	12	50
	20SL4G4	400	20	20	1.764×10^{-3}	0.25	0.25	0.5	9 000	25	50
	20SL5F2	50	26	26	1.764×10^{-3}	0.15	0.15	0.13	2 700	12	50
	20SLO2	400	36	36	1.47×10^{-3}	0.11	0.11	0.25	6 000	15	50
	20SL4A	400	36	36	1.764×10^{-3}			0.5	9 000	25	50
24	24SL4E4	400	115	40	1.96×10^{-3}			0.5	9 000	20	60
28	28SL4B8	400	115	115	5.88×10^{-3}	0.09	0.09	1	4 800	20	160
	28SL4B6	400	115	115	5.39×10^{-3}	0.09	0.09	1.2	6 000	15	160
	28SL4E8	400	36	36	5.88×10^{-3}	0.28	0.28	1	4 800	20	160
	28SL4E6	400	36	36	5.39×10^{-3}	0.28	0.28	1.2	6 000	15	160
	28SL4I6	400	115	36	5.39×10^{-3}	0.09	0.09	1.2	6 000	15	160
	28SL5E2	50	36	36	4.9×10^{-3}	0.12	0.12	0.4	2 700	8	160
	28SL5G2	50	20	20	4.9×10^{-3}	0.15	0.15	0.4	2 700	8	160
	28SLO2	400	115	115	4.9×10^{-3}	0.10	0.10	1.0	6 000	20	160
	28SL4A6	400	115	115/57.5	5.88×10^{-3}			1	6 000	15	100
	28SL4B6	400	36	36/18	5.88×10^{-3}			1	6 000	15	100

续表

机座号	型号	频率 /Hz	励磁电压 /V	控制电压 /V	堵转转矩 不小于 /(N·m)	堵转励磁电流 不大于 /A	堵转控制电流 不大于 /A	额定输出功率 不小于 /W	空载转速 不小于 /(r/min)	时间常数 不大于 /ms	质量 不大于 /kg
28	28SL4A	400	115	115	4.9×10^{-3}			0.74	4 800	20	
	28SL4B	400	36	36	4.9×10^{-3}			0.74	4 800	20	
	28SL4I8	400	115	36	5.39×10^{-2}	0.09	0.28	1.2	6 000	15	100
36	36SL4B8	400	115	115	1.078×10^{-2}	0.10	0.16	1.8	4 800	15	260
	36SL4B6	400	115	115	7.84×10^{-2}	0.15	0.15	2.5	9 000	35	260
	36SL4E8	400	36	36	1.078×10^{-2}	0.415	0.415	1.8	4 800	15	260
	36SL4E4	400	36	36	7.84×10^{-3}	0.48	0.48	2.5	9 000	35	260
	36SL4I8	400	115	36	1.078×10^{-2}	0.16	0.415	1.8	4 800	15	260
	36SL4I4	400	115	36	7.84×10^{-3}	0.15	0.48	2.5	9 000	35	260
	36SL5C2	50	110	110	1.078×10^{-2}	0.07	0.07	1	2 700	8	260
	36SL5E2	50	36	36	1.078×10^{-2}	0.21	0.21	1	2 700	8	260
	36SL5J2	50	110	20	1.078×10^{-2}	0.07	0.385	1	2 700	8	260
	36SL02	400	115	115	8.82×10^{-3}	0.17	0.17	1.5	4 800	20	260
	36SL52	50	110	110	8.82×10^{-3}	0.07	0.07	0.63	2 700	15	260
	36SL4A8	400	115	115/57.5	1.176×10^{-2}			1.8	4 800	20	190
	36SL4B8	400	36	36/18	1.176×10^{-2}			1.8	4 800	20	190
	36SL4C8	400	115	36/18	1.176×10^{-2}			1.8	4 800	20	190
45	45SL4B8	400	115	115	2.16×10^{-2}	0.3	0.3	4	4 800	20	450
	45SL4B4	400	115	115	1.568×10^{-2}	0.32	0.32	6	9 000	40	450
	45SL4E8	400	36	36	2.156×10^{-2}	1	1	4	4 800	20	450

续表

机座号	型号	频率/Hz	励磁电压/V	控制电压/V	堵转转矩不小于/(N·m)	堵转励磁电流不大于/A	堵转控制电流不大于/A	额定输出功率不小于/W	空载转速不小于/(r/min)	时间常数不大于/ms	质量不大于/kg
45	45SL4E4	400	36	36	1.568×10^{-2}	1.02	1.02	6	9 000	40	450
	45SL4I8	400	115	36	2.156×10^{-2}	0.3	1	4	4 800	20	450
	45SL4I4	400	115	36	1.568×10^{-2}	0.32	1.02	6	9 000	40	450
	45SL5C4	50	110	110	5.39×10^{-2}	0.18	0.18	2.5	1 200		450
	45SL5C2	50	110	110	4.41×10^{-2}	0.18	0.18	4	2 700	15	450
	45SL5E2	50	36	36	4.41×10^{-2}	0.54	0.54	4	2 700	15	450
	45SL5J2	50	110	20	4.41×10^{-2}	0.18	0.99	4	2 700	15	450
	45SL5H4	50	110	15	1.47×10^{-2}	0.06	0.4	4	1 250		450
	45SL02	400	115	115	1.666×10^{-2}	0.28	0.28	2.5	4 800	20	450
	45SL4A8	400	115	115/57.5	2.45×10^{-2}			4	4 800	20	360
	45SL4B8	400	36	36/18	2.45×10^{-2}			4	4 800	20	360
	45SL4A	400	115	115	2.156×10^{-2}			3.7	4 800	20	
	45SL4B	400	36	36	2.156×10^{-2}			3.7	4 800	20	
55	55SL4B8	400	115	115	5.39×10^{-2}	0.60	0.60	9.2	4 800	25	1 000
	55SL4B4	400	115	115	3.92×10^{-2}	0.75	0.75	16	9 000	50	1 000
	55SL4I8	400	115	36	5.3×10^{-2}	0.60	1.92	9.2	4 800	25	1 000
	55SL5A2	50	220	220	8.33×10^{-2}	0.15	0.15	8	2 700	15	1 000
	55SL5C2	50	110	110	8.33×10^{-2}	0.30	0.30	8	2 700	15	1 000
	55SL5K2	50	110	36	8.82×10^{-2}	0.25	0.75	6	2 700	15	1 000
	55SL57	50	110	110	7.056×10^{-2}	0.32	0.32	6.3	2 700	20	1 000

续表

机座号	型号	频率/Hz	励磁电压/V	控制电压/V	堵转转矩 不小于/(N·m)	堵转励磁电流 不大于/A	堵转控制电流 不大于/A	额定输出功率 不小于/W	空载转速 不小于/(r/min)	时间常数 不大于/ms	质量 不大于/kg
55	55SL54	50	110	110	3.92×10^{-2}	0.18	0.18		2 700		850
	55SL54A	50	220	220	3.92×10^{-2}	0.09	0.09		2 700		850
	55SL5A4	50	220	220	6.664×10^{-2}	0.13	0.13	2.5	1 250	15	850
	55SL5C2G	50	110	110	9.8×10^{-2}	0.32	0.32	10	2 700	15	850
70	70SL4B4	400	115	115	6.68×10^{-2}	1.2	1.2	28	9 000		1 600
	70SL5A2	50	220	220	0.176 4	0.30	0.30	16	2 700		1 600
	70SL5C2	50	110	110	0.176 4	0.60	0.60	16	2 700		1 600
90	90SL55	50	220	220	0.294 0	0.55	0.55	25	2 700	30	
	90SL5A8*	50	220		0.823 2				740		
110	110SL5*	50	220		0.980 0				900		
	110SL5C*	50	110		1.176 0				900		

附表 6 交流三相异步电动机

型号	堵转力矩 /(N·m)	额定转矩 /(N·m)	额定功率 /kW	额定转速 /(r/min)	额定相电流 /A	转动惯量 /(kg·m²)	推荐变频器 /AW
DV-4-5-4.0-4000	0.6	0.3	0.13	4 000	0.55	0.5×10^{-5}	1.5/3
DV-4-1-4.0-4000	0.9	0.8	0.32	4 000	1.2	0.9×10^{-5}	1.5/3
DV-5-1-4.0-4000	1.25	1.1	0.49	4 000	1.3	0.2×10^{-4}	1.5/3
DV-5-2-4.0-2000	2.5	2.4	0.5	2 000	1.5	0.37×10^{-4}	1.5/3
DV-5-2-4.0-4000	2.2	2.0	0.83	4 000	2.2		1.5/3
DV-7-4-4.0-1500	4.3	4.1	0.63	1 500	1.7	1.1×10^{-4}	1.5/3
DV-7-4-4.0-3000	4.0	3.4	1.10	3 000	2.6		3/6
DV-7-6-4.0-1500	6.7	6.1	0.96	1 500	2.4	1.8×10^{-4}	1.5/3
DV-7-6-4.0-3000	6.1	5.0	1.55	3 000	3.6		3/6
DV-7-8-4.0-1500	8.4	7.6	1.2	1 500	3.1	2.4×10^{-4}	3/6
DV-7-8-4.0-3000	7.7	6.2	1.9	3 000	4.6		3/6
DV-7-10-4.0-1500	11.0	9.5	1.5	1 500	3.8	3.2×10^{-4}	3/6
DV-7-10-4.0-3000	9.1	7.4	2.3	3 000	5.4		6/12
DV-7-13-4.0-1500	13	12	1.8	1 500	4.6	4×10^{-4}	3/6
DV-7-13-4.0-3000	11	9	2.9	3 000	6.8		6/12
DV-10-15-4.0-1000	20	19	2.0	1 000	5.0		3/6
DV-10-15-4.0-2000	18	16	3.4	2 000	7.6	7.4×10^{-3}	6/12
DV-10-15-4.0-3000	17	14	4.4	3 000	9.6		6/12
DV-10-22-4.0-1000	29	27	2.8	1 000	7.1		6/12
DV-10-22-4.0-2000	27	23	4.8	2 000	11.0	0.01	12/18
DV-10-22-4.0-3000	26	20	6.2	3 000	14.0		12/18

续表

型号	堵转力矩/(N·m)	额定转矩/(N·m)	额定功率/kW	额定转速/(r/min)	额定相电流/A	转动惯量/(kg·m²)	推荐变频器/AW
DV-10-29-4.0-1000	42	38	4.0	1 000	11	0.014	12/18
DV-10-29-4.0-2000	40	33	6.8	2 000	16		12/18
DV-10-29-4.0-3000	37	27	8.5	3 000	19		
DV-10-41-4.0-1000	60	54	5.7	1 000	15	0.021	20/30
DV-10-41-4.0-2000	56	46	9.7	2 000	23		20/30
DV-10-41-4.0-3000	50	37	11.5	3 000	25		

附表 7　交流同步伺服电机

型号	输出功率/kW	额定转速/(r/min)	额定电流/A	堵转力矩/(N·m)	转子惯量/(kg·m²)
HD2-1	0.4	2 000	2	2	5.5×10^{-4}
HD2-2	0.6	3 000	3		
HD4-1	0.8	2 000	4	4	8.8×10^{-4}
HD4-2	1.2	3 000	6		
HD6-1	1.2	2 000	6	6	1.2×10^{-3}
HD6-2	1.7	3 000	9		
HD5-1	1.0	2 000	5	5	2.1×10^{-3}
HD5-2	1.5	3 000	7.5		
HD7.5-1	1.4	2 000	7.5	7.5	2.8×10^{-3}
HD7.5-2	1.0	3 000	11		
HD10-1	1.4	1 500	8	10	3.5×10^{-3}
HD10-2	2.3	2 500	13		
HD15-1	2.1	1 500	12	15	4.9×10^{-3}
HD15-2	3.4	2 500	19		
HD18-1	2.6	1 500	14	18	1.1×10^{-2}
HD18-2	3.4	2 000	18		
HD27-1	2.8	1 200	17	27	1.6×10^{-3}
HD27-2	4.3	2 000	27		
HD36-1	3.4	1 200	22	36	2×10^{-2}
HD36-2	5.2	2 000	36		
HD45-1	4.2	1 200	27	45	2.4×10^{-3}
HD45-2	6.5	2 000	45		
HD54-1	4.8	1 200	33	54	2.9×10^{-3}
HD54-2	7.5	2 000	54		

附表 8　交流同步电动机

型号	转矩/(N·m)		转速 η_{nom} η_{max} /(r/min)	相电流/A		加速度 /(rad/s²)	惯量 /(kg·m²)	质量/kg
	$\Delta T_W = 6×10^4$	$\Delta T_W = 1×10^5$		$\Delta T_W = 6×10^4$	$\Delta T_W = 1×10^5$			
IFT502-0AC01	0.15	0.17	2 000	0.56	0.63		$0.13×10^{-4}$	1
IFT5032-0AC01	0.25	0.3	2 000	0.75	0.95		$0.37×10^{-4}$	1.7
IFT5042-0AC01	0.6	0.75	2 000	1.4	1.7		$1.2×10^{-4}$	3.2
IFT5062-0AC01	2.2	2.6	2 000	3.5	4.1		$4.2×10^{-4}$	6.5
IFT5064-0AC01	4.5	5.5	2 000	7.2	8.7		$7.3×10^{-4}$	8.5
IFT5066-0AC01	6.5	8	2 000	10.3	12.7		$10.7×10^{-4}$	10.5
IFT5072-0AC01	10	12	2 000	15.6	18.8		$21×10^{-4}$	13.5
IFT5074-0AC01	14	18	2 000	21.9	28.1		$37×10^{-4}$	17.2
IFT5076-0AC01	18	22	2 000	26.5	32.4		$53×10^{-4}$	21
IFT5102-0AC01	27	33	2 000	40	50		$131×10^{-4}$	31
IFT5104-0AC01	37	45	2 000	55.2	67.2		$182×10^{-4}$	39
IFT5106-0AC01	45	55	2 000	67.2	82.1		$242×10^{-4}$	45
STM-050	0.49		3 000			30 500	$0.74×10^{-5}$	3.5
STM-100	1.0		3 000			21 600	$0.37×10^{-5}$	4.5
STM-200	2.0		3 000			20 100	$0.4×10^{-5}$	6
STM-300	3.0		3 000			13 500	$0.2×10^{-4}$	7
STM-500	4.9		2 000			12 000	$0.38×10^{-4}$	10
STM-700	6.9		2 000			11 000	$0.41×10^{-4}$	14
STM-110	10.0		2 000			9 000	$0.55×10^{-3}$	19
STM-122	22.5		2 000			8 820	$1.7×10^{-3}$	32

附表 9　57BY 步进电机参数

型号	相数	电压/V	电流/A	电阻/Ω	电感/mH	最大静转矩/(N·m)	定位转矩/(mN·m)	转子转动惯量/(g·cm²)	质量/kg	绝缘等级
57BYG055	4	4	1.1	3.6±10%	3.0±15%	28.4	3.4	60	0.45	B
57BYG056	4	2.3	1.5	1.5±10%	1.3±15%	28.4	3.4	60	0.45	B
57BYG057	4	1.4	3.8	0.37±10%	0.45±15%	49	6.0	118	0.6	B
57BYG058	4	3.4	2.9	1.2±10%	2.6±15%	108	13	350	1.35	B
57BYG059	4	4	1.6	2.5±10%	3.5±15%	60	7.2	145	0.65	B
57BYG060	2	2.6	2	1.3±10%	3±15%	62	7.5	118	0.6	B
57BYG061	2	6	0.5	12±10%	24±15%	3.4	4.4	60	0.4	B
57BYG068	4	1.9	2.6	0.72±10%	0.75±15%	49	6	118	0.6	B
57BYG069	4	6	1.2	5±10%	5±15%	58.8	7	145	0.65	B
57BYG070	4	5.4	1.5	3.6±10%	6±15%	88.2	10.6	230	1	B
57BYG071	4	5.1	1.6	3.2±10%	5±15%	88.2	10.6	230	1	B

附表 10　86BYG 步进电机数据

型号	相数	电压/V	电流/A	电阻/Ω	电感/mH	最大静转矩/(N·m)	定位转矩/(mN·m)	转子转动惯量/(g·cm²)	质量/kg	绝缘等级
86BYG002	4	5.5	1.25	4.4	20	1.08	29.4	600	1.6	B
86BYG003	4	2.5	4.6	0.55	3.1	1.96	49	1 100	2.6	B
86BYG004	4	4.5	4	1.13	7.5	2.94	78.4	1 800	3.8	B
86BYG005	4	5	2.5	2		1.96	49	1 100	2.5	B
86BYG017	5	70	1.25	2.1	7.0	1.2		700	1.5	B
86BYG018	5	70	1.15	3.5	15	2.2		1 200	2.5	B
86BYG019	5	70	2.8	1	4.6	3.6		1 800	3.5	B
86BYG550	5	40	2.7	0.43	1.1	1.2		700	1.5	B
86BYG550A	5	40	2.4	0.7	2.4	2.2		1 200	2.5	B

附表 11　110BYG 步进电机数据

型号	相数	步距角	电压/V	电流/A	电阻/Ω	电感/mH	最大静转矩 /(N·m)	定位转矩 /(N·m)	转子转动惯量 /(kg·cm²)	质量 /kg	绝缘等级
110BYG450	4	0.9/1.8	80~200	6	0.17	3	7.1	0.6	7.5	7.5	B
110BYG450A	4	0.9/1.8	80~200	6	0.23	5	10.3	0.9	11.5	11	B
110BYG450B	4	0.9/1.8	80~200	6	0.17	3	7.1	0.6	7.5	7.5	B
110BYG450C	4	0.9/1.8	80~200	6	0.18	2	4.5	0.3	3.8	3.8	B
110BYG007	5	0.36/0.72	130	5	0.3	1.9	6.8	—	7.5	7.5	B
110BYG008	5	0.36/0.72	130	5	0.37	3.4	10.3	—	11.5	11	B
110BYG550A	5	0.36/0.72	130	3	0.5	5.3	6.8	—	7.5	7.5	B
110BYG550B	5	0.36/0.72	130	3	0.62	9.5	10.3	—	11.5	11	B

附表 12　BC 系列磁阻式步进电机数据

型号	相数	步距角/°	保持转矩/(N·m)	相电流/A	电压/V	空载起动频率/Hz	相电阻/Ω	质量/kg
28BC320B	3	3/6	0.036	0.8	27	2 000	2.0	0.1
28BC340B	3	1.5/3	0.036	0.8	27	2 800	2.1	0.1
36BC340	3	1.5/3	0.08	1.5	27	3 000	1.4	0.2
45BC340	3	1.5/3	0.2	2.5	27	3 000	1.0	0.35
55BC340	3	1.5/3	0.5	3	27	2 200	0.4	0.8
55BC340-1	3	1.5/3	0.5	0.5	30	550	45	0.8
75BC340A	3	1.5/3	0.6	3	24	1 750	0.4	1.0
75BC340B	3	1.5/3	1.0	4	30	1 250	0.6	1.2
90BC340A	3	1.5/3	2	5	60	1 500	0.2	2.5
90BC340B	3	1.5/3	4	5	60	1 400	0.3	2.8
110BC380A	3	0.75/1.5	10	6	200	1 700	0.6	8
110BC380B	3	0.75/1.5	12	6	200	1 600	0.7	9.3
130BC3100A	3	0.6/1.2	12	8	200	1 500	0.3	9.9
130BC3100B	3	0.6/1.2	18	8	200		0.4	
90BC5100	5	0.36/0.72	2.2	3	24	2 400	0.4	2.35
130BC5100	5	0.36/0.72	18	8	200	1 400	0.4	
55BC308	3	7.5/15	0.38	2.5	27	750	1.2	1.0

参 考 文 献

[1] 曾励.机电一体化系统设计[M].北京:高等教育出版社,2010.

[2] 尹志强.机电一体化系统设计课程设计指导书.北京:机械工业出版社,2008.

[3] 侯力,肖华军,唐锐,等.机电一体化系统设计[M].2版.北京:高等教育出版社,2016.

[4] 芮延年.机电一体化原理及应用[M].苏州:苏州大学出版社,2004.

[5] 郑堤,唐可洪.机电一体化设计基础[M].北京:机械工业出版社,1997.

[6] 张立勋,等.机电一体化系统设计[M].哈尔滨:哈尔滨工程大学出版社,1997.

[7] 梁景凯.机电一体化技术与系统[M].北京:机械工业出版社,1997.

[8] 周祖德,唐永洪.机电一体化控制技术与系统[M].武汉:华中理工大学出版社,1998.

[9] 殷际英.机电一体化基础[M].北京:冶金工业出版社,1997.

[10] 张建民,等.机电一体化系统设计[M].北京:北京理工大学出版社,1995.

[11] 《机电一体化技术手册》编委会.机电一体化技术手册[M].北京:机械工业出版社,1994.

[12] 谢存禧,邵明.机电一体化生产系统设计[M].北京:机械工业出版社,1999.

[13] 赵松年,李恩光.现代机械创新产品分析与设计[M].北京:机械工业出版社,2000.

[14] 杨平,廉仲.机械电子工程设计[M].北京:国防工业出版社,2001.

[15] 赵松年,张奇鹏.机电一体化机械系统设计[M].北京:机械工业出版社,1997.

[16] 田凤桐.机电设备及其控制[M].北京:机械工业出版社,1998.

[17] 熊世和.机电系统计算机控制技术[M].成都:电子科技大学出版社,1993.

[18] 尤丽华.测试技术[M].北京:机械工业出版社,2002.

[19] 曾励.控制工程基础[M].北京:电子工业出版社,2007.

[20] 马西秦.自动检测技术[M].北京:机械工业出版社,1999.

[21] 齐占庆.机床电气控制技术[M].北京:机械工业出版社,2000.

[22] 王春行.液压伺服控制系统[M].北京:机械工业出版社,1982.

[23] 魏余芳,等.微机数控系统设计[M].成都:西南交通大学出版社,1996.

[24] 王维平.现代电力电子技术及应用[M].南京:东南大学出版社,2001.

[25] 张桂香,王辉.计算机控制技术[M].成都:电子科技大学出版社,1999.

[26] 金钰,胡祐德,等.伺服系统设计[M].北京:北京理工大学出版社,2000.

[27] 李玉琳.液压元件与系统设计[M].北京:北京航空航天大学出版社,1991.

[28] 陈愈,等.液压阀[M].北京:中国铁道出版社,1983.

[29] 张华光,何希勤,等.模糊自适应控制理论及其应用[M].北京:北京航空航天大学出版社,2002.

[30] 朱晓春.数控技术[M].北京:机械工业出版社,2002.

[31] 朱龙根.机械系统设计[M].北京:机械工业出版社,2001.

[32] 何立民.单片机应用系统设计[M].北京:北京航空航天大学出版社,1990.

［33］杨宁.单片机与控制技术［M］.北京：北京航空航天大学出版社,2005.

［34］于金.机电一体化系统设计及实践［M］.北京：化学工业出版社,2008.

［35］张训文.机电一体化系统设计与应用［M］.北京：北京理工大学出版社,2006.

［36］周美娟,肖来胜.单片机技术及系统设计［M］.北京：机械工业出版社,2004.

［37］朱月秀.单片机原理与应用［M］.北京：科学出版社,2004.

［38］殷际英.光机电一体化实用技术［M］.北京：化学工业出版社,2003.

［39］董景新,赵长德,熊沈蜀,等.控制工程基础［M］.北京：清华大学出版社,2003.

［40］何建平,陆治国.电气传动［M］.重庆：重庆大学出版社,2002.

［41］陈伯时.电力拖动自动控制系统［M］.3 版.北京：机械工业出版社,2006.

［42］曹承志.电机、拖动与控制［M］.北京：机械工业出版社,2000.

［43］李建勇.机电一体化技术［M］.北京：科学出版社,2004.

［44］王孙安,杜海峰,任华.机械电子工程［M］.北京：科学出版社,2003.

［45］蒋培刚,盖玉先,王增才,等.机电一体化系统设计［M］.北京：机械工业出版社,2003.

［46］Devdas Shetty Richard A. Kolk.机电一体化系统设计［M］.张树生,等,译.北京：机械工业出版社,2006.

［47］王苗,李颖卓,张波.机电一体化系统设计［M］.北京：化学工业出版社,2005.

郑重声明

高等教育出版社依法对本书享有专有出版权。任何未经许可的复制、销售行为均违反《中华人民共和国著作权法》，其行为人将承担相应的民事责任和行政责任；构成犯罪的，将被依法追究刑事责任。为了维护市场秩序，保护读者的合法权益，避免读者误用盗版书造成不良后果，我社将配合行政执法部门和司法机关对违法犯罪的单位和个人进行严厉打击。社会各界人士如发现上述侵权行为，希望及时举报，我社将奖励举报有功人员。

反盗版举报电话　（010）58581999　58582371

反盗版举报邮箱　dd@hep.com.cn

通信地址　北京市西城区德外大街4号　高等教育出版社法律事务部

邮政编码　100120

防伪查询说明

用户购书后刮开封底防伪涂层，使用手机微信等软件扫描二维码，会跳转至防伪查询网页，获得所购图书详细信息。

防伪客服电话　（010）58582300